AF341205

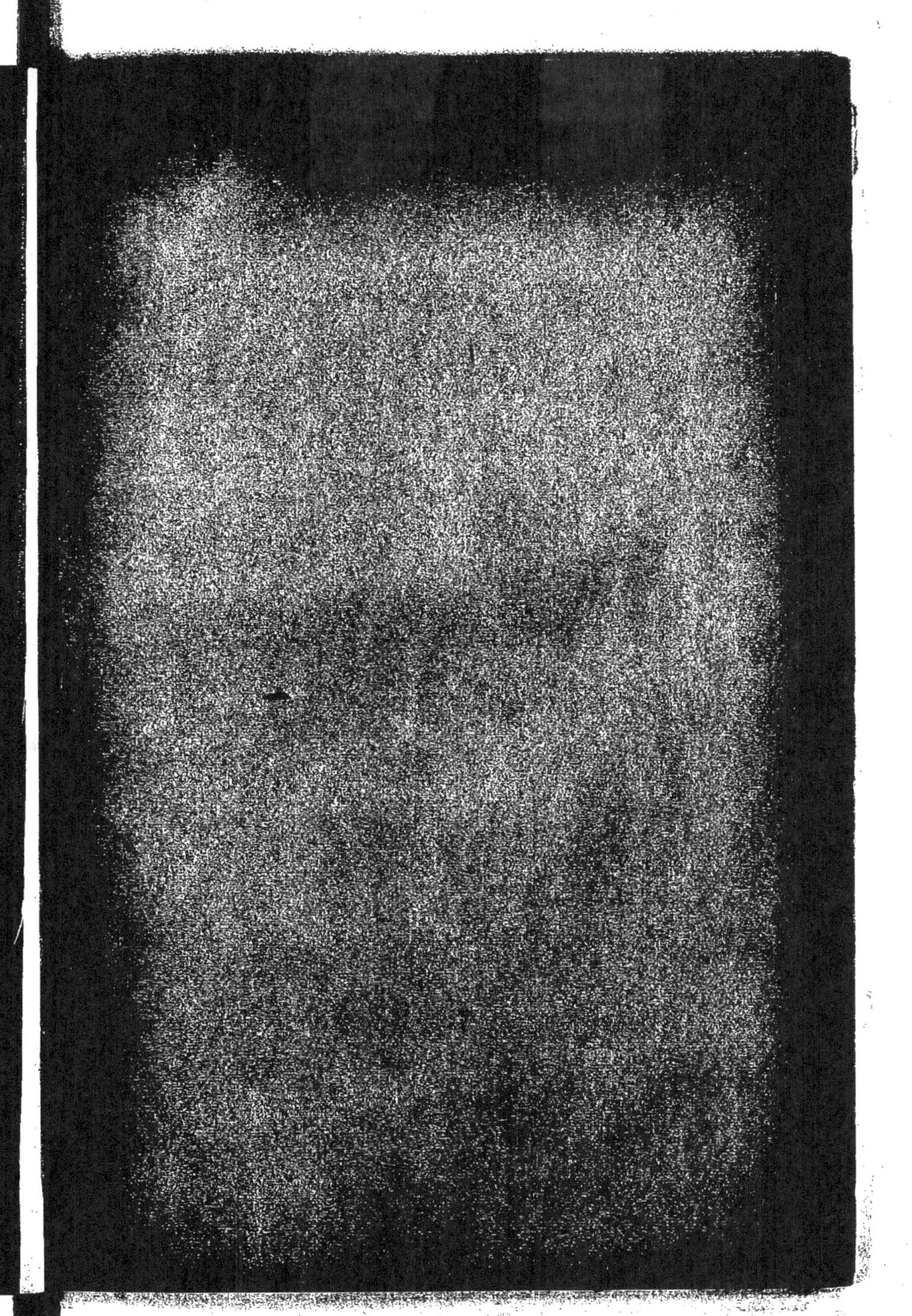

TRAITÉ
DE
MÉCANIQUE RATIONNELLE

PARIS. — IMPRIMERIE GAUTHIER-VILLARS ET Cⁱᵉ,

63708   Quai des Grands-Augustins, 55.

TRAITÉ

DE

MÉCANIQUE RATIONNELLE

PAR

Paul APPELL

MEMBRE DE L'INSTITUT
RECTEUR DE L'UNIVERSITÉ DE PARIS

QUATRIÈME ÉDITION, ENTIÈREMENT REFONDUE

TOME DEUXIÈME
DYNAMIQUE DES SYSTÈMES. — MÉCANIQUE ANALYTIQUE

PARIS

GAUTHIER-VILLARS ET Cᵢₑ, ÉDITEURS

LIBRAIRES DU BUREAU DES LONGITUDES, DE L'ÉCOLE POLYTECHNIQUE
55, Quai des Grands-Augustins, 55

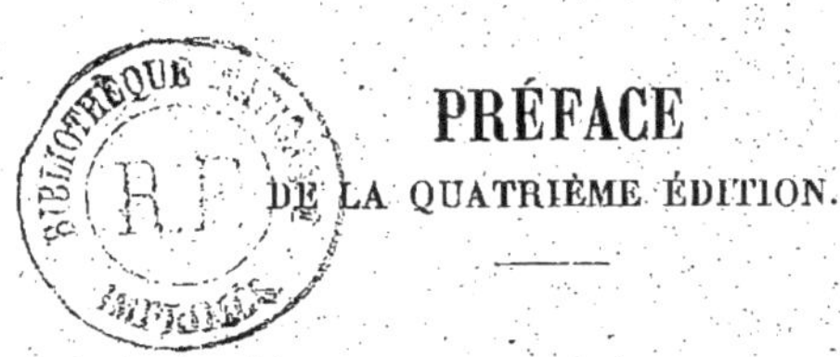

PRÉFACE
DE LA QUATRIÈME ÉDITION.

Dans cette nouvelle édition, le Chapitre XXIV, qui est d'une importance capitale, puisqu'il est consacré aux équations générales de la Dynamique, a été complété par l'exposé d'une théorie nouvelle, celle de l'*asservissement*, telle qu'elle a été donnée dans une thèse soutenue, en 1923, devant la Faculté des Sciences de l'Université de Paris, par M. Beghin.

Dans tout le cours de l'Ouvrage, les citations ont été tenues à jour, de façon à faire connaître, autant que possible, les travaux récents publiés sur les diverses questions traitées.

Je dois, en terminant, remercier M. Véronnet, maître de conférences à l'Université de Strasbourg, du concours si utile qu'il m'a prêté dans cette publication.

Klingenthal (Bas-Rhin), 21 septembre 1923.

P. APPELL.

TRAITÉ

DE

MÉCANIQUE RATIONNELLE

DYNAMIQUE DES SYSTÈMES. — MÉCANIQUE ANALYTIQUE

DYNAMIQUE DES SYSTÈMES

CHAPITRE XVII.
MOMENTS D'INERTIE.

313. Géométrie des masses. — La théorie des moments d'inertie, la théorie du centre de gravité et celle de l'attraction empruntent à la Mécanique la seule notion de masse. Plusieurs auteurs, notamment Carnot (*Géométrie de position*) et Chasles (*Aperçu historique*, p. 220), ont proposé de rattacher ces théories à la Géométrie. Mais on fait actuellement rentrer ces questions dans un chapitre spécial de la Mécanique, auquel on a donné le nom de *Géométrie des masses* (voir HATON DE LA GOUPILLIÈRE, *Journal de l'École Polytechnique*, XXXVIIᵉ cahier, et *Revue générale des Sciences pures et appliquées*, 4ᵉ année, 1893, p. 337).

Les théories qui constituent la Géométrie des masses ont toutes pour objet l'étude de sommes de la forme $\Sigma m f(x, y, z)$, étendues à un ensemble de points matériels de masses m et de coordonnées

x, y, z. Par exemple, dans la théorie du centre de gravité, figurent les sommes obtenues en prenant pour $f(x, y, z)$ une fonction linéaire des coordonnées, sommes qui se ramènent à trois Σmx, Σmy, Σmz.

La théorie des moments d'inertie, créée par Huygens, se rapporte aux sommes obtenues en prenant pour $f(x, y, z)$ une fonction entière du second degré des coordonnées, sommes qui se ramènent à six Σmx^2, Σmy^2, Σmz^2, Σmyz, Σmzx, Σmxy.

I. — DÉFINITIONS ET EXEMPLES.

314. Définitions des moments d'inertie. — Quoique, dans les applications, on ne rencontre que les moments d'inertie par rapport à des axes, il est utile d'introduire les définitions suivantes. Étant donné un système de points matériels, on appelle :

1° *Moment d'inertie du système par rapport à un plan*, la somme des produits obtenus en multipliant la masse m de chaque point par le carré de sa distance δ au plan, $\Sigma m\delta^2$.

2° *Moment d'inertie par rapport à un axe*, la somme des produits obtenus en multipliant la masse m de chaque point par le carré de sa distance r à l'axe, Σmr^2; on désigne ordinairement ce moment par Mk^2, où M est la masse totale du système : k est alors appelé le *rayon de gyration* du système autour de l'axe considéré.

3° *Moment d'inertie par rapport à un point*, la somme des produits obtenus en multipliant la masse de chaque point par le carré de sa distance au point.

Par un point O faisons passer trois axes rectangulaires x, y, z. Les moments d'inertie par rapport aux trois plans coordonnés sont

$$\Sigma mx^2, \quad \Sigma my^2, \quad \Sigma mz^2;$$

les moments d'inertie par rapport aux axes,

$$\Sigma m(y^2 + z^2), \quad \Sigma m(z^2 + x^2), \quad \Sigma m(x^2 + y^2);$$

enfin, le moment d'inertie par rapport au point O a pour valeur

$$m(x^2 + y^2 + z^2).$$

Des expressions ci-dessus résultent les théorèmes suivants :

a. *Le moment d'inertie, par rapport à un axe, est égal à la somme des moments d'inertie par rapport à deux plans rectangulaires, passant par cet axe.*

b. *Le moment d'inertie, par rapport à un point, est égal à la somme des moments d'inertie par rapport à trois plans rectangulaires passant par ce point, ou à la somme des moments d'inertie par rapport à un plan et à une droite rectangulaires passant par ce point.*

4° *Produits d'inertie.* — Les géomètres anglais appellent ainsi les sommes Σmyz, Σmzx, Σmxy, qui se ramènent immédiatement aux moments d'inertie. Menons en effet les plans bissecteurs P et P' des dièdres formés par les plans zOx et zOy, plans qui ont pour équations $x + y = 0$, $x - y = 0$, puis appelons δ et δ' les distances du point de masse m et de coordonnées x, y, z à ces deux plans. Nous avons

$$\delta^2 = \frac{1}{2}(x+y)^2, \qquad \delta'^2 = \frac{1}{2}(x-y)^2,$$

$$\Sigma mxy = \frac{1}{2}(\Sigma m\delta^2 - \Sigma m\delta'^2),$$

relation dans laquelle les deux termes du second membre sont des moments d'inertie.

315. **Systèmes continus.** — Pour calculer les moments d'inertie d'un corps continu, d'une masse métallique, par exemple, on la suppose décomposée en éléments de volumes infiniment petits dv dont les coordonnées sont x, y, z et la masse $m = \rho\, dv$, ρ désignant la densité du volume élémentaire dv. Alors, une somme telle que Σmx^2, ou Σmyz devient une intégrale triple $\int\int\int \rho x^2\, dv$ ou $\int\int\int \rho yz\, dv$ étendue au volume considéré.

316. **EXEMPLES.** — 1° *Moments d'inertie d'une sphère homogène.* — Soit ρ la densité. Cherchons d'abord le moment d'inertie μ de la sphère par rapport à son centre; ce moment est une fonction du rayon R; son accroissement $d\mu$, lorsque R prend un accroissement infiniment petit dR,

est le moment d'inertie d'une couche sphérique de masse $4\pi R^2 \rho\, dR$, par rapport à un point qui en est à la distance constante R (*fig.* 179) : c'est donc

$$d\mu = 4\pi R^2 \rho\, . dR \times R^2,$$

Fig. 179.

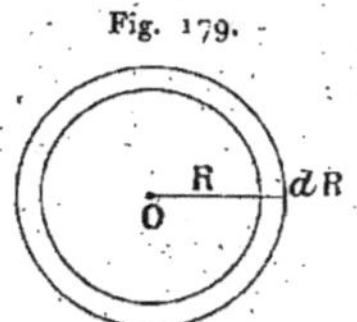

d'où, en intégrant entre les limites o et R,

$$\mu = \frac{4}{5}\pi\rho\, R^5.$$

Le moment d'inertie par rapport à un plan diamétral est

$$\frac{1}{3}\mu = \frac{4}{15}\pi\rho\, R^5,$$

puisque le moment d'inertie par rapport à tous les plans diamétraux est le même, et que le moment d'inertie par rapport au centre est égal à la somme des moments d'inertie par rapport à trois plans diamétraux rectangulaires. De là résulte que le moment d'inertie par rapport à un diamètre, somme des moments d'inertie par rapport à deux plans diamétraux rectangulaires, a pour valeur

$$I = \frac{2}{3}\mu = \frac{8}{15}\pi\rho\, R^5 = M\frac{2}{5}R^2,$$

M désignant la masse totale $\frac{4}{3}\pi\rho\, R^3$; le rayon de gyration autour d'un diamètre est donc

$$k = R\frac{\sqrt{10}}{5}.$$

2° *Moments d'inertie d'un ellipsoïde homogène.* — Soit

$$\frac{x^2}{a^2} + \frac{y^2}{b^2} + \frac{z^2}{c^2} - 1 = 0$$

l'équation de l'ellipsoïde. Son moment d'inertie par rapport au plan des xy est, en appelant ρ la densité,

$$\Sigma m z^2 = \int\int\int \rho z^2\, dx\, dy\, dz,$$

l'intégrale triple étant étendue à tout le volume de l'ellipsoïde.

Si l'on fait le changement de variables

$$x = ax', \qquad y = by', \qquad z = cz',$$

on aura

$$\Sigma m z^2 = abc^3 \int \int \int \rho z'^2 \, dx' dy' dz';$$

la nouvelle intégrale triple, étant étendue au volume de la sphère

$$x'^2 + y'^2 + z'^2 - 1 = 0,$$

représente le moment d'inertie de cette sphère de rayon 1 par rapport à un plan diamétral, et a pour valeur $\frac{4}{15} \pi\rho$; on a donc

$$\Sigma m z^2 = \frac{4}{15} \pi\rho \, abc^3;$$

cette quantité peut s'écrire enfin

$$\Sigma m z^2 = M \frac{c^2}{5},$$

M étant la masse $\frac{4}{3} \pi\rho \, abc$ de l'ellipsoïde.

On trouvera de même que les moments d'inertie de l'ellipsoïde sont :
par rapport au plan des xz,

$$M \frac{b^2}{5};$$

par rapport au plan des yz,

$$M \frac{a^2}{5},$$

et, par suite : par rapport aux axes Ox, Oy, Oz,

$$M \frac{b^2 + c^2}{5}, \quad M \frac{c^2 + a^2}{5}, \quad M \frac{a^2 + b^2}{5},$$

et, par rapport au centre,

$$M \frac{a^2 + b^2 + c^2}{5}.$$

3° *Moment d'inertie, par rapport à son axe, d'un solide homogène de révolution limité par les plans de deux parallèles.* — Prenons d'abord le cas d'un cylindre de révolution de hauteur h et de rayon R. Comme dans le cas de la sphère, en donnant un accroissement dR au rayon, le moment d'inertie du cylindre, par rapport à son axe, prend un accroissement

$$d\mu = R^2(2 \pi R h\rho \, dR),$$

puisque tous les points de la couche cylindrique dont s'accroît le solide sont à la distance R de l'axe et que l'accroissement de masse est $2\,\pi\,R\,h\,\rho\,dR$.

En intégrant l'égalité ci-dessus, nous aurons

$$\mu = \frac{1}{2}\,\pi\,R^4\,h\,\rho;$$

ce qu'on peut écrire

$$\mu = \pi\,R^2\,h\,\rho\,\frac{R^2}{2} = M\,\frac{R^2}{2};$$

le rayon de gyration est donc $R\,\dfrac{\sqrt{2}}{2}$.

Soit, en général (*fig.* 180), $z = \varphi(x)$ l'équation de la méridienne de la surface de révolution dont l'axe est $O\,z$. Décomposons le solide en cylindres

Fig. 180.

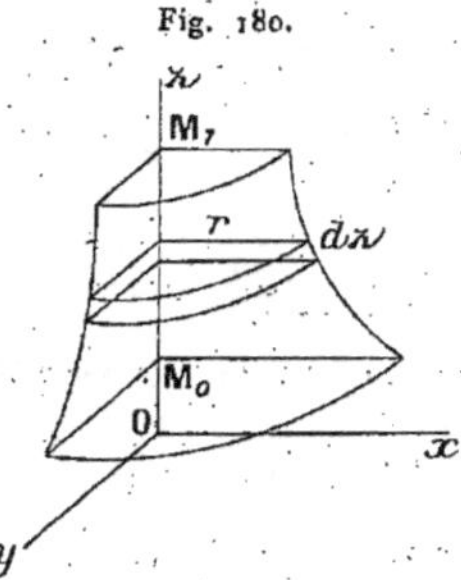

élémentaires par des plans perpendiculaires à l'axe; le moment d'inertie d'un de ces cylindres, de rayon r et de hauteur dz, sera, d'après ce qui précède,

$$\frac{1}{2}\,\pi\,r^4\,\rho\,dz,$$

et, si z_0 et z_1 sont les cotes des parallèles extrêmes, le moment d'inertie du solide aura pour expression

$$M\,k^2 = \frac{\pi\,\rho}{2}\int_{z_0}^{z_1} r^4\,dz,$$

r étant lié à z par la relation

$$z = \varphi(r);$$

on voit que, dans ce cas, le moment d'inertie se calcule par une intégrale simple.

II. — THÉORÈMES GÉNÉRAUX.

317. Variation du moment d'inertie d'un système par rapport à un axe se déplaçant parallèlement à lui-même. — Cette variation est donnée par le théorème suivant :

Le moment d'inertie d'un système par rapport à un axe est égal au moment d'inertie par rapport à un axe parallèle passant par le centre de gravité, augmenté du produit de la masse totale par le carré de la distance des deux axes.

Soit AB un axe quelconque donné; prenons pour axe des z l'axe parallèle Gz passant par le centre de gravité, et soient $x = a$, $y = b$ les équations de l'axe donné AB. Le moment d'inertie par rapport à cet axe est

$$\Sigma m \left[(x - a)^2 + (y - b)^2 \right];$$

ce qu'on peut écrire

$$\Sigma m (x^2 + y^2) + (a^2 + b^2) \Sigma m - 2a \Sigma mx - 2b \Sigma my;$$

mais les sommes Σmx, Σmy sont nulles, puisque le centre de gravité se trouve sur l'axe des z; il reste alors, pour expression du moment d'inertie par rapport à AB,

$$\Sigma m (x^2 + y^2) + (a^2 + b^2) \Sigma m,$$

ce qui démontre la proposition; car $\Sigma m (x^2 + y^2)$ est le moment d'inertie par rapport à Gz et $(a^2 + b^2)$ le carré de la distance des deux axes.

Soient I le moment d'inertie par rapport à AB, I_G le moment par rapport à l'axe parallèle passant par G, d la distance de ces deux axes; on a $I = I_G + M d^2$. Soit de même I' le moment d'inertie par rapport à un axe parallèle à la même direction, mais situé à une distance d' du centre de gravité; on a $I' = I_G + M d'^2$; d'où, en retranchant,

$$I - I' = M (d^2 - d'^2),$$

formule qui permet de calculer I', connaissant I et la position du centre de gravité.

Il résulte du théorème $I = I_G + M d^2$ que, de tous les axes parallèles à une direction donnée, celui pour lequel le moment d'inertie est *minimum* passe par le centre de gravité. Les axes de direction fixe par rapport auxquels ce moment a une valeur constante engendrent un cylindre de révolution dont l'axe passe par le centre de gravité.

On démontre de même que :

Le moment d'inertie d'un système, par rapport à un plan, est égal au moment d'inertie par rapport à un plan parallèle mené par le centre de gravité, augmenté du produit de la masse totale par le carré de la distance des deux plans;

Le moment d'inertie d'un système, par rapport à un point O, est égal au moment d'inertie par rapport au centre de gravité G, augmenté du produit de la masse totale par le carré de la distance des deux points $\overline{OG}^2$.

318. Variation du moment d'inertie par rapport à des axes passant par un même point. Ellipsoïde d'inertie (Poinsot). — Étudions maintenant les variations du moment d'inertie pris par rapport aux diverses droites issues d'un point O (*fig.* 181). Prenons

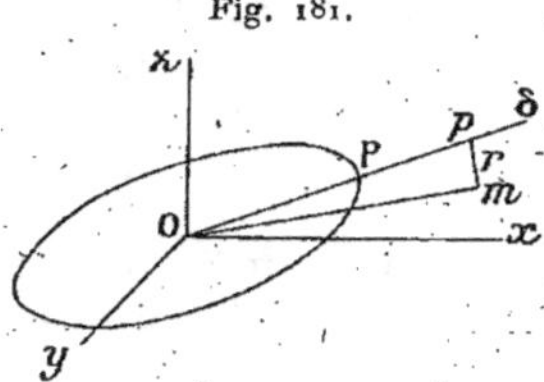

Fig. 181.

ce point pour origine et soient α, β, γ les cosinus directeurs d'une droite Oδ. Le carré de la distance mp d'un point x, y, z à cette droite a pour valeur $\overline{Om}^2 - \overline{Op}^2$, c'est-à-dire

$$r^2 = x^2 + y^2 + z^2 - (\alpha x + \beta y + \gamma z)^2;$$

ce qui peut s'écrire

$$r^2 = (x^2 + y^2 + z^2)(\alpha^2 + \beta^2 + \gamma^2) - (\alpha x + \beta y + \gamma z)^2$$

ou, en développant,

$$r^2 = \alpha^2(y^2 + z^2) + \beta^2(z^2 + x^2) + \gamma^2(x^2 + y^2) - 2\beta\gamma yz - 2\gamma\alpha zx - 2\alpha\beta xy,$$

d'où résulte pour le moment d'inertie la valeur

$$\Sigma m r^2 = \alpha^2 \Sigma m (y^2 + z^2) + \beta^2 \Sigma m (z^2 + x^2)$$
$$+ \gamma^2 \Sigma m (x^2 + y^2) - 2\beta\gamma \Sigma m y z - 2\gamma\alpha \Sigma m z x - 2\alpha\beta \Sigma m x y.$$

En désignant par A, B, C, D, E, F les sommes constantes qui entrent dans la formule ci-dessus, nous obtenons

$$(1) \qquad \Sigma m r^2 = A\alpha^2 + B\beta^2 + C\gamma^2 - 2D\beta\gamma - 2E\gamma\alpha - 2F\alpha\beta.$$

Les constantes A, B, C sont les moments d'inertie par rapport aux axes de coordonnées : D, E, F sont les produits d'inertie.

Pour interpréter géométriquement le résultat auquel nous venons d'arriver, portons de part et d'autre de O, sur chaque droite Oδ, une longueur OP, telle que $\frac{1}{OP} = \sqrt{\Sigma m r^2}$, et cherchons le lieu du point P (X, Y, Z). Nous avons tout d'abord

$$\alpha = \frac{X}{OP}, \qquad \beta = \frac{Y}{OP}, \qquad \gamma = \frac{Z}{OP} \qquad \text{avec} \qquad \frac{1}{OP^2} = \Sigma m r^2;$$

en portant ces valeurs dans l'équation (1), il nous vient

$$(2) \qquad 1 = AX^2 + BY^2 + CZ^2 - 2DYZ - 2EZX - 2FXY,$$

équation d'une surface du second ordre. Cette surface, qui a l'origine pour centre, est nécessairement un ellipsoïde; le rayon vecteur OP est, en effet, toujours réel et fini, puisqu'il a pour valeur $\frac{1}{\sqrt{\Sigma m r^2}}$ et que le moment d'inertie est toujours positif. Il n'y aurait exception que pour le cas où tous les points matériels du système seraient en ligne droite avec le point O : dans ce cas, le moment d'inertie par rapport à cette droite serait nul, et l'ellipsoïde se réduirait à un cylindre de révolution autour de cette droite.

L'ellipsoïde dont l'équation vient d'être établie a reçu le nom d'*ellipsoïde d'inertie relatif au point* O; ses plans et ses axes de symétrie se nomment *plans principaux* et *axes principaux d'inertie* relatifs au point considéré. L'ellipsoïde d'inertie relatif au centre de gravité est l'*ellipsoïde central d'inertie*. En général, il n'y a donc que trois axes principaux d'inertie relatifs à un point; si l'ellipsoïde d'inertie relatif au point est de révolution, il y en a une infinité dans le plan de l'équateur; s'il est une sphère, tout axe passant par le point est principal pour ce point.

Une fois l'ellipsoïde d'inertie relatif au point O tracé, le moment d'inertie par rapport à un axe Oδ est $\frac{1}{\overline{OP^2}}$, P désignant le point où Oδ perce l'ellipsoïde. De tous les axes menés par O, celui qui donne le plus petit moment d'inertie est donc le grand axe de l'ellipsoïde.

319. Conditions pour que l'axe Oz soit principal pour le point O. — Cherchons les conditions pour que l'un des axes de coordonnées Oz soit axe principal d'inertie par rapport au point O. Il faut pour cela que l'équation de l'ellipsoïde d'inertie relatif au point O ne contienne pas de termes du premier degré en z, c'est-à-dire qu'on ait

$$D = 0, \qquad E = 0$$

ou bien

$$(3) \qquad \Sigma\, m y z = 0, \qquad \Sigma\, m x z = 0.$$

L'axe des z étant axe principal d'inertie pour le point O ne le sera pas, en général, pour un autre point O$'$ de sa direction, situé

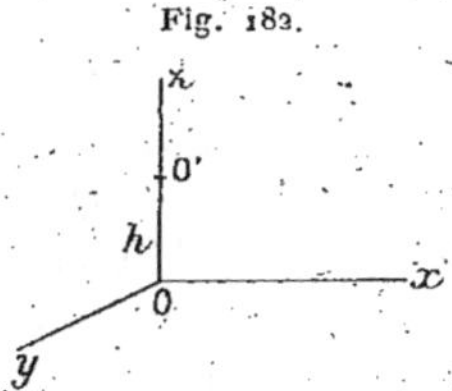

Fig. 182.

à une cote OO$' = h$. Pour exprimer que Oz est aussi un axe principal en O$'$, on devrait, d'après ce qui précède, joindre aux équations (3) les conditions nouvelles

$$(4) \qquad \Sigma\, m y (z - h) = 0, \qquad \Sigma\, m x (z - h) = 0,$$

obtenues en portant l'origine en O$'$. En les combinant avec les premières, ces équations se réduisent à

$$\Sigma\, m y = 0, \qquad \Sigma\, m x = 0,$$

équations qui expriment que Oz passe par le centre de gravité. Si cette condition géométrique est vérifiée, l'axe des z sera axe principal d'inertie pour un quelconque de ses points et en particulier pour le centre de gravité, car les conditions que nous venons de trouver sont alors vérifiées, quel que soit h; d'où ce théorème :

THÉORÈME. — *Un axe principal d'inertie relatif au centre de gravité est axe principal d'inertie pour l'un quelconque de ses points. Inversement, si un axe est principal pour deux de ses points, il l'est pour tous et passe par le centre de gravité.*

Il est évident que, si un solide *homogène* admet un *plan de symétrie*, ce plan est principal pour chacun de ses points, car, en prenant ce plan pour plan des xy, on a, quelle que soit l'origine,

$$\Sigma\, mxz = 0, \qquad \Sigma\, myz = 0,$$

z prenant des valeurs deux à deux égales et de signes contraires.

320. **Remarque.** — Un ellipsoïde quelconque ne peut pas toujours être considéré comme un ellipsoïde d'inertie. Si l'on rapporte, en effet, à ses axes, un ellipsoïde d'inertie, son équation devient

$$AX^2 + BY^2 + CZ^2 = 1,$$

où A, B, C sont les moments d'inertie

$$A = \Sigma\, m(y^2 + z^2), \qquad B = \Sigma\, m(z^2 + x^2), \qquad C = \Sigma\, m(x^2 + y^2)$$

par rapport aux trois axes; et l'on voit immédiatement que l'un quelconque d'entre eux est au plus égal à la somme des deux autres. Par exemple, lorsque l'ellipsoïde d'inertie est de révolution, il peut être aussi allongé qu'on le veut; mais, s'il est aplati, son aplatissement est au plus égal à $\dfrac{\sqrt{2} - 1}{\sqrt{2}}$.

Si le solide est une plaque d'épaisseur infiniment petite, située dans le plan des xy, l'un de ses axes principaux est Oz par raison de symétrie : soient Ox et Oy les deux autres. Alors, z étant nul, on a $C = A + B$.

On verra, à titre d'exercice, que, pour que l'ellipsoïde d'inertie puisse en quelque point de l'espace se réduire à une sphère, il faut que l'ellipsoïde d'inertie relatif au centre de gravité soit un ellipsoïde de révolution aplati; il existe alors sur son axe de révolution deux points symétriques par rapport au centre de gravité, pour lesquels la condition est satisfaite.

321. Problème de Binet. — *Trouver l'enveloppe des plans par rapport auxquels le moment d'inertie d'un système a une valeur donnée* Mk^2.

Rapportons le système aux axes principaux d'inertie Gx, Gy, Gz de l'ellipsoïde central, c'est-à-dire de l'ellipsoïde d'inertie relatif au centre de gravité, et soient Ma^2, Mb^2, Mc^2 les moments d'inertie par rapport aux trois plans coordonnés.

Le moment d'inertie par rapport au plan

$$ux + vy + wz + 1 = 0$$

a pour valeur

$$\Sigma\, mr^2 = \Sigma\; \frac{m\,(ux + vy + wz + 1)^2}{u^2 + v^2 + w^2}.$$

En développant cette expression et remarquant que, d'après le choix des axes coordonnés, les six sommes $\Sigma\,mx$, $\Sigma\,my$, $\Sigma\,mz$, $\Sigma\,myz$, $\Sigma\,mzx$, $\Sigma\,mxy$ sont nulles, on devra avoir la relation

$$Mk^2 = \frac{u^2 M a^2 + v^2 M b^2 + w^2 M c^2 + M}{u^2 + v^2 + w^2},$$

qui devient sous forme entière

$$u^2(a^2 - k^2) + v^2(b^2 - k^2) + w^2(c^2 - k^2) + 1 = 0.$$

C'est l'équation tangentielle de la surface du second ordre

$$(1) \qquad \frac{x^2}{a^2 - k^2} + \frac{y^2}{b^2 - k^2} + \frac{z^2}{c^2 - k^2} + 1 = 0.$$

Lorsqu'on fait varier le paramètre k, les surfaces représentées par cette équation restent homofocales. Comme elles doivent être réelles, il faut que k^2 soit supérieur à la plus petite des quantités a^2, b^2, c^2 : c^2 par exemple ; il en résulte que le plan pour lequel le moment d'inertie est minimum est le plan des xy.

Par un point $O'(x', y', z')$ de l'espace, il passe trois de ces surfaces : les valeurs du paramètre k^2, relatives à ces trois surfaces, sont les racines α^2, β^2, γ^2 de l'équation du troisième degré

$$(2) \qquad \frac{x'^2}{a^2 - k^2} + \frac{y'^2}{b^2 - k^2} + \frac{z'^2}{c^2 - k^2} + 1 = 0.$$

Les trois surfaces homofocales qui passent par O' se coupent à angle droit ; on a alors le théorème suivant :

Les plans principaux d'inertie relatifs au point O' sont les plans tangents aux trois surfaces homofocales (1) *qui passent par ce point ; et les moments d'inertie par rapport à ces trois plans principaux sont* $M\alpha^2$, $M\beta^2$, $M\gamma^2$; α^2, β^2, γ^2 *désignant les racines de l'équation* (2).

La démonstration résulte du rapprochement des deux faits suivants :

1° L'enveloppe des plans passant par O' par rapport auxquels le moment d'inertie du système a une valeur donnée $M k^2$ est le cône de sommet O' circonscrit à la surface (1). Cette enveloppe est un véritable cône tant que la surface (1) ne passe pas par O', c'est-à-dire tant que k^2 n'a pas une des valeurs α^2, β^2, γ^2. Mais, si k^2 a l'une de ces trois valeurs, la surface (1) passe par O' et le cône circonscrit de sommet O' devient un plan double confondu avec le plan tangent à cette surface en O' ;

2° Cherchons directement l'enveloppe de ces mêmes plans en prenant O' pour origine, et pour axes, $O'x_1y_1z_1$, les trois axes principaux d'inertie relatifs à O'. Soient x_1, y_1, z_1 les coordonnées d'un point du système,

$$M\alpha_1^2 = \Sigma\, m\, x_1^2, \qquad M\beta_1^2 = \Sigma\, m\, y_1^2, \qquad M\gamma_1^2 = \Sigma\, m\, z_1^2$$

les moments d'inertie par rapport aux trois plans principaux relatifs à O'. Le moment d'inertie du système par rapport au plan $u x_1 + v y_1 + w z_1 = 0$ passant par O' est

$$M k^2 = \Sigma\, m\, \frac{(u x_1 + v y_1 + w z_1)^2}{u^2 + v^2 + w^2} = \frac{M(\alpha_1^2 u^2 + \beta_1^2 v^2 + \gamma_1^2 w^2)}{u^2 + v^2 + w^2}.$$

Si k^2 doit rester constant, on a

$$u^2(\alpha_1^2 - k^2) + v^2(\beta_1^2 - k^2) + w^2(\gamma_1^2 - k^2) = 0 ;$$

le plan enveloppe alors un cône dont l'équation est

$$\frac{x_1^2}{\alpha_1^2 - k^2} + \frac{y_1^2}{\beta_1^2 - k^2} + \frac{z_1^2}{\gamma_1^2 - k^2} = 0.$$

C'est là un véritable cône tant que k^2 n'a pas une des valeurs α_1^2, β_1^2, γ_1^2, pour $k^2 = \alpha_1^2$ par exemple, le cône se réduit au plan double $x_1^2 = 0$, c'est-à-dire à l'un des plans principaux relatifs au point O' : de même pour $k^2 = \beta_1^2$, $k^2 = \gamma_1^2$, on a les deux autres plans principaux relatifs à O'.

Comme, dans la première façon de raisonner, nous avons trouvé que le même cône se réduit à des plans doubles seulement quand k^2 est égal à α^2, β^2 ou γ^2, il faut que α_1^2, β_1^2, γ_1^2 soient égaux à α^2, β^2, γ^2 ; comme nous avons trouvé, de même, que ces plans doubles coïncident avec les plans tangents aux trois surfaces homofocales passant par O', il faut que ces plans tangents coïncident avec les plans principaux d'inertie relatifs au point O', $x_1 = 0$, $y_1 = 0$, $z_1 = 0$.

Le théorème est donc démontré.

322. Lieu des points O' tels que le moment d'inertie par rapport à l'un des axes principaux relatifs à O' ait une valeur donnée $M p^2$. — Supposons que le moment d'inertie par rapport à l'axe principal $O'z_1$ ait pour valeur $M p^2$; on aura

$$M\alpha^2 + M\beta^2 = M p^2.$$

Or α^2, β^2, γ^2 sont les racines de l'équation (2); écrivant cette équation sous forme entière, on a pour la somme des racines

$$\alpha^2 + \beta^2 + \gamma^2 = x'^2 + y'^2 + z'^2 + a^2 + b^2 + c^2,$$

d'où en faisant

$$x'^2 + y'^2 + z'^2 = r'^2, \qquad a^2 + \beta^2 = p^2,$$
$$\gamma^2 = r'^2 + a^2 + b^2 + c^2 - p^2.$$

En exprimant que γ^2 est racine de l'équation (2), on a l'équation du lieu

$$\frac{x'^2}{b^2 + c^2 - p^2 + r'^2} + \frac{y'^2}{c^2 + a^2 - p^2 + r'^2} + \frac{z'^2}{a^2 + b^2 - p^2 + r'^2} - 1 = 0;$$

c'est une surface du quatrième degré, coupée suivant des coniques, par les plans coordonnés, identique à la surface des ondes de Fresnel.

(Voyez CLEBSCH, *Journal de Crelle*, t. 57; O. HESSE, *Vorlesungen über analytische Geometrie des Raumes*; DARBOUX, *Note à la Mécanique de Despeyrous*.)

323. **Détermination expérimentale des moments d'inertie.** — Nous verrons plus loin comment la théorie du pendule composé permet de déterminer expérimentalement un moment d'inertie. Bornons-nous à indiquer que MM. Brassine (*Comptes rendus*, t. XCV, p. 446), Marcel Deprez (*ibid.*, t. LXXIII, p. 785), Joukowski (*Bulletin de l'Association française pour l'avancement des Sciences*, 1889, p. 23) ont indiqué divers appareils pour cette détermination. Les intégrateurs mécaniques permettent également d'évaluer les moments d'inertie, comme on le verra dans le *Traité de Statique graphique* de M. Maurice Levy.

M. Haffner a imaginé un appareil permettant de reconnaître si un axe donné est principal pour le centre de gravité [voir *Machine à déterminer les balourds*, par P. APPELL (*Journal de l'École Polytechnique*, 2ᵉ semestre, 9ᵉ Cahier, 1904)].

EXERCICES.

1. Calculer les moments d'inertie d'un parallélépipède rectangle homogène, de dimensions a, b, c, par rapport aux parallèles aux arêtes menées par le centre.

Réponse. — On trouve

$$\mathrm{M} \frac{b^2 + c^2}{12}, \qquad \mathrm{M} \frac{c^2 + a^2}{12}, \qquad \mathrm{M} \frac{a^2 + b^2}{12}.$$

2. On considère le volume compris entre deux cylindres de révolution de même axe de rayons R et R' et de hauteur commune h. Calculer les moments d'inertie de ce volume supposé homogène par rapport à l'axe de révolution et par rapport à une droite perpendiculaire à l'axe et équidistante des bases.

Réponse. — M désignant la masse du solide, on trouve

$$M \frac{R^2 + R'^2}{2}, \quad M \left(\frac{R^2 + R'^2}{4} + \frac{h^2}{12} \right).$$

3. Pour représenter la variation du moment d'inertie par rapport à des axes parallèles AB, on peut porter, sur chaque axe, à partir du point A où il rencontre un plan fixe perpendiculaire à la direction des axes, une longueur AI égale au moment d'inertie correspondant. Lieu du point I. (Paraboloïde de révolution.)

4. Si un solide admet un plan de symétrie matérielle, ce plan est principal pour chacun de ses points.

Si un solide admet un axe de symétrie matérielle, cet axe est principal pour chacun de ses points.

(La symétrie est matérielle quand chaque élément a même masse que son symétrique.)

5. Dans un tétraèdre régulier homogène, l'ellipsoïde central d'inertie est une sphère. (Cela résulte de la disposition des plans de symétrie.)

6. Conditions pour que l'axe Oz soit principal pour l'un de ses points.

Réponse. $\quad \dfrac{\Sigma m x z}{\Sigma m x} = \dfrac{\Sigma m y z}{\Sigma m y}.$

(La valeur commune de ces rapports donne la cote h du point.)

7. Les axes principaux d'inertie en un point d'un axe principal relatif au centre de gravité sont parallèles aux axes principaux relatifs au centre de gravité. (Réciproque.)

8. Étant donné un cylindre droit homogène, dont la hauteur est h, dont la base Ω est située dans le plan xOy, et dont les génératrices sont parallèles à l'axe Oz, soient I_x, I_y, I_z les moments d'inertie par rapport aux axes Ox, Oy, Oz, démontrer les formules

$$I_z = h \iint (x^2 + y^2) \, dx \, dy,$$

$$I_x = h \iint y^2 dx \, dy + \frac{h^3}{3} \Omega, \qquad I_y = h \iint x^2 dx \, dy + \frac{h^3}{3} \Omega,$$

$$I_x + I_y = I_z + \frac{2 h^3}{3} \Omega.$$

Les intégrations sont étendues à une section droite et la densité égale à 1. (RESAL, *Cours de l'École Polytechnique.*)

9. Étant donnée une aire plane, qui est située dans le plan des xy et que l'on regarde comme un ensemble d'éléments matériels dont le z est nul, démontrer :

1° Que tout axe situé dans le plan de l'aire est principal pour un de ses points et calculer les coordonnées de ce point ;

2° Que le moment d'inertie par rapport à Oz est égal à la somme des moments d'inertie par rapport à Ox et Oy.

10. *Moments d'inertie des surfaces de révolution par rapport à l'axe.* — Si l'équation $y = f(x)$ représente la courbe méridienne, tracée dans le plan des xy

et rapportée à l'axe de révolution comme axe des x, le moment d'inertie de la surface engendrée, par rapport à cet axe, sera donné par la formule

$$I = 2\pi\rho\varepsilon \int y^3\, ds,$$

où ε représente l'épaisseur constante de la surface matérielle supposée infiniment mince et où ρ est la densité constante de la couche.

Surface latérale du tronc de cône. — Si r et r' sont les rayons des deux bases du tronc, on a

$$I = M\,\frac{r^2 + r'^2}{2}.$$

Calotte sphérique de rayon R et de hauteur H

$$I = MR\left(R - \frac{H}{3}\right).$$

11. *Moments d'inertie des solides de révolution homogènes par rapport à l'axe.* — *Tronc de cône.* — Soient r et r' les rayons des deux bases du tronc; on a

$$I = \frac{3}{10}\,M\,\frac{r^5 - r'^5}{r^3 - r'^3}.$$

Segment sphérique à deux bases. — Soient r et r' les rayons des deux bases du segment, H sa hauteur et R le rayon de la sphère, à laquelle il appartient; on trouve

$$I = \frac{1}{120}\,\pi\rho\,H\,[20\,R^2 H^2 + 15(r^2 + r'^2)^2 - 3\,H^4].$$

(Dostor, *Archiv. de Grünert.*)

12. On considère un point fixe O et un axe variable Oδ passant par ce point. On mène un plan P perpendiculaire à Oδ, à une distance de O égale au rayon de gyration d'un système matériel autour de Oδ. Enveloppe du plan P?

[Cette enveloppe est un ellipsoïde (Clebsch, *Crelle*, t. 57).]

13. Soient

$$f(z) = (z - z_1)(z - z_2)\ldots(z - z_p) = 0$$

une équation de degré p par rapport à une variable imaginaire z; $z_1, z_2, \ldots, z_p$ ses racines. Représentons ces racines, suivant la méthode de Cauchy, par des points sur un plan; regardons ensuite ces points comme des points matériels ayant l'unité de masse; enfin convenons d'appeler *points centraux d'ordres successifs* 1, 2, 3; ... les racines des dérivées successives $f'(z)$, $f''(z)$, $f'''(z)$, ... On a alors les théorèmes suivants :

Le point central d'ordre $(p-1)$ est le centre de gravité du système donné;

La droite qui joint les deux points centraux d'ordre $(p-2)$ est dirigée suivant le grand axe de l'ellipsoïde central d'inertie du système.

Si l'on appelle A et B les rayons de gyration autour des deux axes principaux d'inertie relatifs au centre de gravité et situés dans le plan du système, la différence $A^2 - B^2$ est égale à $(p-1)$ fois le carré de la demi-distance des points centraux d'ordre $(p-2)$.

Pour que $A = B$, il faut et il suffit que ces deux derniers points coïncident.

(Lucas, *Bulletin de la Société mathématique*, t. XX, p. 10 et 17).

14. Quelle forme faut-il donner à une masse homogène donnée M pour que son moment d'inertie par rapport à un point donné O soit *minimum* ?

Réponse. — La forme d'une sphère de centre O.

15. Étant donné un système de points, étudier le complexe formé par les axes par rapport auxquels le moment d'inertie a une valeur donnée Mq^2.

Réponse. — En prenant les notations du n° 321, on trouve un complexe du second ordre formé par les droites par lesquelles on peut mener à la surface

$$\frac{x^2}{a^2 - \dfrac{q^2}{2}} + \frac{y^2}{b^2 - \dfrac{q^2}{2}} + \frac{z^2}{c^2 - \dfrac{q^2}{2}} + 1 = 0$$

des plans tangents rectangulaires.

16. Étudier de même le complexe formé par l'ensemble des axes principaux relatifs aux différents points de l'espace.

(Complexe formé par les normales à une famille de surfaces du second degré homofocales.)

17. Les droites du complexe précédent, qui passent par un point O', forment un cône; trouver le lieu des points pour lesquels les génératrices de ce cône sont des axes principaux.

(Lieu des pieds des normales menées de O' aux surfaces homofocales.)

18. Trouver le lieu des points pour lesquels les ellipsoïdes d'inertie sont de révolution.

[Il faut que l'équation (2) de la page 12 ait deux racines égales; on trouve une ellipse et une hyperbole situées dans deux des plans principaux relatifs au centre de gravité.]

19. Dans un ellipsoïde d'inertie, le plus petit des demi-axes est supérieur ou égal à la distance du centre à la droite qui joint les extrémités des deux autres.

20. Soit, dans un plan xOy, une aire plane limitée par une courbe fermée C, le calcul des éléments suivants : 1, aire; 2, ordonnée du centre de gravité de l'aire supposée homogène; 3, moment d'inertie par rapport à Ox de l'aire supposée homogène; 4, moment d'inertie par rapport à Ox du solide homogène de révolution engendré par la rotation de l'aire autour de Ox, se ramène au calcul des intégrales

$$(1)\ \int y\, dx, \qquad (2)\ \int y^2\, dx, \qquad (3)\ \int y^3\, dx, \qquad (4)\ \int y^4\, dx,$$

prises le long de la courbe C (voir *Éléments d'Analyse mathématique*, par P. Appell; Paris, Gauthier-Villars).

CHAPITRE XVIII.
THÉORÈMES GÉNÉRAUX SUR LE MOUVEMENT DES SYSTÈMES. LES SEPT ÉQUATIONS UNIVERSELLES DU MOUVEMENT.

324. Indication de la méthode. — Comme nous l'avons déjà fait en Statique, nous regarderons un système matériel quelconque, formé de corps solides, liquides, gazeux, comme composé d'un très grand nombre de points matériels assujettis à certaines liaisons. Un corps solide, par exemple, est un ensemble de points assujettis à rester à des distances invariables les uns des autres.

Les théorèmes généraux s'obtiennent en supposant qu'on ait écrit les équations du mouvement de ces différents points matériels et qu'on en fasse des combinaisons.

I. — THÉORÈMES DES PROJECTIONS ET DES MOMENTS DES QUANTITÉS DE MOUVEMENT.

325. Forces intérieures et forces extérieures. — On appelle *forces intérieures* à un système les actions mutuelles des différents points du système; ces actions sont deux à deux égales et directement opposées, d'après le principe de l'égalité de l'action et de la réaction. Par exemple, si un point m du système en attire un autre m' avec une certaine force, inversement m' attire m avec une force égale et opposée.

Les forces autres que les forces intérieures que nous venons de définir s'appellent *forces extérieures*.

Soient $x_1, y_1, z_1, x_2, y_2, z_2, \ldots, x_n, y_n, z_n$ les coordonnées des divers points du système dont les masses sont $m_1, m_2, \ldots, m_n$. Si nous considérons l'un quelconque de ces points, de masse m et de coordonnées x, y, z, nous pouvons partager les forces appliquées à ce point en deux catégories : 1° celle qui comprend les forces intérieures agissant sur m; nous appellerons X_i, Y_i, Z_i les

projections d'une de ces forces; 2° celle qui comprend les forces
extérieures agissant sur ce même point; nous appellerons X_e, Y_e,
Z_e les projections d'une de ces forces. Les équations du mouvement du point m sont alors

$$(1) \quad \begin{cases} m\,\dfrac{d^2 x}{dt^2} = \Sigma X_i + \Sigma X_e, \\[2mm] m\,\dfrac{d^2 y}{dt^2} = \Sigma Y_i + \Sigma Y_e, \\[2mm] m\,\dfrac{d^2 z}{dt^2} = \Sigma Z_i + \Sigma Z_e, \end{cases}$$

où les signes Σ signifient qu'il faut faire la somme des projections
de toutes les forces intérieures et extérieures appliquées à m.

**326. Démonstration du théorème des projections des quantités
de mouvement.** — Supposons écrites ces équations pour tous les
points du système, et ajoutons membre à membre les équations
relatives à l'axe des x; il viendra

$$\Sigma m\,\frac{d^2 x}{dt^2} = \Sigma\Sigma X_i + \Sigma\Sigma X_e,$$

le signe $\Sigma\Sigma$ indiquant que la somme est étendue à *toutes* les forces
agissant sur les divers points du système. Or, en vertu du principe de l'égalité de l'action et de la réaction, les forces intérieures
sont deux à deux égales et opposées; la somme $\Sigma\Sigma X_i$ de leurs projections sur l'axe des x est donc nulle, et l'équation précédente se
réduit à

$$\Sigma m\,\frac{d^2 x}{dt^2} = \Sigma\Sigma X_e;$$

on aurait de même

$$\Sigma m\,\frac{d^2 y}{dt^2} = \Sigma\Sigma Y_e,$$

$$\Sigma m\,\frac{d^2 z}{dt^2} = \Sigma\Sigma Z_e.$$

Ces équations peuvent s'écrire

$$(2) \quad \begin{cases} \dfrac{d}{dt}\,\Sigma\left(m\,\dfrac{dx}{dt}\right) = \Sigma\Sigma X_e, \\[2mm] \dfrac{d}{dt}\,\Sigma\left(m\,\dfrac{dy}{dt}\right) = \Sigma\Sigma Y_e, \\[2mm] \dfrac{d}{dt}\,\Sigma\left(m\,\dfrac{dz}{dt}\right) = \Sigma\Sigma Z_e; \end{cases}$$

elles donnent l'expression analytique du *théorème des quantités de mouvement projetées*.

THÉORÈME. — *La dérivée, par rapport au temps, de la somme des projections des quantités de mouvement des points du système, sur un axe fixe quelconque, est égale à la somme des projections des forces* EXTÉRIEURES *sur cet axe*.

Par exemple, si $\Sigma\Sigma X_e = 0$, on a

$$\Sigma m \, \frac{dx}{dt} = \text{const.}$$

Ces mêmes équations (2) sont susceptibles d'une autre interprétation : en désignant par M la masse totale Σm et par ξ, η, ζ les coordonnées du centre de gravité du système, on a

$$M\xi = \Sigma m x, \qquad M\eta = \Sigma m y, \qquad M\zeta = \Sigma m z,$$

$$M\frac{d^2\xi}{dt^2} = \Sigma m \frac{d^2 x}{dt^2}, \qquad M\frac{d^2\eta}{dt^2} = \Sigma m \frac{d^2 y}{dt^2}, \qquad M\frac{d^2\zeta}{dt^2} = \Sigma m \frac{d^2 z}{dt^2};$$

les équations (2) peuvent donc s'écrire

$$(3) \qquad M\frac{d^2\xi}{dt^2} = \Sigma\Sigma X_e, \qquad M\frac{d^2\eta}{dt^2} = \Sigma\Sigma Y_e, \qquad M\frac{d^2\zeta}{dt^2} = \Sigma\Sigma Z_e;$$

sous cette forme elles expriment la propriété suivante. :

THÉORÈME. — *Le centre de gravité du système se meut comme un point matériel, qui aurait pour masse la masse totale du système, et auquel seraient appliquées des forces égales et parallèles aux forces extérieures*.

Ce théorème, dont nous avons déjà fait usage, a, entre autres, cet intérêt qu'il donne une réalité à la théorie du mouvement d'un point matériel. Il a reçu le nom de *théorème du mouvement du centre de gravité*. Ce théorème a été indiqué par Newton dans des cas particuliers.

327. Exemples. — 1° *Pas de forces extérieures*. — L'hypothèse la plus simple qu'on puisse faire est que le système n'est soumis à aucune force extérieure; le centre de gravité est alors animé d'un mouvement rectiligne et uniforme. Si l'on admet, par exemple, que les actions des étoiles sur le système solaire sont nulles, le centre de gravité de ce système, qui est placé très près du Soleil, est animé d'un mouvement rectiligne uniforme.

2° *Système pesant dans le vide*. — Prenons maintenant un système de points pesants lancés dans le vide; quelles que soient les déformations et les liaisons intérieures du système, le centre de gravité décrit une parabole d'axe vertical; en effet, les diverses forces extérieures sont verticales; transportées au centre de gravité, elles ont pour résultante $\Sigma mg = Mg$; le centre de gravité se déplace donc comme un point pesant de masse M. Par exemple, si une bombe est lancée dans le vide et éclate à un certain instant, le centre de gravité des fragments continue à décrire la même parabole, car les forces développées par l'explosion sont intérieures. De même, si un être vivant est lancé dans le vide sous l'action de la pesanteur, son centre de gravité décrit une parabole et les efforts musculaires qu'il peut faire ne modifient pas la trajectoire du centre de gravité, car ces efforts sont des forces intérieures.

3° *Attraction proportionnelle à la distance*. — Soit encore un système de points matériels attirés, par un centre fixe O, proportionnellement aux masses et aux distances r. Les forces extérieures sont les attractions centrales fmr; transportons ces forces au centre de gravité G : nous avons vu en Statique que la résultante de ces forces est dirigée suivant GO et a pour valeur $f.M.GO$; le centre de gravité se déplace donc comme un point matériel attiré par O proportionnellement à la distance; il décrit une ellipse ayant O pour centre.

Remarque. — Dans les deux derniers exemples nous avons pu trouver le mouvement du centre de gravité, sans rien connaître des liaisons et des forces intérieures : cela tient à ce que, dans ces cas, les seconds membres des équations (3) ne dépendent que de ξ, η, ζ. On peut alors effectuer l'intégration de ces équations sans connaître les autres équations du mouvement. En général, il n'en sera pas ainsi; les seconds membres des équations (3) dépendront des coordonnées de tous les points du système et ces équations ne donneront qu'un renseignement sur le mouvement. Ce cas se présente, par exemple, dans le problème du mouvement de deux points s'attirant l'un l'autre, et attirés par un centre fixe suivant la loi de Newton; la résultante des forces extérieures au système des deux points, transportées au centre de gravité, dépend des coordonnées des points et ne dépend pas seulement des coordonnées du centre de gravité.

4° *Marche* (Delaunay, *Mécanique*). — Comme nous venons déjà d'en donner un exemple, le théorème du mouvement du centre de gravité s'étend aux êtres vivants. La volonté met en jeu des actions musculaires qui sont des forces intérieures, deux à deux égales et opposées, et qui n'ont aucune influence sur le mouvement du centre de gravité. Aussi n'est-ce qu'en réagissant sur des corps extérieurs qu'un être vivant peut modifier le mouvement de son centre de gravité. Imaginons, par exemple, un observateur debout sur un plan de glace horizontal parfaitement poli : les forces extérieures agissant sur le corps de l'observateur sont des forces toutes verticales, le poids et les réactions normales de la glace. Si l'observateur est d'abord immobile et veut ensuite se mouvoir, son centre de gravité se meut comme un point matériel d'abord immobile, sur lequel agit une force verticale : il décrit une verticale fixe; les efforts musculaires ne modifient donc pas la position de la projection horizontale du centre de gravité, qui ne peut que s'élever ou s'abaisser. La marche serait alors impossible; elle ne devient possible qu'à cause du frottement. Lorsque, sur un sol non poli, un homme, d'abord immobile, avance une jambe, l'autre tend à reculer pour que la projection horizontale du centre de gravité ne change pas; mais la seconde jambe ne peut reculer qu'en glissant sur le sol; c'est alors que se développe une réaction oblique du sol due au frottement et dirigée d'arrière en avant. Cette réaction, transportée parallèlement à elle-même au centre de gravité, détermine son mouvement en avant.

5° *Recul des armes à feu.* — Supposons une arme à feu horizontale de masse M : soient m la masse du projectile et μ la masse d'une particule de poudre; avant la combustion de la poudre, la vitesse du centre de gravité est nulle; immédiatement après, elle doit l'être encore, car les seules forces développées sont intérieures, les effets de la pesanteur et des résistances passives pouvant être regardés comme nuls pendant le temps très court de la combustion. On aura donc, en appelant V, v et w les valeurs absolues des vitesses initiales de l'arme, du projectile et de la particule μ,

$$MV - mv - \Sigma \mu w = 0,$$

car les vitesses des particules et du projectile sont évidemment de sens contraire à celles de l'arme. Le signe Σ indique une sommation étendue à toutes les particules de la charge; comme on ne connaît pas w et que la masse $m' = \Sigma \mu$ de la charge n'atteint pas le quart de m, on peut prendre approximativement w égal à la moyenne algébrique $\dfrac{v - V}{2}$; on a ainsi l'équation

$$V(2M + m') = v(2m + m'),$$

qui donne le rapport des vitesses V et v.

6° *Exercice.* — Sur un plan horizontal parfaitement poli est placé un brin de paille rectiligne AB de longueur $2l$ et de masse m (*fig.* 183); un insecte M de même masse, regardé comme un point, est d'abord immobile

Fig. 183.

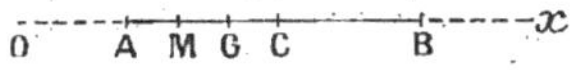

$$\overset{\displaystyle O \qquad A \quad M \ G \ C \qquad B}{\text{- - - - - | - - - | - | - | - - - - - } x}$$

en A; à l'instant $t = o$, il se met à marcher de A vers B, en avançant le long de AB d'un mouvement uniformément accéléré $(AM = at^2)$; quel est le mouvement du système?

Les seules forces extérieures étant les poids et les réactions normales du plan horizontal, la projection horizontale du centre de gravité reste fixe. De plus, il est évident, par raison de symétrie, que le brin de paille AB ne peut que glisser le long de sa direction primitive. Prenons cette direction pour axe Ox, appelons x et x' les coordonnées du milieu C de AB et du point M, x_0, x'_0 les valeurs de ces coordonnées au temps $t = o$. Nous aurons

$$x + x' = x_0 + x'_0.$$

Comme

$$x' = x - l + at^2, \qquad x'_0 = x_0 - l,$$

on a donc

$$x = x_0 - \frac{at^2}{2}, \qquad x' = x'_0 + \frac{at^2}{2}.$$

La réaction du brin de paille sur l'insecte s'obtient immédiatement; en appelant X cette réaction et écrivant l'équation du mouvement de M, on a

$$m \frac{d^2 x'}{dt^2} = X, \qquad X = ma.$$

328. **Démonstration du théorème des moments des quantités de mouvement.** — Revenons aux équations (1); multiplions la première par $-y$, la deuxième par x, et ajoutons, nous aurons

$$m\left(x \frac{d^2 y}{dt^2} - y \frac{d^2 x}{dt^2} \right) = \Sigma(x Y_i - y X_i) + \Sigma(x Y_e - y X_e),$$

équation qu'on peut écrire

$$\frac{d}{dt}\left[m\left(x \frac{dy}{dt} - y \frac{dx}{dt} \right) \right] = \Sigma(x Y_i - y X_i) + \Sigma(x Y_e - y X_e);$$

supposons écrites les équations analogues pour tous les points du système et ajoutons-les, membre à membre, il nous viendra

$$\frac{d}{dt}\sum m\left(x\,\frac{dy}{dt} - y\,\frac{dx}{dt}\right) = \Sigma\Sigma(x\,Y_i - y\,X_i) + \Sigma\Sigma(x\,Y_e - y\,X_e);$$

mais $\Sigma\Sigma(x\,Y_i - y\,X_i)$ représente la somme des moments de toutes les forces intérieures par rapport à Oz; cette expression est donc nulle, puisque ces forces sont deux à deux égales et directement opposées. Nous arrivons ainsi à l'équation

$$\frac{d}{dt}\sum m\left(x\,\frac{dy}{dt} - y\,\frac{dx}{dt}\right) = \Sigma\Sigma(x\,Y_e - y\,X_e),$$

et nous pouvons énoncer le théorème suivant :

THÉORÈME. — *La dérivée, par rapport au temps, de la somme des moments des quantités de mouvement des points du système, par rapport à un axe fixe quelconque, est égale à la somme des moments des forces* EXTÉRIEURES *par rapport à cet axe.*

329. Théorème des aires. — Supposons que la somme des moments des forces extérieures par rapport à un axe soit constamment nulle; en prenant cet axe pour axe des z, le théorème précédent devient

$$(4) \qquad \sum m\left(x\,\frac{dy}{dt} - y\,\frac{dx}{dt}\right) = C.$$

La somme des moments des quantités de mouvement par rapport à cet axe est alors constante.

Fig. 184.

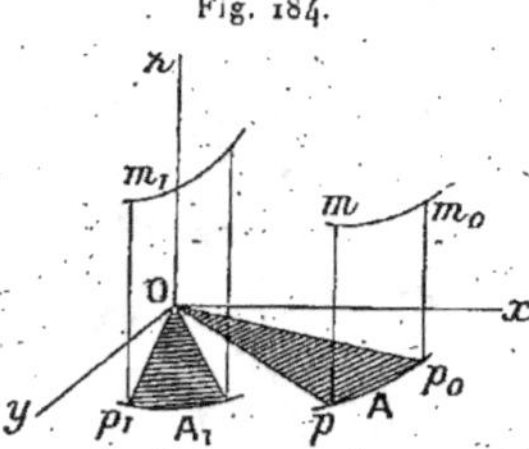

On dit aussi que le théorème des aires s'applique à la projection du mouvement sur un plan perpendiculaire à cet axe. Projetons.

les points mobiles m_1, m_2, ..., m, ... sur le plan xOy perpendiculaire à l'axe, en p_1, p_2, ..., p, ..., et désignons par A_1, A_2, ..., A, ... les aires balayées par les rayons vecteurs Op_1, Op_2, ..., Op, ...; nous aurons

$$2\,dA = x\,dy - y\,dx$$

et, par conséquent,

$$\sum m \left(x\,\frac{dy}{dt} - y\,\frac{dx}{dt} \right) = 2 \sum m\,\frac{dA}{dt}.$$

L'équation (4) s'écrit donc

$$2 \sum m\,\frac{dA}{dt} = C$$

ou, en intégrant,

$$\sum m\,A = \frac{C}{2}\,t + C'.$$

Donc la somme des produits obtenus en multipliant les aires balayées, par les masses correspondantes, varie proportionnellement au temps. La constante des aires, C, est le double de la variation de $\Sigma m A$ pendant l'unité de temps.

Si, en particulier, le système n'est soumis à aucune force extérieure, le principe des aires s'applique à la projection du mouvement sur un plan quelconque autour d'un quelconque des points de ce plan : c'est ce qui se présente pour le système solaire, si l'on néglige les actions des étoiles.

Le théorème des aires, quoiqu'il fût une conséquence immédiate des principes de Newton, a été énoncé bien après lui par Euler, d'Arcy et Daniel Bernoulli (1746).

Application à un être vivant. — Si l'on applique le théorème précédent à un observateur debout sur un plan de glace horizontal, on voit que le théorème des aires a lieu autour de tous les points de ce plan; en effet, les forces extérieures, poids et réactions du plan, agissant sur l'observateur, étant toutes verticales, la somme de leurs moments est nulle par rapport à un axe vertical Oz quelconque : l'équation (4) a donc lieu quel que soit le point O dans le plan horizontal. Si l'observateur est d'abord immobile, les quantités $\frac{dx}{dt}$, $\frac{dy}{dt}$ sont d'abord nulles : alors $C = 0$. Lorsque ensuite l'observateur veut se mouvoir, C reste nul : une partie de son corps ne peut tourner dans un sens sans qu'une autre partie tourne en sens inverse (Delaunay). Mais il faut remarquer que, malgré cette condition, l'observateur d'abord immobile sur le plan pourrait, par des mouvements successifs des différentes parties de son corps, se retrouver dans une position finale déduite (en apparence) de la position initiale par une rotation d'ensemble autour de la verticale du centre de gravité. La possibilité de tels mouvements résulte des exemples que nous traitons plus loin, notamment des exemples 3° et 4° du n° 333.

330. Représentation géométrique des deux théorèmes. — Les deux théorèmes que nous venons de démontrer sont susceptibles d'une représentation géométrique très simple.

Menons par chacun des points m du système le vecteur qui représente la quantité de mouvement mv de ce point. Tous ces vecteurs mv ont une résultante générale $O\rho$ ayant pour projections

$$(\rho) \qquad \alpha = \sum m \frac{dx}{dt}, \qquad \beta = \sum m \frac{dy}{dt}, \qquad \gamma = \sum m \frac{dz}{dt},$$

et un moment résultant $O\sigma$, par rapport à l'origine O, ayant pour projections (*fig.* 185)

$$(\sigma) \qquad \begin{cases} \lambda = \sum m \left(y \dfrac{dz}{dt} - z \dfrac{dy}{dt} \right), \\[2mm] \mu = \sum m \left(z \dfrac{dx}{dt} - x \dfrac{dz}{dt} \right), \\[2mm] \nu = \sum m \left(x \dfrac{dy}{dt} - y \dfrac{dx}{dt} \right). \end{cases}$$

Prenons maintenant les forces extérieures : leur résultante générale OR a pour projections

$$(R) \qquad X = \Sigma\Sigma X_e, \qquad Y = \Sigma\Sigma Y_e, \qquad Z = \Sigma\Sigma Z_e,$$

et leur moment résultant OS, par rapport à O, a pour projections

$$(S) \quad L = \Sigma\Sigma(y Z_e - z Y_e), \qquad M = \Sigma\Sigma(z X_e - x Z_e), \qquad N = \Sigma\Sigma(x Y_e - y X_e).$$

Le théorème des quantités de mouvement projetées donne alors

$$\frac{d\alpha}{dt} = X. \qquad \frac{d\beta}{dt} \qquad \frac{d\gamma}{dt} = Z,$$

et le théorème des moments des quantités de mouvement

$$\frac{d\lambda}{dt} = \mathrm{L}, \qquad \frac{d\mu}{dt} = \mathrm{M}, \qquad \frac{d\nu}{dt} = \mathrm{N}.$$

Fig. 185.

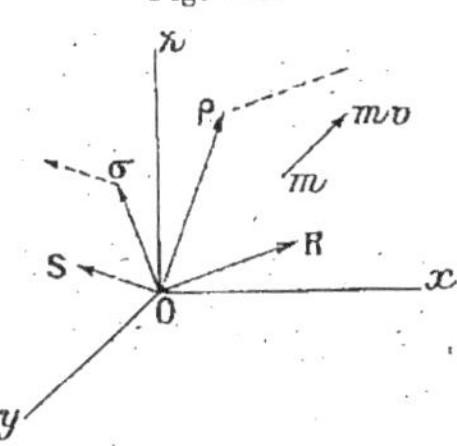

Ces six équations expriment que *les vitesses des points géométriques* p *et* σ *sont, à chaque instant, respectivement égales et parallèles aux segments* OR *et* OS.

331. **Cas particulier où le moment résultant des forces extérieures est nul par rapport au point O. Plan du maximum des aires.** — Dans ce cas, les quantités L, M, N sont nulles, le segment OS est nul. Le point σ est fixe et les quantités λ, μ, ν sont constantes, quelle que soit l'orientation des axes fixes autour du point O. Le principe des aires s'applique alors à la projection du mouvement sur un plan quelconque P passant par O. Pour voir quelle est la constante des aires sur ce plan, prenons-le pour plan des xy : nous aurons

$$\sum m \left(x \frac{dy}{dt} - y \frac{dx}{dt} \right) = \nu = \text{const.}$$

La constante ν est la projection du segment fixe Oσ sur l'axe des z, c'est-à-dire sur la normale au plan P. Ainsi la constante des aires, sur un plan passant par O, est la projection de Oσ sur la normale au plan. De là résulte que, parmi tous les plans passant par O, celui pour lequel la constante des aires est la plus grande est le plan perpendiculaire à Oσ; on l'appelle *plan du maximum des aires*. La constante des aires est d'ailleurs nulle pour tout plan passant par Oσ.

332. Somme des moments des quantités de mouvement des points d'un corps solide tournant autour d'un axe, par rapport à cet axe. — Considérons un corps solide tournant autour de l'axe Oz avec une vitesse angulaire ω. Soient r et θ les coordonnées polaires de la projection d'un point $m(x, y, z)$ du corps sur le plan des xy; on a

$$m\left(x\,\frac{dy}{dt} - y\,\frac{dx}{dt}\right) = mr^2\,\frac{d\theta}{dt} = mr^2\omega.$$

Donc, en appelant Mk^2 le moment d'inertie du corps par rapport à l'axe de rotation, on a, pour la somme des moments des quantités de mouvement de tous les points du corps par rapport à l'axe,

$$\Sigma\, mr^2\omega = Mk^2\omega,$$

c'est-à-dire le *moment d'inertie multiplié par la vitesse angulaire*.

333. Exemples. — 1° Les extrémités d'une droite matérielle homogène AB de masse m et de longueur $2a$ peuvent glisser sans frottement sur une circonférence horizontale de rayon R. Un insecte de même masse m se

Fig. 186.

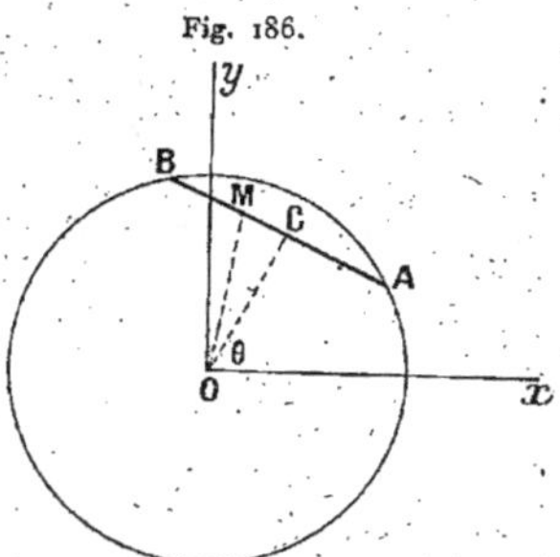

trouve posé au milieu de la droite supposée immobile. A l'instant $t = 0$, l'insecte se met à marcher le long de la droite AB, de C vers B, en parcourant des longueurs égales de cette droite en des temps égaux. Trouver le mouvement du système; calculer l'angle dont la droite a tourné à partir de sa position initiale quand l'insecte est arrivé à l'extrémité B.

On appellera θ l'angle que fait avec un axe fixe le rayon vecteur joignant le centre O au milieu C de la droite, r la distance CM de l'insecte M au point C, $r = vt$ (v constante). (Licence, juillet 1891.)

Les forces extérieures agissant sur le système formé par la droite et l'insecte sont : 1° la pesanteur; 2° les réactions normales de la circonférence sur les extrémités A et B de la barre. Toutes ces forces ont leurs moments nuls par rapport à la verticale Oz du point O, car les poids sont parallèles à Oz et les réactions normales sont dans les plans normaux à la circonférence aux points A et B, plans qui contiennent Oz. La somme des moments des quantités de mouvement par rapport à Oz est donc constante, et, comme elle est d'abord nulle, puisque l'insecte et la barre partent du repos, elle reste constamment nulle. Calculons cette somme; elle se compose :

a. De la somme des moments des quantités de mouvement des différents points de la droite par rapport à Oz : comme la droite est un corps solide tournant autour de Oz avec une vitesse angulaire $\dfrac{d\theta}{dt}$, cette somme est $mk^2 \dfrac{d\theta}{dt}$, mk^2 désignant le moment d'inertie de la barre par rapport à Oz;

b. Du moment de la quantité de mouvement de l'insecte M; comme les coordonnées polaires de M sont ρ et $\alpha = \widehat{x\,OM}$, ce moment est $m\rho^2 \dfrac{d\alpha}{dt}$.

On a donc

$$k^2 \frac{d\theta}{dt} + \rho^2 \frac{d\alpha}{dt} = 0.$$

Or le triangle rectangle COM donne immédiatement

$$\rho = \sqrt{R^2 - a^2 + v^2 t^2}, \qquad \alpha = \theta + \text{arc tang} \frac{vt}{\sqrt{R^2 - a^2}}.$$

Substituant dans l'équation précédente et réduisant, on a

$$\frac{d\theta}{dt} = - \frac{v \sqrt{R^2 - a^2}}{k^2 + R^2 - a^2 + v^2 t^2},$$

$$\theta = \theta_0 - \sqrt{\frac{R^2 - a^2}{k^2 + R^2 - a^2}} \, \text{arc tang} \frac{vt}{\sqrt{k^2 + R^2 - a^2}},$$

θ_0 désignant la valeur de θ à l'instant $t = 0$. Les autres équations écrites plus haut donnent alors ρ et α en fonction de t. Quand l'insecte est arrivé en B, on a $vt = a$; on en déduit la valeur demandée de $\theta - \theta_0$.

Déterminons exactement k^2. Le moment d'inertie de la droite AB par rapport à son centre de gravité C est, en appelant μ la densité linéaire (masse de l'unité de longueur) et r la distance d'un élément dr au centre,

$$\int_{-a}^{+a} \mu r^2 \, dr = \frac{2\mu a^3}{3} = m \frac{a^2}{3};$$

le moment d'inertie mk^2 par rapport à l'axe Oz ou au point O est donc (n° 317)

$$m\,\frac{a^2}{3} + m\,\overline{OC}^2\,;$$

donc

$$k^2 = R^2 - \frac{2\,a^2}{3}.$$

Si, à un moment quelconque, l'insecte s'arrête sur la droite, le système tout entier devient immobile, car, s'il ne le devenait pas, la somme des moments des quantités de mouvement ne serait pas nulle.

2° Une feuille de papier est posée à plat sur un plan horizontal parfaitement poli sur lequel elle peut glisser sans frottement; un point O de cette feuille est fixe, de telle façon que la feuille ne peut que tourner autour de O en restant sur le plan; c'est ce qui arriverait, par exemple, si la feuille était traversée par une épingle piquée en O dans le plan horizontal; enfin sur la feuille de papier est tracée une circonférence de rayon a passant par O (*fig.* 187, I et II).

Le papier étant immobile, un insecte est posé sans vitesse sur cette circonférence au point A, diamétralement opposé à O. A l'instant $t = 0$,

Fig. 187.

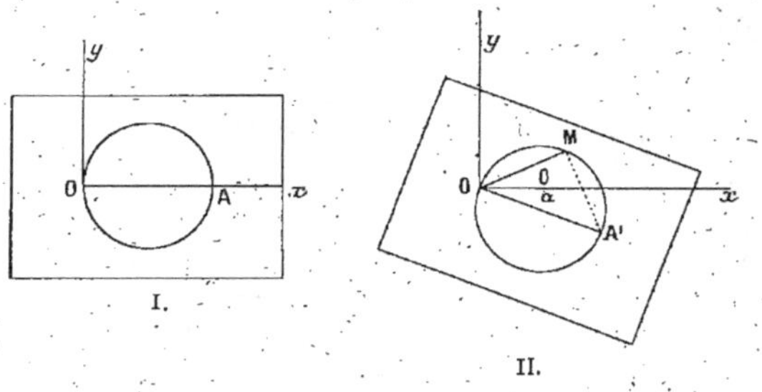

l'insecte se met à marcher sur le papier en suivant la circonférence avec une vitesse v constante par rapport au papier. Trouver le mouvement du système. (ROUTH, *Rigid dynamics*).

Nous prendrons dans le plan, comme axes fixes, l'axe Ox coïncidant avec la position initiale de OA (position I) et un axe Oy perpendiculaire. Les forces extérieures appliquées au système (papier et insecte) sont les poids, les réactions normales du plan, les réactions de l'épingle O sur le papier. Toutes ces forces ont leurs moments nuls par rapport à un axe Oz perpendiculaire en O au plan xOy. Donc la somme des moments des quantités de mouvement par rapport à Oz est constante; le théorème des aires s'applique au mouvement du système sur le plan xOy, et, comme le système part du repos, la constante des aires est *nulle*. On a ainsi

$$\sum mr^2 \frac{d\theta}{dt} = 0.$$

L'insecte tournant dans un sens autour de O, le papier devra tourner en sens contraire. Calculons la somme des moments des quantités de mouvement. A l'instant t (*fig.* 187, II), l'insecte est en M; appelons r et θ ses coordonnées polaires, θ étant supposé positif. Au même instant, le diamètre issu de O a pris la position OA' faisant avec Ox un angle négatif que nous appellerons $-\alpha$, de sorte que α désigne la valeur absolue de l'angle xOA'. Le moment de la quantité de mouvement de l'insecte est $mr^2 \frac{d\theta}{dt}$; la somme des moments des quantités de mouvement des divers points du papier est $-\mathrm{I}\frac{d\alpha}{dt}$, I désignant le moment d'inertie du papier par rapport à Oz, car la vitesse angulaire du papier est $-\frac{d\alpha}{dt}$. On a donc l'équation

$$(1) \qquad mr^2 \frac{d\theta}{dt} - \mathrm{I}\frac{d\alpha}{dt} = 0.$$

Il faut exprimer que l'arc de circonférence A'M parcouru par l'insecte est égal à vt : on a ainsi, puisque $\overset{\frown}{\mathrm{A'OM}} = \theta + \alpha$,

$$(2) \qquad 2a(\theta + \alpha) = vt, \qquad \theta + \alpha = \lambda t,$$

en posant pour abréger $\lambda = \frac{v}{2a}$. D'autre part, le triangle rectangle A'OM donne

$$(3) \qquad r = 2a\cos(\theta + \alpha) = 2a\cos\lambda t.$$

Remplaçant, dans (1), r par cette valeur et α par $\lambda t - \theta$, on a

$$d\theta = \frac{\lambda\, dt}{1 + \mu\cos^2\lambda t}, \qquad \mu = \frac{4ma^2}{\mathrm{I}}.$$

En écrivant

$$d\theta = \frac{d\tan\lambda t}{1 + \mu + \tan^2\lambda t},$$

on a, par l'intégration,

$$(4) \qquad \theta = \frac{1}{\sqrt{1+\mu}}\,\operatorname{arc\,tang}\left[\frac{\tan\lambda t}{\sqrt{1+\mu}}\right]$$

sans ajouter de constante, car, pour $t = 0$, $\theta = 0$. On a ainsi θ en fonction de t; en remontant, les équations (3) et (2) donnent r et α en fonction de t. Le mouvement est donc connu.

Cherchons quel est le temps T que met l'insecte à arriver en O, et quelles sont les valeurs correspondantes de θ et α. Alors, d'après (2) et (4),

$$\theta + \alpha = \frac{\pi}{2}, \qquad \lambda \, T = \frac{\pi}{2},$$

$$\theta = \frac{1}{\sqrt{1+\mu}} \, \frac{\pi}{2}, \qquad \alpha = \frac{\pi}{2}\left(1 - \frac{1}{\sqrt{1+\mu}}\right).$$

L'insecte continuant à tourner sur le cercle, le papier continue à tourner en sens contraire de l'insecte.

3° Dans l'exemple précédent, le point O de la feuille de papier est fixe. Mais on peut réaliser un mouvement de rotation du même genre sans fixer aucun point, par le procédé suivant. Supposons une feuille de papier dont le centre de gravité est O pouvant glisser sans frottement sur le plan horizontal, et traçons sur ce papier (*fig.* 188) deux circonférences égales tangentes en O. Imaginons deux insectes de même masse $\frac{m}{2}$, d'abord posés aux points A et A_1 diamétralement opposés à O, puis se mettant à

Fig. 188.

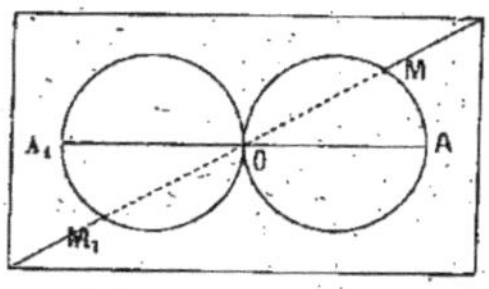

marcher sur les deux circonférences avec la même vitesse v dans le même sens de rotation, de façon à occuper, à un instant quelconque, deux positions M et M_1 symétriques par rapport au point O du papier.

D'après le théorème du mouvement du centre de gravité, le point O, qui est le centre de gravité de tout le système, reste fixe puisque les vitesses initiales sont nulles; la feuille de papier tourne alors autour du point fixe O en sens contraire du mouvement de circulation des deux insectes et les équations de ce mouvement sont identiques aux précédentes, si l'on suppose, comme nous l'avons fait, que chacun des deux insectes M et M_1 a la moitié de la masse de l'insecte unique de l'exemple précédent.

C'est par un procédé analogue qu'un observateur debout sur un plan de glace parfaitement poli pourrait arriver à se retourner : il suffirait qu'il élève ses deux poings en les plaçant symétriquement par rapport à la verticale Oz du centre de gravité du corps, puis qu'il leur fasse décrire deux cercles dans le même sens de rotation en les maintenant toujours symétriques par rapport à Oz; le corps tournerait autour de Oz en sens contraire et arriverait, au bout d'un certain temps, à faire une révolution complète.

4° Imaginons un observateur debout, immobile, sur un plan horizontal parfaitement poli et portant une ceinture, en forme de gouttière, dans laquelle se trouveraient placées des boules pesantes d'abord immobiles. Si l'observateur, avec ses mains, se met à pousser les boules de façon à les faire tourner autour de son corps toutes dans le même sens, le centre de gravité du système restera sur une verticale fixe et le corps tournera autour de cette verticale en sens inverse des boules.

On pourra consulter, sur les problèmes du genre de ceux que nous venons de traiter, diverses Notes de MM. Guyou, Maurice Levy, Marcel Deprez, Picard, Appell, Lecornu (*Comptes rendus*, 2° semestre 1894, *Bulletin de la Société mathématique*, novembre 1894) et une Note de M. A. de Saint-Germain (*Nouvelles Annales de Mathématiques*, 1895) où se trouve développé le quatrième des exemples précédents.

334. Mouvement relatif par rapport à un système d'axes animé d'un mouvement de translation rectiligne et uniforme. — Soit $O'x'y'z'$ un système d'axes parallèles aux axes fixes dont l'origine mobile O' a pour coordonnées a, b, c. Appelons x', y', z' les coordonnées d'un des points du système par rapport à ces axes, x, y, z désignant ses coordonnées absolues. On a

$$x = a + x', \qquad y = b + y', \qquad z = c + z'.$$

Si le point O' est animé d'un mouvement *rectiligne et uniforme*, on a

$$\frac{d^2 a}{dt^2} = 0, \qquad \frac{d^2 b}{dt^2} = 0, \qquad \frac{d^2 c}{dt^2} = 0,$$

$$\frac{d^2 x}{dt^2} = \frac{d^2 x'}{dt^2}, \qquad \frac{d^2 y}{dt^2} = \frac{d^2 y'}{dt^2}, \qquad \frac{d^2 z}{dt^2} = \frac{d^2 z'}{dt^2}.$$

D'ailleurs les projections des forces sur les axes mobiles sont les mêmes que sur les axes fixes. Les équations du mouvement de chaque point et, par suite, les équations du mouvement de tout le système *gardent donc la même forme que si les axes* $O'x'y'z'$ *étaient fixes*.

335. Cas général où les théorèmes des projections et des moments des quantités de mouvement donnent une intégrale première. — Le théorème que M. Pennachietti a donné pour les fils et le mouvement d'un point libre (n° 131) a été étendu à un système par M. Kostelnikoff (*Comptes rendus*, t. XCVIII, p. 129). Les équations qui expriment ces théorèmes dans le mouvement absolu sont

$$(10) \quad \begin{cases} \dfrac{d}{dt} \sum m \dfrac{dx}{dt} = \Sigma\Sigma X_e, \quad \dfrac{d}{dt} \sum m \dfrac{dy}{dt} = \Sigma\Sigma Y_e, \quad \ldots, \\[2ex] \dfrac{d}{dt} \sum m \left(y \dfrac{dz}{dt} - z \dfrac{dy}{dt} \right) = \Sigma\Sigma (y Z_e - z Y_e), \quad \ldots \end{cases}$$

Supposons qu'il existe des constantes a, b, c, p, q, r, telles que les forces extérieures vérifient la condition

$$(11) \quad \begin{cases} a\,\Sigma\Sigma X_e + b\,\Sigma\Sigma Y_e + c\,\Sigma\Sigma Z_e + p\,\Sigma\Sigma (y Z_e - z Y_e) \\ \qquad + q\,\Sigma\Sigma (z X_e - x Z_e) + r\,\Sigma\Sigma (x Y_e - y X_e) = 0; \end{cases}$$

on a alors l'intégrale

$$a \sum m \frac{dx}{dt} + b \sum m \frac{dy}{dt} + c \sum m \frac{dz}{dt} + p \sum m \left(y \frac{dz}{dt} - z \frac{dy}{dt} \right)$$
$$+ q \sum m \left(z \frac{dx}{dt} - x \frac{dz}{dt} \right) + r \sum m \left(x \frac{dy}{dt} - y \frac{dx}{dt} \right) = \text{const.},$$

car la dérivée du premier membre de cette équation est nulle, en vertu des relations (10) et de la condition supposée (11).

La relation (11) signifie que le moment relatif du système des forces extérieures et d'un système de vecteurs fixes *est constamment nul* (n° 28); alors, le moment relatif des quantités de mouvement et du même système de vecteurs fixes *est constant*.

I. — THÉORÈME DES FORCES VIVES.

336. **Démonstration.** — Le théorème des forces vives a d'abord été employé par Huygens : il fut énoncé sous une forme générale par Jean et Daniel Bernoulli. Pour le démontrer, nous partirons encore des équations du mouvement d'un point m du système :

$$m \frac{d^2 x}{dt^2} = \Sigma X_i + \Sigma X_e,$$
$$m \frac{d^2 y}{dt^2} = \Sigma Y_i + \Sigma Y_e,$$
$$m \frac{d^2 z}{dt^2} = \Sigma Z_i + \Sigma Z_e.$$

En appliquant à ce point le théorème des forces vives, nous avons

$$d \frac{m v^2}{2} = \Sigma (X_i dx + Y_i dy + Z_i dz) + \Sigma (X_e dx + Y_e dy + Z_e dz).$$

Si ensuite nous faisons la somme de toutes les équations analogues, il vient

$$(1) \quad d\sum \frac{mv^2}{2} = \Sigma\Sigma(X_i\,dx + Y_i\,dy + Z_i\,dz) + \Sigma\Sigma(X_e\,dx + Y_e\,dy + Z_e\,dz).$$

La somme Σmv^2 des forces vives des divers points se nomme *la
force vive totale* (LEIBNITZ). On a donc le théorème suivant :

*La différentielle de la demi-force vive totale du système est
égale à la somme des travaux élémentaires de toutes les forces,
tant intérieures qu'extérieures.*

Il est très important de remarquer que les travaux des forces
intérieures ne disparaissent pas. C'est ce qu'on vérifie immédiatement. Soient, en effet, deux points m et m' (*fig.* 189) situés à

Fig. 189.

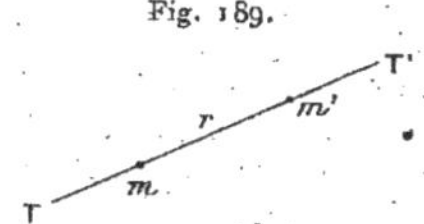

une distance r l'un de l'autre : l'action de m' sur m est une certaine force dirigée suivant la droite mm', et, inversement, l'action
de m sur m' est une force égale et opposée. Suivant une convention déjà faite (88), nous appelons *action mutuelle* F des deux
points la valeur commune des deux forces précédée du signe + ou
du signe —, suivant que les deux points se repoussent ou s'attirent. Si les deux points subissent un déplacement infiniment
petit quelconque, leur distance varie de dr, et la somme des travaux des deux forces appliquées aux deux points est (88)

$$F\,dr;$$

nous dirons, pour abréger, que c'est là le travail élémentaire de
l'action mutuelle des deux points.

D'après cela, en appelant $F_{j,k}$ l'action mutuelle des points m_j
et m_k situés à la distance $r_{j,k}$ l'un de l'autre, la somme des travaux
élémentaires des forces intérieures est

$$\Sigma\Sigma(X_i\,dx + Y_i\,dy + Z_i\,dz) = \sum_{j,k} F_{j,k}\,dr_{j,k},$$

la sommation étant étendue à toutes les combinaisons des points du système deux à deux.

Le théorème des forces vives s'écrit alors

$$(2) \qquad d\,\frac{\Sigma\,mv^2}{2} = \Sigma\Sigma(\mathrm{X}_e\,dx + \mathrm{Y}_e\,dy + \mathrm{Z}_e\,dz) + \sum_{j,k}\mathrm{F}_{j,k}\,dr_{j,k}.$$

Considérons le mouvement du système pendant l'intervalle de temps fini $t - t_0$; dans ce mouvement, toutes les quantités qui figurent dans la relation (1) ou (2) sont des fonctions du temps : nous avons donc, en intégrant de t_0 à t,

$$\frac{\Sigma\,mv^2}{2} - \frac{\Sigma\,mv_0^2}{2} = \int_{t_0}^{t}\Sigma\Sigma(\mathrm{X}_e\,dx + \mathrm{Y}_e\,dy + \mathrm{Z}_e\,dz) + \int_{t_0}^{t}\Sigma\,\mathrm{F}_{j,k}\,dr_{j,k}.$$

La variation de la demi-force vive, pendant l'intervalle de temps fini $t - t_0$, *est donc égale à la somme des travaux de toutes les forces, tant intérieures qu'extérieures, appliquées au système.*

337. Remarque sur les corps solides. — Si le système est un *corps solide* dans le sens de la Mécanique rationnelle, c'est-à-dire un système dont tous les points sont à des *distances invariables* les uns des autres, *les travaux élémentaires des forces intérieures ont une somme nulle.* En effet, dans ce cas, les distances $r_{j,k}$ sont toutes constantes : on a donc

$$dr_{j,k} = 0 \qquad \text{et} \qquad \sum_{k}\mathrm{F}_{j,k}\,dr_{j,k} = 0.$$

Donc, pour un corps solide, la différentielle de la demi-force vive est égale à la somme des travaux élémentaires des *seules forces extérieures.*

338. Cas dans lequel l'action mutuelle de deux points du système est fonction de leur seule distance. — Si l'on suppose que l'action mutuelle $\mathrm{F}_{j,k}$ de deux points quelconques m_j et m_k est une fonction de leur seule distance $r_{j,k}$, *la somme des travaux élémentaires des forces intérieures est une différentielle totale exacte d'une fonction des distances mutuelles.* En effet, on a alors

$$\mathrm{F}_{j,k} = \varphi(r_{j,k}), \qquad \mathrm{F}_{j,k}\, dr_{j,k} = d \int \varphi(r_{j,k})\, dr_{j,k}.$$

Chaque terme de la somme des travaux élémentaires des forces intérieures $\sum \mathrm{F}_{j,k}\, dr_{j,k}$ est alors une différentielle exacte; la somme elle-même en est une.

339. Cas où le théorème des forces vives donne une intégrale première. — Si la somme des travaux élémentaires de toutes les forces, tant intérieures qu'extérieures, pour le déplacement réel du système, est une différentielle totale exacte d'une fonction $\mathrm{U}\,(x_1, y_1, z_1, \ldots, x_n, y_n, z_n)$ des coordonnées des points du système, on a

$$d\sum \frac{mv^2}{2} = d\mathrm{U}, \qquad \sum \frac{mv^2}{2} = \mathrm{U} + h,$$

h désignant une constante arbitraire, appelée *constante des forces vives*. L'intégrale première ainsi obtenue est l'*intégrale des forces vives*.

Cette circonstance se présente, en particulier, quand les forces intérieures et extérieures dépendent uniquement des positions et non des vitesses des points, et dérivent d'une fonction de forces $\mathrm{U}\,(x_1, y_1, z_1, \ldots, x_n, y_n, z_n)$. Mais elle peut se présenter même dans des cas où certaines forces dépendent des vitesses et du temps, à condition que la somme des travaux de ces forces spéciales soit nulle dans le déplacement réel et que la somme des travaux des autres forces soit la différentielle totale d'une fonction U des coordonnées.

340. Homogénéité. — Si l'on prend pour unités fondamentales les unités de longueur, temps et masse, on sait qu'en rendant l'unité de longueur λ fois plus petite, celle de temps τ fois plus petite, celle de masse μ fois plus petite, l'expression d'une longueur est multipliée par λ, celle d'une masse par μ, celle d'une vitesse par $\frac{\lambda}{\tau}$; la force vive $\sum \frac{mv^2}{2}$ est donc multipliée par $\frac{\mu\lambda^2}{\tau^2}$; d'autre part, l'expression d'une force est multipliée par $\frac{\mu\lambda}{\tau^2}$, et, par suite, celle d'un travail (produit d'une force par une longueur) est multipliée par $\frac{\mu\lambda^2}{\tau^2}$. Les deux membres de l'équation des forces vives (2) sont donc bien du même degré d'homogénéité. Si le travail est exprimé, par exemple, en kilogrammètres, la force vive sera aussi un certain nombre de kilogrammètres. Si le travail est exprimé en *ergs* (*erg*, unité de travail du système C. G. S.), il en est de même de la force vive.

341. Exemple. — Appliquons le théorème des forces vives au mouvement de deux points matériels libres, de masses m et m' (*fig.* 190), s'attirant l'un l'autre suivant la loi de Newton et attirés suivant la même loi par un centre fixe M de masse μ.

Fig. 190.

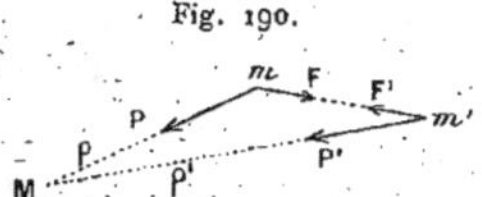

Le système mobile est ici composé de deux points : les forces intérieures sont les attractions mutuelles de deux points. Si l'on appelle r la distance mm', la valeur algébrique de l'action mutuelle de m et m' est $F = -\dfrac{fmm'}{r^2}$, et son travail élémentaire $F\,dr = -\dfrac{fmm'}{r^2}\,dr$. Les forces extérieures sont les attractions P et P' du point M : si l'on appelle ρ et ρ' les distances Mm et Mm', les valeurs algébriques de ces attractions, suivant la convention faite dans la théorie des forces centrales, sont $-\dfrac{f\mu m}{\rho^2}$, $-\dfrac{f\mu m'}{\rho'^2}$, et leurs travaux élémentaires $-\dfrac{f\mu m}{\rho^2}\,d\rho$, $-\dfrac{f\mu m'}{\rho'^2}\,d\rho'$.

Le théorème des forces vives donne donc, si l'on appelle v et v' les deux vitesses,

$$d\,\frac{mv^2 + m'v'^2}{2} = -\frac{fmm'}{r^2}\,dr - \frac{f\mu m}{\rho^2}\,d\rho - \frac{f\mu m'}{\rho'^2}\,d\rho'.$$

On se trouve alors dans le cas du numéro précédent : le second membre est une différentielle totale exacte, et l'on a l'intégrale des forces vives

$$\frac{mv^2}{2} + \frac{m'v'^2}{2} = \frac{fmm'}{r} + \frac{f\mu m}{\rho} + \frac{f\mu m'}{\rho'} + h.$$

342. Distinction des forces en forces données et forces de liaison. — Dans ce qui précède, nous avons partagé l'ensemble des forces appliquées à un système en deux catégories, les forces intérieures et les forces extérieures. Cette distinction est surtout importante dans la théorie de l'énergie, comme nous le verrons dans le paragraphe V. Dans beaucoup de questions de Mécanique rationnelle, et surtout en Mécanique analytique, il est plus simple de partager les forces appliquées au système en deux autres catégories : *les forces de liaison* provenant des liaisons imposées au système et *les forces données* que l'on fait agir sur le système. C'est de cette façon que l'on classe les forces, quand on cherche les conditions d'équilibre d'un système à l'aide du principe du travail virtuel (n° 157). Nous pourrons alors énoncer le théorème des forces vives sous la forme suivante :

La différentielle de la demi-force vive totale est égale à la somme des travaux élémentaires de toutes les forces, tant données que de liaison, appliquées au système.

343. **Cas particulier important où les travaux des forces de liaison sont nuls.** — Si les liaisons sont *indépendantes du temps*, c'est-à-dire exprimables par des équations où ne figurent que les coordonnées des points du système et non le temps, comme au n° 176; si, de plus, les liaisons sont *parfaites*, c'est-à-dire ont lieu *sans frottement*, la somme des travaux élémentaires des forces de liaison est nulle pour le déplacement réel que subit le système pendant le temps dt. En effet, dans ces conditions, le déplacement réel du système est évidemment *compatible* avec les liaisons, et la somme des travaux des forces de liaison est nulle (n° 162). On a donc le théorème suivant :

Si les liaisons sont indépendantes du temps, et s'il n'y a pas de frottements, la différentielle de la demi-force vive est égale à la somme des travaux élémentaires des forces données.

Il peut arriver, dans ce cas particulier, que la somme des travaux élémentaires des forces données soit, dans le déplacement réel, une différentielle totale exacte d'une fonction U des coordonnées des points du système : le théorème des forces vives donne alors les équations

$$d \frac{\Sigma \, mv^2}{2} = dU, \qquad \frac{\Sigma \, mv^2}{2} = U + h,$$

dont la seconde est l'intégrale des forces vives.

Remarque I. — Quand le système est à liaisons complètes (nº 168) indépendantes du temps et sans frottement, le théorème des forces vives donne immédiatement l'équation unique du mouvement. En effet, la position du système ne dépend alors que d'un paramètre, et le théorème des forces vives fournit une équation où n'entrent que les forces données et qui permet de calculer ce paramètre unique en fonction de t.

Remarque II. — Si certaines liaisons dépendent du temps, le travail des forces de liaison correspondantes n'est pas nul, en général, pour le déplacement réel du système. On a un exemple élémentaire du fait dans le mouvement d'un point assujetti à glisser sans frottement sur une courbe *mobile* : le travail de la force de liaison n'est pas nul dans le déplacement réel du point (nº 258).

344. Application. — *Chaîne homogène pesante glissant sans frottement sur une courbe fixe.* —Soient $2l$ la longueur de la chaîne AB, ρ la masse de l'unité de longueur, et, par suite, $2l\rho$ la masse totale.

Prenons un axe O z vertical dirigé vers le haut; appelons s l'arc de la courbe fixe, sur laquelle glisse la chaîne, compté depuis un point fixe O'

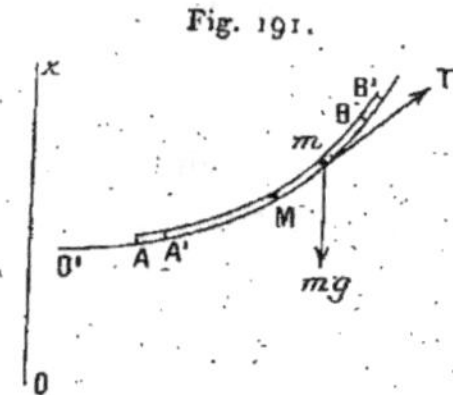

Fig. 191.

jusqu'au point de la courbe d'ordonnée z; la courbe étant donnée, on peut toujours exprimer z en fonction de s,

$$(1) \qquad z = \varphi(s).$$

Cela posé, appelons, en particulier, σ l'arc O'M, du point O' jusqu'au milieu M de la chaîne, point qui n'est pas le centre de gravité : il est évident que la position de la chaîne est connue, dès que l'on connaît σ. La chaîne sur la courbe forme donc un système à liaisons complètes (nº 168). La chaîne étant supposée inextensible, doit être regardée comme une file de points matériels liés de telle façon que chacun d'eux est à une distance constante de celui qui le précède et de celui qui le suit.

Les forces appliquées au système sont : 1° les poids mg des points (forces données); 2° les réactions normales de la courbe (forces de liaison); 3° les actions mutuelles de deux points consécutifs (forces de liaison). Si l'on voulait adopter la classification en forces intérieures et extérieures, les actions mutuelles des points consécutifs seraient des forces intérieures, les poids et les réactions des forces extérieures.

Quand la chaîne glisse sur la courbe, les travaux des forces de liaison sont nuls; il est aisé de le vérifier : les réactions sont normales aux déplacements des points, l'action mutuelle F de deux points consécutifs a un travail nul, car la distance de ces points est invariable. Il ne subsiste donc que les travaux élémentaires des poids. Pour les évaluer, considérons sur la chaîne en m un élément de longueur $\delta\lambda$ dont la distance Mm au point M le long de la chaîne soit λ, λ étant compté positivement dans le sens AB, de sorte qu'on aura tous les éléments de la chaîne, en faisant varier λ de $-l$ à $+l$. La coordonnée z de l'élément $\delta\lambda$ est

$$z = \varphi(\sigma + \lambda),$$

car l'arc $O'm$ est $s = \sigma + \lambda$. Si l'on fait glisser la chaîne d'une longueur $d\sigma$ pour l'amener de AB en A'B', le z de l'élément $\delta\lambda$ croît de

$$dz = \varphi'(\sigma + \lambda)\, d\sigma,$$

et le travail élémentaire du poids $g\rho\,\delta\lambda$ de cet élément est

$$- g\rho\,\delta\lambda\, dz = - g\rho\,\delta\lambda\,\varphi'(\sigma + \lambda)\, d\sigma.$$

La somme des travaux élémentaires des poids de tous les éléments est la somme des expressions telles que la précédente, lorsque λ varie de $-l$ à $+l$; c'est donc

$$- g\rho\, d\sigma \int_{-l}^{+l} \varphi'(\sigma + \lambda)\,\delta\lambda = - g\rho\, d\sigma[\varphi(\sigma + l) - \varphi(\sigma - l)].$$

On peut écrire cette expression

$$- \rho g\, d\sigma(z_1 - z_0),$$

en désignant par z_0 et z_1 les z des extrémités A et B de la chaîne. On voit que ce travail est le même que celui que l'on devrait effectuer pour transporter l'élément $AA' = d\sigma$ de la chaîne d'une extrémité à l'autre, sans déplacer le reste du système.

D'autre part, dans le mouvement de la chaîne, tous les points m ont même vitesse $v = \dfrac{d\sigma}{dt}$: la force vive est donc

$$\Sigma\, mv^2 = \Sigma\, m\left(\frac{d\sigma}{dt}\right)^2 = 2l\rho\left(\frac{d\sigma}{dt}\right)^2.$$

L'équation des forces vives est alors

$$l\rho\,d\left(\frac{d\sigma}{dt}\right)^2 = -\rho g\,d\sigma\,[\varphi(\sigma+l)-\varphi(\sigma-l)];$$

la forme de cette équation montre que l'on aura t en fonction de σ par deux quadratures seulement. Si l'on divise les deux membres par dt et si l'on effectue les différentiations indiquées, elle devient

$$\frac{d^2\sigma}{dt^2} = -g\,\frac{\varphi(\sigma+l)-\varphi(\sigma-l)}{2l},$$

équation analogue à celle du mouvement rectiligne d'un point sous l'action d'une force dépendant de la seule position. Comme vérification, si l'on suppose que la longueur l de la chaîne tend vers 0, le deuxième membre a $-g\,\varphi'(\sigma)$ pour limite et l'on retombe sur l'équation

$$\frac{d^2\sigma}{dt^2} = -g\,\varphi'(\sigma);$$

équation du mouvement d'un point matériel pesant sur la courbe fixe.

Comme l'équation du mouvement de la chaîne ne dépend que de la fonction φ, le mouvement restera le même lorsqu'on développera le cylindre qui projette horizontalement la courbe donnée, sur un de ses plans tangents.

Il y a deux cas où le mouvement du milieu de la chaîne ne dépend pas de sa longueur :

1º La courbe fixe est une hélice tracée sur un cylindre vertical. On a alors

$$\varphi(s) = \alpha s,$$

α désignant une constante, et l'équation (2) se réduit à

$$\frac{d^2\sigma}{dt^2} = -g\,\sigma,$$

équation indépendante de l ;

2º La courbe fixe est une cycloïde d'axe vertical ou une courbe obtenue en l'enroulant sur un cylindre vertical. On sait que dans ce cas on a (250)

$$\varphi(s) = \frac{s^2}{8R};$$

par conséquent, l'équation du mouvement M est

$$\frac{d^2\sigma}{dt^2} = -\frac{g}{4R}\,\sigma.$$

Dans ces deux cas, le milieu M se déplace comme un point matériel pesant isolé sur la courbe (Puiseux, *Journal de Liouville*, t. VIII).

Les deux formes de φ que nous venons de considérer sont d'ailleurs les seules qui jouissent de cette propriété. En effet, si l'équation du mouvement doit être indépendante de l, on doit avoir

$$\frac{\varphi(\sigma + l) - \varphi(\sigma - l)}{2l} = \Psi(\sigma).$$

Chassons les dénominateurs et prenons les dérivées secondes par rapport à l des deux membres; nous avons

$$\varphi''(\sigma + l) - \varphi''(\sigma - l) = 0,$$

quels que soient σ et l; il en résulte que la fonction $\varphi''(s)$ doit être indépendante de s,

$$\varphi''(s) = k.$$

Si k est nul, on en tire

$$\varphi(s) = \alpha(s - s_0);$$

c'est le cas de l'hélice.

Si $k \neq 0$, on doit avoir

$$\varphi(s) = k(s - s_0)^2 + C,$$

équation qui caractérise une cycloïde.

La courbe qui porte la chaîne peut être formée de plusieurs parties géométriquement distinctes. Supposons-la formée d'une horizontale Ox et d'une verticale descendante Ob. Nous avons vu que l'équation du mouvement peut s'écrire

$$\frac{d^2\sigma}{dt^2} = -g\,\frac{(z_1 - z_0)}{2l}.$$

Si la chaîne est tout entière sur la partie horizontale Ox, son mouve-

Fig. 192.

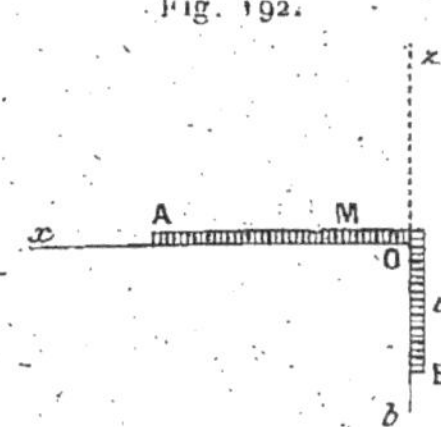

ment sera uniforme, puisque l'on aura $z_1 = z_0 = 0$ ($fig.$ 192) et, par conséquent,

$$\frac{d^2\sigma}{dt^2} = 0.$$

Si l'une des extrémités de la chaîne a déjà dépassé le point O et en est à une distance $OB = u$, on a, en comptant σ à partir de O dans le sens AOB,

$$z_0 = 0. \qquad z_1 = -u, \qquad \sigma = u - l,$$

et, par conséquent,

$$\frac{d^2 u}{dt^2} = \frac{g}{2l} u;$$

le point B se déplace donc comme s'il était repoussé par O proportionnellement à la distance. Cette dernière équation n'est valable que tant que A est supporté par la partie horizontale; lorsque A aura atteint O, la chaîne tombera librement d'un mouvement uniformément accéléré.

Calcul de la tension. — Considérons une portion Am de la chaîne terminée au point m tel que arc M$m = \lambda$; on peut considérer le système qu'elle constitue comme se déplaçant sous l'action des poids de ses divers éléments, des réactions de la courbe et de la tension T au point m comptée positivement dans le sens AB (voir *fig.* 191).

Si l'on applique le théorème des forces vives au mouvement de cette portion de chaîne Am, on trouve

$$d\left[\frac{l + \lambda}{2} \rho \left(\frac{d\sigma}{dt}\right)^2\right] = T \, d\sigma - \rho g \, d\sigma (z' - z_0),$$

en évaluant les travaux des poids comme précédemment, remarquant que le travail de T est T $d\sigma$, et appelant z' l'ordonnée du point m.

Divisons par dt et effectuons les différentiations; il vient, après suppression du facteur $\dfrac{d\sigma}{dt}$,

$$T = (l + \lambda)\rho \frac{d^2\sigma}{dt^2} + g\rho[\varphi(\sigma + \lambda) - \varphi(\sigma - l)].$$

Remplaçons $\dfrac{d^2\sigma}{dt^2}$ par sa valeur; nous aurons, tous calculs faits,

$$T = \frac{\rho g}{2l} [2l\varphi(\sigma + \lambda) - (l + \lambda)\varphi(\sigma + l) - (l - \lambda)\varphi(\sigma - l)].$$

Si l'on applique cette formule au cas de l'hélice, on voit immédiatement que T est toujours nul; par conséquent, chacun des points de la chaîne se déplace comme s'il était isolé. Il peut se faire qu'on trouve pour T une valeur négative; dans ce cas, la chaîne se replierait sur elle-même, car un élément $\delta\lambda$ subirait une pression et non une tension. Pour que le mouvement fût réalisable dans tous les cas, il faudrait supposer la chaîne formée par une sorte de chapelet de petites sphères enfilées sur un fil flexible et glissant dans un tube de même rayon. Alors, si T est positif en un point, le fil y est tendu; si T est négatif, les sphères contiguës pressent l'une sur l'autre. On vérifiera que, dans le cas de la cycloïde, il y a toujours compression.

Cette question du mouvement d'une chaîne pesante sur une courbe fixe a donné lieu à une intéressante application de la théorie des équations intégrales par M. Myller (*Nouvelles Annales de Mathématiques*, juillet 1909).

345. 1° **Application au mouvement d'une vis mobile sans frottement dans un écrou fixe.** — Dans ce mouvement tous les points du solide mobile décrivent des hélices *de même pas h*, et avancent, parallèlement à l'axe, de $\dfrac{h}{2\pi}\,\theta$ quand la vis tourne de l'angle θ.

Le système étant à liaisons complètes, le théorème des forces vives nous donnera le mouvement.

Prenons l'axe de la vis pour axe des z. Le système constitué par la vis est soumis à des forces données F_1, F_2, ..., F_n et aux réactions de l'écrou, qui sont partout normales à la surface de la vis, puisqu'il n'y a pas de frottement.

Soient r, θ, z les coordonnées semi-polaires d'un point quelconque du système et z_0 sa cote, quand l'angle θ est nul : les coordonnées cartésiennes de ce point sont à un instant quelconque

$$x = r\cos\theta, \qquad y = r\sin\theta, \qquad z = z_0 + \frac{h}{2\pi}\,\theta;$$

la vitesse de ce point a donc pour projections

$$\frac{dx}{dt} = -\,r\sin\theta\,\frac{d\theta}{dt}, \qquad \frac{dy}{dt} = r\cos\theta\,\frac{d\theta}{dt}, \qquad \frac{dz}{dt} = \frac{h}{2\pi}\,\frac{d\theta}{dt},$$

quantités que nous écrirons, en introduisant la vitesse angulaire $\omega = \dfrac{d\theta}{dt}$,

$$\frac{dx}{dt} = -\,\omega y, \qquad \frac{dy}{dt} = \omega x, \qquad \frac{dz}{dt} = \frac{h}{2\pi}\,\omega;$$

on a donc pour le carré de la vitesse

$$v^2 = \left(\frac{dx}{dt}\right)^2 + \left(\frac{dy}{dt}\right)^2 + \left(\frac{dz}{dt}\right)^2 = \omega^2\left(x^2 + y^2 + \frac{h^2}{4\pi^2}\right) = \omega^2 r^2 + \omega^2\,\frac{h^2}{4\pi^2}.$$

Multipliant par m et faisant la somme pour tous les points du corps, nous aurons pour expression de la force vive totale

$$\omega^2\,\Sigma\,mr^2 + \omega^2\,\frac{h^2}{4\pi^2}\,\Sigma\,m,$$

c'est-à-dire, en désignant par k le rayon de gyration et par M la masse,

$$M\left(k^2 + \frac{h^2}{4\pi^2}\right)\omega^2.$$

L'équation des forces vives est ainsi

$$\frac{d}{dt}\left[\frac{1}{2}\,M\left(k^2 + \frac{h^2}{4\pi^2}\right)\omega^2\right] = \Sigma\left(X\,\frac{dx}{dt} + Y\,\frac{dy}{dt} + Z\,\frac{dz}{dt}\right),$$

le signe Σ se rapportant aux forces données $F_1, \ldots, F_N$, car les travaux des réactions sont nuls. En remplaçant dans le second membre $\dfrac{dx}{dt}, \dfrac{dy}{dt}, \dfrac{dz}{dt}$ par les valeurs trouvées plus haut, ce second membre devient

$$\omega\left[\Sigma(x\,Y - y\,X) + \frac{h}{2\pi}\,\Sigma Z\right];$$

mais $\Sigma(x\,Y - y\,X)$ est la somme des moments des forces données par rapport à Oz; c'est donc la projection N sur cet axe du couple résultant de la réduction des forces données à l'origine; quant à ΣZ, c'est la projection $\mathcal{Z}$ de la résultante générale sur le même axe. L'équation des forces vives peut donc s'écrire

$$(1) \qquad \frac{d}{dt}\left[\frac{1}{2}\,M\left(k^2 + \frac{h^2}{4\pi^2}\right)\omega^2\right] = \omega\left(N + \frac{h}{2\pi}\,\mathcal{Z}\right);$$

en effectuant la différentiation, cette équation prendra la forme

$$(2) \qquad M\left(k^2 + \frac{h^2}{4\pi^2}\right)\frac{d\omega}{dt} = N + \frac{h}{2\pi}\,\mathcal{Z}.$$

Si les forces extérieures F satisfont à la relation

$$N + \frac{h}{2\pi}\,\mathcal{Z} = 0,$$

l'équation ci-dessus donne

$$\frac{d\omega}{dt} = 0$$

et le mouvement est uniforme.

Dans le cas général, les forces peuvent être réduites à un *torseur*, c'est-à-dire à une force AR et à un couple d'axe AG dirigé suivant la même droite; R est l'intensité et $p = \dfrac{G}{R}$ le paramètre de ce torseur. Désignons par δ la plus courte distance des droites R et Oz, et par α leur angle; nous aurons, en effectuant la réduction à l'origine,

$$\mathcal{Z} = R\cos\alpha, \qquad N = G\cos\alpha + R\delta\sin\alpha,$$

puisque N doit être la somme des moments par rapport à Oz de la force R et des deux forces qui constituent le couple G.

Le mouvement de la vis se réduit à une translation et à une rotation dirigées suivant Oz, et forme ce que l'on peut appeler, avec Ball, une *torsion* dont l'intensité serait ω, et le paramètre $p' = \dfrac{h}{2\pi}$. Avec ces notations, l'équation des forces vives prise sous la forme (1) devient

$$d\,\frac{1}{2}\left[M\left(k^2 + \frac{h^2}{4\pi^2}\right)\omega^2\right] = R\omega\left[(p + p')\cos\alpha + \delta\sin\alpha\right]dt.$$

On voit donc que l'expression de la somme des travaux élémentaires des forces données est symétrique par rapport au *torseur* et à la *torsion*.

2° **Application au problème des trois corps.** — Nous appliquerons les théorèmes généraux au problème suivant : Trouver le mouvement de trois points matériels entièrement libres, s'attirant suivant la loi de Newton.

Désignons par r_{12}, r_{23}, r_{31} les distances mutuelles des points M_1, M_2, M_3 données. Les actions mutuelles de ces points ont respectivement pour valeurs

$$-\frac{fm_1 m_2}{r_{12}^2}, \quad -\frac{fm_2 m_3}{r_{23}^2}, \quad -\frac{fm_3 m_1}{r_{31}^2}.$$

Comme le système n'est soumis à aucune force extérieure, le mouvement de son centre de gravité est rectiligne et uniforme, ce qui donne trois équations finies du mouvement. Pour la même raison, on peut appliquer le théorème des aires par rapport aux trois plans coordonnés, ce qui donne trois intégrales premières. On peut enfin en obtenir une dernière par le théorème des forces vives.

La force vive totale du système est en effet

$$m_1 v_1^2 + m_2 v_2^2 + m_3 v_3^2 ;$$

d'autre part, la somme des travaux élémentaires des actions mutuelles est, d'après ce que nous avons vu,

$$-\frac{fm_1 m_2}{r_{12}^2} dr_{12} - \frac{fm_2 m_3}{r_{23}^2} dr_{23} - \frac{fm_3 m_1}{r_{31}^2} dr_{31} ;$$

c'est la différentielle exacte de

$$\frac{fm_1 m_2}{r_{12}} + \frac{fm_2 m_3}{r_{23}} + \frac{fm_3 m_1}{r_{31}} ;$$

on a donc l'intégrale des forces vives

$$\frac{m_1 v_1^2 + m_2 v_2^2 + m_3 v_3^2}{2} = \left(\frac{fm_1 m_2}{r_{12}} + \frac{fm_2 m_3}{r_{23}} + \frac{fm_3 m_1}{r_{31}} \right) + h.$$

Bruns a démontré (*Acta mathematica*, t. XI) que les intégrales ainsi obtenues sont les seules qui soient algébriques par rapport aux coordonnées des corps et à leurs dérivées premières ; Poincaré (*ibid.*, t. XIII) a établi que le problème des trois corps ne comporte, en dehors des intégrales ci-dessus, aucune intégrale analytique et uniforme. Enfin, M. Painlevé (Mémoire couronné, *Comptes rendus*, 17 décembre 1894) a démontré qu'il ne peut pas exister d'autre intégrale qui soit algébrique seulement par rapport aux dérivées premières.

346. Résumé : les sept équations universelles. — Nous pouvons ainsi écrire, pour un système quelconque, sept équations :

Trois équations exprimant le théorème des projections des quantités de mouvement (ou du mouvement du centre de gravité).

Trois équations exprimant le théorème des moments des quantités de mouvement.

Une équation exprimant le théorème des forces vives.

Ce sont les sept équations universelles, applicables à un système quelconque ; les six premières contiennent uniquement les forces extérieures ; la septième, celle des forces vives, contient, en général, les forces extérieures et les forces intérieures.

III. — THÉORÈMES DE CINÉMATIQUE POUR LE CALCUL DES MOMENTS DES QUANTITÉS DE MOUVEMENT ET DE LA FORCE VIVE.

347. Définition du mouvement relatif d'un système autour de son centre de gravité. — Soit un système en mouvement par rapport à des axes fixes $Oxyz$. Menons par le centre de gravité G de ce système des axes $Gx'y'z'$ parallèles aux axes fixes (*fig.* 193). Le

Fig. 193.

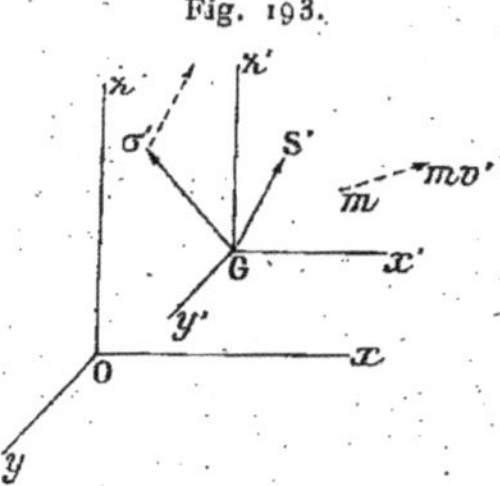

mouvement relatif du système par rapport à ces axes s'appelle *le mouvement relatif du système autour de son centre de gravité.*

348. Calcul de la somme des moments des quantités de mouvement par rapport à un axe fixe. — En introduisant ce mouvement relatif, on peut énoncer le théorème suivant :

THÉORÈME. — *La somme des moments des quantités de mouvement, par rapport à un axe fixe, est égale au moment de la quantité de mouvement de la masse totale du système supposée concentrée au centre de gravité, augmenté de la somme des moments des quantités de mouvement par rapport à un axe parallèle au premier et passant par le centre de gravité; cette dernière somme étant calculée dans le mouvement relatif autour du centre de gravité.*

La démonstration résulte immédiatement des formules élémentaires relatives au changement d'axes de coordonnées.

Désignons par x, y, z les coordonnées d'un point du système par rapport à des axes fixes; par ξ, η, ζ celles du centre de gravité et par x', y', z' les coordonnées du même point par rapport à des axes Gx', Gy', Gz' parallèles aux axes fixes menés par le centre de gravité; on a alors, d'après les formules du changement d'axes,

$$(1) \qquad x = \xi + x', \qquad y = \eta + y', \qquad z = \zeta + z'.$$

Calculons, par exemple, la somme des moments des quantités de mouvement des divers points du système par rapport à Oz.

Nous avons, d'après les formules du changement d'axes,

$$\Sigma m \left(x \frac{dy}{dt} - y \frac{dx}{dt} \right)$$
$$= \Sigma \left[m(\xi + x') \left(\frac{d\eta}{dt} + \frac{dy'}{dt} \right) - m(\eta + y') \left(\frac{d\xi}{dt} + \frac{dx'}{dt} \right) \right]$$
$$= \Sigma m \left(\xi \frac{d\eta}{dt} - \eta \frac{d\xi}{dt} \right) + \Sigma m \left(x' \frac{dy'}{dt} - y' \frac{dx'}{dt} \right)$$
$$+ \Sigma m x' \frac{d\eta}{dt} - \Sigma m y' \frac{d\xi}{dt} + \Sigma m \xi \frac{dy'}{dt} - \Sigma m \eta \frac{dx'}{dt}.$$

Mais le centre de gravité est à l'origine mobile; on a donc

$$\Sigma m x' \frac{d\eta}{dt} = \frac{d\eta}{dt} \Sigma m x' = 0, \qquad \Sigma m y' \frac{d\xi}{dt} = 0.$$

On a encore

$$\Sigma m \xi \frac{dy'}{dt} = \xi \Sigma m \frac{dy'}{dt} = 0, \qquad \Sigma m \eta \frac{dx'}{dt} = 0,$$

car, les quantités $\Sigma m x'$, $\Sigma m y'$ étant nulles, leurs dérivées le sont.

En tenant compte de ces relations, nous obtenons l'équation

$$(2) \quad \Sigma m \left(x \frac{dy}{dt} - y \frac{dx}{dt} \right) = M \left(\xi \frac{d\eta}{dt} - \eta \frac{d\xi}{dt} \right) + \Sigma m \left(x' \frac{dy'}{dt} - y' \frac{dx'}{dt} \right),$$

puisque, dans la première somme du second membre, on peut mettre $\left(\xi\frac{d\eta}{dt} - \eta\frac{d\xi}{dt}\right)$ en facteur et que $\Sigma m = M$.

Cette dernière équation exprime précisément le théorème à démontrer, car le premier terme $M\left(\xi\frac{d\eta}{dt} - \eta\frac{d\xi}{dt}\right)$ est le moment de la quantité de mouvement, par rapport à Oz, de la masse totale concentrée en G, et le second $\Sigma m\left(x'\frac{dy'}{dt} - y'\frac{dx'}{dt}\right)$ la somme des moments des quantités de mouvement par rapport à l'axe Gz' parallèle à Oz, calculée dans le mouvement relatif autour de G.

349. Simplification du calcul de la force vive. — Il existe, pour le calcul de la force vive, un théorème analogue au précédent.

Théorème de König. — *La force vive d'un système est égale à la force vive qu'aurait la masse totale concentrée au centre de gravité, augmentée de la force vive du système dans le mouvement relatif par rapport à des axes de directions fixes menés par le centre de gravité.*

Employons les mêmes notations que dans le numéro précédent. Les formules de transformation de coordonnées

$$x = \xi + x', \qquad y = \eta + y', \qquad z = \zeta + z'$$

nous donnent pour le carré de la vitesse absolue du point m

$$v^2 = \left(\frac{dx}{dt}\right)^2 + \left(\frac{dy}{dt}\right)^2 + \left(\frac{dz}{dt}\right)^2$$

$$= \left(\frac{d\xi + dx'}{dt}\right)^2 + \left(\frac{d\eta + dy'}{dt}\right)^2 + \left(\frac{d\zeta + dz'}{dt}\right)^2$$

$$= \left(\frac{d\xi}{dt}\right)^2 + \left(\frac{d\eta}{dt}\right)^2 + \left(\frac{d\zeta}{dt}\right)^2 + \left(\frac{dx'}{dt}\right)^2 + \left(\frac{dy'}{dt}\right)^2 + \left(\frac{dz'}{dt}\right)^2$$

$$+ \frac{2\,dx'}{dt}\frac{d\xi}{dt} + \frac{2\,dy'}{dt}\frac{d\eta}{dt} + \frac{2\,dz'}{dt}\frac{d\zeta}{dt},$$

ou, en désignant par V la vitesse du centre de gravité et par v' la vitesse relative du point M,

$$v^2 = V^2 + v'^2 + 2\frac{dx'}{dt}\frac{d\xi}{dt} + 2\frac{dy'}{dt}\frac{d\eta}{dt} + 2\frac{dz'}{dt}\frac{d\zeta}{dt};$$

multiplions cette équation par m et ajoutons membre à membre toutes les équations analogues; nous aurons

$$\Sigma\, mv^2 = MV^2 + \Sigma\, mv'^2 + 2\frac{d\xi}{dt}\Sigma\, m\frac{dx'}{dt} + 2\frac{d\eta}{dt}\Sigma\, m\frac{dy'}{dt} + 2\frac{d\zeta}{dt}\Sigma\, m\frac{dz'}{dt};$$

les coefficients de $\dfrac{d\xi}{dt}$, $\dfrac{d\eta}{dt}$, $\dfrac{d\zeta}{dt}$ sont nuls en vertu des conditions

$$\Sigma\, mx' = 0, \qquad \Sigma\, my' = 0, \qquad \Sigma\, mz' = 0,$$

qui expriment que l'origine des axes mobiles est le centre de gravité. Nous arrivons ainsi à l'équation

$$\Sigma\, mv^2 = MV^2 + \Sigma\, mv'^2,$$

ce qui démontre le théorème.

IV. — THÉORÈMES DES MOMENTS ET DES FORCES VIVES DANS LE MOUVEMENT RELATIF AUTOUR DU CENTRE DE GRAVITÉ.

350. **Théorème des moments des quantités de mouvement dans le mouvement relatif autour du centre de gravité.** — Le théorème des moments des quantités de mouvement s'applique, comme nous l'avons montré, au mouvement d'un système par rapport à des axes fixes ou par rapport à des axes de directions fixes animés d'un mouvement de translation rectiligne et uniforme (334). Si l'on voulait étudier le mouvement relatif d'un système par rapport à des axes mobiles *quelconques*, on ne pourrait plus appliquer ce théorème, sans le modifier par l'introduction de certains termes correctifs qui seront définis dans la théorie du mouvement relatif. Mais il existe un *système particulier d'axes mobiles* tel que, si l'on étudie le mouvement relatif d'un système par rapport à ces axes, on peut appliquer à ce mouvement le théorème des moments des quantités de mouvement sans modification. Ces axes particuliers sont des axes de directions fixes passant par le centre de gravité. On énonce ce fait en disant que *le théorème des moments des quantités de mouvement s'applique au mouvement relatif du système, par rapport à des axes de directions fixes passant par le centre de gravité.*

Pour le démontrer, nous ferons une combinaison des équations du mouvement du centre de gravité et des équations des moments dans le mouvement absolu ; ce qui montre que les nouvelles équations obtenues ne sont pas distinctes des six premières équations universelles établies dans le paragraphe I.

Imaginons, comme plus haut (n°s 347 et 348), un système d'axes $Gx'y'z'$ parallèles aux axes fixes, ayant pour origine le centre de gravité ; partons, de l'équation des moments par rapport à Oz

$$(1) \qquad \frac{d}{dt} \Sigma m \left(x \frac{dy}{dt} - y \frac{dx}{dt} \right) = \Sigma\Sigma (x Y_e - y X_c),$$

et faisons, dans cette équation, le changement de coordonnées

$$x = \xi + x', \quad y = \eta + y', \quad z = \zeta + z'.$$

Nous avons vu (n° 348) que l'on a

$$\Sigma m \left(x \frac{dy}{dt} - y \frac{dx}{dt} \right) = M \left(\xi \frac{d\eta}{dt} - \eta \frac{d\xi}{dt} \right) + \Sigma m \left(x' \frac{dy'}{dt} - y' \frac{dx'}{dt} \right).$$

D'autre part, il est évident que

$$\Sigma\Sigma (x Y_c - y X_c) = \Sigma\Sigma (\xi Y_e - \eta X_c) + \Sigma\Sigma (x' Y_c - y' X_c).$$

Donc, en remplaçant les deux membres de l'équation (1) par leurs valeurs et remarquant que

$$\frac{d}{dt} M \left(\xi \frac{d\eta}{dt} - \eta \frac{d\xi}{dt} \right) = M \left(\xi \frac{d^2\eta}{dt^2} - \eta \frac{d^2\xi}{dt^2} \right),$$

on a l'équation

$$M \left(\xi \frac{d^2\eta}{dt} - \eta \frac{d^2\xi}{dt} \right) + \frac{d}{dt} \Sigma m \left(x' \frac{dy'}{dt} - y' \frac{dx'}{dt} \right)$$
$$= \xi \Sigma\Sigma Y_e - \eta \Sigma\Sigma X_c + \Sigma\Sigma (x' Y_c - y' X_c),$$

qui se réduit à

$$(2) \qquad \frac{d}{dt} \Sigma m \left(x' \frac{dy'}{dt} - y' \frac{dx'}{dt} \right) = \Sigma\Sigma (x' Y_e - y' X_c);$$

car les équations du mouvement du centre de gravité donnent

$$M \frac{d^2\eta}{dt^2} = \Sigma\Sigma Y_c, \qquad M \frac{d^2\xi}{dt^2} = \Sigma\Sigma X_c.$$

Le théorème est ainsi démontré ; en effet, l'équation obtenue (2) a la même forme que l'équation (1) des moments par rapport à Oz, dans le mouvement absolu, avec cette seule différence que les coordonnées absolues x, y, z sont remplacées par les coordonnées relatives.

On obtiendrait deux équations analogues en prenant les moments par rapport aux axes Gx' et Gy' :

$$\frac{d}{dt} \Sigma m \left(y' \frac{dz'}{dt} - z' \frac{dy'}{dt} \right) = \Sigma\Sigma(y' Z_e - z' Y_e),$$

$$\frac{d}{dt} \Sigma m \left(z' \frac{dx'}{dt} - x' \frac{dz'}{dt} \right) = \Sigma\Sigma(z' X_e - x' Z_e).$$

Démonstration basée sur la théorie du mouvement relatif. — On peut arriver à ce résultat d'une façon plus rapide, en partant de la théorie du mouvement relatif, c'est ce qu'on verra dans le paragraphe II du Chapitre XXII.

Interprétation géométrique. — [Comme dans le cas du mouvement absolu (330), il existe une interprétation géométrique simple de ce théorème. Soient $G\sigma'$ (*fig.* 194) le moment résultant par rapport au centre de gravité G des segments représentatifs des quantités de mouvement relatives mv', et GS' le moment résultant des forces extérieures. Le théorème exprime que la vitesse relative par rapport aux axes $Gx' y' z'$ de l'extrémité σ' du premier moment est égale et parallèle à l'autre GS'.

Applications : 1° *Théorème des aires.* — Si la somme des moments des forces extérieures est nulle, par rapport à un axe de direction fixe mené par le centre de gravité, l'axe Gz' par exemple, on a

$$(8) \qquad \Sigma m \left(x' \frac{dy'}{dt} - y' \frac{dx'}{dt} \right) = C.$$

Le théorème des aires s'applique alors à la projection du mouvement relatif sur le plan $x'Gy'$, le centre des aires étant G.

2° *Le moment résultant des forces extérieures par rapport au point G est nul.* — S'il n'y a pas de forces extérieures ou si la somme des moments de ces forces par rapport aux axes Gx', Gy', Gz' est constamment nulle, on a l'intégrale (8) et deux autres analogues.

$$(9) \quad \begin{cases} \Sigma m \left(y' \dfrac{dz'}{dt} - z' \dfrac{dy'}{dt} \right) = A, \\[2mm] \Sigma m \left(z' \dfrac{dx'}{dt} - x' \dfrac{dz'}{dt} \right) = B. \end{cases}$$

Dans ce cas, le segment GS' est nul; le point σ' a une vitesse relative nulle et le segment $G\sigma'$ est constant en grandeur, direc-

Fig. 194.

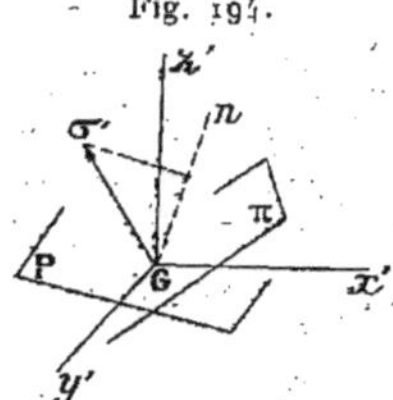

tion et sens : ses projections sur les trois axes Gx', Gy', Gz' sont les constantes A, B, C. Le théorème des aires s'applique alors à la projection du mouvement relatif sur un plan quelconque P, de direction fixe, passant par le centre de gravité, car on peut toujours prendre un tel plan pour plan $x'Gy'$. La constante des aires sur ce plan P est la projection du segment $G\sigma'$ sur la perpendiculaire Gn au plan. C'est donc sur le plan Π perpendiculaire à $G\sigma'$ que cette constante prend sa valeur maximum : ce plan s'appelle *plan du maximum des aires*. Sur un plan passant par $G\sigma'$ la constante des aires est nulle.

3° *Application au système solaire. Plan invariable de Laplace.* — Si l'on néglige l'action des étoiles, le système formé par le Soleil, les planètes et leurs satellites n'est sollicité par aucune force extérieure. Si donc on imagine des axes de directions fixes menés par le centre de gravité G du système, qui est placé très près du Soleil, le moment résultant $G\sigma'$ des quantités de mouvement relatives à ces axes par rapport à G est constant en grandeur, direction et sens. On peut, à une certaine époque, calculer les projections A, B, C de ce segment sur les axes, en calculant les sommes des moments des quantités de mouvement de tous les points du système par rapport aux axes.

Le plan Π perpendiculaire au vecteur Gσ' ainsi déterminé a une direction constante : c'est le plan du maximum des aires. On a ainsi un moyen, indiqué par Laplace, d'obtenir un *plan invariable* dans le système solaire. Laplace, en déterminant ce plan invariable, avait calculé les quantités A, B, C comme si les planètes étaient réduites à des points placés à leurs centres ; Poinsot compléta le calcul de Laplace en ajoutant les termes qui proviennent de la rotation des planètes sur elles-mêmes, termes qui ont d'ailleurs peu d'influence sur le résultat final. (Voir *Éléments de Statique* de Poinsot, 5e édition, note.)

Les mêmes conclusions subsistent encore, même si l'on ne néglige pas l'action des étoiles : en effet, les distances des étoiles aux divers points formant le système solaire sont tellement grandes, par rapport aux dimensions du système, que les attractions des étoiles sur les divers points du système sont sensiblement parallèles et proportionnelles aux masses de ces points ; dès lors, ces attractions forment un système de vecteurs équivalent à un vecteur unique appliqué au centre de gravité G du système et leur moment résultant par rapport à G est nul ; le moment résultant Gσ' des quantités de mouvement relatives par rapport à G est donc constant en grandeur, direction et sens.

Fig. 195.

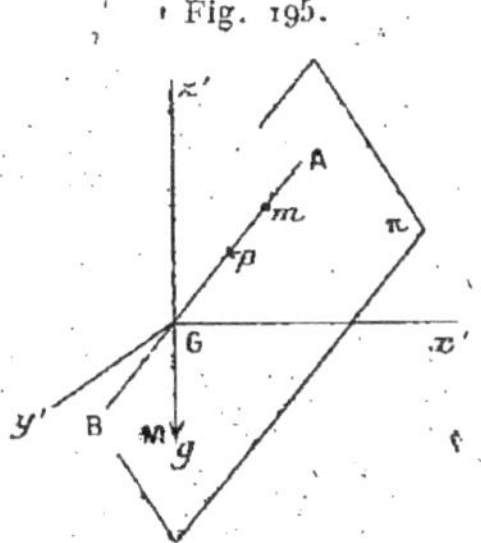

4° *Mouvement d'une barre pesante dans le vide.* — Soit une barre pesante AB (*fig.* 195) lancée dans le vide, cette barre étant regardée comme une droite matérielle. Le centre de gravité G décrit une parabole. Si l'on mène par ce point des axes Gx', Gy', Gz' de directions fixes, la somme des moments des forces extérieures par rapport à chacun de ces axes est nulle, car les forces extérieures sont les poids qui admettent une résultante unique appliquée en G. On peut donc, dans le mouvement relatif par rapport aux axes x', y', z', écrire les trois intégrales (8) et (9). Soient p le point de la barre situé à l'unité de distance de G dans un sens déterminé; a, b, c ses coordonnées par rapport aux axes Gx', y', z'; m un point situé à une distance r de G, r étant positif ou négatif, suivant que Gm est ou non de même sens que Gp. Les coordonnées de m sont

$$x' = ra, \qquad y' = rb, \qquad z' = rc,$$
$$\frac{dx'}{dt} = r\frac{da}{dt}, \qquad \frac{dy'}{dt} = r\frac{db}{dt}, \qquad \frac{dz'}{dt} = r\frac{dc}{dt}.$$

L'intégrale (8) donne donc

$$\left(a\frac{db}{dt} - b\frac{da}{dt} \right) \Sigma mr^2 = C,$$

où la somme Σmr^2, étendue à tous les points de la barre, est le moment d'inertie par rapport au point G.

De même les deux intégrales (9) donnent

$$\left(b\frac{dc}{dt} - c\frac{db}{dt} \right) \Sigma mr^2 = A,$$
$$\left(c\frac{da}{dt} - a\frac{dc}{dt} \right) \Sigma mr^2 = B.$$

Multipliant par b, c, a et ajoutant, on a l'équation

$$Aa + Bb + Cc = 0,$$

qui montre que le point p reste dans un plan П fixe par rapport aux axes $Gx'y'z'$ et perpendiculaire au segment $G\sigma'$ de projections A, B, C : c'est le plan du maximum des aires. Le point p et tous les points de la barre décrivent des cercles de centre G : comme le principe des aires s'applique aussi au plan П, la barre tourne autour de G dans ce plan, avec une vitesse angulaire constante.

5° *Système pesant déformable.* — Un système pesant quelconque étant lancé dans le vide, son centre de gravité G décrit une parabole; si par ce centre G on mène des axes de directions fixes, la somme des moments des forces extérieures est nulle par rapport à ces axes; par suite, la somme des moments des quantités de mouvement relatives est constante par rapport à tout axe mené par G, et le théorème des aires s'applique autour du point G à la projection du mouvement relatif sur tout plan d'orientation fixe mené par G : le vecteur $G\sigma'$ est constant en grandeur, direction et sens.

Par exemple, quand un homme fait le saut périlleux, il se donne au départ une certaine vitesse angulaire de rotation autour d'un axe horizontal Gz' mené par son centre de gravité; si le corps restait rigide, cette vitesse angulaire se conserverait à peu près et ne serait pas suffisante pour imprimer au corps une rotation complète de 360° avant qu'il retombe sur le sol. Mais, une fois lancé, l'homme ramasse son corps autour du centre de gravité, le moment d'inertie par rapport à l'axe diminue, et, comme la somme des moments des quantités de mouvement $\Sigma \, mr^2 \dfrac{d\theta}{dt}$ doit rester constante, la vitesse angulaire augmente et devient suffisante pour qu'une révolution complète soit possible avant la chute.

Dans cet exemple, l'homme possède une vitesse angulaire initiale qu'il augmente par le jeu des forces intérieures; mais il pourrait, même, en se lançant sans vitesse angulaire initiale, arriver à tourner sur lui-même dans l'espace, d'un certain angle. C'est ce qu'on voit par les considérations développées dans les exemples du n° 333; ainsi un homme lancé dans le vide, avec un mouvement de translation, pourrait se retourner par des procédés analogues à ceux que nous avons indiqués à la fin du n° 333, pour un observateur placé sur un plan horizontal poli. C'est par ces mêmes considérations qu'on explique comment un chat arrive, sans aucune aide extérieure, à se retourner dans une chute.

331. Théorème des forces vives dans le mouvement relatif autour du centre de gravité. — Le théorème des forces vives a été établi pour le mouvement absolu d'un système. Il est encore vrai pour le mouvement relatif, par rapport à des axes animés d'une translation rectiligne uniforme. Mais on ne peut pas, sans modifications, l'appliquer au mouvement relatif par rapport à des axes animés d'un mouvement quelconque. Il existe cependant un système d'axes mobiles particulier, par rapport auquel le théorème subsiste sans modifications dans l'énoncé : c'est un système d'axes de directions fixes passant par le centre de gravité. On a ainsi le théorème suivant :

De même que le théorème des moments des quantités de mouvement, le théorème des forces vives s'applique au mouvement relatif du système par rapport à des axes de directions fixes passant par le centre de gravité.

Nous établirons ce théorème, en faisant une combinaison des équations du mouvement du centre de gravité et de l'équation des forces vives dans le mouvement absolu : l'équation obtenue est donc une conséquence des équations universelles des paragraphes I et II.

L'équation des forces vives dans le mouvement absolu est

$$(5) \quad \frac{d \Sigma m v^2}{2} = \Sigma\Sigma (X_e \, dx + Y_e \, dy + Z_e \, dz) + \Sigma\Sigma (X_i \, dx + Y_i \, dy + Z_i \, dz);$$

faisons dans cette équation le changement de coordonnées

$$x = \xi + x', \quad y = \eta + y', \quad z = \zeta + z'.$$

Nous avons vu, par le théorème de Kœnig (n° 349), qu'en appelant V la vitesse de G et v' la vitesse relative d'une molécule m par rapport aux axes $G x' y' z'$, on a

$$\Sigma m v^2 = M V^2 + \Sigma m v'^2.$$

D'autre part,

$$dx = d\xi + dx', \quad dy = d\eta + dy', \quad dz = d\zeta + dz'.$$

L'équation (5) devient donc

$$d \frac{M V^2}{2} + d \frac{\Sigma m v'^2}{2}$$
$$= \Sigma\Sigma (X_i \, dx' + Y_i \, dy' + Z_i \, dz') + \Sigma\Sigma (X_e \, dx' + Y_e \, dy' + Z_e \, dz')$$
$$+ d\xi \left\{ \Sigma\Sigma X_i + \Sigma\Sigma X_e \right\} + d\eta \left\{ \Sigma\Sigma Y_i + \Sigma\Sigma Y_e \right\} + d\zeta \left\{ \Sigma\Sigma Z_i + \Sigma\Sigma Z_e \right\}.$$

Or, les sommes $\Sigma\Sigma X_i$, $\Sigma\Sigma Y_i$, $\Sigma\Sigma Z_i$ sont nulles en vertu du principe de l'égalité de l'action et de la réaction; puis on a

$$d \frac{M V^2}{2} = d\xi \, \Sigma\Sigma X_e + d\eta \, \Sigma\Sigma Y_e + d\zeta \, \Sigma\Sigma Z_e,$$

équation qu'on obtient en effectuant la combinaison des forces vives sur les équations du mouvement du centre de gravité. Il nous reste alors, après réductions,

$$d \sum \frac{m v'^2}{2} = \Sigma\Sigma (X_i \, dx' + Y_i \, dy' + Z_i \, dz') + \Sigma\Sigma (X_e \, dx' + Y_e \, dy' + Z_e \, dz').$$

Cette équation est composée avec les vitesses et les déplacements relatifs, comme l'équation des forces vives avec les vitesses et les déplacements absolus. Le théorème est donc démontré.

Remarque sur les travaux des forces extérieures. — La somme des travaux élémentaires des forces intérieures, ne dépendant que des variations des distances mutuelles des points, est la même dans les deux équations; mais *la somme des travaux des forces extérieures n'est pas la même dans les deux équations.*

Cela résulte du calcul précédent, car on a trouvé

$$\Sigma\Sigma(X_i\,dx + Y_i\,dy + Z_i\,dz) = \Sigma\Sigma(X_i\,dx' + Y_i\,dy' + Z_i\,dz'),$$

ce qui prouve que les sommes des travaux élémentaires des forces intérieures sont les mêmes dans le déplacement absolu et dans le déplacement relatif par rapport aux axes considérés; tandis qu'on a trouvé

$$\Sigma\Sigma(X_e\,dx + Y_e\,dy + Z_e\,dz)$$
$$= \Sigma\Sigma(X_e\,dx' + Y_e\,dy' + Z_e\,dz') + \Sigma\Sigma(X_e\,d\xi + Y_e\,d\eta + Z_e\,d\zeta),$$

ce qui montre que les sommes des travaux des forces extérieures ne sont pas les mêmes dans les deux déplacements.

Ainsi, lorsque certains corps du système sont assujettis à des liaisons sans frottement avec des corps *fixes*, les forces de liaison correspondantes sont *extérieures* au système : leurs travaux élémentaires sont nuls dans le déplacement absolu comme nous l'avons démontré en établissant le théorème des vitesses virtuelles; *ils ne le sont pas en général* dans le déplacement relatif par rapport aux axes $G\,x'$, y', z'. (*Voir*, dans les exemples suivants, l'exemple III, n° 354.)

Démonstration basée sur la théorie du mouvement relatif. — On trouvera au Chapitre XXII une démonstration simple du théorème, basée sur la théorie du mouvement relatif.

352. **Nombre maximum des équations générales indépendantes.** — Dans le mouvement absolu nous avons obtenu sept équations universelles, trois pour les projections des quantités de mouvement, trois pour les moments des quantités de mouvement, une pour les forces vives. En appliquant les théorèmes des moments et des forces vives au mouvement relatif autour du centre de gravité, on obtient encore quatre équations. Mais ces équations *ne sont pas distinctes* des sept équations universelles : elles en sont des conséquences, comme nous l'avons fait remarquer. Suivant les cas, il pourra être plus commode d'écrire les équations des moments et des forces vives, dans le mouvement absolu ou dans le mouvement autour du centre de gravité.

353. Portion quelconque d'un système. — En isolant par la pensée, dans un système matériel S, une portion déterminée P, formée de points matériels bien définis, on peut appliquer à cette portion P les sept équations universelles, à condition de considérer comme forces extérieures à P les actions exercées sur cette portion par la partie restante S — P du système.

Cette considération est souvent utile, pour trouver les actions et réactions qu'exercent l'une sur l'autre les deux parties S — P et P.

354. Exemple I. — *Système pesant dans le vide.* — Quand on lance dans le vide un système pesant quelconque libre, le centre de gravité du système décrit une parabole. Menons, par le centre de gravité, des axes de directions fixes, Gz' étant la verticale ascendante : le théorème des forces vives s'applique au mouvement relatif du système par rapport à ces axes. Les seules forces extérieures étant les poids, les projections du poids d'un point m sur les axes mobiles sont o, o, $- mg$. On a donc

$$d\,\frac{\Sigma m v'^2}{2} = - \Sigma mg\,dz' + \Sigma F_{j,k}\,dr_{j,k}.$$

Mais, l'origine étant le centre de gravité, les sommes $\Sigma m z'$, $\Sigma m\,dz'$ sont nulles, donc

$$d\,\frac{\Sigma m v'^2}{2} = \Sigma F_{j,k}\,dr_{j,k}.$$

La force vive dans le mouvement relatif par rapport aux axes Gx', Gy', Gz' ne varie donc que par l'action des forces intérieures. Si le système est un corps solide, la force vive relative est constante.

Exemple II. — *Étudier le mouvement de deux points pesants* A *et* B *de même masse* m *attachés, l'un à l'autre par un fil élastique sans masse et lancés dans le vide.* — La longueur naturelle du fil étant $2l$, on admet que, quand il est allongé jusqu'à la longueur $2r$, sa tension T est proportionnelle à son allongement $2(r - l)$

$$T = mk^2(r - l).$$

Le fil étant tendu à une longueur $2r_0 > 2l$, les deux points sont lancés dans le vide.

1° Le centre de gravité O du milieu de AB décrit une parabole comme un point pesant.

2° Dans le mouvement relatif par rapport à des axes Gx', y', z' de directions fixes menés par G, le moment résultant $G\sigma'$ des quantités de mouvement relatives par rapport au point G est constant en grandeur, direction et sens (n° 350, exemple 5°); le théorème des aires s'applique à la projection du mouvement sur chacun des trois plans de coordonnées.

Si l'on appelle x', y', z' les coordonnées relatives de A, celles de B sont $-x'$, $-y'$, $-z'$, et le théorème des aires s'exprime par les trois équations

$$2m\left(y'\frac{dz'}{dt} - z'\frac{dy'}{dt}\right) = C_1,$$

$$2m\left(z'\frac{dx'}{dt} - x'\frac{dz'}{dt}\right) = C_2,$$

$$2m\left(x'\frac{dy'}{dt} - y'\frac{dx'}{dt}\right) = C_3.$$

On en conclut

$$C_1 x' + C_2 y' + C_3 z' = 0,$$

ce qui montre que la ligne AB reste dans un plan Π de *direction fixe* passant par G : ce plan perpendiculaire à $G\sigma'$ est, dans le mouvement relatif, le plan du maximum des aires. Cette propriété est d'ailleurs indépendante des forces intérieures, c'est-à-dire de l'action mutuelle des deux points.

Prenons alors le plan Π pour plan $x'Gy'$ et deux axes Gx', Gy' de directions fixes dans ce plan : appelons r et θ les coordonnées polaires de A dans ce plan; celles de B seront r et $\theta + \pi$. L'équation des aires donne

$$(1) \qquad r^2\frac{d\theta}{dt} = C.$$

Appliquons l'équation des forces vives au mouvement relatif autour du centre de gravité. Les travaux élémentaires des poids seront nuls (exemple I); il suffit donc de tenir compte du travail des deux tensions du fil sur les deux points A et B. Ces tensions jouent le rôle d'une attraction mutuelle des deux points ayant pour valeur algébrique $-mk^2(r-l)$. Les deux points ont évidemment, par raison de symétrie, la même vitesse relative v par rapport aux axes Gx', y' : on a donc

$$d\frac{2mv'^2}{2} = -mk^2(r-l)\,d(2r),$$

car la distance mutuelle des points est $2r$. En intégrant, on a

$$v'^2 = -k^2(r-l)^2 + h,$$

ou enfin, en remplaçant v'^2 par son expression en coordonnées polaires,

$$(2) \qquad \frac{dr^2}{dt^2} + r^2\frac{d\theta^2}{dt^2} = -k^2(r-l)^2 + h.$$

Ces deux équations (1) et (2) déterminent r et θ en fonction de t. Si l'on veut la trajectoire relative d'un des points dans le plan Π autour de G, il suffit d'éliminer dt entre ces deux équations : on a ainsi l'équation différentielle de la trajectoire

$$(3) \qquad d\theta = \frac{\pm\, C\, dr}{r\,\sqrt{hr^3 - k^2 r^2 (r - l)^2 - C^2}},$$

où il faut prendre $+$ ou $-$, suivant que r varie ou non dans le même sens que θ.

La valeur initiale de r, $r_0 > l$, rend le polynome sous le radical positif : comme ce polynome est négatif pour $r = 0$ et $r = \infty$, il est évident que r devra rester compris entre deux racines α et β, et pourra seulement varier de l'une à l'autre. D'après l'équation (1), θ varie toujours dans le même sens, et la courbe est analogue à celle que décrit la projection horizontale d'un pendule sphérique (n° 227, *fig.* 168).

Mais il faut remarquer que nos formules supposent essentiellement que r reste supérieur à l; si r, à un moment donné, devenait égal, puis inférieur à l, le fil ne resterait pas tendu, la force T disparaîtrait comme si k devenait nul, les deux points pesants deviendraient indépendants, et, à partir de ce moment, leurs trajectoires relatives dans le plan II, autour de G, deviendraient des *segments de droites* jusqu'au moment où, le fil se tendant de nouveau, la force T reparaîtrait. Dans ce cas, la trajectoire relative se composerait alternativement d'arcs de la courbe (3) quand $r > l$, et de segments de droites raccordant ces arcs quand $r < l$. Pour que ce cas se présente, il faut et il suffit que l soit compris entre les racines α et β du polynome entre lesquelles varie r.

EXEMPLE III. — *Trouver le mouvement de deux points matériels pesants* A *et* B *de même masse* m, *reliés l'un à l'autre par une tige rigide et sans masse de longueur* $2l$ *et assujettis à glisser sans frottement, l'un* A *sur un axe vertical fixé* Ox, *l'autre* B *sur un axe horizontal fixe* Oy. — Les forces extérieures appliquées au système sont les poids mg des deux points et les réactions normales P et Q des deux axes (*fig.* 196). Le système *étant à liaisons complètes indépendantes du temps*, il suffit d'appliquer le théorème des forces vives au mouvement absolu. Le centre de gravité G du système est au milieu de AB : la distance OG $= l$ et l'angle $\widehat{x\mathrm{OG}}$ a une certaine valeur variable θ. Les coordonnées de A et B étant, pour A, $x = 2l\cos\theta$ et, pour B, $y = 2l\sin\theta$, la force vive du système est $4\,ml^2\left(\dfrac{d\theta}{dt}\right)^2$; le travail élémentaire du poids mg de A est $mg\,dx$ ou $-2\,mgl\sin\theta\,d\theta$; le travail du poids de B est nul. On a donc l'équation des forces vives

$$d\left[2\,ml^2\left(\frac{d\theta}{dt}\right)^2\right] = -\,2\,mgl\sin\theta\,d\theta,$$

qui, par l'intégration, donne, après division par $2\,ml^2$,

$$(4) \qquad \left(\frac{d\theta}{dt}\right)^2 = \frac{g}{l}(\cos\theta + h),$$

h désignant une constante. Cette équation est identique à l'équation du mouvement d'une pendule simple de longueur $2l$. Le mouvement est oscil-

Fig. 196.

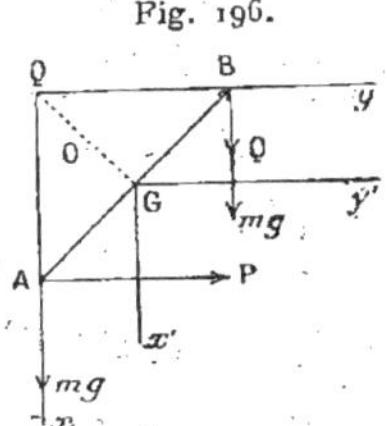

latoire ou révolutif suivant que h est compris entre -1 et $+1$ ou supérieur à 1.

Remarque. — On peut aussi appliquer le théorème des forces vives au mouvement relatif autour de G. La force vive relative par rapport aux axes $Gx'y'$ de directions fixes menés par G est $2ml^2\left(\dfrac{d\theta}{dt}\right)^2$; la somme des travaux élémentaires des deux poids de A et B est nulle dans le déplacement relatif par rapport à ces axes; mais, par contre, *les travaux des réactions normales* P *et* Q *dans ce déplacement relatif ne sont pas nuls*, car les déplacements élémentaires relatifs des points A et B, pour un observateur attaché aux axes Gx', y', sont des arcs de cercle décrits de G comme centre avec GA et GB comme rayons, et ces arcs ne sont pas perpendiculaires aux forces P et Q. On aura donc, en écrivant l'équation des forces vives dans le mouvement relatif par rapport aux axes Gx' et Gy', une équation contenant P et Q. En remarquant que le point A a pour coordonnées par rapport à ces axes

(A) $$x' = l\cos\theta, \qquad y' = -l\sin\theta,$$

que le point B a pour coordonnées, $-x'$ et $-y'$, et que les forces P et Q ont pour projections (o, P) et (Q, o), on a pour les travaux élémentaires de ces forces

$$P\,dy' + Q\,d(-x'),$$

et l'équation des forces vives cherchée est

$$d\left[ml^2\left(\frac{d\theta}{dt}\right)^2\right] = l(Q\sin\theta - P\cos\theta)\,d\theta.$$

Les réactions figurent dans cette équation, qui pourrait être employée avec une autre pour déterminer P et Q. Mais il sera plus simple de calculer P et Q directement en écrivant les équations du mouvement absolu du centre de gravité G projeté sur Ox et Oy : on a ainsi les équations

$$2m\frac{d^2\xi}{dt^2} = 2mg + Q, \qquad 2m\frac{d^2\eta}{dt^2} = P,$$

où

$$\xi = l\cos\theta, \qquad \eta = l\sin\theta.$$

En calculant les dérivées secondes de ξ et η par rapport à t et remplaçant $\left(\frac{d\theta}{dt}\right)^2$ et $\frac{d^2\theta}{dt^2}$ par leurs valeurs tirées de (4), on aura P et Q en fonction de θ. Les signes de P et Q donneront les sens de ces réactions, qui, sur la figure 196, ont le sens qu'elles auraient si elles étaient toutes deux positives.

Faisons le calcul :

On a, après le calcul de $\frac{d^2\xi}{dt^2}$ et de $\frac{d^2\eta}{dt^2}$,

$$Q = 2ml\left[-\frac{d^2\theta}{dt^2}\sin\theta - \left(\frac{d\theta}{dt}\right)^2\cos\theta\right] - 2mg,$$

$$P = 2ml\left[\frac{d^2\theta}{dt^2}\cos\theta - \left(\frac{d\theta}{dt}\right)^2\sin\theta\right].$$

Mais l'équation (4), différentiée par rapport à t, donne, après suppression du facteur $\frac{d\theta}{dt}$,

$$(5) \qquad\qquad \frac{d^2\theta}{dt^2} = -\frac{g}{2l}\sin\theta.$$

On a alors en substituant les expressions (4) et (5) dans Q et P,

$$Q = -mg\cos\theta(3\cos\theta + 2h) - mg,$$
$$P = -mg\sin\theta(3\cos\theta + 2h).$$

Tension de la tige. — Appelons T la tension de la tige ; le point A sera sollicité par trois forces : son poids, la réaction P et la force T comptée positivement de A vers B. En écrivant l'équation du mouvement du point A, en projection sur Oy, on a, puisque l'accélération de A a une projection nulle,

$$o = T\sin\theta + P,$$

d'où

$$T = mg(3\cos\theta + 2h).$$

V. — ÉNERGIE.

355. Système conservatif. — Considérons un système dans lequel les forces intérieures (X_i, Y_i, Z_i) dépendent uniquement des positions des points et dérivent d'une fonction de forces

$U_i(x_1, y_1, z_1, x_2, y_2, z_2, \ldots, x_n, y_n, z_n)$ que nous supposerons uniforme.

On a alors identiquement

$$\Sigma\Sigma(X_i\,dx + Y_i\,dy + Z_i\,dz) = dU_i.$$

Ce fait a lieu en particulier quand l'action mutuelle de deux points quelconques du système dépend uniquement de leur distance (341).

Quand cette fonction U_i existe, le système est dit *conservatif*.

Un tel système est caractérisé par ce fait que, lorsqu'il passe d'une configuration (C_1) à une configuration (C_2), le travail total des forces intérieures est indépendant de la façon dont on amène le système de la première configuration à la dernière.

En effet, si U_i existe, la somme des travaux des forces intérieures, d'une configuration à l'autre, est

$$\mathfrak{G}_i = \int_{(C_1)}^{(C_2)} \Sigma\Sigma(X_i\,dx + Y_i\,dy + Z_i\,dz) = \int_{(C_1)}^{(C_2)} dU_i = (U_i)_2 - (U_i)_1,$$

$(U_i)_1$ et $(U_i)_2$ étant les valeurs de la fonction U_i correspondant aux deux configurations. Le travail $\mathfrak{G}_i$ ne dépend donc que des configurations initiale et finale (C_1) et (C_2).

Réciproquement, si le travail des forces intérieures ne dépend que de la configuration initiale et de la configuration finale, le système est *conservatif*, la fonction U_i existe. En effet, prenons une configuration initiale fixe (C_0) et soit (C) une configuration quelconque : par hypothèse, le travail $\mathfrak{G}_i$ des forces intérieures, quand le système passe de (C_0) à (C), ne dépend que de (C_0) et (C). Le travail $\mathfrak{G}_i$ varie seulement avec le choix d'une configuration finale (C) : il est une fonction des coordonnées $x_1, y_1, z_1, x_2, y_2, z_2, \ldots, x_n, y_n, z_n$ des points du système dans cette configuration :

$$\mathfrak{G}_i = f(x_1, y_1, z_1, x_2, y_2, z_2, \ldots, x_n, y_n, z_n).$$

Si l'on fait passer le système de la configuration (C) à une configuration infiniment voisine correspondant aux coordonnées $x_1 + dx_1, y_1 + dy_1, \ldots, z_n + dz_n$, le travail $\mathfrak{G}_i$ des forces intérieures augmente de la quantité

$$d\mathfrak{G}_i = \Sigma\Sigma(X_i\,dx + Y_i\,dy + Z_i\,dz);$$

donc la somme des travaux élémentaires des forces intérieures est une différentielle totale exacte d'une fonction $\mathfrak{c}_i$ des coordonnées. Le système est conservatif.

356. Énergie potentielle. Signification mécanique. — La fonction des coordonnées $\Pi(x_1, y_1, z_1, x_2, \ldots, x_n, y_n, z_n) = - U_i + \text{const.}$ s'appelle *énergie potentielle du système*. Cette fonction n'est donc définie qu'à une constante près. Nous supposerons la constante choisie de façon que l'énergie potentielle Π s'annule dans une position déterminée (C_0). Alors *la valeur* Π *de l'énergie potentielle du système, dans une configuration quelconque* (C), *est égale à la somme des travaux des forces intérieures quand le système passe de la configuration actuelle* (C) *à la configuration spéciale* (C_0) *dans laquelle* Π *est nulle.*

En effet, pour un déplacement infiniment petit du système, la somme $d\mathfrak{c}_i$ des travaux élémentaires des forces intérieures est

$$d\mathfrak{c}_i = dU_i = - d\Pi ;$$

d'où, en appelant $\mathfrak{c}_i$ le travail des forces intérieures, de la position actuelle (C) à la position (C_0),

$$\mathfrak{c}_i = - \int_{(C)}^{(C_0)} d\Pi = \Pi - \Pi_0 = \Pi,$$

car Π_0 est supposé nul ; ce qui démontre la proposition.

Le choix de la configuration spéciale (C_0), pour laquelle on convient de regarder l'énergie potentielle comme nulle, est arbitraire. Quand, parmi toutes les configurations possibles du système, il en est une qui rend U_i maximum, et par suite

$$\Pi = - U_i + \text{const.}$$

minimum, on choisit ordinairement cette configuration spéciale pour la configuration (C_0), dans laquelle Π s'annule. Alors, pour toutes les autres configurations, Π est positif. Dans ce cas, la configuration (C_0), correspondant à un maximum de la fonction des forces U_i, est une position d'équilibre stable du système supposé soumis uniquement aux forces intérieures. Cela résulte d'un théorème que nous démontrerons plus loin et que nous admettons ici.

Si U_i admet plusieurs maxima, on choisit pour (C_0) la configuration qui donne le plus grand maximum.

337. Conservation de l'énergie. — D'après ces notations, le théorème des forces vives s'écrit (n^o **336**), en remplaçant

$$\Sigma\Sigma(X_i\,dx + Y_i\,dy + Z_i\,dz)$$

par sa valeur dU_i ou $-d\Pi$,

$$(1) \qquad d\left(\frac{\Sigma\,mv^2}{2} + \Pi\right) = \Sigma\Sigma(X_e\,dx + Y_e\,dy + Z_e\,dz).$$

Le premier membre $\dfrac{\Sigma\,mv^2}{2} + \Pi$ est l'*énergie totale du système*. Les deux termes qui le composent sont de nature différente : le premier $\dfrac{\Sigma\,mv^2}{2}$ dépend seulement des vitesses des différents points et non de leurs positions : on l'appelle *énergie cinétique* ou *actuelle* du système; le second Π dépend uniquement de la position du système et non des vitesses : c'est l'*énergie potentielle*.

L'équation ci-dessus s'énonce ainsi : *la variation infiniment petite de l'énergie totale est égale à la somme des travaux élémentaires des forces extérieures.*

Si l'on intègre les deux membres de l'équation (1) d'un instant t_1 à un instant t, on a

$$(2) \qquad \left(\frac{\Sigma\,mv^2}{2} + \Pi\right) - \left(\frac{\Sigma\,mv^2}{2} + \Pi\right)_1 = \int_{t_1}^{t} \Sigma\Sigma(X_e\,dx + Y_e\,dy + Z_e\,dz),$$

que nous écrirons

$$\mathcal{E} - \mathcal{E}_1 = \mathcal{E}_e.$$

La variation de l'énergie, dans un intervalle de temps fini, est donc égale à la somme des travaux des forces extérieures pendant cet intervalle.

En particulier, *si le système n'est sollicité par aucune force extérieure, son énergie reste constante :*

$$\frac{\Sigma\,mv^2}{2} + \Pi = \left(\frac{\Sigma\,mv^2}{2} + \Pi\right)_1, \qquad \mathcal{E} = \mathcal{E}_1;$$

c'est là le principe de la *conservation de l'énergie*. Ainsi, quand le système se déplace, sans qu'aucune force extérieure agisse, l'énergie cinétique et l'énergie potentielle varient, mais leur somme reste constante. Ces deux sortes d'énergie, quoique de nature différente, se transforment l'une dans l'autre.

Remarque. — Supposons qu'on prenne pour unité de travail le kilogrammètre, l'énergie potentielle étant un travail (340) sera exprimée par un certain nombre de kilogrammètres; l'énergie cinétique $\frac{\Sigma m v^2}{2}$ est aussi exprimée par un nombre qui représente des kilogrammètres.

L'énergie totale est donc un certain nombre de kilogrammètres.

358. Signification mécanique de l'énergie totale. — Soit $\mathcal{C}_1$ l'énergie du système à un instant t_1; si aucune force extérieure n'agissait sur le système, il conserverait indéfiniment cette énergie $\mathcal{C}_1$. Faisons agir sur lui des forces extérieures (X_e, Y_e, Z_e), de façon à le faire passer de l'état actuel à l'état final, où son énergie $\mathcal{C}$ est *nulle*. La formule (2) nous donnera

$$\mathcal{C}_1 = - \mathcal{C}_e.$$

Donc l'énergie totale du système est égale et de signe contraire au travail des forces extérieures, qu'il faudrait faire agir sur le système, pour le ramener de l'état actuel à l'état spécial pour lequel l'énergie totale est nulle.

Cet état spécial est l'immobilité $(v = 0)$ dans la position spéciale (C_0), où Π est nul.

Comme $\mathcal{C}_1$ est positif, le travail $\mathcal{C}_e$ des forces extérieures nécessaires pour réaliser la transformation demandée est *négatif*, c'est-à-dire que le système fournit alors du travail aux corps extérieurs. Pour préciser ce point, tirons tout d'abord une conséquence immédiate de l'équation (2).

Supposons que *le système n'agit mécaniquement au dehors que par des corps solides en contact avec lui par les mêmes points où liés à lui par des liens rigides.* Alors les forces extérieures appliquées au système sont les actions (X_e, Y_e, Z_e) de ces corps solides sur lui; évidemment le système réagit sur les corps solides extérieurs et exerce sur eux des actions $(-X_e, -Y_e, -Z_e)$ égales et opposées. Par exemple, si un corps solide (A) (*fig.* 197) est en contact avec le système (S) en M, il exerce sur le système une force extérieure F_e : inversement, le système exerce sur le corps une action F'_e égale et opposée. Quand le système se déplace, les deux forces égales et opposées, F_e et F'_e, appliquées à des points matériels placés en M et subissant le même déplace-

Fig. 197.

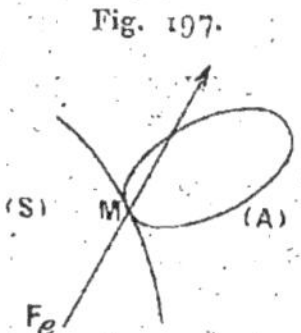

ment, produisent des travaux égaux et de signes contraires. Donc la somme $\mho_e$ des travaux de toutes les forces extérieures appliquées au système est alors égale et de signe contraire à la somme $\mho'_c$ des travaux des actions exercées par le système sur les corps solides en contact avec lui

$$\mho_c = - \mho''_c.$$

Le travail $\mho'_c$ des actions exercées par le système, sur les corps extérieurs en contact, est le travail extérieur *produit* ou *accompli* par le système, travail qui peut d'ailleurs être positif ou négatif.

En considérant le mouvement du système de l'instant t_1 à l'instant t, nous avons trouvé que la variation $\mathcal{E} - \mathcal{E}_1$ de l'énergie est égale à la somme $\mho_e$ des travaux des forces extérieures. On a donc aussi

$$\mathcal{E}_1 - \mathcal{E} = \mho'_c.$$

Donc, *si le système n'agit mécaniquement au dehors que par des corps solides en contact avec lui ou reliés à lui par des liens rigides, l'énergie perdue est égale au travail produit par le système sur les corps extérieurs.*

En particulier, supposons que le système passe de l'état actuel, où son énergie totale est $\mathcal{E}_1$, à cet état final particulier où son énergie totale $\mathcal{E}$ est nulle, c'est-à-dire où le système est immobile dans la configuration spéciale (C_0) pour laquelle Π est nulle, l'équation devient

$$\mathcal{E}_1 = \mho'_c.$$

L'énergie que possède le système est donc égale au travail extérieur qu'il peut fournir de la manière indiquée, quand il passe à l'état dans lequel son énergie est nulle. Comme l'énergie $\dfrac{\Sigma m v^2}{2} + \Pi$ est essentiellement positive et à pour minimum zéro, le travail extérieur fourni ainsi par le système, quand il passe de l'état actuel à l'état spécial où son énergie est nulle, est le plus grand qu'il puisse fournir.

D'après cela, on peut énoncer les propositions suivantes, que nous empruntons à un article de M. Maurice Lévy, *Sur le principe de l'énergie* (Gauthier-Villars, 1888) :

L'énergie totale d'un système à un instant quelconque est le travail utile maximum qu'il est possible de se procurer en utilisant les vitesses acquises et les forces intérieures du système.

Dans cet énoncé, on suppose, bien entendu, que le minimum de Π est zéro, comme nous l'avons expliqué plus haut.

L'énergie cinétique du système, à un instant, est le travail utile maximum qu'il est possible de se procurer en n'utilisant que les vitesses acquises à cet instant par les différents points du système, sans utiliser aucune des forces intérieures qui le sollicitent.

L'énergie potentielle, à un instant, est le travail utile maximum qu'il est possible de se procurer en n'utilisant que les forces intérieures du système, sans utiliser les vitesses acquises par ses points.

Lorsque des forces extérieures agissent sur un système, on dit qu'elles sont motrices quand elles tendent à accroître son énergie, et résistantes quand elles tendent à la diminuer.

Exemples. — 1° *Points matériels s'attirant proportionnellement à la distance.* — Soit un système formé de deux points libres m et m' s'attirant proportionnellement à leur distance r. Leur action mutuelle est $-\mu r$ où $\mu > 0$, et le travail de cette action mutuelle est

$$-\mu r \, dr = d\left(-\frac{\mu r^2}{2}\right).$$

On a donc actuellement $U_i = -\dfrac{\mu r^2}{2}$. Cette fonction est toujours négative, excepté pour $r = 0$ où elle est nulle, et, par suite, maximum. Nous prendrons alors

$$\Pi = \frac{\mu r^2}{2}.$$

Cette énergie potentielle est toujours positive, excepté quand $r = 0$. La configuration spéciale (C_0) est donc ici celle qui consiste à mettre les deux points en contact. L'énergie cinétique est

$$\frac{mv^2 + m'v'^2}{2},$$

et l'énergie totale

$$\mathcal{C} = \frac{mv^2 + m'v'^2}{2} + \frac{\mu r^2}{2}.$$

Supposons qu'à l'instant $t = 0$ les deux points soient immobiles et en contact : alors $\mathcal{C}_0 = 0$. Cet état persiste indéfiniment si aucune force extérieure n'agit. Prenons chaque point dans une main et séparons-les à une distance r_1, où nous les maintiendrons immobiles : il faut pour cela dépenser un certain travail $\mathcal{C}'$; l'énergie potentielle devient $\frac{\mu r_1^2}{2}$, l'énergie cinétique sera nulle, et l'accroissement $\frac{\mu r_1^2}{2}$ de l'énergie totale est égal au travail extérieur dépensé. Puis, lançons les points avec des vitesses initiales v_1 et v'_1; il faut pour cela dépenser un certain travail $\mathcal{C}''$, l'énergie potentielle est restée $\frac{\mu r_1^2}{2}$, l'énergie cinétique est devenue $\frac{mv_1^2 + m'v_1'^2}{2}$; l'énergie totale a augmenté de la quantité $\frac{mv_1^2 + m'v_1'^2}{2}$, égale au travail dépensé $\mathcal{C}''$. Si ensuite le système est abandonné à lui-même, on aura constamment

$$\frac{mv^2 + m'v'^2}{2} + \frac{\mu r^2}{2} = \frac{mv_1^2 + m'v_1'^2}{2} + \frac{\mu r_1^2}{2} = \mathcal{C}' + \mathcal{C}''.$$

L'énergie totale restera constante et ne pourra changer que si une force extérieure agit. On pourrait utiliser cette énergie totale en faisant produire au système un travail extérieur jusqu'au moment où, les deux points étant de nouveau en contact et immobiles, l'énergie serait devenue nulle. Le travail que le système peut ainsi fournir est égal à son énergie, c'est-à-dire au travail $\mathcal{C}' + \mathcal{C}''$ qu'on a dépensé au début pour lui communiquer son énergie.

$2°$ *Pendule.* — Considérons le système formé par la Terre supposée immobile et un pendule simple de masse m. Appelons z la hauteur du pendule au-dessus du point le plus bas A de la circonférence qu'il décrit. Les forces intérieures au système formé par la Terre et le pendule sont l'attraction mg de la Terre sur le pendule et une force égale et contraire appliquée au centre de la Terre. Si le pendule monte de dz, le travail de

l'attraction mg est $-mg\,dz$, celui de la force appliquée au centre de la
Terre est nul, car ce point est immobile. La somme des travaux élémentaires des forces intérieures est donc

$$-mg\,dz = -d(mg\,z).$$

On a
$$U_1 = -mg\,z,$$

et nous prendrons
$$\Pi = mg\,z;$$

de cette façon Π est positif pour toutes les positions du pendule et nul

Fig. 198.

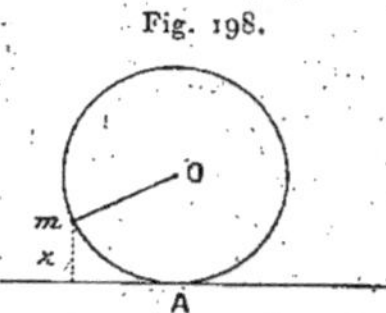

pour la position A qui est une position d'équilibre stable. Si l'on suppose
d'abord le pendule immobile dans cette position, l'énergie totale est nulle.
Si on le relève ensuite à une hauteur z_1, on dépense un certain travail
extérieur $\mho'$; puis, si on le lance avec une vitesse v_1, on dépense un travail $\mho''$. Le système étant ensuite abandonné à lui-même sans qu'aucune
force extérieure n'agisse, son énergie

$$\mathcal{E} = \frac{mv^2}{2} + mg\,z = \frac{mv_1^2}{2} + mg\,z_1 = \mho' + \mho''$$

reste constante. On peut utiliser cette énergie pour produire un travail
extérieur $\mho' + \mho''$, en ramenant le pendule dans sa position d'équilibre
avec une vitesse nulle.

3° *Oscillation d'une lame élastique.* — Soit une lame élastique dont
l'extrémité A est serrée dans un étau fixe. Si aucune force extérieure
n'agit sur le système, la lame occupe la position d'équilibre stable AB.
Nous prendrons cette position pour la configuration spéciale dans laquelle
Π est nul; en outre, la barre étant immobile dans cette position, l'énergie
actuelle est nulle également.

Prenons l'extrémité B dans la main et ployons la barre pour l'amener
dans la position AB', où nous la maintiendrons immobile. Il faut pour cela
que la pression de la main produise un certain travail : l'énergie potentielle, qui était nulle, a pris, dans la position AB', une valeur Π_1 égale au
travail dépensé. Si maintenant on abandonne la lame à elle-même, elle se
met en mouvement; à mesure qu'elle s'approche de la position d'équilibre
AB son énergie potentielle diminue, mais son énergie cinétique augmente,

de façon que l'énergie totale reste constante et égale à Π_1. Quand la lame repasse par la position AB, l'énergie potentielle est nulle, mais l'énergie cinétique est alors maximum et égale à Π_1; la lame dépassant la position

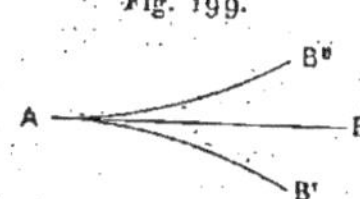

Fig. 199.

AB, l'énergie potentielle augmente et l'énergie cinétique diminue jusqu'à la position AB″ symétrique de AB′ où l'énergie cinétique redevient nulle, …. et ainsi de suite.

Une fois la lame amenée en AB′ par l'action de la main, on pourrait évidemment lui faire produire un travail extérieur en la laissant revenir à sa position d'équilibre : par exemple, on pourrait l'employer à soulever un poids.

4° *Horloge.* — Signalons encore les exemples simples suivants :

En remontant une horloge à poids, on accroît l'énergie potentielle du système formé par l'horloge et la Terre ; en poussant ensuite le balancier, on accroît, au premier instant, l'énergie cinétique qui était nulle. L'énergie totale ainsi communiquée s'use peu à peu : elle est employée à vaincre les résistances passives, et quand, le poids étant redescendu, l'horloge s'arrête, l'énergie communiquée a été entièrement dépensée.

De même, en remontant une horloge à ressort, on dépense un certain travail qui accroît l'énergie potentielle du système : cette énergie est ensuite employée à vaincre les résistances passives.

Un système sur lequel agissent des forces intérieures dépendant seulement des positions des points est nécessairement conservatif. — On peut démontrer cette proposition si l'on admet comme évident qu'il est impossible de créer du travail sans aucune dépense. En effet, soit un système sur lequel agissent des forces intérieures fonctions de la seule position. Amenons-le d'une configuration (C_0) à une configuration (C) par une suite de positions intermédiaires dont nous appellerons l'ensemble (P), en supposant que le système parte sans vitesse de (C_0) et arrive sans vitesse en (C). D'après le théorème général des forces vives (336), la variation de force vive étant nulle, la somme des travaux des forces tant intérieures qu'extérieures est nulle :

$$\mathcal{C}_i + \mathcal{C}_e = 0,$$

en appelant $\mathcal{C}_i$ le travail des forces intérieures, $\mathcal{C}_e$ celui des forces extérieures. Supposons, pour fixer les idées, $\mathcal{C}_i$ négatif; alors $\mathcal{C}_e$ est positif, c'est-à-dire qu'il faut dépenser un certain travail extérieur pour réaliser le déplacement considéré.

Amenons ensuite le système de la même configuration (C_0) à la même (C)

par une autre suite de positions intermédiaires $(P^{(1)})$, le système partant et arrivant sans vitesse. Nous aurons encore, en appelant $\mathcal{T}_i^{(1)}$ et $\mathcal{T}_e^{(1)}$ les travaux des forces intérieures et extérieures :

$$\mathcal{T}_i^{(1)} + \mathcal{T}_e^{(1)} = 0.$$

Si le système revenait de (C) en (C_0) par la suite des positions $(P^{(1)})$, le travail des forces intérieures serait $-\mathcal{T}_i^{(1)}$, car, les positions du système étant les mêmes, les forces intérieures seraient les mêmes, mais les déplacements seraient égaux et de sens contraires aux précédents. Donc on aurait aussi $-\mathcal{T}_e^{(1)}$ pour le travail des forces extérieures quand le système revient de (C) à (C_0) par la suite des positions $(P^{(1)})$.

Il est absurde de supposer $\mathcal{T}_i^{(1)}$ différent de $\mathcal{T}_i$. En effet, supposons par exemple $\mathcal{T}_i^{(1)} < \mathcal{T}_i$; alors $\mathcal{T}_e^{(1)} > \mathcal{T}_e$. Donc, en amenant d'abord le système de (C_0) à (C) par la suite des positions (P), on aurait à dépenser un travail $\mathcal{T}_e$; puis, en le laissant revenir de (C) à (C_0) par la suite des positions $(P^{(1)})$, les forces extérieures accompliraient un travail $-\mathcal{T}_e^{(1)}$, c'est-à-dire que le système serait capable de produire à l'extérieur, sur des corps solides au contact, un travail $\mathcal{T}_e^{(1)}$ *supérieur à celui* $\mathcal{T}_e$ *qui a été dépensé*. On aurait donc ramené le système dans son état initial et l'on aurait créé du travail. En recommençant la même opération, on arriverait à créer une quantité indéfinie de travail : ce qui doit être regardé comme impossible. Donc $\mathcal{T}_i^{(1)} = \mathcal{T}_i$, quelle que soit la suite des positions par lesquelles on passe d'une configuration à l'autre, et le système est *conservatif*. Son énergie totale ne peut être modifiée que par des actions extérieures. On admet, en Physique mathématique, que les actions mutuelles des molécules ne dépendent que de leurs positions et même que de leurs distances : tous les systèmes de la nature doivent donc être *conservatifs*.

Des frottements et des résistances. — A première vue il semble, au contraire, que les systèmes matériels ne sont pas conservatifs. Par exemple, il semble que, pour la plupart des systèmes, le travail extérieur nécessaire pour faire passer le système, sans vitesse apparente initiale et finale, d'une configuration à une autre n'est pas le même que le travail restitué par le système quand il repasse de la deuxième à la première. Ainsi, si avec la main on comprime un ressort à boudin, et si la compression dépasse une certaine limite, le ressort ne reviendra pas tout seul à sa position primitive ; il ne restitue donc qu'une fraction du travail extérieur dépensé ; même pour le ramener à sa forme primitive, il faut ensuite exercer sur lui une traction, c'est-à-dire dépenser un nouveau travail.

Dans d'autres cas, un système en mouvement, sur lequel n'agit aucune force extérieure, finit par s'arrêter dans la position d'équilibre stable pour laquelle Π est nulle, de sorte que son énergie totale devient nulle en apparence et ne paraît pas rester constante. Tel serait le cas d'un pendule oscillant dans le vide : il finit par s'arrêter, quoique aucune force extérieure n'agisse sur le système formé par la Terre et le pendule.

D'après cela, il y a donc une perte apparente d'énergie; cette perte apparente est due, suivant les machines, aux frottements, à la viscosité des liquides, à l'élasticité imparfaite des solides, aux résistances provenant de l'induction électrique et de l'aimantation. Mais cette perte d'énergie est purement apparente, car, à côté des mouvements visibles dont s'occupe la Mécanique rationnelle, il existe des vibrations invisibles des molécules dont l'étude est faite en Physique mathématique, et qui constituent la chaleur, la lumière, l'électricité, etc.

Par exemple, tout frottement engendre de la chaleur, et l'expérience de Joule a montré que le rapport de l'énergie disparue à la quantité de chaleur produite est une *constante*. Cette constante se nomme l'*équivalent mécanique de la chaleur*; elle est d'environ 424^{kgm}, c'est-à-dire qu'une calorie peut produire un travail de 424^{kgm}.

Dans certains cas, les résistances, le manque d'élasticité, etc., donnent naissance à de l'électricité, de la lumière, etc. Il faut alors concevoir le principe de la conservation de l'énergie de la façon suivante :

Dans un système isolé sur lequel n'agit aucune action extérieure ni mécanique, ni calorifique, etc., l'énergie totale est invariable, à condition de comprendre dans l'énergie cinétique, non seulement celle due aux vitesses visibles des points du système, mais aussi celle qui provient des mouvements invisibles ou stationnaires pouvant être dus à la chaleur, aux courants électriques, peut-être même au magnétisme ou à l'électricité statique; à condition aussi de comprendre dans l'énergie potentielle non seulement l'énergie provenant des actions mécaniques sensibles que l'on considère ordinairement en Mécanique, mais aussi celle qui peut être due aux tensions électriques, aux affinités chimiques, etc.

En général, il existe une certaine incertitude pour qualifier les énergies autres que celles d'origine mécanique et même pour certaines de celles-ci. Ainsi, selon la théorie cinétique des gaz, les molécules d'un gaz, même en repos apparent, sont douées de mouvements stationnaires très rapides, d'où résultent des chocs répétés des molécules entre elles et sur les parois. Ce qui nous apparait comme une pression statique serait le résultat de ces chocs. D'après cela, l'énergie due à la pression d'un gaz ne serait pas, dans son essence première, potentielle, mais cinétique. De même pour l'énergie d'un aimant, on doit, si l'on admet la théorie d'Ampère, la regarder comme cinétique, et, si l'on admet la théorie de Maxwell, la regarder comme potentielle.

Cette incertitude où l'on est relativement à la qualité de certaines énergies n'a aucun inconvénient pratique, car, qu'une énergie soit potentielle ou cinétique, elle est toujours exprimée par un certain nombre de kilogrammètres, et nous avons vu que ces deux espèces d'énergies peuvent se transformer l'une dans l'autre sans aucun gain ni perte. (*Voyez* MAURICE LÉVY, *Sur le principe de l'énergie*, Gauthier-Villars, 1888.)

Nous n'insisterons pas davantage sur ces considérations qui servent, en particulier, de fondement à la Théorie mécanique de la chaleur. Nous renverrons, pour plus de détails, au Mémoire de M. Maurice Levy, au Mémoire de M. Helmholtz : *Ueber die Erhaltung der Kraft* (1847), réimprimé à Leipzig en 1889, à l'Ouvrage de MM. Tait et Thomson, aux *Leçons synthétiques de Mécanique générale* de M. Boussinesq, et à l'Ouvrage de M. Hirn, intitulé *La Cinétique moderne et le dynamisme de l'avenir*, publié par l'Académie royale de Belgique. On pourra consulter aussi une suite d'articles de M. Duhem, parus dans la *Revue des Sciences pures et appliquées*, en 1903, et le premier Volume du *Traité de Chimie physique* de M. Perrin (Gauthier-Villars, 1903).

EXERCICES.

1. *Généralisation du théorème de Kœnig et du théorème des forces vives par rapport à des axes de directions fixes menés par le centre de gravité.* — Soient Ox, Oy, Oz trois axes rectangulaires fixes auxquels on rapporte un système matériel quelconque; $O'x'$, $O'y'$, $O'z'$ trois axes qui restent parallèles aux précédents, mais dont l'origine O' est animée d'un mouvement indéterminé.

I. Pour que l'équation des forces vives s'applique au mouvement relatif par rapport aux axes mobiles, il faut que les projections, sur la direction de l'accélération du point O', de la vitesse de O' et de la vitesse absolue du centre de gravité soient égales.

II. La condition pour que la force vive du système soit égale à la force vive de toute la masse concentrée à l'origine mobile, augmentée de la force vive due au mouvement relatif par rapport aux axes mobiles, est que la vitesse de cette origine soit égale à la projection, sur sa direction, de la vitesse absolue du centre de gravité (Bonnet; *Mémoires de l'Académie de Montpellier*, section des Sciences, t. I, p. 142).

Corollaire relatif au cas où le système est un corps solide. — Si, à un instant quelconque du mouvement d'un solide, on décrit un cylindre circulaire droit dont la génératrice est parallèle à l'axe instantané de rotation et de glissement, et dont la section droite a pour diamètre la perpendiculaire abaissée du centre de gravité sur cet axe, tout point A pris sur cette surface cylindrique jouit de la propriété énoncée dans le théorème de Kœnig : la force vive du solide à l'instant considéré est la somme de la force vive qu'aurait la masse totale concentrée en A et de la force vive du corps dans son mouvement autour de A. Il n'y a pas d'autre point du solide jouissant de cette propriété (Cauchy, *Anciens Exercices*, p. 104; 1827; Bonnet, *loc. cit.*; Gilbert, *Comptes rendus*, t. CI, p. 1054 et 1140).

2. Lorsqu'un système matériel quelconque, déformable ou non, se déplace, la somme des produits obtenus en multipliant la masse de chaque point par le carré de son déplacement est égale au produit de la masse totale du système par le carré de la projection du déplacement du centre de gravité sur une direction arbitraire AB, augmenté de la somme des produits obtenus en multipliant la masse de chaque point par le carré du déplacement qu'il faut lui imprimer pour l'amener dans sa position finale après lui avoir fait subir, dans la direction AB,

une translation égale à la projection du déplacement du centre de gravité sur cette direction (FOURET, *Bulletin de la Société mathématique*, t. XIV, p. 142).

3. Quels sont les points A d'un solide S en mouvement qui partagent avec le centre de gravité la propriété suivante : Le moment de la quantité de mouvement du corps S par rapport à une droite fixe Oz, à un instant donné, est égal au moment de la quantité de mouvement de la masse totale supposée concentrée en A, augmenté du moment de la quantité de mouvement du solide par rapport à une droite Az' parallèle à Oz, quand on considère le mouvement relatif par rapport à des axes de directions fixes qui se coupent en A? (Le lieu des points A est un hyperboloïde) (DE SAINT-GERMAIN, *Comptes rendus*, t. CVII.)

4. On considère le système formé par un corps solide animé d'un mouvement de translation rectiligne et uniforme de vitesse v et par un point matériel de masse m d'abord immobile. On suppose que ce corps heurte le point m et l'entraîne avec lui *sans changer de vitesse*, ce qu'on peut réaliser en faisant agir des forces extérieures; démontrer que l'énergie totale du système augmente de mv^2.　　　　　　　　　　　　　　　(MARCEL DEPREZ.)

5. Soit un système de deux points matériels libres s'attirant suivant une loi quelconque. Le théorème des aires s'applique à la projection du mouvement sur les trois plans coordonnés. Si, par le centre de gravité du système et la tangente à la trajectoire de chacun des points, on fait passer un plan, les deux plans ainsi obtenus se coupent suivant une droite située dans le plan invariable (c'est-à-dire perpendiculaire à $G\sigma'$, n° 350) (POINSOT). Jacobi a fait de cette propriété une application au problème des trois corps (*Journal de Crelle*, t. 26, p. 115).

6. Un disque circulaire homogène pouvant glisser sans frottement sur un plan horizontal fixe est mobile autour de son centre O; sur la circonférence de ce disque sont placés deux insectes de même masse en deux points A et B diamétralement opposés. Les insectes étant immobiles, le disque est lancé autour de O avec une vitesse angulaire initiale ω_0. Cette vitesse angulaire se conserve d'elle-même tant que les insectes restent immobiles sur le disque. On demande comment varie la vitesse angulaire du disque quand les deux insectes, restant diamétralement opposés, se mettent à parcourir la circonférence à l'instant $t = 0$ avec une vitesse relative v variant proportionnellement au temps $v = \gamma t$.

7. Mouvement d'une chaîne pesante *non homogène* glissant sans frottement sur une courbe fixe. On opérera comme dans le texte (n° 344) en supposant la densité $\rho = f(\lambda)$, λ désignant la distance curviligne d'un point de la chaîne au milieu. Calculer la tension.
(En appelant M la masse totale, on trouve l'équation

$$\mathrm{M}\frac{d^2\sigma}{dt^2} = -g \int_{-l}^{+l} f(\lambda)\varphi'(\sigma + \lambda)\, d\lambda,$$

où $z = \varphi(s)$ est la relation entre le z et l'arc s d'un point de la courbe. Si la courbe est une cycloïde, le mouvement est tautochrone.)

8. Mouvement de deux points libres qui s'attirent proportionnellement à leurs distances.

9. Un point matériel est assujetti à glisser sans frottement sur un axe Ox; un

second point matériel est entièrement libre. Trouver le mouvement du système en supposant que les deux points s'attirent proportionnellement à la distance, et calculer la réaction de l'axe Ox. (Il suffit d'écrire les équations du mouvement des deux points; on est ramené à des intégrations faciles.)

10. Deux points matériels M et M' de même masse m mobiles dans un plan horizontal sont reliés l'un à l'autre par un fil inextensible et sans masse de longueur $2l$. Le point M est attiré par un point fixe A et le point M' par un point fixe A' proportionnellement à la distance. Trouver le mouvement de ce système. On prendra pour axe des x la droite $A'A$ et pour origine le milieu de $A'A$; on désignera par $2a$ la distance $A'A$, par ξ, η les coordonnées du milieu G de la droite MM', par θ l'angle que fait la droite GM avec Ox, enfin par $\mu m \overline{AM}$, $\mu m \overline{A'M'}$ les valeurs absolues des attractions issues de A et A'. (Licence, Paris.)

11. Deux points matériels M et M_1 de masses m et m_1 reliés par un fil inextensible et sans masse de longueur l sont assujettis à glisser sans frottement sur un plan horizontal XOY. Ces points sont sollicités par des forces F et F_1 dirigées vers OY perpendiculairement à cet axe, proportionnelles aux masses des points et à leurs distances à cet axe. Trouver le mouvement du système.

En désignant par x et x_1 les abscisses des deux points, on appellera $-k^2 m x$ et $-k^2 m_1 x_1$ les projections des forces F et F_1 sur l'axe OX. On désignera par ξ et η les coordonnées du centre de gravité G du système et par θ l'angle de $M_1 M$ avec OX. (Licence, Paris.)

12. Deux points matériels de même masse glissent sans frottement l'un sur l'axe Ox, l'autre sur l'axe perpendiculaire Oy. Ces points s'attirent en raison inverse du carré de leur distance. Trouver leur mouvement; trouver en particulier la courbe décrite par le centre de gravité des deux points. (Conique de foyer O décrite suivant la loi des aires.) (Licence, Paris.)

13. Deux points de même masse reliés par un fil inextensible et sans masse glissent sans frottement l'un sur un axe horizontal Ox, l'autre sur un axe vertical Oy. Mouvement du système. (DORNA, *Mémoires de l'Académie de Turin*, t. XXXI.)

14. Mouvement de trois points assujettis à décrire une même droite fixe et à s'attirer proportionnellement aux masses et en raison inverse du cube des distances. (JACOBI, *Gesammelte Werke*, t. IV, p. 533-539.)

15. Même problème quand on suppose en outre chaque point attiré par un centre fixe proportionnellement à la distance.

(M. Mestschersky a montré que ce problème se ramène au précédent par un changement de variables effectué sur le temps et les coordonnées. Voyez *Bulletin des Sciences mathématiques*, 1894, Mélanges.)

CHAPITRE XIX.

DYNAMIQUE DU CORPS SOLIDE. — MOUVEMENTS PARALLÈLES A UN PLAN.

I. — MOUVEMENT D'UN CORPS SOLIDE AUTOUR D'UN AXE FIXE.

339. Équation du mouvement. — Un corps solide, mobile autour d'un axe fixe, constitue un système à liaisons complètes, car sa position dépend d'un seul paramètre, l'angle dont le corps a tourné à partir d'une position déterminée.

Si nous supposons que les liaisons sont réalisées sans frottements, l'équation unique qui détermine le mouvement du corps sera fournie par le théorème des forces vives, car les travaux des forces de liaison sont alors nuls. Le corps est supposé sollicité par des forces données F_1, F_2, ..., F_n; nous appellerons X, Y, Z les projections d'une quelconque de ces forces sur les axes.

Prenons l'axe de rotation pour axe des z, et soit ω la vitesse angulaire à l'instant t; la force vive du système est

$$\Sigma m v^2 = \Sigma m r^2 \omega^2 = \omega^2 \Sigma m r^2 = M k^2 \omega^2;$$

la force vive du corps est donc égale au carré de la vitesse angulaire, multiplié par le moment d'inertie par rapport à l'axe de rotation.

Le théorème des forces vives s'exprime alors par l'équation

$$\frac{d M k^2 \omega^2}{2} = \Sigma (X\, dx + Y\, dy + Z\, dz),$$

où n'entrent que les forces données. Si nous désignons par r, θ, z les coordonnées semi-polaires d'un point x, y, z, du corps solide, on a

$$x = r \cos\theta, \qquad y = r \sin\theta;$$

quand le corps tourne, θ seul varie, et l'on a

$$\omega = \frac{d\theta}{dt},$$

$$dx = - r \sin\theta \, d\theta = - y\,\omega\,dt,$$
$$dy = r \cos\theta \, d\theta = x\,\omega\,dt,$$
$$dz = 0;$$

Fig. 200.

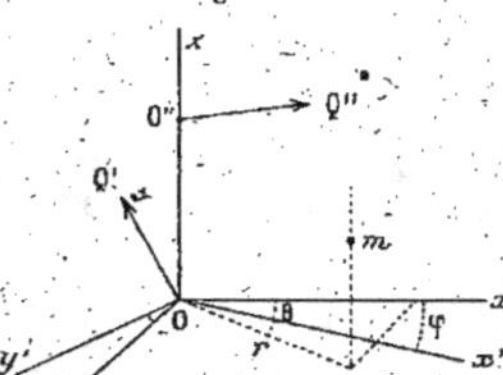

l'équation des forces vives devient alors

$$\frac{d\mathrm{M} k^2 \omega^2}{2} = \omega \, dt\, \Sigma(x\mathrm{Y} - y\mathrm{X});$$

qu'on peut écrire, en effectuant la différentiation du premier membre,

$$\mathrm{M} k^2 \frac{d\omega}{dt} = \Sigma(x\mathrm{Y} - y\mathrm{X}).$$

On peut obtenir cette équation d'une autre façon, en partant du théorème des moments des quantités de mouvement. Appliquons ce théorème par rapport à Oz : les moments des réactions de l'axe sont nuls, et il nous vient

$$\frac{d}{dt} \Sigma m \left(x\frac{dy}{dt} - y\frac{dx}{dt} \right) = \Sigma(x\mathrm{Y} - y\mathrm{X}),$$

mais

$$\Sigma m \left(x\frac{dy}{dt} - y\frac{dx}{dt} \right) = \Sigma m r^2 \omega = \mathrm{M} k^2 \omega.$$

En substituant, on retrouve bien l'équation donnée par le théorème des forces vives.

360. Réactions de l'axe. — Pour pouvoir calculer ces réactions, nous supposerons que l'immobilité de l'axe de rotation a été obtenue en fixant deux de ses points O et O″.

Soient $Q'(X', Y', Z')$ et $Q''(X'', Y'', Z'')$ les réactions de l'axe en ces deux points (*fig.* 200). Nous pourrons considérer le corps comme libre, en ajoutant aux forces données ces forces Q' et Q''; appliquant alors au système le théorème des quantités de mouvement projetées, nous aurons les trois équations suivantes :

$$\Sigma m \frac{d^2 x}{dt^2} = X' + X'' + \Sigma X,$$

$$\Sigma m \frac{d^2 y}{dt^2} = Y' + Y'' + \Sigma Y,$$

$$\Sigma m \frac{d^2 z}{dt^2} = Z' + Z'' + \Sigma Z.$$

En appliquant ensuite le théorème des moments des quantités de mouvement par rapport aux axes Ox et Oy, et appelant h le z du point O″, il nous viendra les deux équations

$$\Sigma m \left(y \frac{d^2 z}{dt^2} - z \frac{d^2 y}{dt^2} \right) = \Sigma (yZ - zY) - hY'',$$

$$\Sigma m \left(z \frac{d^2 x}{dt} - x \frac{d^2 z}{dt} \right) = \Sigma (zX - xZ) + hX''.$$

Ces deux dernières équations déterminent X'' et Y'' : les deux premières du groupe précédent donnent X', Y' et la troisième la somme $Z' + Z''$. Il se présente ici la même particularité que dans le cas de l'équilibre, particularité que nous avons étudiée en Statique : en supposant le corps absolument rigide, on connaît seulement $Z' + Z''$; on ne pourrait déterminer entièrement Z' et Z'' qu'en tenant compte des déformations élastiques du solide (n° 110). Cette indétermination tient à ce que, le corps étant rigide, on peut, sans changer l'état du corps, appliquer aux deux points O et O″ deux forces quelconques f et $-f$ égales et directement opposées; les composantes Z' et Z'' des réactions deviennent alors $Z' + f$, $Z'' - f$; l'une d'elles peut, par un choix convenable de f, prendre une valeur arbitraire, zéro par exemple.

Nous développerons les équations précédentes en remplaçant les dérivées secondes des coordonnées par leurs valeurs en fonction de ω. Nous avons déjà obtenu

$$\frac{dx}{dt} = -y\omega, \qquad \frac{dy}{dt} = x\omega, \qquad \frac{dz}{dt} = 0;$$

nous en déduisons

$$\frac{d^2 x}{dt^2} = -\omega^2 x - \frac{d\omega}{dt} y, \qquad \frac{d^2 y}{dt^2} = -\omega^2 y + \frac{d\omega}{dt} x, \qquad \frac{d^2 z}{dt^2} = 0;$$

et nos formules deviennent

$$(1) \quad \begin{cases} -\omega^2 \Sigma\, mx - \dfrac{d\omega}{dt} \Sigma\, my = X' + X'' + \Sigma X, \\[2mm] -\omega^2 \Sigma\, my + \dfrac{d\omega}{dt} \Sigma\, mx = Y' + Y'' + \Sigma Y, \\[2mm] \qquad\qquad\qquad 0 = Z' + Z'' + \Sigma Z, \\[2mm] \omega^2 \Sigma\, myz - \dfrac{d\omega}{dt} \Sigma\, mxz = \Sigma(yZ - zY) - hY'', \\[2mm] -\omega^2 \Sigma\, mxz - \dfrac{d\omega}{dt} \Sigma\, myz = \Sigma(zX - xZ) + hX''. \end{cases}$$

Les sommes qui entrent dans les formules précédentes varient avec le temps; Σmx, par exemple, a pour valeur $M\xi$, ξ étant l'abscisse du centre de gravité. Pour calculer les autres sommes, on imagine un système d'axes (O, x', y', z') entraîné avec le corps solide, Oz' coïncidant avec Oz, et xOx' étant égal à φ. On a pour formules de transformation

$$x = x' \cos\varphi - y' \sin\varphi,$$
$$y = x' \sin\varphi + y' \cos\varphi,$$
$$z = z',$$

d'où l'on déduit

$$\Sigma\, myz = \sin\varphi\, \Sigma\, mx'z' + \cos\varphi\, \Sigma\, my'z',$$
$$\Sigma\, mxz = \cos\varphi\, \Sigma\, mx'z' - \sin\varphi\, \Sigma\, my'z';$$

et les sommes qui entrent dans les seconds membres de ces dernières équations sont indépendantes du temps.

Cas particulier. — Les formules se simplifient quand l'axe de rotation est axe principal d'inertie par rapport au centre de gravité. On a en effet, dans ce cas,

$$\Sigma\, mx = 0, \qquad \Sigma\, my = 0, \qquad \Sigma\, mxz = 0, \qquad \Sigma\, myz = 0.$$

Les équations qui donnent les réactions deviennent alors

$$X' + X'' + \Sigma X = 0, \qquad Y' + Y'' + \Sigma Y = 0, \qquad Z' + Z'' + \Sigma Z = 0,$$
$$\Sigma(yZ - zY) - hY'' = 0, \qquad \Sigma(zX - xZ) + hX'' = 0,$$

équations de même forme que les cinq premières conditions d'équilibre (n° 110). La dernière condition d'équilibre n'est pas remplie, car $N = \Sigma(xY - yX)$ n'est pas nul : cette quantité est égale à $M k^2 \dfrac{d\omega}{dt}$.

Pour interpréter géométriquement ce résultat (*fig.* 201), faisons la réduction, à l'origine, des forces extérieures F (X, Y, Z)

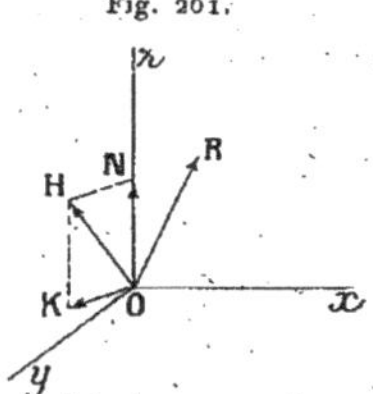

qui agissent sur le corps : nous aurons une résultante générale R (ΣX, ΣY, ΣZ) et un couple d'axe OH; décomposons ce couple en deux dont l'un a un axe ON dirigé suivant Oz, et l'autre un axe OK perpendiculaire à Oz. Si l'on supprimait le couple ON, en soumettant le corps seulement à la résultante générale R et au couple d'axe K, le corps supposé immobile serait en équilibre, et les réactions de l'axe auraient certaines valeurs Q' et Q''. Si maintenant on lance le corps avec une vitesse angulaire initiale quelconque, et si l'on fait agir le couple N, le corps se meut, mais les réactions de l'axe restent ce qu'elles étaient dans l'équilibre.

Remarque. — Les formules (1) montrent quel intérêt il y a, dans une machine, à ce que les pièces tournantes, comme les volants, tournent autour d'un axe principal relatif au centre de gravité. Car, s'il n'en est pas ainsi, le carré de la vitesse angulaire figure dans les valeurs des réactions; dès lors, quand la vitesse angulaire devient grande, les réactions, et par suite les pressions sur l'axe, deviennent très grandes et peuvent amener des ruptures ou des arrachements de l'axe.

361. Axes permanents et axes spontanés de rotation. — Revenons maintenant au cas où l'axe de rotation est quelconque, et supposons d'abord que les forces données admettent une résultante unique passant par le point O. On aura alors

$$\Sigma(yZ - zY) = \Sigma(zX - xZ) = \Sigma(xY - yX) = 0.$$

Les équations deviennent

$$(2)\quad \begin{cases} -\omega^2\Sigma mx = \Sigma X + X' + X'', \\ -\omega^2\Sigma my = \Sigma Y + Y' + Y'', \\ \quad\quad 0 = \Sigma Z + Z' + Z'', \\ \quad \omega^2\Sigma myz = -hY'', \\ -\omega^2\Sigma mxz = hX'', \end{cases}$$

ω étant la vitesse angulaire de rotation qui, dans ce cas, est constante, car $\dfrac{d\omega}{dt} = 0$.

Cherchons s'il peut arriver dans ces conditions que la réaction de O'' soit nulle ; il faudrait pour cela que l'on eût

$$X'' = 0, \quad Y'' = 0, \quad Z'' = 0,$$

c'est-à-dire

$$\Sigma myz = 0, \quad \Sigma mxz = 0,$$

ou enfin que l'axe de rotation fût axe principal d'inertie par rapport au point O.

Supposons ces conditions réalisées : la réaction du point O'' est nulle. Ce point n'exerçant aucune action sur le corps solide, on peut le supprimer; c'est-à-dire rendre ce solide libre en O'' sans rien changer à la nature du mouvement. On peut donc énoncer le théorème suivant :

I. *Si un corps solide, mobile autour d'un point fixe, est soumis à des forces extérieures admettant une résultante qui passe par ce point, et si ce corps commence à tourner autour d'un axe principal d'inertie pour le point fixe, il continuera indéfiniment à tourner autour de cet axe, avec une vitesse angulaire constante.*

C'est en raison de cette propriété que les axes principaux d'inertie sont parfois appelés *axes permanents de rotation*.

Supposons maintenant qu'il n'y ait aucune force donnée appliquée au corps. Dans les équations ci-dessus (2), on aura

$$\Sigma X = \Sigma Y = \Sigma Z = o.$$

Peut-il arriver alors que la réaction du point O soit nulle en même temps que celle de O''? Il faut, pour réaliser cette circonstance, joindre aux conditions précédentes les équations

$$\Sigma m x = o, \qquad \Sigma m y = o;$$

l'axe de rotation est alors un axe principal de l'ellipsoïde central (n° 319). Nous pouvons donc énoncer le résultat suivant :

II. *Si un corps solide entièrement libre, qui n'est sollicité par aucune force extérieure, commence à tourner autour d'un axe principal de l'ellipsoïde central d'inertie, il continuera à tourner autour de cet axe d'un mouvement uniforme.*

Cette propriété a fait donner aux axes de l'ellipsoïde central le nom d'*axes spontanés de rotation*.

Remarque. — Les résultats qui précèdent peuvent être généralisés comme il suit :

1° Supposons que les forces données se réduisent à une résultante passant par O et à un couple dont l'axe est dirigé suivant Oz. Alors ω n'est plus constant, et il faut, pour déterminer les réactions, se reporter aux équations (1) où l'on ferait

$$\Sigma(yZ - zY) = \Sigma(zX - xZ) = o.$$

On trouvera encore que les conditions nécessaires et suffisantes pour que la réaction de O' soit nulle sont

$$\Sigma m x z = o, \qquad \Sigma m y z = o.$$

En effet, ces conditions sont d'abord

$$\omega^2 \Sigma m y z - \frac{d\omega}{dt} \Sigma m x z = o;$$

$$-\omega^2 \Sigma m x z - \frac{d\omega}{dt} \Sigma m y z = o,$$

équations linéaires et homogènes en $\Sigma m y z$, $\Sigma m x z$ dont le déterminant

$\omega^4 + \left(\dfrac{d\omega}{dt}\right)^2$ est différent de zéro, du moment que le corps est en mouvement. On en tire donc, pour $\Sigma\, my'z$ et $\Sigma\, mxz$, des valeurs nulles.

$2°$ De même, si l'on suppose que les forces données appliquées au corps se réduisent uniquement à un couple d'axe parallèle à $O\,z$, il faut et il suffit, pour que les réactions des points O et O' soient nulles toutes deux, que l'axe $O\,z$ soit un axe principal d'inertie relatif au centre de gravité.

362. Pendule composé. — Le pendule composé est constitué par un corps solide pesant pouvant tourner librement autour d'un axe horizontal fixe.

Nous prendrons pour axe des z *l'axe de suspension* autour duquel peut tourner le corps, et pour plan des xy le plan vertical qui contient le cercle décrit par le centre de gravité G, l'axe des x étant la verticale dirigée vers le bas.

Fig. 202.

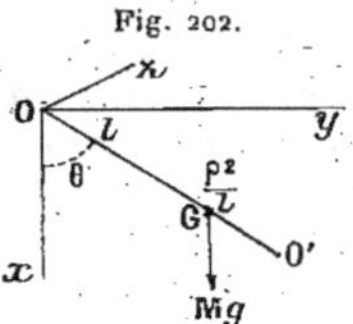

Soit, à l'époque t, θ l'angle que fait la droite OG avec la verticale $O\,x$; la vitesse angulaire, à cet instant, est

$$\omega = \frac{d\theta}{dt},$$

et l'équation du mouvement

$$M\,k^2\,\frac{d\omega}{dt} = \Sigma(x\,Y - y\,X);$$

le second membre, somme des moments des poids par rapport à $O\,z$, est le moment $-Mgl\sin\theta$ du poids total appliqué au centre de gravité dont l'ordonnée est $y = l\sin\theta$.

En remplaçant ω par $\dfrac{d\theta}{dt}$, nous avons donc l'équation

$$\frac{d^2\theta}{dt^2} = -\frac{gl}{k^2}\sin\theta.$$

Comparons cette équation à celle du mouvement d'un pendule simple de longueur l', savoir

$$\frac{d^2\theta}{dt^2} = -\frac{g}{l'}\sin\theta.$$

Nous voyons que le mouvement du pendule composé est le même que celui d'un pendule simple dont la longueur serait

$$l' = \frac{k^2}{l}.$$

Ce pendule simple est appelé le *pendule synchrone* du pendule composé.

Si, sur la droite OG, on porte une longueur $OO' = l'$, le point O' du corps solide oscille comme s'il était détaché du corps et relié au point O par un fil sans masse. Désignons par ρ le rayon de gyration du corps par rapport à un axe parallèle à O z et passant par le centre de gravité; nous aurons (317)

$$M\,k^2 = M\,\rho^2 + M\,l^2$$

ou, en tirant k^2 et portant dans la valeur de l',

$$l' = l + \frac{\rho^2}{l};$$

de là résulte que OO' est toujours plus grand que OG et que les distances OG, O'G, qui ont respectivement pour valeurs l et $\frac{\rho^2}{l}$, sont liées par la relation

$$OG \times O'G = \rho^2;$$

l'axe mené par O' parallèlement à l'axe de suspension a reçu de Huygens le nom d'*axe d'oscillation*. Tous les points de cet axe oscillent comme s'ils étaient détachés du corps et reliés par des fils sans masse à l'axe de suspension. La formule précédente montre que l'axe d'oscillation et l'axe de suspension sont réciproques. De sorte que, si l'on suspendait le corps par l'axe d'oscillation, l'ancien axe de suspension deviendrait le nouvel axe d'oscillation.

THÉORÈME DE HUYGENS. — *Si, dans un plan passant par le centre de gravité, de part et d'autre de ce point, on a deux axes parallèles, inégalement distants du centre de gravité, et pour lesquels la longueur du pendule simple synchrone est la même, cette longueur est précisément égale à la distance des deux axes.*

Si, en effet, l et l_1 sont les distances du centre de gravité aux deux axes supposés O et O_1 et l' la longueur commune du pendule synchrone, on a

$$l' = l + \frac{\rho^2}{l} \quad \text{et} \quad l' = l_1 + \frac{\rho^2}{l_1};$$

la comparaison de ces équations donne

$$l + \frac{\rho^2}{l} = l_1 + \frac{\rho^2}{l_1},$$

d'où, en supprimant la solution $l = l_1$,

$$\frac{\rho^2}{l} = l_1;$$

la distance des deux axes $l + l_1$ est donc bien égale à la longueur $l + \frac{\rho^2}{l}$ du pendule synchrone; l'un des axes étant pris pour axe de suspension, l'autre est l'axe d'oscillation.

C'est sur ce principe qu'est fondé le pendule réversible de Kater employé en Géodésie. Ce pendule est un solide de révolution, formé de deux cylindres aplatis reliés par une tige creuse : perpendiculairement à cette tige, et symétriquement par rapport au milieu de la tige, sont fixés deux couteaux d'agate, autour desquels le système doit alternativement osciller. L'un des cylindres est vide, l'autre est rempli de plomb, de sorte que le centre de gravité est situé plus près de l'un des couteaux que de l'autre : d'après le théorème d'Huygens, on peut régler les masses de manière que la durée d'oscillation soit la même autour des deux axes, et cette durée commune est celle d'un pendule simple ayant pour longueur la distance des arêtes des couteaux.

On donne au pendule une forme extérieure symétrique par rapport au milieu de la tige, pour que la résistance de l'air soit la même quand le pendule oscille autour de l'un ou de l'autre des couteaux. Dans ces conditions, si les durées des oscillations dans l'air sont égales autour des deux couteaux, elles seraient encore égales dans le vide; mais la durée commune des oscillations serait

un peu plus courte dans le vide que dans l'air, comme on l'a déjà
vu pour le pendule simple (n° 249).

Réactions de l'axe dans le mouvement du pendule composé. —
Plaçons-nous dans le cas particulier où le pendule composé est symétrique
par rapport au plan xOy dans lequel oscille le centre de gravité. L'axe
de suspension est alors un axe principal d'inertie pour le point O, puisque
le plan xOy est un plan de symétrie pour l'ellipsoïde d'inertie en O. On
a donc

$$\Sigma\,m\,xz = 0, \qquad \Sigma\,myz = 0.$$

On peut prévoir, par raison de symétrie, que la réaction de l'axe de
suspension sur le pendule peut alors être réduite à une force unique Q'
appliquée en O et située dans le plan xOy : c'est ce qu'il est facile de
vérifier en appliquant les formules générales précédentes (1). En effet,
admettons, pour un moment, que la réaction se compose d'une force
$Q'(X', Y', Z')$ appliquée en O, et d'une force $Q''(X'', Y'', Z'')$ appliquée en
un point O'' de Oz à la distance h de O. La seule force directement appliquée étant le poids Mg en G, on a ici (*fig.* 203)

$$\Sigma X = Mg, \qquad \Sigma Y = 0, \qquad \Sigma Z = 0,$$
$$\Sigma(yZ - zY) = 0, \qquad \Sigma(zX - xZ) = 0.$$

Fig. 203.

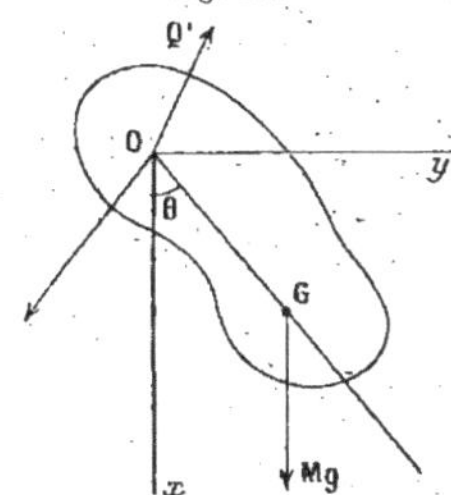

où les deux dernières formules sont évidentes, car le poids Mg est dans
le plan xOy. Les formules (1) donnent alors, en y remplaçant Σmx
par $M\xi$ et Σmy par $M\eta$,

$$(3) \quad \begin{cases} -\omega^2 M\xi - \dfrac{d\omega}{dt} M\eta = X' + X'' + Mg, \\[2mm] -\omega^2 M\eta + \dfrac{d\omega}{dt} M\xi = Y' + Y'', \\[2mm] 0 = Z' + Z'', \\[2mm] 0 = -hY'', \qquad 0 = hX''. \end{cases}$$

Les deux dernières montrent que X'' et Y'' sont nuls; les deux composantes Z' et Z'' dirigées suivant Oz ayant une somme nulle sont égales et directement opposées et peuvent être supprimées, ce qui revient à faire $Z' = 0$, $Z'' = 0$. Alors la réaction Q'' est nulle et la réaction Q' est dans le plan xOy où elle a pour composantes suivant les axes Ox et Oy les quantités

$$(4) \quad \begin{cases} X' = -\omega^2 M\xi - \dfrac{d\omega}{dt} M\eta - Mg. \\[2mm] Y' = -\omega^2 M\eta + \dfrac{d\omega}{dt} M\xi. \end{cases}$$

Calculons les composantes X_1 et Y_1 de la réaction Q' suivant la direction OG et la direction perpendiculaire OP dans le plan xOy (*fig.* 203); on aura

$$X_1 = X' \cos\theta + Y' \sin\theta,$$
$$Y_1 = X' \sin\theta - Y' \cos\theta.$$

D'autre part, comme

$$l = \xi \cos\theta + \eta \sin\theta,$$
$$0 = \xi \sin\theta - \eta \cos\theta,$$

les formules (4) donnent alors

$$X_1 = - M\,\omega^2\, l - Mg \cos\theta,$$
$$Y_1 = - M\,\frac{d\omega}{dt}\, l - Mg \sin\theta.$$

Mais, d'après l'équation du mouvement

$$\frac{d\omega}{dt} = -\frac{gl}{k^2} \sin\theta,$$

et d'après le théorème des forces vives (fournissant une intégrale première de cette équation), on a

$$\omega^2 = \frac{2gl}{k^2} \cos\theta + C.$$

Donc, enfin

$$X_1 = - Mg \left(\frac{2\,l^2}{k^2} + 1 \right) \cos\theta - MCl,$$
$$Y_1 = Mg \left(\frac{l^2}{k^2} - 1 \right) \sin\theta.$$

Comme $l^2 = k^2 - \rho^2$, la composante Y_1 suivant OP est toujours de signe contraire à $\sin\theta$; elle serait nulle si le corps solide était réduit à un point, c'est-à-dire si le pendule était simple; car, dans ce cas, $l^2 = k^2$. Ce dernier résultat est évident, car, dans un pendule simple, la réaction du point d'attache est égale et opposée à la tension du fil sur ce point.

363. Étude de la variation de la longueur du pendule simple synchrone quand on déplace l'axe de suspension dans un corps donné. — La formule $l' = l + \frac{\rho^2}{l}$ permet tout d'abord d'étudier les variations de la longueur du pendule synchrone quand l'axe de suspension se déplace dans le corps parallèlement à lui-même; l'expression même de cette longueur montre que l' a un maximum lorsque les deux termes l et $\frac{\rho^2}{l}$ sont égaux, c'est-à-dire lorsque l'axe de suspension est à une distance du centre de gravité égale au rayon de gyration ρ, et cette valeur minimum est égale à 2ρ. Si l'on se donne la longueur l' supposée plus grande que 2ρ, il existe deux valeurs correspondantes de l; les axes de suspension parallèles à la direction considérée, pour lesquels le pendule simple synchrone a la même longueur l', engendrent donc deux cylindres de révolution dont l'axe commun passe par le centre de gravité.

Prenons maintenant des axes de suspension quelconques. Pour voir comment varie la longueur l' du pendule simple synchrone, rapportons le corps aux axes de l'ellipsoïde central d'inertie : l'équation de cet ellipsoïde est

$$A X^2 + B Y^2 + C Z^2 = 1.$$

Désignons par α, β, γ les cosinus directeurs de l'axe de suspension Δ, et par l sa distance au centre de gravité, c'est-à-dire à l'origine choisie. Le moment d'inertie $M\rho^2$ du système par rapport à la parallèle Δ' à l'axe de suspension menée par le centre de gravité est (318)

$$M\rho^2 = A\alpha^2 + B\beta^2 + C\gamma^2.$$

On a donc pour la longueur du pendule simple synchrone

$$l' = l + \frac{A\alpha^2 + B\beta^2 + C\gamma^2}{M l}.$$

A l'aide de cette formule, on peut étudier le complexe formé par les axes pour lesquels le pendule simple synchrone a une longueur donnée. Cette étude est faite dans un Mémoire de M. Böklen (*Crelle*, t. 93) dont on trouvera quelques résultats importants indiqués dans l'exercice 5 à la fin du Chapitre.

364. Machine d'Atwood. — Un treuil homogène mobile autour d'un axe horizontal porte, enroulé en sens inverse sur chacune de ses deux roues, un fil flexible et sans masse. Ces fils supportent deux masses pesantes m et m' (*fig.* 204); nous nous proposons d'étudier le mouvement de cet ensemble.

Les forces données sont les poids mg, $m'g$, Mg des masses suspendues et du treuil; les forces de liaison sont les tensions T et $-T$ du fil Am, et les tensions T', $-T'$ du fil $A'm'$; il y a de plus les réactions de l'axe.

Fig. 204.

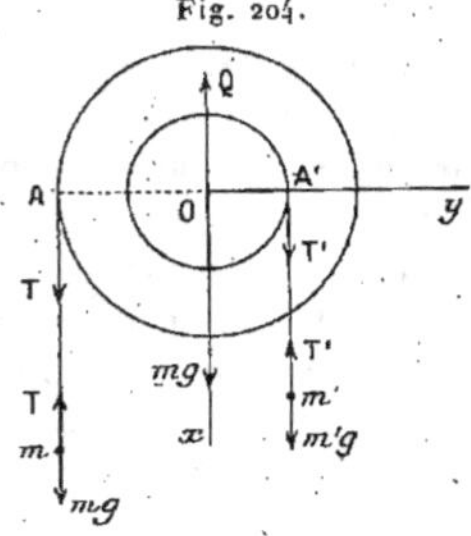

Comptons les rotations positivement de l'axe Ox vertical, dirigé vers le bas, vers l'axe Oy, et désignons par ω la vitesse angulaire, x la distance Am, x' la distance $A'm'$, R et R' les deux rayons OA et OA'.

Ce système est à liaisons complètes, car sa position dépend uniquement de l'angle dont tourne le treuil; de plus, on suppose qu'il n'y a pas de frottements. Nous obtiendrons donc l'équation du mouvement en appliquant le théorème des forces vives sous la forme du n° 343.

La force vive du système se compose de celle du treuil $Mk^2\omega^2$, et de celles des points m et m', $m\left(\dfrac{dx}{dt}\right)^2$ et $m'\left(\dfrac{dx'}{dt}\right)^2$. D'autre part, les travaux des poids des deux points m et m' sont $mg\,dx$ et $m'g\,dx'$; le travail du poids du treuil est nul, car le centre de gravité du treuil est immobile. Les travaux des forces de liaison ont une somme nulle. On a donc

$$d\frac{1}{2}\left[Mk^2\omega^2 + m\left(\frac{dx}{dt}\right)^2 + m'\left(\frac{dx'}{dt}\right)^2\right] = mg\,dx + m'g\,dx'.$$

Les points m et m' ont d'ailleurs mêmes vitesses respectives que les points du treuil qui sont en A et A'; donc

$$\frac{dx}{dt} = R\omega, \qquad \frac{dx'}{dt} = -R'\omega.$$

En substituant, on a l'équation du mouvement,

Nous obtiendrons aussi cette équation en appliquant le théorème des moments des quantités de mouvement par rapport à l'axe du treuil. La somme des moments des forces se réduira à la somme des moments

$$mg\,\mathrm{R} - m'g\,\mathrm{R}'$$

des poids mg, $m'g$; les moments des autres forces disparaissent d'eux-mêmes.

D'autre part, la somme des moments des quantités de mouvement du treuil est $\mathrm{M}\,k^2\omega$; celle relative aux points m, m' est

$$m\,\mathrm{R}\,\frac{dx}{dt} - m'\mathrm{R}'\,\frac{dx'}{dt}\,;$$

nous avons donc l'équation

$$\frac{d}{dt}\left(\mathrm{M}\,k^2\omega + m\,\mathrm{R}\,\frac{dx}{dt} - m'\mathrm{R}'\,\frac{dx'}{dt}\right) = mg\,\mathrm{R} - m'g\,\mathrm{R}',$$

qui donne, en remplaçant $\dfrac{dx}{dt}$ et $\dfrac{dx'}{dt}$ par $\mathrm{R}\omega$ et $-\mathrm{R}'\omega$,

$$\frac{d\omega}{dt}\,(\mathrm{M}\,k^2 + m\,\mathrm{R}^2 + m'\,\mathrm{R}'^2) = mg\,\mathrm{R} - m'g\,\mathrm{R}'\,;$$

d'où, pour $\dfrac{d\omega}{dt}$, la valeur constante

$$\frac{d\omega}{dt} = g\,\frac{m\,\mathrm{R} - m'\mathrm{R}'}{\mathrm{M}\,k^2 + m\,\mathrm{R}^2 + m'\,\mathrm{R}'^2}.$$

Les accélérations $\mathrm{R}\,\dfrac{d\omega}{dt}$, $-\mathrm{R}'\,\dfrac{d\omega}{dt}$ des points m, m' sont donc constantes, et les mouvements de ces points sont uniformément variés. On voit d'ailleurs immédiatement que leurs accélérations sont moindres que g.

Pour calculer la tension T du fil $\mathrm{A}\,m$, nous écrirons l'équation du mouvement de m

$$m\,\frac{d^2x}{dt^2} = mg - \mathrm{T},$$

qui donne

$$\mathrm{T} = m\left(g - \frac{d^2x}{dt^2}\right) = m\left(g - \mathrm{R}\,\frac{d\omega}{dt}\right);$$

on aurait de même

$$\mathrm{T}' = m'\left(g + \mathrm{R}'\,\frac{d\omega}{dt}\right).$$

Cherchons enfin les réactions de l'axe du treuil. On peut admettre que, à cause de la symétrie, les réactions de l'axe se réduisent à une force unique Q appliquée en O et normale à l'axe. Appliquons au treuil le théorème du mouvement du centre de gravité. Comme ce point reste immobile, il faut que les forces extérieures au treuil, appliquées au treuil, Q, Mg, T, T', transportées au point O, se fassent équilibre; il en résulte que la réaction des appuis sur l'axe est verticale, dirigée vers le haut, et a pour valeur

$$Q = M g + T + T'.$$

c'est-à-dire

$$Q = (M + m + m')g - \frac{(mR - m'R')^2}{M k^2 + m R^2 + m'R'^2} g \, ;$$

cette réaction, toujours moindre que la somme des trois poids, ne lui serait égale que si l'on avait

$$mR = m'R'.$$

auquel cas le mouvement serait uniforme puisqu'on aurait $\frac{d\omega}{dt} = 0$.

Nous remarquerons qu'ici le treuil tourne autour d'un axe principal d'inertie relatif au centre de gravité; il en résulte, comme nous l'avons vu, que la réaction des appuis est donnée par les formules que l'on obtient en négligeant le couple dont l'axe est parallèle à l'axe de rotation; ce qui donnerait immédiatement la valeur de Q.

II. — MOUVEMENT D'UN SOLIDE PARALLÈLEMENT A UN PLAN FIXE.

365. Généralités. — Dans les exemples précédents entrent des solides dont les points sont assujettis à se déplacer *parallèlement à un plan fixe*. Supposons, d'une manière générale, un solide assujetti à se déplacer de cette façon : par exemple, un cylindre reposant par sa base sur un plan fixe; chaque point du corps décrit alors une trajectoire située dans un plan fixe parallèle au plan fixe donné. En particulier, si, par le centre de gravité, dans sa position initiale, on mène un plan xOy parallèle au plan fixe, le centre de gravité restera dans ce plan : il en sera de même de tous les points du corps qui, à l'instant initial, se trouvaient dans ce plan. Représentons la section S du corps par le plan xOy; pour déterminer la position du corps, il suffit évidemment de connaître la position de cette section S, c'est-à-dire les coordonnées ξ et η du centre de gravité G (*fig.* 205) par rapport aux axes fixes Ox et Oy, et l'angle θ que fait un rayon Gm invariablement lié au corps avec l'axe Ox.

Le corps solide étant supposé sollicité par des forces extérieures dont nous appellerons X_1, Y_1, X_2, Y_2 ..., les projections sur les axes Ox et Oy, le théorème du mouvement du centre de gravité donne d'abord les deux équations

$$M\frac{d^2\xi}{dt^2} = \Sigma X, \qquad M\frac{d^2\eta}{dt^2} = \Sigma Y,$$

les sommes Σ étant étendues à toutes les forces extérieures.

Fig. 205.

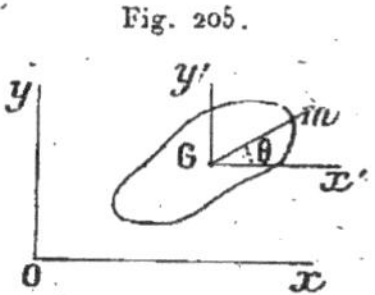

Par le centre de gravité G menons des axes Gx' et Gy' parallèles aux axes fixes, et appelons x', y' les coordonnées d'un point du corps par rapport à ces axes, Mk^2 le moment d'inertie du corps par rapport à un axe Gz' perpendiculaire au plan $x'Gy'$.

Le mouvement relatif du corps par rapport aux axes $Gx'y'z'$ est une rotation de vitesse angulaire $\frac{d\theta}{dt}$ autour de Gz'. Comme le théorème des moments des quantités de mouvement s'applique au mouvement autour de G, on a l'équation

$$Mk^2\frac{d^2\theta}{dt^2} = \Sigma(x'Y - y'X),$$

que l'on obtiendrait aussi, comme dans le n° 359, en appliquant le théorème des forces vives au mouvement relatif autour du centre de gravité.

Telles sont les trois équations qui déterminent ξ, η, θ en fonctions de t. Parmi les combinaisons de ces équations pouvant remplacer l'une ou l'autre d'entre elles, mentionnons :

1° L'équation obtenue en appliquant le théorème des moments des quantités de mouvement par rapport à l'axe fixe Oz perpendiculaire au plan xOy. D'après un théorème que nous avons démontré, la somme des moments des quantités de mouvement des différents points du corps par rapport à Oz est égale au moment de la quantité de mouvement de la masse totale supposée concentrée au centre de gravité $M\left(\xi\dfrac{d\eta}{dt}-\eta\dfrac{d\xi}{dt}\right)$, plus la somme $Mk^2\dfrac{d\theta}{dt}$ des moments des quantités de mouvement par rapport à l'axe Gz', cette dernière somme étant calculée dans le mouvement relatif autour de G. On a donc l'équation

$$\frac{d}{dt}\left[M\left(\xi\frac{d\eta}{dt}-\eta\frac{d\xi}{dt}\right)+Mk^2\frac{d\theta}{dt}\right]=\Sigma(xY-yX).$$

2° L'équation obtenue en appliquant au mouvement absolu le théorème des forces vives. D'après le théorème de Kœnig (n° 349), la force vive totale est égale à

$$M\left[\left(\frac{d\xi}{dt}\right)^2+\left(\frac{d\eta}{dt}\right)^2\right]+Mk^2\left(\frac{d\theta}{dt}\right)^2;$$

on a donc l'équation

$$(5)\qquad d\frac{M}{2}\left[\left(\frac{d\xi}{dt}\right)^2+\left(\frac{d\eta}{dt}\right)^2+k^2\left(\frac{d\theta}{dt}\right)^2\right]=\Sigma(X\,dx+Y\,dy),$$

car dz est nul pour tous les points.

En appelant I le moment d'inertie du corps par rapport à un axe perpendiculaire au plan xOy, et passant par le centre instantané de rotation de la figure plane S, on peut dire aussi que la force vive est $I\left(\dfrac{d\theta}{dt}\right)^2$, car les vitesses sont les mêmes que si le corps tournait autour de cet axe instantané : mais, l'axe considéré se déplaçant dans le corps, I est variable.

Remarque. — Il peut exister d'autres liaisons, outre celles qui assujettissent le corps à se déplacer parallèlement au plan fixe xOy : les forces provenant de ces liaisons figurent alors dans les seconds membres de certaines des équations précédentes, et il faudra les éliminer. Cependant, si les liaisons sont indépendantes du temps et réalisées sans frottement, les forces de liaison ne figurent pas dans l'équation des forces vives (5).

Si l'on a plusieurs corps solides mobiles parallèlement à un plan fixe, on pourra appliquer à chacun d'eux les équations précédentes et éliminer ensuite les réactions mutuelles des corps, ou appliquer les théorèmes généraux à l'ensemble de ces corps. On verra dans les exemples suivants comment on peut résoudre ces sortes de questions.

366. Exemple I. — *Une barre matérielle de longueur* $2l$ (*fig.* 206), *et de masse* M, *est assujettie à glisser sans frottement sur un plan horizontal : les éléments de la barre sont attirés par un axe fixe* Ox *proportionnellement aux masses et aux distances.*

Soient ξ, μ les coordonnées du centre de gravité de la barre AB, y l'or-

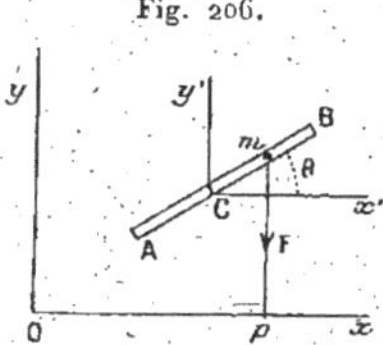

Fig. 206.

donnée mp d'un élément de masse m ; la force F agissant sur cet élément est dirigée suivant mp et proportionnelle à cette distance et à m ; donc

$$X = o, \qquad Y = -f^2 my, \qquad \Sigma Y = -f^2 \Sigma my = -Mf^2\eta.$$

Les équations du mouvement du centre de gravité donnent donc

$$\frac{d^2\xi}{dt^2} = o, \qquad \frac{d^2\eta}{dt^2} = -f^2\eta,$$

$$\xi = at + b, \qquad \eta = A\sin(ft + \alpha),$$

et, en éliminant t, on a pour la trajectoire du point G une équation de la forme

$$\eta = A\sin(\lambda\xi + \mu),$$

λ et μ désignant des constantes : cette courbe a la forme d'une sinusoïde.

Soient Gx', Gy' des axes parallèles aux axes fixes menés par G ; θ l'angle $x'GB$, et r le rayon Gm compté positivement de G vers B, négativement de G vers A.

On a, en appelant x', y' les nouvelles coordonnées du point m,

$$x = \xi + x', \qquad y = \eta + y', \qquad Y = -f^2 m(\eta + y').$$

Le théorème des moments des quantités de mouvement appliqué au mouvement relatif autour du centre de gravité donne

$$Mk^2 \frac{d^2\theta}{dt^2} = \Sigma(x'Y - y'X) = -f^2\Sigma mx'(\eta + y'),$$

où Mk^2 est le moment d'inertie de la barre par rapport au point G. En séparant la dernière somme en deux parties, on voit que la première $\Sigma mx'\eta = \eta\Sigma mx'$ est nulle, car l'origine mobile est le centre de gra-

vité; la deuxième devient, en passant aux coordonnées polaires,

$$x' = r\cos\theta, \qquad y' = r\sin\theta,$$
$$\Sigma\, m x' y' = \Sigma\, m r^2 \sin\theta\cos\theta = M k^2 \sin\theta\cos\theta.$$

Donc l'équation est, après division par $M k^2$,

$$(6) \qquad \frac{d^2\theta}{dt^2} = -f^2 \sin\theta\cos\theta.$$

L'intégration et la discussion de cette équation sont analogues à celles de l'équation du pendule simple, comme on le verrait en faisant $2\theta = \varphi$.

En multipliant les deux membres de l'équation du mouvement par $2\dfrac{d\theta}{dt}$ et en intégrant, on a

$$\left(\frac{d\theta}{dt}\right)^2 = \omega^2 - f^2 \sin^2\theta,$$

ω désignant la valeur de la vitesse angulaire pour $\theta = 0$. Il y aura oscillation de part et d'autre de Gx' ou mouvement révolutif, suivant que ω^2 est plus petit ou plus grand que f^2. Pour $\omega^2 = f^2$, on a

$$\frac{d\theta}{dt} = f\cos\theta, \qquad tf = \log\tan g\left(\frac{\theta}{2} + \frac{\pi}{4}\right),$$

en comptant t à partir de l'instant où θ est nul. Alors la barre tend à se placer perpendiculairement à la direction Ox, mais elle n'arrive jamais à cette position, car, quand θ tend vers $\dfrac{\pi}{2}$, t augmente indéfiniment.

Les oscillations définies par l'équation (6) sont appelés *quadrantales* par Tait et Thomson (*Natural Philosophy*, § 322).

Exemple II. — *Mouvement d'un cercle homogène pesant, assujetti à rester dans un plan vertical et à rouler sans glissement sur une droite de ce plan.* — Prenons pour axes la droite donnée Ox et sa perpendiculaire Oy dirigée vers le haut dans le plan donné, et désignons par α l'angle de Ox avec l'horizon. Le système constitué par le disque mobile est à liaisons complètes; sa position dépend d'un seul paramètre, l'angle $ACB = \theta$ dont il a tourné, ou l'abscisse $OA = x$ du centre.

On peut réaliser cette condition d'un roulement sans glissement, soit à l'aide d'un fil tendu sur Ox et enroulé sur le disque, soit en munissant le disque et la droite fixe de dents très petites. Pour exprimer que le disque peut seulement rouler sur la droite, sans glisser, on dit dans certains ouvrages que la droite est *parfaitement rugueuse*. L'abscisse x aura, d'après ce qui précède, la valeur

$$x = R\theta,$$

si nous supposons que le point B a primitivement coïncidé avec O.

Les forces qui agissent sur le disque sont son poids Mg appliqué en son centre C, et la réaction oblique Q de la droite. L'équation du mouvement

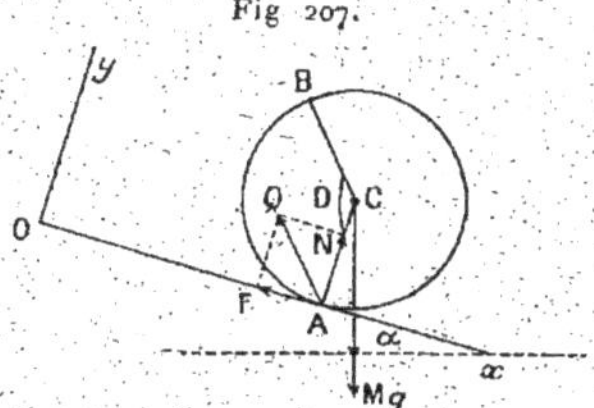

nous sera donnée par le théorème des forces vives. La force vive totale est la force vive de la masse totale concentrée en C, $M\left(\dfrac{dx}{dt}\right)^2$, augmentée de la force vive dans le mouvement autour du centre de gravité, $Mk^2\left(\dfrac{d\theta}{dt}\right)^2$, puisque ce mouvement relatif est un mouvement de rotation de vitesse angulaire $\dfrac{d\theta}{dt}$. Nous avons déjà vu que le travail de la réaction est nul (n° 162); quant au travail élémentaire de la pesanteur, c'est $Mg\,dx\,\sin\alpha$; nous avons donc

$$d\,\frac{1}{2}\left[M\left(\frac{dx}{dt}\right)^2 + Mk^2\left(\frac{d\theta}{dt}\right)^2\right] = Mg\,dx\,\sin\alpha;$$

remplaçons θ par sa valeur $\dfrac{x}{R}$, divisons par M et effectuons la différentiation indiquée au premier membre; nous aurons, en résolvant par rapport à $\dfrac{d^2x}{dt^2}$,

$$\frac{d^2x}{dt^2} = g\,\frac{\sin\alpha}{1 + \dfrac{k^2}{R^2}}.$$

Le centre du disque décrit donc une parallèle à l'axe des x, d'un mouvement uniformément varié; et l'expression ci-dessus montre que son accélération est toujours inférieure à g, même lorsque la droite est verticale.

Tout ce qui précède ne suppose pas que le disque soit homogène, mais seulement que le centre de gravité coïncide avec le centre de figure. Dans l'hypothèse de l'homogénéité, nous avons trouvé pour k^2 la valeur $\dfrac{R^2}{2}$; nous voyons qu'alors l'équation du mouvement devient

$$\frac{d^2 x}{dt^2} = \frac{2}{3}\, g \sin \alpha.$$

Pour calculer les projections — F, N de la réaction Q sur les axes Ox et Oy, nous écrirons les équations du mouvement du centre de gravité

$$M\,\frac{d^2 x}{dt^2} = M g \sin\alpha - F, \qquad M\,\frac{d^2 y}{dt^2} = -\,M g \cos\alpha + N.$$

Remplaçant $\dfrac{d^2 x}{dt^2}$ par sa valeur, et remarquant que $\dfrac{d^2 y}{dt^2}$ est nul, nous aurons

$$F = \frac{1}{3}\, M g \sin \alpha, \qquad N = M g \cos \alpha.$$

La réaction est donc constante.

Exemple III. — *Mouvement d'un double cône paraissant remonter, quoique descendant, sur un plan incliné* (Resal, *Comptes rendus*, t. CXI, p. 547). — Soient deux droites OD, OD' également inclinées sur l'horizon et formant un angle 2φ dont le sommet est en bas. Sur cet angle, on place un solide formé de deux cônes homogènes identiques accolés par la base, de telle façon que le plan de la base coïncide avec le plan vertical $\xi O\zeta$ mené par la bissectrice Ox de l'angle DOD'. On demande le mouvement du double cône en supposant qu'il ne peut que *rouler*, sans

Fig. 208.

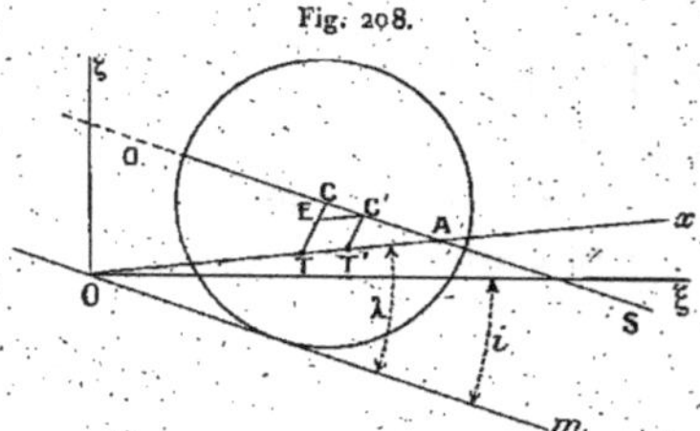

glisser, sur les deux droites OD et OD'. Prenons pour plan de la figure le plan vertical mené par la bissectrice Ox de l'angle DOD' et choisissons un axe $O\zeta$ vertical vers le haut, un axe horizontal $O\xi$. Les deux droites OD, OD', servant de guides au double cône, se projettent sur le plan de la figure suivant Ox; les deux points par lesquels les cônes touchent ces guides se projettent en T; enfin, les sommets des deux cônes se projettent sur ce même plan en un point C, car tout l'appareil est symétrique par rapport au plan $\xi O\zeta$.

Les plans tangents aux deux cônes menés respectivement par les guides OD et OD' font, avec le plan horizontal, un angle constant et, par suite, sont fixes ; ces deux plans se coupent suivant une droite fixe O m. Pour que le double cône semble remonter, quand on l'abandonne à lui-même sans vitesse, il faut que O m soit situé au-dessous de O ξ (comme dans la figure). Nous appellerons i l'angle ξ O m que fait cette droite avec l'horizon. La base des deux cônes est un cercle constamment tangent à la droite O m ; le centre C de cette base, qui est en même temps le centre de gravité de l'appareil, décrit donc une droite O'S parallèle à O m.

Si l'on considère la figure plane formée par la base mobile dans le plan ξ O ζ, le centre instantané de rotation est en T, puisque le solide roule sur les deux guides. La droite TC, dont nous désignerons la longueur par r, est donc normale à la trajectoire du point C, c'est-à-dire à la droite O'S. Si l'on appelle s la longueur O'C, θ l'angle dont le double cône a tourné à partir d'une position déterminée, la vitesse angulaire de rotation du système est $\dfrac{d\theta}{dt}$, et, comme les vitesses sont les mêmes que si le système tournait avec cette vitesse angulaire autour du centre instantané T, on a pour la vitesse du point C

$$(1) \qquad V = \frac{ds}{dt} = r\,\frac{d\theta}{dt}, \qquad ds = r\,d\theta;$$

pendant le temps dt, le point C vient en C', T en T' ; les droites TC et T'C' sont parallèles comme normales à la droite O'S, CC' est égal à ds ; si par C' on mène une parallèle C'E à Ox, CE est égal à CT — C'T', c'est-à-dire à — dr. Dans le triangle rectangle CC'E on a donc, en appelant λ l'angle en C', angle qui est constant comme étant égal à $\widehat{x\,O\,m}$,

$$(2) \qquad \overline{CC'} = ds = r\,d\theta = - dr\cot\lambda.$$

Ces conditions géométriques étant posées, appliquons le théorème des forces vives. La force vive est, d'après le théorème de Kœnig,

$$M\,r^2 \left(\frac{d\theta}{dt}\right)^2 + M\,k^2 \left(\frac{d\theta}{dt}\right)^2,$$

en appelant M k^2 le moment d'inertie des deux cônes par rapport à leur axe ; on a donc

$$d\left[\frac{M}{2}\,(r^2 + k^2)\left(\frac{d\theta}{dt}\right)^2\right] = - M g\,dr \sin i \cot\lambda,$$

car la somme des travaux élémentaires des forces de liaison est nulle, et le travail élémentaire du poids M g est

$$M g\,\overline{CC'} \sin i \quad \text{ou} \quad - M g\,dr \sin i \cot\lambda,$$

d'après la relation (2).

Appelons r_0 la valeur initiale de r et intégrons les deux membres en supposant que la vitesse initiale, c'est-à-dire la valeur initiale de $\dfrac{d\theta}{dt}$, soit nulle. Nous aurons

$$(3) \qquad (r^2 + k^2)\left(\frac{d\theta}{dt}\right)^2 = 2g(r_0 - r)\sin i \cot\lambda;$$

d'où enfin, en remplaçant $d\theta$ par la valeur $-\dfrac{dr}{r}\cot\lambda$, tirée de (2), et désignant par μ la constante $\sqrt{2g\sin i\,\tang\lambda}$,

$$\mu.dt = \pm\frac{dr}{r}\sqrt{\frac{k^2 + r^2}{r_0 - r}};$$

comme r va en diminuant à partir de r_0 ainsi qu'il est évident géométriquement et qu'on le voit en remarquant que la quantité sous le radical doit être positive, il faut prendre le signe $-$; donc enfin

$$(4) \qquad \mu t = -\int_{r_0}^{r}\frac{dr}{r}\sqrt{\frac{k^2 + r^2}{r_0 - r}};$$

t est ainsi exprimé en r par une intégrale elliptique. Quand r tend vers zéro, t augmente indéfiniment; le centre de gravité G tend donc vers la position limite A sans jamais l'atteindre. D'après les relations (2), on a

$$\frac{dr}{r} = -d\theta\,\tang\lambda, \qquad r = r_0\, e^{-\theta\tang\lambda},$$

en appelant θ l'angle dont le corps tourne à partir de la position initiale. On a ensuite, toujours d'après (2),

$$s - s_0 = (r_0 - r)\cot\lambda;$$

cette dernière formule permet de transformer la relation (4) en une relation entre s et t : on aurait ainsi une formule définissant le mouvement du centre de gravité G sur la droite O'S.

La vitesse V du centre de gravité est donnée par

$$V^2 = r^2\left(\frac{d\theta}{dt}\right)^2 = 2g\sin i\cot\lambda\,\frac{r^2(r_0 - r)}{r^2 + k^2},$$

comme on le voit, d'après (3). Cette vitesse s'annule dans la position initiale pour $r = r_0$, et, dans la position limite, pour $r = 0$. Elle passe donc, dans l'intervalle, par un maximum aisé à calculer.

Le mouvement de la base des cônes dans le plan $\zeta O\xi$ s'obtient en faisant rouler la spirale logarithmique $r = r_0\, e^{-\theta\tang\lambda}$ sur la droite $O x$: c'est ce qui résulte des équations précédentes. (*Voir* une Note de M. Mannheim, *Comptes rendus*, 3 novembre 1890; une Note de M. de Saint-Germain, *Comptes rendus*, 1891, et un article de M. H. Fleury, *Nouvelles Annales*, juin 1854.)

On trouvera aux exercices (10) l'indication de la solution d'un problème analogue, dans lequel le double cône serait remplacé par une sphère.

Exemple IV. — *Pendule elliptique.* — On appelle ainsi le système de deux points pesants M, M_1, invariablement liés l'un à l'autre par une tige sans masse, dont l'un, M, est assujetti à glisser sans frottement sur une droite horizontale Ox, et l'autre, M_1, à rester dans un plan vertical xOy.

Nous prendrons pour axe des y une verticale dirigée vers le bas.

Les forces agissant sur M sont : son poids mg, la réaction normale N de Ox et la tension T de la tige MM_1; celles qui agissent sur M_1 sont : la tension $-T$ et le poids m_1g. On peut diviser ces forces en forces intérieures T, $-T$ et forces extérieures N, mg, m_1g; ou encore en forces données mg, m_1g, et forces de liaisons N, T, $-T$.

La configuration du système ne dépend que de deux paramètres : l'abscisse x du point M et l'angle θ de MM_1 avec la verticale; il suffit donc de deux équations indépendantes des forces de liaison pour définir le mouvement (*fig.* 209).

Fig. 209.

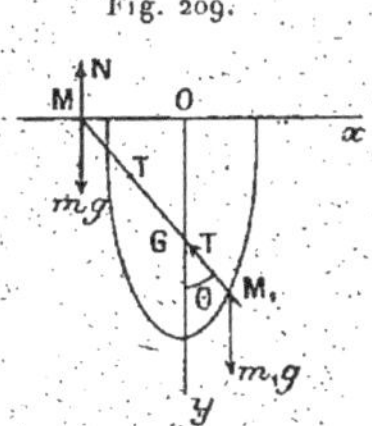

La première de ces équations nous sera fournie par le théorème du mouvement du centre de gravité : la somme des projections des forces extérieures sur l'axe des x est nulle, donc

$$(1) \qquad (m + m_1)\frac{d^2\xi}{dt^2} = 0;$$

le mouvement de la projection du centre de gravité sur Ox est ainsi uniforme, ce qui donne la première équation

$$(2) \qquad mx + m_1 x_1 = ct + c'.$$

En appliquant le théorème des forces vives, nous aurons, les liaisons étant indépendantes du temps et réalisées sans frottement,

$$d\,\frac{mv^2 + m_1 v_1^2}{2} = m_1 g\,dy_1,$$

car le travail de mg est nul.

Il est aisé de vérifier que les travaux des forces de liaisons ont une somme nulle : la force N reste normale au déplacement de son point d'application et la somme des travaux des tensions T, — T est nulle en vertu de cette condition que les points MM$_1$ doivent rester à une distance invariable. Si l'on intègre l'équation précédente, on obtient

$$(3) \qquad mv^2 + m_1 v_1^2 = 2m_1 g(y_1 + h);$$

les équations (2) et (3) définissent le mouvement.

Traitons complètement le cas où la vitesse initiale du centre de gravité est verticale ou nulle : l'équation (1) montre que ce point décrit une verticale; nous la prendrons pour axe des y, et nous aurons $\xi = 0$. Le mouvement est alors décrit géométriquement de la façon suivante ; les points M, G, M$_1$ restent à des distances invariables; deux d'entre eux, G et M, décrivent les droites rectangulaires Ox, Oy; le troisième, M$_1$, se déplace donc sur une ellipse ayant ces droites pour axes. En posant

$$M_1 M = l, \qquad \widehat{y\,GM_1} = 0,$$

on a

$$MG = \frac{lm_1}{m + m_1}, \qquad M_1 G = \frac{lm}{m + m_1}.$$

Les coordonnées des points M et M$_1$ sont donc

$$x = -\frac{lm_1}{m + m_1}\sin\theta, \qquad y = 0, \qquad x_1 = \frac{lm}{m + m_1}\sin\theta, \qquad y_1 = l\cos\theta.$$

Pour calculer θ en fonction de t, il suffit de porter ces valeurs dans l'équation (3), où

$$v^2 = \frac{dx^2}{dt^2}, \qquad v_1^2 = \frac{dx_1^2 + dy_1^2}{dt^2}.$$

On a ainsi, après quelques réductions,

$$(m + m_1 \sin^2\theta)\left(\frac{d\theta}{dt}\right)^2 = \frac{2g}{l}(m + m_1)(\cos\theta + k),$$

où $k = \dfrac{h}{l}$. On tire de là t en fonction de θ par une quadrature.

Les conditions initiales n'influent que sur la valeur de k. L'expression de $\dfrac{d\theta}{dt}$ montre qu'il y a deux cas à considérer selon que k est supérieur ou inférieur à $+1$; il est d'ailleurs toujours supérieur à $-\cos\theta_0$, puisque $\dfrac{d\theta}{dt}$ est nécessairement réel à l'instant initial. Dans le premier cas, θ peut varier de 0 à 2π et le mobile M_1 décrit périodiquement l'ellipse tout entière; dans le second cas, il effectue des oscillations entre les positions correspondant aux deux valeurs de θ qui annulent $\cos\theta + k$. Le cas singulier où k est égal à 1 est celui où la tige MM_1, partant d'une certaine position initiale, se déplace en tendant vers la verticale dans le sens des y négatifs, sans jamais l'atteindre. (Discussion analogue à celle du pendule simple.)

Revenons au cas général où la projection de la vitesse du centre de gravité sur l'axe des x est une constante différente de 0, et cherchons le mouvement relatif par rapport à un système d'axes $xO'y'$ dont l'un, $O'y'$, passe constamment par le centre de gravité G, système animé, par conséquent, d'un mouvement de translation uniforme parallèlement à $O.x$. Le mouvement relatif est le même que si les axes $y'O'x$ étaient fixes (n° 334) et le centre de gravité G animé d'une vitesse verticale; c'est le mouvement que nous venons d'étudier ($fig.$ 209).

Pour terminer la question, il nous faut maintenant calculer les tensions T, $-T$ de la tige, ainsi que la réaction N de l'axe fixe $O.x$.

L'une des équations du mouvement du point M_1 est

$$(4) \qquad m_1 \frac{d^2 y_1}{dt^2} = -\,T\cos\theta + m_1 g;$$

mais nous avons

$$y = l\cos\theta, \qquad \frac{dy_1}{dt} = -\,l\sin\theta\,\frac{d\theta}{dt}, \qquad \frac{d^2 y_1}{dt^2} = -\,l\sin\theta\,\frac{d^2\theta}{dt^2} - l\cos\theta\left(\frac{d\theta}{dt}\right)^2.$$

L'équation des forces vives nous a donné une équation de la forme

$$\left(\frac{d\theta}{dt}\right)^2 = \varphi(\theta)$$

qui, par différentiation par rapport à t, devient

$$2\,\frac{d^2\theta}{dt^2} = \varphi'(\theta):$$

en portant ces valeurs de $\left(\dfrac{d\theta}{dt}\right)^2$ et $\dfrac{d^2\theta}{dt^2}$ dans $\dfrac{d^2 y_1}{dt^2}$, nous obtenons

$$\frac{d^2 y_1}{dt^2} = -\,\frac{l\sin\theta\,\varphi'(\theta)}{2} - l\cos\theta\,\varphi(\theta).$$

Par conséquent, on a, d'après l'équation (4),

$$T = m_1\,l\,\varphi(\theta) + m_1\,\frac{l}{2}\,\tan\theta\,\varphi'(\theta) + \frac{m_1 g}{\cos\theta}.$$

Connaissant T, on a immédiatement N en écrivant que le point M décrit l'axe Ox; on doit avoir

$$mg - N + T \cos\theta = m\,\frac{d^2 y}{dt^2} = 0,$$

d'où l'on tire la valeur de N :

$$N = mg + T \cos\theta.$$

Exemple V. — Problème. — *Trouver le mouvement du système cons-titué par deux barres homogènes pesantes* AB, A'B', *de longueurs égales et de même masse, reliées par des fils sans masse de même lon-gueur, la droite* AB *étant assujettie à tourner autour de son milieu* O *et tout le système à se mouvoir dans un plan vertical fixe.*

La position du système dépend de deux paramètres : l'inclinaison φ de AB sur la verticale Ox et l'angle θ de la droite OO', qui joint les milieux des deux barres avec cette verticale. Le système est soumis à l'ac-tion des poids des deux barres, aux tensions T, T' des fils et à la réaction du point fixe O. Pour avoir le mouvement (*fig.* 210), il nous faut deux équa-

Fig. 210.

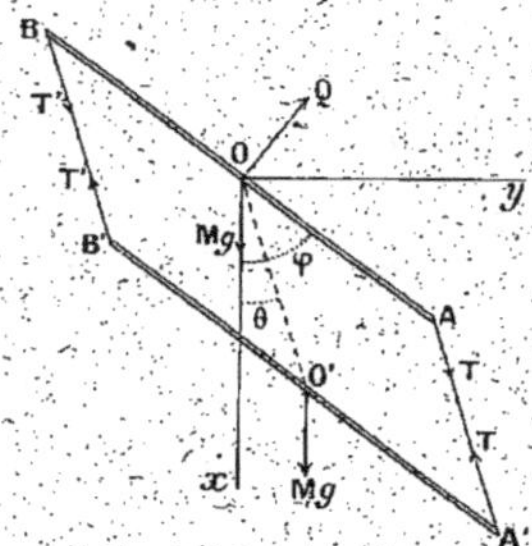

tions indépendantes des forces de liaisons : elles nous seront données par le théorème des forces vives et par le théorème des moments des quantités de mouvement par rapport à la normale en O au plan de la figure.

Appliquons d'abord le théorème des forces vives. La longueur des fils étant supposée invariable, les travaux des tensions s'annuleront deux à deux; le travail du poids de la barre AB ainsi que celui de la réaction de O sont nuls; quant au travail élémentaire du poids de A'B', il a pour valeur

$$- Mgl \sin\theta\, d\theta.$$

D'autre part, la force vive de la barre AB est $M k^2 \left(\dfrac{d\varphi}{dt}\right)^2$, celle de A'B'

est égale à la force vive dans le mouvement autour du centre de gravité O' :
$M k^2 \left(\dfrac{d\varphi}{dt}\right)^2$, augmentée de la force vive de sa masse M concentrée en O',
c'est-à-dire $M l^2 \left(\dfrac{d\theta}{dt}\right)^2$. Nous aurons donc

$$d \frac{1}{2}\left[2 M k^2 \left(\frac{d\varphi}{dt}\right)^2 + M l^2 \left(\frac{d\theta}{dt}\right)^2 \right] = - M g l \sin\theta \, d\theta,$$

que nous écrirons en divisant par $M \, dt$ et effectuant la différentiation

$$(I) \qquad 2 k^2 \frac{d\varphi}{dt} \frac{d^2\varphi}{dt^2} + l^2 \frac{d\theta}{dt} \frac{d^2\theta}{dt^2} = - g l \sin\theta \frac{d\theta}{dt} \cdot$$

Passons maintenant au théorème des quantités de mouvement appliqué
à tout le système. Un calcul analogue au précédent donne pour somme
des moments des quantités de mouvement par rapport à un axe O z normal
au plan

$$2 M k^2 \frac{d\varphi}{dt} + M l^2 \frac{d\theta}{dt} ;$$

la somme des moments des forces se réduisant d'ailleurs à $- M g l \sin\theta$,
nous aurons

$$\frac{d}{dt}\left(2 M k^2 \frac{d\varphi}{dt} + M l^2 \frac{d\theta}{dt} \right) = - M g l \sin\theta,$$

que nous écrirons

$$(II) \qquad 2 k^2 \frac{d^2\varphi}{dt^2} + l^2 \frac{d^2\theta}{dt^2} = - g l \sin\theta.$$

Multiplions cette équation par $- \dfrac{d\theta}{dt}$ et ajoutons-la à l'équation des forces
vives (I), il nous vient

$$(III) \qquad \left(\frac{d\varphi}{dt} - \frac{d\theta}{dt}\right) \frac{d^2\varphi}{dt^2} = 0.$$

La quantité $\dfrac{d\varphi}{dt} - \dfrac{d\theta}{dt}$ ne peut pas être constamment nulle, car à l'origine
du mouvement elle a une valeur arbitraire ; nous avons donc

$$\frac{d^2\varphi}{dt^2} = 0 ;$$

la rotation de la barre AB est uniforme. L'équation (II) nous donne alors

$$\frac{d^2\theta}{dt^2} = - \frac{g}{l} \sin\theta,$$

équation du mouvement d'un pendule simple; le point O' se meut donc comme si le reste de la barre $A'B'$ n'existait pas et s'il était relié directement à O' par un fil sans masse.

Pour calculer les forces de liaisons, nous appliquerons d'abord le théorème des moments des quantités de mouvement à la barre AB, par rapport au même axe que précédemment, ce qui nous donnera

$$M\,k^2 \cdot \frac{d^2\varphi}{dt^2} = \text{moment de } T' + \text{moment de } T;$$

comme $\frac{d^2\varphi}{dt^2}$ est nul, et que les tensions T, T' sont parallèles, de même sens et à la même distance de part et d'autre de l'origine, ces forces doivent être égales :

$$T = T';$$

appliquons maintenant le théorème du mouvement du centre de gravité à la barre $A'B'$; son milieu O' se déplace comme s'il était directement soumis au poids $M\,g$ de la barre et aux tensions égales T et T' transportées en ce point. D'autre part, le mouvement de ce point est le même que s'il possédait la masse M et était relié au point O par un fil sans masse; la somme $2\,T$ des tensions est donc égale à la réaction du fil dans le mouvement du pendule simple de masse M et de longueur l, savoir :

$$2\,T = \frac{M\,g}{l}\,(2\,a - 3\,l\cos\theta),$$

a étant une constante dépendant des conditions initiales.

Connaissant alors la tension T, nous calculerons la réaction du point O en écrivant que ce point, considéré comme centre de gravité de la barre AB, reste immobile; on trouve ainsi que la réaction Q doit faire équilibre à la résultante du poids $M\,g$ et de la somme $2\,T$, dirigée suivant OO', des deux tensions appliquées en A et B.

III. — FROTTEMENT DE GLISSEMENT ET RÉSISTANCE DE MILIEU.

367. Généralités. — Nous avons, dans le premier Volume (Chap. IX), indiqué les circonstances qui se présentent quand deux solides naturels A et B sont en contact par un point, dans les deux cas où ils sont en repos relatif ou en mouvement relatif l'un par rapport à l'autre. Nous avons vu que les actions mutuelles de ces deux corps sont les suivantes. Soit, dans le corps A, m le point matériel en contact avec B : les actions de B sur A sont (*fig.* 211) :

1° Une force N appliquée au corps A au point m et dirigée

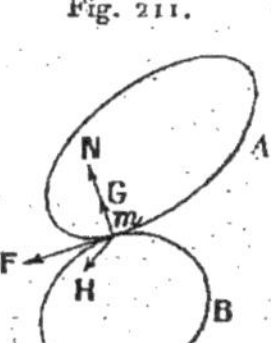

Fig. 211.

normalement aux surfaces en contact : cette force est la *réaction normale* s'opposant à la pénétration réciproque des corps;

2° Une force F appliquée au même point m et située dans le plan tangent en ce point aux surfaces en contact : cette force est le *frottement de glissement* s'opposant au glissement;

3° Un couple G dont l'axe est normal aux surfaces en contact : ce couple est le couple du *frottement de pivotement* s'opposant au pivotement;

4° Un couple H dont l'axe est situé dans le plan tangent commun aux surfaces en contact : ce couple est le couple du *frottement de roulement* s'opposant au roulement.

Les actions du corps A sur B sont des forces et des couples respectivement égaux et opposés aux précédents. En général, les deux couples G et H sont très petits par rapport aux forces N et F. Nous commencerons par traiter des questions dans lesquelles ces couples sont *négligeables*, en réservant pour le paragraphe suivant l'étude spéciale des frottements de roulement et de pivotement.

Nous avons supposé que les deux corps A et B sont en contact par une aire très petite qu'on peut regarder comme un point.

Dans certaines questions les deux corps peuvent avoir une infinité de points géométriques de contact; c'est ce qui arrive par exemple pour un cylindre posé sur un plan; il faut alors appliquer à chaque point géométrique de contact les considérations précédentes.

Remarque. — Il ne faudrait pas croire que le frottement est une force uniquement capable d'empêcher le mouvement, mais non de l'engendrer. En effet, le frottement peut servir, par exemple, à transmettre une partie du mouvement du corps A au corps B. Ainsi, lorsqu'une courroie, animée d'un mouvement rapide, vient à être placée sur une poulie primitivement au repos, elle commence d'abord par glisser sur elle et n'arrive que graduellement à lui communiquer son mouvement : la force qui agit ici comme force *entraînante* pour amener les points de la circonférence de la poulie d'une vitesse nulle à celle de la courroie est le frottement; il constitue une résistance pour le mouvement de la courroie, tandis qu'il accélère celui de la poulie (*voir* REULEAUX, *Cinématique*, Notes, p. 633).

368. Frottement de glissement. — Nous avons donné dans le premier Volume (n° 195) les lois empiriques, généralement admises, du frottement de glissement dans l'état de repos ou dans l'état de mouvement, avec les restrictions qu'il convient d'y apporter d'après les expériences de Hirn.

Imaginons un solide A qui se meut en glissant sur un autre solide B : soient m un point matériel du corps A qui touche B,

Fig. 212.

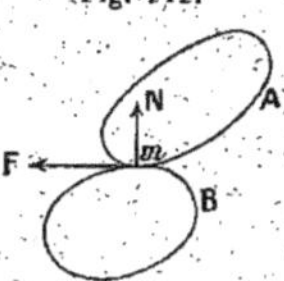

N la réaction normale de B sur A en ce point; la force de frottement est une force appliquée au point m, dirigée en sens contraire de la vitesse relative de ce point par rapport au corps B et égale à fN, f désignant le coefficient de frottement. Cette loi est applicable tant qu'il y a glissement, c'est-à-dire tant que la vitesse relative du point m par rapport au corps B n'est pas *nulle*. Supposons que cette vitesse *devienne et reste nulle*; alors plusieurs cas peuvent se présenter :

1° Ou bien le corps A reste immobile par rapport à B : dans ce cas, la réaction de B sur A suit les lois du frottement à l'état de repos;

2° Ou bien, et c'est le cas général, le mouvement relatif de A par rapport à B est un *mouvement de roulement et pivotement :* dans ce cas, il n'y a plus glissement, les lois du frottement de glissement à l'état de mouvement ne sont donc plus applicables ; on admet alors qu'on peut appliquer encore les lois du frottement de glissement *à l'état de repos,* c'est-à-dire que l'on peut regarder la réaction totale de B sur A comme formée d'une composante normale N et d'une composante tangentielle $F < fN$. Nous supposons, bien entendu, dans ce paragraphe, que l'on néglige les frottements de roulement et de pivotement ; autrement, il faudrait ajouter les deux couples qui représentent ces frottements ;

3° Il peut arriver exceptionnellement que le corps A soit terminé par une pointe m par laquelle il glisse sur B, à la façon d'une toupie qui glisse sur un plan. Dans ce cas, le corps A touche toujours B par le même point m, et, si la vitesse relative de m par rapport à B devient et reste nulle, on applique les lois du frottement à l'état de repos, et le mouvement de A par rapport à B est le mouvement d'un corps solide autour d'un point fixe.

Dans cet exposé nous considérons le coefficient de frottement au repos f_0 comme égal au coefficient de frottement f à l'état de mouvement, quoique, en réalité, f_0 soit un peu supérieur à f.

Nous montrerons plus loin, par un exemple (n° 375), que ces lois empiriques du frottement de glissement non seulement sont grossièrement approchées au point de vue expérimental, mais peuvent même conduire à des contradictions mathématiques, si l'on veut les appliquer rigoureusement à des liaisons sans jeu possible, comme l'a fait voir M. Painlevé dans ses *Leçons sur le frottement* (Hermann, 1895).

369. Discontinuités possibles dans les équations du mouvement. — 1° Soit V_r la vitesse relative par rapport au corps B du point matériel m de A qui est au contact. Tant que V_r est différent de zéro, il y a glissement ; si $V_r = 0$, il y a roulement et pivotement de A sur B et de B sur A. Supposons qu'à l'instant initial t_0, V_r soit nul : il s'agit de savoir si, à l'instant $t > t_0$, les deux corps vont glisser ou rouler et pivoter l'un sur l'autre. Pour cela, il faudra essayer les deux hypothèses :

1° On supposera, par exemple, qu'il y a roulement et pivotement, c'est-à-dire que V_r reste nul : alors la réaction de B sur A se compose de la réaction normale N et d'une force tangentielle F de direction indéterminée et de grandeur $F < fN$, d'après les lois que nous admettons. On mettra le problème en équation dans ces hypothèses, et l'on calculera la réaction normale N et la réaction tangentielle F. Si la valeur trouvée pour F est moindre que fN, la supposition faite est exacte, le mouvement de A sur B est un mouvement de roulement et de pivotement, et ce mouvement persistera jusqu'au moment où F deviendra supérieur à fN; à partir de ce moment il y aura à la fois glissement, roulement et pivotement, et les équations devront être modifiées. Si, au contraire, la valeur trouvée pour F est, dès le début, supérieure à fN, le mouvement de roulement et pivotement, sans glissement, est impossible; il y a, dès le début, un mouvement de glissement; il faut alors écrire les équations du mouvement en appliquant les lois du frottement de glissement à l'état de mouvement. Ce mouvement de glissement persistera tant que les équations, supposées intégrées, donneront pour V_r une valeur différente de zéro. Si, à un certain instant t_1, l'expression de V_r devient nulle, il s'agit de savoir si, à partir de cet instant, V_r reste ou non égal à zéro. On se trouve alors de nouveau en face du problème dont nous venons d'indiquer la solution.

2° Si le corps A touche B par une pointe m, et si, à un moment t_0, la vitesse relative V_r de m par rapport à B est nulle, il s'agit de savoir si, à l'instant $t > t_0$, V_r reste nul ou devient différent de zéro, c'est-à-dire si la pointe m reste immobile ou non par rapport à B. Pour cela, on fera comme dans le cas général précédent : on examinera successivement les deux hypothèses et l'on verra laquelle des deux doit être retenue.

3° Voici un autre genre de discontinuité dans les équations, qu'il importe de signaler. Qu'il y ait glissement ou roulement, il peut arriver qu'à un certain instant t l'expression algébrique de N, d'abord positive, s'annule puis devienne négative. Alors, si les deux corps A et B peuvent se séparer, ils se séparent à l'instant t. Si les deux corps ne peuvent pas se séparer, la réaction normale change de sens. Comme la force de frottement est essentiellement *positive*, elle doit alors, puisque N est négatif, être prise égale à $-fN$ dans le cas du glissement et inférieure à $-fN$ dans le cas du roulement.

On doit donc, à partir de l'instant t, modifier les équations du mouvement en changeant f en $-f$. Si l'on ne prenait pas cette précaution, les équations, à partir de l'instant t, représenteraient un mouvement dans lequel l'action tangentielle de B sur A tendrait à *accroître* la vitesse relative par rapport à B du point m de A qui est au contact; ce qui est absurde.

370. **Exemple I.** — Un disque circulaire homogène pesant situé dans un plan vertical (*fig.* 207) est placé sur une droite fixe Ox inclinée à l'horizon d'un angle α et abandonné à lui-même sans vitesse initiale. On suppose qu'il y a frottement, et l'on demande si le disque se met à rouler ou à glisser.

Admettons qu'il y ait roulement; on aura alors à traiter le second problème du n° 366 : on trouvera, comme nous l'avons vu, que la réaction normale de la droite sur le disque est $N = M g \cos\alpha$, et la réaction tangentielle $\frac{1}{3} M g \sin\alpha$. Pour que le roulement soit possible, il faut que cette réaction tangentielle soit moindre que $f N$, f étant le coefficient de frottement

$$\frac{M g \sin\alpha}{3} < f M g \cos\alpha, \qquad \tang\alpha < 3 f.$$

Si cette condition n'est pas remplie, le roulement ne peut avoir lieu sans glissement; le disque glisse tout en tournant.

Traitons le problème dans cette nouvelle hypothèse. La réaction de la droite Ox sur le disque a alors une composante normale N et une composante tangentielle $F = f N$ dirigée vers le haut. L'angle $ACB = \theta$ et l'abscisse $OA = x$ du centre de gravité (*fig.* 207) ne sont plus liés par aucune relation géométrique, puisqu'il n'y a pas roulement. Les équations du mouvement du centre de gravité donnent

$$M \frac{d^2 x}{dt^2} = M g \sin\alpha - f N, \qquad o = - M g \cos\alpha + N.$$

La réaction normale est donc constante. Portant sa valeur $N = M g \cos\alpha$ dans la première équation, on a

$$\frac{d^2 x}{dt^2} = g (\sin\alpha - f \cos\alpha),$$

valeur constante positive à cause de l'hypothèse $\tang\alpha > 3 f$. Comme le disque est supposé partir du repos, on a

$$x = \frac{g t^2}{2} (\sin\alpha - f \cos\alpha).$$

Appliquons ensuite le théorème des moments au mouvement relatif autour du centre de gravité; nous avons

$$M k^2 \frac{d^2\theta}{dt^2} = f \mathrm{NR};$$

comme $k^2 = \dfrac{R^2}{2}$, et que le disque part du repos, on en tire

$$\theta = \frac{f g t^2 \cos\alpha}{R}.$$

Comme vérification, appelons u la vitesse du point du disque qui se trouve en A; cette vitesse est la résultante de la vitesse due à la translation du centre et de la vitesse due à la rotation autour du centre :

$$u = \frac{dx}{dt} - R\frac{d\theta}{dt}.$$

D'après les équations précédentes, on trouve

$$u = gt(\sin\alpha - 3f\cos\alpha).$$

Cette vitesse est donc positive, à cause de la condition $\tan\alpha > 3f$: elle ne s'annule jamais; le glissement persiste indéfiniment.

S'il n'y avait pas de frottement, le disque, abandonné à lui-même sans vitesse, glisserait sans tourner.

371. **Exemple II.** — *Mouvement avec frottement d'un cerceau vertical sur une droite horizontale.* — Considérons un cerceau homogène, de rayon R et de masse M, placé verticalement sur un plan horizontal et lancé dans un plan vertical. Il est évident, par raison de symétrie, que le cerceau reste dans le plan vertical initial que nous prenons pour plan de la figure xOy.

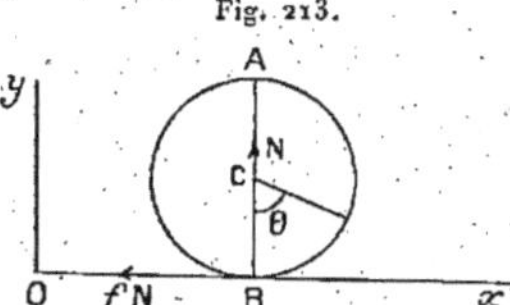

Fig. 213.

Soient :

C le centre du cerceau,

B le point par lequel il touche le plan horizontal Ox,

x l'abscisse OB du centre C,

θ l'angle dont le cerceau a tourné à partir de sa position initiale dans le sens positif, de Ox vers Oy.

Première phase. — Le centre C a une vitesse horizontale v dont la valeur algébrique est $\dfrac{dx}{dt}$; en même temps le cerceau tourne autour de son centre avec une vitesse angulaire $\omega = \dfrac{d\theta}{dt}$. Le point du cerceau qui se trouve en B a une vitesse u résultant de la vitesse v due à la translation du centre et de la vitesse $R\dfrac{d\theta}{dt}$ due à la rotation autour du centre

$$(1) \qquad u = \frac{dx}{dt} + R\frac{d\theta}{dt}.$$

Supposons, pour fixer les idées, que, à l'instant $t = 0$, x soit nul et u positif : le point le plus bas du cerceau glisse alors sur Ox dans le sens positif Ox; la force de frottement est donc dirigée en sens contraire. Les forces appliquées au corps solide sont le poids Mg, la réaction normale N du sol et la force de frottement fN.

Le théorème du mouvement du centre de gravité, projeté sur Oy, donne

$$o = N - Mg,$$

car la coordonnée y de C est constante. On a donc $N = Mg$. Le théorème du mouvement du centre de gravité projeté sur Ox donne ensuite

$$(2) \qquad \frac{d^2 x}{dt^2} = -fg.$$

Enfin, si l'on appelle Mk^2 le moment d'inertie du cerceau par rapport à un axe mené par C perpendiculairement à son plan, le théorème des moments des quantités de mouvement, appliqué au mouvement autour du centre de gravité, donne

$$(3) \qquad k^2 \frac{d^2\theta}{dt^2} = -fRg,$$

car le moment de la force de frottement par rapport à C est $-fNR$.

D'après ces formules, le centre C est animé d'un mouvement rectiligne uniformément retardé. L'équation (2) donne, en effet,

$$(4) \qquad \frac{dx}{dt} = -fgt + v_0, \qquad x = -\frac{fgt^2}{2} + v_0 t,$$

v_0 désignant la valeur initiale de v. La vitesse angulaire décroît aussi proportionnellement au temps :

$$(5) \qquad \frac{d\theta}{dt} = -\frac{fRg}{k^2} t + \omega_0,$$

ω_0 désignant la valeur initiale de la vitesse angulaire. L'expression (1) de u donne alors

$$(6) \qquad u = -fg\left(1 + \frac{R^2}{k^2}\right) t + u_0.$$

u_0 étant égal à $v_0 + R\omega_0$. Cette vitesse u décroît proportionnellement à t : elle s'annule au bout du temps

$$T = \frac{u_0}{fg\left(1 + \dfrac{R^2}{k^2}\right)}.$$

Deuxième phase. — A ce moment le point du cerceau qui est au contact en B a une vitesse nulle; il s'agit alors de savoir si le mouvement ultérieur est un roulement ou un glissement. On peut prévoir que c'est un roulement, c'est-à-dire que la vitesse u du point qui est au contact *reste nulle :* en effet, si elle prenait une valeur différente de zéro, si petite soit-elle, le système se retrouverait dans des conditions analogues aux conditions initiales, et la force de frottement de glissement fN ramènerait la vitesse u à zéro. Donc, à partir de l'instant T, il y a *roulement*.

Si l'on néglige le frottement de roulement, la réaction tangentielle F du plan horizontal doit alors suivre la loi du frottement de glissement dans l'état de repos, c'est-à-dire doit être une force inconnue moindre que fN. Nous allons le vérifier en montrant que F $=$ o. Comme il y a roulement, les travaux de F, de N et du poids sont évidemment nuls, et le mouvement de roulement est uniforme. On a donc

$$\frac{d^2 x}{dt^2} = o, \qquad \frac{d^2\theta}{dt^2} = o;$$

et l'équation du mouvement du centre de gravité $M\dfrac{d^2 x}{dt^2} = -F$ montre que F $=$ o. Dans cette deuxième phase du mouvement, $\dfrac{dx}{dt}$ et $\dfrac{d\theta}{dt}$ restent donc constants à partir de l'instant T et égaux aux valeurs V et Ω qu'ils possèdent à cet instant, valeurs faciles à calculer par les formules ci-dessus; enfin, u reste constamment nul, de sorte que

$$V + R\Omega = o.$$

Nous venons d'indiquer le moyen de calculer en fonction des données initiales la vitesse finale du centre. On peut encore trouver *a priori* cette vitesse si l'on fait la remarque suivante.

L'élimination de f entre les équations (2) et (3) donne

$$\frac{d^2 x}{dt^2} - \frac{k^2}{R}\frac{d^2\theta}{dt^2} = o;$$

d'où, en intégrant,

$$(7) \qquad \frac{dx}{dt} - \frac{k^2}{R}\frac{d\theta}{dt} = v_0 - \frac{k^2}{R}\omega_0.$$

La quantité (7) reste donc constante pendant la première et la deuxième phase du mouvement, car l'équation (7), étant obtenue par l'élimination de f, a lieu quelle que soit la loi de la réaction tangentielle. Dans la phase finale,

$$\frac{dx}{dt} = V, \qquad \frac{d\theta}{dt} = \Omega = -\frac{V}{R};$$

on a donc, en portant dans (7),

$$(8) \qquad V\left(1 + \frac{k^2}{R^2}\right) = v_0 - \frac{k^2}{R}\,\omega_0,$$

d'où V. Par exemple, si, v_0 étant positif, on a $v_0 - \dfrac{k^2}{R}\,\omega_0 < 0$, le mouvement final de roulement est tel que $V < 0$; il est de sens contraire au mouvement de translation initial de C.

C'est ce qu'il est facile de réaliser en lançant le cerceau ($v_0 > 0$) en avant, après lui avoir imprimé un fort mouvement de rotation $\left(\omega_0 > \dfrac{R v_0}{k^2}\right)$; le cerceau, après s'être d'abord éloigné, revient en roulant.

L'équation (7) signifie que, pendant toute la durée du mouvement, le point matériel du cerceau, qui se trouve à chaque instant au-dessus du centre, à une distance $\dfrac{k^2}{R}$, a une vitesse absolue *constante*. Si le cerceau est suffisamment mince pour pouvoir être assimilé à une circonférence matérielle, k est égal à R, et le point dont la vitesse est constante est le point matériel qui passe au point le plus haut A.

Exemple III. — Une échelle AB (*fig.* 214), de masse m, est appuyée sur un sol horizontal Ox et contre un mur vertical Oy : la ligne médiane de l'échelle est supposée située dans un plan perpendiculaire au mur et au sol, plan que nous prenons pour plan de la figure. On imprime à l'échelle une vitesse initiale tendant à rapprocher le point B du point O; trouver le mouvement en admettant qu'il y ait frottement sur le sol et le mur et que le coefficient de frottement aux deux extrémités soit l'*unité* ($f = 1$).

Fig. 214.

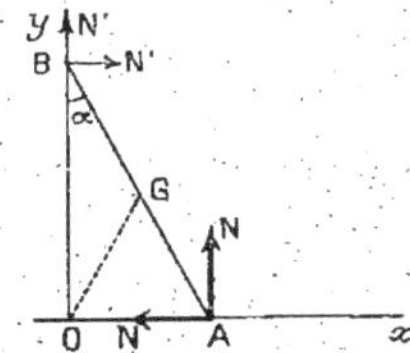

Remarquons tout d'abord que, le coefficient de frottement étant 1, l'échelle est en équilibre dans toutes ses positions. En effet, le centre de gravité G est au milieu de AB (*fig.* 214). Si l'on mène, en A et B, des droites AM et BM faisant respectivement avec les normales au sol et au mur des angles de 45° (angle de frottement dans le cas actuel), le point M est toujours à gauche de la verticale du point G, et, par suite, il y a équilibre, quelle que soit l'inclinaison de l'échelle (n° 193; il faut remarquer que G est actuellement le milieu de AB).

Une fois l'échelle lancée, les forces qui agissent sur elle sont : le poids mg appliqué en G, la réaction normale N du sol au point A et la force de frottement en A dirigée de A vers O et égale à N (car $f = 1$); la réaction normale N' du mur sur le point B et la force de frottement N' dirigée suivant OB. Appelons α l'angle de l'échelle avec le mur, $2l$ sa longueur, mk^2 son moment d'inertie par rapport à un axe perpendiculaire au plan de la figure au point G. Les équations du mouvement du centre de gravité (ξ, η) donnent

$$(1) \qquad m\frac{d^2\xi}{dt^2} = N' - N, \qquad m\frac{d^2\eta}{dt^2} = -mg + N' + N.$$

Appliquons ensuite le théorème des moments au mouvement relatif autour du centre de gravité G. Ce mouvement relatif est une rotation de vitesse angulaire $\dfrac{d\alpha}{dt}$ autour d'un axe mené par G perpendiculairement au plan de la figure. On a donc

$$(2) \qquad mk^2\frac{d^2\alpha}{dt^2} = l(N - N')\sin\alpha - l(N + N')\cos\alpha,$$

comme on le voit immédiatement en évaluant géométriquement les moments des forces par rapport au point G. Des équations (1) tirons N'—N et N'+N pour les porter dans (2); il vient

$$(3) \qquad k^2\frac{d^2\alpha}{dt^2} = -gl\cos\alpha - l\left(\frac{d^2\eta}{dt^2}\cos\alpha + \frac{d^2\xi}{dt^2}\sin\alpha\right).$$

Mais

$$\xi = l\sin\alpha, \qquad \eta = l\cos\alpha,$$

$$(4) \qquad \begin{cases} \dfrac{d^2\xi}{dt^2} = -l\left(\dfrac{d\alpha}{dt}\right)^2\sin\alpha + l\dfrac{d^2\alpha}{dt^2}\cos\alpha, \\[2ex] \dfrac{d^2\eta}{dt^2} = -l\left(\dfrac{d\alpha}{dt}\right)^2\cos\alpha - l\dfrac{d^2\alpha}{dt^2}\sin\alpha. \end{cases}$$

Remplaçant dans (3), on a enfin, pour l'équation du mouvement,

$$(5) \qquad k^2\frac{d^2\alpha}{dt^2} = l^2\left(\frac{d\alpha}{dt}\right)^2 - gl\cos\alpha,$$

équation analogue à celle du mouvement d'un pendule simple soumis à une résistance de milieu proportionnelle au carré de la vitesse (n° 249).

Pour intégrer, posons

$$\frac{d\alpha}{dt} = \alpha', \qquad \frac{d^2\alpha}{dt^2} = \frac{d\alpha'}{dt} = \frac{d\alpha'}{d\alpha}\frac{d\alpha}{dt} = \frac{1}{2}\frac{d\alpha'^2}{d\alpha},$$

$$\frac{l^2}{k^2} = \frac{\lambda}{2}, \qquad \frac{gl}{k^2} = \frac{\mu}{2};$$

l'équation devient

$$(6) \qquad \frac{d\alpha'^2}{d\alpha} = \lambda\alpha'^2 - \mu\cos\alpha,$$

équation linéaire en α'^2 dont l'intégrale générale est

$$(7) \qquad \alpha'^2 = C e^{\lambda\alpha} - \frac{\mu}{1+\lambda^2}(\sin\alpha - \lambda\cos\alpha).$$

La vitesse angulaire initiale α'_0 correspondant à $\alpha = \alpha_0$ étant donnée, on a

$$(8) \qquad C = e^{-\lambda\alpha_0}\left[\alpha'^2_0 + \frac{\mu}{1+\lambda^2}(\sin\alpha_0 - \lambda\cos\alpha_0)\right].$$

Les formules (1) permettent de calculer N et N' en fonction de α, α', et par suite en fonction de α. Les calculs précédents ne s'appliquent que tant que N et N' sont positifs. Si l'une de ces réactions s'annulait pour devenir négative, l'extrémité correspondante de l'échelle ne porterait plus : les équations devraient être modifiées.

Si α'_0 est supérieur à $\sqrt{\dfrac{\mu\cos\alpha_0}{\lambda}}$, $\dfrac{d\alpha'^2}{d\alpha}$ est positif au début, d'après (6), α'^2 va constamment en croissant et l'échelle glisse avec une vitesse croissante.

Si α'_0 est inférieur à $\sqrt{\dfrac{\mu\cos\alpha_0}{\lambda}}$, α'^2 va d'abord en diminuant; dans ce cas, il peut arriver que, pour une certaine valeur de α, α'^2 s'annule : l'échelle s'arrête alors dans la position correspondante, car elle est en équilibre dans toutes les positions.

On pourra traiter de même le cas où le coefficient de frottement aurait une valeur quelconque f.

372. **Frottement des tourillons sur les coussinets.** — Pour assujettir un solide à tourner autour d'un axe, on lie invariablement au solide deux cylindres circulaires droits égaux T_1 et T_2, placés dans le prolongement l'un de l'autre : ce sont les *tourillons*. Ces tourillons sont ensuite placés sur deux surfaces cylindriques de révolution fixes, ayant un axe commun parallèle à celui des tourillons; ces surfaces se nomment *coussinets*. On a

figuré (*fig.* 216) en T_1 et C_1 un tourillon reposant sur un coussinet, en faisant une section droite du tourillon et exagérant la différence entre le rayon du tourillon et celui du coussinet.

Fig. 215.

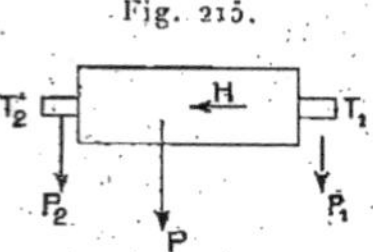

Supposons que le corps solide, rendu mobile de cette manière, ait son centre de gravité sur l'axe des tourillons et soit sollicité par des forces qui se réduisent à un couple de moment H dont le plan est perpendiculaire à l'axe des tourillons et à une force P de direction constante perpendiculaire à l'axe ; on peut toujours supposer que cette force rencontre l'axe en modifiant convenablement le couple H. Dans la figure, l'axe est supposé horizontal et la force P verticale. Voyons ce qui se passe à l'une des extrémités. Le tourillon tournant dans le sens de la flèche B frotte sur le fond du coussinet ; il commence par rouler sur celui-ci et son centre s'arrête dans une position O_1, le point de contact étant A_1. Le tourillon tourne alors autour de son axe O_1 en frottant sur le coussinet en A_1. La réaction du coussinet se compose donc d'une réaction normale N_1, rencontrant l'axe, et d'une force tangentielle fN_1 ; nous appellerons φ l'angle

Fig. 216.

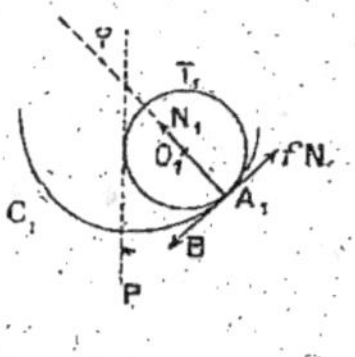

de N_1 avec la direction de P. A l'autre extrémité, les mêmes faits se produiront : les forces appliquées au tourillon seront N_2 et fN_2 ; l'angle φ sera le même, car les coussinets obligent l'axe à rester horizontal. Le corps tourne alors autour d'un axe fixe, l'axe du tourillon : son centre de gravité étant immobile, la somme des projections des forces extérieures sur une direction quelconque est nulle. Projetons successivement sur la direction P et la direction perpendiculaire à P et à l'axe, en remarquant que le couple H ne donne rien. Il vient

$$P - (N_1 + N_2) \cos\varphi - f(N_1 + N_2) \sin\varphi = 0,$$
$$(N_1 + N_2) \sin\varphi - f(N_1 + N_2) \cos\varphi = 0.$$

La deuxième équation donne $\tan \varphi = f$; φ est donc l'*angle de frottement*. La première donne ensuite, en remplaçant f par $\tan \varphi$,

$$N_1 + N_2 = P \cos \varphi.$$

Pour avoir maintenant l'équation du mouvement, appliquons le théorème des moments par rapport à l'axe des tourillons, en appelant $M k^2$ le moment d'inertie par rapport à cet axe, ω la vitesse angulaire et ρ le rayon $O_1 A_1$ des tourillons : il vient

$$M k^2 \frac{d\omega}{dt} = H - f\rho(N_1 + N_2),$$

ou enfin

$$M k^2 \frac{d\omega}{dt} = H - \rho P \sin \varphi.$$

Il faut remarquer, pour écrire cette équation, que la somme des moments des deux forces du couple par rapport à l'axe est précisément son moment H, car le plan du couple est supposé perpendiculaire à l'axe.

373. Modérateur à ailettes. — Soit un treuil de masse M et de rayon R, mobile autour d'un axe horizontal par l'intermédiaire de deux tourillons de rayon ρ; sur ce treuil est enroulée une corde dont on néglige la masse et qui pend verticalement en portant à son extrémité un corps pesant de masse m. Sur certains des rayons du treuil sont montées des ailettes planes toutes égales entre elles, dont les plans passent par l'axe; ces ailettes sont deux à deux diamétralement opposées, de sorte que leur nombre n est *pair*. Quand le treuil tourne, ces ailettes frappent l'air; il en résulte sur chaque ailette une pression normale dirigée en sens contraire du mouvement de rotation. Les ailettes étant égales et deux à deux diamétralement opposées, toutes ces pressions sont deux à deux égales et opposées et se réduisent à un couple dont l'axe est parallèle à l'axe du treuil. Évaluons la somme des moments de ces pressions par rapport à l'axe : on admet que la pression p de l'air sur un élément superficiel $d\sigma$ est proportionnelle à l'élément et au carré de la vitesse de l'élément; si donc on appelle r la distance de l'élément de l'ailette à l'axe, ω la vitesse angulaire du treuil, on a

$$p = h \omega^2 r^2 \, d\sigma.$$

Le moment de cette pression élémentaire par rapport à l'axe est

$$pr = h \omega^2 r^3 \, d\sigma$$

et le moment résultant pour une ailette

$$h \omega^2 \int r^3 \, d\sigma = \mu \omega^2,$$

μ désignant une constante; le moment résultant pour les n ailettes est égal à n fois cette quantité.

Ceci posé, le treuil est sollicité par son poids Mg appliqué sur l'axe, par la tension T de la corde qui supporte le poids, par les pressions sur les ailettes, et enfin par les réactions tangentielles et normales des coussinets sur les tourillons. Nous pouvons transporter T parallèlement à elle-même sur l'axe dans un plan normal à l'axe, en ajoutant le couple de moment TR provenant du transport, couple tendant à faire croître ω. Nous aurons donc, en résumé, une force verticale

$$P = T + Mg$$

appliquée sur l'axe, un couple de moment

$$H = TR - n\mu\omega^2,$$

et les réactions des coussinets.

D'après la formule du numéro précédent, en appelant φ l'angle de frottement des tourillons sur les coussinets, on a donc l'équation du mouvement

$$Mk^2 \frac{d\omega}{dt} = TR - n\mu\omega^2 - \rho(T + Mg)\sin\varphi.$$

D'autre part, la vitesse du corps m suspendu à la corde étant $R\omega$, l'équation du mouvement de ce corps sollicité par son poids et par la tension T donne

$$mR \frac{d\omega}{dt} = -T + mg.$$

Éliminant T entre ces deux équations, on a l'équation du mouvement sous la forme

$$\frac{d\omega}{dt} = \lambda(\alpha - \omega^2),$$

où λ et α désignent des constantes :

$$\lambda = \frac{n\mu}{Mk^2 + mR^2 - mR\rho\sin\varphi}, \qquad \alpha = \frac{g}{n\mu}[mR - \rho(M + m)\sin\varphi].$$

La première constante λ est essentiellement positive, car $\rho < R$; la deuxième α peut être positive, négative ou nulle :

1° $\alpha > 0$. Supposons le treuil abandonné à lui-même, sans vitesse initiale. Alors, $\frac{d\omega}{dt}$ étant positif, ω croît constamment jusqu'à $\omega = \sqrt{\alpha}$; quand ω tend vers $\sqrt{\alpha}$,

$$t = \frac{1}{\lambda} \int_0^\omega \frac{d\omega}{\alpha - \omega^2}$$

augmente indéfiniment. Donc la vitesse angulaire va en croissant et tend vers $\sqrt{a}$. [Discussion identique à celle de la chute d'un corps pesant dans un milieu résistant (n° 213).]

2° $\alpha \leqq o$. En supposant encore que la valeur initiale de ω soit nulle, on trouverait $\dfrac{d\omega}{dt} < o$; d'après l'équation, le treuil tendrait donc à tourner en sens inverse du sens dans lequel tire le poids mg; ce qui est *absurde*. Dans ce cas, le poids mg est insuffisant pour vaincre le frottement au départ, et le treuil reste en équilibre. Les équations qui sont établies dans l'hypothèse du mouvement ne s'appliquent plus. La discussion complète dans l'hypothèse $\omega_0 > o$ serait analogue à celle du mouvement ascendant d'un poids dans un milieu résistant.

Le cas $\alpha \leqq o$ ne peut pas se produire quand il n'y a pas de frottement : en effet, si $\varphi = o$, α est positif.

374. **Arc-boutement.** — Il peut arriver que le frottement empêche complètement certains mouvements qui seraient possibles géométriquement s'il n'y avait pas de frottement. On dit alors qu'il y a *arc-boutement*. Ce cas se reconnaît sur les équations par ce fait que l'équilibre persiste, quelque grandes que soient les intensités des forces motrices.

Considérons, par exemple, un corps pesant placé sur un plan incliné faisant avec l'horizon un angle moindre que l'angle de frottement. Si ce corps est tiré verticalement vers le bas par une corde passant dans une fente du plan, il ne se mettra pas en mouvement quelque grand que soit l'effort de traction exercé par la corde.

375. **Sur les difficultés qui se présentent dans l'application des lois empiriques du frottement ordinairement admises. Recherches de M. Painlevé.** — Dans les deux premiers exemples que nous venons de traiter (n°ˢ 370 et 371), la composante normale de la réaction des deux corps au contact a, en fonction des variables déterminant les positions et les vitesses des points du système, la même expression que s'il n'y avait pas de frottement. En d'autres termes, cette expression est indépendante du coefficient f. Les problèmes dans lesquels cette circonstance se présente doivent être regardés comme les plus particuliers, et, en même temps, comme les plus simples.

Dans les cas plus généraux, il arrive, au contraire, que les expressions des réactions normales en fonction des variables déterminant les vitesses et les positions des points du système *dépendent du coefficient de frottement f* : il peut se présenter alors, tant pour le frottement à l'état de mouvement que pour le frottement au départ, des circonstances singulières qui conduisent à des impossibilités ou des indéterminations. Ces faits sin—

guliers ont été signalés, pour la première fois, par M. Painlevé dans ses
Leçons sur le frottement (¹), et dans une Note présentée à l'Académie
des Sciences (*Comptes rendus*, t. CXXI, 1895, p. 112). Et il ne faudrait
pas croire que, seuls, des systèmes exceptionnels peuvent prêter à de telles
difficultés : c'est, au contraire, dans les cas les plus généraux qu'elles se
présentent, au moins dès que le coefficient empirique f du frottement est
suffisamment grand. Dès lors, de nouvelles expériences sont nécessaires
pour trouver une loi du frottement ne prêtant plus à ces difficultés. Nous
ne pouvons pas ici entrer dans le détail des recherches de M. Painlevé :
nous nous contenterons de montrer, sur un des nombreux exemples donnés
dans les *Leçons sur le frottement*, quelles sont les difficultés qui peuvent
se présenter avec la loi empirique ordinairement admise. On trouvera
d'autres exemples dans un intéressant article de M. Ad. Mayer : *Zur
Théorie der gleitenden Reibung* (*Berichte der Königl. Sächsischen
Gesellschaft der Wissenschaften zu Leipzig*, 3 juin 1901).

Considérons deux points matériels M et M_1 de masses 1, reliés par une
tige MM_1 rigide et sans masse, de longueur r : le point M est assujetti à
glisser avec frottement sur une droite horizontale fixe Ox, qu'il ne peut
pas quitter, et le système MM_1 est mis en mouvement dans le plan vertical xOy passant par Ox. Trouver le mouvement en supposant le système
soumis à la seule pesanteur. (PAINLEVÉ, *Leçons*, p. 98.)

Appelons θ l'angle xMM_1 (*fig.* 217), x l'abscisse de M, x_1 et y_1 les
coordonnées de M_1.

Fig. 217.

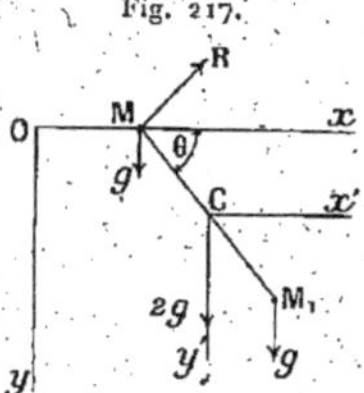

Les forces extérieures appliquées au système MM_1 sont le poids total $2g$
appliqué au centre de gravité G, milieu de MM_1, et la réaction R de Ox
dont nous appellerons R_x et R_y les deux composantes suivant Ox et Oy.

Les équations du mouvement du centre de gravité donnent immédiatement, en désignant par des accents les dérivations par rapport au temps,

$$(1) \qquad x'' + x_1'' = R_x, \qquad y_1'' = R_y + 2g.$$

Le théorème des moments par rapport à des axes $Gx'y'$ passant par G

(¹) Autographie Hermann, 1895.

donne de même

$$(2) \qquad \frac{r^2}{2}\theta'' = -\frac{r}{2}(R_y \cos\theta - R_x \sin\theta),$$

car le moment d'inertie par rapport à G est $\dfrac{r^2}{2}$, et les coordonnées de M, par rapport aux axes $Gx'y'$, sont

$$-\frac{r}{2}\cos\theta, \qquad -\frac{r}{2}\sin\theta.$$

Les liaisons géométriques donnent immédiatement

$$x_1 = x + r\cos\theta, \qquad y_1 = r\sin\theta;$$

en portant dans les équations (1), on a

$$(3) \qquad \begin{cases} 2x'' - r\sin\theta\,\theta'' - r\cos\theta\,\theta'^2 = R_x, \\ r\cos\theta\,\theta'' - r\sin\theta\,\theta'^2 = 2g + R_y; \end{cases}$$

et en portant les valeurs de R_x et R_y, tirées de ces relations, dans l'équation (2) :

$$(4) \qquad x''\sin\theta - r\theta'' + g\cos\theta = 0.$$

Appliquons maintenant les lois empiriques du frottement. La réaction totale de Ox sur M a été appelée R : la composante normale est en valeur absolue la valeur absolue de R_y; la composante tangentielle est en valeur absolue la valeur absolue de R_x. La composante tangentielle est en sens contraire de la vitesse du point M et égale à la valeur absolue de fR_y, f étant le coefficient de frottement; on a donc, suivant les cas,

$$R_x = \pm fR_y.$$

Nous écrirons

$$R_x = -\varepsilon fR_y,$$

ε étant égal à ± 1 suivant les cas. En examinant successivement les divers cas possibles, on voit qu'on doit prendre les signes suivants :

Si $R_y > 0$, $x' > 0$, il faut $R_x < 0$, $\varepsilon > 0$;
Si $R_y > 0$, $x' < 0$, il faut $R_x > 0$, $\varepsilon < 0$;
Si $R_y < 0$, $x' > 0$, il faut $R_x < 0$, $\varepsilon < 0$;
Si $R_y < 0$, $x' < 0$, il faut $R_x > 0$, $\varepsilon > 0$.

En résumé, ε doit être choisi de telle façon que

$$(6) \qquad \varepsilon x' R_y > 0 \qquad (\varepsilon = \pm 1).$$

Remplaçons alors dans (3) R_x par son expression $-\varepsilon fR_y$, et résolvons les trois équations (3) et (4) par rapport aux trois quantités R_y, x'' et θ''.

En posant

$$(7) \qquad D = 1 + \cos^2\theta + \varepsilon f \sin\theta \cos\theta,$$

nous aurons

$$(8) \quad \left\{ \begin{aligned} DR_y &= -(r\theta'^2 \sin\theta + 2g), \\ Dr\theta'' &= (r\theta'^2 \sin\theta + 2g)(\cos\theta + \varepsilon f \sin\theta), \\ Dx'' &= r\theta'^2(\cos\theta + \varepsilon f \sin\theta) + g[\cos\theta\sin\theta + \varepsilon f(1 + \sin^2\theta)]. \end{aligned} \right.$$

Cela posé, nous montrerons d'abord que les difficultés indiquées par M. Painlevé se présentent dès que f est suffisamment grand.

Plaçons le système dans une position initiale obtenue en donnant à x une valeur arbitraire x_0 et à θ une valeur arbitraire θ_0 comprise entre 0 et $\dfrac{\pi}{2}$; puis lançons-le avec des vitesses caractérisées par les valeurs x'_0 et θ'_0 des dérivées de x' et θ'. Enfin, supposons f assez grand pour que l'on ait

$$(9) \qquad 1 + \cos^2\theta_0 - f\sin\theta_0\cos\theta_0 < 0.$$

Nous allons voir que, si x'_0 est positif, il est *impossible* de satisfaire à la relation (6) par un choix convenable de ε, et que, si x'_0 est négatif, les deux valeurs $\varepsilon = \pm 1$ conviennent : dans le premier cas aucun mouvement ne serait possible, et dans le deuxième deux mouvements différents seraient possibles.

En effet, si $x'_0 > 0$, et si l'on prend $\varepsilon = +1$, on voit que la valeur initiale de la quantité D est positive, puis, par la première des équations (8), que la valeur initiale de R_y est négative; le produit $\varepsilon x' R_y$ est donc *négatif* et la relation (6) n'est pas vérifiée. Si, en supposant toujours $x'_0 > 0$, on prend $\varepsilon = -1$, on voit, d'après (9), que la valeur initiale de D est négative, puis, par la première des équations (8), que la valeur initiale de R_y est positive; le produit $\varepsilon x' R_y$ est donc encore *négatif*, et la condition (6) n'est pas vérifiée. Donc, quand $x'_0 > 0$, les formules montrent qu'aucun mouvement n'est compatible avec les lois empiriques.

Si, au contraire, on suppose $x'_0 < 0$, on voit de même que les deux hypothèses $\varepsilon = +1$ et $\varepsilon = -1$ sont également acceptables : les formules ne permettent pas de choisir entre les deux mouvements correspondants.

Ces difficultés disparaissent quand f est suffisamment petit : par exemple, si, dans le problème actuel $f < 1$, la quantité D est positive quel que soit le signe de ε. Alors, en conservant les mêmes conditions initiales,

$$0 < \theta_0 < \frac{\pi}{2},$$

on voit, par la première des formules (8), que R_y est négatif. Si donc $x'_0 > 0$, il faut prendre $\varepsilon = -1$, et, si $x'_0 < 0$, $\varepsilon = +1$. Dans les deux cas, les formules définissent un mouvement unique à partir de l'instant initial, et l'on trouve ce mouvement pour une certaine période de temps en intégrant les équations (8).

Si $x'_0 = 0$, on est en présence d'un problème préliminaire : il faut voir si le point M reste immobile, c'est-à-dire si x' reste nul, ou si x', qui est nul pour $t = t_0$, cesse d'être nul aux instants suivants. Pour trancher la question, il faudrait faire successivement les deux hypothèses suivantes, comme nous l'avons expliqué en général au n° 369 : 1° mettre le problème en équations en supposant $x' = 0$, M immobile, et appliquant les lois du frottement à l'état de repos; 2° supposer x' différent de zéro en appliquant les formules (8) et remarquant que, x' partant de zéro, sa dérivée x'' est positive si x' devient positif et négative si x'' devient négatif. On verra ensuite quelle est l'hypothèse qui ne conduit pas à une contradiction :

c'est celle-là qu'il faut prendre. Par exemple, si θ_0 est très voisin de $\dfrac{\pi}{2}$ et θ'_0 très petit, x'_0 étant nul, on voit que x' restera nul; en effet, supposons $x' > 0$, alors x'' devrait être positif; mais, comme $R_y < 0$, on doit prendre $\varepsilon = -1$, et la troisième des formules (8) donne $x'' < 0$; il y a donc contradiction. De même, supposons $x' < 0$, alors x'' devrait être négatif; mais, comme $R_y < 0$, on doit prendre $\varepsilon = +1$, et la troisième des formules (8) donne $x'' > 0$: il y a donc encore contradiction. Il ne reste donc plus qu'à supposer $x' = 0$, $x = x_0$, et à appliquer au point M la loi du frottement à l'état de repos : le mouvement est alors pendulaire.

La place nous manque pour entrer dans plus de détails. Nous renverrons le lecteur aux *Leçons* de M. Painlevé pour une discussion complète. A la suite de ces recherches théoriques, des expériences sur le frottement ont été entreprises par M. Chaumat (*Comptes rendus*, 1ᵉʳ semestre 1903); l'exposé et la discussion de ces expériences doivent faire le sujet d'un Mémoire détaillé de cet auteur.

Différents auteurs [1] ont cherché à lever ces contradictions en admettant que les liaisons présentent un certain jeu et en tenant compte de considérations d'élasticité. Mais, quand f est suffisamment grand, les mouvements obtenus avec des conditions initiales peuvent dépendre précisément des hypothèses faites sur la nature des liaisons et le jeu qu'elles présentent, tandis que, si f est suffisamment petit, cette difficulté ne se présente pas.

IV. — FROTTEMENT DE ROULEMENT.

376. Généralités. — Dans le paragraphe précédent nous avons négligé le frottement de roulement et de pivotement. Nous allons

---

[1] *Voir* LECORNU, *Comptes rendus*, t. CXL, 1905, p, 635, et DE SPARRE, t. CXLI, 1905, p. 310; puis *Zeitschrift für Mathematik und Physik*, 58 Band, 1910, différents articles de MM. F. Klein, Mises, Georg Hamel, Prandtl, Pfeiffer.

maintenant traiter quelques exemples dans lesquels nous tiendrons compte du *frottement de roulement*, en laissant de côté le frottement de pivotement.

Rappelons brièvement la définition du frottement de roulement donnée dans le premier Volume (n° 196). Soit un cylindre droit à base circulaire pouvant rouler sur un sol horizontal; lorsqu'on veut tenir compte du frottement de roulement, on admet que la réaction du sol se compose :

1° D'une réaction normale N appliquée au point de contact géométrique m ;

2° D'une réaction tangentielle F s'opposant au glissement;

3° D'un couple de moment H dont l'axe est parallèle aux génératrices du cylindre, ce couple s'opposant au roulement.

Trois cas sont à distinguer :

Équilibre. — S'il y a équilibre, on a

$$F < fN, \qquad H < N\delta,$$

où f est le coefficient du frottement de glissement et où δ est un coefficient linéaire appelé *coefficient du frottement de roulement.* Ce coefficient est une constante qui dépend du rayon du cylindre et de la nature des corps en contact.

Roulement. — S'il y a roulement sans glissement, on a

$$F \leqq fN, \qquad H = N\delta.$$

Glissement. — S'il y a glissement sans rotation, on a

$$F = fN.$$

Il paraît naturel de prendre alors

$$H \leqq N\delta;$$

mais, comme ce couple H est très petit par rapport au frottement de glissement, on peut ordinairement le négliger et prendre $H = 0$.

Glissement et rotation. — On a alors

$$F = fN, \qquad H = N\delta;$$

on néglige habituellement H.

377. Roulement. — Examinions de plus près le cas du roulement. Alors le couple H est égal à $N\delta$; on peut composer ce couple avec la réaction normale N appliquée au point de contact géométrique m. La résultante de N et H est une force N' égale et parallèle à N transportée en avant de N à une distance δ. On peut donc aussi

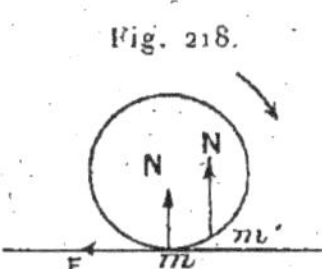

Fig. 218.

tenir compte du frottement de roulement pendant le roulement, en admettant que la réaction normale du sol, au lieu d'être appliquée au point géométrique de contact m, est appliquée en avant de ce point à une distance δ de la normale en m. La réaction tangentielle est toujours une force F moindre que fN. A l'état de repos, on a $H < N\delta$; alors la réaction normale est transportée en avant à une distance ε *moindre* que δ.

C'est sous cette forme que nous introduirons le frottement de roulement dans les applications suivantes.

378. Exemple I : Roulement d'un cylindre circulaire homogène pesant sur un plan horizontal. — Le cylindre étant immobile, cherchons d'abord quelle force horizontale Φ il faut appliquer au cylindre parallèlement au sol et perpendiculairement aux génératrices pour le faire rouler.

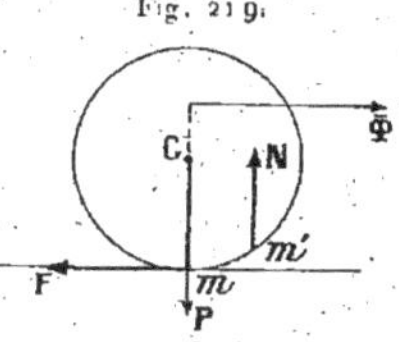

Fig. 219.

Appelons h la distance de la force Φ au plan, P le poids du cylindre. Déterminons d'abord la force Φ, de façon qu'il y ait équilibre. Dans cette hypothèse, les forces appliquées au cylindre sont la force Φ, le poids P, la réaction normale N transportée en avant en m' à une distance ε de la normale moindre que δ, enfin la réaction tangentielle F moindre que fN (*fig.* 219).

Écrivons que les sommes des projections de ces forces sur la verticale et l'horizontale sont nulles :

$$N = P, \qquad F = \Phi.$$

Écrivons que la somme de leurs moments par rapport au point de contact géométrique m est nulle : nous avons, puisque F et P ont des moments nuls,

$$\Phi h - N\varepsilon = o.$$

Écrivons $F < fN$, $\varepsilon < \delta$; nous aurons

$$(1) \qquad \Phi < Pf, \qquad \Phi < \frac{P\delta}{h}.$$

Si ces deux conditions sont remplies, il y a équilibre.

Si elles ne le sont pas toutes deux, l'équilibre est rompu, mais il peut l'être de façons différentes, suivant que l'une ou l'autre des inégalités n'est pas vérifiée.

Supposons d'abord

$$f > \frac{\delta}{h}, \qquad h > \frac{\delta}{f};$$

alors on peut donner à Φ une valeur telle que

$$Pf > \Phi > \frac{P\delta}{h}.$$

L'équilibre est rompu; il y a *roulement*, car, la force Φ étant inférieure au frottement de glissement au départ fP, le glissement ne peut pas se produire.

Supposons, au contraire,

$$f < \frac{\delta}{h}, \qquad h < \frac{\delta}{f};$$

alors on peut prendre

$$\frac{P\delta}{h} > \Phi > Pf;$$

il se produit dans ce cas un glissement.

Comme application, imaginons que l'on ait

$$h > \frac{\delta}{f}, \qquad Pf > \Phi > \frac{P\delta}{h}.$$

Le cylindre se met à rouler, et à l'instant t il a acquis une certaine vitesse. Cherchons *quelle est la valeur qu'il faut donner, à partir de cet instant, à la force horizontale Φ placée à la hauteur h, pour que le mouvement de roulement reste uniforme?*

Pour cela, il faut et il suffit que les forces appliquées au cylindre pendant le roulement se fassent équilibre. En effet, le centre de gravité devant être animé d'un mouvement rectiligne uniforme, la résultante des forces appliquées au corps solide doit être nulle. Puis le mouvement relatif du corps autour du centre de gravité devant être une rotation de vitesse constante autour d'un axe de direction fixe, le moment résultant de ces forces doit être nul. Les forces doivent donc se faire équilibre.

Réciproquement, si les forces se font équilibre sur le cylindre une fois mis en mouvement, son centre de gravité décrit une droite d'un mouvement uniforme.

Projetons encore les forces sur la verticale et l'horizontale, nous avons

$$N = P, \qquad F = \Phi, \qquad d'où \quad \Phi < Pf,$$

car il n'y a pas de glissement.

Prenons ensuite les moments par rapport au point de contact géométrique m, en remarquant que la somme des moments est nulle et que la distance de N à m est δ dans le roulement. Nous avons

$$\Phi = \frac{P\delta}{h}.$$

Ainsi, pour mettre le cylindre en mouvement en le faisant rouler, il faut lui appliquer une force Φ supérieure à $\dfrac{P\delta}{h}$, mais inférieure à fP. Puis, dès que le centre de gravité du cylindre a atteint la vitesse voulue, pour maintenir cette vitesse de roulement, il suffit de donner brusquement à la force Φ la valeur $\dfrac{P\delta}{h}$.

Exemple II : Emploi des rouleaux pour transporter les matériaux sur un sol horizontal. — Supposons qu'une pièce pesante P ayant la forme d'un parallélépipède rectangle soit supportée par deux rouleaux O_1 et O_2 de même diamètre, à axes parallèles et reposant sur un sol horizontal. Cherchons quelle est la force horizontale Φ perpendiculaire aux axes des rouleaux qu'il faut appliquer à la pièce P pour la faire avancer d'un mouvement uniforme, les rouleaux roulant à la fois sur la pièce et sur le sol. Les forces appliquées à la pièce sont : la force horizontale Φ, le poids P de cette pièce, les réactions tangentielles F_1 et F_2 des rouleaux sur la pièce, enfin les réactions normales N_1 et N_2 des rouleaux. Les forces appliquées au premier rouleau O_1 sont : le poids p de ce rouleau, les forces F'_1 et N'_1 égales et opposées à F_1 et N_1, enfin les réactions tangentielles et normales G_1 et M_1 du sol.

D'après les lois du frottement de roulement, la réaction M_1 du sol est placée à une distance δ du point de contact géométrique A_1 dans le sens du roulement sur le sol, et la réaction N'_1 de la pièce sur le rouleau est placée à une distance δ' du point de contact géométrique B_1 dans le sens du roulement du rouleau sur la pièce. Les mêmes faits se produiront sur le deuxième rouleau, les coefficients δ et δ' étant les mêmes et les réactions étant affectées de l'indice 2. Par raison de symétrie, nous regarderons toutes les forces comme situées dans un même plan normal aux axes des rouleaux.

La pièce étant animée d'un mouvement de translation uniforme, les forces qui lui sont appliquées se font équilibre. En projetant ces forces sur la verticale et l'horizontale, on a les deux équations

$$(2) \qquad \Phi = F_1 + F_2, \qquad P = N_1 + N_2.$$

Il faudrait ajouter à ces équations celle qui exprime que la somme des moments des forces appliquées à la pièce est nulle par rapport à un point

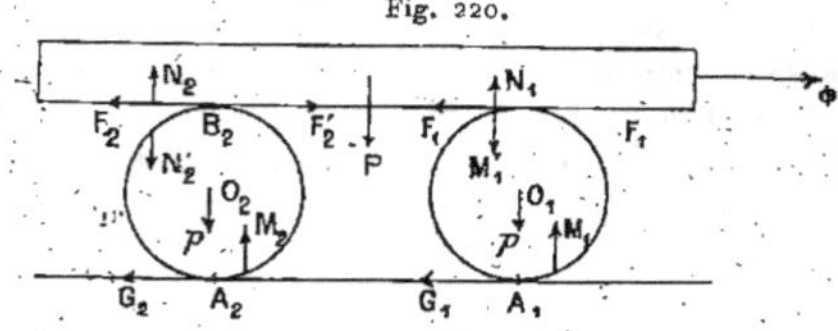

Fig. 220.

du plan des forces; mais cette relation ne sert pas pour la suite : elle permettrait de calculer N_1 et N_2.

Le rouleau O_1 étant animé d'un mouvement de roulement uniforme, les forces qui lui sont appliquées se font équilibre. Nous aurons donc successivement, en projetant sur la verticale, l'horizontale, et en prenant les moments par rapport au point A_1;

$$p - M_1 + N'_1 = 0, \qquad G_1 - F'_1 = 0,$$
$$2RF'_1 - M_1 \delta - N'_1 \delta' = 0.$$

Comme $N'_1 = N_1$ et $F'_1 = F_1$, on tire de là en éliminant M_1

$$F_1 = \frac{p\,\delta + N_1(\delta + \delta')}{2R}.$$

On trouverait de même

$$F_2 = \frac{p\,\delta + N_2(\delta + \delta')}{2R}.$$

On a donc enfin, d'après les équations (2),

$$\Phi = \frac{2p\,\delta + P(\delta + \delta')}{2R}.$$

On peut ordinairement négliger p devant P et réduire cette formule à

$$\Phi = \frac{P(\delta + \delta')}{2R}.$$

Si la pièce glissait directement sur le sol, on trouverait que la force capable de lui imprimer un mouvement uniforme serait fP, valeur notablement supérieure à la précédente.

379. Sur la tendance des systèmes matériels à échapper au frottement. — Dans beaucoup de cas, le mouvement d'un système à frottement se fait de façon que le travail dû au frottement diminue de plus en plus en valeur absolue; en d'autres termes, le système cherche à échapper au frottement. C'est ainsi qu'un cerceau ou une boule qui glissent finissent par rouler, qu'une toupie arrondie lancée sur un plan horizontal se redresse de façon que la force de frottement soit appliquée à un parallèle de plus en plus petit, etc.

Cette propriété peut s'expliquer par les considérations générales suivantes :

Imaginons un système matériel présentant les caractères suivants, qui se trouvent réalisés dans la plupart des systèmes usuels.

1° Le système considéré est d'abord assujetti à des liaisons quelconques, sans frottement, indépendantes du temps;

2° Il est soumis à des forces intérieures dérivant d'un potentiel Π qui est positif ou nul dans toutes les configurations possibles du système et qui devient *nul* dans une configuration spéciale, constituant une configuration d'équilibre stable du système sous l'action des seules forces intérieures;

3° Le système comprend des corps solides ou des points qui glissent, avec frottement, les uns sur les autres, ou sur des corps solides fixes;

4° Il est soumis enfin à d'autres forces extérieures dérivant d'une fonction U, qui reste inférieure à une limite fixe L, pour toutes les positions du système dans lesquelles subsiste un contact au moins donnant lieu à frottement.

Le système étant ainsi défini, le théorème des forces vives donne l'équation

$$(1) \quad d(\mathrm{T} + \Pi - \mathrm{U}) = -f_1 \mathrm{N}_1 v_1\, dt - f_2 \mathrm{N}_2 v_2\, dt - \ldots - f_p \mathrm{N}_p v_p\, dt,$$

où T est la demi-force vive, où f_1, f_2, $\ldots$, f_p sont les coefficients de frottement, N_1, N_2, $\ldots$, N_p les valeurs absolues des réactions normales, v_1, v_2, $\ldots$, v_p les valeurs des vitesses de glissement relatives des points matériels au contact dans les divers corps frottants associés deux à deux.

Si nous posons, pour abréger,

$$(2) \quad \Phi = f_1 \mathrm{N}_1 v_1 + f_2 \mathrm{N}_2 v_2 + \ldots + f_p \mathrm{N}_p v_p,$$

---

(1) APPELL, *Journal für Mathematik*, Bd 133, Heft, 2; *Bulletin de la Société mathématique*, t. XXXV, 1907, p. 131.

nous voyons que cette quantité Φ, formée d'une somme de termes positifs ou nuls, est essentiellement positive et ne peut devenir nulle que si tous les termes qui la composent deviennent nuls à la fois.

L'équation des forces vives

$$(3) \qquad d(\mathrm{T} + \Pi - \mathrm{U}) = - \Phi \, dt$$

montre que la quantité Φ a pour limite inférieure *zéro*.

En effet, il est absurde de supposer que Φ reste, dans la suite des temps, supérieur à une limite fixe λ supérieure à zéro : si l'on avait

$$\Phi > \lambda > 0,$$

on aurait, d'après l'équation des forces vives,

$$\frac{d}{dt}(\mathrm{T} + \Pi - \mathrm{U}) < -\lambda,$$

d'où, en intégrant,

$$(4) \qquad \mathrm{T} + \Pi - \mathrm{U} < -\lambda t + \mathrm{C},$$

C désignant une constante. Comme U est limité, $\mathrm{U} < \mathrm{L}$, on en déduirait

$$(5) \qquad \mathrm{T} + \Pi < -\lambda t + \mathrm{C} + \mathrm{L}.$$

Quand t augmente indéfiniment, le second membre prend des valeurs négatives de plus en plus grandes en valeur absolue. Donc $\mathrm{T} + \Pi$ devrait devenir de plus en plus petit : cette quantité, formée de deux termes positifs à l'instant initial, finirait donc par devenir *nulle* au bout d'un temps fini. A ce moment, Π serait nul et la demi-force vive T également ; donc *toutes les vitesses s'annuleraient au bout d'un temps fini* dans la configuration spéciale où le potentiel Π est *nul*.

Mais cette conclusion est contradictoire avec l'hypothèse faite

$$\Phi > \lambda > 0,$$

car, toutes les vitesses devenant nulles, et les réactions étant supposées finies, Φ deviendrait nul et ne pourrait rester supérieur à λ.

Il est ainsi démontré que, t croissant, Φ *tend vers zéro*. Les divers termes

$$f_1 \mathrm{N}_1 v_1, \quad f_2 \mathrm{N}_2 v_2, \quad \ldots, \quad f_p \mathrm{N}_p v_p$$

de Φ tendent donc tous vers zéro. Alors certaines des réactions, N_1, N_2, ..., N_k, par exemple, tendront vers *zéro* ; le système tendra à abandonner les liaisons avec frottement d'où proviennent ces réactions. En même temps les vitesses des autres points frottants $v_{k+1}, v_{k+2}, \ldots, v_p$ tendront vers *zéro* et les glissements correspondants tendront à disparaître.

Le système, dans son ensemble, cherchera donc bien à échapper au frottement.

Nous avons adopté, pour plus de simplicité, les lois pratiques du frottement de glissement. Mais les mêmes conclusions subsistent pourvu que l'on admette la loi générale suivante : la force de frottement de glissement d'un corps solide A sur un corps solide B, regardé comme immobile, est une force F, essentiellement positive, dirigée en sens contraire de la vitesse v du point en contact et s'annulant seulement si la réaction normale s'annule. En effet, dans ces conditions, le travail élémentaire de F est $- F\, v\, dt$, expression essentiellement négative qui s'annule seulement quand la réaction normale ou la vitesse de glissement s'annulent.

Les mêmes considérations s'étendent au frottement de roulement et au frottement de pivotement. Pour s'en assurer, il suffit de remarquer, pour le frottement de roulement, par exemple, que le travail élémentaire effectué par les forces provenant du frottement de roulement est de la forme $- \mathrm{K}\, dt$, K étant une quantité positive qui s'annule seulement si le roulement cesse ou si les deux corps qui roulent l'un sur l'autre se séparent.

On trouvera un exemple assez général dans deux articles de M. Lecornu (*Comptes rendus*, 2e semestre, 1906, p. 1132, et *Bulletin de la Société mathématique*, t. XXXV, 1903, p. 3). On pourra consulter également sur ce sujet un article de M. E. Daniele (*Nuovo Cimento*, série V, vol. XV, juin 1908).

Des considérations analogues paraissent pouvoir être appliquées aux résistances de milieu. (*Voir* un article de M. Appell, p. 7 du Volume intitulé : *Hommage à Louis Olivier*. Imprimerie Maretheux, 1911.)

EXERCICES.

1. *Pendule à deux branches* (Métronome). — On considère un pendule composé constitué par une tige homogène mobile dans un plan vertical autour d'un axe O perpendiculaire au plan. La partie de cette tige située au-dessous de O est très courte et porte à son extrémité un poids assez lourd qui constitue le *poids moteur*; la partie de la tige située au-dessus de O est plus longue et porte un petit poids qui peut glisser et être arrêté en chaque point voulu et qui constitue le *poids régulateur*.

Étudier la durée des oscillations infiniment petites suivant la position du poids régulateur.

[Il suffit d'appliquer la théorie du pendule composé en remarquant que le moment d'inertie varie avec la position du poids régulateur. (HIRN, *Comptes rendus*, t. CV, p. 40.)]

2. Une porte homogène est fixée par deux gonds à un axe faisant un angle donné avec la verticale. Trouver le mouvement et la pression sur les gonds. (ROUTH, *Rigid Dynamics*, vol. I, p. 97.)

3. Un corps solide tourne autour d'un axe fixe Oz sous l'action de forces disposées symétriquement par rapport au plan du cercle décrit par le centre de gravité; le corps lui-même est symétrique par rapport à ce plan. Calculer les pressions sur l'axe fixe.

Réponse. — Il est évident que, dans ce cas, les pressions sur l'axe peuvent être réduites à une force unique, appliquée au point où le plan de symétrie coupe l'axe et située dans ce plan. Les formules générales détermineront cette force.

4. On considère une masse déterminée homogène continue de matière ayant la forme d'un cylindre de hauteur donnée qu'on fait osciller autour d'une parallèle aux génératrices. Quelle forme doit avoir la base et comment doit être choisi l'axe de suspension pour que la longueur du pendule simple synchrone soit *minimum ?*

Réponse. — La base doit être un cercle et l'axe doit passer au milieu du côté du carré inscrit. (DE SAINT-GERMAIN, *Bulletin de la Société mathématique de France*, t. II, p. 54.)

5. *Axes de suspension d'un pendule composé pour lesquels la longueur du pendule simple synchrone a une valeur donnée.* — Imaginons un solide déterminé; si l'on suspend ce solide autour d'une droite Δ qui lui est invariablement liée, prise comme axe de suspension, la longueur du pendule simple synchrone a une certaine valeur l. Appelons *point de suspension* la projection J du centre de gravité G du corps solide sur l'axe Δ. Par chaque point de suspension J passent alors une infinité d'axes de suspension Δ perpendiculaires à GJ : à ces axes correspondent, en général, des longueurs différentes l pour le pendule simple synchrone.

Tous les points de suspension par lesquels il passe au moins un axe Δ tel que l ait une valeur donnée k sont situés *sur* ou *entre* les deux nappes d'une surface obtenue en prolongeant les rayons vecteurs, issus du centre d'une surface des ondes, de la longueur constante $\frac{k}{2}$. Par les points de suspension situés sur une des nappes, il ne passe qu'un axe de suspension Δ répondant à la question; par les points de suspension situés entre les deux nappes, il en passe *deux;* par chacun des points coniques de la surface, pris comme points de suspension, il en passe une infinité. (BÖCKLEN, *Journal de Crelle*, t. 93.)

6. Deux barres matérielles homogènes égales AB et AB', de longueur $2l$ et de masse M, sont articulées l'une à l'autre par une extrémité A. On demande le mouvement de ces deux barres en supposant qu'elles soient lancées dans un plan horizontal XOY sur lequel elles glissent sans frottement.

On appellera ξ, η les coordonnées du centre de gravité G du système, θ l'angle de la droite GA avec OX, 2α l'angle BAB' des deux barres, et Mk^2 le moment d'inertie de chaque barre par rapport à son milieu. (Licence, Paris, 1885.)

7. Un tube rectiligne homogène AB de section infiniment petite et de longueur $2a$ glisse sans frottement sur un plan horizontal; un point matériel M dont la masse est égale à celle du tube est mobile sans frottement à l'intérieur du tube. Trouver le mouvement du système et la pression du point M sur le tube.

On appellera θ l'angle de AB avec un axe fixe OX et $2r$ le segment CM compté à partir du centre C du tube. On examinera en particulier le cas où la vitesse initiale du centre de gravité du système et la valeur initiale de $\frac{dr}{dt}$ seraient nulles; on indiquera, dans ce cas, la forme de la trajectoire du point M.

(Licence, Paris, 1887.)

Résultats :

$$\left(r^2 + \frac{k^2}{2}\right)\frac{d\theta}{dt} = C.$$

$$\left(\frac{dr}{dt}\right)^2 + \left(r^2 + \frac{k^2}{2}\right)\left(\frac{d\theta}{dt}\right)^2 = h,$$

r s'exprime en fonction uniforme de θ par une fonction elliptique. (Voir *Fonctions elliptiques et leurs applications*, par Greenhill, traduction de Griess, p, 107, n° 86).

8. Sur un plan horizontal glisse sans frottement un tube rigide de section infiniment petite; ce tube affecte la forme d'une courbe qui, rapportée au centre de gravité C du tube comme origine et à un axe CA invariablement lié au tube, comme axe polaire, a une équation donnée $\theta = f(r)$. Dans l'intérieur du tube, glisse sans frottement un point m de même masse que le tube. Trouver le mouvement du système supposé placé dans des conditions initiales arbitraires.

Réponse. — Le centre de gravité G milieu de Cm est animé d'un mouvement rectiligne uniforme. Rapportons le mouvement à des axes Gx', Gy', de directions fixes, menées par G. La position du système est alors définie par les coordonnées polaires G$m = \frac{r}{2}$. $\overline{m\,Gx'} = \alpha$ du point m et l'angle β de CA avec Gx'. Le théorème des forces vives donne

$$r'^2 + r^2\alpha'^2 + 2k^2\beta'^2 = h,$$

et celui des moments

$$r^2\alpha' + 2k^2\beta' = \text{const.};$$

d'ailleurs, $\theta = \widehat{ACM} = \alpha - \beta = f(r)$; d'où α, β et r en fonctions de t.

9. Un tube rectiligne homogène AB, de section infiniment petite et de masse m, est mobile dans un plan horizontal xOy autour de son milieu O qui est fixe. Un point matériel M, de masse m, glisse sans frottement dans le tube et est attiré par le point O, proportionnellement à la distance. Trouver le mouvement du système.

On appellera mk^2 le moment d'inertie du tube par rapport au point O, θ l'angle xOA, r la distance OM et μmr la valeur absolue de l'attraction du point O sur le point M.

On étudiera, en particulier, le mouvement en supposant qu'à l'instant initial $t = 0$, on ait

$$r = r_0, \qquad \frac{dr}{dt} = 0, \qquad \frac{d\theta}{dt} = \omega_0.$$

Dans quel cas la trajectoire sera-t-elle une circonférence de centre O ?

(Licence, Paris.)

Résultats. — 1° La somme des moments des quantités de mouvement par rapport au point O est constante. Donc

$$k^2\frac{d\theta}{dt} + r^2\frac{d\theta}{dt} = C.$$

2° Le théorème des forces vives donne

$$k^2\left(\frac{d\theta}{dt}\right)^2 + r^2\left(\frac{d\theta}{dt}\right)^2 + \left(\frac{dr}{dt}\right)^2 = h - \mu r^2,$$

où h est une constante arbitraire. On a ainsi r et θ.

L'élimination de $\frac{d\theta}{dt}$ donne t en r par une quadrature.

10. Dans l'exemple III, n° 366, on remplace le double cône par une sphère ayant son centre dans le plan vertical $\zeta O \zeta$ mené par la bissectrice Ox de l'angle DOD', et assujettie à rouler sans glisser sur les guides OD et OD'.

Trouver le mouvement de cette sphère. (Bille de billard roulant sur deux queues qui forment un angle.)

Résultats. — On vérifie sans peine que le centre C de la sphère décrit, dans le plan vertical yOx mené par la bissectrice Ox de l'angle des deux guides, une ellipse BCA dont les axes sont $a = \dfrac{R}{\sin\varphi}$, $b = R$, où φ désigne le demi-angle des guides (*fig.* 221).

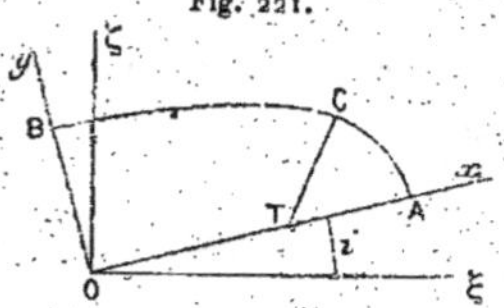

Fig. 221.

La sphère roulant sur les deux guides, l'axe instantané de rotation de la sphère est la droite qui joint les deux points de contact avec les guides : le point T où cet axe rencontre Ox est le centre instantané de rotation dans le plan yOx, et CT est normal en C à l'ellipse lieu du centre. Appelons r la longueur de cette normale, θ l'angle dont la sphère a tourné à partir de sa position initiale, ds l'élément d'arc de l'ellipse.

La vitesse V du point C est

$$(1) \qquad V = \frac{ds}{dt} = r\,\frac{d\theta}{dt}$$

d'après la propriété fondamentale du centre instantané de rotation. Si l'on désigne par u l'anomalie excentrique du point C de l'ellipse, les coordonnées x et y de ce point sont

$$x = a\cos u, \qquad y = b\sin u.$$

On trouve facilement, pour la longueur de la normale CT,

$$r^2 = \frac{b^2}{a^2}\left(a^2\sin^2 u + b^2\cos^2 u\right)$$

et, pour l'élément linéaire d'ellipse,

$$ds^2 = \left(a^2\sin^2 u + b^2\cos^2 u\right) du^2 = \frac{a^2}{b^2}\,r^2\,du^2.$$

Portant cette valeur dans (1), il vient

$$(2) \qquad \frac{a}{b}\,du = d\theta;$$

enfin, la hauteur ζ du centre de gravité C, au-dessus de l'horizontale $O\xi$ du point O, est, i désignant l'angle $xO\xi$,

$$(3) \qquad \zeta = x \sin i + y \cos i = a \sin i \cos u + b \cos i \sin u.$$

La force vive totale de la sphère est, d'après le théorème de Kœnig,

$$\mathrm{M}\,r^2\left(\frac{d\theta}{dt}\right)^2 + \mathrm{M}\,k^2\left(\frac{d\theta}{dt}\right)^2,$$

$\mathrm{M}k^2$ étant le moment d'inertie de la sphère par rapport à un diamètre; on a donc, en appliquant le théorème des forces vives, supposant que la sphère parte sans vitesse initiale de la position pour laquelle $u = u_0$, et tenant compte de (2),

$$(4) \qquad \left(\frac{k^2 a^2}{b^2} + a^2 \sin^2 u + b^2 \cos^2 u\right)\left(\frac{du}{dt}\right)^2$$
$$= 2g\,[\,a \sin i\,(\cos u_0 - \cos u) + b \cos i\,(\sin u_0 - \sin u)\,].$$

Cette formule donne t en u par une quadrature. On peut ainsi étudier le mouvement. Pour que la sphère semble remonter, il faut et il suffit que le centre de gravité descende quand la sphère semble remonter.

On peut vérifier que le mouvement de la sphère, au point de vue cinématique, s'obtient en faisant rouler une épicycloïde sur la droite Ox. (*Voir* MANNHEIM, *Journal de Liouville*, 1859, et *Comptes rendus*, 3 novembre 1890.)

11. Un tube circulaire homogène de masse M, et de section infiniment petite, est mobile sans frottement dans un plan horizontal autour d'un de ses points O supposé fixe. Un point matériel m, de masse m, est mobile sans frottement dans l'intérieur du tube, et est repoussé par le point O proportionnellement à la distance.

Trouver le mouvement du système en supposant qu'il soit abandonné à lui-même sans vitesse initiale.

On appellera R le rayon du tube, $\mathrm{M}k^2$ son moment d'inertie par rapport au point O, θ l'angle que fait le diamètre OA avec un axe fixe Ox, et α l'angle que fait le rayon vecteur Om avec le diamètre OA. (Licence.)

12. On considère une roue mobile autour d'un axe vertical : les rayons de cette roue sont creux; dans chacun d'eux est placé un boulet sphérique de masse m; les centres de ces boulets sont tous à la même distance initiale c de l'axe de la roue.

On met cette roue en mouvement en lui communiquant une vitesse initiale n. Mouvement des boulets.

[Le centre de chaque boulet décrit une courbe dont l'équation est de la forme $r \, \mathrm{tn}\,\theta = c$. (GREENHILL, *Fonctions elliptiques*, traduction de Griess, n° 88.)]

13. On donne un quart de cercle de rayon R limité par un rayon vertical Oy et une barre homogène pesante AB de longueur $2l$ qui glisse sans frottement

sur le quart de cercle et dont une extrémité A glisse sans frottement sur le rayon vertical Oy.

1° Trouver la position d'équilibre de la barre.

2° La barre étant abandonnée à elle-même sans vitesse initiale dans la position horizontale, étudier son mouvement.

On appellera α l'angle de la barre avec l'horizontale Ox et l'on vérifiera que, dans le cas particulier où $R = \dfrac{l\sqrt{3}}{2}$, l'angle α dans le mouvement oscille entre 0 et $\dfrac{\pi}{3}$. (Licence, Paris.)

14. Une barre homogène pesante AB, assujettie à rester dans un plan vertical, est rattachée à un point fixe O par un fil OC inextensible et sans masse fixé en son milieu C. Trouver le mouvement de cette barre et la tension du fil.

On appellera l la longueur du fil, M la masse de la barre, θ l'angle du fil OC avec la verticale Ox, α l'angle de la barre AB avec cette même verticale.

15. On considère, dans un plan horizontal yOx, une tige homogène OA, de masse M et de longueur l, mobile autour de son extrémité O, qui est fixe; puis une deuxième tige homogène AB, de même masse M et de longueur double $2l$ articulée à la première, à l'extrémité A; le milieu C de cette deuxième tige est attiré par le point O en raison inverse du cube de la distance.

Trouver le mouvement du système.

On appellera θ l'angle xOA de OA avec un axe fixe Ox, φ l'angle COA et $\dfrac{M\mu}{\overline{OC}^3}$ la valeur absolue de la force attractive issue du point O. On supposera que le système parte du repos et que l'on ait, dans la position initiale,

$$\theta = 0, \qquad \varphi = \frac{\pi}{4}. \qquad\qquad \text{(Licence, Paris.)}$$

16. Un carré matériel homogène de côté $2a$, d'épaisseur infiniment petite et de masse m, peut glisser sans frottement sur un plan horizontal : un insecte de même masse, regardé comme un point, est placé d'abord au milieu d'un côté en A et le système entier est immobile; à l'instant $t = 0$, l'insecte se met à marcher le long du côté en parcourant, sur le côté, des longueurs proportionnelles aux temps. Mouvement du système.

Réponse. — Le centre de gravité reste immobile. Prenons alors ce point O, pour origine, et prenons pour axes Ox et Oy des axes parallèles aux côtés du carré dans la position initiale. A l'instant t, l'insecte est en M, le centre du carré en C', le point A milieu du côté en A', et l'on a par hypothèse $A'M = vt$, v étant constant. D'ailleurs, la masse du carré et celle de l'insecte étant égales, O est le milieu de C'M (*fig.* 222).

Soient α l'angle dont le carré a tourné dans le sens négatif, c'est-à-dire l'angle de C'A' avec Ox; r et θ les coordonnées polaires de M. On a

$$r = \frac{C'M}{2} = \frac{1}{2}\sqrt{a^2 + v^2t^2}, \qquad \theta + \alpha = \widehat{A'C'M} = \operatorname{arc\,tang} \frac{vt}{a}.$$

D'ailleurs, les coordonnées polaires de C' sont r et $\theta + \pi$.

La somme des moments des quantités de mouvement par rapport à O est *nulle*, puisque cette somme est constante et que sa valeur initiale est zéro. On a donc l'équation

$$2\,r^2\,\theta' - k^2\,\alpha' = 0,$$

dans laquelle mk^2 est le moment d'inertie du carré par rapport à son centre. Cette équation, jointe aux deux précédentes, donne r, θ et α en fonction de t.

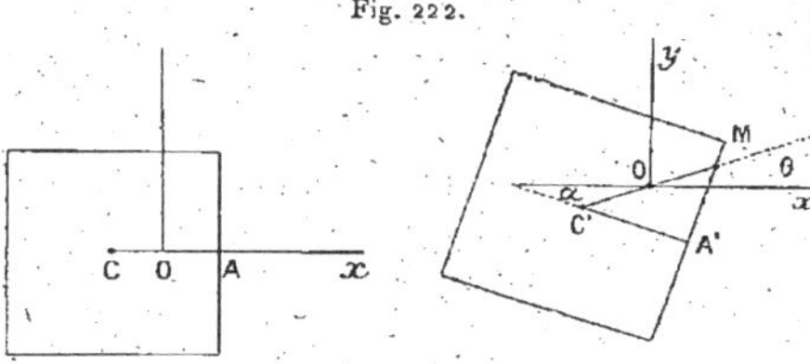

Fig. 222.

17. Même problème quand on remplace la plaque carrée par une plaque de forme quelconque, définie comme il suit. C désignant le centre de gravité de la plaque, A un point fixe sur le contour, M un point variable tel que arc $AM = s$, on a

$$CM = f(s), \qquad \overline{ACM} = \varphi(s).$$

Réponse. — L'insecte partant de A et parcourant un arc $s = vt$ proportionnel au temps, on a, avec les notations de l'exercice précédent, les relations

$$r = \frac{1}{2} f(vt), \qquad \theta + \alpha = \varphi(vt)$$

qui, jointes à celle que fournit le théorème des moments, donnent r, θ et α en fonctions de t.

18. Dans l'exercice IV du n° 366, *Pendule elliptique*, calculer la durée des oscillations infiniment petites; que devient cette durée quand m augmente indéfiniment?

Réponse. — Appelant α l'angle d'écart initial, on a $k = -\cos\alpha$. Comme θ et α sont très petits, on peut faire

$$\sin\theta = \theta, \qquad \cos\theta = 1 - \frac{\theta^2}{2}, \qquad \cos\alpha = 1 - \frac{\alpha^2}{2} :$$

alors on a

$$\left(\frac{d\theta}{dt}\right)^2 = \frac{g}{l} \frac{m + m_1}{m} \frac{\alpha^2 - \theta^2}{1 + \frac{m_1}{m}\theta^2}.$$

En développant le dernier facteur, suivant les puissances de θ^2, et négligeant les puissances supérieures à la deuxième et le produit $\alpha^2\theta^2$, on a

$$\left(\frac{d\theta}{dt}\right)^2 = \frac{g}{l} \frac{m + m_1}{m} (\alpha^2 - \theta^2) ;$$

d'où

$$T = \pi \sqrt{\frac{l}{g}\,\frac{m}{m + m_1}}.$$

Si m augmente indéfiniment, on trouve comme limite la durée des oscillations du pendule simple, ce qui est évident *à priori*, car alors la masse m ne bouge plus.

19. Un triangle rectangle pesant, assujetti à rester dans un plan vertical, glisse sans frottement sur un axe horizontal Ox sur lequel il repose par un côté de l'angle droit; sur l'hypoténuse roule un disque vertical homogène pesant. Mouvement du système. (Licence.)

Réponse. — La position du système dépend de deux paramètres : l'abscisse d'un point du triangle et l'angle dont le disque a tourné.

Le théorème des quantités de mouvement projetées sur Ox et le théorème des forces vives fournissent les deux équations du mouvement.

20. Un disque homogène pesant, situé dans un plan vertical, roule sans glisser sur une droite fixe Ox de ce plan : le centre du disque est attiré proportionnellement à la distance par un point fixe O de la droite. Mouvement du disque.

(Licence.)

Réponse. — Le système étant à liaisons complètes, sans frottement, il suffit d'appliquer le théorème des forces vives. Le mouvement est tautochrone.

21. Quatre points matériels, de masses égales, assujettis à rester sur un plan donné fixe et parfaitement poli, occupent les quatre sommets d'un losange articulé dont les quatre côtés sont constitués par quatre tiges rigides et sans masse appréciable.

On imprime au système un mouvement connu dans le plan donné, et l'on propose de trouver le mouvement ultérieur, en admettant qu'aucune force extérieure n'intervienne et qu'il ne se produise aucun frottement aux articulations.

Pour déterminer le mouvement qui aura lieu après que deux des points seront venus se choquer, on regardera ces points comme des corps absolument dénués d'élasticité.

Examiner en particulier le cas où, à l'instant initial, les milieux de deux côtés opposés du losange auraient des vitesses nulles. (Licence, Caen.)

22. Mouvement de la machine d'Atwood dans l'air quand on suppose que l'air exerce, sur les deux masses pesantes suspendues aux fils, une résistance proportionnelle à la vitesse. (Licence, Clermont.)

23. Une tige BC est assujettie à glisser sur une droite fixe $x'x$. Cette tige se meut sous l'action d'un point fixe A qui attire tous les éléments de BC proportionnellement à la distance et à la masse de ces éléments. La tige BC est homogène; l'attraction du point A sur un élément de BC, de masse 1 à la distance 1, produit une force égale à l'unité. A l'origine du temps, la tige BC est immobile; si, du point A, l'on abaisse sur $x'x$ une perpendiculaire AO, la longueur AO est égale à $2a$ et la distance de O au milieu de BC est à l'origine du temps égale à $7a$. Trouver le mouvement de BC :

1° En supposant que BC glisse sans frottement sur $x'x$;

2° En supposant que $x'x$ soit dépoli et que le coefficient du frottement de BC sur $x'x$ soit ι. Trouver, dans ce cas, au bout de combien de temps la tige BC sera en repos et quelle sera alors la position de cette tige.

(Licence, Marseille, 1884.)

24. Une sphère homogène pesante est placée sur un plan incliné rugueux, le coefficient de frottement étant f; la sphère commence-t-elle par rouler sans glisser, ou par glisser ?

[α désignant l'inclinaison du plan sur l'horizon, il y a roulement si $f > \frac{2}{7} \tang \alpha$. (ROUTH, *Rigid Dynamics*, vol. 1, n° 161.)]

25. Une sphère homogène animée d'une rotation Ω autour d'un diamètre horizontal est posée sur un plan horizontal rugueux. Trouver son mouvement.

[Problème analogue à celui du cerceau n° 371. Il y a glissement jusqu'à l'instant $t_1 = \frac{2}{7} \frac{a\Omega}{fg}$, a désignant le rayon; après, il y a roulement uniforme si l'on néglige le frottement de roulement. (ROUTH, n° 162.)]

26. Une barre homogène pesante AB est terminée par deux anneaux qui glissent avec frottement le long de deux tiges horizontales rectangulaires Ox et Oy. La tige est lancée, avec une vitesse angulaire instantanée Ω, dans une position infiniment voisine de Ox. Mouvement.

[Il y a deux cas à distinguer, suivant que f est supérieur ou inférieur à $\sqrt{2}$. (ROUTH, *Ibid.*, n° 166.)]

27. Un cercle matériel homogène pesant peut glisser sans frottement sur un plan horizontal. Ce cercle étant immobile, un point matériel pesant de même masse que le cercle est placé en m_0 sur le cercle, et lancé horizontalement avec une vitesse donnée v_0 perpendiculaire au rayon qui passe par m_0.

Trouver le mouvement du système, sachant que le cercle frotte sur le point et que le coefficient de frottement est f.

28. Dans le pendule elliptique du n° 366, on suppose que le point m glisse *avec* frottement sur Ox. Le pendule étant écarté d'un angle α de la verticale, on le laisse aller sans vitesse initiale. Que doit être cet angle α pour que le point m reste immobile ? (*Voir* fin du n° 375.)

29. *Pendule isochrone de Phillips.* — Soit un pendule dont l'axe de rotation se projette en O, et dont le centre de gravité est, à un instant quelconque, en G. Soit DBE un petit ressort en acier, formé d'une lame encastrée en D, où sa tangente est horizontale et perpendiculaire à l'axe O. Son extrémité E est libre et dépasse un peu la verticale OV. Le ressort est relié au pendule par une bielle AB (*fig.* 223) de petite section, et de très faible masse, articulée, d'une part, avec le pendule en A, et, d'autre part, en B avec le point du ressort qui, dans la position d'équilibre, se trouve en C sur OV, de sorte que OC = OA + AB. D'ailleurs, OA = AB.

On peut régler l'appareil de telle façon qu'en écrivant l'équation du mouvement

$$\frac{d^2\alpha}{dt^2} = f(\alpha),$$

le second membre, développé par rapport aux puissances croissantes de α, contienne un terme en α, puis un terme en α^5, les termes intermédiaires manquant. Le mouvement est alors isochrone pour de petites oscillations. (*Comptes rendus*, 26 janvier 1891.)

Fig. 223.

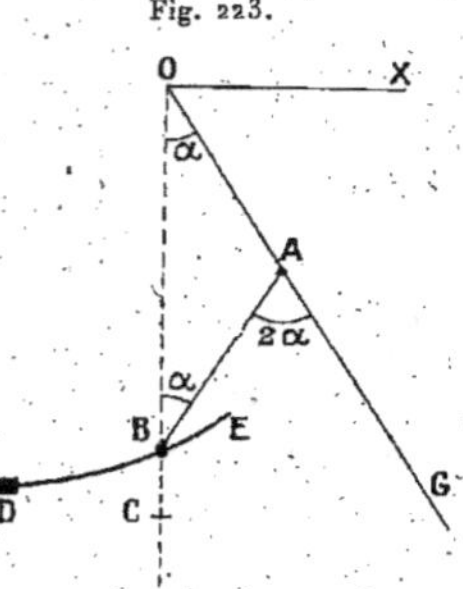

30. Dans un plan vertical est fixé un disque circulaire A dont la circonférence est dépolie.

I. Un point pesant P est placé sans vitesse initiale sur la circonférence du disque A dans le voisinage du point le plus haut du disque A.

1° On demande de déterminer l'angle minimum α que doit faire le rayon qui passe par le point P avec la verticale dirigée vers le haut pour que le point P cesse d'être en équilibre; 2° si le point P est placé sur le disque sans vitesse initiale de manière que le rayon qui passe par le point P fasse avec la verticale un angle un peu plus grand que α, le point P glisse d'abord sur le disque, puis quitte le disque. On demande de former l'équation qui donne l'angle de la verticale avec le rayon qui passe par P, lorsque ce point P se détache du disque pour tomber librement.

II. Sur le disque circulaire A, dans le plan de ce disque, on place un deuxième disque circulaire pesant B qui est homogène et dont le rayon est égal à la moitié du rayon du disque A. La circonférence de B est dépolie, en sorte que les deux disques frottent l'un sur l'autre; on néglige la résistance au roulement.

A l'origine, le disque B est sans vitesse et le rayon du disque A aboutissant au point de contact des deux disques fait avec la verticale ascendante un angle aigu β.

Entre quelles limites doit être compris β pour que le disque B roule d'abord sans glisser sur le disque A ?

En admettant que le disque B commence par rouler, étudier son mouvement et former les équations qui donnent : 1° l'angle que fait avec la verticale ascendante le rayon de A qui passe par le centre de B à l'instant où cesse le roulement simple sans glissement; 2° l'angle analogue à l'instant où le disque B se détache de A.

Dans les deux questions, on désignera par f le coefficient du frottement de glissement. (*Agrégation*, 1896.)

31. Un triangle équilatéral matériel OAB pouvant glisser sur un plan hori-

zontal fixe xOy est assujetti à tourner autour de son sommet O qui est fixe. Un point matériel M, de masse 1, est assujetti à glisser sur le côté AB et est attaché au sommet O par un fil élastique et sans masse OM dont la longueur à l'état naturel (quand il n'est pas allongé) est égale à la hauteur $OH = a$ du triangle. On admet que la tension de ce fil est proportionnelle à son allongement à partir de l'état naturel a, de telle sorte que, quand le fil a une longueur $OM = r$, sa tension a pour expression $2k(r - a)$, k désignant une constante positive.

Trouver le mouvement du système en supposant les liaisons réalisées sans frottements.

Notations et conditions initiales. — On appellera r la distance OM, α l'angle HOM, φ l'angle xOH, I le moment d'inertie du triangle par rapport au point O, et l'on remarquera que $\cos \alpha = \dfrac{a}{r}$.

On prendra comme paramètres indépendants r et φ, et l'on admettra qu'à l'instant initial le système part du repos, le mobile M étant en A.

(Licence, 1902.)

Réponse. — On peut appliquer le théorème des moments des quantités de mouvement par rapport à O et le théorème des forces vives. On a ainsi les deux équations

$$I \frac{d\varphi}{dt} + r^2 \left(\frac{d\varphi}{dt} + \frac{d\alpha}{dt} \right) = 0,$$

$$I \left(\frac{d\varphi}{dt} \right)^2 + \left(\frac{dr}{dt} \right)^2 + r^2 \left(\frac{d\varphi}{dt} + \frac{d\alpha}{dt} \right)^2 = - k(r - a)^2 + h,$$

où la constante des forces vives, d'après les conditions initiales, a pour valeur

$$h = ka^2 \frac{(2 - \sqrt{3})^2}{3}.$$

Éliminant α et φ, on arrive finalement, pour r, à une équation de la forme

$$\Psi(r) \left(\frac{dr}{dt} \right)^2 = - k(r - a)^2 + h,$$

où $\Psi(r)$ est positif pour toutes les valeurs $r > a$ que peut prendre r. Il faut que le deuxième membre soit positif aussi, ce qui exige $r < \dfrac{2a}{\sqrt{3}}$.

On peut trouver, sous forme finie, la relation entre r et φ.

31. Une plaque homogène a la forme d'un pentagone ABCDE formé par la réunion d'un rectangle ABCE et d'un triangle isocèle CDE de sommet D. Le côté AB a une longueur de 3^m, le côté BC une longueur de 4^m et la hauteur DH du triangle une longueur de 2^m. La masse de la plaque est de 10^g.

$1°$ Déterminer l'ellipsoïde d'inertie de cette plaque par rapport au point de rencontre O des diagonales AC, BE du rectangle ABCE (on écrira les coefficients en unités C. G. S.).

$2°$ On fait osciller la plaque, supposée pesante, autour de la droite AC fixée horizontalement. Calculer la durée des oscillations infiniment petites.

Réponse. — En posant $AB = 2a$, $BC = 2b$, et appelant m la masse totale,

$m = 5\rho ab$, où ρ est la masse de l'unité de surface, on a $a = \frac{3}{4} b$; les moments d'inertie par rapport à Ox (parallèle à AB) et à Oy sont $A = \frac{19}{30} mb^2$, $B = \frac{27}{60} mb^2$ et, par rapport à OC, $I = \frac{84}{250} bm^2$. Enfin $T = 2\pi \sqrt{\frac{420}{981}} = 4$ secondes.

CHAPITRE XX.

MOUVEMENT D'UN SOLIDE AUTOUR D'UN POINT FIXE.

380. Historique. — Le problème du mouvement d'un solide autour d'un point fixe a été abordé, pour la première fois, par d'Alembert, dans son Ouvrage sur la *Précession des équinoxes*, publié en 1749. On n'avait pas même alors les six équations générales de l'équilibre d'un solide libre; on connaissait les trois premières, qui expriment que la somme des composantes des forces parallèlement à chacun des axes coordonnés est nulle, mais non les trois autres, qui expriment que la somme des moments par rapport à chacun des axes coordonnés est nulle, les seules qui interviennent quand le corps est mobile autour d'un point fixe. Celles-là, d'Alembert les a données pour la première fois dans l'Ouvrage dont nous parlons; elles en forment la base essentielle. De là, d'Alembert a passé par son principe (*Traité de Dynamique*, publié en 1743) aux équations du mouvement, de sorte que tout lui appartient dans la mise en équation du problème.

Après d'Alembert, Euler et, avec lui, l'élégance [1]: c'est Euler qui a présenté sous leur forme définitive les équations du mouvement d'un solide autour d'un point fixe; c'est lui aussi qui, le premier, a trouvé les intégrales rigoureuses pour le cas où les forces extérieures sont nulles ou admettent une résultante unique passant par le point fixe. (Voyez *Mémoires de l'Académie de Berlin pour* 1758.)

Lagrange, Laplace et Poisson ont continué ce genre de questions, et ont résolu des problèmes nouveaux ou perfectionné des solutions anciennes. Lagrange a résolu le premier le problème du

---

[1] *Voyez* un article de Liouville (*Journal de Liouville*, 2ᵉ série, t. III).

mouvement d'un corps grave de révolution suspendu par un point de son axe (*Mécanique analytique*, Section IX); ce même problème a été postérieurement traité par Poisson comme entièrement nouveau; la solution qu'il en donne, sans citer aucunement Lagrange, se trouve dans le XVIe Cahier du *Journal de l'École Polytechnique* (1815).

Poinsot, revenant au cas particulier où les forces extérieures sont nulles, déjà traité par Euler, en a fait une étude synthétique profonde (*Journal de Liouville*, 1re série, t, XVI) : il est arrivé à une représentation géométrique du mouvement d'une rare élégance.

Jacobi (*Journal de Crelle*, t. 39) a donné la solution définitive du problème d'Euler par l'emploi des fonctions elliptiques, en exprimant, par des fonctions uniformes du temps, les neuf cosinus des angles que font les axes principaux d'inertie du corps avec trois axes fixes. En 1883, Hermite, dans son Mémoire *Sur quelques applications des fonctions elliptiques*, a ramené le calcul de ces neuf cosinus à l'intégration de l'équation de Lamé et a déterminé analytiquement tous les éléments de la solution de Poinsot.

Enfin Mme Kowaleski, dans un Mémoire couronné par l'Académie des Sciences (*Acta mathematica*, t. XII), a découvert un nouveau cas d'intégrabilité des équations du mouvement d'un corps solide pesant autour d'un point fixe.

Nous indiquerons, dans le courant du Chapitre, les perfectionnements apportés par divers auteurs à ces théories générales.

I. — ÉQUATIONS GÉNÉRALES.

381. **Préliminaires géométriques. Variables servant à définir la position d'un trièdre mobile par rapport à un trièdre fixe de même sommet.** — Imaginons un trièdre trirectangle fixe $Ox_1y_1z_1$, et un trièdre trirectangle mobile $Oxyz$ orienté comme le trièdre fixe; nous supposons que, dans les deux trièdres, une rotation de 90° dans le sens positif autour de l'axe des z amène l'axe des x sur l'axe des y. En Géométrie analytique, on définit ordinairement la position du trièdre $Oxyz$ par les neuf cosinus des angles

que font les axes $O\,xyz$ avec les axes $O_1\,x_1\,y_1\,z_1$:

$$\alpha = \cos(x,\,x_1), \qquad \beta = \cos(x,\,y_1), \qquad \gamma = \cos(x,\,z_1),$$
$$\alpha' = \cos(y,\,x_1), \qquad \beta' = \cos(y,\,y_1), \qquad \gamma' = \cos(y,\,z_1),$$
$$\alpha'' = \cos(z,\,x_1), \qquad \beta'' = \cos(z,\,y_1), \qquad \gamma'' = \cos(z,\,z_1).$$

Entre ces neuf cosinus existent six relations bien connues, de sorte que trois d'entre eux, convenablement choisis, peuvent être regardés comme arbitraires. On comprend dès lors qu'on pourra exprimer ces neuf cosinus en fonction de trois variables indépendantes.

Les variables les plus usitées en Mécanique sont les angles d'Euler, et, dans la Géométrie moderne, les paramètres d'Olinde Rodrigues et ceux qui en dérivent.

Angles d'Euler. — Soit OI (*fig.* 224) l'intersection du plan des xy avec celui des $x_1 y_1$; prenons arbitrairement sur cette droite une direction positive OI et désignons par ψ l'angle de cette

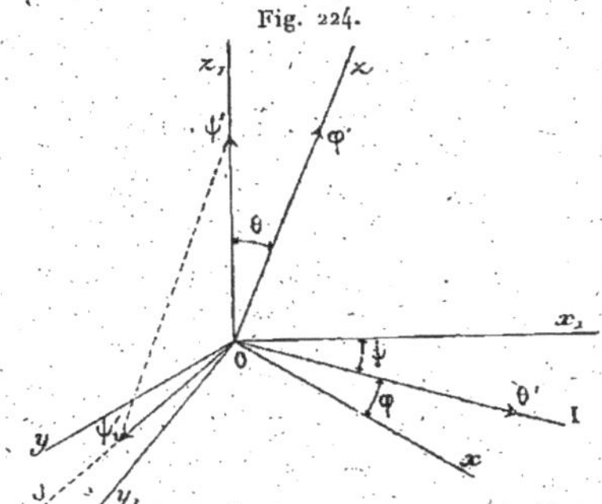

Fig. 224.

direction et de la direction $O\,x_1$, cet angle étant compté positivement de $O\,x_1$ vers OI dans le sens des rotations positives autour de $O\,z_1$. La droite OI est perpendiculaire au plan $z\,O\,z_1$. Soit θ l'angle de $O\,z$ avec $O\,z_1$, compté positivement de $O\,z_1$ vers $O\,z$ dans le sens des rotations positives autour de OI. L'axe $O\,z$ est perpendiculaire au plan $IO\,x$; soit φ l'angle dont il faut faire tourner la droite OI autour de $O\,z$ dans le sens positif pour la faire coïncider avec $O\,x$. L'angle $IO\,y$ est alors égal à $\varphi + \dfrac{\pi}{2}$.

Les trois angles θ, φ, ψ sont évidemment indépendants l'un de l'autre et peuvent être choisis arbitrairement. A chaque système de valeurs de ces angles correspond une position et une seule du trièdre mobile $Oxyz$.

Par analogie avec la terminologie employée en Astronomie, on appelle quelquefois Ol la ligne des nœuds, ψ l'angle de précession, θ l'angle de nutation, φ l'angle de rotation propre. Ces expressions s'emploient surtout quand les axes $Oxyz$ sont liés à un solide de révolution autour de Oz.

Formules d'Olinde Rodrigues. — Il est facile d'exprimer les neuf cosinus en fonction des angles θ, φ et ψ. Nous ne nous arrêterons pas à démontrer ces formules qui se trouvent dans tous les Traités de Géométrie analytique ; nous nous bornerons à les écrire :

$$\cos(x, x_1) = \quad \cos\varphi \cos\psi - \sin\varphi \sin\psi \cos\theta,$$
$$\cos(x, y_1) = \quad \cos\varphi \sin\psi + \sin\varphi \cos\psi \cos\theta,$$
$$\cos(x, z_1) = \quad \sin\varphi \sin\theta ;$$
$$\cos(y, x_1) = - \sin\varphi \cos\psi - \cos\varphi \sin\psi \cos\theta,$$
$$\cos(y, y_1) = - \sin\varphi \sin\psi + \cos\varphi \cos\psi \cos\theta,$$
$$\cos(y, z_1) = \quad \cos\varphi \sin\theta ;$$
$$\cos(z, x_1) = \quad \sin\psi \sin\theta ;$$
$$\cos(z, y_1) = - \cos\psi \sin\theta,$$
$$\cos(z, z_1) = \quad \cos\theta.$$

Si l'on pose

$$\frac{\lambda}{\tau} = \sin\frac{\theta}{2}\cos\frac{\psi - \varphi}{2}, \qquad \frac{\mu}{\tau} = \sin\frac{\theta}{2}\sin\frac{\psi - \varphi}{2},$$
$$\frac{\nu}{\tau} = \cos\frac{\theta}{2}\sin\frac{\psi + \varphi}{2}, \qquad \frac{\rho}{\tau} = -\cos\frac{\theta}{2}\cos\frac{\psi + \varphi}{2},$$

on trouve immédiatement que ces quatre rapports sont liés par la relation

$$\lambda^2 + \mu^2 + \nu^2 + \rho^2 = \tau^2.$$

On a ensuite, en exprimant les neuf cosinus en fonction des quatre rapports, puis éliminant τ^2 à l'aide de la dernière relation, les formules d'Olinde Rodrigues :

$$\cos(x, x_1) = \frac{\lambda^2 - \mu^2 - \nu^2 + \rho^2}{\lambda^2 + \mu^2 + \nu^2 + \rho^2},$$
$$\cos(x, y_1) = \frac{2(\lambda\mu - \nu\rho)}{\lambda^2 + \mu^2 + \nu^2 + \rho^2},$$
$$\cos(x, z_1) = \frac{2(\lambda\nu + \mu\rho)}{\lambda^2 + \mu^2 + \nu^2 + \rho^2},$$
$$\dots\dots\dots\dots\dots\dots\dots\dots\dots\dots\dots\dots$$

et six autres formules analogues donnant les neuf cosinus en fonctions rationnelles de *trois paramètres* qui sont les rapports de trois des quantités λ, μ, ν, ρ à la quatrième.

Mais on peut aller plus loin et simplifier davantage les formules classiques qui expriment les coordonnées x_1, y_1, z_1 d'un point par rapport aux axes fixes $Ox_1y_1z_1$ en fonction des coordonnées x, y, z du même point par rapport aux axes $Oxyz$; pour cela on introduit les quantités

$$a = e^{i\frac{\varphi+\psi}{2}} \cos\frac{\theta}{2}, \qquad b = ie^{-i\frac{\varphi-\psi}{2}} \sin\frac{\theta}{2},$$
$$c = ie^{i\frac{\varphi-\psi}{2}} \sin\frac{\theta}{2}, \qquad d = e^{-i\frac{\varphi+\psi}{2}} \cos\frac{\theta}{2},$$

liées par la relation

$$ad - bc = 1;$$

et l'on montre que les formules de transformation de coordonnées peuvent être ramenées à une même substitution linéaire

$$u_1 = \frac{au+b}{cu+d}, \qquad u'_1 = \frac{au'+b}{cu'+d}$$

effectuée à la fois sur deux quantités u et u'.

Pour les formules d'Olinde Rodrigues, nous renverrons aux *Leçons de Cinématique* de M. Kœnigs, et, en particulier, à la Note de Darboux placée à la fin du Volume de M. Kœnigs; puis, pour la réduction des formules de transformation à une substitution linéaire, nous renverrons au même Volume de M. Kœnigs, p. 337, à l'Ouvrage de MM. Klein et Sommerfeld (*Ueber die Theorie des Kreisels*, Chap. I), et à une Note de Lacour (*Nouvelles Annales de Mathématiques*, 3ᵉ série, t. XVIII, décembre 1899).

382. Préliminaires cinématiques. Rotation instantanée d'un trièdre mobile. — Imaginons un trièdre $Oxyz$ qui se meut autour du point fixe O par rapport à un trièdre $Ox_1y_1z_1$, regardé comme fixe. Pour définir ce mouvement, il suffit d'imaginer que les angles d'Euler θ, φ, ψ sont des fonctions continues du temps.

Nous avons vu en Cinématique que, dans un corps solide mobile autour d'un point fixe, l'état des vitesses à un instant t est le même que si le corps était animé d'une certaine rotation ω autour d'un axe passant par le point fixe. Cette rotation ω s'appelle *la rotation instantanée à l'instant t* : elle est représentée par un vecteur, comme nous l'avons expliqué (n° 43). Appelons p, q, r les composantes de la rotation instantanée du trièdre mobile suivant les axes mobiles Ox, Oy, Oz. Nous avons exprimé p, q, r, en fonction des neuf cosinus et de leurs dérivées par rapport au temps (n° 51). Actuellement nous nous proposons de calculer p, q, r en fonction de θ, φ, ψ et de leurs dérivées θ', φ', ψ' par rapport à t.

Pour amener le trièdre de la position qu'il occupe à l'instant t et qui correspond aux valeurs θ, φ, ψ des trois angles, à la position infiniment voisine qu'il occupe à l'instant $t + dt$ et qui correspond aux angles $\theta + d\theta$, $\varphi + d\varphi$, $\psi + d\psi$, on peut procéder comme il suit :

On fait d'abord tourner le trièdre de $d\psi$ autour de $O z_1$; alors ψ augmente de $d\psi$, θ et φ ne changent pas. Autour de la nouvelle position de OI on fait tourner le trièdre de $d\theta$; enfin, autour de la nouvelle position de Oz, on le fait tourner de $d\varphi$. Si l'on conçoit que ces trois déplacements angulaires se font dans l'espace de temps dt, les vitesses angulaires de rotation correspondantes sont ψ', θ' et φ'.

On peut dire que la rotation instantanée ω du trièdre est la résultante des trois rotations ψ', θ' et φ' effectuées autour de $O z_1$, OI et $O z$. Ces trois rotations composantes sont représentées (*fig.* 224) par des segments égaux à ψ', θ', φ', portés sur les axes $O z_1$, OI et $O z$. La rotation résultante ω est la somme géométrique de ces trois segments : sa projection sur un axe quelconque est donc égale à la somme des projections des composantes ψ', θ' et φ' sur le même axe.

Nous chercherons d'abord les projections de la rotation instantanée ω du trièdre mobile sur les trois axes rectangulaires OI, OJ, $O z$, l'axe OJ étant situé dans le plan $x O y$, et faisant avec OI l'angle $+ \frac{\pi}{2}$; appelons ω_i, ω_j, ω_z ces trois projections, dont la troisième est r. Pour les obtenir, il suffit de remarquer que le vecteur ψ' étant dans le plan zOJ peut être décomposé en ses deux projections ψ'_j et ψ'_z sur OJ et $O z$, à savoir

$$\psi'_j = \psi' \sin\theta, \qquad \psi'_z = \psi' \cos\theta.$$

On a alors, suivant OI, OJ, $O z$, les trois composantes de ω :

$$(1) \qquad \omega_i = \theta', \qquad \omega_j = \psi' \sin\theta, \qquad r = \psi' \cos\theta + \varphi'.$$

Pour avoir ensuite p, q, il suffit de faire la somme des projections des composantes ω_i et ω_j sur $O x$ et $O y$: comme les axes rectangulaires IOJ sont dans le plan $x O y$ et que $O x$ fait avec OI l'angle φ, on a immédiatement

$$p = \omega_i \cos\varphi + \omega_j \sin\varphi,$$
$$q = \omega_i \cos\left(\varphi + \frac{\pi}{2}\right) + \omega_j \cos\varphi;$$

d'où, enfin, les formules donnant p, q, r :

$$(2) \qquad \begin{cases} p = \psi' \sin\theta \sin\varphi + \theta' \cos\varphi, \\ q = \psi' \sin\theta \cos\varphi - \theta' \sin\varphi, \\ r = \psi' \cos\theta + \varphi'. \end{cases}$$

Remarque. — Dans ces formules, les trois premiers termes des seconds membres représentent respectivement les trois projections du vecteur ψ' dirigé suivant Oz_1 sur Ox, Oy, Oz. On en déduit que les cosinus γ, γ', γ'' des angles que fait Oz_1 avec Ox, Oy, Oz sont

$$(3) \qquad \gamma = \sin\theta \sin\varphi, \qquad \gamma' = \sin\theta \cos\varphi, \qquad \gamma'' = \cos\theta,$$

comme nous l'avons déjà vu dans le numéro précédent.

Il faut observer, au sujet des formules établies dans le numéro actuel et dans le numéro précédent, que, dans certains Ouvrages, principalement dans les Traités de Mécanique céleste, les angles θ et ψ sont comptés positivement dans le sens opposé; de sorte que les formules de ces Ouvrages se déduisent de celles que nous employons, par le changement de θ et ψ en $-\theta$ et $-\psi$.

Problème inverse. — Nous venons de voir comment, connaissant le mouvement du trièdre $Oxyz$, c'est-à-dire les expressions de θ, φ, ψ ou des neuf cosinus α, β, γ, ... en fonction de t, on peut calculer les composantes p, q, r de la rotation instantanée du trièdre en fonction de t.

Inversement, supposons que l'on connaisse p, q, r en fonction de t, et que l'on veuille calculer θ, φ, ψ ou les neuf cosinus α, β, γ, ... en fonction de t. Il faudra alors intégrer les équations (2) du premier ordre en θ, φ, ψ. On peut démontrer que ce problème se ramène à l'intégration d'une équation de Riccati à coefficients complexes [*voir* DARBOUX, *Leçons sur la théorie générale des surfaces*, t. 1, Chap. 11, et MAYER, *Symmetrische Lösung*, ... (*Berichte der königl. sächs. Gesellschaft der Wissenschaften zu Leipzig*, 2 mars 1902)].

383. Corps solide mobile autour d'un point fixe; emploi d'un trièdre mobile invariablement lié au corps. — Imaginons un solide matériel en mouvement autour d'un point fixe O. Pour déterminer la position de ce corps par rapport aux axes fixes $Ox_1y_1z_1$, il suffit de considérer un trièdre trirectangle $Oxyz$ *invariablement lié au corps* : la position du corps sera alors définie à chaque instant par celle du trièdre, c'est-à-dire par la connaissance des trois angles d'Euler θ, φ, ψ en fonction du temps.

La rotation instantanée ω du corps solide est alors identique à celle du trièdre, et ses composantes p, q, r suivant les axes mobiles $Oxyz$ sont données par les formules (2) ci-dessus. Nous allons calculer la *force vive* du corps et le *moment résultant des quantités de mouvement* des points du corps par rapport au point fixe O.

Force vive du corps. — Soit v la vitesse d'un point m du corps ayant pour coordonnées x, y, z par rapport aux axes mobiles $Oxyz$ liés au corps. Les composantes de la rotation instantanée ω suivant ces axes étant p, q, r, les projections v_x, v_y, v_z de v sur les axes sont (44)

$$v_x = qz - ry, \qquad v_y = rx - pz, \qquad v_z = py - qx,$$

et l'on a

$$v^2 = v_x^2 + v_y^2 + v_z^2$$
$$= p^2(y^2 + z^2) + q^2(z^2 + x^2) + r^2(x^2 + y^2) - 2qryz - 2rpzx - 2pqxy.$$

Reprenons les notations employées dans le n° 318 :

$$\Sigma m(y^2 + z^2) = A, \qquad \Sigma m(z^2 + x^2) = B, \qquad \Sigma m(x^2 + y^2) = C,$$
$$\Sigma myz = D, \qquad \Sigma mzx = E, \qquad \Sigma mxy = F,$$

où A, B, C sont les moments d'inertie du corps par rapport aux axes Ox, Oy, Oz. Nous aurons alors, en calculant la force vive totale Σmv^2, que nous appellerons aussi $2\,T$,

$$\Sigma mv^2 = 2T = Ap^2 + Bq^2 + Cr^2 - 2Dqr - 2Erp - 2Fpq.$$

Si, en particulier, on prend pour axes $Oxyz$ liés au corps les axes principaux d'inertie relatifs au point O, les coefficients D, E, F sont nuls et la force vive devient

$$\Sigma mv^2 = 2T = Ap^2 + Bq^2 + Cr^2.$$

Cette même expression de la force vive s'obtient comme il suit. Appelons $M k^2$ le moment d'inertie du corps par rapport à l'axe instantané, et a, b, c les cosinus directeurs de cet axe par rapport aux axes $O xyz$. Nous aurons (n° 318)

$$M k^2 = A a^2 + B b^2 + C c^2 - 2 D bc - 2 E ca - 2 F ab.$$

La vitesse angulaire de rotation étant ω, la force vive du corps est $M k^2 \omega^2$; d'autre part, p, q, r, projections de ω sur les axes, sont égaux à $a\omega$, $b\omega$, $c\omega$. Formant le produit $M k^2 \omega^2$, on obtient immédiatement l'expression déjà trouvée.

Moments des quantités de mouvement. Moment résultant. — Construisons à l'instant t le moment résultant $O\sigma$ des quantités de mouvement des divers points du corps par rapport à O. Le vecteur $O\sigma$ a pour projections σ_x, σ_y, σ_z sur les axes mobiles : la quantité σ_x, par exemple, est la somme des moments des quantités de mouvement par rapport à $O x$. La quantité de mouvement du point m a pour projections sur $O x$, $O y$, $O z$

$$m v_x, \quad m v_y, \quad m v_z.$$

La somme σ_x des moments des quantités de mouvement de tous les points du corps par rapport à $O x$ est donc

$$\sigma_x = \Sigma m (y v_z - z v_y) = \Sigma m [p(y^2 + z^2) - q xy - r xz].$$

ou, en ordonnant par rapport à p, q, r,

$$(4) \qquad \sigma_x = A p - F q - E r.$$

Cette valeur, comparée à celle de la force vive $2T$, montre que $\sigma_x = \dfrac{\partial T}{\partial p}$; on a de même les sommes σ_y et σ_z des moments des quantités de mouvement par rapport aux axes $O y$ et $O z$:

$$\sigma_y = \frac{\partial T}{\partial q}, \qquad \sigma_z = \frac{\partial T}{\partial r}.$$

Si l'on a pris pour axes $O xyz$ les axes principaux d'inertie du corps relatifs au point O, les valeurs de σ_x, σ_y, σ_z se simplifient et deviennent

$$(5) \qquad \sigma_x = A p, \qquad \sigma_y = B q, \qquad \sigma_z = C r.$$

Équations du mouvement. — Arrivons maintenant au problème de Mécanique. Le corps solide est sollicité par des forces données F_1, F_2, ..., F_n et par la réaction Q du point fixe O. Nous allons, pour obtenir les équations du mouvement, appliquer le théorème des moments des quantités de mouvement.

Soient L, M, N les sommes des moments des forces données par rapport aux axes Ox, Oy, Oz. Si l'on construit le moment résultant de ces forces par rapport au point O, on obtient un vecteur OS dont les projections sur les axes $Oxyz$ sont précisément L, M, N. Ce vecteur est le moment résultant par rapport à O de *toutes les forces extérieures* (*fig.* 225), car ce moment se com

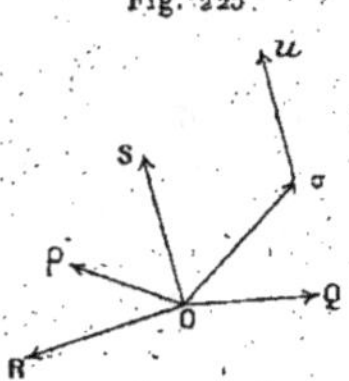

Fig. 225

pose du moment des forces données, qui est OS, et du moment de Q, qui est nul.

Nous avons vu que le théorème des moments des quantités de mouvement s'exprime géométriquement de la façon suivante : à chaque instant la vitesse absolue u du point σ est égale et parallèle à OS. Les projections de cette vitesse sont donc égales à celles de OS, c'est-à-dire à L, M, N. Or le point σ a pour coordonnées, par rapport aux axes mobiles, σ_x, σ_y, σ_z. Quand t varie, σ_x, σ_y, σ_z varient : le point σ se déplace par rapport aux axes mobiles $Oxyz$ avec une vitesse relative ayant pour projections sur Ox, Oy, Oz

$$\frac{d\sigma_x}{dt}, \quad \frac{d\sigma_y}{dt}, \quad \frac{d\sigma_z}{dt};$$

la vitesse d'entraînement du point σ, dans le mouvement des axes, a pour projections, sur les mêmes axes,

$$q\,\sigma_z - r\,\sigma_y, \quad r\,\sigma_x - p\,\sigma_z, \quad p\,\sigma_y - q\,\sigma_x.$$

La vitesse absolue u du point σ étant la somme géométrique de sa vitesse relative et de sa vitesse d'entraînement a donc pour projections

$$\frac{d\sigma_x}{dt} + q\sigma_z - r\sigma_y, \qquad \frac{d\sigma_y}{dt} + r\sigma_x - p\sigma_z, \qquad \frac{d\sigma_z}{dt} + p\sigma_y - q\sigma_x.$$

D'après le théorème des moments des quantités de mouvement, ces projections sont égales à L, M, N ; on a donc les équations du mouvement

$$(6) \quad \frac{d\sigma_x}{dt} + q\sigma_z - r\sigma_y = L, \quad \frac{d\sigma_y}{dt} + r\sigma_x - p\sigma_z = M, \quad \frac{d\sigma_z}{dt} + p\sigma_y - q\sigma_x = N,$$

dans lesquelles σ_x, σ_y, σ_z doivent être remplacés par leurs expressions précédemment trouvées en fonction de p, q, r.

384. Équations d'Euler. — On prend habituellement comme axes $Oxyz$ liés au corps les axes principaux d'inertie relatifs au point O. On a alors

$$\sigma_x = Ap, \qquad \sigma_y = Bq, \qquad \sigma_z = Cr.$$

Portons ces valeurs dans les équations que nous venons d'établir ; elles deviendront

$$(7) \quad \begin{cases} A\dfrac{dp}{dt} + (C - B)qr = L, \\[2mm] B\dfrac{dq}{dt} + (A - C)rp = M, \\[2mm] C\dfrac{dr}{dt} + (B - A)pq = N. \end{cases}$$

Ce sont les équations d'Euler. En les joignant au groupe (2) définissant p, q, r, nous aurons six équations différentielles du premier ordre pour calculer les six inconnues p, q, r, θ, φ, ψ, en fonction de t.

Les seconds membres L, M, N de ces équations sont des fonctions de θ, φ, ψ si les forces données dépendent uniquement de la position du corps ; ce sont des fonctions de θ, φ, ψ, p, q, r, si ces forces dépendent aussi des vitesses. Si l'on voulait calculer directement θ, φ, ψ, l'élimination de p, q, r conduirait à trois équations du second ordre en θ, φ, ψ. Les intégrales générales contiendront six constantes qu'on déterminera, connaissant là position initiale du corps et la rotation instantanée initiale, c'est-à-dire $\theta_0,\ \varphi_0,\ \psi_0,\ p_0,\ q_0,\ r_0$.

385. Réaction du point fixe. — Pour calculer les projections de cette réaction $(Q_x,\ Q_y,\ Q_z)$, nous appliquerons le théorème des quantités de mouvement projetées, avec son interprétation géométrique; l'extrémité ρ de la résultante générale des quantités de mouvement a une vitesse absolue égale en grandeur et en direction à la résultante générale des forces extérieures, laquelle a pour projections sur les axes mobiles

$$\Sigma X + Q_x, \qquad \Sigma Y + Q_y, \qquad \Sigma Z + Q_z,$$

$\Sigma X,\ \Sigma Y,\ \Sigma Z$ étant les sommes des projections des forces données.

Nous avons donc, par un raisonnement analogue au précédent, en appelant $a,\ b,\ c$ les coordonnées du point ρ par rapport aux axes mobiles,

$$(8)\qquad \left\{ \begin{aligned} \frac{da}{dt} + qc - rb &= \Sigma X + Q_x, \\[4pt] \frac{db}{dt} + ra - pc &= \Sigma Y + Q_y, \\[4pt] \frac{dc}{dt} + pb - qa &= \Sigma Z + Q_z, \end{aligned} \right.$$

les premiers membres représentant les projections de la vitesse absolue du point ρ sur les axes mobiles. Nous avons d'ailleurs pour a la valeur $\Sigma m v_x$, c'est-à-dire

$$a = \Sigma m(qz - ry) = q\,\Sigma mz - r\,\Sigma my,$$

que nous écrirons en introduisant les coordonnées $\xi,\ \eta,\ \zeta$ du centre de gravité par rapport aux axes mobiles $\Sigma mx = \mathrm{M}\xi,\ \ldots,$

$$a = \mathrm{M}(q\zeta - r\eta);$$

nous aurons aussi

$$b = \mathrm{M}(r\xi - p\zeta), \qquad c = \mathrm{M}(p\eta - q\xi).$$

Portons ces valeurs de $a,\ b,\ c$ dans les équations (8); nous aurons, en définitive,

$$\zeta \frac{dq}{dt} - \eta \frac{dr}{dt} + q(p\eta - q\xi) - r(r\xi - p\zeta) = \frac{Q_x + \Sigma X}{M},$$

$$\xi \frac{dr}{dt} - \zeta \frac{dp}{dt} + r(q\zeta - r\eta) - p(p\eta - q\xi) = \frac{Q_y + \Sigma Y}{M},$$

$$\eta \frac{dp}{dt} - \xi \frac{dq}{dt} + p(r\xi - p\zeta) - q(q\zeta - r\eta) = \frac{Q_z + \Sigma Z}{M},$$

car ξ, η, ζ sont des constantes.

Si le corps est suspendu par son centre de gravité, les premiers membres des équations précédentes sont nuls, et les équations donnant la réaction se réduisent à

$$\Sigma X + Q_x = 0, \qquad \Sigma Y + Q_y = 0, \qquad \Sigma Z + Q_z = 0.$$

La réaction Q est alors égale et opposée à la résultante générale R des forces données, résultat évident d'après le théorème du mouvement du centre de gravité.

386. Emploi d'axes mobiles dans le corps. — Dans ce qui précède nous avons supposé les axes $Oxyz$ *invariablement liés* au corps solide. Imaginons que l'on rapporte le mouvement du corps à un trièdre $Oxyz$ dont le sommet coïncide avec le point fixe O et qui est animé d'un mouvement connu dans l'espace. Appelons $O\Omega$ la rotation instantanée de ce trièdre, P, Q, R ses composantes suivant les axes mobiles $Oxyz$. Soient, d'autre part, $O\omega$ la rotation instantanée du solide; p, q, r ses composantes suivant les mêmes axes. Comme le trièdre $Oxyz$ n'est plus lié au corps, $O\omega$ est différent de $O\Omega$. En suivant la même marche que plus haut, nous obtiendrons les résultats suivants.

Vitesse absolue d'un point du corps. — Soient v la vitesse absolue d'un point m du corps ayant pour coordonnées x, y, z par rapport aux axes $Oxyz$. Cette vitesse étant le moment linéaire du vecteur ω (p, q, r), par rapport au point m, a pour projections sur les trois axes

$$v_x = qz - ry,$$
$$v_y = rx - pz,$$
$$v_z = py - qx.$$

Force vive du corps. — La force vive $2T$ est donnée par la formule

$$2\,T = \Sigma\,mv^2 = \Sigma\,m\,[(qz - ry)^2 + (rx - pz)^2 + (py - qx)^2].$$

En posant, comme plus haut,

$$A = \Sigma\,m(y^2 + z^2), \qquad B = \Sigma\,m(z^2 + x^2), \qquad C = \Sigma\,m(x^2 + y^2),$$
$$D = \Sigma\,myz, \qquad E = \Sigma\,mzx, \qquad F = \Sigma\,mxy,$$

on trouve encore

$$2\,T = A\,p^2 + B\,q^2 + C\,r^2 - 2\,D\,qr - 2\,E\,rp - 2\,F\,pq.$$

Dans ces formules, A, B, C sont, à l'instant t, les moments d'inertie du corps par rapport aux axes $Oxyz$, et D, E, F les produits d'inertie par rapport à ces axes. Comme le trièdre $Oxyz$ est supposé mobile dans le corps et dans l'espace, ces six quantités *varient* avec le temps.

Moment résultant des quantités de mouvement. — Le moment résultant $O\sigma$ des quantités de mouvement des divers points du corps, par rapport au point fixe O, est un vecteur ayant pour projections sur les axes $Oxyz$ les quantités

$$\sigma_x = \Sigma\,m(y\,v_z - z\,v_y), \qquad \sigma_y = \Sigma\,m(z\,v_x - x\,v_z),$$
$$\sigma_z = \Sigma\,m(x\,v_y - y\,v_x).$$

En remplaçant v_x, v_y, v_z par leurs expressions ci-dessus, on trouve

$$(9) \quad \begin{cases} \sigma_x = A\,p - F\,q - E\,r = \dfrac{\partial T}{\partial p}, \\[2mm] \sigma_y = B\,q - D\,r - F\,p = \dfrac{\partial T}{\partial q}, \\[2mm] \sigma_z = C\,r - E\,p - D\,q = \dfrac{\partial T}{\partial r}. \end{cases}$$

Moment résultant des forces. — Soit OS le moment résultant des forces appliquées au corps par rapport au point O : nous désignerons par S_x, S_y, S_z les projections de ce vecteur sur les axes $Oxyz$, c'est-à-dire les sommes des moments des forces par rapport à ces axes.

Équations du mouvement. — Nous devons écrire que la vitesse absolue u du point σ est égale et parallèle au vecteur

OS (*fig.* 225). Pour cela, nous écrirons que les projections de la vitesse absolue u du point σ sur les trois axes $Oxyz$ sont égales aux projections S_x, S_y, S_z de OS sur ces axes.

Le point σ ayant pour coordonnées σ_x, σ_y, σ_z; par rapport aux axes mobiles $Oxyz$, a pour vitesse relative, par rapport à ces axes, un vecteur ayant pour projections sur ces axes

$$\frac{d\sigma_x}{dt}, \quad \frac{d\sigma_y}{dt}, \quad \frac{d\sigma_z}{dt};$$

le système des axes $Oxyz$ étant animé de la rotation instantanée $O\Omega$ de composantes P, Q, R, le point σ a pour vitesse d'entraînement, dans le mouvement des axes, un vecteur ayant pour projections sur ces axes

$$Q\sigma_z - R\sigma_y, \quad R\sigma_x - P\sigma_z, \quad P\sigma_y - Q\sigma_x.$$

Les projections de la vitesse absolue du point σ étant les sommes des projections des vitesses relative et d'entraînement, on a les équations du mouvement

$$(10) \quad \begin{cases} \dfrac{d\sigma_x}{dt} + Q\sigma_z - R\sigma_y = S_x, \\[2mm] \dfrac{d\sigma_y}{dt} + R\sigma_x - P\sigma_z = S_y, \\[2mm] \dfrac{d\sigma_z}{dt} + P\sigma_y - Q\sigma_x = S_z. \end{cases}$$

Dans ces équations générales, σ_x, σ_y, σ_z ont les valeurs (9); et il est essentiel de remarquer que, dans le calcul des dérivées $\dfrac{d\sigma_x}{dt}$, ..., il faut se rappeler que les coefficients A, B, ... sont, en général, variables avec t.

Cas particuliers : 1° *Le trièdre de référence $Oxyz$ est attaché au corps.* — Dans ce cas, la rotation instantanée Ω du trièdre est identique à la rotation ω du corps. On a

$$P = p, \quad Q = q, \quad R = r;$$

de plus, A, B, C, D, E, F sont des *constantes*. On retrouve alors les équations du n° 383.

2° *Le trièdre de référence $Oxyz$ est fixe dans l'espace.* — Alors la rotation Ω du trièdre est *nulle*; P, Q, R sont *nuls*.

II. — PREMIÈRE APPLICATION DES ÉQUATIONS D'EULER AU CAS OU LES FORCES EXTÉRIEURES ONT UNE RÉSULTANTE UNIQUE PASSANT PAR LE POINT FIXE.

387. Intégrales premières — Le cas le plus simple qui puisse se présenter est que les forces extérieures aient une résultante unique passant par le point fixe, comme il arrive pour un solide pesant suspendu par son centre de gravité. Dans ce cas, le corps abandonné à lui-même sans vitesse serait en équilibre dans toutes les positions qu'il peut prendre autour de O.

Le moment résultant des forces extérieures par rapport au point O est alors nul ; les quantités L, M, N du n° 383 sont égales à zéro, et, si l'on prend pour axes liés au corps les axes principaux d'inertie $Oxyz$ au point O, les équations d'Euler (n° 384) deviennent

$$(11) \quad \begin{cases} A\,\dfrac{dp}{dt} + (C-B)qr = 0, \\[2mm] B\,\dfrac{dq}{dt} + (A-C)rp = 0, \\[2mm] C\,\dfrac{dr}{dt} + (B-A)pq = 0. \end{cases}$$

Comme ces équations ne contiennent que p, q, r et non θ, φ, ψ, l'intégration des équations du mouvement se divise en deux parties : on a d'abord à intégrer les équations d'Euler (11), qui donnent p, q, r en fonction de t ; puis il faut calculer θ, φ, ψ en fonction de t.

Le système (11) admet deux intégrales premières faciles à former. En multipliant la première de ces équations par p, la deuxième par q, la troisième par r et ajoutant, on a la relation

$$A p\,\frac{dp}{dt} + B q\,\frac{dq}{dt} + C r\,\frac{dr}{dt} = 0$$

ou, en intégrant et appelant h une constante arbitraire,

$$(12) \qquad A p^2 + B q^2 + C r^2 = h.$$

Multiplions de même ces équations par Ap, Bq, Cr ; nous avons, en ajoutant,

$$A^2 p \frac{dp}{dt} + B^2 q \frac{dq}{dt} + C^2 r \frac{dr}{dt} = 0$$

ou, en intégrant et appelant l^2 une constante arbitraire,

$$(13) \qquad A^2 p^2 + B^2 q^2 + C^2 r^2 = l^2.$$

Ces deux intégrales ont une signification simple; elles résultent immédiatement des théorèmes généraux. En effet, la force vive totale du corps a pour expression $A p^2 + B q^2 + C r^2$; l'équation (12) exprime donc que la force vive du système reste constante, ce qui est évident, car, les forces données se réduisant à une résultante unique passant par O, cette résultante peut toujours être transportée en O, et son travail est évidemment nul.

Pour interpréter de même l'équation (13), nous rappellerons que le moment résultant $O\sigma$ des quantités de mouvement a pour projections sur les axes mobiles Ap, Bq, Cr. L'équation (13) exprime donc que sa longueur est constante : ce qui résulte encore des théorèmes généraux. Car, actuellement, L, M, N étant nuls, OS est nul; le point σ, ayant une vitesse nulle, est fixe, et la longueur $O\sigma$ est constante et égale à l. Le théorème des aires s'applique à la projection du mouvement sur un plan quelconque mené par O. Le plan perpendiculaire à $O\sigma$ est le plan du maximum des aires.

L'élimination des termes constants entre les équations (12) et (13) conduit à la relation

$$A(Ah - l^2)p^2 + B(Bh - l^2)q^2 + C(Ch - l^2)r^2 = 0.$$

Les équations de l'axe instantané par rapport aux axes mobiles étant $\frac{x}{p} = \frac{y}{q} = \frac{z}{r}$, on voit que cet axe décrit dans le corps le cône du second ordre

$$A(Ah - l^2)x^2 + B(Bh - l^2)y^2 + C(Ch - l^2)z^2 = 0,$$

qui sera discuté plus loin.

Une conséquence immédiate des équations précédentes est que *la projection de la rotation instantanée sur la direction fixe $O\sigma$ du moment résultant des quantités de mouvement est* *constante* (POINSOT). En effet, l'angle de l'axe instantané ω avec $O\sigma$ a pour cosinus

$$\cos \widehat{\omega, \sigma} = \frac{p\,A\,p + q\,B\,q + r\,C\,r}{\omega.l},$$

d'où

$$\omega \cos \widehat{\omega, \sigma} = \frac{h}{l},$$

quantité constante.

Pour mettre l'homogénéité en évidence, nous poserons avec M. Greenhill (*Fonctions elliptiques*, traduction de GRIESS, p. 147)

$$(14) \qquad \frac{h}{l} = \mu, \qquad \frac{l^2}{h} = D,$$

d'où

$$h = D\mu^2, \qquad l = D\mu.$$

La constante arbitraire μ, projection de ω sur $O\sigma$, est alors une rotation, et la constante arbitraire D est, au point de vue de l'homogénéité, une quantité de même nature que A, B, C.

388. Étude du mouvement : intégration par les fonctions elliptiques. — Supposons $A > B > C$ et supposons que la constante arbitraire D ne soit égale à aucune des quantités A, B ou C. Les composantes p, q, r de la rotation instantanée sont définies en fonction du temps par les trois équations

$$(15) \qquad \begin{cases} A\,p^2 + B\,q^2 + C\,r^2 = D\,\mu^2, \\ A^2 p^2 + B^2 q^2 + C^2 r^2 = D^2 \mu^2, \\ B\dfrac{dq}{dt} + (A - C)pr = 0. \end{cases}$$

Nous tirerons p et r des deux premières équations, et, en les portant dans la troisième, nous aurons une équation différentielle du premier ordre en q. L'élimination de r entre les deux premières équations donne

$$Ap^2(A - C) + Bq^2(B - C) = D(D - C)\mu^2.$$

D'après les grandeurs relatives de A, B, C, on voit que la différence $D - C$ est essentiellement positive ; elle ne pourrait être nulle que si p_0 et q_0 étaient nuls tous deux, c'est-à-dire dans le cas où l'état initial serait une rotation autour de Oz; ce cas sera examiné à part. De l'équation ci-dessus on tire

$$p^2 = \frac{B(B-C)}{A(A-C)}(f^2-q^2),$$

en posant

$$f^2 = \mu^2 \frac{D(D-C)}{B(B-C)};$$

on aurait, par un calcul semblable,

$$r^2 = \frac{B(A-B)}{C(A-C)}(g^2-q^2), \qquad g^2 = \mu^2 \frac{D(A-D)}{B(A-B)},$$

le binome $A-D$ étant essentiellement positif et ne pouvant être nul que si q_0 et r_0 sont nuls.

Pour que p et r restent réels, il faut que q^2 reste inférieur à la plus petite des deux quantités f^2 et g^2; pour reconnaître cette quantité, formons la différence g^2-f^2 :

$$g^2-f^2 = \mu^2 \frac{D(A-C)(B-D)}{B(B-C)(A-B)}.$$

Le signe de g^2-f^2 est donc celui de $B-D$, signe connu par les conditions initiales.

Pour fixer les idées, nous supposerons

$$B-D > 0, \qquad g^2 > f^2.$$

La variable q doit alors varier entre $-f$ et $+f$: donc r ne s'annule jamais et conserve toujours le même signe, signe connu par la valeur initiale r_0 : nous supposerons $r > 0$. Au contraire, p s'annule toutes les fois que $q = \pm f$; quand q augmente, $\frac{dq}{dt}$ est positif, la troisième des équations (15) montre que p est alors négatif; quand q diminue, p est positif. Ces considérations fixent à chaque instant les signes à prendre devant les radicaux qui donnent p et r en fonction de q.

En portant ces valeurs de p et r dans la troisième des équations (15), on trouve

$$\frac{dq}{dt} = \sqrt{\frac{(B-C)(A-B)}{AC}}\sqrt{(f^2-q^2)(g^2-q^2)},$$

où le radical est pris positivement tant que q augmente, jusqu'au moment où q atteint la valeur $+f$; puis, q décroissant de $+f$ à $-f$, le radical doit être pris négativement, et ainsi de suite.

On voit que t est donné en fonction de q par une intégrale elliptique, que nous ramènerons à la forme normale en posant

$$(16) \qquad q = fs, \qquad k^2 = \frac{f^2}{g^2} = \frac{(A-B)(D-C)}{(B-C)(A-D)}.$$

Nous aurons ainsi, en résolvant par rapport à dt et intégrant,

$$(17) \qquad n(t-t_0) = \int_0^s \frac{ds}{\sqrt{(1-s^2)(1-k^2s^2)}},$$

où n désigne la constante positive

$$(18) \qquad n = \mu \sqrt{\frac{D(A-D)(B-C)}{ABC}}$$

et t_0, une nouvelle constante arbitraire, représentant l'époque où q s'annule en croissant. Le module k^2 est moindre que 1 puisque $g^2 > f^2$; il est égal au rapport anharmonique de A, C, B, D.

Ces formules donnent p, q, r en fonctions uniformes du temps. En effet, en posant, pour abréger,

$$\tau = n(t-t_0),$$

l'inversion de l'intégrale elliptique donne

$$s = \operatorname{sn}\tau;$$

$$(19) \quad \begin{cases} q = fs & = \varepsilon\,\mu \sqrt{\dfrac{D(D-C)}{B(B-C)}}\,\operatorname{sn}\tau, \\[2ex] p = f\sqrt{\dfrac{B(B-C)}{A(A-C)}}\sqrt{1-\operatorname{sn}^2\tau} & = \varepsilon'\mu\sqrt{\dfrac{D(D-C)}{A(A-C)}}\,\operatorname{cn}\tau, \\[2ex] r = g\sqrt{\dfrac{B(A-B)}{C(A-C)}}\sqrt{1-k^2\operatorname{sn}^2\tau} & = \varepsilon''\mu\sqrt{\dfrac{D(A-D)}{C(A-C)}}\,\operatorname{dn}\tau, \end{cases}$$

où μ est positif et où ε, ε', ε'' sont égaux à ± 1.

D'après les propriétés élémentaires des fonctions sn, cn, dn, ces formules montrent que p et q s'annulent périodiquement, tandis que r ne s'annule jamais.

Si, comme précédemment, nous supposons $r_0 > 0$, r reste constamment positif et il faut prendre $\varepsilon'' = +1$. Alors, d'après la première équation d'Euler, on voit immédiatement que $\dfrac{dp}{dt}$ et q

doivent être de mêmes signes, ce qui, d'après la formule connue

$$\frac{d\,\mathrm{cn}\,\tau}{d\tau} = -\,\mathrm{sn}\,\tau\,\mathrm{dn}\,\tau,$$

montre que $\varepsilon\varepsilon' = -1$. Nous prendrons $\varepsilon' = -1$ et $\varepsilon = +1$.

Les valeurs de p, q, r sont des fonctions périodiques de t et admettent la période

$$T = \frac{4K}{n} = \frac{4}{n}\int_0^1 \frac{ds}{\sqrt{(1-s^2)(1-k^2 s^2)}}.$$

Quand le temps augmente de cette quantité, p, q, r reprennent les mêmes valeurs; l'axe instantané de rotation reprend alors sa position primitive dans le corps, mais non dans l'espace, comme nous le verrons plus loin.

Il faut maintenant calculer les trois angles d'Euler en fonction du temps. Pour simplifier le calcul, nous supposerons qu'on ait pris pour axe des z_1 la direction invariable de l'axe $O\sigma$ du

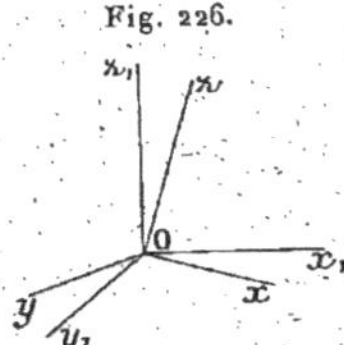

Fig. 226.

moment résultant des quantités de mouvement : cet axe $O\sigma$ est connu par les conditions initiales. Écrivons que les projections du segment $O\sigma = l$ sur les axes mobiles sont respectivement Ap, Bq, Cr; nous aurons

$$(20)\quad \begin{cases} l\sin\theta\sin\varphi = Ap, \\ l\sin\theta\cos\varphi = Bq, \\ l\cos\theta = Cr; \end{cases}$$

car les cosinus γ, γ', γ'' des angles de Ox, Oy, Oz avec Oz_1 sont $\sin\theta\sin\varphi$, $\sin\theta\cos\varphi$ et $\cos\theta$. Ces équations donnent, sans intégration, θ et φ en fonction de p, q, r, et sont compatibles en vertu de l'équation (13).

Pour calculer ψ, nous nous reporterons aux deux équations établies précédemment :

$$p = \psi'\sin\theta\,\sin\varphi + \theta'\cos\varphi, \qquad q = \psi'\sin\theta\,\cos\varphi - \theta'\sin\varphi;$$

en éliminant θ', nous en tirons

$$\psi' = \frac{p\sin\varphi + q\cos\varphi}{\sin\theta};$$

or les équations (20) nous donnent

$$p\sin\varphi + q\cos\varphi = \frac{Ap^2 + Bq^2}{l\sin\theta}, \qquad l^2\sin^2\theta = A^2p^2 + B^2q^2;$$

l'expression de ψ' devient donc

$$(21) \qquad \psi' = l\,\frac{Ap^2 + Bq^2}{A^2p^2 + B^2q^2} = l\,\frac{h - Cr^2}{l^2 - C^2r^2}.$$

Comme ψ' est positif, l'angle ψ va toujours en croissant; le plan z_1Oz tourne toujours dans le sens positif autour de Oz_1, c'est-à-dire de $O\sigma$. En remplaçant p et q ou r par leurs valeurs en fonction de t, on a ψ en t par une quadrature portant sur une fonction elliptique. Nous montrerons plus loin (n° 391) comment on peut, en effectuant cette quadrature, exprimer ψ et, par suite, les neuf cosinus α, β, γ, α', β', γ', α'', β'', γ'' en fonction du temps.

Les principales circonstances du mouvement résultent des formules précédentes : lorsque le temps t augmente de la période T, p, q, r reprennent les mêmes valeurs; puis, d'après les formules (20), θ redevient le même, car $\cos\theta$ et $\sin\theta$ ne s'annulent pas, et φ augmente de 2π, car, en suivant la variation de φ ou en calculant φ', on voit que φ augmente constamment si $r > 0$. Quant à l'angle ψ, il augmente d'une constante : en effet, en appelant $\psi(t)$ l'expression de ψ en fonction du temps, telle qu'elle résulte de la formule (21), on a

$$\psi'(t + T) = \psi'(t),$$

car ψ' est une fonction de t qui admet la période T; donc, en intégrant,

$$\psi(t + T) = \psi(t) + \psi_1,$$

ψ_1 désignant un angle constant.

389. Cas particuliers. — Nous avons supposé qu'aucun des trois binomes $A - D$, $B - D$, $C - D$ n'est nul. Des circonstances entièrement différentes se présentent dans le mouvement, suivant que l'un des binomes extrêmes, ou le binome moyen, est nul.

$1°$ Soit d'abord $C - D = o$. Nous avons vu ($n° 388$) que cette condition ne peut être remplie que si les valeurs initiales p_0 et q_0 sont nulles. Alors l'équation

$$A p^2 (A - C) + B q^2 (B - C) = \mu^2 D (D - C) = o.$$

montre que l'on doit avoir constamment $p = o$, $q = o$. L'axe instantané de rotation coïncide donc avec $O z$ pendant toute la durée du mouvement. Il a une position fixe dans le corps : il est également fixe dans l'espace, car les deux premières équations (20)

$$A p = l \sin\theta \sin\varphi, \qquad B q = l \sin\theta \cos\varphi$$

montrent que, p et q étant *nuls*, θ l'est aussi : l'axe instantané $O z$ coïncide donc avec l'axe $O z_1$ fixe dans l'espace. Le mouvement est alors une rotation autour d'un axe fixe. D'après l'équation $C r = l \cos\theta$, la vitesse angulaire de cette rotation est

$$r = r_0 = \frac{l}{C} = \mu \frac{D}{C} = \mu.$$

Nous retrouvons ici la propriété des axes permanents de rotation. On suppose qu'à l'instant initial le corps tourne autour de l'axe $O z$ qui est un axe principal d'inertie relatif au point O : ce mouvement de rotation persiste indéfiniment.

$2°$ Si $A - D = o$, il faut $q_0 = r_0 = o$; on trouve alors $q = r = o$. L'axe instantané de rotation, fixe dans le corps, est dirigé suivant $O x$. Dans l'espace, il est aussi fixe et dirigé suivant $O x_1$, car, q et r étant nuls, les équations (20) donnent $\theta = \frac{\pi}{2}$, $\varphi = \frac{\pi}{2}$. Le mouvement est donc encore une rotation de vitesse angulaire constante $p = p_0 = \frac{l}{A} = \mu$ autour d'un axe fixe.

Le fait que, dans les deux cas, l'axe de rotation coïncide avec $O z_1$ tient à ce qu'on a choisi pour axe $O z_1$ le moment résultant des quantités de mouvement $O \sigma$. Le fait que, dans ces deux cas, la vitesse angulaire de la rotation est μ tient à ce que μ désigne, en général, la projection de la rotation instantanée ω sur $O\sigma$, et actuellement ω coïncide en direction avec $O\sigma$.

3° Soit enfin $B - D = 0$; en éliminant q entre les deux premières équations (15), nous avons

$$(22) \qquad A p^2 (A - B) - C r^2 (B - C) = \mu^2 D (D - B) = 0;$$

donc, pour que le cas actuel se présente, il faut et il suffit qu'on ait au début du mouvement

$$A p_0^2 (A - B) - C r_0^2 (B - C) = 0,$$

c'est-à-dire

$$p_0 = \pm r_0 \sqrt{\frac{C(B - C)}{A(A - B)}};$$

si cette condition est remplie, on aura constamment, d'après (22),

$$\frac{p}{r} = \pm \sqrt{\frac{C(B - C)}{A(A - B)}} = \frac{p_0}{r_0},$$

ce qui montre que le lieu des axes instantanés dans le corps se réduit au plan $x = \dfrac{p_0}{r_0} z$ passant par l'axe moyen.

Dans le cas qui nous occupe, on a $g = f = \mu$, le module $k^2 = \dfrac{f^2}{g^2}$ se réduit à l'unité, et toutes les intégrations peuvent être effectuées par les fonctions élémentaires. L'équation différentielle en s se réduit, en effet, à

$$(23) \qquad \frac{ds}{dt} = \pm n(1 - s^2);$$

d'où l'on tire, en intégrant et choisissant le signe $+$,

$$2 n (t - t_0) = \log \frac{1 + s}{1 - s}.$$

Posant, comme plus haut, $\tau = n(t - t_0)$, on a donc

$$\frac{1 + s}{e^\tau} = \frac{1 - s}{e^{-\tau}} = \frac{2s}{e^\tau - e^{-\tau}} = \frac{2}{e^\tau + e^{-\tau}} = \sqrt{1 - s^2}.$$

Comme on a $g = f = \mu$, les valeurs de p, q, r deviennent

$$q = \mu s = \varepsilon \mu \frac{e^{\tau} - e^{-\tau}}{e^{\tau} + e^{-\tau}},$$

$$(24) \quad \begin{cases} p = \mu \sqrt{\dfrac{B(B-C)}{A(A-C)}} \sqrt{1-s^2} = \varepsilon' \mu \sqrt{\dfrac{B(B-C)}{A(A-C)}} \dfrac{2}{e^{\tau} + e^{-\tau}}, \\[2ex] r = \mu \sqrt{\dfrac{B(A-B)}{C(A-C)}} \sqrt{1-s^2} = \varepsilon'' \mu \sqrt{\dfrac{B(A-B)}{C(A-C)}} \dfrac{2}{e^{\tau} + e^{-\tau}}, \end{cases}$$

où ε, ε', ε'' sont encore égaux à ± 1. Nous mettons un facteur ε devant la valeur de q, car, suivant qu'on prend dans (23) le signe $+$ ou le signe $-$, on trouve pour q une valeur ou cette valeur changée de signe. Si r_0 est supposé positif, on prend $\varepsilon'' = +1$; si, par exemple, p_0 est négatif, $\varepsilon' = -1$; alors la première équation d'Euler exige $\varepsilon = +1$. Nous prendrons cette détermination des signes. Lorsque t croît indéfiniment, on voit que q a pour limite μ, tandis que p et r ont pour limites 0; par conséquent, l'axe instantané de rotation tend à prendre dans le corps une position limite qui est l'axe moyen de l'ellipsoïde d'inertie. Dans l'espace, cet axe tend d'ailleurs vers la direction Oz_1 ou $O\sigma$ du moment résultant des quantités de mouvement, car les équations (20) montrent que θ doit tendre vers $\dfrac{\pi}{2}$ et φ vers zéro; la limite de Oy est donc bien Oz_1. Le mouvement tend ainsi vers une rotation uniforme de vitesse angulaire μ autour d'un axe fixe.

Si p et r étaient nuls à l'instant initial $t = 0$, il faudrait dans les équations (24) supposer la constante $t_0 = \pm \infty$; alors p et r resteraient constamment nuls et q constamment égal à μ. Dans ce cas, le corps commencerait à tourner autour de l'axe d'inertie Oy et ce mouvement subsisterait indéfiniment.

390. **Cas où l'ellipsoïde d'inertie est de révolution.** — Supposons que l'ellipsoïde d'inertie soit de révolution, autour de Oz par exemple, et soit par suite

$$A = B.$$

C étant supérieur à A et B, si l'ellipsoïde est aplati, inférieur s'il est allongé.

Le module k^2 est alors *nul* et les fonctions elliptiques deviennent circulaires. Tout d'abord, la troisième équation d'Euler

$$C \frac{dr}{dt} + (B - A)pq = 0$$

se réduit à

$$\frac{dr}{dt} = 0, \qquad r = r_0;$$

la dernière des équations (20)

$$l \cos\theta = C r = C r_0$$

montre que θ doit être constant,

$$\theta = \theta_0, \qquad l \cos\theta_0 = C r_0;$$

quant à ψ, la formule établie précédemment

$$\frac{d\psi}{dt} = \frac{l(A p^2 + B q^2)}{A^2 p^2 + B^2 q^2}.$$

donne ici

$$\frac{d\psi}{dt} = \frac{l}{A};$$

ψ varie donc proportionnellement au temps. Ensuite la formule

$$r = \psi' \cos\theta + \varphi'$$

donne

$$\frac{d\varphi}{dt} = r_0 - \frac{d\psi}{dt} \cos\theta_0 = r_0 \left(1 - \frac{C}{A}\right);$$

donc φ varie proportionnellement à t, et l'on a

$$\varphi = \varphi_0 + \left(1 - \frac{C}{A}\right) r_0 t.$$

Enfin, les deux premières équations (20) donnent p et r en fonction de t par les formules

$$A p = l \sin\theta_0 \sin\varphi, \qquad A q = l \sin\theta_0 \cos\varphi.$$

Nous avons vu précédemment (n° 382) que la rotation instantanée ω est la somme géométrique des trois rotations θ', φ' et ψ' dirigées respectivement suivant OI, Oz et Oz_1. Actuellement, l'angle zOz_1 est constant, θ' est nul, φ' et ψ' sont constants. La rotation instantanée ω est la diagonale du parallélogramme construit sur ψ' et φ'; ce parallélogramme reste égal à lui-même pendant toute la durée du mouvement. Le lieu de l'axe instantané ω

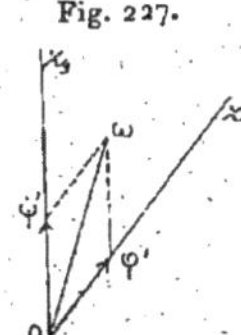

Fig. 227.

dans le corps est donc un cône de révolution d'axe Oz; le lieu de l'axe instantané dans l'espace est un cône de révolution d'axe Oz_1. Le mouvement fini s'obtient en faisant rouler le premier cône sur le deuxième d'un mouvement uniforme (*fig.* 227).

391. **Indications sommaires sur le calcul des neuf cosinus en fonction du temps.** — Les expressions des neuf cosinus données par Jacobi (*Journal de Crelle*, t. 39) peuvent être calculées par la voie élémentaire suivante, qui se présente immédiatement, et qui est à peu de choses près celle qu'a suivie Somoff (*Journal de Crelle*, t. 42). Nous avons déjà obtenu θ et φ en fonction du temps par les formules (20); calculons ψ. Nous avons trouvé

$$\frac{d\psi}{dt} = \mu D \frac{A p^2 + B q^2}{A^2 p^2 + B^2 q^2}.$$

Posons comme plus haut $\tau = n(t - t_0)$; remplaçons, dans l'expression de $\frac{d\psi}{dt}$, p et q par leurs valeurs (19) et $cn^2\tau$ par $1 - sn^2\tau$; nous avons

$$\frac{d\psi}{d\tau} = \frac{\mu D}{n} \frac{(B - C) - (B - A) sn^2\tau}{A(B - C) - C(B - A) sn^2\tau},$$

ce qu'on peut encore écrire, en effectuant la division,

$$\frac{d\psi}{d\tau} = \frac{\mu D}{nC} + \frac{\mu D}{nC} \frac{(C - A)(B - C)}{A(B - C) - C(B - A) sn^2\tau}.$$

Pour mettre en évidence les pôles de la fonction doublement périodique du second membre, déterminons un argument constant ic vérifiant la relation

$$(25) \qquad sn^2 ic = \frac{A(B - C)}{C(B - A)},$$

comme $A > B$, la valeur de $\operatorname{sn} ic$ est purement imaginaire : on peut donc prendre, pour l'argument ic, une valeur purement imaginaire, et, par suite, pour c, une valeur réelle. Nous pourrons alors écrire

$$\frac{d\psi}{d\tau} = \frac{\mu D}{n C} + \frac{\mu D}{n C} \frac{(C - A)(B - C)}{C(B - A)} \frac{1}{\operatorname{sn}^2 ic - \operatorname{sn}^2 \tau}.$$

D'après les relations élémentaires qui lient les fonctions sn, cn, dn d'un même argument, on tire de (25)

$$\operatorname{cn}^2 ic = \frac{B(A - C)}{C(A - B)}, \qquad \operatorname{dn}^2 ic = \frac{D(A - C)}{C(A - D)}.$$

Extrayant les racines carrées et tenant compte de la valeur de n, on trouve

$$i \operatorname{sn} ic \operatorname{cn} ic \operatorname{dn} ic = \frac{\mu D}{n C} \frac{(C - A)(B - C)}{C(B - A)}.$$

Il faudrait mettre un double signe devant le deuxième membre; mais, comme on peut changer le signe de ic sans que les relations antérieures soient changées, on peut toujours prendre le signe $+$ devant le second membre. L'équation qui donne $\dfrac{d\psi}{d\tau}$ s'écrit alors

$$(26) \qquad \frac{d\psi}{d\tau} = \frac{\mu D}{n C} + \frac{i \operatorname{sn} ic \operatorname{cn} ic \operatorname{dn} ic}{\operatorname{sn}^2 ic - \operatorname{sn}^2 \tau}.$$

Cette expression est maintenant aisée à intégrer. On a, en effet, quels que soient les deux arguments u et v, l'identité (*voir*, par exemple, BRIOT et BOUQUET, *Fonctions elliptiques*, p. 494)

$$(27) \qquad \operatorname{sn}^2 u - \operatorname{sn}^2 v = \frac{\Theta^2(o)}{k} \frac{H(u - v) H(u + v)}{\Theta^2(u) \Theta^2(v)},$$

qui donne, en prenant les dérivées logarithmiques par rapport à u,

$$\frac{2 \operatorname{sn} u \operatorname{cn} u \operatorname{dn} u}{\operatorname{sn}^2 u - \operatorname{sn}^2 v} = -2 \frac{\Theta'(u)}{\Theta(u)} + \frac{H'(u - v)}{H(u - v)} + \frac{H'(u + v)}{H(u + v)}.$$

On a donc, en faisant $u = ic$, $v = \tau$, et désignant par λ la constante réelle $\dfrac{\mu D}{n C} - i \dfrac{\Theta'(ic)}{\Theta(ic)}$,

$$\frac{d\psi}{d\tau} = \lambda + \frac{i}{2} \frac{H'(ic - \tau)}{H(ic - \tau)} + \frac{i}{2} \frac{H'(ic + \tau)}{H(ic + \tau)}.$$

Intégrant et supposant les axes choisis de telle façon que ψ s'annule avec τ, on a enfin

$$(28) \qquad \psi = \lambda\tau + \frac{i}{2}\log\frac{H(ic+\tau)}{H(ic-\tau)}.$$

Les trois angles θ, φ, ψ sont ainsi exprimés en fonction du temps, et l'on peut déterminer la position du corps à un instant quelconque. Les sinus et cosinus de ces trois angles s'expriment par des fonctions du temps qui sont ou uniformes ou racines carrées de fonctions uniformes. Mais il est très remarquable que les neuf cosinus α, β, γ, α', β', γ', α'', β'', γ'' sont des fonctions uniformes du temps. Ce résultat, dû à Jacobi, peut s'établir comme il suit. Les formules (20) donnent déjà γ, γ', γ'' en fonctions uniformes de t. On en conclut

$$\sin\theta = \frac{\sqrt{A^2 p^2 + B^2 q^2}}{D\mu}$$

ou, en remplaçant p^2 et q^2 par leurs valeurs,

$$\sin\theta = \sqrt{\frac{C(A-B)(D-C)}{D(A-C)(B-C)}}\sqrt{\operatorname{sn}^2\tau - \frac{A(B-C)}{C(B-A)}}.$$

Introduisant l'argument ic défini par la relation (25), puis tenant compte de l'identité (27), dans laquelle on fait $u = \tau$ et $v = ic$, on trouve pour $\sin\theta$ une expression de la forme

$$\sin\theta = v\frac{\sqrt{H(\tau-ic)H(\tau+ic)}}{\theta(\tau)},$$

où v est une constante dont il est inutile d'écrire la valeur. On voit ainsi que $\sin\theta$ est la racine carrée d'une fonction uniforme. En calculant $e^{i\psi}$, $\cos\psi$, $\sin\psi$ d'après la formule (28), on trouve que ces fonctions dépendent de la même irrationnelle que $\sin\theta$; cette irrationnelle disparaît ensuite dans les combinaisons qui donnent α, α', α'', β, β', β''.

On arrive encore à la même conclusion en calculant directement en fonction de t l'expression

$$w = e^{i\psi}\sin\theta.$$

La différentiation donne

$$\frac{1}{w}\frac{dw}{dt} = i\frac{d\psi}{dt} + \cot\theta\frac{d\theta}{dt};$$

remplaçant $\dfrac{d\psi}{dt}$ par sa valeur (21) et θ et $\dfrac{d\theta}{dt}$ par leurs valeurs, déduites de $l\cos\theta = Cr$, on trouve, pour $\dfrac{1}{w}\dfrac{dw}{dt}$, une fonction elliptique de t qui, par une quadrature, donne w en fonction uniforme du temps.

Si l'on veut comparer le calcul précédent à celui de Somoff (*Journal de Crelle*, t. 42), il suffit de remarquer que l'argument appelé *ia* par Jacobi et Somoff est lié à *ic* par la relation

$$ia + ic = iK'.$$

Le cadre de cet Ouvrage ne nous permet pas de développer davantage ces calculs. Nous renverrons, pour plus de détails, au Mémoire de M. Hermite : *Sur quelques applications des fonctions elliptiques*, où se trouvent, avec des indications sur les travaux de Brill, Chelini, Siacci, deux méthodes différentes pour calculer directement les neuf cosinus, et au *Traité* de Halphen (t. II).

Lorsque $D = B$ (n° 389, 3°), le module $k = 1$, les angles θ, φ, ψ et les neuf cosinus s'expriment par des fonctions élémentaires. Alors, d'après les relations (24), la fonction $s = \operatorname{sn}\tau$ devient $\dfrac{e^\tau - e^{-\tau}}{e^\tau + e^{-\tau}}$ ou $- i \tan g\, i\tau$, et les fonctions $\operatorname{cn}\tau$ et $\operatorname{dn}\tau$ se réduisent à $\sqrt{1 - s^2}$ ou à $\dfrac{1}{\cos i\tau}$. En introduisant un argument purement imaginaire ic défini par la relation (25), c'est-à-dire

$$\tan g^2 c = \frac{A(B - C)}{C(A - B)}, \qquad \frac{1}{\cos^2 c} = \frac{B(A - C)}{C(A - B)},$$

on remplacera la formule (26) par

$$\frac{d\psi}{d\tau} = \frac{\mu B}{n C} + \frac{\tan g\, c}{\cos^2 c} \frac{1}{\tan g^2 c - \tan g^2 i\tau},$$

qui donne, en intégrant et désignant par λ la constante $\dfrac{\mu B}{n C} + \tan g\, c$,

$$\psi = \lambda\tau - \frac{i}{2} \operatorname{Log} \frac{\sin(c + i\tau)}{\sin(c - i\tau)}.$$

On déduit de là les expressions des neuf cosinus.

Lorsque $A = B$ (n° 390), le module est nul; $\operatorname{sn}\tau$ se réduit à $\sin\tau$; nous avons donné, pour ce cas, les expressions de θ, φ, ψ.

392. Représentation géométrique du mouvement d'après Poinsot. — Dans un Mémoire inséré au Tome XVI du *Journal de Liouville*, Poinsot a donné une représentation géométrique du mouvement, fondée sur les théorèmes de Cinématique suivants, qui s'appliquent au mouvement le plus général d'un corps solide autour d'un point fixe.

Considérons l'ellipsoïde d'inertie du corps relatif au point fixe O, et soient Ox, Oy, Oz les axes principaux de cet ellipsoïde. A un instant quelconque, l'axe de la rotation instantanée ω rencontre la surface de l'ellipsoïde en un point m, que Poinsot nomme *pôle*.

THÉORÈME I. — *La force vive du corps est* $\dfrac{\omega^2}{\overline{Om}^2}$.

En effet, d'après la définition même de l'ellipsoïde d'inertie, le moment d'inertie du corps par rapport à l'axe $O\omega$ est $\dfrac{1}{\overline{Om}^2}$, et, comme les vitesses des points du corps sont les mêmes que s'il tournait avec la vitesse angulaire ω autour de $O\omega$, la force vive $\Sigma m v^2$ est le produit du moment d'inertie par le carré de la vitesse angulaire (n° 359) $\dfrac{\omega^2}{\overline{Om}^2}$.

THÉORÈME II. — *A chaque instant, le plan tangent à l'ellipsoïde d'inertie au pôle m est perpendiculaire au moment résultant $O\sigma$ des quantités de mouvement.*

En effet, l'ellipsoïde d'inertie rapporté aux axes $Oxyz$ a pour équation

$$A x^2 + B y^2 + C z^2 = 1.$$

Les cosinus directeurs de $O\omega$ étant $\dfrac{p}{\omega}$, $\dfrac{q}{\omega}$, $\dfrac{r}{\omega}$, les coordonnées x, y, z du pôle m par rapport aux mêmes axes sont

$$x = \overline{Om}\,\frac{p}{\omega}, \qquad y = \overline{Om}\,\frac{q}{\omega}, \qquad z = \overline{Om}\,\frac{r}{\omega}.$$

L'équation du plan tangent au point $m\,(x, y, z)$ étant

$$AXx + BYy + CZz = 1,$$

cette équation devient

$$\frac{\overline{Om}}{\omega}(A p X + B q Y + C r Z) = 1,$$

équation d'un plan perpendiculaire au vecteur $O\sigma$ dont les projections sont Ap, Bq, Cr.

THÉORÈME III. — *La distance du point fixe au plan tangent à l'ellipsoïde au pôle est égale à la racine carrée de la force vive divisée par le moment résultant des quantités de mouvement.*

En effet, la distance δ de l'origine O au plan tangent est

$$\delta = \frac{\omega}{\overline{O\,m}} \cdot \frac{1}{\sqrt{A^2 p^2 + B^2 q^2 + C^2 r^2}},$$

ce qui démontre le théorème.

Appliquons maintenant ces trois théorèmes au cas particulier où les forces appliquées au corps solide ont une résultante unique passant par le point fixe. Alors : 1° la force vive est constante et égale à h ou à $D\mu^2$; on a donc

$$\frac{\omega}{\overline{O\,m}} = \sqrt{h} = \mu\sqrt{D};$$

2° le moment résultant $O\sigma$ des quantités de mouvement a une direction fixe ; le plan tangent à l'ellipsoïde en m a donc également une direction fixe perpendiculaire à $O\sigma$; 3°. le moment résultant $O\sigma$ ayant une longueur constante l ou μD, la distance du plan tangent en m au centre O est

$$\delta = \frac{\sqrt{h}}{l} = \frac{1}{\sqrt{D}};$$

elle est donc constante.

En résumé, le plan Π tangent en m est *fixe*, car il a une orientation constante et il est à une distance constante du point fixe O.

Nous arrivons donc à ce résultat que l'ellipsoïde d'inertie reste constamment en contact avec un plan fixe Π. Le point de contact m est le pôle ; la droite $O\,m$ est l'axe instantané, et la vitesse angulaire de rotation instantanée est $\omega = \overline{O\,m}\sqrt{h}$: elle varie proportionnellement à $\overline{O\,m}$. Poinsot appelle *polhodie* la courbe décrite par le pôle m à la surface de l'ellipsoïde, et *herpolhodie* la courbe décrite par le pôle sur le plan fixe Π (*fig.* 228). Le cône, lieu des axes instantanés dans le corps, a pour sommet le point O, et pour directrice la polhodie ; le cône, lieu des axes instantanés dans l'espace, a pour sommet O et pour base l'herpolhodie. Pour obtenir le mouvement, il faut faire rouler le premier cône sur le second, de telle façon que la vitesse angulaire instantanée ω soit à chaque instant proportionnelle à $\overline{Om}$, puisqu'on a

$$\omega = \overline{Om}\sqrt{h}.$$

Comme le point de l'ellipsoïde, qui est en contact avec le plan fixe Π, possède à chaque instant une vitesse nulle, parce qu'il est sur l'axe instantané, on peut dire aussi que le mouvement s'ob-

Fig. 228.

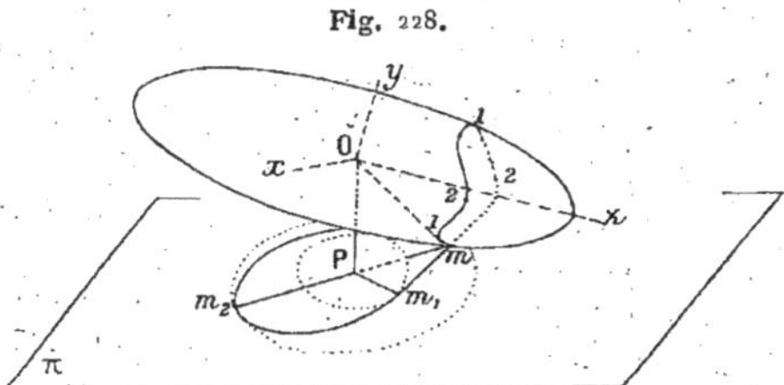

tient en faisant rouler et pivoter (sans glissement) l'ellipsoïde d'inertie sur un plan fixe Π. La position de ce plan fixe est connue par les conditions initiales.

On peut encore se représenter le mouvement en supposant qu'on ait réalisé matériellement la surface conique roulante (*fig.* 228 *bis*)

Fig. 228 *bis*.

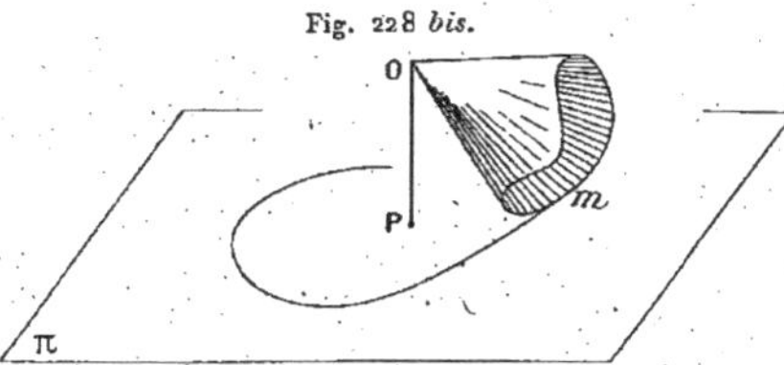

limitée par la polhodie : la roue ainsi formée roule sur le plan Π et sa trace sur le plan est l'herpolhodie. Comme la polhodie roule sans glisser sur l'herpolhodie, les arcs correspondants des deux courbes ont même longueur.

Polhodie. — Cherchons les équations de la polhodie; à cet

effet, rapportons l'ellipsoïde d'inertie à ses axes. Nous pourrons définir la polhodie comme le lieu des points $m(x, y, z)$ de cet ellipsoïde où le plan tangent

$$A x X + B y Y + C z Z = 1$$

est à une distance constante $\delta = \dfrac{1}{\sqrt{D}}$ de l'origine. Cette condition s'exprime par l'équation

$$(29) \qquad A^2 x^2 + B^2 y^2 + C^2 z^2 = D.$$

Cette équation et celle de l'ellipsoïde

$$(30) \qquad A x^2 + B y^2 + C z^2 = 1$$

définissent la polhodie qui est ainsi une courbe algébrique du quatrième ordre ; on se rendra compte de sa forme en la regardant comme l'intersection de l'ellipsoïde et du cône lieu des axes instantanés $O m$ dans le corps ou cône roulant. L'équation de ce cône s'obtient par une combinaison homogène des deux équations ci-dessus, ce qui donne

$$A(A - D)x^2 + B(B - D)y^2 + C(C - D)z^2 = 0.$$

Pour que ce cône soit réel, il faut que l'on ait

$$A \geqq D \geqq C;$$

c'est la condition évidente que la distance du plan tangent à l'origine $\dfrac{1}{\sqrt{D}}$ doit être inférieure au grand axe $\dfrac{1}{\sqrt{C}}$ et supérieure au petit $\dfrac{1}{\sqrt{A}}$. Le cône se réduit à deux plans imaginaires, c'est-à-dire à une droite confondue avec $O x$ ou $O z$ lorsque l'on a $D = A$ ou $D = C$; il est facile de le voir géométriquement, puisque les extrémités c, c' du grand et a, a' du petit axe sont les seuls points réels où le plan tangent est à sa distance maxima ou minima de l'origine. La polhodie est alors formée de deux points c et c' ou a et a' (*fig.* 229). Pour $D = B$, le cône se décompose en deux plans réels passant par l'axe moyen

$$x = \pm z \sqrt{\frac{C(B - C)}{A(A - B)}}.$$

Ce sont bien les plans que nous avons, déjà rencontrés dans l'étude analytique du problème; la polhodie est alors formée de deux ellipses ee' se coupant aux extrémités bb' de l'axe moyen.

La polhodie est donc l'intersection de l'ellipsoïde et d'un cône du second ordre ayant les mêmes plans de symétrie. Elle se compose de deux branches fermées distinctes, symétriques l'une de l'autre, par rapport au centre et à l'un des plans principaux de l'ellipsoïde : chaque branche admet comme plans de symétrie les deux autres plans principaux de l'ellipsoïde (*fig.* 229) et possède

Fig. 229.

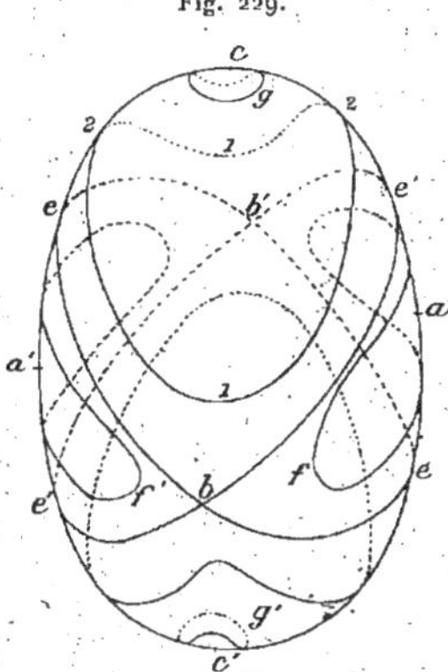

quatre sommets 1, 2, 1, 2 pour lesquels le rayon vecteur Om issu du centre est minimum ou maximum. Dans le mouvement, une des branches de la polhodie roule sur le plan fixe Π. Cette branche est seule utile; l'autre branche roule sur un plan symétrique de Π par rapport au point O.

Il est important de se rendre compte des formes diverses de la polhodie suivant les conditions initiales. Représentons l'ellipsoïde d'inertie (*fig.* 229). Comme nous supposons $A > B > C$, l'axe Ox est le petit axe, Oz le grand. Nous appellerons aa', bb', cc' les sommets de la surface. Suivant les conditions initiales, la constante D varie entre A et C. Pour $D = A$, le cône lieu des axes instantanés dans le corps se réduit à l'axe Ox et la polhodie, intersection du cône et de l'ellipsoïde, se réduit au point a et au symétrique a'. Quand D diminue un peu, la polhodie se compose d'une petite courbe fermée f entourant a et d'une courbe symétrique f' entourant a'. D continuant à diminuer, les courbes f et f' s'éloignent de a et a', et, pour $D = B$, ces courbes se rejoignent aux points b et b' en se décomposant alors en deux ellipses e et e'. De même pour $D = C$, la polhodie se réduit aux deux sommets c et c' : D augmentant, elle est d'abord formée de deux petites courbes symétriques g et g' entourant ces sommets; puis ces courbes grandissent, et pour $D = B$ elles se réduisent encore aux ellipses e et e'.

Il y a donc deux sortes de polhodies : les unes entourent les sommets du petit axe, les autres les sommets du grand axe; ces deux sortes de polhodies sont séparées par la polhodie singulière correspondant à $D = B$, formée de deux ellipses e et e'. Par chaque point de la surface de l'ellipsoïde il passe une polhodie et une seule; ces courbes étant supposées tracées, pour connaître la polhodie correspondant à des conditions initiales données, il suffit de connaître le point m_0 où la rotation instantanée initiale perce l'ellipsoïde; la polhodie cherchée est celle qui passe par m_0. Quant au plan fixe Π correspondant, c'est le plan tangent en m_0 à l'ellipsoïde dans sa position initiale.

Herpolhodie. — Si l'on abaisse du point fixe une perpendiculaire OP (voir *fig.* 228) sur le plan Π, la longueur OP est égale à $\dfrac{1}{\sqrt{D}}$. Le rayon vecteur $Pm = \rho$ d'un point de l'herpolhodie est donc

$$\rho = \sqrt{\overline{Om}^2 - \frac{1}{D}}.$$

Nous avons vu, d'après la forme de la polhodie, que la distance Om du pôle au centre varie entre un minimum et un maximum; donc ρ varie également entre un minimum et un maximum correspondants ρ_1 et ρ_2. L'herpolhodie est donc comprise entre deux cercles concentriques de rayons ρ_1 et ρ_2 qu'elle touche successivement en des points tels que m_1, m_2. Elle a la forme indiquée sur la figure 228; c'est une courbe tournant partout sa concavité vers le point P et ne présentant pas de points d'inflexion. Cette circonstance, remarquée pour la première fois par Hess (*Inaugural Dissertation*, München, 1880; *Math. Annalen*, t. XXVII, 1886), et retrouvée par M. de Sparre (*Comptes rendus*, 1884), mérite d'être signalée, parce que Poinsot, dans son Mémoire, a figuré l'herpolhodie d'une manière inexacte en lui donnant une forme sinueuse : on en trouvera une démonstration dans un article de M. Padé. (*Nouvelles Annales*, 4ᵉ série, t. VI, juillet 1906).

L'arc d'herpolhodie $m_1 m_2$ est le quart $\overline{1,\ 2}$ de l'arc de polhodie (*fig.* 228); lorsque tous les points de la polhodie sont venus successivement en contact avec le plan, le pôle m reprend la même position sur l'ellipsoïde; mais, dans le plan II, le rayon vecteur Pm a tourné d'un angle égal à $4\,\widehat{m_1 P m_2}$ puisqu'il y a quatre sommets sur la polhodie. Si cet angle $m_1 P m_2$ n'est pas commensurable avec π, l'herpolhodie n'est pas fermée; le pôle ne reprend jamais exactement la même position, en même temps, sur l'ellipsoïde et sur le plan. Si cet angle est commensurable avec π, l'herpolhodie est fermée, et, au bout d'un certain temps, le pôle reprend la même position sur l'ellipsoïde et sur le plan.

Cas particuliers. — Si $D = A$ ou $D = C$, la polhodie est un point, l'herpolhodie également : l'ellipsoïde pivote en restant en contact avec le plan par le sommet du petit ou du grand axe.

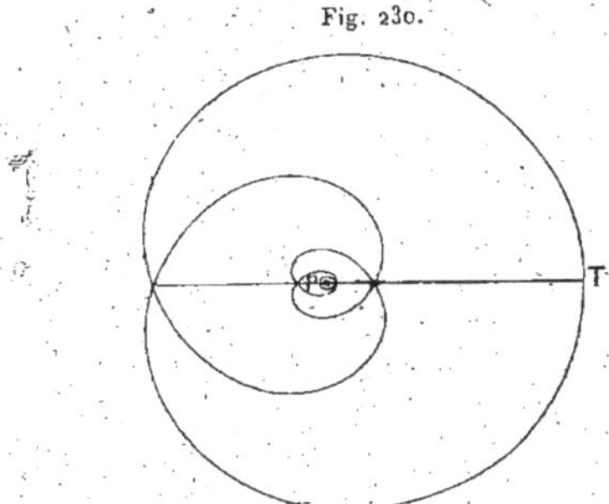

Fig. 230.

Si $D = B$, la polhodie est réduite à deux ellipses ee', passant par l'axe moyen. Le petit axe d'une de ces ellipses, comme on le vérifie facilement, est l'axe moyen $\frac{1}{\sqrt{B}}$. Dans ce cas, le mouvement s'obtient en faisant rouler l'une de ces ellipses, dont le centre est fixe, sur le plan Π; comme ce plan est à une distance du centre égale à $\frac{1}{\sqrt{B}}$, le minimum ρ_2 du rayon $\rho = Pm$ de l'herpolhodie est nul; le maximum a une certaine valeur ρ_1. L'herpolhodie a alors la forme d'une double spirale (*fig.* 230), ayant un sommet T correspondant au maximum de ρ et composée de deux branches symétriques par rapport à PT et asymptotes vers le point P. Une partie seulement de cette herpolhodie est effectivement parcourue; c'est celle qui va de la position initiale m_0 du pôle jusqu'au point P, dans un sens ou dans l'autre. Le temps que met le pôle à arriver en P est infini, quoique la longueur de la spirale soit finie comme égale au périmètre de l'ellipse roulante.

Quand l'ellipsoïde est de révolution, la polhodie et l'herpolhodie sont des cercles. S'il est une sphère, ce sont toujours des points.

Stabilité de la rotation autour des axes principaux. — Dans les cas particuliers où le corps commence à tourner autour d'un des axes principaux d'inertie, ce mouvement persiste indéfiniment; l'axe instantané est fixe dans le corps et dans l'espace. Il est aisé de voir que ce sont les seuls cas où l'axe instantané reste fixe dans le corps. En effet, s'il en est ainsi, on a, en appelant a, b, c les cosinus directeurs de l'axe instantané par rapport aux axes $Oxyz$,

$$p = a\omega, \qquad q = b\omega, \qquad r = c\omega,$$

où a, b, c sont constants. Alors l'intégrale des forces vives (12) montre que ω est constant; les trois composantes p, q, r sont donc constantes, et les équations d'Euler donnent

$$(C - B)qr = 0, \qquad (A - C)rp = 0, \qquad (B - A)pq = 0.$$

Si l'ellipsoïde d'inertie n'est pas de révolution, ces équations exigent que deux des quantités p, q, r soient nulles, c'est-à-dire que le corps tourne autour d'un axe principal. Si l'ellipsoïde est de révolution autour de Oz, $A = B$, ou bien r est nul et le corps tourne autour d'un axe dans le plan de l'équateur, c'est-à-dire autour d'un axe principal, ou bien $p = q = 0$, et le corps tourne autour de l'axe principal Oz. Enfin, dans le cas $A = B = C$, le corps tourne autour d'un axe principal, car tous les axes sont principaux.

On peut se demander maintenant si le mouvement de rotation du corps autour d'un des axes principaux d'inertie est un *mouvement stable ou non*. On dit, en général, qu'un mouvement est stable, si, en modifiant infiniment peu d'une manière arbitraire les conditions initiales, on modifie infiniment peu le mouvement; un mouvement est instable, si une modification infiniment petite dans les conditions initiales amène un changement fini dans le mouvement.

D'abord, si $A > B > C$, la rotation autour du grand et du petit axe de l'ellipsoïde d'inertie est stable; elle est instable autour de l'axe moyen. En effet, animons le corps d'une rotation initiale autour du petit axe; alors cet axe reste fixe, le pôle de rotation coïncide avec le sommet a_0, le plan tangent Π_0 en a_0 est fixe. Si l'on modifie infiniment peu les conditions initiales, en imprimant au corps une rotation initiale autour d'un axe infiniment voisin de $O a_0$, la polhodie devient une petite courbe fermée infiniment voisine du sommet du petit axe : donc l'axe instantané décrit dans le corps un cône d'ouverture infiniment petite autour de sa position primitive dans le corps. Le plan fixe Π, auquel l'ellipsoïde reste tangent dans le nouveau mouvement, est infiniment voisin de Π_0, et la perpendiculaire OP, abaissée de O sur ce plan, est infiniment voisine en *longueur* et *direction* de $O a_0$; le rayon vecteur $O m$ d'un point m de l'herpolhodie ayant une longueur infiniment voisine de $O a_0$ s'écarte infiniment peu de la perpendiculaire OP, c'est-à-dire de $O a_0$: donc l'axe instantané décrit aussi dans l'espace un cône infiniment voisin de sa position primitive dans l'espace; la rotation considérée est donc stable. Il en serait de même de la rotation autour du grand axe.

Mais, si le corps tourne d'abord autour de l'axe moyen, une modification infiniment petite des conditions initiales amènera le pôle dans une position m_0, à partir de laquelle il décrira une polhodie entourant, soit le sommet a, soit le sommet c; l'axe s'écartera alors d'une quantité finie de sa première position; la rotation est instable.

Les ellipses ee et $e'e'$ (*fig.* 229) partagent l'ellipsoïde en quatre fuseaux : deux contenant les sommets a et a' et les deux autres les sommets c et c'. Suivant une remarque de Bour, il est naturel de prendre comme mesure de la stabilité de la rotation autour de l'axe $O a$ le rapport de l'aire du fuseau contenant a à la moitié de l'aire de l'ellipsoïde d'inertie. En effet, si les conditions initiales sont modifiées de telle façon que le pôle tombe dans ce fuseau, l'axe instantané décrit dans le corps un cône autour de sa direction primitive $O a$. De même, on mesurera la stabilité de la rotation autour de $O c$ par l'aire du fuseau qui contient cet axe. Par exemple, si l'ellipsoïde est très voisin d'un ellipsoïde de révolution autour de $O z$, c'est-à-dire si $A - B$ est très petit, le fuseau contenant a est très petit, de sorte que la stabilité de la rotation autour de $O a$ est faible, car un petit déplacement de l'axe peut faire sortir le pôle du fuseau et l'amener à tourner autour de $O c$.

Si l'ellipsoïde est rigoureusement de révolution (projectiles oblongs), il n'y a de stable que la rotation autour de l'axe de révolution : en effet, si le corps tourne autour d'un axe principal du plan de l'équateur et que, pour une cause quelconque, le pôle m soit un peu écarté de ce plan, il ira décrire sur la surface de l'ellipsoïde un cercle parallèle et presque égal à l'équateur. L'axe dans le corps s'écarte donc beaucoup de sa position primitive : il est bon de remarquer que dans l'espace il reste très voisin, au contraire, de sa position primitive, car la longueur $O m$ diffère peu du rayon équatorial.

Si l'ellipsoïde d'inertie est une sphère, tous les axes sont également stables, ou plutôt indifférents, car, si l'axe instantané est porté du lieu où il se trouve dans un autre, il redevient immobile et dans le corps et dans l'espace. (*Voyez* Bour, *Dynamique*, p. 165.)

393. **Équation de l'herpolhodie.** — Poinsot obtient l'équation différentielle de l'herpolhodie en remarquant que l'expression de l'arc de cette courbe en fonction du rayon $O m$ est identique à l'expression de l'arc de polhodie en fonction du même rayon, car les deux courbes roulent l'une sur l'autre. Nous emploierons une autre méthode qui conduit à des calculs un peu moins longs et que nous empruntons à une Note de Darboux à la *Mécanique* de Despeyrous.

Soient, comme plus haut, x, y, z les coordonnées du pôle m par rapport aux axes principaux d'inertie $O x y z$; puisque le rapport $\dfrac{\omega}{O m}$ est constant et égal à $\sqrt{h}$, on a

$$(31) \qquad \frac{p}{x} = \frac{q}{y} = \frac{r}{z} = \frac{\omega}{Om} = \sqrt{h}.$$

Comme p, q, r sont des fonctions elliptiques de t (19), il en est de même de x, y, z. Les équations d'Euler, dans lesquelles on remplace p, q, r par $x\sqrt{h}$, $y\sqrt{h}$, $z\sqrt{h}$, donnent

$$(32) \quad A\frac{dx}{dt} + \sqrt{h}(C - B)yz = 0, \qquad B\frac{dy}{dt} + \sqrt{h}(A - C)zx = 0, \qquad \ldots$$

Appelons, comme précédemment, P la projection du point O sur le plan fixe II, qui contient l'herpolhodie, et désignons par ρ et χ les coordonnées polaires d'un point m de la courbe rapportée au point P. Comme

$$OP = \frac{1}{\sqrt{D}},$$

on a les équations suivantes :

$$(33) \qquad \begin{cases} x^2 + y^2 + z^2 = \rho^2 + \dfrac{1}{D}, \\ A\,x^2 + B\,y^2 + C\,z^2 = 1, \\ A^2 x^2 + B^2 y^2 + C^2 z^2 = D, \end{cases}$$

dont la première exprime que $\overline{Om}^2 = \overline{Pm}^2 + \overline{OP}^2$, et dont les dernières sont les équations de la polhodie. Résolvant ces équations par rapport à x^2, y^2, z^2, on a, en posant

$$\Delta = (A - B)(B - C)(C - A)$$

et

$$a = -\frac{(B - D)(C - D)}{BCD}; \qquad b = -\frac{(C - D)(A - D)}{CAD},$$

$$c = -\frac{(A - D)(B - D)}{ABD},$$

$$(34) \qquad \begin{cases} x^2 = \dfrac{BC(C - B)}{\Delta}(\rho^2 - a), \qquad y^2 = \dfrac{CA(A - C)}{\Delta}(\rho^2 - b), \\[2mm] z^2 = \dfrac{AB(B - A)}{\Delta}(\rho^2 - c). \end{cases}$$

Nous avons supposé $A > B > C$ et D compris entre B et C; alors Δ est négatif, et l'on a $a > 0$, $b > 0$, $c < 0$. Donc z^2 est essentiellement positif et ne s'annule jamais, ce qui est d'accord avec le fait que r ne s'annule jamais. Pour que x^2 et y^2 soient positifs, il faut que $\rho^2 - a$ soit positif et $\rho^2 - b$ négatif : ρ^2 oscille donc entre a et b. On retrouve ainsi ce résultat que le rayon vecteur de l'herpolhodie oscille entre un minimum $\sqrt{a}$ et un maximum $\sqrt{b}$. En différentiant la première des équations (33), on a

$$\rho \frac{d\rho}{dt} = x \frac{dx}{dt} + y \frac{dy}{dt} + z \frac{dz}{dt}$$

ou, en tenant compte des équations (32),

$$\rho \frac{d\rho}{dt} = \sqrt{h}\,xyz \left(\frac{B - C}{A} + \frac{C - A}{B} + \frac{A - B}{C} \right) = - \frac{\Delta \sqrt{h}\,xyz}{ABC};$$

cette équation donne enfin, en remplaçant x, y, z par leurs valeurs (34), et $\sqrt{h}$ par $\mu \sqrt{D}$,

$$(35) \qquad \rho \frac{d\rho}{dt} = \mu \sqrt{D} \sqrt{-(\rho^2 - a)(\rho^2 - b)(\rho^2 - c)},$$

équation qui permettrait de retrouver ρ^2 en fonction de t par une fonction elliptique; cette expression de ρ^2 en fonction de t nous est déjà connue, puisque x, y, z sont des fonctions elliptiques de t.

Pour obtenir une autre équation où figure l'angle polaire χ d'un point de l'herpolhodie, on part de la remarque suivante : si m et m' sont deux positions infiniment voisines (x, y, z) et $(x + dx, y + dy, z + dz)$ du pôle dans le corps, le plan du triangle élémentaire $m\,O\,m'$ est tangent au cône lieu des axes instantanés dans le corps, et les projections S_x, S_y, S_z de l'aire S de ce triangle sur les plans principaux de l'ellipsoïde sont

$$2S_x = y\,dz - z\,dy, \qquad 2S_y = z\,dx - x\,dz, \qquad 2S_z = x\,dy - y\,dx.$$

D'autre part, comme le cône lieu des axes $O\,m$ dans le corps roule sur le cône fixe ayant pour sommet O et pour base l'herpolhodie, le plan $m\,O\,m'$ est aussi tangent au cône fixe, et l'aire élémentaire S est aussi égale à l'aire comprise entre les deux génératrices infiniment voisines correspondantes du cône fixe. La projection de l'aire S sur le plan Π qui contient l'herpolhodie est alors un secteur élémentaire de cette courbe $\frac{1}{2}\rho^2 d\chi$.

Comme les plans xOy, yOz, zOx font avec le plan Π, perpendiculaire à $O\sigma$, des angles dont les cosinus sont γ, γ', γ'', on a

$$(36) \qquad \rho^2 d\chi = 2\gamma S_x + 2\gamma' S_y + 2\gamma'' S_z;$$

calculons le second membre. D'abord

$$(37) \qquad \gamma = \frac{Ap}{l} = \frac{A\sqrt{h}}{l}\,x = \frac{\sqrt{D}}{A}\,x, \qquad \ldots$$

Puis, en vertu des équations (32) déduites des équations d'Euler,

$$2S_x = y\,dz - z\,dy = \frac{x\sqrt{h}}{BC}[B(A - B)y^2 + C(A - C)z^2]\,dt;$$

la quantité entre crochets est égale à $A - D$, comme on le voit en éliminant x^2 entre les deux dernières équations (33). On a donc

$$2 S_x = \frac{x \sqrt{h}(A - D)}{BC} \, dt.$$

Calculant de même S_y, S_z par une permutation des lettres et portant dans (36) après avoir remplacé $\sqrt{h}$ par $\mu \sqrt{D}$, on a

$$\rho^2 \frac{d\chi}{dt} = \mu \left(\frac{A - D}{BC} A \, x^2 + \frac{B - D}{CA} B y^2 + \frac{C - D}{AB} C z^2 \right).$$

Dans cette relation, nous remplacerons enfin x^2, y^2, z^2 par leurs valeurs (34) en fonction de ρ^2 et nous aurons, après réduction, une relation de la forme

$$(38) \qquad \rho^2 \frac{d\chi}{dt} = \mu(\rho^2 + E),$$

où E désigne la constante $\dfrac{(A - D)(B - D)(C - D)}{ABCD}$, c'est-à-dire $-\sqrt{-abc D}$.

Les deux relations (35) et (38) donnent ρ et χ en fonction du temps. L'élimination de dt fournit l'équation différentielle de l'herpolhodie

$$(39) \qquad d\chi = \frac{(\rho^2 + E) \, d\rho}{\rho \sqrt{D} \sqrt{-(\rho^2 - a)(\rho^2 - b)(\rho^2 - c)}},$$

qui donne χ par une quadrature. On peut ainsi construire l'herpolhodie et vérifier qu'elle n'a pas d'inflexions, en calculant le rayon de courbure en fonction de ρ et montrant qu'il ne devient jamais infini. Ce résultat tient à l'inégalité $A < B + C$ qui lie les trois moments d'inertie. On voit également que l'herpolhodie n'a pas de points de rebroussement, car $\dfrac{d\chi}{d\rho}$ ne devient pas nul pour les valeurs de ρ^2 comprises entre a et b. Si l'on remplaçait l'ellipsoïde d'inertie par un ellipsoïde quelconque ou par un hyperboloïde qu'on ferait rouler et pivoter sur le plan fixe Π, l'herpolhodie correspondante pourrait présenter des inflexions ou des rebroussements; il pourrait aussi arriver que le rayon vecteur Pm ne tourne pas toujours dans le même sens. Nous renverrons, pour une discussion plus détaillée de cette question de Géométrie, à la Note de Darboux (*Mécanique* de Despeyrous); au Mémoire de Hess; et, pour l'expression de χ en fonction de t, au Traité de M. Greenhill (Chap. III).

Dans le cas particulier où $B = D$, E est nul, a et c aussi, et la quadrature qui donne χ peut s'effectuer à l'aide des fonctions élémentaires. Alors

$$d\chi = \frac{d\rho}{\rho \sqrt{B} \sqrt{b - \rho^2}} = - \sqrt{\frac{B}{b}} \frac{d \frac{\sqrt{b}}{\rho}}{\sqrt{\frac{b}{\rho^2} - 1}},$$

et, en faisant $\sqrt{\dfrac{b}{B}} = \lambda$,

$$\frac{\sqrt{b}}{\rho} = \frac{e^{\lambda\chi} + e^{-\lambda\chi}}{2}.$$

C'est là l'équation de la spirale représentée dans la figure 230.

On peut également obtenir les équations (35) et (38) en partant de cette remarque que la vitesse absolue avec laquelle le pôle m décrit l'herpolhodie est égale, à chaque instant, à la vitesse relative par rapport aux axes $Oxyz$ avec laquelle le point M décrit la polhodie : ce fait résulte de ce que les arcs correspondants des deux courbes sont égaux. On obtient alors les deux équations en écrivant que les projections de ces deux vitesses sur Pm sont égales et que les moments de ces deux vitesses, par rapport à OP, sont égaux.

Herpolhodographe de MM. Darboux et Kœnigs. — On a fait à la représentation de Poinsot le reproche *qu'elle ne représente pas le temps.* Effectivement, si l'on avait réalisé matériellement les deux cônes de sommet O ayant pour bases la polhodie et l'herpolhodie, et si, par un engrenage, on les obligeait à rouler l'un sur l'autre, on n'aurait pas encore la représentation complète du mouvement, car il faudrait, en outre, imprimer au cône roulant une vitesse angulaire instantanée, qui fût à chaque instant proportionnelle à Om. M. Darboux a montré (Note à la *Mécanique de Despeyrous*) qu'on peut construire un appareil réalisant cette condition, en associant la représentation précédente du mouvement avec une autre représentation qui est aussi due à Poinsot.

Soient, comme précédemment, m le point de contact de l'ellipsoïde d'inertie avec le plan II, P la projection du centre O sur II. Menons par le centre O (*fig.* 231) de l'ellipsoïde un plan II′ parallèle au plan fixe II, et

Fig. 231.

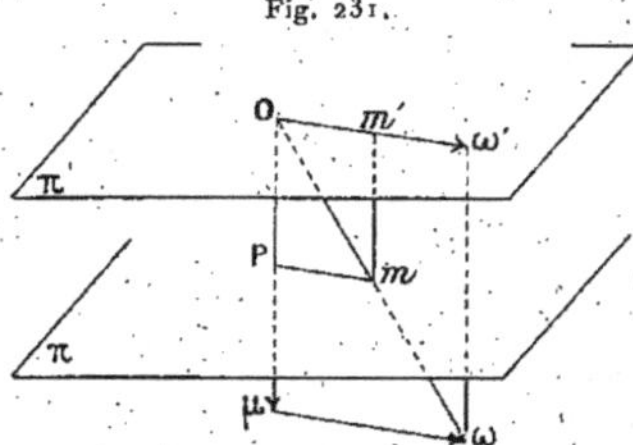

appelons m' la projection de m sur II′. La rotation instantanée $\omega = \overline{Om}\sqrt{h}$ dirigée suivant Om peut être décomposée en deux, l'une dirigée suivant OP ayant la valeur constante $\mu = OP.\sqrt{h}$, l'autre dirigée suivant Om égale à $Om'.\sqrt{h}$. Si donc l'on imprime au plan II′ une rotation constante μ

autour de OP, le mouvement de l'ellipsoïde par rapport au plan II', devenu ainsi mobile, se réduira à chaque instant à la seule rotation autour de Om'. Dans le cours du mouvement, Om' change soit dans le corps, soit dans l'espace; dans le corps, il décrit un cône (C') du second ordre, et dans l'espace il décrit le plan II'. Le mouvement relatif de l'ellipsoïde par rapport au plan II' devenu mobile, se réduira donc au roulement du cône (C') sur ce plan, la vitesse relative de roulement étant constamment égale à $Om'\sqrt{\bar{h}}$.

Le mouvement du corps peut donc être représenté par le roulement du cône (C'), invariablement lié au corps, sur le plan II', ce roulement s'effectuant avec la vitesse angulaire instantanée $Om'.\sqrt{h}$, pendant que le plan tourne avec une vitesse constante μ autour de sa normale OP.

Vérifions que le cône (C') est du second ordre. Pour définir ce cône, nous chercherons le lieu des diverses positions du point m' par rapport aux axes $Oxyz$ de l'ellipsoïde. Le point $m'(x', y', z')$ étant situé sur la normale au pôle $m(x, y, z)$, à l'ellipsoïde d'inertie, on a

$$(40) \qquad \frac{x'-x}{Ax} = \frac{y'-y}{By} = \frac{z'-z}{Cz} = \lambda;$$

ce point étant dans le plan II' parallèle au plan tangent m à l'ellipsoïde, on a aussi

$$(41) \qquad Axx' + Byy' + Czz' = 0.$$

Appelons λ la valeur commune des rapports (40) et portons dans (41) les valeurs de x', y', z' tirées de (40); il vient

$$Ax^2 + By^2 + Cz^2 + \lambda(A^2x^2 + B^2y^2 + C^2z^2) = 0.$$

D'après les équations (29) et (30) de la polhodie, le premier terme de cette relation est 1, le deuxième D; on a donc

$$\lambda = -\frac{1}{D};$$

et les relations (40) donnent, pour les coordonnées de m',

$$x' = x\frac{D-A}{D}, \qquad y' = y\frac{D-B}{D}, \qquad z' = z\frac{D-C}{D}.$$

On peut ainsi déduire le lieu des points m' du lieu des points m. Comme la polhodie, lieu du point m, est sur le cône

$$Ax^2(A-D) + By^2(B-D) + Cz^2(C-D) = 0,$$

on voit que le point m' est sur le cône (C') :

$$(42) \qquad \frac{A\,x^2}{A-D} + \frac{B\,y^2}{B-D} + \frac{C\,z^2}{C-D} = 0.$$

Telle est l'équation du cône (C'), lieu des droites Om' dans le corps; il est bien du second ordre.

Ce point étant établi, revenons au mouvement. En rapprochant les deux modes de représentation du mouvement donnés par Poinsot, on voit que, pendant le roulement de l'ellipsoïde central sur le plan fixe Π, le cône (C'), invariablement lié au corps, roule sur le plan Π', tandis que celui-ci tourne avec la vitesse angulaire constante μ autour de OP.

Alors, supposons le cône (C') de sommet fixe O et le plan Π' réalisés matériellement, le plan Π' pouvant tourner autour de OP et le cône (C') étant, à l'aide d'un engrenage, assujetti à rouler sur le plan Π'; supposons d'autre part la polhodie réalisée matériellement sur l'ellipsoïde et assujettie, par un engrenage ou par un frottement considérable, à rouler sur le plan Π; enfin, imaginons le corps solide animé de son mouvement : il entraînera le cône (C') qui, en roulant sur le plan Π', obligera celui-ci à tourner avec une vitesse angulaire *constante*. Inversement, si l'on oblige, par un mécanisme d'horlogerie, le plan Π' à tourner autour de OP avec une vitesse angulaire *constante*, ce plan entraînera le cône C' qui, à son tour, obligera la polhodie à rouler sur le plan Π, conformément à la loi du mouvement. C'est d'après ces principes que MM. Darboux et Kœnigs ont fait construire un appareil, l'*herpolhodographe*, qui fournit une réalisation cinématique complète de toutes les circonstances du mouvement d'un corps solide. Nous n'insisterons pas sur les détails de construction de cet appareil dont on trouvera une description dans un article de M. Kœnigs (*Revue générale des Sciences*, 30 avril 1891 ; Carré). Terminons par une remarque due à M. Kœnigs (*Bulletin de la Société mathématique de France*, t. XVIII, p. 163 et 131). La loi de la vitesse étant le but essentiel de l'appareil, il est à souhaiter que les variations en soient assez sensibles pour être perçues à l'œil. Malheureusement, il se trouve qu'on est très limité à cet égard. Si l'on fait rouler sur un plan un ellipsoïde *quelconque* dont le centre demeure fixe, suivant la loi de Poinsot, c'est-à-dire avec une vitesse angulaire proportionnelle au diamètre du point de contact, le rapport de la plus petite valeur de la vitesse angulaire à la plus grande peut prendre toutes les valeurs voulues entre 0 et 1. Il suffit de choisir convenablement l'ellipsoïde et le plan sur lequel il roule. On peut ainsi obtenir des variations de vitesse angulaire allant du simple au double ou au quintuple et très facilement perceptibles. Mais, dans le cas du mouvement d'un corps solide, l'ellipsoïde roulant est un ellipsoïde d'inertie, et l'on a $A < B + C$. Cette inégalité limite le choix qu'on peut faire de l'ellipsoïde roulant, et il arrive que *le rapport de la plus petite valeur de la vitesse angulaire à la plus grande est alors nécessairement* compris entre 1 et $\dfrac{1}{\sqrt{2}}$; c'est ce qu'on démontrera à titre d'exercice. On peut, du reste, réaliser des conditions qui s'approchent autant qu'on le veut de ces deux limites. La variation, on le voit, est assez faible, et demande forcément, pour être perçue, une attention un peu soutenue. L'inégalité $A < B + C$ a donc pour effet, d'une part, de supprimer les inflexions dans l'herpolhodie, et, d'autre part, d'assurer une certaine stabilité à la valeur de la vitesse angulaire.

Recherches d'Halphen et de M. Greenhill. — M. Greenhill, dont nous avons déjà cité les intéressantes recherches sur le cas où le problème du pendule sphérique se ramène à une intégrale pseudo-elliptique, a indiqué également des cas où le problème de Poinsot se ramène à une intégrale pseudo-elliptique. Ces recherches sont développées dans les *Fonctions elliptiques* de M. Greenhill et dans un Mémoire : *On pseudo-elliptic integrals and their dynamical application* (*Proceedings of the London Mathematical Society*, vol. XXV). L'exemple le plus simple conduit à une herpolhodie algébrique du quatrième ordre, signalée pour la première fois par Halphen. Dans ces recherches, qui présentent surtout un caractère géométrique et analytique, Halphen et M. Greenhill supposent qu'on fasse rouler sur un plan fixe Π une quadrique *quelconque* à centre, de sorte que, dans l'équation de cette quadrique,

$$(43) \qquad A x^2 + B y^2 + C z^2 = 1,$$

les coefficients sont quelconques et peuvent même être négatifs. (*Voir* HALPHEN, *Fonctions elliptiques*, t. II, p. 282.)

Théorème de Sylvester. — Sylvester a montré que les deux représentations de Poinsot sont des cas particuliers d'une infinité d'autres, obtenues de la façon suivante. On considère une quadrique homothétique à une quadrique homofocale de l'ellipsoïde d'inertie, et on la fait rouler et pivoter sur un plan Π' parallèle au plan fixe Π, situé à une distance constante OP' du centre et animé d'une rotation uniforme autour de OP'. (*Philosophical Transactions*, 1866). Nous nous bornons à énoncer cette belle proposition que le lecteur démontrera comme exercice et dont une démonstration a été indiquée par Darboux (Note à la *Mécanique* de Despeyrous).

III. — MOUVEMENT D'UN SOLIDE PESANT AUTOUR D'UN POINT FIXE.

394. Intégrales fournies par les théorèmes généraux. — Soit un corps solide pesant mobile autour d'un point O. Prenons comme axes fixes trois axes $Ox_1 y_1 z_1$, l'axe Oz_1 étant vertical vers le haut; et comme axes mobiles $Oxyz$ *liés au corps*, les trois axes principaux d'inertie relatifs au point O, avec les mêmes notations que précédemment. Appelons M la masse totale du corps ; ξ_1, η_1, ζ_1 les coordonnées de son centre de gravité G par rapport aux axes fixes ; ξ, η, ζ les coordonnées du même point G par rapport aux axes mobiles : ces dernières coordonnées ξ, η, ζ sont évidemment des constantes. On peut alors écrire les deux intégrales premières suivantes :

1° *Intégrale des forces vives.* — La force vive du corps étant $Ap^2 + Bq^2 + Cr^2$ et la seule force agissant sur le corps étant le poids Mg appliqué en G, on a

$$d\,\tfrac{1}{2}(Ap^2 + Bq^2 + Cr^2) = -Mg\,d\zeta_1,$$

$$(44) \qquad Ap^2 + Bq^2 + Cr^2 = -2Mg\zeta_1 + h.$$

2° *Intégrale des aires.* — Les forces extérieures agissant sur e corps sont la réaction du point fixe qui rencontre Oz_1 et le poids Mg parallèle à Oz_1 ; la somme de leurs moments par rapport à Oz_1 est *nulle :* la somme des moments des quantités de mouvement par rapport à Oz_1 est donc *constante;* le théorème des aires s'applique à la projection du mouvement sur le plan x_1Oy_1. Nous avons vu que le moment résultant $O\sigma$ des quantités de mouvement a pour projections Ap, Bq, Cr sur les axes Ox, Oy, Oz : ce moment a donc pour projection, sur Oz_1,

$$Ap\gamma + Bq\gamma' + Cr\gamma'';$$

cette projection étant constante, on a la deuxième intégrale

$$(45) \qquad Ap\gamma + Bq\gamma' + Cr\gamma'' = K.$$

On ne connaît pas d'autre intégrale première que ces deux-là, dans le cas où le corps est quelconque et le centre de gravité placé d'une manière arbitraire. Ce n'est qu'en faisant des hypothèses particulières sur la nature du corps et la position du centre de gravité qu'on a pu trouver une troisième intégrale. Les cas particuliers ainsi complètement résolus sont les suivants :

1° *Cas d'Euler et de Poinsot.* — Le corps est quelconque, mais le centre de gravité est au point fixe O. C'est le cas traité dans le paragraphe précédent.

2° *Cas de Lagrange et de Poisson.* — L'ellipsoïde d'inertie relatif au point fixe est de révolution : le centre de gravité se trouve sur l'axe de révolution.

3° *Cas de Mme Kowaleski.* — L'ellipsoïde d'inertie relatif au point fixe est de révolution autour de Oz par exemple : le centre de gravité est dans le plan de l'équateur ($\zeta = o$), et l'on a

$$A = B = 2C.$$

Nous allons traiter en détail le cas le plus simple, celui de Lagrange et de Poisson. L'ellipsoïde d'inertie en O est supposé de révolution, et le centre de gravité sur l'axe de révolution.

395. **Cas de Lagrange et de Poisson.** — Prenons pour axe Oz l'axe de révolution de l'ellipsoïde d'inertie relatif au point O, et prenons comme sens positif sur cet axe le sens OG, allant de l'origine au centre de gravité G. Alors $A = B$, $\xi = \eta = o$, $\zeta > o$. On a de plus $\zeta_1 = \zeta \cos\theta$, puisque θ est l'angle de Oz avec Oz_1. Voyons d'abord ce que deviennent les deux intégrales (44) et (45) qui existent toujours. D'abord, le théorème des forces vives nous donne

$$(46) \qquad A(p^2 + q^2) + Cr^2 = -2Mg\zeta_1 + h = -2Mg\zeta\cos\theta + h.$$

Puis, en écrivant que la projection du moment résultant $O\sigma$ des quantités de mouvement sur l'axe des z_1 est une constante K, on a, d'après (45), en se rappelant les expressions de γ, γ', γ'' en fonction de θ et φ,

$$(47) \qquad Ap\sin\theta\sin\varphi + Aq\sin\theta\cos\varphi + Cr\cos\theta = K.$$

Nous joindrons à ces deux intégrales l'équation d'Euler,

$$C\frac{dr}{dt} + (B - A)pq = N,$$

qui se réduit ici à

$$(48) \qquad \frac{dr}{dt} = o \qquad \text{où} \qquad r = r_0,$$

puisque $B - A$ et N sont nuls. Ces trois équations peuvent s'écrire

$$p^2 + q^2 = \alpha - a\cos\theta,$$
$$\sin\theta(p\sin\varphi + q\cos\varphi) = \beta - br_0\cos\theta,$$
$$r = r_0,$$

196

a, b, α, β étant des constantes, dont les premières, a, b, sont des constantes positives déterminées, puisque leurs valeurs sont respectivement $\dfrac{2\mathrm{M}g\zeta}{\mathrm{A}}$ et $\dfrac{\mathrm{C}}{\mathrm{A}}$, et les deux autres, α et β, des constantes arbitraires.

Nous supposons dans ce qui suit r_0 *différent de zéro* : si r_0 était nul, le mouvement de l'axe Oz du corps serait identique au mouvement du fil d'un pendule sphérique (n° 277).

Les angles φ, θ, ψ sont liés à p, q, r par les relations

$$p = \frac{d\psi}{dt} \sin\theta \sin\varphi + \frac{d\theta}{dt} \cos\varphi,$$

$$q = \frac{d\psi}{dt} \sin\theta \cos\varphi - \frac{d\theta}{dt} \sin\varphi,$$

$$r = \frac{d\psi}{dt} \cos\theta + \frac{d\varphi}{dt}.$$

En portant ces valeurs dans les équations ci-dessus, elles deviennent

$$(49) \quad \begin{cases} \sin^2\theta \left(\dfrac{d\psi}{dt}\right)^2 + \left(\dfrac{d\theta}{dt}\right)^2 = \alpha - a\cos\theta, \\[2mm] \sin^2\theta \dfrac{d\psi}{dt} = \beta - br_0\cos\theta, \\[2mm] \dfrac{d\psi}{dt}\cos\theta + \dfrac{d\varphi}{dt} = r_0. \end{cases}$$

L'élimination de $\dfrac{d\psi}{dt}$ entre les deux premières nous donnera l'équation en θ

$$(\beta - br_0\cos\theta)^2 + \sin^2\theta \left(\frac{d\theta}{dt}\right)^2 = \sin^2\theta (\alpha - a\cos\theta)$$

ou, en posant $\cos\theta = u$,

$$(50) \qquad \left(\frac{du}{dt}\right)^2 = (\alpha - au)(1 - u^2) - (\beta - br_0 u)^2 = f(u);$$

la seconde équation donne d'ailleurs

$$(51) \qquad \frac{d\psi}{dt} = \frac{\beta - br_0 u}{1 - u^2},$$

et la troisième

$$(52) \qquad \frac{d\varphi}{dt} = r_0 - u\frac{d\psi}{dt} = r_0 - u\frac{\beta - br_0 u}{1 - u^2}.$$

Le polynome $f(u)$ est négatif pour les valeurs $-\infty$, -1 et $+1$ de u, tandis qu'il est positif pour la valeur initiale u_0 de u, qui rend nécessairement $\frac{du}{dt}$ réel, et pour $u = +\infty$; il a donc ses trois racines u_1, u_2, u' réelles et comprises respectivement dans les intervalles

$$(-1, u_0) \quad (u_0, +1) \quad \text{et} \quad (+1, +\infty).$$

Nous pouvons alors écrire

$$f(u) = a(u - u_1)(u_2 - u)(u' - u);$$

le dernier facteur est essentiellement positif, puisque u, étant un cosinus, reste toujours compris entre -1 et $+1$; u partant de u_0, qui est compris entre u_1 et u_2, doit demeurer dans l'intervalle u_1, u_2 pour que $f(u)$ reste positif; il en résulte que l'angle θ oscille entre les angles limites θ_1, θ_2 ($\theta_1 > \theta_2$) dont les cosinus sont u_1 et u_2; quand u augmente de u_1 à u_2, il faut prendre

$$\frac{du}{dt} = + \sqrt{f(u)};$$

puis, quand u diminue de u_2 à u_1, il faut prendre le signe $-$.

Si donc on décrit ($fig.$ 232), autour de Oz_1 comme axe, deux cônes de révolution C_1 et C_2 de sommet O et de demi-angles aux sommets θ_1 et θ_2, l'axe Oz sera constamment compris entre ces deux cônes. Pour faire la figure, décrivons de O comme centre

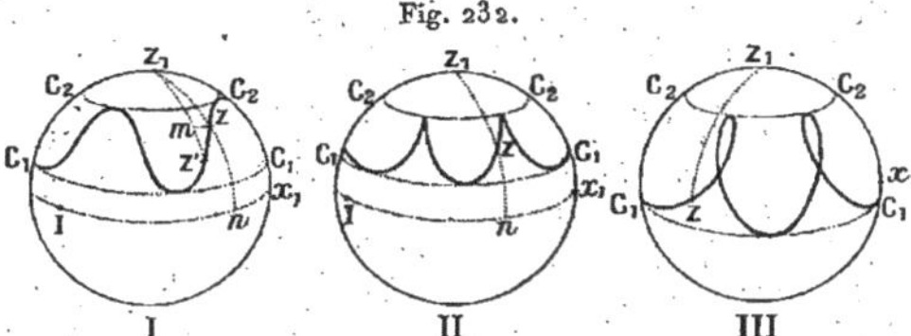

Fig. 232.

une sphère de rayon égal à l'unité; les traces des deux cônes C_1 et C_2 sur cette sphère seront deux cercles C_1 et C_2 de pôle z_1, en appelant z_1 le point où l'axe Oz_1 perce la sphère. Le point z, où l'axe de révolution Oz perce la sphère, a pour cote u: il est toujours compris entre les deux cercles et décrit une courbe qui va de l'un à l'autre. Quand ces deux cercles sont très rapprochés, l'axe du cône décrit approximativement un cône de révolution autour de Oz_1 ; quand les conditions initiales sont telles que ces deux cercles soient confondus ($u_1 = u_2$), l'axe Oz décrit rigoureusement un cône de révolution autour de Oz_1. En général, la courbe décrite par z est tangente aux deux cercles C_1 et C_2. En effet, définissons la position du point z sur la sphère par l'arc vecteur $z_1 z = \theta$ et par l'angle polaire $x_1 z_1 z = \chi$ que fait $z_1 z$ avec le méridien $z_1 x_1$. Cet angle est mesuré sur le grand cercle de pôle z_1 par l'arc $x_1 n$. Comme la droite OI, qui fait l'angle ψ avec Ox_1, est perpendiculaire au plan $z_1 O z$, l'arc nI égale $\frac{\pi}{2}$ et l'on a (*fig.* 232)

$$(53) \qquad \chi = \psi - \frac{\pi}{2}.$$

Comme

$$\frac{du}{dt} = \sqrt{f(u)}, \qquad \frac{d\chi}{dt} = \frac{d\psi}{dt} = \frac{\beta - br_0 u}{1 - u^2},$$

on a, en éliminant dt,

$$(54) \qquad d\chi = \frac{(\beta - br_0 u)\, du}{(1 - u^2)\,\sqrt{f(u)}},$$

équation différentielle de la courbe lieu du point z. Cette équation donne χ en fonction de u, c'est-à-dire en fonction de θ par une quadrature.

L'angle V que fait la tangente à la courbe sphérique lieu de z avec l'arc vecteur $z_1 z$ est

$$\operatorname{tang} V = \frac{\sin\theta\, d\chi}{d\theta} ;$$

c'est ce qu'on voit immédiatement en considérant le triangle rectangle zmz' formé par un arc infiniment petit de la courbe zz', l'arc de parallèle zm et l'arc de méridien mz' ; dans ce triangle, l'angle en z' est V, l'arc mz' est $d\theta$, l'arc mz est $\sin\theta\, d\chi$, car le rayon de cet arc est $\sin\theta$ (*fig.* 232, I). Comme nous avons posé $\cos\theta = u$, nous avons

$$\operatorname{tang} V = -\frac{(1 - u^2)\, d\chi}{du}.$$

ou, d'après (54),

$$(55) \qquad \operatorname{tang} V = - \frac{\beta - br_0 u}{\pm \sqrt{f(u)}}.$$

L'angle V est droit chaque fois que u prend une des valeurs u_1 et u_2 qui annulent $f(u)$. La courbe est donc bien tangente aux deux cercles (*fig.* 232, I et III). Il y aurait exception dans le cas particulier où une des limites u_1 et u_2 annulerait le numérateur $\beta - br_0 u$; sur le cercle correspondant, tang V serait alors *nulle* et la courbe présenterait des rebroussements sur ce cercle (*fig.* 232, II). Nous verrons, plus loin, que ce fait ne peut se présenter que sur le cercle supérieur C_2.

Pour voir quelles sont les différentes formes de cette courbe, voyons dans quel sens tourne sur la sphère l'arc vecteur $z_1 z$.

D'après la relation

$$\frac{d\chi}{dt} = \frac{d\psi}{dt} = \frac{\beta - br_0 u}{1 - u^2},$$

si la valeur $\frac{\beta}{br_0}$, qui annule le numérateur, n'est pas comprise entre les limites u_1 et u_2, $\frac{d\chi}{dt}$ garde constamment le même signe, et l'arc vecteur $z_1 z$ tourne toujours dans le même sens; la courbe a alors la forme I (*fig.* 232); si $\frac{\beta}{br_0}$ est compris entre u_1 et u_2, $\frac{d\chi}{dt}$ est tantôt positif, tantôt négatif, l'arc vecteur $z_1 z$ tourne tantôt dans un sens, tantôt dans l'autre; la courbe a là forme III (*fig.* 232); si $\frac{\beta}{br_0}$ est égal à l'une des limites, $\frac{d\chi}{dt}$ conserve encore le même signe; mais alors la courbe a des rebroussements sur le cercle correspondant à cette limite (*fig.* 232, II).

Ces trois cas se distinguent facilement d'après les conditions initiales. Lorsque $\frac{\beta}{br_0}$ est, en valeur absolue, plus grand que 1, il ne peut pas être entre les limites u_1 et u_2. Lorsque la valeur absolue de $\frac{\beta}{br_0}$ est plus petite que 1, le résultat de la substitution de cette quantité dans $f(u)$,

$$f\left(\frac{\beta}{br_0}\right) = \left(\alpha - \frac{\alpha\beta}{br_0}\right)\left(1 - \frac{\beta^2}{b^2 r_0^2}\right),$$

est du signe de $\alpha - \dfrac{a\beta}{br_0}$; suivant que ce facteur est positif ou négatif, $\dfrac{\beta}{br_0}$ est ou non entre les limites u_1 et u_2. Dans un cas intermédiaire, $\alpha - \dfrac{a\beta}{br_0}$ peut être nul; alors $\dfrac{\beta}{br_0}$ est égal à l'une des limites u_1 ou u_2; il est aisé de voir que c'est toujours à u_2. En effet, nous supposons

$$-1 < \frac{\beta}{br_0} < 1, \qquad \alpha = a\frac{\beta}{br_0};$$

alors $f(u)$ devient, en remplaçant α par cette valeur,

$$f(u) = \left(\frac{\beta}{br_0} - u\right)\left[a(1 - u^2) - b^2 r_0^2\left(\frac{\beta}{br_0} - u\right)\right].$$

Une des racines comprises entre -1 et $+1$ est en évidence; l'autre doit annuler la quantité entre crochets, elle rend donc $\dfrac{\beta}{br_0} - u$ positif et elle est moindre que $\dfrac{\beta}{br_0}$: c'est donc la plus grande racine u_2 qui devient égale à $\dfrac{\beta}{br_0}$. Les rebroussements sont donc sur le cercle C_2. Ce dernier cas se présente dans les conditions initiales du numéro suivant, faciles à réaliser.

Dans le cas de la forme III (*fig.* 232) nous avons admis, pour faire la figure, que la variation totale de ψ correspondant à une période d'oscillation complète de u, de u_1 à u_2 et de u_2 à u_1, est différente de zéro et de même signe que la variation élémentaire de cet angle au moment où u atteint sa plus petite valeur u_1. La démonstration rigoureuse de cette propriété nous entraînerait trop loin : on la trouvera dans une Note de M. Hadamard (*Bulletin des Sciences mathématiques*, 1895, Ire Partie, p. 228).

Il peut arriver que la plus grande racine u_2 soit égale à 1 : le petit cercle supérieur se réduit alors au point le plus haut de la sphère : ce cas se présente en particulier quand, à l'instant initial, l'axe Oz se confond avec la verticale ascendante.

396. **Cas particulier.** — Considérons une toupie mobile autour d'un point fixe de son axe O; prenons l'extrémité z de l'axe de la toupie entre les doigts de telle façon qu'il fasse avec la verticale un angle θ_0 différent de 0 et de π; puis imprimons à la toupie, avec un fil enroulé par exemple, une vitesse angulaire de rotation très

grande r_0 autour de Oz. Tant qu'on tient l'extrémité z de l'axe entre les doigts, la toupie forme un corps solide mobile autour d'un axe principal Oz; la vitesse angulaire r_0 persiste; les pressions sur le point O et sur les doigts sont les mêmes que si la toupie ne tournait pas (n° 360, *cas particulier*). Qu'arrive-t-il quand on lâche l'extrémité z? La toupie devient alors mobile autour du point O et le mouvement se fait conformément aux lois précédentes. Actuellement, la toupie tourne d'abord autour de Oz; donc les valeurs initiales p_0 et q_0 de p et q sont nulles.

Nous avons posé $\cos\theta = u$; les équations du n° 395

$$p^2 + q^2 = \alpha - au, \qquad \sin\theta\,(p\sin\varphi + q\cos\varphi) = \beta - br_0 u$$

montrent alors qu'à l'instant initial on a

$$\alpha - au_0 = 0, \qquad \beta - br_0 u_0 = 0,$$

u_0 étant égal à $\cos\theta_0$. Remplaçons les constantes α et β par ces valeurs; nous avons

$$(56) \qquad \left(\frac{du}{dt}\right)^2 = (u_0 - u)[a(1 - u^2) - b^2 r_0^2(u_0 - u)].$$

Pour que $\left(\frac{du}{dt}\right)^2$ reste positif, u doit osciller entre la valeur u_0 et une valeur u_1 comprise entre -1 et $+1$ qui annule la quantité entre crochets et nous donne par conséquent

$$a(1 - u_1^2) - b^2 r_0^2(u_0 - u_1) = 0,$$

d'où

$$u_0 - u_1 = \frac{a(1 - u_1^2)}{b^2 r_0^2};$$

$u_0 - u_1$ est ainsi positif et la seconde limite est inférieure à la première; c'est donc la plus grande racine, appelée u_2 dans le cas général, qui est égale à u_0. Le cercle limite C_1 relatif à la racine u_1 sera donc au-dessous du cercle C_2 qui correspond à la racine u_0. Le lieu décrit par z sur la sphère sera d'ailleurs tangent au premier et normal au second, d'après ce que nous avons vu tout à l'heure, puisque u_0 annule l'expression $\beta - br_0 u$ (*fig.* 232, II).

L'expression de $\frac{d\psi}{dt}$ devient, dans ce cas particulier,

$$\frac{d\psi}{dt} = \frac{br_0(u_0 - u)}{1 - u^2}.$$

$\frac{d\psi}{dt}$ garde donc un signe constant, celui de r_0; il en résulte que la rotation du plan $z_1 O z$ autour de $O z_1$ se fait toujours dans le même sens; ce sens étant d'ailleurs toujours le même que celui de la rotation initiale autour de $O z$ ou de OG, puisque nous avons pris OG comme sens positif de l'axe de révolution.

Supposons plus spécialement que la rotation initiale r_0 soit très grande; l'égalité

$$u_0 - u_1 = \frac{a(1 - u_1^2)}{b^2 r_0^2}$$

montre que u_0 différera peu de u_1; le cône lieu de $O z$ sera donc compris entre deux cônes de révolution très voisins. D'ailleurs, le mouvement de rotation du plan $z_1 O z$ se fera très lentement; nous avons, en effet,

$$\frac{d\psi}{dt} = \frac{b r_0 (u_0 - u)}{1 - u^2};$$

comme $u_0 - u$ reste inférieur à $u_0 - u_1$, c'est-à-dire à $\frac{a(1 - u_1^2)}{b^2 r_0^2}$, on a, en valeur absolue,

$$\left| \frac{d\psi}{dt} \right| < \left| \frac{a(1 - u_1^2)}{b r_0 (1 - u^2)} \right|,$$

le facteur $\frac{1 - u_1^2}{1 - u^2}$ restant très voisin de l'unité, car u reste voisin de u_1, $\frac{d\psi}{dt}$ reste très petit, de l'ordre de $\frac{1}{r_0}$. Ainsi donc, si l'on fait tourner très rapidement le corps autour de $O z$, puis qu'on l'abandonne à lui-même, il semblera continuer à tourner autour de cet axe, qui paraîtra lui-même entraîné d'un mouvement de rotation très lent autour de $O z_1$, les deux mouvements de rotation se faisant tous deux dans le sens positif ou tous deux dans le sens négatif autour de leurs axes respectifs $O z_1$ et OG.

Ces propriétés sont mises en évidence dans la *balance gyroscopique*. Cet appareil se compose de deux corps pesants de révolution M, m montés sur la même tige AOA', mobile autour du point O, à l'aide d'une suspension à la Cardan, par exemple. En faisant glisser la masse m sur la tige, on pourra amener le centre de gravité du système sur l'une ou l'autre des demi-droites OA, OA'. Si nous faisons tourner rapidement le système autour de OA

dans le sens positif et que nous l'abandonnions à lui-même, nous verrons l'axe OA tourner autour de la verticale dirigée vers le haut dans le sens positif si le centre de gravité est sur OA, et en sens contraire s'il est sur OA'. Dans le cas particulier où le centre

Fig. 233.

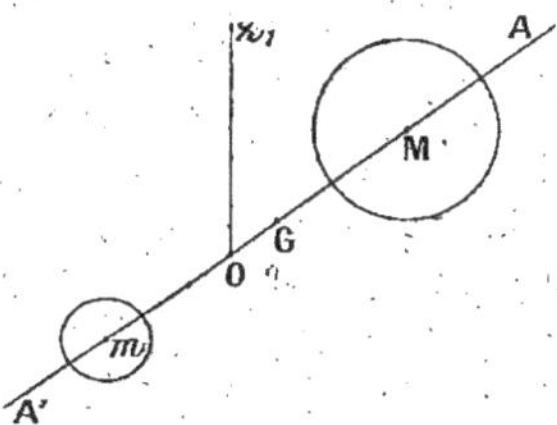

de gravité serait au point de suspension, la rotation se continue- rait indéfiniment autour de l'axe OA qui resterait immobile. Cette droite serait, en effet, dans ce cas, un axe permanent de rotation.

On rencontre, dans cette théorie, le premier exemple d'un pa- radoxe qui se présente constamment pour les solides de révolu- tion en rotation rapide autour de leur axe. L'axe OGA de la toupie étant maintenu immobile pendant qu'on imprime à la toupie une rotation très grande r_0 autour de l'axe, il semble, quand on aban- donne le corps à lui-même, que la pesanteur doit déplacer l'axe dans le plan vertical z_1OA : au contraire, l'axe, après avoir un peu fléchi, *sort de ce plan suivant une direction à peu près perpen- diculaire au plan* et décrit sensiblement un cône de révolution autour de Oz_1.

Avec ces conditions initiales particulières, il est aisé d'avoir des valeurs approchées de θ, φ, ψ en s'appuyant sur ce que r_0 est très grand.

Comme $u_0 - u$, c'est-à-dire $\cos\theta_0 - \cos\theta$, est de l'ordre de $\dfrac{1}{r_0^2}$, il en est de même de $\theta - \theta_0$, et l'on peut poser $\theta = \theta_0 + \dfrac{\eta}{r_0^2}$, où η reste fini. Alors

$$u = \cos\theta = \cos\theta_0 - \frac{\eta}{r_0^2}\sin\theta_0 = u_0 - \frac{\eta}{r_0^2}\sin\theta_0,$$

en développant $\cos\left(\theta_0 + \dfrac{\eta}{r_0^2}\right)$ en série et prenant les deux premiers termes.

Portons dans (56) et développons de même le deuxième membre par rapport aux puissances croissantes de $\frac{1}{r_0^2}$, en ne gardant que le premier terme; nous aurons

$$\frac{1}{r_0^2}\left(\frac{d\eta}{dt}\right)^2 = \eta(a\sin\theta_0 - b^2\eta).$$

Cette équation donne par l'inversion

$$\eta = \frac{a\sin\theta_0}{2b^2}(1 - \cos br_0 t), \qquad \theta = \theta_0 + \frac{a\sin\theta_0}{2b^2 r_0^2}(1 - \cos br_0 t).$$

Remplaçant de même, dans $\frac{d\psi}{dt}$ et $\frac{d\varphi}{dt}$, u par $u_0 - \frac{\eta\sin\theta_0}{r_0^2}$ et se bornant aux premiers termes du développement suivant les puissances croissantes de $\frac{1}{r_0^2}$, on a

$$\frac{d\psi}{dt} = \frac{a}{2br_0}(1 - \cos br_0 t), \qquad \frac{d\varphi}{dt} = r_0;$$

d'où, en intégrant et supposant que φ et ψ s'annulent avec t,

$$\psi = \frac{a}{2br_0}\left(t - \frac{\sin br_0 t}{br_0}\right), \qquad \varphi = r_0 t.$$

Les valeurs de θ et ψ définissent le mouvement de l'axe Oz; si l'on y négligeait les termes périodiques, elles définiraient une droite faisant un angle constant avec Oz_1 et tournant avec la vitesse angulaire constante $\frac{a}{2br_0}$.

Toupie dormante. — Dans le cas particulier que nous venons de développer, nous avons supposé $p_0 = q_0 = 0$, mais $0 < \theta_0 < \pi$. Voyons ce qui se passe quand θ_0 est égal à 0 ou à π.

Prenons, par exemple, le cas $\theta_0 = 0$, $u_0 = 1$: l'axe de la toupie est alors vertical à l'instant initial, le centre de gravité au-dessus de la pointe, et la toupie est mise en rotation autour de cet axe avec une vitesse r_0. Il faudra alors, dans les formules du n° 396, faire $u_0 = 1$; on a ainsi

$$(57) \qquad \left(\frac{du}{dt}\right)^2 = (1 - u)^2[a(1 + u) - b^2 r_0^2].$$

Dans ce cas, le polynome $f(u)$ formant le deuxième membre de $\left(\frac{du}{dt}\right)^2$ admet la racine double 1 et une racine simple supérieure à -1.

Dans ces conditions, l'axe de la toupie reste *vertical*: en effet, u étant un cosinus, et partant de 1, ne peut que rester constant ou diminuer: il faut donc, en extrayant la racine carrée des deux membres de (57), prendre la valeur négative de $\frac{du}{dt}$. Le temps que met u à acquérir une valeur différente de 1 est alors donné par l'intégrale

$$t = -\int_1^u \frac{du}{(1-u)\sqrt{a(1+u) - b^2 r_0^2}}$$

qui est *infinie*, car le coefficient de du contient le facteur $1-u$ au dénominateur. Donc u ne peut pas acquérir une valeur différente de 1 : l'axe de la toupie reste vertical. On a ainsi ce qu'on appelle la *toupie dormante.* Il resterait à chercher dans quel cas le mouvement ainsi obtenu est *stable.*

Supposons que l'on mette la toupie en rotation toujours avec la même vitesse r_0 autour de son axe de symétrie, mais que, dans l'instant initial, θ_0 au lieu d'être rigoureusement nul soit seulement *très petit,* c'est-à-dire que u_0 soit très voisin de 1. Le mouvement étudié sera stable si u reste voisin de 1, instable dans le cas contraire. Or, d'après ce qui précède, u reste compris entre u_0 et une autre racine u_1 de $f(u)$ comprise entre -1 et $+1$. Il faudra donc pour la stabilité que u_1 soit, comme u_0, très voisin de 1. En d'autres termes, il faudra que la vitesse de rotation r_0 soit telle que, dans le trinome en u,

$$a(1 - u^2) - b^2 r_0^2(u_0 - u),$$

la racine u_1 comprise entre -1 et $+1$ *soit très voisine de 1 en même temps que u_0.* Cette condition sera remplie si r_0 est suffisamment grand. On pourra consulter à ce sujet une Note de **M.** Klein, traduite dans les *Nouvelles Annales de Mathématiques* pour 1897.

397. Intégration par les fonctions elliptiques. — L'équation

$$dt = \frac{du}{\sqrt{f(u)}} = \frac{du}{\sqrt{a(u-u_1)(u_2-u)(u'-u)}}$$

donne u en fonction uniforme de t par une fonction elliptique. Pour réaliser cette inversion, il suffit d'employer la méthode même qui a été suivie au sujet du pendule sphérique, en faisant jouer aux racines u_1, u_2, u' le même rôle qu'aux racines α, β, γ dans le pendule sphérique (n° 277). Cette analogie n'a rien de surprenant : elle peut aller jusqu'à l'identité complète, car le problème du pendule sphérique est un cas très particulier du problème actuel, le cas où le corps pesant se réduirait à un seul point placé en son centre de gravité.

Une fois u ou $\cos\theta$ exprimé en fonction de t, les équations

$$\frac{d\psi}{dt} = \frac{\beta - br_0 u}{1 - u^2}, \qquad \frac{d\varphi}{dt} = r_0 - u\frac{\beta - br_0 u}{1 - u^2}$$

donnent également ψ et φ en fonction de t par des quadratures portant sur des fonctions elliptiques et pouvant, par suite, être effectuées à l'aide

des fonctions Θ et H de Jacobi. La quantité u est une fonction elliptique
de t avec une période réelle T,

$$T = 2 \int_{u_1}^{u_2} \frac{du}{\sqrt{f(u)}};$$

au bout du temps T, u, $\frac{d\psi}{dt}$ et $\frac{d\varphi}{dt}$ reprennent les mêmes valeurs : donc au
bout de cette période Θ redevient le même, ψ et φ augmentent de constantes. Nous ne développerons pas ces calculs, pour lesquels nous renverrons à un Mémoire de Lottner (*Journal de Crelle*, t. 50); aux
Traités d'Halphen et de M. Greenhill; aux *Principes de la Théorie
des Fonctions elliptiques*, par MM. Appell et Lacour; à l'Ouvrage
de MM. Klein et Sommerfeld (*Ueber die Theorie des Kreisels*), et à
une Note de Lacour (*Nouvelles Annales de Mathématiques*, 3e série,
t. XVIII, 1899).

On trouvera dans le Mémoire déjà cité de M. Greenhill (*Proceedings of
the London Mathematical Society*, vol. XXV) d'intéressants exemples
de réduction des intégrales elliptiques figurant dans la solution générale à
des intégrales pseudo-elliptiques. Nous en indiquerons quelques exemples,
particulièrement élégants, aux Exercices.

398. Représentation cinématique du mouvement. — Dans le Tome II
de la nouvelle édition des *Œuvres de Jacobi* ont paru, pour la première
fois, des fragments d'un travail que l'illustre géomètre avait préparé sur le
mouvement d'un corps pesant de révolution suspendu par un point de son
axe. Jacobi énonce ce théorème remarquable que le mouvement du corps
peut se ramener à la superposition de deux mouvements à la Poinsot.
Dans une Note insérée au Tome C des *Comptes rendus*, Halphen a donné
à ce théorème une autre forme en énonçant plusieurs résultats nouveaux.
Darboux a consacré à la même question un important Mémoire (*Journal de Mathématiques*, 1885), et plusieurs Notes placées à la fin de la
Mécanique de Despeyrous. A. de Saint-Germain a exposé ces résultats
dans un *Résumé de la théorie du mouvement d'un corps solide autour
d'un point fixe* (Librairie Gauthier-Villars, 1887). Enfin M. Greenhill a
développé cette théorie au point de vue de ses rapports avec les fonctions
elliptiques dans une Note insérée à la fin de l'*Annuaire des Mathémati-
ciens*, édition de 1902 (Carré et Naud). Les limites de cet Ouvrage ne nous
permettent pas d'exposer en détail ces propositions. Nous en signalons les
points essentiels dans les Exercices faisant suite au Chapitre, en indiquant
sommairement les démonstrations (Exercices 16 et suivants).

399. Cas d'intégrabilité de Mme Kowaleski. — Dans un Mémoire couronné par l'Académie des Sciences de Paris, en 1888, et inséré au Tome XII
des *Acta mathematica*, Mme Kowaleski a donné un nouveau cas d'intégrabilité des équations du mouvement d'un corps solide pesant autour

d'un point fixe. Voici d'abord la forme sous laquelle Mme Kowaleski prend les équations du mouvement.

Appelons comme précédemment γ, γ', γ'' les cosinus des angles que font les axes liés au corps $O\,xyz$ avec l'axe fixe $O\,z_1$, vertical vers le haut, et ξ, η, ζ les coordonnées du centre de gravité G par rapport à ces axes, coordonnées qui sont des constantes. Le poids P a pour projections sur les axes mobiles xyz

$$-\,\mathrm{P}\gamma, \quad -\,\mathrm{P}\gamma', \quad -\,\mathrm{P}\gamma'',$$

et pour moments par rapport à ces axes

$$\mathrm{L} = -\,\mathrm{P}(\eta\gamma'' - \zeta\gamma'), \qquad \mathrm{M} = -\,\mathrm{P}(\zeta\gamma - \xi\gamma''), \qquad \mathrm{N} = -\,\mathrm{P}(\xi\gamma' - \eta\gamma).$$

Les trois équations d'Euler deviennent donc

$$(58) \qquad \begin{cases} \mathrm{A}\dfrac{dp}{dt} + (\mathrm{C} - \mathrm{B})qr = \mathrm{P}(\zeta\gamma' - \eta\gamma''), \\[2mm] \mathrm{B}\dfrac{dq}{dt} + (\mathrm{A} - \mathrm{C})rp = \mathrm{P}(\xi\gamma'' - \zeta\gamma), \\[2mm] \mathrm{C}\dfrac{dr}{dt} + (\mathrm{B} - \mathrm{A})pq = \mathrm{P}(\eta\gamma - \xi\gamma'). \end{cases}$$

A ces équations joignons les trois suivantes, déjà données par Poisson : si, sur l'axe $O\,z_1$, on porte un segment OH égal à l'unité, l'extrémité H de ce segment a pour coordonnées, par rapport aux axes mobiles $O\,xyz$, γ, γ' et γ''. La vitesse relative V_r de ce point H, par rapport aux axes mobiles, a donc pour projections sur ces axes

$$\frac{d\gamma}{dt}, \quad \frac{d\gamma'}{dt}, \quad \frac{d\gamma''}{dt};$$

la vitesse d'entraînement V_e du même point, dans le système des axes mobiles, a pour projections sur ces axes

$$q\gamma'' - r\gamma', \qquad r\gamma - p\gamma'', \qquad p\gamma' - q\gamma;$$

la vitesse absolue de ce point a alors pour projections sur les axes mobiles les sommes des projections de la vitesse relative V_r et de la vitesse d'entraînement V_e (n° 45). Mais, comme le point H est immobile, sa vitesse absolue est *nulle*; on a donc

$$(59) \qquad \begin{cases} \dfrac{d\gamma}{dt} + q\gamma'' - r\gamma' = 0, \\[2mm] \dfrac{d\gamma'}{dt} + r\gamma - p\gamma'' = 0, \\[2mm] \dfrac{d\gamma''}{dt} + p\gamma' - q\gamma = 0. \end{cases}$$

Ces équations, jointes aux équations (58), forment un système de six équations du premier ordre définissant p, q, r, γ, γ', γ'' en fonction de t.

On connaît, de ce système, deux intégrales algébriques en p, q, r, γ, γ', γ'' fournies par les théorèmes généraux ; ce sont (n° 394) l'intégrale des forces vives et l'intégrale des aires sur le plan horizontal $x_1 O y_1$: à ces intégrales nous pouvons joindre la relation évidente

$$\gamma^2 + \gamma'^2 + \gamma''^2 = 1.$$

La question est alors de découvrir une nouvelle intégrale. Dans le cas de Lagrange et Poisson ($A = B, \xi = \eta = o$), cette nouvelle intégrale est $r = r_0$. Dans le cas de Mme Kowaleski, on suppose encore l'ellipsoïde d'inertie de révolution, mais on le suppose particularisé de façon que

$$A = B = 2C;$$

on suppose de plus le centre de gravité G dans le plan de l'équateur, $\zeta = o$. Dans ce cas, on peut toujours choisir, comme axe Ox lié au corps, l'axe OG situé dans le plan de l'équateur et faire ainsi que $\eta = o$. Les trois équations (58) s'écrivent alors, en posant $\dfrac{P\xi}{C} = c$,

$$2\frac{dp}{dt} = qr, \qquad 2\frac{dq}{dt} = -pr + c\gamma'', \qquad \frac{dr}{dt} = -c\gamma'.$$

Multipliant la deuxième par i et ajoutant à la première, on a

$$2\frac{d}{dt}(p + iq) = -ri(p + iq) + c\gamma'' i.$$

De même, multipliant la deuxième des équations (59) par i et ajoutant à la première, on a

$$\frac{d}{dt}(\gamma + i\gamma') = -ri(\gamma + i\gamma') + \gamma'' i(p + iq).$$

L'élimination de γ'' entre ces deux équations donne

$$\frac{d}{dt}[(p + iq)^2 - c(\gamma + i\gamma')] = -ri[(p + iq)^2 - c(\gamma + i\gamma')]$$

ou encore

$$\frac{d\log[(p + iq)^2 - c(\gamma + i\gamma')]}{dt} = -ri.$$

En changeant i en $-i$, on a une deuxième relation de même forme ; cette nouvelle relation, ajoutée à la précédente, donne

$$\frac{d\log[(p + iq)^2 - c(\gamma + i\gamma')]}{dt} + \frac{d\log[(p - iq)^2 - c(\gamma - i\gamma')]}{dt} = o,$$

d'où, en intégrant et passant des logarithmes aux nombres,

$$[(p + iq)^2 - c(\gamma + i\gamma')][(p - iq)^2 - c(\gamma - i\gamma')] = \text{const.}$$

On a ainsi une nouvelle intégrale algébrique. Le problème peut alors s'achever par des quadratures comme on le verra dans le Mémoire de Mme Kowaleski. Des méthodes plus simples de réduction aux quadratures ont été données par M. Kötter (*Acta math.*, t. XVII) et par M. Kolossoff (*Math. Annalen*, Band LVI).

Cas général. — M. Ed. Husson a démontré que, en dehors des trois cas que nous venons d'étudier (cas d'Euler et de Poinsot, cas de Lagrange et de Poisson, cas de Mme Kowaleski), il est impossible d'obtenir une troisième intégrale algébrique, distincte de celles des forces vives et des moments, pour le mouvement d'un solide pesant suspendu par un point, les conditions initiales étant arbitraires. [Voir Ed. HUSSON, *Recherche des intégrales algébriques dans le mouvement d'un solide pesant autour d'un point fixe* (*Thèse*, Annales de la Faculté des Sciences de Toulouse, 2e série, t. VIII, 1906); *Sur un théorème de M. Poincaré relativement au mouvement d'un solide pesant* (*Acta mathematica*, t. XXXI, 1908).]

On pourra consulter également deux articles de M. Paul Stäckel (*Ausgezeichnete Bewegungen des schweren unsymetrischen Kreisels* (*Mathematische Annalen*, t. LXV, 1908), et *Die reduzierten Differential gleichungen der Bewegung...* (*Ibid.*, t. LXVII, 1909).

Conditions initiales particulières. — Des conditions initiales particulières peuvent permettre l'intégration dans des cas autres que les trois cas classiques. C'est ainsi que, dans le cas particulier caractérisé par $\zeta = 0$, $A = B = 4C$, on peut ramener l'intégration à des quadratures lorsque la constante des aires sur le plan horizontal est *nulle. Voir* un article de M. KOLOSSOF, *Sur le cas de M. Goriatchoff de la rotation d'un corps pesant autour d'un point fixe* (*Rendiconti del Circolo di Palermo*, 10 août 1902), suivi d'observations de M. Marcolongo.

Un autre cas particulier est indiqué dans l'article intitulé : *Eine neue particuläre Lösung...*, von Nicolaus Kowaleski (*Math. Annalen*, t. LXV, 1908).

IV. — AUTRES PROBLÈMES; EMPLOI D'AXES MOBILES DANS LE CORPS ET DANS L'ESPACE; FROTTEMENTS ET RÉSISTANCES DE MILIEUX.

400. Exemple de l'emploi d'axes mobiles dans le corps et dans l'espace pour obtenir les équations générales du mouvement d'un solide de révolution suspendu par un point de son axe. — Nous avons indiqué, dans le n° 386, une méthode générale pour former

les équations du mouvement quand on emploie des axes mobiles
dans le corps et dans l'espace. Nous donnerons ici une application
de cette méthode, en considérant le cas particulier d'un corps de
nature telle que l'ellipsoïde d'inertie relatif au point fixe O soit
de révolution. Les équations que nous obtiendrons ainsi ont été
employées par Puiseux dans la théorie du mouvement de la Terre
autour de son centre, par Resal et par Slesser (*Quarterly Journal*,
1861).

Les axes fixes étant appelés $Ox_1y_1z_1$, et l'ellipsoïde d'inertie
relatif au point O étant de révolution, prenons les axes mobiles
suivants : soit d'abord Oz l'axe de révolution, l'axe Ox sera
perpendiculaire au plan z_1Oz (*fig.* 234) et l'axe Oy perpendi-

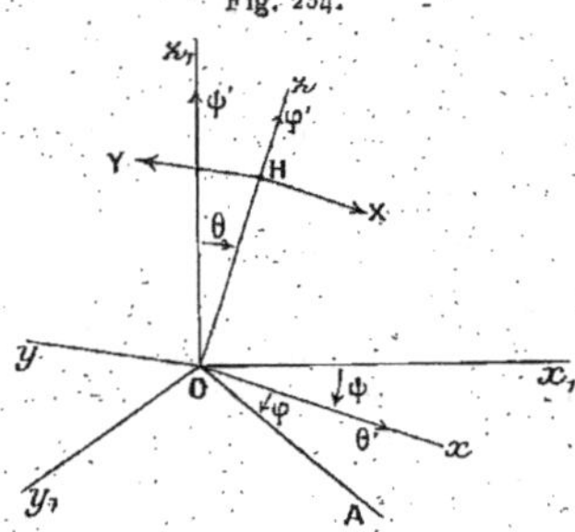

Fig. 234.

culaire au plan xOz dans un sens tel que le trièdre $Oxyz$ ait la
même orientation que le trièdre $Ox_1y_1z_1$.

Dans ces conditions, l'axe Ox est dans le plan x_1Oy_1 et la
position du trièdre mobile est définie par l'angle $\psi = \widehat{x_1Ox}$,
compté positivement dans le sens positif des rotations autour
de Oz_1, et par l'angle $\theta = \widehat{z_1Oz}$ compté positivement dans le sens
positif des rotations autour de Ox. Pour déterminer la rotation
instantanée Ω du trièdre de référence $Oxyz$, remarquons que l'on
amène ce trièdre de la position actuelle à la position infiniment
voisine par une rotation $d\psi$ autour de Oz_1 suivie d'une rotation $d\theta$
autour de Ox. La rotation Ω du trièdre est donc la résultante

de deux rotations $\psi' = \dfrac{d\psi}{dt}$ autour de Oz_1 et $\theta' = \dfrac{d\theta}{dt}$ autour de Ox,
et ses composantes P, Q, R, suivant $Oxyz$, sont

$$(\Omega) \qquad P = \theta', \qquad Q = \psi'\sin\theta, \qquad R = \psi'\cos\theta.$$

Quant à la rotation instantanée ω du corps solide, on l'obtient comme il suit. Une fois ψ et θ connus, la position du trièdre $Oxyz$ est connue, et il ne reste plus qu'à définir la position du solide par rapport à ce trièdre; pour cela, il suffit de connaître l'angle φ que fait une droite OA *invariablement liée au corps* et située dans le plan xOy avec l'axe Ox, cet angle étant compté positivement dans le sens positif des rotations autour de Oz_1.

On amène alors le corps d'une position à la position infiniment voisine en le faisant tourner des angles $d\psi$, $d\theta$, $d\varphi$ autour de Oz_1, Ox et Oz; la rotation instantanée ω du corps est la résultante de trois rotations ψ', θ', φ' autour des trois mêmes axes, et l'on a, pour les composantes de cette rotation,

$$(\omega) \qquad p = \theta', \qquad q = \psi'\sin\theta, \qquad r = \psi'\cos\theta + \varphi'.$$

Moment résultant des quantités de mouvement. — Comme l'ellipsoïde d'inertie en O est de révolution autour de Oz, les axes Ox, Oy, Oz sont des axes principaux d'inertie, et les moments d'inertie par rapport à Ox et Oy sont égaux à une même *constante* A, quoique ces axes se déplacent dans le corps. L'extrémité σ du moment résultant $O\sigma$ des quantités de mouvement par rapport à O a pour coordonnées, par rapport aux axes mobiles,

$$(6o) \qquad \sigma_x = Ap, \qquad \sigma_y = Aq, \qquad \sigma_z = Cr.$$

Équations du mouvement. — Appelons OS le moment résultant des forces par rapport à O, et

$$S_x, \; S_y, \; S_z$$

ses projections sur Ox, Oy, Oz. On obtiendra les équations du mouvement (n° 383), en écrivant que la vitesse absolue du point σ est égale et parallèle à OS; on a ainsi les trois équations générales du n° 386

$$\frac{d\sigma_x}{dt} + Q\sigma_z - R\sigma_y = S_x,$$

. . . .

Actuellement, σ_x, σ_y, σ_z ont les valeurs ci-dessus (60); en outre, on a

$$P = p, \qquad Q = q, \qquad R = q \cot\theta;$$

les équations deviennent alors

$$(61) \qquad \begin{cases} A\dfrac{dp}{dt} + (Cr - Aq\cot\theta)q = S_x, \\[2mm] A\dfrac{dq}{dt} - (Cr - Aq\cot\theta)p = S_y, \\[2mm] C\dfrac{dr}{dt} = S_z. \end{cases}$$

En y remplaçant p, q, r par leurs expressions ci-dessus, désignant les dérivées par rapport à t par des accents, et réduisant, on a

$$(62) \qquad \begin{cases} A\theta'' - A\psi'^2 \sin\theta\cos\theta + Cr\psi'\sin\theta = S_x, \\[2mm] A\psi''\sin\theta + 2A\psi'\theta'\cos\theta - Cr\theta' = S_y, \\[2mm] C\dfrac{dr}{dt} = C\dfrac{d(\varphi' + \psi'\cos\theta)}{dt} = S_z. \end{cases}$$

Ces équations sont surtout utiles dans le cas où, S_z étant nul, les moments S_x et S_y sont indépendants de φ, c'est-à-dire de l'angle dont le corps a tourné autour de son axe. Alors r est constant et les deux premières équations définissent θ et ψ en fonction de t. C'est ce qui se présente dans la méthode donnée par Puiseux pour le mouvement de la Terre autour de son centre de gravité.

On peut remarquer que l'on obtient l'équation des forces vives en multipliant la première de ces équations par $d\theta$, la deuxième par $\sin\theta\,d\psi$, la troisième par $r\,dt$, et ajoutant. On a ainsi

$$d\frac{1}{2}\left[A(\theta'^2 + \psi'^2\sin^2\theta) + Cr^2\right] = S_x\,d\theta + S_y\sin\theta\,d\psi + S_z r\,dt.$$

401. Sur quelques propriétés des solides de révolution en rotation rapide. — Lorsqu'un solide de révolution suspendu par un point de son axe est animé d'une rotation rapide autour de son axe, et qu'on essaie de changer la direction de l'axe dans l'espace en appliquant des forces en des points de l'axe, il se présente des circonstances paradoxales que nous nous proposons de mettre sommairement en évidence.

Supposons qu'un corps de révolution suspendu par un point O de son axe Oz soit soumis à des forces telles que *la somme de leurs moments par rapport à l'axe de révolution Oz soit constamment nulle.* Pour se représenter cet ensemble de forces d'une façon simple, on peut le réduire, comme nous allons le montrer, à une force F appliquée perpendiculairement à l'axe Oz en un point déterminé H pris sur l'axe, et à une autre force F' appliquée en O. En effet, on sait qu'on peut réduire un système de forces appliquées à un corps solide à une force unique Φ appliquée en O, et à un couple dont l'axe OS est le moment résultant des forces par rapport au point O. Actuellement, la somme des moments des forces par rapport à Oz étant nulle, la projection S_z de S sur Oz est nulle. L'axe OS du couple est donc perpendiculaire à Oz, et, comme on peut faire tourner un couple dans son plan pourvu qu'on n'altère pas son moment, on peut prendre pour bras de levier du couple une portion OH de l'axe. Le couple est alors formé d'une force F appliquée au point H de l'axe, perpendiculairement à l'axe, et d'une force égale et opposée $-$ F appliquée en O. Les forces Φ et $-$ F se composent en une force unique F' appliquée en O, et la réduction annoncée est faite.

La force F' est détruite par la résistance du point fixe O : elle n'a aucune influence sur la nature du mouvement, et elle intervient seulement dans le calcul de la pression sur le point O. Le mouvement a donc lieu sous l'action de la seule force F. On voit ainsi que le problème général énoncé se ramène toujours au cas simple où l'on appliquerait, sur l'axe de rotation, une seule force F normale à l'axe.

Traitons maintenant ce problème.

Prenons les axes mobiles du numéro précédent, l'axe Ox étant perpendiculaire au plan $z_1 Oz$ (*fig.* 234) et l'axe Oy perpendiculaire au plan zOx.

Appelons X, Y, o les composantes de F suivant ces trois axes, et $z = h$ la cote du point d'application H de cette force. Les moments de F par rapport aux axes $Oxyz$ sont

$$S_x = -hY, \qquad S_y = hX, \qquad S_z = o.$$

La troisième des équations (61) du numéro précédent donne

$$\frac{dr}{dt} = o, \qquad r = r_0$$

et les deux autres deviennent

$$(63) \quad \begin{cases} A \dfrac{dp}{dt} + (C r_0 - A q \cot\theta)q = -hY, \\[2mm] A \dfrac{dq}{dt} - (C r_0 - A q \cot\theta)p = hX. \end{cases}$$

Supposons qu'à l'instant initial le corps soit mis en rotation autour de Oz ($p_0 = q_0 = o$, $r_0 \neq o$) et qu'aucune force n'agisse (X = Y = o); alors ce mouvement de rotation persiste indéfiniment; l'axe Oz conserve une direction fixe dans l'espace; p et q restent nuls; cela résulte des propriétés élémentaires des axes principaux d'inertie en un point (n° 361).

Détermination de la force F qu'il faut faire agir sur le point H pour faire prendre à l'axe O z un mouvement donné. — Le corps étant dans l'état de rotation stable dont nous venons de parler, faisons agir au point H de l'axe la force $F(X, Y, o)$, de façon à modifier la direction de l'axe, en faisant décrire au point H une certaine courbe suivant une certaine loi, courbe qui sera nécessairement sur une sphère de centre O et de rayon OH.

Pour définir analytiquement le mouvement qu'on veut imprimer au point H de l'axe O z, il suffit de se donner θ et ψ en fonction de t, car ces deux angles définissent la direction de O z. Nous supposons que le mouvement qu'on imprime au point H se fasse dans des conditions ordinaires, c'est-à-dire que la vitesse et l'accélération de H restent inférieures à une limite déterminée, ou, ce qui revient au même, que les fonctions θ et ψ de t et leurs dérivées des deux premiers ordres θ', ψ', θ'', ψ'' restent, en valeurs absolues, inférieures à une limite déterminée λ. Dans ces conditions, les quantités

$$p = \theta', \qquad q = \psi' \sin \theta, \qquad pq \cot \theta = \psi' \theta' \cos \theta, \qquad q^2 \cot \theta = \psi'^2 \sin \theta \cos \theta$$

et les dérivées $\dfrac{dp}{dt}$, $\dfrac{dq}{dt}$ resteront aussi, en valeurs absolues, inférieures à une limite déterminée λ.

Si r_0 était nul, la force nécessaire pour produire ce mouvement prendrait une certaine détermination $F_0(X_0, Y_0, o)$ donnée, à chaque instant, par les formules (63), où $r_0 = o$,

$$(64) \quad \begin{cases} X_0 = \dfrac{A}{h} \dfrac{dq}{dt} + \dfrac{A}{h} pq \cot \theta, \\[2ex] Y_0 = -\dfrac{A}{h} \dfrac{dp}{dt} + \dfrac{A}{h} q^2 \cot \theta; \end{cases}$$

la grandeur de cette force serait donc de l'ordre des quantités

$$\theta' \psi', \quad \psi'^2, \quad \theta'', \quad \psi''.$$

Supposons, au contraire, r_0 très grand par rapport à la limite λ L; (rotation initiale très rapide autour de O z); alors la force F capable d'imprimer au point H le même mouvement sera donnée par les formules (63), et l'on aura, par comparaison avec les expressions de X_0, Y_0,

$$(65) \quad \begin{cases} X = X_0 - \dfrac{C}{h} pr_0, \\[2ex] Y = Y_0 - \dfrac{C}{h} qr_0. \end{cases}$$

Dès que p et q prendront des valeurs sensibles, *cette force F différera donc de quantités très grandes de la force F_0 qui produisait le même mouvement de H quand r_0 était nul.* On a ainsi l'explication de ce fait que quand on veut, avec la main, changer l'orientation de l'axe, on éprouve une résistance inattendue d'autant plus grande que r_0 est plus grand. Mais on peut aller plus loin et montrer que la force F est approximativement, à chaque instant, *perpendiculaire au déplacement élémentaire qu'on imprime au point H à cet instant*. D'une façon rigoureuse, le vecteur ayant pour projections $X - X_0$, $Y - Y_0$, o, c'est-à-dire la *différence géométrique* $(F) - (F_0)$, de F et F_0, est perpendiculaire au déplacement élémentaire du point, et ce vecteur diffère très peu en direction de F, car F_0 est très petit par rapport à F. En effet, remarquons que la vitesse absolue v du point H de Oz a pour projections sur les axes $Oxyz$

$$(66) \qquad v_x = qh, \qquad v_y = -ph, \qquad v_z = o.$$

En remplaçant dans les équations (65) p et q par leurs expressions en fonction de v_x et v_y, on a

$$X - X_0 = \frac{C r_0}{h^2} v_y, \qquad Y - Y_0 = -\frac{C r_0}{h^2} v_x ;$$

ces formules montrent que le vecteur $(F) - (F_0)$, de projections $X - X_0$, $Y - Y_0$, o, et la vitesse v du point H de projections v_x, v_y, o sont *rectangulaires*. On voit, en outre, que la grandeur de $(F) - (F_0)$ est égale à celle de v multipliée par le facteur très grand $\dfrac{C r_0}{h^2}$. On peut résumer ce résultat par l'énoncé suivant qui a l'avantage de définir la direction, le sens et la grandeur du vecteur $(F) - (F_0)$ quand le vecteur v est donné :

Soit u la vitesse que prendrait l'extrémité v du vecteur v appliqué en H si ce vecteur tournait autour de l'axe Oz avec la vitesse angulaire r_0; le vecteur $(F) - (F_0)$ est en grandeur, direction et sens égal et opposé au produit de u par le facteur $\dfrac{C}{h^2}$.

En effet, l'extrémité du vecteur v, appliqué en H, a pour coordonnées

$$v_x, \quad v_y, \quad h ;$$

si ce point tournait autour de Oz avec la vitesse r_0, il prendrait une vitesse u ayant pour projections

$$u_x = -r_0 v_y, \qquad u_y = r_0 v_x, \qquad u_z = o.$$

Les formules précédentes deviennent alors

$$X - X_0 = -\frac{C}{h^2} u_x, \qquad Y - Y_0 = -\frac{C}{h^2} u_y ;$$

ce qui démontre le théorème.

Réciproquement, si l'on fait agir sur le point H une force $F(X, Y, o)$, *de l'ordre de grandeur de* r_0, et si, dans le mouvement que cette force imprime au point H, la vitesse et l'accélération du point H restent, en valeurs absolues, *très petites* par rapport à r_0, la vitesse du point H est, à chaque instant, sensiblement *perpendiculaire* à la direction de la force F.

En effet, les équations (63), où l'on remplace p et q par leurs valeurs (66) en fonction de v_x et v_y dans les termes en $r_0 p$ et $r_0 q$, donnent

$$\frac{C}{h^2} v_x = -\frac{Y}{r_0} - \frac{A}{hr_0}\left(\frac{dp}{dt} - q^2 \cot\theta\right),$$

$$\frac{C}{h^2} v_y = \frac{X}{r_0} - \frac{A}{hr_0}\left(\frac{dq}{dt} + pq \cot\theta\right).$$

Dans chacune de ces équations, le deuxième terme du second membre est très petit; donc v_x et v_y sont sensiblement proportionnels à $-Y$ et X, ce qui démontre le théorème : le sens de v résulte de l'énoncé précédent.

On trouvera de nombreuses indications sur d'intéressantes expériences propres à mettre ces propriétés en évidence dans l'Ouvrage intitulé *Théorie élémentaire des Gyroscopes*, par Grüey (Clermont-Ferrand, librairie Ferdinand Thibault, 1879) et dans une brochure du même auteur *Sur le Stréphoscope universel, ou Boîte gyroscopique* [1], éditée par l'imprimerie Chaix en 1883.

On pourra consulter également, pour l'étude de la résistance que l'on éprouve quand on veut changer l'orientation de l'axe d'un corps en rotation rapide, la fin du premier Volume de la *Theorie des Kreisels*, de MM. Klein et Sommerfeld.

402. Frottement. — Nous traiterons, comme exemple du mouvement d'un solide avec frottement, le problème suivant :

Une plaque homogène pesante infiniment mince, ayant la forme d'un

Fig. 235.

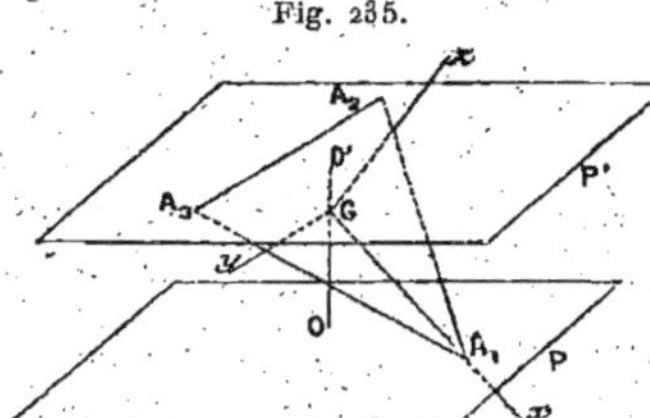

triangle équilatéral $A_1 A_2 A_3$, de côté a, repose par le sommet A_1 sur un plan horizontal P sur lequel elle glisse *avec frottement*, tandis que le

---

[1] Collin, constructeur, 118, rue Montmartre, Paris.

côté A_2A_3 glisse *sans frottement* sur un plan horizontale P′ placé au-dessus du premier (*fig.* 235). Le triangle est percé, en son centre de gravité G, d'une ouverture infiniment petite dans laquelle passe une tige verticale fixe OO′ parfaitement polie : la réaction de cette tige OO′ sur le triangle est donc une force horizontale appliquée en G. Enfin, on suppose le plan du triangle incliné de 45° sur la verticale.

A l'instant $t = 0$, on imprime au triangle, autour de OO′, une vitesse angulaire ω_0 dans le sens positif des rotations. On demande d'étudier le mouvement du système et de calculer les réactions normales des plans P et P′ sur le triangle :

1° Montrer que, si la vitesse angulaire initiale ω_0 a une certaine valeur μ, la réaction du plan P sur le sommet A_1 est *nulle*.

2° Indiquer ce qui arrive suivant que ω_0 est inférieur ou supérieur à μ, et suivant que le sommet A_1 peut ou non s'élever au-dessus du plan P. (*Agrégation*, 1894.)

Appelons N_1 la réaction normale du plan P sur le sommet A_1 et remarquons que les réactions normales du plan P′ sur le côté A_2A_3 peuvent se réduire à deux forces verticales N_2 et N_3 appliquées aux sommets A_2 et A_3 : ces réactions seront comptées positivement vers le haut. Prenons pour axes liés au corps solide mobile un axe Gx dirigé suivant GA_1, un axe Gy parallèle à A_2A_3, et un axe Gz normal au plan du triangle et dirigé vers le haut ; alors l'équation de l'ellipsoïde d'inertie relatif au point G est de la forme

$$A(x^2 + y^2) + 2A z^2 = 1.$$

En effet, tout d'abord, par raison de symétrie, le plan du triangle est un plan principal d'inertie relatif au point fixe G. Ensuite chacun des plans menés par l'axe Oz et une des hauteurs du triangle est un plan de symétrie du corps solide, c'est-à-dire un plan principal relatif au point G ; il y a donc trois plans principaux d'inertie passant par l'axe principal Gz : cela ne peut arriver que si l'ellipsoïde d'inertie relatif au point G est de révolution autour de Gz ; ainsi les moments d'inertie A et B sont égaux ; de plus le moment C, par rapport à Gz, est égal à $A + B$ ou à $2A$, car le z de tous les points du corps étant nul,

$$A = \Sigma m y^2, \qquad B = \Sigma m x^2, \qquad C = \Sigma m (x^2 + y^2).$$

On vérifiera d'ailleurs facilement qu'en appelant M la masse du triangle, on a

$$A = \frac{M a^2}{24}.$$

Le point A_1 décrit une circonférence de centre O dans le sens des rotations positives autour de OO′ ; le frottement est alors une force appliquée en A_1, égale à $f N_1$ et dirigée en sens contraire de la vitesse de A_1, c'est-à-dire parallèlement à la direction négative de l'axe Gy.

Soit l le tiers de la longueur de la médiane $l = \dfrac{a\sqrt{3}}{6}$. Les coordonnées des différents points A_1, A_2, A_3 par rapport à Gx, Gy, Gz et les projections des forces N_1, N_2, N_3, fN_1 sur ces axes sont

$$
A_1 \begin{vmatrix} x = 2l, \\ y = o, \\ z = o, \end{vmatrix} \quad
A_2 \begin{vmatrix} x = -l, \\ y = -\dfrac{a}{2}, \\ z = o, \end{vmatrix} \quad
A_3 \begin{vmatrix} x = -l, \\ y = \dfrac{a}{2}, \\ z = o; \end{vmatrix}
$$

$$
N_1 \begin{vmatrix} X = -N_1\dfrac{\sqrt{2}}{2}, \\ Y = o, \\ Z = N_1\dfrac{\sqrt{2}}{2}, \end{vmatrix} \quad
N_2 \begin{vmatrix} X = -N_2\dfrac{\sqrt{2}}{2}, \\ Y = o, \\ Z = N_2\dfrac{\sqrt{2}}{2}, \end{vmatrix} \quad
N_3 \begin{vmatrix} X = -N_3\dfrac{\sqrt{2}}{2}, \\ Y = o, \\ Z = N_3\dfrac{\sqrt{2}}{2}, \end{vmatrix} \quad
fN_1 \begin{vmatrix} X = o, \\ Y = -fN_1, \\ Z = o. \end{vmatrix}
$$

L'ellipsoïde d'inertie ayant pour équation

$$
A(x^2 + y^2) + 2A z^2 = 1,
$$

le moment d'inertie par rapport à un axe faisant avec les axes $Gxyz$ des angles de cosinus α, β, γ est

$$
A(\alpha^2 + \beta^2) + 2A\gamma^2.
$$

Le moment d'inertie par rapport à OO' $\left(\alpha = -\dfrac{\sqrt{2}}{2},\ \beta = o, \gamma = \dfrac{\sqrt{2}}{2} \right)$ est donc

$$
M k^2 = \frac{3A}{2}.
$$

D'ailleurs, comme le corps tourne autour de OO' avec une vitesse angulaire ω, les composantes de cette rotation suivant les axes sont

$$
p = -\omega\frac{\sqrt{2}}{2}, \qquad q = o, \qquad r = \frac{\omega\sqrt{2}}{2}.
$$

Le centre de gravité G étant fixe, on a d'abord, en projetant le mouvement du centre de gravité sur OO',

$$
(1) \qquad\qquad o = N_1 + N_2 + N_3 - Mg.
$$

Écrivons ensuite le théorème des moments des quantités de mouvement par rapport à OO' : comme le corps tourne autour de OO' avec la vitesse ω, la somme des moments des quantités de mouvement par rapport à cet axe est $M k^2 \omega = \dfrac{3A}{2}\omega$; d'autre part, le frottement seul a un moment non nul égal à $-\,lf\mathrm{N}_1\sqrt{2}$. On a donc

$$(2) \qquad \frac{3\mathrm{A}}{2}\frac{d\omega}{dt} = -\,lf\mathrm{N}_1\sqrt{2}.$$

Enfin, l'équation d'Euler, relative à l'axe $\mathrm{G}y$,

$$\mathrm{B}\frac{dq}{dt} + (\mathrm{A} - \mathrm{C})pr = \Sigma(z\mathrm{X} - x\mathrm{Z}),$$

donne, d'après les valeurs de p, q, r,

$$(3) \qquad \frac{\mathrm{A}\,\omega^2}{2} = -\,l\mathrm{N}_1\sqrt{2} + \frac{1}{2}\,l(\mathrm{N}_2 + \mathrm{N}_3)\sqrt{2}.$$

En éliminant $\mathrm{N}_2 + \mathrm{N}_3$ entre (1) et (3), on a

$$(4) \qquad l\mathrm{N}_1\sqrt{2} = \frac{\mathrm{A}}{3}(\mu^2 - \omega^2),$$

où μ^2 désigne la quantité $\dfrac{\mathrm{M}\,gl\sqrt{2}}{\mathrm{A}}$, qui, d'après les valeurs de l et A, se réduit à $4\dfrac{g}{a}\sqrt{6}$. Remplaçant dans (2) $l\mathrm{N}_1$ par sa valeur (4), on a pour l'équation du mouvement

$$(5) \qquad \frac{d\omega}{dt} = -\lambda(\mu^2 - \omega^2),$$

en appelant λ la constante $\dfrac{2f}{9}$. Cette équation donne immédiatement ω en fonction de t par des exponentielles. La discussion comporte trois cas :

1° Soit $\omega_0 < \mu$. La réaction N_1 est bien positive ; $\dfrac{d\omega}{dt}$ étant négatif, ω va en décroissant constamment et s'annule au bout du temps

$$\mathrm{T} = -\frac{1}{\lambda}\int_{\omega_0}^{0}\frac{d\omega}{\mu^2 - \omega^2}.$$

A ce moment le triangle s'arrête et se trouve dans les mêmes conditions que s'il était abandonné à lui-même sans vitesse ; il reste donc immobile.

2° Soit $\omega_0 = \mu$; alors $\mathrm{N}_1 = 0$; $\dfrac{d\omega}{dt} = 0$; $\omega = \omega_0$: le mouvement de rotation est uniforme, le triangle ne pèse pas sur le plan inférieur.

3° Soit $\omega_0 > \mu$. Alors N_1 est négatif au début ; cela veut dire que le sommet A_1 tend à se soulever. Si ce sommet est simplement posé sur le plan, il se soulève effectivement et devient libre ; on a alors un autre problème. Mais on peut imaginer qu'on empêche le sommet A_1 de se soulever, par exemple en perçant le plan d'un trou circulaire et recourbant un peu la pointe A_1 de façon qu'elle appuie sous le plan ; la réaction N_1 est alors dirigée vers le bas, et sa valeur absolue est $-N_1$. La force de frottement a pour valeur absolue

$$-fN_1,$$

et l'équation (2) des moments donne

$$\frac{3A}{2}\frac{d\omega}{dt} = lfN_1\sqrt{2},$$

d'où

$$\frac{d\omega}{dt} = \lambda(\mu^2 - \omega^2).$$

Comme $\omega_0 > \mu$, $\dfrac{d\omega}{dt}$ commence par être négatif, ω diminue et, quand ω tend vers μ, t augmente indéfiniment. Le mouvement tend donc à devenir une rotation de vitesse angulaire μ.

En ce qui concerne les réactions N_1 et N_2, nous avons déjà obtenu la somme $N_1 + N_2$: on calculera $N_1 - N_2$ en écrivant l'équation d'Euler relative à l'axe Gx.

Remarque. — On peut obtenir le moment d'inertie C sans intégration, en remarquant que l'homogénéité donne, pour le moment d'inertie d'un triangle équilatéral de côté c et de masse m par rapport à son centre, une expression de la forme kmc^2, où k est un nombre à déterminer. Décomposons le triangle donné de côté a et de masse M en quatre triangles de masse $\dfrac{M}{4}$ et de côté $\dfrac{a}{2}$ obtenus en joignant les milieux des côtés. Trois de ces triangles ont leurs centres de gravité à la même distance $\dfrac{a\sqrt{3}}{6}$ de G. Écrivant que le moment d'inertie total par rapport à G est la somme des moments d'inertie des quatre triangles, on a

$$kMa^2 = 4k\frac{M}{4}\left(\frac{a}{2}\right)^2 + 3\frac{M}{4}\left(\frac{a\sqrt{3}}{6}\right)^2,$$

d'où

$$k = \frac{1}{12}.$$

403. Résistance de milieu. — Imaginons une sphère homogène mobile autour de son centre O. Une ailette plane, de forme quelconque, mais de masse négligeable, dont le plan passe par le centre, est invariablement liée à la sphère ; trouver le mouvement de la sphère, dans l'air, en admettant que la résistance de l'air, sur chaque élément de l'ailette, est une force normale proportionnelle à la composante de la vitesse de cet élément suivant la normale à l'élément.

Prenons le plan de l'ailette pour plan des yz et le diamètre perpendiculaire pour axe Ox, les axes $Oxyz$ sont entraînés avec la sphère : ce sont des axes principaux d'inertie. En appelant p, q, r les composantes de la rotation instantanée, un élément d'ailette $d\sigma$ ayant pour coordonnées o, y, z a une vitesse v de projections

$$v_x = qz - ry, \qquad v_y = -pz, \qquad v_z = py.$$

La composante de cette vitesse normale à l'élément $d\sigma$, c'est-à-dire au plan yOz, est v_x; la résistance de l'air sur cet élément a donc pour projections

$$X = -kv_x\,d\sigma, \qquad Y = o, \qquad Z = o,$$

k désignant une constante positive.

On peut toujours supposer qu'on a pris pour axes Oz et Oy les axes principaux d'inertie de la surface de l'ailette par rapport au point O, de sorte que, $d\sigma$ désignant un élément superficiel de l'ailette, on ait

$$\int yz\,d\sigma = o.$$

Cela posé, la somme des moments L des forces de résistance X, Y, Z par rapport à Ox est nulle. Par rapport à Oy, cette somme est

$$M = \Sigma(zX - xZ) = -k\int(qz - ry)z\,d\sigma = -aq,$$

où a est une constante positive

$$a = k\int z^2\,d\sigma.$$

De même, en prenant les moments par rapport à Oz,

$$N = \Sigma(xY - yX) = k\int(qz - ry)y\,d\sigma = -br,$$

où b est positif. Les équations d'Euler sont alors, puisque $A = B = C$,

$$A\frac{dp}{dt} = o, \qquad A\frac{dq}{dt} = -aq, \qquad A\frac{dr}{dt} = -br;$$

on en tire, en posant $\dfrac{a}{A} = \alpha$; $\dfrac{b}{A} = \beta$,

$$p = p_0, \qquad q = q_0 e^{-\alpha t}, \qquad r = r_0 e^{-\beta t}.$$

Comme α et β sont positifs, q et r tendent vers zéro quand t augmente, et le mouvement tend vers une rotation autour de l'axe Ox perpendiculaire au plan de l'ailette. Le système tend à échapper à la résistance.

EXERCICES.

1. La force vive d'un corps mobile autour d'un point fixe est égale au produit géométrique du moment résultant des quantités de mouvement par la rotation instantanée : $\omega \sigma \cos \widehat{\omega, \sigma}$.　　　(RÉSAL.)

2. Démontrer que les projections p_1, q_1, r_1, de la rotation instantanée ω sur les axes fixes $O x_1$, y_1, z_1 ont pour expressions

$$p_1 = \theta' \cos \psi + \varphi' \sin \theta \sin \psi,$$
$$q_1 = \theta' \sin \psi - \varphi' \sin \theta \cos \psi,$$
$$r_1 = \psi' + \varphi' \cos \theta.$$

3. *Stabilité de la rotation autour des axes principaux d'inertie.* — Les équations d'Euler sont satisfaites pour $q = 0$, $r = 0$. Pour savoir si la rotation correspondante est stable, on peut opérer comme il suit : supposons q et r très petits au début, et voyons s'ils restent très petits.

Dans cette hypothèse, le produit qr peut être négligé, et l'on a pour la première équation d'Euler $\dfrac{dp}{dt} = 0$, $p = p_0$. Les deux autres deviennent

$$(1)\qquad B \frac{dq}{dt} = (C - A) p_0 r, \qquad C \frac{dr}{dt} = (A - B) p_0 q;$$

d'où

$$\frac{d^2 q}{dt^2} = - \frac{(A - C)(A - B)}{BC} p_0^2 q = - n^2 q,$$

n étant une constante. On en tire

$$q = q_0 \cos nt + \frac{(C - A) p_0 r_0}{n B} \sin nt,$$

car pour $t = 0$, $q = q_0$, et, d'après (1); $\dfrac{dq}{dt} = \dfrac{C - A}{B} p_0 r_0$.

On trouve de même r, et l'on voit que q et r restent très petits. La rotation est stable. On trouverait le même résultat autour du grand axe $O z$.

Mais pour l'axe moyen, en supposant p et r très petits au début et négligeant pr, on trouve $q = q_0$, puis une équation de la forme $\dfrac{d^2 p}{dt^2} = + n^2 p$; en intégrant, on voit que p est une fonction de la forme $a e^{nt} + b e^{-nt}$ qui augmente indéfiniment avec t : l'hypothèse que l'on a faite que p et r restent petits est donc inadmissible; la rotation autour de l'axe moyen est instable.

4. *Autre méthode pour obtenir l'équation de l'herpolhodie.* — Comme le pôle m et l'extrémité ω de la rotation instantanée sont en ligne droite avec O et qu'on a $\omega = O m \sqrt{h}$, le lieu du point m est homothétique du lieu du point ω.

Les coordonnées relatives du point ω par rapport aux axes mobiles sont p, q, r. Dans l'espace absolu, le point ω décrit une courbe plane dans un plan parallèle au plan II, c'est-à-dire au plan $x_1 O y_1$, puisque $O z_1$ est dirigé suivant $O \sigma$.

La courbe lieu du point ω se projette donc en vraie grandeur sur le plan $x_1 O y_1$. Or ω est la résultante des trois rotations θ', φ', ψ', dirigées comme on l'a vu (n° 382).

La projection ω_i de ω sur le plan $x_1 O y_1$ a des coordonnées absolues p_i et q_i que l'on calcule aisément en remarquant que p_1, par exemple, est la somme des projections de θ', φ', ψ', sur $O x_1$. On a ainsi les valeurs de l'exercice 2. Le point $\omega_1(p_1, q_1)$, ainsi déterminé dans le plan $x_1 O y_1$, décrit une courbe homothétique à l'herpolhodie. Si l'on appelle ρ_1 et χ_1 ses coordonnées polaires, on a

$$p_1 + i q_1 = \rho_1 e^{i \chi_1} = (\theta' - i \varphi' \sin \theta) e^{i\psi}.$$

D'après les formules (20) du n° 388 qui donnent θ et φ, et la formule (21) donnant ψ, on aura p_1 et q_1 en fonction uniforme du temps.

5. *Démonstration de M. de Saint-Germain de la non-existence des points d'inflexion de l'herpolhodie.* — Soient R, R_1 les rayons de courbure des cônes qui ont pour bases la polhodie et l'herpolhodie, en un point de la génératrice commune : la Cinématique donne une relation de forme connue,

$$\omega\, dt = ds\left(\frac{1}{R} + \frac{1}{R_1}\right);$$

où ds est l'élément de l'arc de la courbe lieu du point ω ; s'il y avait inflexion, R_1 serait infini et $R \omega\, dt = ds$; or les équations du mouvement de Poinsot montrent que c'est impossible quel que soit le signe de $D - B$. (*Comptes rendus de l'Académie des Sciences*, 26 avril 1885.)

6. On donne un tétraèdre non pesant OABC dans lequel l'angle trièdre O est trirectangle, et dont les arêtes OA, OB, OC ont respectivement pour longueurs a, b, c :

1° Déterminer les axes principaux de l'ellipsoïde central d'inertie, c'est-à-dire de l'ellipsoïde d'inertie relatif au centre de gravité G du tétraèdre, dans l'hypothèse suivante :

$$a = \sqrt{2}, \quad b = 1, \quad c = \sqrt{3};$$

2° On imprime au tétraèdre une rotation initiale autour d'un diamètre GD de l'ellipsoïde central, et l'on propose d'étudier le mouvement de ce tétraèdre autour de son centre de gravité G. On déterminera sa position dans l'espace à une époque quelconque.

Les composantes p_0, q_0, r_0 de la rotation initiale par rapport au grand axe, à l'axe moyen et au petit axe de l'ellipsoïde central d'inertie, ont respectivement pour valeurs

$$p_0 = \sqrt{6 + \sqrt{5}}, \quad q_0 = 0, \quad r_0 = \sqrt{6 - \sqrt{5}}.$$

(Agrégation, 1890.)

Réponse. — Le centre de gravité étant immobile au début reste immobile. Le corps tourne donc autour d'un point fixe sans qu'aucune force agisse sur lui. Il prend un mouvement à la Poinsot. Il faut calculer numériquement A, B, C, h et l ou μ et D. On trouve

$$A = 6 - \sqrt{5}, \quad B = 6, \quad C = 6 + \sqrt{5}.$$

Les données initiales correspondent au cas singulier où la polhodie est une ellipse passant par l'axe moyen de l'ellipsoïde d'inertie. (De SAINT-GERMAIN, *Nouvelles Annales*, t. IX, 1890.)

7. Toute ligne géodésique tracée sur un ellipsoïde de révolution allongé se projette sur le plan de l'équateur, suivant une herpolhodie qui peut être engendrée par une ellipse à centre fixe et roulant sur ce plan. (HALPHEN, *Comptes rendus*, 5 octobre 1887, et *Traité des fonctions elliptiques*, t. II, p. 249.)

8. *Toute ligne de thalweg tracée sur un paraboloïde de révolution, à axe vertical, et concave vers le haut, se projette horizontalement suivant l'herpolhodie due au roulement d'une ellipse déterminée.* (FLOQUET, *Bulletin des séances de la Société des Sciences de Nancy*, séance du 1er juillet 1889.)

9. L'herpolhodie est une courbe parcourue par un point dont la vitesse aréolaire $\rho^2 \dfrac{d\chi}{dt}$ est une fonction linéaire de ρ^2, la vitesse totale étant une fonction du second degré de ρ^2 dans laquelle le coefficient de ρ^4 est négatif. (DARBOUX, Note à la *Mécanique* de Despeyrous.)

10. Si l'on fait rouler et pivoter, sans glisser, une quadrique quelconque de centre fixe O, sur un plan fixe Π, le lieu des points de contact m sur le plan est une herpolhodie généralisée. Le rayon vecteur de l'herpolhodie issu du pied P de la perpendiculaire OP au plan Π et la tangente à cette courbe en m sont *deux tangentes conjuguées de la quadrique qui roule*. Pour que le rayon vecteur P m ne tourne pas toujours dans le même sens, ou pour que la courbe présente des rebroussements, il faut que le rayon vecteur puisse se confondre avec la tangente. Ces deux directions conjuguées ne peuvent se confondre que si la quadrique est à courbures opposées, c'est à dire est un hyperboloïde à une nappe.

(Darboux, ibid.)

11. Dans la seconde représentation du mouvement, d'après Poinsot (n° 393), déterminer la trace laissée par le point m' sur le plan tournant Π'.

Réponse. — Le rayon vecteur O m' est égal au rayon vecteur P $m = \rho$ de l'herpolhodie (*fig.* 231). Si l'on appelle χ' l'angle formé par le rayon vecteur O m' avec une droite OU située dans le plan Π' et entraînée avec lui, on a x_1OU $= \mu t$, car Π' tourne avec la vitesse μ; $\chi' = \chi - \mu t$, car O m' et P m sont parallèles. Remplaçons $d\chi$ par la valeur $d\chi' + \mu dt$ dans les équations de l'herpolhodie; on a les équations qui définissent, en fonction de t, les coordonnées ρ et χ' du point m' dans le plan Π',

$$(1) \quad \begin{cases} \rho \dfrac{d\rho}{dt} = \mu \sqrt{D} \sqrt{-(\rho^2 - a)(\rho^2 - b)(\rho^2 - c)}, \\[2mm] \rho^2 \dfrac{d\chi'}{dt} = \mu E. \end{cases}$$

L'aire décrite par le rayon O m' sur le plan Π' est donc proportionnelle au temps.

Le mouvement défini par les équations (1) est celui d'un point matériel sollicité par une force centrale, issue de O, ayant une expression de la forme $\alpha\rho + \beta\rho^2$ (DARBOUX, *Mécanique* de Despeyrous, Note 17. — PINCZON, *Comptes rendus*, avril 1887.)

12. *Théorème de Gebbia* (1). — Le mouvement d'un corps solide autour d'un

---

(1) Attribué à M. Siacci; a été donné par M. Siacci dans un cas particulier et par M. Gebbia dans sa forme générale. (*R. Accademia dei Lincei*, 1885.)

point fixe O, dans le cas où il n'y a pas de forces extérieures, peut être obtenu
en faisant rouler et pivoter une quadrique de centre O ayant les mêmes sections
circulaires que l'ellipsoïde d'inertie sur une quadrique de révolution autour de O z.
(Siacci, *In memoriam Dominici Chelini, Collectanea mathematica*, 1881 ;
voir aussi Greenhill, *Fonctions elliptiques*, Chap. VII.)

13. *Théorème de Mac Cullagh.* — Si l'on transforme les théorèmes de Poinsot
par polaires réciproques, par rapport à une sphère de centre O, on voit que l'el-
lipsoïde (appelé *ellipsoïde de giration*) $\frac{x^2}{A} + \frac{y^2}{B} + \frac{z^2}{C} = 1$ étant entraîné par le
corps passe constamment par deux points fixes situés sur le moment résultant,
Oσ, des quantités de mouvement, symétriques par rapport à O.

14. *Théorème de Gebbia.* — En transformant de même le théorème de
Siacci (12), on voit que les surfaces homofocales de l'ellipsoïde de giration
glissent sur des quadriques fixes de révolution.

15. Dans le mouvement d'un corps pesant de révolution suspendu par un point
de son axe, on a vu que $u = \cos\theta$ varie entre les deux valeurs u_1 et u_2. Indiquer
quelles doivent être les conditions initiales pour que ces deux valeurs soient
égales. Alors l'axe du cône décrit rigoureusement un cône de révolution autour
de Oz, et la valeur commune de u_1 et de u_2 est nécessairement u_0.

Réponse. — Il suffit de déterminer α et β de façon que le polynôme $f(u)$ ait
une racine double u_0 donnée à l'avance.

16. Dans le problème de Lagrange et de Poisson, démontrer :

1° Que l'extrémité ω de l'axe instantané reste constamment dans un plan fixe
dans le corps, perpendiculaire à l'axe de figure Oz, et décrit dans ce plan une
herpolhodie H ;

2° Que, dans l'espace, le même point ω décrit une courbe située sur une
sphère S ;

3° Que le mouvement peut être obtenu en faisant rouler l'herpolhodie H regardée comme attachée au corps sur la sphère fixe S. (Jacobi, *OEuvres*, t. II.
— Halphen, *Comptes rendus*, t. C. — Darboux, *Journal de Mathématiques*,
1885 ; Note XIX à la *Mécanique* de Despeyrous. — De Saint-Germain, *Résumé
de la théorie du mouvement d'un solide autour d'un point fixe* ; Gauthier-
Villars, 1887.)

Indication sur la solution :

1° *Le lieu de l'extrémité ω de l'axe instantané de rotation dans le corps
est une herpolhodie.* Les coordonnées du point ω, par rapport aux axes mobiles,
sont p, q, r. Comme $r = r_0$, le point ω se trouve dans un plan H perpendiculaire
à l'axe Oz et invariablement lié au corps. Dans ce plan, le point ω décrit une
courbe H qui se projette en vraie grandeur sur le plan des xy. Les coordonnées
cartésiennes d'un point ω de cette courbe rapportée aux axes Ox et Oy étant p
et q,

$$p = \psi' \sin\theta \sin\varphi + \theta' \cos\varphi,$$
$$q = \psi' \sin\theta \cos\varphi - \theta' \sin\varphi,$$

nous appellerons ρ et χ ses coordonnées polaires. D'abord

$$\rho^2 = p^2 + q^2 = a - a\cos\theta = \alpha - au.$$

polhodie, tous les autres décrivant des courbes sphériques qui sont les courbes H_1 décrites dans l'espace par l'extrémité ω de l'axe instantané. (DARBOUX, *Journal de Mathématiques*, 4ᵉ série, t. I, Fasc. IV, 1885.)

18. *Intégrales pseudo-elliptiques de M. Greenhill, pour le mouvement d'un corps pesant de révolution suspendu par un point de son axe.* — Supposons qu'une toupie soit primitivement mise en rotation autour de son axe, comme dans le cas traité (n° 396), puis abandonnée à elle-même. Appelons u_0 la valeur initiale de $\cos\theta$; nous avons vu qu'un point fixe x pris sur l'axe de la toupie décrit une courbe sphérique ayant des rebroussements sur le cercle $u = u_0$ et tangente à un cercle situé au-dessous du premier et correspondant à la racine u_1 définie par l'équation

$$a(1 - u_1^2) - b^2 r_0^2 (u_0 - u_1) = 0.$$

Supposons l'intensité de la rotation initiale r_0 déterminée de telle façon que cette valeur de u_1 soit *nulle* :

$$a = b^2 r_0^2 u_0.$$

Alors la courbe sphérique est tangente au grand cercle horizontal de la sphère et certaines intégrales deviennent *pseudo-elliptiques*.

En effet, dans ce cas, l'expression de $\left(\dfrac{du}{dt}\right)^2$ s'écrit

$$\left(\frac{du}{dt}\right)^2 = b^2 r_0^2 u (u_0 - u)(1 - uu_0),$$

et l'on a

$$\frac{d\psi}{dt} = br_0 \frac{u_0 - u}{1 - u^2}.$$

En comptant le temps t à partir de l'instant où $u = u_0$, et supposant que ψ s'annule avec t, on a alors l'intégrale

$$(\alpha) \qquad \sqrt{1 - u^2}\, e^{(st - \psi)i} = \sqrt{1 - uu_0} - i\sqrt{u(u_0 - u)},$$

où s désigne la constante $\dfrac{br_0 u_0}{2}$, et i l'unité complexe $\sqrt{-1}$. C'est ce qu'il est facile de vérifier en prenant la dérivée logarithmique des deux membres par rapport à t, et remplaçant ensuite $\dfrac{du}{dt}$ et $\dfrac{d\psi}{dt}$ par leurs valeurs en fonction de u. On trouve que les parties réelles et les coefficients de i dans les deux membres sont identiques. L'intégrale (α), dans laquelle on égale les parties réelles et les parties imaginaires, donne les deux équations suivantes, que nous écrivons en remettant pour u sa valeur $\cos\theta$:

$$\left\{ \begin{aligned} \sin\theta \cos(st - \psi) &= \sqrt{1 - u_0}\,\cos\theta, \\ \sin\theta \sin(st - \psi) &= -\sqrt{(u_0 - \cos\theta)\cos\theta}, \end{aligned} \right.$$

ces deux équations se réduisant à *une*, comme on le voit, en faisant la somme des carrés.

Vérifier de même que, pour des conditions initiales convenables, on a une inté-

mis à aucune force; en outre, ce corps est immobile. A l'instant t, on fait agir sur lui une force F donnée en grandeur et position. Quelles sont, à l'instant $t + dt$, la position de l'axe instantané de rotation et la vitesse angulaire de rotation?

Même question si l'on fait agir plusieurs forces. (STEICHEN, *Crelle*, t. 43, p. 161.)

22. Une tige pesante d'épaisseur infiniment petite est mobile autour d'un de ses points qui est fixe. Trouver son mouvement.

(Il existe sur la tige un point qui se meut comme un pendule conique.) [TISSOT, *Thèse* (*Journal de Liouville*, t. XVII, 1852).]

23. Lorsqu'un corps tourne autour d'un point fixe sous l'action de forces dont le moment par rapport à l'axe instantané est constamment nul, la vitesse de rotation est proportionnelle au rayon vecteur de l'ellipsoïde d'inertie dirigé dans le sens de cet axe. La réciproque est vraie.

La proposition directe s'applique en particulier au mouvement d'un corps tournant autour d'un point fixe et assujetti à rester en contact avec une surface fixe, sans être soumis à d'autres forces que les réactions normales de la surface. (ELIE SAINTE-MARIE, *Journal de Liouville*, t. III, 1877.)

24. Mouvement d'un solide homogène, pesant de révolution, fixé par un point de son axe et assujetti à s'appuyer sur un cercle fixe dont l'axe passe par le point de suspension :

1° En négligeant les résistances passives;

2° En tenant compte du frottement de glissement de la surface du corps sur le cercle fixe et supposant la composante normale de la réaction du cercle dirigée perpendiculairement à la droite qui joint le point fixe au point d'appui. (ASTOR, *Nouvelles Annales de Mathématiques*, 1894, p. 442.)

25. *Dans un plan fixe se trouve une circonférence matérielle homogène de masse m dont les éléments attirent, suivant la loi de Newton, les éléments d'un solide dont le centre de gravité est assujetti à rester fixe au centre du cercle. Trouver le mouvement du corps en supposant que ses dimensions soient très petites par rapport au rayon du cercle.*

On trouvera la solution du problème à l'aide de fonctions Θ à deux arguments, avec de nombreuses indications bibliographiques, dans la dissertation inaugurale de M. *Oscar Perron*, présentée à l'Université de Munich en 1902 (Wolf und Sohn).

Ce problème est dans un rapport étroit avec le problème du mouvement de la Terre autour de son centre de gravité : dans ce dernier problème on suppose ordinairement que l'ellipsoïde central d'inertie est de révolution.

26. *Interprétation de la période imaginaire dans un mouvement à la Poinsot.* — On peut, par un choix convenable des conditions initiales, associer les mouvements deux à deux, de telle façon que la période réelle de l'un soit égale à la période imaginaire de l'autre divisée par i. (APPELL, *Bulletin de la Société mathématique de France*, t. XXVI, 1898, p. 98.)

27. Intégrer les équations du mouvement d'un solide, autour d'un point fixe,

CHAPITRE XXI.
CORPS SOLIDE LIBRE.

I. — GÉNÉRALITÉS.

404.. Équations du mouvement. — Pour connaître le mouvement d'un corps solide libre, il suffit de connaître le mouvement d'un point du corps, par exemple du centre de gravité, puis le mouvement du corps autour de ce point.

Imaginons trois axes rectangulaires fixes $O\xi$, $O\eta$, $O\zeta$ (*fig.* 236)

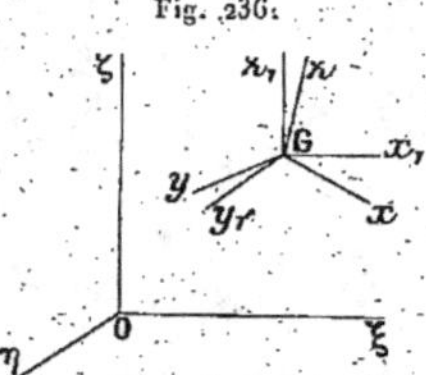

et appelons ξ, η, ζ les coordonnées du centre de gravité G par rapport à ces axes. Les équations du mouvement du centre de gravité donnent, en appelant M la masse du solide,

$$(1) \qquad M\frac{d^2\xi}{dt^2} = \Sigma F_\xi, \qquad M\frac{d^2\eta}{dt^2} = \Sigma F_\eta, \qquad M\frac{d^2\zeta}{dt^2} = \Sigma F_\zeta,$$

où les seconds membres sont les sommes des projections des forces appliquées au corps sur les trois axes $O\xi$, η, ζ.

Menons ensuite par le centre de gravité G trois axes de directions fixes Gx_1, y_1, z_1, par exemple trois axes parallèles aux axes fixes $O\xi$, η, ζ.

Le mouvement du corps par rapport aux axes Gx_1, y_1, z_1 est le mouvement d'un solide autour d'un point fixe : si l'on considère trois axes Gx, y, z invariablement liés au corps, la position du corps autour de G sera définie par les trois angles d'Euler, θ, φ, ψ des axes Gx, y, z, avec Gx_1, y_1, z_1. Nous avons obtenu les équations du mouvement d'un solide autour d'un point fixe en appliquant le théorème des moments des quantités de mouvement. Or ce théorème s'applique au mouvement relatif autour du centre de gravité (n° 350) : nous pourrons donc appliquer à ce mouvement toutes les équations établies précédemment pour un solide mobile autour d'un point fixe.

Appliquons, en particulier, les équations d'Euler. Prenons pour axes Gx, y, z, liés au corps, les axes principaux d'inertie relatifs à G, et appelons A, B, C les trois moments principaux d'inertie. A chaque instant, les vitesses des points, par rapport aux axes Gx_1, y_1, z_1, sont les mêmes que si le corps était animé d'une rotation instantanée ω de composantes p, q, r suivant les axes Gx, y, z. Le moment résultant, par rapport à G, des quantités de mouvement relatives est un segment $G\sigma_1$ ayant pour projections Ap, Bq, Cr sur les axes Gx, y, z. On a alors, en appelant L, M, N les sommes des moments des forces appliquées au solide par rapport à ces mêmes axes, les trois équations d'Euler

$$(2) \quad \begin{cases} A\dfrac{dp}{dt} + (C - B)qr = L, \\[2mm] B\dfrac{dq}{dt} + (A - C)rp = M, \\[2mm] C\dfrac{dr}{dt} + (B - A)pq = N. \end{cases}$$

On a ainsi six équations (1) et (2) déterminant les six paramètres ξ, η, ζ, θ, φ, ψ en fonction de t. En général, les seconds membres de ces équations dépendront des six paramètres, et même de leurs dérivées premières, si les forces dépendent des vitesses; de sorte qu'il faudra considérer simultanément les six équations.

Dans le cas où le corps solide n'est pas entièrement libre, les six paramètres sont assujettis à certaines relations; mais alors des réactions inconnues s'introduisent.

Force vive relative. — Si les axes Gx, y, z sont les axes principaux relatifs à G, la force vive du corps, dans son mouvement relatif autour du centre de gravité, est $Ap^2 + Bq^2 + Cr^2$.

Exemples simples. — Dans les trois exemples suivants, on peut intégrer séparément les équations (1), puis les équations (2).

1° *Solide pesant dans le vide.* — D'abord le centre de gravité décrit une parabole comme un point pesant dans le vide. Ensuite, les forces extérieures, les poids, ayant une résultante unique appliquée au centre de gravité G, les quantités L, M, N sont nulles : le mouvement du corps autour de G est identique au mouvement d'un corps solide autour d'un point fixe, dans le cas où les forces ont une résultante unique passant par ce point : c'est donc un mouvement à la Poinsot.

2° *Corps solide dont les éléments sont attirés par un centre fixe O proportionnellement à la masse et à la distance.* — Les attractions ont une résultante unique appliquée au centre de gravité G et égale à l'attraction qu'exercerait le point O sur la masse totale concentrée en G. Donc le point G décrit une ellipse de centre O (n° 223), et le mouvement autour de G est un mouvement à la Poinsot.

3° *Planète supposée formée de couches sphériques concentriques et homogènes.* — On démontre, dans la théorie de l'attraction, que, si une planète était un solide formé de couches sphériques concentriques et homogènes, l'attraction newtonienne d'un point extérieur μ sur les points de la planète admettrait une résultante unique appliquée au centre de gravité G et égale à l'attraction du point μ sur la masse totale de la planète supposée concentrée en G. Alors, quel que soit le nombre des points attirants μ, la résultante de leurs attractions sur la planète serait appliquée en G et égale à celle de tous les points sur la masse de la planète concentrée en G. Le mouvement de la planète autour de son centre de gravité serait alors celui d'un corps mobile autour d'un point fixe G quand les forces ont une résultante passant par le point ; mais actuellement l'ellipsoïde d'inertie relatif au point G est évidemment une sphère et tout axe passant par G est principal ; le mouvement autour de G consisterait donc en une rotation autour d'un axe de direction fixe dans le corps et dans l'espace. Les phénomènes de précession et de nutation n'existeraient pas.

405. Mouvement d'un ensemble de solides. — Quand il s'agit d'un ensemble de solides, leurs réactions mutuelles sont des forces intérieures au système. Dans certains cas, il y a avantage à considérer un des corps comme isolé ; alors il faut regarder comme extérieures à ce corps toutes les forces données et les actions exercées sur lui par les autres corps du système.

II. — CORPS PESANT EN CONTACT AVEC UN PLAN HORIZONTAL.

406. Historique. — Le mouvement d'un corps pesant en contact avec un plan fixe a été étudié pour la première fois par Poisson. Dans les Tomes 5 et 8 du *Journal de Crelle*, Cournot reprit les équations de Poisson et les

appliqua au cas où l'on tient compte du frottement. Le cas particulier
du mouvement d'une sphère avec frottement sur un plan horizontal (billard) a été traité par Coriolis, dans un Ouvrage publié en 1835. Puiseux
(*Journal de Liouville*, t. XIII et XVII, 1848 et 1852) applique les équations de Poisson au mouvement d'un solide pesant de révolution sur un
plan horizontal parfaitement poli, en étudiant principalement les variations de l'angle que fait l'axe de révolution avec la verticale. Dans le quatrième Volume du *Quarterly Journal of Mathematics*, 1861, M. Slesser
forme les équations du mouvement d'un corps pesant de révolution assujetti à rouler et pivoter sans glisser sur un plan horizontal, ce qui revient
à supposer que le coefficient du frottement de glissement est infini, de
façon à rendre tout glissement impossible; il emploie, pour traiter le
problème, des axes mobiles dans le corps : cette même méthode est suivie
par Routh (*Rigid Dynamics*, t. II). Le problème de roulement avec pivotement d'un corps pesant sur un plan a été traité aussi par Neumann
(*Mathematische Annalen*, t. XXVII, 1886). Citons enfin un Mémoire de
Schouten : *Propriétés générales du roulement exact d'un corps de
révolution sur un plan horizontal appliquées au mouvement d'un
corps de révolution autour d'un point fixe de son axe* (*Verlagen der
Koninklijke Akademie von Wetenschappen te Amsterdam*, t. V, 1889).
Ces méthodes générales s'appliquent en particulier au cas du *cerceau*; ce
cas a été traité déjà par Ferrers (*Quarterly Journal*, 1872); il a été
repris par M. Carvallo (*Journal de l'École Polytechnique*, 2ᵉ série,
Cahiers V et VI, 1900 et 1901), et par MM. Korteweg et Appell (*Niew
Archief voor Wiskunde*, 2ᵉ série, t. IV, juillet 1899; *Rendiconti del
Circolo mathematico di Palermo*, août 1899; *Les mouvements de rou-
lement en Dynamique*, Collection *Scientia*, 1899, nᵒ 4).

Nous reviendrons sur ces questions comme application des équations de
la Mécanique analytique.

**407. Corps pesant de révolution glissant sans frottement sur un plan
horizontal fixe.** — Imaginons un corps solide pesant assujetti aux conditions suivantes : 1ᵒ l'ellipsoïde d'inertie relatif au centre de gravité G
est de révolution autour d'un axe Gz; 2ᵒ le corps touche un plan horizontal fixe par une surface de révolution autour du même axe. Ces conditions sont remplies, en particulier, pour un solide homogène pesant de
révolution.

Représentons la méridienne de la surface de révolution par laquelle le
corps doit toucher le plan fixe (*fig.* 237). Le plan tangent en un point P
de cette méridienne est perpendiculaire au plan méridien zGP sur lequel
il a pour trace PT. Soient ζ la distance GQ du centre de gravité au plan
tangent et θ l'angle de cette perpendiculaire avec Gz; ζ est une fonction
de θ,

$$\zeta = f(\theta),$$

qui est déterminée dès que la méridienne est donnée. Inversement, on

peut se donner *a priori* une relation de cette forme : la surface correspondante a pour méridienne la courbe enveloppe des droites PT vérifiant
cette condition. Il est évident, en outre, que, la méridienne étant donnée,
la distance QP, que nous appellerons ρ, est aussi une fonction connue de θ.
Pour déterminer cette fonction, remarquons que, par rapport aux axes

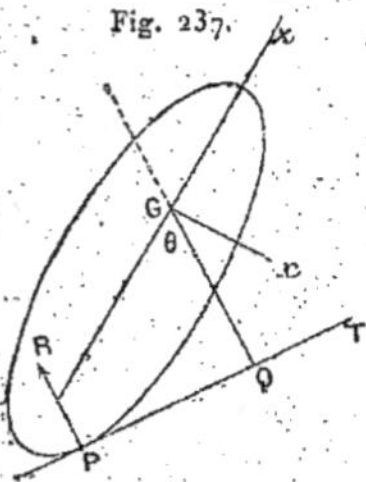

Gx et Gz situés dans le plan de la méridienne, la tangente PT a pour
équation

$$x \sin\theta - z \cos\theta = f(\theta).$$

La méridienne étant l'enveloppe de cette droite quand θ varie, on obtient
les coordonnées du point de contact P en associant à l'équation précédente
sa dérivée par rapport à θ

$$x \cos\theta + z \sin\theta = f'(\theta).$$

Cette dernière équation représente donc une droite passant par P : c'est
la normale PR ; sa distance au point G est égale à QP. On a donc

$$\rho = \pm f'(\theta).$$

Ceci posé, plaçons le solide sur un plan horizontal fixe ξOη, et soit P
le point de contact de la surface de révolution considérée avec le plan
(*fig.* 238). Choisissons dans le plan fixe deux axes rectangulaires fixes Oξ,
Oη et prenons un axe vertical Oζ vers le haut. Soient ξ, η, ζ les coordonnées du centre de gravité G ; θ, φ, ψ les angles d'Euler définissant la position des axes principaux d'inertie Gx, y, z liés au corps par rapport à des
axes Gx_1, y_1, z_1 parallèles aux axes fixes Oξ, η, ζ ; l'axe Gz est dirigé
suivant l'axe de révolution : les moments d'inertie principaux autour de
Gx et Gy sont alors égaux, A = B.

On voit que ζ est la distance GQ du centre de gravité G au plan tangent ξOη, et que la droite GQ fait précisément avec l'axe Gz de la surface l'angle θ ; on a donc la relation

(1)
$$\zeta = f(\theta),$$

$f(\theta)$ étant une fonction connue. C'est cette relation (1) qui exprime que le corps touche le plan horizontal.

Les forces agissant sur le corps sont, en appelant M sa masse, le poids Mg appliqué en G et la réaction normale R du plan appliquée en P.

Fig. 238.

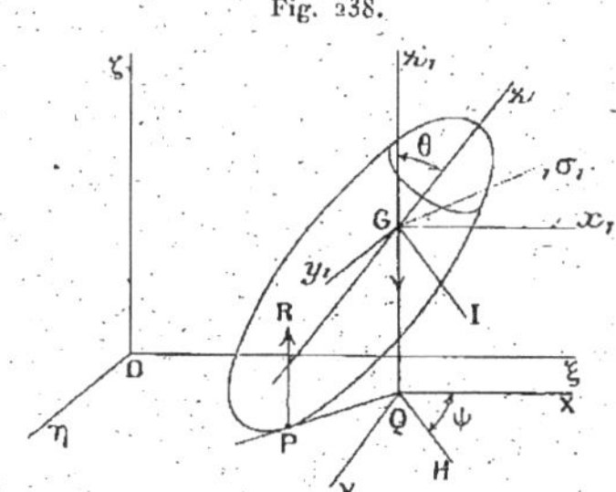

Ces deux forces étant verticales, on a, en écrivant deux des équations du mouvement du centre de gravité,

$$(2) \qquad M\frac{d^2\xi}{dt^2} = 0, \qquad M\frac{d^2\eta}{dt^2} = 0.$$

Le point Q, projection horizontale du centre de gravité, est donc animé d'un mouvement rectiligne uniforme.

1° *La projection horizontale de G est fixe.* — Nous supposerons d'abord, pour simplifier, que la vitesse initiale imprimée au centre de gravité est nulle ou verticale. Sa projection horizontale est alors nulle au début, et, comme cette projection reste constante, elle est toujours nulle. Dans ce cas, le point Q est fixe et le centre de gravité ne fait qu'osciller sur la verticale de ce point.

Appliquons le théorème des forces vives au mouvement absolu. La force vive totale est égale à la force vive $M\left(\dfrac{d\zeta}{dt}\right)^2$ de la masse totale concentrée en G, plus la force vive $A(p^2 + q^2) + Cr^2$ dans le mouvement relatif autour de G. D'autre part, le travail de la réaction normale du plan est nul, le travail élémentaire du poids est $-Mg\,d\zeta$. On a donc l'intégrale des forces vives

$$(3) \qquad M\left(\frac{d\zeta}{dt}\right)^2 + A(p^2 + q^2) + Cr^2 = -2Mg\zeta + h.$$

Remarquons ensuite que les forces appliquées au corps, réaction du plan et poids, ont leurs moments nuls par rapport à Gz_1; comme le théorème des moments s'applique au mouvement relatif autour du centre de gravité, on voit que, dans ce mouvement relatif, la somme des moments des quantités de mouvement par rapport à Gz_1 est constante. La projection sur Gz_1 du moment résultant $G\sigma_1$ des quantités de mouvement relatives est donc constante. Or les projections de $G\sigma_1$ sur les axes Gx, y, z étant Ap, Aq, Cr, on a

$$(4) \qquad Ap \sin\theta \sin\varphi + Aq \sin\theta \cos\varphi + Cr \cos\theta = K.$$

Enfin, les deux forces appliquées au corps, réaction et poids, rencontrent l'axe de révolution Gz; donc $N = o$, et la troisième équation d'Euler est, puisque $A = B$,

$$(5) \qquad C\frac{dr}{dt} = o, \qquad r = r_0.$$

Dans les équations (3) et (4) remplaçons r par r_0, p et q par leurs valeurs en fonction des dérivées θ', φ', ψ' (n° 382), ζ par $f(\theta)$ et $\frac{d\zeta}{dt}$ par $f'(\theta)\theta'$. Ces équations prennent la forme

$$(6) \qquad \begin{cases} [1 + cf'^2(\theta)]\theta'^2 + \psi'^2\sin^2\theta = \alpha - af(\theta); \\ \psi'\sin^2\theta = \beta - br_0\cos\theta, \end{cases}$$

où α et β sont des constantes arbitraires, tandis que a, b, c sont des constantes positives déterminées

$$a = 2g\frac{M}{A}, \qquad b = \frac{C}{A}, \qquad c = \frac{M}{A}.$$

Ces deux équations (6) donnent θ et ψ en fonction du temps; φ est ensuite déterminé par la relation

$$(7) \qquad r_0 = \varphi' + \psi'\cos\theta.$$

L'élimination de ψ' entre les deux équations (6) donne

$$(8) \quad \left(\frac{d\theta}{dt}\right)^2 [1 + cf'^2(\theta)]\sin^2\theta = [\alpha - af(\theta)]\sin^2\theta - (\beta - br_0\cos\theta)^2,$$

d'où t en fonction de θ par une quadrature. Si $f(\theta)$ est une fonction rationnelle de $\sin\theta$ et $\cos\theta$, cette quadrature sera hyperelliptique en prenant comme variable $\tan\frac{\theta}{2}$. L'angle θ, partant de θ_0, ne pourra prendre que des valeurs rendant positive la fonction du second membre

$$\Phi(\theta) = [\alpha - af(\theta)]\sin^2\theta - (\beta - br_0\cos\theta)^2.$$

Remarquons que $f(\theta)$ désignant la distance du centre de gravité au plan fixe est toujours fini; et substituons à la place de θ les valeurs o, θ_0, π : nous aurons pour $\Phi(\theta)$ les signes $-$, $+$, $-$, car la valeur initiale θ_0 donne évidemment pour θ' une valeur réelle. La valeur θ_0 est donc comprise entre deux racines réelles θ_1 et θ_2 de $\Phi(\theta)$, et θ ne pourra qu'osciller entre ces racines. La discussion est donc analogue à celle que nous avons faite en détail, dans le Chapitre précédent, pour le mouvement d'un corps pesant de révolution, mobile autour d'un point de son axe. L'élimination de dt permettra d'exprimer également ψ et φ en fonction de θ par des quadratures.

Courbe décrite sur le plan par le point de contact. — Le point Q étant supposé fixe, nous le prendrons comme origine d'un système de coordonnées polaires dont l'axe polaire QX sera parallèle à $G x_1$. Le rayon vecteur QP $= \rho$ est une fonction continue de θ,

$$\rho = \pm f'(\theta),$$

déterminée par la forme de la surface de révolution par laquelle le corps touche le plan. L'angle polaire $\chi = \widehat{XQP}$ est égal à $\psi + \dfrac{\pi}{2}$. En effet, le plan GQP coïncide avec le plan projetant horizontalement l'axe de révolution, c'est-à-dire avec le plan $z_1 G x$; or la normale GI à ce plan fait avec $G x_1$ l'angle ψ; la normale QH au rayon vecteur QP, dans le plan horizontal, fait donc avec QX un angle égal ψ, et l'angle $\widehat{XQP} = \chi$ est bien égal à $\psi + \dfrac{\pi}{2}$. On a donc

$$(9) \qquad \frac{d\chi}{dt} = \frac{d\psi}{dt} = \frac{\beta - b r_0 \cos\theta}{\sin^2\theta}.$$

L'élimination de dt entre cette équation et l'équation (8) donne χ en fonction de θ par une quadrature, et, comme θ est lié à ρ par une équation connue $\rho = \pm f'(\theta)$, on aura χ en fonction de ρ par une quadrature.

2° *Cas général.* — Nous avons supposé le point Q immobile. En général, ce point est animé d'un mouvement rectiligne et uniforme. On étudiera alors le mouvement du corps par rapport à des axes Q, X, Y, z_1, de directions fixes, ayant pour origine le point Q. Comme ces axes sont animés d'un mouvement de translation rectiligne et uniforme, le mouvement relatif du corps est donné par les mêmes équations que le mouvement absolu (n° 334); comme, dans ce mouvement relatif, la projection horizontale Q, du centre de gravité, se fait constamment à l'origine, on est ramené au cas que nous venons de traiter.

Exemples. — 1° *Toupie.* — La toupie est un corps pesant de révolution reposant par une pointe P sur un plan horizontal fixe. On peut regarder cette pointe comme une sphère de rayon infiniment petit ayant son centre en P (*fig.* 239, *a*). Le corps pesant touche alors le plan horizontal par cette sphère. La distance $\zeta = GQ$ est ici donnée par la formule

$$\zeta = l \cos\theta,$$

où l désigne la longueur GP; puis $p = QP = l \sin \theta$. Il faudra donc, dans les équations précédentes, faire $f(\theta) = l \cos \theta$, $p = l \sin \theta$. Le deuxième membre de l'équation (8) devient un polynôme du troisième degré en $\cos \theta$, identique à celui qui se rencontre dans le problème de Lagrange et de Poisson.

2° *Pièce de monnaie.* — Une pièce de monnaie de rayon l, glissant sans frottement sur un plan horizontal fixe, est un solide de révolution en contact avec le plan par une surface réduite à une circonférence ($fig.$ 239, b).

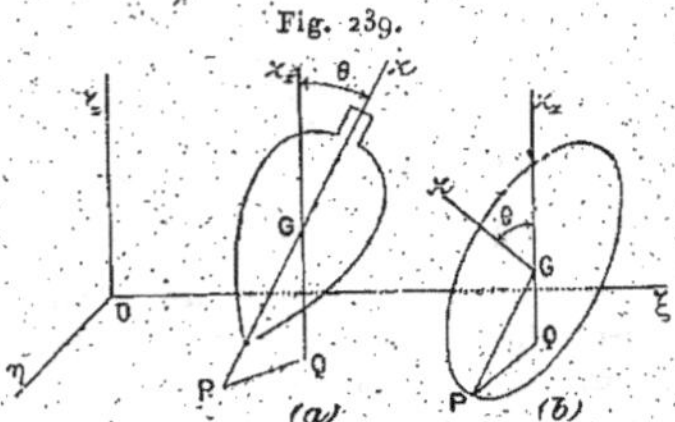

Fig. 239.

L'axe de la surface est la normale G z au plan de la pièce, la méridienne un point de la circonférence. On a actuellement

$$GQ = \zeta = l \sin \theta, \qquad PQ = p = l \cos \theta.$$

3° *Le corps touche le plan par un tore d'axe* Gz. Alors

$$\zeta = a \cos \theta + b \sin \theta + c.$$

4° *Remarque de Puiseux* (*Journal de Liouville*, t. XIII). — On peut, quelle que soit la forme de la surface de révolution, prendre r_0 assez grand pour que θ reste aussi voisin qu'on le veut de sa valeur initiale θ_0. En effet, d'après l'équation (8), il faut que, pendant toute la durée du mouvement, la fonction

$$\Phi(\theta) = [\alpha - af(\theta)] \sin^2 \theta - (\beta - br_0 \cos \theta)^2$$

soit positive.

Plaçons-nous dans les conditions initiales suivantes : animons le corps d'une rotation r_0 très grande autour de son axe de figure Gz, puis posons ce corps sur le plan sans donner de vitesse au centre de gravité. Alors p, q, $\dfrac{d\xi}{dt}$, $\dfrac{d\eta}{dt}$, $\dfrac{d\zeta}{dt}$ sont nuls à l'instant initial : on en conclut, d'après les expressions de p et q en fonction de ψ' et θ', que ψ' et θ' sont nuls aussi à l'instant initial, c'est-à-dire pour $\theta = \theta_0$. D'après les formules (6), on a donc

$$\alpha = af(\theta_0), \qquad \beta = br_0 \cos \theta_0,$$

et la fonction $\Phi(\theta)$ devient

$$\Phi(\theta) = a\,[f(\theta_0) - f(\theta)]\sin^2\theta - b^2 r_0^2 (\cos\theta_0 - \cos\theta)^2,$$

où la racine θ_0 est en évidence. Supposons que θ aille d'abord en croissant; il ne pourra pas aller jusqu'à π car $\theta = \pi$ rendrait $\Phi(\theta)$ négatif; donc θ oscillera entre la valeur θ_0 et une valeur θ_1 qui est la première racine de $\Phi(\theta)$ rencontrée entre θ_0 et π. Nous voulons montrer que l'on peut prendre r_0 assez grand pour que θ_1 soit aussi près qu'on le veut de θ_0. Écrivant que θ_1 annule $\Phi(\theta)$, on a

$$(\cos\theta_0 - \cos\theta_1)^2 = \frac{a\sin^2\theta_1}{b^2 r_0^2}[f(\theta_0) - f(\theta_1)].$$

Soit D le maximum de la distance du centre de gravité du corps au plan qu'il touche, dans toutes les positions possibles, $f(\theta_0) - f(\theta_1)$ est moindre que $2\,\mathrm{D}$, $\sin^2\theta_1$ est moindre que 1, et l'on a

$$(\cos\theta_0 - \cos\theta_1)^2 < \frac{2a\,\mathrm{D}}{b^2 r_0^2}.$$

On peut donc prendre r_0 assez grand pour que θ_1 et, par suite, θ diffèrent de θ_0 d'aussi peu qu'on le veut.

5° *Théorie du pied équilibriste ou gyroscope Gervat.* — Les calculs précédents s'appliquent au mouvement d'un solide de révolution assujetti à des liaisons quelconques, sans frottement, qui s'expriment analytiquement par une équation de la forme $\zeta = f(\theta)$, où ζ est la hauteur du centre de gravité au-dessus d'un plan fixe et θ l'angle de l'axe de révolution avec la verticale; c'est ce qui arrive, par exemple, dans l'appareil suivant qui, au premier abord, paraît assujetti à des liaisons d'une tout autre nature que celle que nous venons d'étudier.

Le pied équilibriste ABCDE (*fig.* 240) est formé d'un fil métallique de

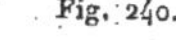

Fig. 240.

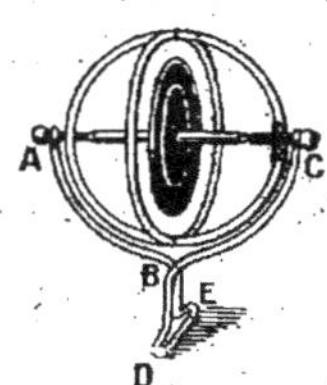

$1^{mm},5$ de diamètre environ. Il se compose à peu près d'un demi-cercle vertical ABC muni, au bas, d'un appendice BDE qui a pour but de le faire reposer, sur le plan horizontal, par la partie DE qui est rectiligne et per-

pendiculaire au plan du cercle ABC. En A et C, le fil est doublement
recourbé de façon à former deux coussinets qui reçoivent les extrémités
de l'axe de la toupie gyroscopique. Dans cette position, le plan moyen du
tore de la toupie passe par DE : le centre de gravité de la toupie est sur
son axe dans le plan mené par DE perpendiculairement à l'axe AC.

Si la toupie ne tourne pas, l'équilibre est instable, le tout bascule autour
de DE. Mais si la toupie tourne sur elle-même avec une grande vitesse
(environ cinquante tours par seconde), le système semble être en équilibre stable quand le plan DBE est vertical. De là le nom de *pied équilibriste* donné par l'inventeur à ce jouet. En réalité, le pied exécute autour
de la position apparente d'équilibre des oscillations manifestées par un son.

La masse de la toupie étant très grande par rapport à celle de la monture et du pied, négligeons complètement ces dernières : la monture et le
pied, ayant alors une masse nulle, ne servent qu'à établir entre la toupie
et le plan une liaison géométrique qui s'exprime comme il suit. Appelons
ζ la distance du centre de gravité G de la toupie au plan horizontal, l la
longueur de la perpendiculaire abaissée de ce point G sur DE; quand
l'appareil s'incline autour de DE, l'axe de la toupie fait avec la verticale
ascendante un angle θ et l'on a $\zeta = l \sin \theta$. Cette relation étant identique
à celle qui se présente dans le cas d'une pièce de monnaie mobile sur un
plan horizontal, les équations du mouvement dans le cas actuel se déduisent des équations générales précédentes, en supposant $f(\theta) = l \sin \theta$.
La remarque de Puiseux s'applique : en supposant r_0 suffisamment grand,
θ reste aussi voisin qu'on le veut θ_0.

Dans le cas particulier où l'axe AC est primitivement horizontal et part
du repos, θ commence par être égal à $\frac{\pi}{2}$, θ' et ψ' commencent par être
nuls. Les équations générales montrent alors que θ reste égal à $\frac{\pi}{2}$, que
$\beta = 0$, et que $\psi' = 0$, $\psi = $ constante.

(Pour les détails de la discussion, *voir* un article de M. Carvallo, *Bulletin de la Société mathématique*, XXI, 1893.)

408. Remarque de Thomson. — Nous venons de voir que si le corps
est animé d'une rotation rapide autour de son axe, puis posé sur le plan
sans vitesse imprimée au centre de gravité, le mouvement est stable, en
ce sens que l'angle de l'axe de rotation avec la verticale est sensiblement
constant. Il est très remarquable que, si l'on impose de nouvelles liaisons
au corps, ces liaisons, au lieu de renforcer la stabilité, peuvent la faire
disparaître.

Prenons, par exemple, une toupie dont la surface latérale est en partie
un cylindre de révolution, et plaçons-la entre deux plans verticaux fixes,
Π et Π', parfaitement polis, parallèles au plan $\xi O \zeta$; de telle façon que l'axe
$G z$ de la toupie soit assujetti à rester dans un plan fixe parallèle au plan
$\xi O \zeta$. Dans ces conditions, l'angle ψ est constant et égal à $\frac{\pi}{2}$; $\psi' = 0$. La

mise en équation est la même que précédemment, à condition de tenir compte de cette condition $\psi = \frac{\pi}{2}$, de faire $f(\theta) = l\cos\theta$, puisqu'il s'agit d'une toupie, et d'ajouter aux forces extérieures les réactions normales des deux plans Π et Π', réactions qui sont horizontales et rencontrent l'axe $G z$ du corps.

La vitesse initiale du centre de gravité G étant nulle, la projection horizontale Q de ce point est fixe.

Le théorème des forces vives appliqué au mouvement absolu donne [première équation (6) où $\psi' = 0, f(\theta) = l\cos\theta$]

$$\theta'^2(1 + cl^2\sin^2\theta) = \alpha - al\cos\theta.$$

Si l'on suppose la toupie animée au début d'une rotation r_0 autour de son axe de figure supposé immobile, θ' doit être nul pour $\theta = \theta_0$. On a donc $\alpha = al\cos\theta_0$:

$$\theta'^2(1 + cl^2\sin^2\theta) = al(\cos\theta_0 - \cos\theta).$$

Comme le second membre doit être positif, θ partant de θ_0 ne peut que croître, et la toupie se renverse. On a, en outre, $\varphi' = r_0$.

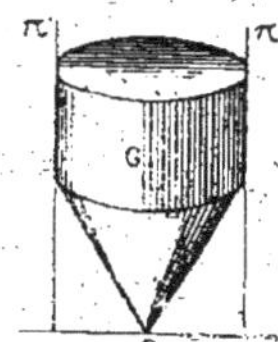

Fig. 241.

La même remarque s'applique au *pied équilibriste* (n° 407, 4°) : si l'on empêche la base DE de tourner, en la plaçant dans une fente du parquet, l'appareil se renverse.

409. Corps pesant touchant, par une surface cylindrique, un plan horizontal poli. — Le corps va toucher le plan horizontal tout le long d'une génératrice PP'. Prenons les mêmes axes fixes $O\xi, \eta, \zeta$ et les mêmes axes mobiles $G x_1, y_1, z_1$ que dans la question précédente; puis choisissons pour axes liés au corps la parallèle Gx aux génératrices du cylindre menée par le centre de gravité, et deux axes rectangulaires Gy et Gz dans le plan de la section droite. La perpendiculaire $\zeta = GQ$, abaissée du point G sur le plan horizontal, fait, avec Gz, l'angle appelé θ : la forme de la section droite étant donnée, on aura encore une relation géométrique de la forme $\zeta = f(\theta)$. De plus, l'axe Gx étant parallèle au plan horizontal est dans le plan $x_1 G y_1$, l'angle d'Euler φ est nul. Les expressions de p, q, r deviennent donc

$$(10) \qquad p = \theta', \qquad q = \psi' \sin \theta, \qquad r = \psi' \cos \theta.$$

On voit que la projection horizontale Q du centre de gravité est encore animée d'un mouvement rectiligne et uniforme, car les seules forces exté-

Fig. 242.

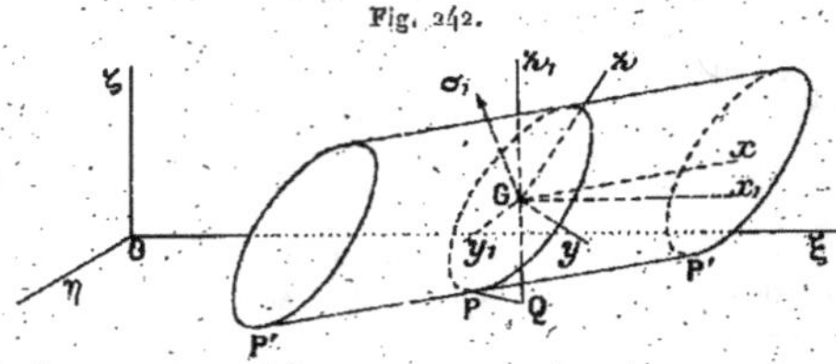

rieures, poids et réactions normales du plan, sont verticales. Le cas général peut se ramener au cas où Q est immobile.

Actuellement, les axes Gx, y, z n'étant pas principaux, la force vive du corps dans son mouvement autour du centre de gravité est

$$2T = Ap^2 + Bq^2 + Cr^2 - 2Dqr - 2Erp - 2Fpq,$$

et les projections du moment résultant $G\sigma_1$ des quantités de mouvement relatives sur les axes Gx, y, z sont

$$\frac{\partial T}{\partial p}, \quad \frac{\partial T}{\partial q}, \quad \frac{\partial T}{\partial r}.$$

Le théorème des forces vives appliqué au mouvement absolu donne donc, d'après le théorème de Kœnig et les valeurs de p, q, r,

$$(11) \quad \left\{ \begin{aligned} & [A + M f'^2(\theta)]\theta'^2 \\ & \quad + (B \sin^2 \theta + C \cos^2 \theta - 2D \sin \theta \cos \theta)\psi'^2 \\ & \qquad - 2(F \sin \theta + E \cos \theta)\theta' \psi' = - 2Mg f(\theta) + h. \end{aligned} \right.$$

D'autre part, la somme des moments des forces, par rapport à l'axe Gz_1, est nulle. La projection sur Gz_1 du moment résultant $G\sigma_1$ des quantités de mouvement relatives est donc constante. Ce qui donne

$$\gamma \frac{\partial T}{\partial p} + \gamma' \frac{\partial T}{\partial q} + \gamma'' \frac{\partial T}{\partial r} = K.$$

Actuellement, comme φ est nul, les trois cosinus $\gamma, \gamma', \gamma''$ sont $\gamma = 0$, $\gamma' = \sin \theta$, $\gamma'' = \cos \theta$. On a donc

$$\sin \theta (Bq - Fp - Dr) + \cos \theta (Cr - Dq - Ep) = K$$

ou, enfin,

$$(12) \quad (B \sin^2 \theta + C \cos^2 \theta - 2 D \sin \theta \cos \theta)\psi' - (F \sin \theta + E \cos \theta)\theta' = K.$$

Ces deux équations donnent θ et ψ en fonction de t. L'élimination de ψ' donne une équation de la forme

$$\left(\frac{d\theta}{dt}\right)^2 - \Psi(\theta) = 0,$$

d'où l'on tire $\dfrac{d\theta}{dt}$ en fonction de θ, puis t en fonction de θ par une quadrature. On a ensuite ψ en fonction de θ par une autre quadrature. L'angle θ ne peut prendre que des valeurs rendant positive la quantité $\Psi(\theta)$. Nous laissons au lecteur le soin de faire cette discussion et de chercher, comme précédemment, le lieu du point P projection du centre de gravité sur la génératrice de contact. ——

Si le corps est un prisme reposant par une arête PP′ sur le plan, on pourra prendre le plan GPP′ pour le plan des xz : alors $GQ = \zeta = l \cos \theta$, l désignant GP.

Remarque. — Le corps étant abandonné à lui-même sans vitesse, cherchons s'il peut arriver que la génératrice de contact PP′ se déplace parallèlement à elle-même. (Agrégation, 1893.) Dans cette hypothèse, les valeurs initiales de θ' et ψ' sont nulles, et il faut voir si ψ' peut rester nul pendant toute la durée du mouvement. On a donc $K = 0$; comme θ' n'est pas nul, l'équation (12) montre que, pour que ψ' reste constamment nul, il faut et il suffit que $E = 0$, $F = 0$: cela veut dire que le plan de la section droite $y\,G\,z$ mené par G est un plan principal d'inertie relatif au point G.

410. Mouvement avec frottement d'une sphère homogène pesante sur un plan horizontal (bille de billard). — Prenons dans le plan horizontal, sur lequel se meut la sphère, deux axes fixes $O\xi$, $O\eta$; nous pren-

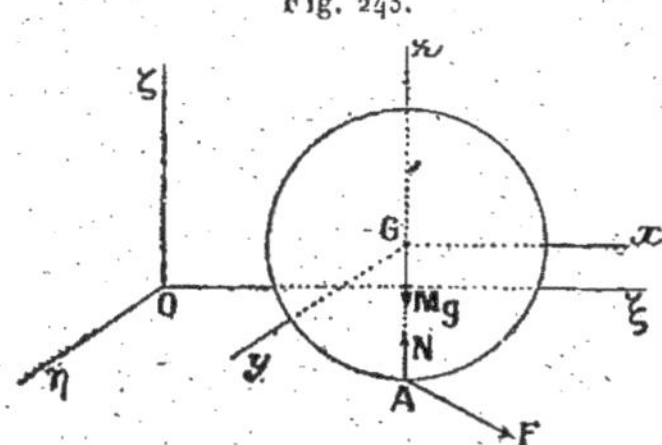

Fig. 243.

drons pour axe des ζ une verticale dirigée vers le haut. La bille est soumise à deux forces : son poids Mg appliqué en son centre G et la réaction du plan appliquée au point de contact A; cette dernière force a une composante verticale N et une composante horizontale F, dont les projections sur les axes $O\xi$ et $O\eta$ sont X et Y.

Les équations du mouvement du centre de gravité sont ainsi

$$(1) \qquad M\frac{d^2\xi}{dt^2} = X, \qquad M\frac{d^2\eta}{dt^2} = Y, \qquad M\frac{d^2\zeta}{dt^2} = -Mg + N;$$

ζ étant constant, la dernière donne

$$N = Mg;$$

la composante normale de la réaction est donc toujours égale au poids de la bille. Les lois du frottement de glissement montrent alors que la composante tangentielle F a une intensité constante

$$F = fMg.$$

Pour un observateur entraîné par le centre de gravité, la sphère semble tourner autour de ce point; soit ω la vitesse instantanée à l'époque t; nous désignerons par p, q, r ses composantes suivant trois axes Gx, y, z *parallèles aux axes fixes* menés par le centre de la sphère. Nous appliquerons dans ce mouvement relatif le théorème des moments des quantités de mouvement par rapport aux axes x, y et z. La vitesse relative d'un point quelconque $m(x, y, z)$ ayant pour projections

$$V_x = qz - ry, \qquad V_y = rx - pz, \qquad V_z = py - qx,$$

le moment de la quantité de mouvement de ce point, par rapport à Gz, a pour expression

$$m(xV_y - yV_x) = rm(x^2 + y^2) - pmxz - qmyz;$$

Faisons la somme de toutes les quantités analogues pour les divers points de la sphère; nous aurons

$$\Sigma m(xV_y - yV_x) = MK^2 r,$$

puisque les sommes Σmxz, Σmyz sont nulles et que $\Sigma m(x^2 + y^2)$ est le moment d'inertie MK^2 de la sphère par rapport à un diamètre. Les forces appliquées à la bille rencontrent toutes deux Oz; par conséquent, on a l'équation

$$\frac{d}{dt}(MK^2 r) = 0$$

qui montre que la composante verticale de la rotation reste constante.

Par un calcul semblable, nous aurons, pour les axes Gx et Gy,

$$(2) \qquad MK^2 \frac{dp}{dt} = RY, \qquad MK^2 \frac{dq}{dt} = -RX,$$

où les seconds membres sont les moments de F par rapport aux axes Gx et Gy.

Appliquons maintenant la deuxième loi du frottement, savoir que F est en sens inverse de la vitesse du point de la sphère qui est en A. La vitesse absolue de ce point est la résultante de sa vitesse d'entraînement $\left(\dfrac{d\xi}{dt}, \dfrac{d\eta}{dt}, \dfrac{d\zeta}{dt}\right)$ et de sa vitesse relative $V_x = -qR$, $V_y = +pR$, $V_z = 0$; si donc nous désignons par u et v les projections de la vitesse cherchée sur $O\xi$ et $O\eta$, nous aurons

$$u = \frac{d\xi}{dt} - qR, \qquad v = \frac{d\eta}{dt} + pR;$$

il nous faut exprimer que X et Y sont proportionnels à u et v,

$$\frac{u}{v} = \frac{X}{Y}.$$

Nous allons en déduire que la vitesse (u, v) du point qui est en A a une direction fixe. Nous avons, en effet, en différentiant les dernières équations,

$$\frac{du}{dt} = \frac{d^2\xi}{dt^2} - R\frac{dq}{dt}, \qquad \frac{dv}{dt} = \frac{d^2\eta}{dt^2} + R\frac{dp}{dt};$$

dans ces équations, remplaçons $\dfrac{d^2\xi}{dt^2}$, $\dfrac{d^2\eta}{dt^2}$, $\dfrac{dp}{dt}$, $\dfrac{dq}{dt}$ par leurs valeurs déduites de (1) et (2); nous aurons

$$(3) \qquad \frac{du}{dt} = \frac{X}{M} + \frac{R^2}{MK^2}X, \qquad \frac{dv}{dt} = \frac{Y}{M} + \frac{R^2}{MK^2}Y,$$

d'où nous tirons, par division,

$$\frac{du}{dv} = \frac{X}{Y}$$

et, par conséquent,

$$\frac{du}{dv} = \frac{u}{v},$$

ou, en intégrant,

$$\frac{u}{v} = \text{const.}$$

La force de frottement est ainsi constante en grandeur et direction. Le mouvement du point G se faisant sous l'action de cette seule force, la trajectoire de ce point est une parabole.

Les composantes X, Y de la force de frottement étant constantes, les projections u, v de la vitesse du point qui est en A sont, d'après les équations (3), des fonctions linéaires du temps. Ces quantités u, v décroissent en valeurs absolues. Si nous supposons, par exemple, u positif, X est négatif d'après les lois du frottement ; il en est de même de $\dfrac{du}{dt}$, et la composante u décroit : elle arrivera nécessairement à zéro au bout d'un temps fini T, puisqu'elle dépend linéairement du temps; si u était négatif, X serait positif et ce serait én croissant que u s'approcherait de zéro.

Puisque le rapport $\dfrac{u}{v}$ est constant, les deux composantes de la vitesse s'annulent au même instant. A partir de ce moment T il n'y a plus de glissement, et le roulement, accompagné de pivotement, qui se produit alors, est stable ; car si en dérangeant la bille on produisait un petit glissement, d'après ce qui précède, le glissement disparaîtrait dans un temps très court.

A partir de l'instant T le mouvement est donc un roulement avec pivotement. La réaction tangentielle du plan est alors une force F, de direction inconnue, assujettie à la condition $F < fN$. Nous allons voir que, si l'on néglige le frottement de roulement et pivotement, le mouvement du centre de gravité devient, à partir de l'instant T, *rectiligne et uniforme* et F devient *nul*. En effet, si nous continuons à appeler X et Y les projections de F dans cette deuxième phase, les équations (1) et (2) subsistent sous la même forme. Si entre ces équations nous éliminons X et Y, nous aurons

$$(4) \qquad \frac{d^2\xi}{dt^2} + \frac{K^2}{R}\frac{dq}{dt} = 0, \qquad \frac{d^2\eta}{dt^2} - \frac{K^2}{R}\frac{dp}{dt} = 0.$$

Comme, dans cette nouvelle phase, il y a roulement et pivotement, les quantités u et v sont nulles, et l'on a

$$\frac{d\xi}{dt} - qR = 0, \qquad \frac{d\eta}{dt} + pR = 0.$$

Tirant de là p et q pour les porter dans (4), on trouve

$$\frac{d^2\xi}{dt^2} = 0, \qquad \frac{d^2\eta}{dt^2} = 0.$$

Le mouvement de G est donc rectiligne et uniforme, et les équations (1) montrent que X et Y et, par suite, F sont nuls.

Suivant une remarque de Coriolis, les équations (4) étant obtenues par l'élimination de X et Y ont lieu quelle que soit la réaction tangentielle du plan : elles s'appliquent donc pendant toute la durée du mouvement, aussi bien à la première qu'à la deuxième phase. Or ces équations s'intègrent immédiatement et donnent

$$(5) \qquad \frac{d\xi}{dt} + \frac{K^2}{R}q = a, \qquad \frac{d\eta}{dt} - \frac{K^2}{R}p = b.$$

Pour interpréter ces formules, prenons un point H situé au-dessus du centre à une distance $GH = \dfrac{K^2}{R} = \dfrac{2}{5} R$; ses coordonnées relatives à $G\,x, y, z$ seront o, o, $\dfrac{K^2}{R}$; il en résulte que les premiers membres des équations précédentes sont les projections, sur $O\xi$ et $O\eta$, de la vitesse absolue du point de la bille qui à l'instant considéré est en H ; on voit que la vitesse de ce point est constante en grandeur et en direction : elle peut être considérée comme donnée par l'état initial du mouvement et est indépendante de toute hypothèse sur la loi de la force tangentielle F. En particulier dans le mouvement final (deuxième phase), u et v sont nuls et l'on a

$$\frac{d\xi}{dt} = q R, \qquad \frac{d\eta}{dt} = - p R;$$

en portant ces valeurs de p et q dans les équations (5), il vient

$$a = \left(1 + \frac{K^2}{R^2}\right)\frac{d\xi}{dt}, \qquad b = \left(1 + \frac{K^2}{R^2}\right)\frac{d\eta}{dt},$$

et, comme $\dfrac{K^2}{R^2} = \dfrac{2}{5}$, les composantes de la vitesse finale du centre de gravité sont

$$\frac{d\xi}{dt} = \frac{5}{7} a, \qquad \frac{d\eta}{dt} = \frac{5}{7} b;$$

ces composantes sont ainsi connues en fonction des conditions initiales qui, d'après (5), servent à calculer a et b.

Par exemple, il peut arriver que, dans les équations (5), les valeurs initiales de $\dfrac{d\xi}{dt}$, $\dfrac{d\eta}{dt}$ soient positives, mais que les valeurs initiales de p et q soient choisies de telle façon que a et b soient négatifs. Alors, au début, le centre de gravité, supposé situé dans l'angle positif $\xi\,O\,\eta$, s'éloigne du point O ; mais dans la phase finale $\dfrac{d\xi}{dt}$, $\dfrac{d\eta}{dt}$ sont négatifs, et la bille revient en roulant et pivotant de façon à se rapprocher de O.

Frottement de roulement. — L'effet du frottement de roulement sur la bille a été étudié par M. Appell (*Journal de M. Jordan*, 6ᵉ série, t. VII, 1911).

411. **Cerceau.** — Imaginons un solide pesant qui remplisse les conditions suivantes : 1° Le solide est terminé par une arête vive ayant la forme d'un cercle K de rayon a ; 2° le centre de gravité G du corps est situé au centre du cercle K ; 3° l'ellipsoïde d'inertie relatif au centre de gravité G est de révolution autour de la perpendiculaire $G\,z$ au plan du cercle.

Supposons ensuite que le corps solide ainsi constitué soit assujetti à *rouler sans glisser* sur un plan horizontal fixe H.

L'intégration des équations de ce problème de Mécanique peut être ramenée à des quadratures si l'on introduit, comme élément analytique, la fonction hypergéométrique de Gauss; ce fait a lieu en particulier pour le mouvement du cerceau ([1]).

Soit H le point de contact du cercle K avec le plan fixe (*fig.* 244). Pour

Fig. 244.

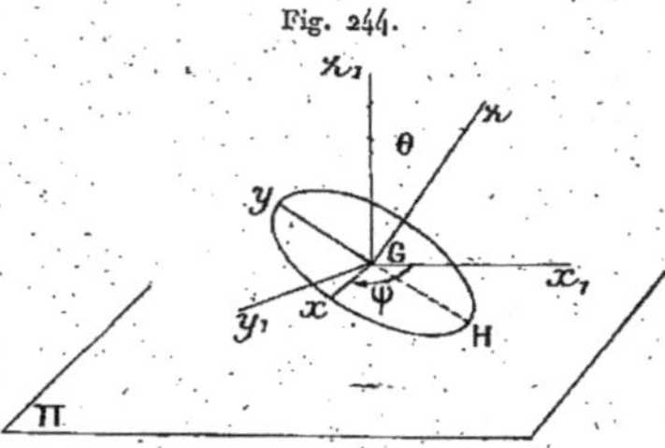

étudier le mouvement du corps autour de son centre de gravité G, prenons d'abord trois axes $Gx_1y_1z_1$ de directions fixes, Gz_1 étant la verticale ascendante; puis trois axes mobiles $Gxyz$ qui sont : 1° un axe Gz normal au plan du cercle K; 2° un axe Gx perpendiculaire au plan zGz_1; 3° un axe Gy perpendiculaire aux deux premiers.

L'axe Gx est une horizontale du plan du cercle K; l'axe Gy est une ligne de plus grande pente ascendante du plan du cercle; le point H se trouve sur la partie négative de Gy.

Ces axes mobiles sont identiques à ceux que nous avons employés dans le n° 400 pour l'étude du mouvement d'un solide de révolution suspendu par un point de son axe. Nous désignerons, comme dans ce numéro, par θ et ψ les angles z_1Gz et x_1Gx, et par P, Q, R les composantes suivant Gx, Gy, Gz de la rotation instantanée Ω du trièdre $Gxyz$:

$$(\Omega) \qquad P = \theta', \qquad Q = \psi'\sin\theta, \qquad R = \psi'\cos\theta.$$

Une fois connue la position du trièdre $Gxyz$, pour connaître la position du corps il suffit de connaître, en outre, l'angle φ que fait un rayon GM du cercle K invariablement lié au cercle avec Gx. La rotation instantanée ω du corps solide est alors la résultante de la rotation Ω du trièdre $Gxyz$ et d'une rotation φ' autour de Gz; les composantes p, q, r de cette rotation sont donc (n° 400)

$$(\omega) \qquad p = P = \theta', \qquad q = Q = \psi'\sin\theta, \qquad r = R + \varphi'.$$

Appelons u, v, w les projections de la vitesse absolue du centre de gravité sur les axes mobiles $Gxyz$. Comme ces axes sont animés d'une rota-

---

([1]) *Voyez* Korteweg et Appell, *Rendiconti del Circolo Matematico di Palermo*, août 1899, t. XIV, p. 1 et 7.

tion instantanée Ω, les projections de l'accélération absolue J du point G sur ces mêmes axes sont, d'après des formules connues (t. I, n° 61),

$$\frac{du}{dt} + Q w - R v,$$

$$\ldots\ldots\ldots\ldots\ldots\ldots$$

Forces. — Prenons, pour simplifier, la masse du corps pour unité ; les forces appliquées au solide sont :

1° Le poids g appliqué en G, ayant pour projections sur Gx, Gy, Gz,

$$o, \qquad - g \sin\theta, \qquad - g \cos\theta ;$$

2° La réaction du plan appliquée en H, et ayant pour projections

$$X, \quad Y, \quad Z.$$

Les équations du mouvement peuvent alors s'écrire comme il suit :

Équations du mouvement du centre de gravité. — La projection de l'accélération J du point G sur chacun des trois axes $Gxyz$ est égale à la somme des projections des forces extérieures sur le même axe. On a ainsi les trois équations

$$(6) \qquad \begin{cases} \dfrac{du}{dt} + Q w - R v = X, \\[2mm] \dfrac{dv}{dt} + R u - P w = Y - g \sin\theta, \\[2mm] \dfrac{dw}{dt} + P v - Q u = Z - g \cos\theta, \end{cases}$$

où il faut faire

$$P = p, \qquad Q = q, \qquad R = q \cot\theta.$$

Équations du mouvement autour du centre de gravité. — Appelons A, B, C les moments d'inertie par rapport aux axes $Gxyz$. Soit, dans le mouvement relatif autour de G, $G\sigma$ le moment résultant des quantités de mouvement par rapport à G ; ce vecteur $G\sigma$ a pour projections sur $Gxyz$:

$$\sigma_x = A p, \qquad \sigma_y = A q, \qquad \sigma_z = C r.$$

D'autre part, le moment résultant GS des forces extérieures par rapport à G se compose du moment du poids qui est nul et du moment de la réaction (X, Y, Z) appliquée au point H de coordonnées $(o, - a, o)$. Le moment résultant GS a donc pour projections les moments de la réaction par rapport aux axes $Gxyz$

$$S_x = - a Z, \qquad S_y = o, \qquad S_z = a X.$$

Pour exprimer le théorème des moments dans le mouvement autour de G, on écrit que la vitesse relative du point σ par rapport aux

axes $G x_1 y_1 z_1$ de directions fixes menés par G est égale au vecteur GS.
On a ainsi les équations (n° 386)

$$\frac{d\sigma_x}{dt} + Q\sigma_z - R\sigma_y = S_x,$$

$$\dots\dots\dots\dots\dots\dots\dots;$$

c'est-à-dire, comme $P = p$, $Q = q$, $R = q \cot \theta$,

$$(7) \quad \begin{cases} A\dfrac{dp}{dt} + (Cr - Aq\cot\theta)q = -aZ, \\[2mm] A\dfrac{dq}{dt} - (Cr - Aq\cot\theta)p = o, \\[2mm] C\dfrac{dr}{dt} = aX. \end{cases}$$

Conditions géométriques. — Pour écrire que la circonférence K roule sur le plan, il faut écrire que la vitesse du point matériel H au contact est *nulle*. Cette vitesse est la somme géométrique de la vitesse de translation (u, v, w) des axes $G x_1 y_1 z_1$, égale et parallèle à la vitesse de G, et de la vitesse due à la rotation ω autour de G; cette dernière vitesse a pour composantes, suivant les axes $G x y z$, $qz - ry$, ..., où x, y, z sont les coordonnées de H $(o, -a, o)$. En écrivant que les trois projections de la vitesse du point matériel H sur les axes $G x y z$ sont nulles, on a ainsi les équations

$$(8) \qquad u + ar = o, \qquad v = o, \qquad w - ap = o.$$

En remplaçant u, v, w par leurs valeurs tirées de ces dernières relations, dans les équations (6), on a un système de six équations (6) et (7) définissant θ, φ, ψ, X, Y, Z.

L'élimination de X, Y, Z donnera trois équations définissant θ, φ, ψ en fonction de t.

Pour achever le calcul, on peut procéder comme il suit :

Éliminons X entre la première des équations (6) et la dernière des équations (7); nous aurons

$$\frac{du}{dt} + qw - qv\cot\theta = \frac{C}{a}\frac{dr}{dt}$$

ou, en remplaçant u, v, w par leurs valeurs (8),

$$(9) \qquad (C + a^2)\frac{dr}{dt} - a^2 pq = o;$$

adjoignons à cette équation la deuxième des équations (7) :

$$(10) \qquad A\frac{dq}{dt} - (Cr - Aq\cot\theta)p = o.$$

Nous aurons ainsi deux équations pouvant servir à déterminer q et r en fonction de θ. En effet, remplaçons-y p par $\dfrac{d\theta}{dt}$: le facteur dt disparaît, et l'on a les deux équations

$$(11) \qquad \begin{cases} (C + a^2)\dfrac{dr}{d\theta} - a^2 q = 0, \\[2mm] A\dfrac{dq}{d\theta} - Cr + Aq\cot\theta = 0, \end{cases}$$

formant un système d'équations linéaires et homogènes définissant q et r en fonction de θ. En tirant q de la première pour le porter dans la deuxième, on a, pour déterminer r, l'équation du deuxième ordre

$$(12) \qquad \frac{d^2 r}{d\theta^2} + \frac{dr}{d\theta}\cot\theta - \frac{C a^2}{AC + A a^2} r = 0.$$

Cette équation donne r en fonction de θ ; la première de (11) donne q. En lui adjoignant l'équation des forces vives

$$u^2 + v^2 + w^2 + A(p^2 + q^2) + Cr^2 = -2ga\sin\theta + h;$$

on obtient θ en fonction de t par une quadrature ; le deuxième membre de cette équation est le double du travail de la pesanteur $-g\zeta$, ζ désignant la cote $a\sin\theta$ du point G.

Intégration de l'équation (12). — Par la substitution

$$\cos^2\theta = s,$$

l'équation (12) devient

$$s(1 - s)\frac{d^2 r}{ds^2} + \left(\frac{1}{2} - \frac{3}{2}s\right)\frac{dr}{ds} - \frac{C a^2}{4A(C + a^2)} r = 0.$$

Cette équation est celle de la série hypergéométrique de Gauss, dans laquelle

$$\gamma = \frac{1}{2}, \qquad \alpha + \beta = \frac{1}{2}, \qquad \alpha\beta = \frac{C a^2}{4A(C + a^2)}.$$

On sait que l'intégrale générale de l'équation de Gauss (*Œuvres complètes*, t. III, p. 210) est

$$\lambda F(\alpha, \beta, \gamma, x) + \mu x^{1-\gamma} F(\alpha + 1 - \gamma, \beta + 1 - \gamma, 2 - \gamma, x),$$

λ et μ désignant deux constantes arbitraires. Donc l'expression de r est

$$r = \lambda F\left(\alpha, \beta, \frac{1}{2}, \cos^2\theta\right) + \mu\cos\theta\, F\left(\alpha + \frac{1}{2}, \beta + \frac{1}{2}, \frac{3}{2}, \cos^2\theta\right).$$

On a ensuite

$$q = \frac{C + a^2}{a^2}\cdot\frac{dr}{d\theta},$$

ce qui donne également q exprimé par des séries hypergéométriques.

Enfin, l'équation des forces vives où $p = \dfrac{d\theta}{dt}$ donne t en fonction de θ par une quadrature.

On peut également, pour intégrer l'équation (12), employer une substitution indiquée par M. Korteweg (*Rendiconti del Circolo di Palermo*, t. XIV, p. 7). Cette équation, en effet, se transforme par la substitution

$$\cos\theta = x,$$

dans

$$(13) \qquad (1 - x^2)\frac{d^2 r}{dx^2} - 2x\frac{dr}{dx} - \frac{Ca^2}{A(C + a^2)}\,r = 0.$$

Les nouvelles substitutions

$$x = \pm(1 - 2t)$$

donneront

$$t(1 - t)\frac{d^2 r}{dt^2} + (1 - 2t)\frac{dr}{dt} - \frac{Ca^2}{A(C + a^2)}\,r = 0.$$

Sous cette forme, l'équation s'identifie avec celle de la série hypergéométrique, en posant

$$(14) \qquad \gamma' = 1, \qquad \alpha' + \beta' = 1, \qquad \alpha'\beta' = \frac{A(C + a^2)}{Ca^2}.$$

Elle possède donc l'intégrale particulière

$$F(\alpha', \beta', 1, t).$$

En substituant successivement dans cette intégrale

$$t = \frac{1}{2}(1 \pm x),$$

on obtient l'intégrale générale de l'équation (10) sous la forme

$$(15) \qquad r = \lambda' F\left[\alpha', \beta', 1, \frac{1}{2}(1 + x)\right] + \mu' F\left[\alpha', \beta', 1, \frac{1}{2}(1 - x)\right]$$

$$(x = \cos\theta).$$

Cette solution peut présenter des avantages dans des cas particuliers, à savoir les cas où θ peut atteindre l'une des valeurs 0° ou 180°, ou s'en approcher indéfiniment.

En *premier lieu*, elle nous avertit que le même mouvement ne peut pas contenir ces deux valeurs, si, du moins, r n'est pas constamment égal à zéro. Car, si λ' diffère de zéro, la substitution $x = 1$, et, si μ' en diffère, la substitution $x = -1$, conduirait à une valeur infinie de r parce qu'alors l'argument de la série devient égal à l'unité positive, tandis que $\alpha' + \beta' - \gamma'$

est égal à zéro. Or, il est clair qu'à une valeur infinie de r correspondrait une valeur infinie de la force vive, valeur qu'elle ne peut pas prendre.

En *second lieu*, elle nous apprend que, pour que θ puisse atteindre par exemple la valeur $\theta = 0°$, la constante λ' doit être égale à zéro.

L'expression pour r se réduit donc, dans ce cas, à la forme plus simple

$$r = \mu' \, F\left[\alpha', \beta', 1, \frac{1}{2}(1 - x) \right].$$

Il est évident qu'un mouvement contenant $\theta = 0°$ ne serait pratiquement réalisable jusqu'au bout que dans des cas, comme celui du cerceau, où toute la masse est concentrée dans un seul plan. (KORTEWEG, *loc. cit.*)

412. Coordonnées d'un corps solide d'après Study. — Dans toutes les applications précédentes nous avons défini la position d'un solide dans l'espace par les six coordonnées indépendantes ξ, η, ζ, θ, φ, ψ. En 1891, M. Study a fait connaître dans le tome XXXIX des *Mathematische Annalen*, pour déterminer la position d'un solide un système de huit coordonnées homogènes liées par une relation bilinéaire, présentant une analogie remarquable avec les six coordonnées pluckériennes d'une droite liées par une relation bilinéaire : M. Study a repris cette théorie dans son livre *Geometrie der Dynamien* (1903), page 580-583. On trouvera un exposé français de ce système de coordonnées dans un article de M. Bricard, *Sur la Géométrie des feuillets de M. René de Saussure, étude analytique* (*Nouvelles Annales de Mathématiques*, janvier 1910).

M. Study a calculé la force vive d'un solide, avec son système de coordonnées, dans un article du *Journal de* M. Jordan, t. VII, 1911.

EXERCICES.

1. Dans le mouvement d'un corps pesant de révolution assujetti à glisser sans frottement sur un plan horizontal, l'axe de révolution peut-il passer par la verticale? Quelles doivent être les conditions initiales pour qu'il en soit ainsi?

2. 1° Une plaque pesante ABC dont le périmètre contient un segment rectiligne AB s'appuie par ce côté AB sur un plan fixe qui est horizontal et sur lequel BA glisse sans frottement. Cette plaque, qui est immobile à l'origine du temps, est abandonnée à l'action de la pesanteur.

On demande la condition nécessaire et suffisante pour que, pendant le mouvement, le côté rectiligne AB se déplace parallèlement à sa position initiale.

2° La condition demandée est, en particulier, satisfaite pour une plaque homogène dont le périmètre est une demi-circonférence de cercle.

On considère une plaque homogène, demi-circulaire, dont le rayon est égal à 1^m; on suppose, en outre, qu'à l'origine du temps la plaque est immobile et fait avec le plan horizontal un angle de 30°. On demande de trouver, dans ces hypothèses particulières, une limite supérieure et une limite inférieure du temps qui s'écoule depuis l'origine jusqu'à l'instant où la plaque semi-circulaire vient coïncider avec le plan horizontal. (*Agrégation*, 1893.)

3. *Équations du mouvement d'un corps pesant sur un plan horizontal parfaitement poli.* — On suppose le corps terminé par une surface convexe quelconque S, définie comme il suit. Soient $Gxyz$ les axes principaux d'inertie relatifs au centre de gravité : menons un plan tangent P à la surface S et appelons γ, γ', γ'' les cosinus des angles que fait la normale Gz_1 au plan P avec les axes $Gxyz$; la distance ζ du plan tangent P au point G est une fonction connue de γ, γ', γ'', et les coordonnées x, y, z du point de contact sont également des fonctions connues de γ, γ', γ'' : par exemple, si S est un ellipsoïde ayant des axes a, b, c dirigés suivant $Gxyz$, on a pour ζ la valeur $\sqrt{a^2\gamma^2 + b^2\gamma'^2 + c^2\gamma''^2}$.

Supposons alors le corps placé sur un plan horizontal fixe P et prenons les mêmes axes fixes $G\xi\eta\zeta$ que dans le cas où la surface S est de révolution (n° 407).

Appelons θ, φ, ψ les angles d'Euler du trièdre $Gxyz$ avec le trièdre $Gx_1y_1z_1$ parallèle aux axes fixes. Le corps étant tangent au plan horizontal, la verticale Gz_1 est perpendiculaire au plan tangent et le ζ du centre de gravité est une fonction connue des cosinus γ, γ', γ'' qui ont pour valeurs $\sin\theta\sin\varphi$, $\sin\theta\cos\varphi$, $\cos\theta$. On a donc

$$\zeta = f(\theta, \varphi);$$

de plus, les coordonnées x, y, z du point de contact par rapport aux axes $Gxyz$ sont aussi des fonctions connues de θ et φ.

D'après cela la position du corps dépend de cinq paramètres ξ, η, θ, φ, ψ.

Les seules forces extérieures étant le poids et la réaction normale R dirigée parallèlement à Gz_1, on a d'abord (mouvement de G)

$$M\frac{d^2\xi}{dt^2} = 0, \qquad M\frac{d^2\eta}{dt^2} = 0, \qquad M\frac{d^2\zeta}{dt^2} = R - Mg.$$

On appliquera ensuite les équations d'Euler au mouvement relatif autour de G. Les seconds membres L, M, N de ces équations sont les moments de la réaction R par rapport aux axes Gx, Gy, Gz. Or R a pour projections sur ces axes $R\gamma$, $R\gamma'$, $R\gamma''$ et est appliqué au point de contact de coordonnées x, y, z.

Donc, L, M, N ont pour valeurs $R(y\gamma'' - z\gamma')$, $R(z\gamma - x\gamma'')$, $R(x\gamma' - y\gamma)$, où les trois parenthèses qui multiplient R sont des fonctions connues de θ et φ. On a ainsi six équations pour définir ξ, η, θ, φ, ψ et R en fonction du temps. La projection horizontale de G est animée d'un mouvement rectiligne uniforme.

Ces équations possèdent deux intégrales premières fournies par les théorèmes généraux : 1° forces vives

$$M\zeta'^2 + Ap^2 + Bq^2 + Cr^2 = -2Mg\zeta + h.$$

2° Dans le mouvement autour de G la somme des moments des quantités de mouvement par rapport à Gz_1 est constante

$$Ap\sin\theta\sin\varphi + Bq\sin\theta\cos\varphi + Cr\cos\theta = k.$$

4. Comment faut-il modifier les formules de l'exercice précédent quand le corps pesant est limité par une portion de surface développable et touche alors le plan horizontal tout le long d'une génératrice de cette surface ?

5. Mouvement d'un cône droit de révolution homogène et pesant glissant sans frottement sur un plan horizontal.

Le cône va toucher le plan suivant une génératrice : le centre de gravité étant sur l'axe du cône, on pourra prendre cet axe pour axe Gz. La Géométrie montre que ζ et θ sont constants : d'ailleurs $A = B$. Les réactions du plan rencontrant toutes l'axe du cône Gz, on a $r = r_0$; les théorèmes des forces vives et des moments montrent alors que φ' et ψ' sont constants. Les angles φ et ψ varient donc proportionnellement à t.

6. Trouver le mouvement du cône de l'exercice précédent en supposant qu'on ait fixé sur la base du cône deux points matériels égaux diamétralement opposés.

Alors A et B ne sont plus égaux. On obtient quatre intégrales premières en appliquant le théorème du mouvement du centre de gravité G, le théorème des forces vives et celui des moments par rapport à Gz_1.

7. Une sphère creuse, pesante et homogène, glisse sans frottement sur un plan horizontal. Un point M pesant glisse sans frottement à l'intérieur de la sphère. Mouvement du système.

Réponse. — Le mouvement du système dépend de 7 paramètres : 2 pour fixer la position du centre de la sphère; 3 pour fixer la position de la sphère autour de son centre, et 2 pour fixer la position du point mobile sur la sphère.

Remarquons d'abord que le mouvement de la sphère autour de son centre C (qui est son centre de gravité) est immédiatement connu. Les forces qui sollicitent la sphère, considérée comme un système isolé, sont, en effet, son poids, la réaction du plan et la réaction du point mobile, toutes passant par le centre C. D'après le théorème des moments des quantités de mouvement généralisé, le moment total des quantités de mouvement par rapport au point C est donc constant, et le mouvement de la sphère autour de son centre est une rotation uniforme autour d'un axe passant par C et fixe dans la sphère et l'espace.

Dès lors, il suffira de quatre intégrales pour achever de déterminer le mouvement. Deux intégrales sont données par le théorème du mouvement du centre de gravité qui montre que la projection horizontale du centre de gravité du système est animée d'une translation rectiligne et uniforme.

Rapportons alors le système à trois axes de directions fixes ayant pour origine la projection g du centre de gravité G sur le plan horizontal qui contient le centre de la sphère, soit (gx_1, gy_1, gz_1), gz_1 étant vertical. Pour étudier le mouvement par rapport à ces nouveaux axes, il n'y aura pas à changer les forces extérieures appliquées au système, parce que le nouveau trièdre est animé par rapport à l'ancien d'un mouvement de translation rectiligne et uniforme.

Soient m' la masse de la sphère, m celle du point. On a, en désignant par R le rayon de la sphère,

$$CG = \lambda = \frac{m}{m' + m}\,R, \qquad MG = \mu = \frac{m'}{m' + m}\,R.$$

La position des deux points M et G est définie par l'angle θ de la projection horizontale de CG avec gx_1 et l'angle φ de CG avec gz_1. Le mouvement du point C est le même que si ce point était un point matériel de masse m' auquel seraient appliquées toutes les forces extérieures appliquées à la sphère (pesanteur, réaction normale du plan horizontal, réaction du point M sur la sphère dirigée selon MC). Si l'on applique au système le théorème des moments des quantités de mouvement par rapport à gz_1 et le théorème des forces vives, on obtient deux intégrales premières qui définissent θ et φ en fonction de t :

$$\sin^2\varphi\,\theta' = \text{const.},$$

$$(m'\lambda^2 + m\mu^2)\sin^2\varphi\,\theta'^2 + [(m'\lambda^2 + m\mu^2)\cos^2\varphi + mR^2\sin^2\varphi]\varphi'^2$$
$$= -2mgR\cos\varphi + \text{const.}$$

Si l'on élimine θ' entre ces deux équations, on a t en φ par une quadrature. [PAINLEVÉ, *Leçons sur l'intégration des équations de la Mécanique* (Hermann).]

8. *Mouvement d'une sphère pesante et homogène glissant sans frottement sur un ellipsoïde de révolution à un axe vertical* Oz.

Réponse. — Les forces extérieures appliquées à la sphère sont la pesanteur et la réaction de l'ellipsoïde (normale à la surface) : ces forces passant par le centre C de la sphère, le mouvement de la sphère autour de ce point est un mouvement de rotation uniforme autour d'un axe fixe dans l'espace et dans la sphère.

Quant au mouvement du centre de gravité C, c'est celui d'un point pesant mobile sur une surface de révolution parallèle à l'ellipsoïde donné (n° 276). Le théorème des forces vives et le théorème des moments par rapport à Oz donnent deux intégrales premières qui déterminent le mouvement. (PAINLEVÉ, *ibid.*, p. 31.)

9. Un corps solide pesant et homogène admet un axe de symétrie. Cet axe a un point fixe O, et il est assujetti à glisser sans frottement sur un cercle fixe horizontal dont le centre est sur la verticale de O. Mouvement du système.

L'axe de symétrie Oz est un axe principal d'inertie relativement au point O.

Soient Ox et Oy les deux autres axes principaux d'inertie relatifs à O, Oz_1 la verticale du point O, Ox_1 et Oy_1 deux horizontales rectangulaires fixes, OI la trace du plan yOx sur le plan y_1Ox_1.

L'angle $\widehat{z_1Oz}$ est constant par suite des liaisons. La position du solide dépend donc de deux paramètres

$$\widehat{x_1OI} = \psi \qquad \text{et} \qquad \widehat{IOx} = \varphi.$$

Le centre de gravité G du solide est sur Oz; son z_1 est constant, et, par suite, le travail de la pesanteur est nul.

Le théorème des forces vives et le théorème des moments des quantités de mouvement par rapport à Oz_1, que la réaction de O rencontre et à laquelle la pesanteur est parallèle, donnent deux intégrales premières du mouvement

$$Ap^2 + Bq^2 + Cr^2 = h,$$
$$Ap\sin\theta_0\sin\varphi + Bq\sin\theta_0\cos\varphi + Cr\cos\theta_0 = K.$$

D'ailleurs on a

$$p = \psi'\sin\theta_0\sin\varphi, \qquad q = \psi'\sin\theta_0\cos\varphi, \qquad r = \psi'\cos\theta_0 + \varphi'.$$

Remplaçant et éliminant ψ', on a t en φ par une quadrature. (PAINLEVÉ, *ibid.*, p. 32.)

10. Un solide de révolution pesant et homogène est traversé suivant son axe

par une aiguille qui lui est invariablement liée et dont les extrémités glissent sans frottement sur deux règles L et L' non parallèles. Mouvement de ce corps.

Réponse. — La position du système dépend de deux paramètres : un pour déterminer la position de l'aiguille de longueur constante AB, et un pour fixer l'orientation du solide autour de cette droite.

Le théorème des forces vives donne une intégrale première du mouvement.

D'autre part, les forces extérieures, à savoir la pesanteur et les réactions des règles, ont un moment nul par rapport à l'axe de révolution AB; si donc on étudie le mouvement du solide autour de son centre de gravité G, point pour lequel AB est axe principal d'inertie, l'une des équations d'Euler montre que la composante r suivant AB de la rotation instantanée du solide dans ce mouvement est constante. D'où encore une intégrale première du mouvement.

Ainsi le mouvement dépend de deux paramètres, et l'on en a deux intégrales premières.

Pour faire le calcul, on prendra pour axe des z la perpendiculaire commune aux deux droites L et L'; pour origine le milieu de leur plus courte distance; pour plan des xy un plan perpendiculaire à Oz; pour axes des x et des y les bissectrices des projections de L et L' sur ce plan.

En appelant θ l'angle que fait avec Ox la projection de l'aiguille sur le plan des xy, et ψ l'angle que fait un plan passant par l'aiguille et lié au solide avec le plan projetant l'aiguille sur le plan des xy, on arrive à des expressions de la forme

$$t = \int \sqrt{\frac{a\cos 2\theta + b\sin 2\theta + c}{a'\cos\theta + b'\sin\theta + c'}}\, d\theta,$$
$$\psi + \theta\cos\alpha = \lambda t + \mu,$$

λ et μ étant des constantes, et α désignant l'angle constant de l'aiguille avec Oz.

Ce qui précède s'applique au cas où les droites L et L' se rencontrent. Il faut examiner à part le cas particulier où les deux droites sont parallèles. [PAINLEVÉ, *Leçons sur l'intégration des équations de la Mécanique* (Hermann); p. 36; 1895.]

11. Un corps solide pesant a deux de ses points A et B qui glissent sans frottement sur deux droites fixes parallèles L et L'. Mouvement du système.

Le centre de gravité G du solide n'est pas en général sur la droite AB. Soit P le pied de la perpendiculaire abaissée de G sur AB. Le point P décrit une droite parallèle à L, L' et que nous prenons pour axe des z. L'axe Ox est une perpendiculaire à L et L', menée dans le plan de ces droites.

Les deux paramètres par lesquels on peut définir la position du système sont ζ le z de G, et ψ l'angle du demi-plan ABG avec le demi-plan ABz, compté positivement, de gauche à droite autour de la direction AB.

Le théorème du mouvement du centre de gravité appliqué à Oz nous donne une première intégrale du mouvement : en effet, les réactions en A et B étant normales à L et à L', on a

$$M\frac{d^2\zeta}{dt^2} = M\gamma$$

(en désignant par α, β, γ les composantes suivant Ox, Oy, Oz de la pesanteur qui s'exerce sur l'unité de masse); donc

$$\zeta = \tfrac{1}{2}\gamma t^2 + \lambda t + \mu.$$

Le théorème des forces vives nous fournit une autre intégrale où figurent ψ, ψ', ζ et ζ'. Si l'on y remplace ζ et ζ' en fonction de t, on trouve que t s'élimine et que ψ dépend de t par une quadrature.

On trouve

$$\psi'^2[A + \cos^2\psi] = B\cos\psi + C\sin\psi + h,$$

en désignant par A, B, C des constantes. (PAINLEVÉ, *ibid.*, p. 38.)

12. Les extrémités A et A' d'une barre homogène pesante de longueur $2l$ et de masse M sont assujetties à glisser sans frottement sur deux plans horizontaux fixes ayant pour équations $z = \pm a$: chaque point de cette barre est attiré par l'origine O proportionnellement à sa masse et à sa distance. Trouver le mouvement de la barre et les réactions des plans.

On appellera ξ et η les coordonnées du centre de gravité G de la barre dans le plan xOy, θ l'angle constant que fait la barre avec la verticale, φ l'angle que fait la projection de la barre sur le plan xOy avec l'axe Ox et μ l'attraction du point O sur l'unité de masse à l'unité de distance,

Chercher la surface décrite par la barre quand la valeur initiale de $\dfrac{d\varphi}{dt}$ est égale à μ. (Dans certains cas particuliers, cette surface est un hyperboloïde.)

(Licence.)

13. On considère un corps solide S pesant, ayant la forme d'un cône droit dont le rayon de base est R. Le centre de gravité de ce corps est situé en un point O de l'axe de révolution du cône, à une distance R de sa base. L'ellipsoïde d'inertie du corps S relatif au centre de gravité O est une sphère.

Le cône S est mobile autour de son centre de gravité O, supposé fixe, et la circonférence de sa base est tangente à un plan horizontal fixe II situé au-dessous du point O à une distance R de ce point.

Étudier le mouvement du corps S en supposant que la circonférence de base du cône glisse avec frottement sur le plan II.

Calculer la réaction du plan II et celle du point fixe O.

Conditions initiales. — Soient OO' la perpendiculaire abaissée du point O sur le plan II et OC la position initiale de la perpendiculaire abaissée du point O sur la base du cône :

À l'époque $t = 0$, l'axe instantané de rotation est situé dans l'angle COO', et le sens de la rotation initiale est choisi de telle sorte, que le corps S appuie sur le plan II. (*Agrégation,* 1895.)

14. Imaginons un solide pesant qui remplisse les conditions suivantes :

1° Le solide est terminé par une arête vive ayant la forme d'un cercle K de centre H et de rayon a;

2° Le centre de gravité G du corps est situé sur la perpendiculaire Hz élevée par le centre H au plan du cercle K;

3° L'ellipsoïde d'inertie relatif au centre de gravité G est de révolution autour de cette perpendiculaire HGz.

Supposons ensuite que le corps solide ainsi constitué soit assujetti à rouler sans glisser sur un plan horizontal fixe et cherchons les équations du mouvement.

Soit P le point de contact du cercle K avec le plan fixe. Prenons comme origine mobile G et comme trièdre de référence les axes suivants : 1° la droite Gy

parallèle à la droite PH qui joint le centre du cercle K au point de contact P; 2° la droite HGz normale au plan du cercle K; 3° la droite Gx perpendiculaire au plan zGy.

Désignons par θ l'angle de Gz avec la verticale ascendante Gz_1 et par ψ l'angle de Gx avec une horizontale fixe. Ces deux angles déterminent la position du trièdre Gxyz.

Pour fixer la position du corps solide par rapport au trièdre Gxyz, il suffit de connaître l'angle φ que fait un rayon du cercle K, invariablement lié au corps, avec l'axe Gy. La rotation instantanée Ω du trièdre et celle du corps ω sont données par les mêmes formules que dans le cas du cerceau (n° 411).

En appliquant une méthode identique à celle de ce numéro et faisant HG $= c$, on trouve finalement que q et r sont données en fonction de θ par deux équations linéaires et homogènes simultanées du premier ordre, et que l'élimination de q conduit à l'équation linéaire

$$\frac{d^2 r}{d\theta^2} + \cot\theta\, \frac{dr}{d\theta} + \frac{Ca}{Aa^2 + Cc^2 + AC}\,(c\cot\theta - a)\,r = 0,$$

donnant r en fonction de θ. En remontant, on a q en fonction de θ.

En prenant ensuite l'équation des forces vives

$$u^2 + v^2 + w^2 + A(p^2 + q^2) + Cr^2 = -2g(a\sin\theta + c\cos\theta) + h,$$

on obtient θ en fonction de t par une quadrature. (APPELL, *Rendiconti del Circolo Matematico di Palermo*, août 1899.)

On peut, par une méthode analogue, étudier le mouvement d'un corps pesant de révolution assujetti à *rouler sans glisser* sur un plan horizontal fixe. Nous reviendrons sur ce problème en Mécanique analytique, comme exemple de systèmes non holonomes. On trouvera une étude détaillée de ce problème dans l'Opuscule intitulé : *Les mouvements de roulement en Dynamique* (Collection *Scientia*, Gauthier-Villars, éditeur).

15. *Roulement d'une sphère sur une surface* [ROUTH, *Advanced part of a Treatise on the Dynamics of a system of Rigid Bodies* (London, Macmillan and C°, 1884, p. 123)]. — Soit une sphère homogène de rayon a et de masse 1, assujettie à rouler et à pivoter sur une surface donnée et sollicitée par des forces qui admettent une résultante unique passant par le centre.

Soit G le centre de la sphère. Prenons pour axe Gz la droite joignant le point de contact de la sphère avec la surface au point G et pour axes Gx et Gy deux axes perpendiculaires quelconques : le plan xGy est alors parallèle au plan tangent à la surface au point de contact.

Appelons V la vitesse absolue du point G et u, v, w ses projections, sur les axes mobiles : la vitesse V étant parallèle au plan tangent commun à la sphère et à la surface sur laquelle elle roule, on a $w = 0$. Soient, comme plus haut, Ω la rotation instantanée du trièdre Gxyz et P, Q, R ses composantes, ω celle de la sphère et p, q, r ses composantes.

Soient X, Y, Z les composantes de la résultante des forces appliquées suivant Gx, Gy, Gz; la réaction de la surface se compose d'une force normale N dirigée dans le sens Gz et d'une force tangentielle dont nous appellerons F et F' les composantes suivant Gx et Gy. Désignons aussi par k le rayon de gyration de la sphère autour d'un diamètre $k = \dfrac{a\sqrt{10}}{5}$.

Les équations du mouvement sont

$$\frac{du}{dt} - Rv = \frac{a^2}{a^2+k^2}X + \frac{k^2}{a^2+k^2}aPr,$$

$$\frac{dv}{dt} + Ru = \frac{a^2}{a^2+k^2}Y + \frac{k^2}{a^2+k^2}aQr.$$

Ces équations montrent que le centre de gravité se meut comme le centre de gravité d'une sphère identique assujettie à glisser sans frottement sur la même surface et sollicitée : 1° par une force appliquée en G et ayant pour composantes, suivant Gx et Gy, $\dfrac{k^2}{a^2+k^2}aPr$ et $\dfrac{k^2}{a^2+k^2}aQr$; 2° par une force égale à la force réellement appliquée (X, Y) réduite dans le rapport $\dfrac{a^2}{a^2+k^2}$.

16. *Exemples.* — Si la surface fixe sur laquelle roule la sphère est un plan, P et Q sont nuls. *Si donc une sphère homogène roule et pivote sur un plan fixe sous l'action de forces admettant une résultante unique qui passe par son centre, le mouvement du centre est le même que si le plan était parfaitement poli et les forces appliquées réduites aux* $\dfrac{5}{7}$ *de leurs valeurs.* (Routh, *loc. cit.*, p. 126.)

Pour d'autres exemples, nous renverrons au Traité de Routh qui contient un grand nombre d'élégants exercices, notamment le roulement d'une sphère sur une sphère, sur un cylindre, sur un cône, les petites oscillations autour d'une position d'équilibre stable ou d'un mouvement stable.

17. *Généralisation du problème du cerceau.* [*Voir* le Mémoire intitulé : *Ueber die rollende Bewegung einer Kreisscheibe auf einer Beliebigen Fläche...*, von Woronetz in Kiew (*Math. Annalen*, t. LXVII, 1909).]

18. *Mouvement d'un solide dans l'intérieur duquel ont lieu des mouvements cycliques stationnaires donnés.* (Mémoire de Silvio Ena, *Memorie della R. Accademia dei Lincei*, 5ᵉ série, t. VII, 1909, p. 533.)

CHAPITRE XXII.
MOUVEMENT RELATIF.

I. — THÉORÈMES GÉNÉRAUX.

413. Équations du mouvement relatif d'un point. — Les équations de Lagrange permettent, comme on l'a vu, de trouver le mouvement relatif d'un point par rapport à un système animé d'un mouvement connu (n°s 259, 263, 282), et nous verrons plus loin que ces mêmes équations s'appliquent au mouvement relatif des systèmes holonomes. Une théorie particulière du mouvement relatif n'est donc pas indispensable ; néanmoins, à cause de l'importance de la question, nous la traiterons directement.

Le problème se pose comme il suit : soient un système de forme invariable, S, animé d'un mouvement connu et un point matériel m sollicité par certaines forces ; trouver le mouvement relatif de ce point par rapport au système S qu'on appelle *système de comparaison.* Pour définir le mouvement du système de comparaison S, il suffit, comme nous l'avons fait en Cinématique (n° 45), de définir le mouvement de trois axes Oxyz invariablement liés à ce système. Le point m possède, à chaque instant, une vitesse absolue V_a, une vitesse relative V_r par rapport au système de comparaison, et une vitesse d'entraînement V_e ; entre ces trois vecteurs a lieu la relation géométrique

$$(V_a) = (V_r) + (V_e).$$

Pour les accélérations, on a une formule analogue avec un terme de plus : soient J_a l'accélération absolue, J_r l'accélération relative, J_e l'accélération d'entraînement et J' un certain vecteur appelé *accélération complémentaire ;* on a l'égalité géométrique (n° 59)

$$J_a) = (J_r) + (J_e) + (J'). \tag{1}$$

Ces résultats étant rappelés, venons au problème qui nous occupe actuellement. La résultante F des forces agissant sur le point m est égale à l'accélération absolue J_a du point multipliée par la masse m. On a donc, d'après (1), la nouvelle égalité géométrique

$$(F) = (mJ_r) + (mJ_e) + (mJ'),$$

d'où

$$(3) \qquad (mJ_r) = (F) - (mJ_e) - (mJ').$$

Cette égalité géométrique se traduit algébriquement par trois équations obtenues en projetant les vecteurs considérés sur les axes mobiles ; on obtient ainsi ce qu'on appelle les *équations du mouvement relatif*. Les projections de J_r sur les axes mobiles $Oxyz$ sont $\dfrac{d^2x}{dt^2}$, $\dfrac{d^2y}{dt^2}$, $\dfrac{d^2z}{dt^2}$; nous appellerons X, Y, Z celles de la force F, $(J_e)_x$, $(J_e)_y$, $(J_e)_z$ celles de l'accélération d'entraînement J_e, J'_x, J'_y, J'_z, celles de J. On a alors les trois équations

$$(4) \qquad \begin{cases} m\dfrac{d^2x}{dt^2} = X - m(J_e)_x - mJ'_x, \\[2mm] m\dfrac{d^2y}{dt^2} = Y - m(J_e)_y - mJ'_y, \\[2mm] m\dfrac{d^2z}{dt^2} = Z - m(J_e)_z - mJ'_z. \end{cases}$$

Les projections de J_e et J' sont connues, car on connaît le mouvement du système de comparaison S ou mouvement d'entraînement.

Par l'intégration des équations différentielles (4) on obtiendra x, y, z en fonction de t, c'est-à-dire les équations du mouvement relatif cherché sous forme finie.

Pour rappeler la forme des équations différentielles (4) on donne des noms aux deux vecteurs $- (mJ_e)$ et $- (mJ')$ dont les projections figurent dans ces équations.

On appelle *force centrifuge* ou encore *force d'inertie d'entraînement* le vecteur $- (mJ_e)$ égal et opposé au produit de l'accélération d'entraînement par la masse, et *force centrifuge composée* le vecteur $- (mJ')$ égal et opposé au produit de l'accélération complémentaire par la masse.

En résumé : Les équations du mouvement relatif d'un point, par rapport aux axes mobiles $Oxyz$, sont les mêmes que si ces axes étaient fixes et si l'on ajoutait aux forces qui agissent réellement sur le mobile deux forces fictives, la force centrifuge (ou force d'inertie d'entraînement) et la force centrifuge composée.

La définition géométrique de la force centrifuge composée $-(m\mathrm{J}')$ résulte immédiatement de celle de J'. Les projections $-m\mathrm{J}'_x$, $-m\mathrm{J}'_y$, $-m\mathrm{J}'_z$ de cette force sont, d'après les valeurs données pour les projections J'_x, J'_y, J'_z (n° 59),

$$(5)\quad \left\{ \begin{aligned} &-2\,m\left(q\,\frac{dz}{dt}-r\,\frac{dy}{dt}\right),\quad -2\,m\left(r\,\frac{dx}{dt}-p\,\frac{dz}{dt}\right),\\ &\qquad\quad -2\,m\left(p\,\frac{dy}{dt}-q\,\frac{dx}{dt}\right), \end{aligned} \right.$$

où p, q, r sont les projections sur $Oxyz$ de la rotation instantanée ω du système de comparaison.

414. Force vive relative. — On peut évidemment faire sur les équations (4) toutes les combinaisons analytiques employées dans l'étude du mouvement absolu.

Par exemple, on formera une combinaison analogue à celle qui conduit au théorème des forces vives, en multipliant ces équations (4) respectivement par dx, dy, dz et ajoutant. Dans cette combinaison les termes provenant de la force centrifuge composée disparaissent, comme il résulte des expressions (5), et l'on obtient l'équation

$$\frac{d\,m\mathrm{V}_r^2}{2}=\mathrm{X}\,dx+\mathrm{Y}\,dy+\mathrm{Z}\,dz-m(\mathrm{J}_e)_x\,dx-m(\mathrm{J}_e)_y\,dy-m(\mathrm{J}_e)_z\,dz.$$

La différentielle de la demi-force vive relative est donc égale au travail élémentaire des forces appliquées au point et de la force centrifuge. Le fait que le travail de la force centrifuge composée est nul résulte géométriquement de ce que cette force, étant normale à la vitesse relative V_r, est normale au déplacement relatif dx, dy, dz.

415. Équilibre relatif. — On aura les équations de l'équilibre relatif en supposant dans les équations précédentes $\dfrac{d^2x}{dt^2}$, $\dfrac{d^2y}{dt^2}$, $\dfrac{d^2z}{dt^2}$ nuls, ainsi que $\dfrac{dx}{dt}$, $\dfrac{dy}{dt}$, $\dfrac{dz}{dt}$; en conséquence, (J') sera nul, et l'on aura

$$X - m(J_e)_x = 0, \qquad Y - m(J_e)_y = 0, \qquad Z - m(J_e)_z = 0 ;$$

on obtient donc les équations de l'équilibre relatif en écrivant que la force F fait équilibre à la force centrifuge.

Un point x, y, z satisfaisant à ces trois relations est toujours une position d'équilibre relatif, car, si l'on y place le mobile, sans vitesse initiale relative, des trois forces dont deux fictives, qu'on peut considérer comme produisant le mouvement relatif, l'une, la force centrifuge composée, est nulle puisque la vitesse relative est nulle, et les deux autres se font équilibre ; le point restera donc au repos relatif.

Application. — Position d'équilibre relatif d'un point pesant pouvant glisser sans frottement sur une courbe plane C tournant autour d'un axe vertical Oz de son plan avec une vitesse angulaire constante ω.

Fig. 245.

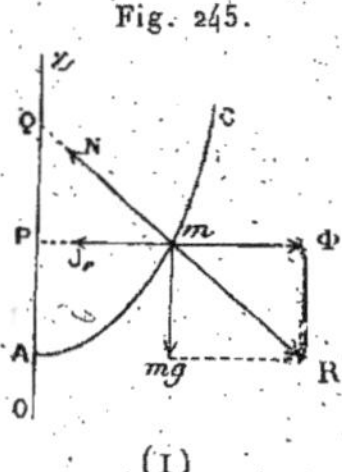

(1)

Nous compterons positivement les z de bas en haut.

Les forces agissant réellement sur le point considéré m sont : son poids mg et la réaction normale N. Pour avoir les conditions d'équilibre relatif, nous pouvons regarder la courbe C comme fixe et écrire qu'il y a équilibre entre ces deux forces et la force centrifuge Φ.

Pour calculer cette dernière, nous considérerons le point géométrique du système de comparaison, c'est-à-dire de la courbe C, coïncidant avec m : dans le mouvement d'entraînement, ce point décrit le parallèle de rayon $\rho = Pm$; son accélération est, par suite, $\omega^2\rho$ et dirigée de m vers P ; la force centrifuge Φ aura donc pour valeur $m\omega^2\rho$ et sera dirigée suivant le prolongement de Pm. Pour qu'il y ait équilibre, il faut et il suffit que les forces Φ et mg aient une résultante R normale à la courbe. Les triangles semblables $m\,\mathrm{PQ}$, $m\,\Phi\mathrm{R}$ donnent

$$\mathrm{PQ} = \frac{mg\rho}{\Phi} = \frac{g}{\omega^2}.$$

Les positions d'équilibre sont donc les points de la courbe où la sous-normale est égale à $\frac{g}{\omega^2}$, le pied de la normale étant situé au-*dessus* du point P. Si au point A, où ρ est nul, la tangente est horizontale, ce point est une position d'équilibre quelle que soit la vitesse de rotation.

Supposons, par exemple, que la courbe donnée soit une parabole d'axe vertical tournant autour de cet axe; le sommet est la seule position d'équilibre relatif, à moins que le paramètre de la parabole soit égal à $\frac{g}{\omega^2}$, auquel cas tous les points de la parabole répondent à la question. De là résulte que la surface libre d'un liquide animé d'un mouvement de rotation uniforme autour d'un axe vertical est un paraboloïde de révolution, puisqu'on peut assimiler une molécule liquide de la surface à un point matériel pesant pouvant glisser sans frottement sur la méridienne.

Si la courbe donnée est une circonférence de rayon R ayant (*fig.* 245, II)

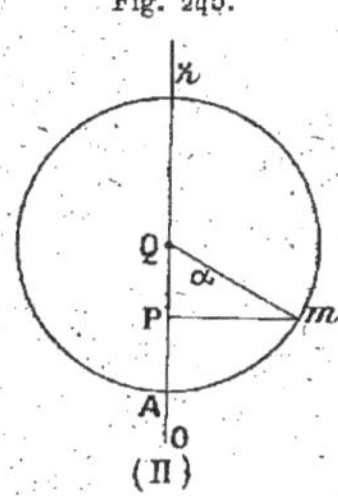

son centre Q sur l'axe de rotation, la condition d'équilibre devient

$$\mathrm{QP} = \mathrm{R}\cos\alpha = \frac{g}{\omega^2}, \qquad \cos\alpha = \frac{g}{\omega^2\mathrm{R}}.$$

Pour qu'il existe une position d'équilibre différente de A, il faut donc que ω soit supérieur à $\sqrt{\dfrac{g}{\mathrm{R}}}$. Lorsque ω croît, α augmente constamment et tend vers $\frac{\pi}{2}$. Ces résultats donnent la théorie sommaire du régulateur de Watt dans les machines à vapeur.

Si la courbe donnée est une circonférence de rayon R dont le centre C n'est plus sur l'axe de rotation, il peut y avoir deux ou quatre positions d'équilibre. Proposant la solution analytique comme exercice, nous nous bornerons à la remarque suivante (*fig.* 245, III) : Soient m une position d'équilibre, QP la sous-normale correspondante égale à $\frac{g}{\omega^2}$, O la projection du centre C sur l'axe de rotation Oz. Menons la droite OE égale et parallèle à Qm et prenons OD $=$ QC, DE $=$ C$m =$ R. L'axe EF, mené par E per-

Fig. 245.

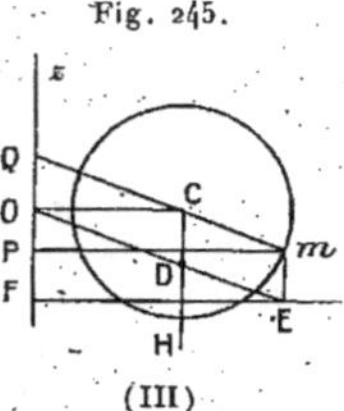

(III)

pendiculairement à Oz, occupé une position connue, car OF $=$ QP $= \frac{g}{\omega^2}$; l'axe CDH occupe également une position connue, car il est parallèle à Oz ; d'ailleurs DE $=$ R. La droite DE est donc une droite de longueur R passant par un point donné O et dont les extrémités E et D s'appuient sur deux axes rectangulaires donnés CH et FE. Pour trouver la position d'équilibre on est donc ramené à ce problème de Géométrie : par un point O mener une droite sur laquelle les deux axes fixes CH et FE interceptent une longueur égale à R ; le rayon Cm est parallèle à cette droite. On sait que ce problème de Géométrie admet deux ou quatre solutions, suivant que le point O est à l'extérieur ou à l'intérieur de l'épicycloïde obtenue en prenant l'enveloppe des droites de longueur R dont les extrémités glissent sur les deux axes CH et FE. Cette remarque a été tirée par M. Gilbert des équations d'équilibre [*Application des équations de Lagrange au mouvement relatif (Annales de la Société scientifique de Bruxelles,* 1883)].

Remarque. — Si l'on voulait chercher le mouvement du point sur la courbe mobile, il suffirait d'appliquer le théorème des forces vives au mouvement relatif, en remarquant que le travail élémentaire du poids est — $mg\,dz$, celui de la force centrifuge Φ, $m\omega^2\rho\,d\rho$ et celui de la force centrifuge composée, o. On aurait alors l'intégrale des forces vives

$$m v_1^2 = -\,2\,mg z + m\omega^2\rho^2 + h.$$

Les positions d'équilibre relatif s'obtiennent en cherchant les positions du mobile pour lesquelles la fonction des forces du second membre est maximum ou minimum ; à un maximum de cette fonction correspond une position d'équilibre stable. On vérifiera ainsi que, dans le cas d'un cercle

tournant autour d'un axe passant par son centre, la position d'équilibre A
(*fig.* 245, II) est stable quand elle existe seule ; elle est instable quand la
position Qm existe ; cette dernière est alors stable.

416. Mouvement relatif par rapport à des axes animés d'un mouvement de translation. — Lorsque le système des axes mobiles
Oxyz est animé d'un mouvement de translation, la rotation instantanée ω de ce système est *nulle*, la force centrifuge composée est
donc nulle, et il suffit, pour écrire les équations du mouvement
relatif, d'ajouter aux forces agissant réellement sur le point la
force centrifuge. Pour déterminer cette dernière, remarquons que
tous les points du système de comparaison ont la même accélération ; l'accélération d'entraînement est donc, quelle que soit la
position du mobile, égale à l'accélération J de l'origine mobile.
Si le mouvement de translation des axes mobiles est *rectiligne* et
uniforme, la force centrifuge est nulle aussi, car J est nul.

Exemple : *Mouvement d'une planète autour du Soleil.* — Soient S
et P le Soleil et une planète, M et m leurs masses, r leur distance ; l'attraction des deux corps est $F = F' = \dfrac{fMm}{r^2}$. Cherchons le mouvement de la
planète par rapport à des axes Sxyz de directions fixes menés par S. Ces
axes étant animés d'un mouvement de translation, l'accélération d'entraîne-

Fig. 246.

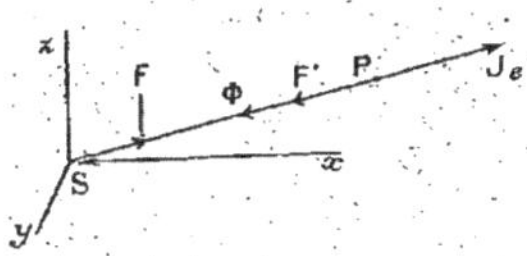

ment J$_e$ de P est, à chaque instant, égale à l'accélération de l'origine mobile S : la grandeur de J$_e$ est donc $\dfrac{F}{M} = \dfrac{fm}{r^2}$ et sa direction le prolongement de SP. La force centrifuge Φ qu'il faut ajouter à l'attraction F' de S
sur P est donc dirigée suivant PS et égale à $mJ_e = f\dfrac{m^2}{r^2}$. Cette force composée avec F' donne la résultante

$$\frac{fMm}{r^2} + \frac{fm^2}{r^2} = \frac{fm(M+m)}{r^2}.$$

Le mouvement relatif est donc le même que si le Soleil S était fixe, mais
avait une masse M + m (n° 235).

417. Exercice. Mouvement relatif d'un point pesant assujetti à rester sur un plan incliné P parfaitement poli qui tourne avec une vitesse angulaire constante ω autour d'une verticale. — Prenons pour axe des z l'axe de rotation vers le haut, pour origine O le point où cette droite perce le plan, pour axe Ox l'horizontale du plan et pour axe Oy une perpendiculaire au plan xOz. Le trièdre $Oxyz$ tourne donc autour de Oz avec la vitesse ω; les valeurs de p, q, r sont o, o, ω : ρ désignant

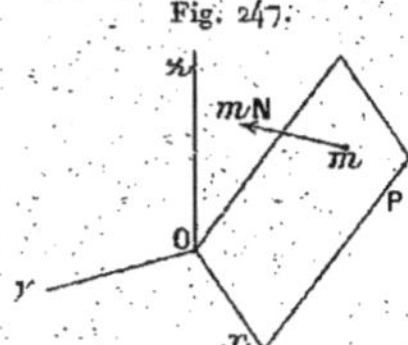

la distance du mobile à l'axe Oz, la force centrifuge est $m\omega^2\rho$, et ses projections sur les axes $Oxyz$ sont $m\omega^2 x$, $m\omega^2 y$, o. Soient i l'inclinaison du plan sur l'horizon, mN sa réaction normale comptée positivement au-dessus du plan; les équations du mouvement relatif sont, en désignant par des accents les dérivées de x, y, z par rapport à t :

$$x'' = \omega^2 x + 2\omega y',$$
$$y'' = \omega^2 y + N \sin i - 2\omega x', \qquad z'' = N \cos i - g.$$

Éliminons N et remplaçons z par $-y \tan i$ (équation du plan P); il vient

$$y'' = \omega^2 y \cos^2 i + g \sin i \cos i - 2\omega x' \cos^2 i.$$

Les variables x et y sont donc données en fonction de t par deux équations linéaires à coefficients constants qu'on intègre en faisant

$$x = A e^{kt}, \qquad y = A \lambda e^{kt} - \frac{g}{\omega^2} \tan i,$$

A étant une constante arbitraire, k et λ vérifiant les conditions

$$\lambda = \frac{k^2 - \omega^2}{2k\omega}, \qquad k^4 - (1 - 3\cos^2 i)k^2\omega^2 + \omega^4 \cos^2 i = 0.$$

Cette équation admet quatre racines $\pm\alpha$, $\pm\beta$ deux à deux égales et de signes contraires : k^2 sera réel quand $\cos^2 i < \dfrac{1}{9}$. Les intégrales sont alors de la forme

$$x = A e^{\alpha t} + A_1 e^{-\alpha t} + B e^{\beta t} + B_1 e^{-\beta t},$$
$$y = -\frac{g}{\omega^2} \tan i + \frac{\alpha^2 - \omega^2}{2\alpha\omega} (A e^{\alpha t} - A_1 e^{-\alpha t}) + \frac{\beta^2 - \omega^2}{2\beta\omega} (B e^{\beta t} - B_1 e^{-\beta t}).$$

Nous renverrons pour une discussion détaillée au *Recueil d'Exercices sur la Mécanique rationnelle*, par M. de Saint-Germain (Gauthier-Villars), p. 362. Le point $x = 0$, $\omega^2 y \cos i = - g \sin i$ est une position d'équilibre relatif.

II. — MOUVEMENT ET ÉQUILIBRE RELATIFS DES SYSTÈMES.

418. Généralités. — Pour obtenir les équations du mouvement relatif d'un système par rapport à des axes $O\,xyz$ animés d'un mouvement connu, on peut, d'après ce qui précède, regarder les axes mobiles comme fixes, à condition d'ajouter aux forces qui agissent sur chaque point m du système la force centrifuge $- m(\mathbf{J}_e)$ et la force centrifuge composée $- m(\mathbf{J}')$. Lorsqu'on applique le théorème des forces vives à ce mouvement relatif, le travail des forces centrifuges composées est nul.

419. Mouvement d'un système autour de son centre de gravité. Théorème des moments; théorème des forces vives. — Imaginons un système en mouvement dans lequel le centre de gravité G a une accélération

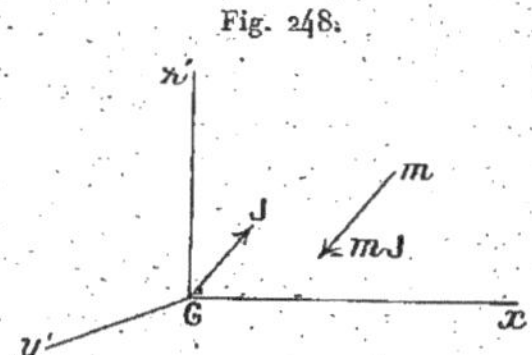

Fig. 248.

J : étudions le mouvement relatif du système par rapport à des axes Gx', Gy', Gz' de *directions fixes*, menées par G. Tous les points invariablement liés aux axes mobiles ont, à chaque instant, la même accélération d'entraînement, égale à J; nous appellerons a, b, c les projections de J sur les axes mobiles. Pour étudier le mouvement relatif, on pourra regarder ces axes mobiles comme fixes, à condition d'ajouter aux forces intérieures et extérieures agissant sur chaque point m du système la seule force centrifuge $- m\mathbf{J}$ de projections $- ma$, $- mb$, $- mc$: la force centrifuge composée est nulle (n° 416). On a alors, en appliquant au mouvement relatif le théorème des moments des quantités de mouvement et employant les notations du n° 350,

$$\frac{d}{dt} \Sigma m \left(x' \frac{dy'}{dt} - y' \frac{dx'}{dt} \right) = \Sigma\Sigma (x' Y_e - y' X_e) - \Sigma m (bx' - ay');$$

le centre de gravité étant à l'origine mobile, la dernière somme est nulle, car on a, par exemple, $\Sigma m b x' = b \Sigma m x' = 0$. Donc le théorème des moments des quantités de mouvement s'applique au mouvement relatif d'un système autour du centre de gravité, comme nous l'avons démontré autrement (n° 350). Appliquons de même le théorème des forces vives au mouvement relatif par rapport aux axes $Gx'y'z'$, en regardant ces axes comme fixes et introduisant les forces centrifuges; nous aurons

$$d\frac{\Sigma m v'^2}{2} = \Sigma\Sigma(X_i\,dx' + Y_i\,dy' + Z_i\,dz')$$
$$+ \Sigma\Sigma(X_c\,dx' + Y_c\,dy' + Z_c\,dz') - \Sigma m(a\,dx' + b\,dy' + c\,dz').$$

La dernière somme est encore nulle, car $\Sigma m\,dx'$, $\Sigma m\,dy'$, $\Sigma m\,dz'$ sont nuls. On voit ainsi que l'on peut appliquer le théorème des forces vives au mouvement relatif autour de G, sans tenir compte des forces fictives; c'est ce que nous avons déjà démontré (n° 351).

420. **Exemple de mouvement relatif.** — Les extrémités d'une barre homogène pesante de longueur $2l$ sont assujetties à glisser sans frottement, l'une A sur un axe horizontal Ox, l'autre B sur un axe vertical Oy. Trouver

Fig. 249.

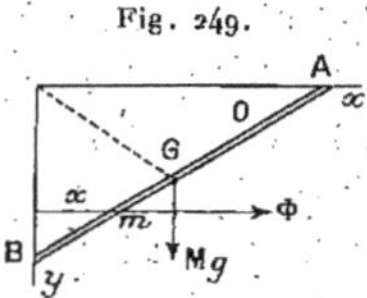

le mouvement de la barre en supposant que le système xOy tourne autour de Oy avec une vitesse angulaire constante ω. (ROUTH, *Rigid-Dynamics, Elementary Part*, p. 343.)

Les forces appliquées à la barre sont le poids Mg appliqué au milieu G et les réactions normales des axes Ox et Oy. Pour trouver le mouvement relatif de la barre par rapport à ces axes, on peut les regarder comme fixes, à condition d'appliquer à chaque point m la force centrifuge Φ et la force centrifuge composée Φ'. Nous appliquerons ensuite au mouvement relatif le théorème des forces vives, en nous rappelant que le travail des forces centrifuges composées est nul, et en remarquant que, dans le déplacement relatif, les travaux des réactions sont nuls. Appelons Mk^2 le moment d'inertie de la barre par rapport au point G, θ l'angle qu'elle fait avec Ox, de sorte que les coordonnées ξ et η du centre de gravité sont $l\cos\theta$ et $l\sin\theta$. D'après le théorème de Kœnig, la force vive relative de la barre est $Ml^2\theta'^2 + Mk^2\theta'^2$, θ' désignant la dérivée de θ par rapport à t. Le travail élémentaire du poids est $Mg\,d\eta$, c'est-à-dire $Mgl\cos\theta\,d\theta$. Enfin la force centrifuge Φ, appliquée au point m d'abscisse x, est parallèle à Ox et a pour valeur $m\omega^2 x$; son travail élémentaire est $m\omega^2 x\, dx$; si donc on désigne par ρ la distance Bm, on a $x = \rho\cos\theta$, et quand la barre glisse, $dx = -\rho\sin\theta\, d\theta$; d'où, pour $m\omega^2 x\, dx$, la valeur

$$- m\omega^2 \rho^2 \sin\theta\cos\theta\, d\theta.$$

D'après cela, la somme des travaux élémentaires des forces centrifuges est $- \Sigma m\rho^2\omega^2\sin\theta\cos\theta\, d\theta$; comme $\Sigma m\rho^2$ est le moment d'inertie de la barre par rapport au point B, moment égal à $Mk^2 + Ml^2$, on a, pour la somme des travaux des forces centrifuges, $- M(k^2 + l^2)\omega^2\sin\theta\cos\theta\, d\theta$. L'équation des forces vives est donc, en remarquant que, pour une barre homogène, $k^2 = \dfrac{l^2}{3}$, et divisant par M,

$$(1) \qquad d\frac{2}{3}\frac{l^2}{} \theta'^2 = gl\cos\theta\, d\theta - \frac{4\,l^2}{3}\omega^2\sin\theta\cos\theta\, d\theta,$$

qui donne immédiatement θ' en fonction de θ par une quadrature. En supposant, pour simplifier, que θ' soit nul pour $\theta = \theta_0$, on aura

$$(2) \qquad \theta'^2 = \omega^2(\sin\theta - \sin\theta_0)\left(\frac{3g}{2l\omega^2} - \sin\theta - \sin\theta_0\right);$$

d'où l'on tire t en fonction de $\sin\theta$ par une intégrale elliptique de première espèce et $\sin\theta$ en fonction elliptique de t. Dans la discussion, il faut remarquer que $\sin\theta$ ne peut prendre que des valeurs rendant le second membre positif.

Équilibre relatif. — En divisant par dt l'équation de mouvement (1) et effectuant, on a

$$(3) \qquad \frac{d^2\theta}{dt^2} = \frac{3g}{4l}\cos\theta - \omega^2\sin\theta\cos\theta.$$

On obtient les positions d'équilibre relatif en égalant le second membre à zéro. On a ainsi $\cos\theta = 0$ qui donne la position verticale, puis

$$4l\omega^2\sin\theta = 3g$$

qui ne donne une valeur de θ que si ω est suffisamment grand. Pour nous rendre compte de la stabilité, appelons α la valeur de θ correspondant à une de ces deux positions, et faisons $\theta = \alpha + \varphi$, où φ est très petit. Nous aurons alors, en substituant et développant le second membre suivant les puissances de φ, en négligeant les puissances supérieures,

$$(4) \qquad \frac{d^2\varphi}{dt^2} = -\varphi\left(\frac{3g}{4l}\sin\alpha + \omega^2\cos 2\alpha\right).$$

Si la quantité $n = \dfrac{3g}{4l} \sin\alpha + \omega^2 \cos 2\alpha$ est positive, la position d'équilibre correspondant à $\theta = \alpha$ est stable, et la durée des oscillations infiniment petites autour de cette position est $\dfrac{2\pi}{\sqrt{n}}$; si cette quantité est négative, l'équilibre est instable. On vérifiera que, quand la position d'équilibre verticale $\left(\alpha = \dfrac{\pi}{2}\right)$ existe seule, elle est stable; quand la position d'équilibre oblique existe aussi, c'est elle qui est stable, et la verticale, instable.

Le cas intermédiaire, où $\dfrac{3g}{4l\omega^2}$ serait égal à 1, mérite une attention particulière. Alors les deux positions d'équilibre se confondent avec la verticale; si l'on fait encore $\theta = \dfrac{\pi}{2} + \varphi$, φ étant supposé infiniment petit, les termes en φ disparaissent, et l'on a, en ne gardant que les premiers termes,

$$\frac{d^2\varphi}{dt^2} = -\frac{\omega^2}{2}\,\varphi^3.$$

L'équilibre est donc stable, car φ tend à diminuer en valeur absolue. L'angle φ est alors donné en fonction de t par une fonction elliptique.

La barre étant abandonnée sans vitesse dans une position correspondant à $\varphi = \varphi_0$ (φ_0 infiniment petit), le temps qu'elle met à revenir dans la verticale est en raison inverse de l'amplitude φ_0, comme on le vérifiera sans peine.

421. Corps solide. — *Cas particulier dans lequel les forces centrifuges ont une résultante unique.* — Quand le système mobile est un corps solide, les forces centrifuges se composent, en général, en une force et un couple; les forces centrifuges composées également. M. Resal (*Annales des Mines*, 1853) et M. Gilbert (*Annales de la Société scientifique de Bruxelles*, 1878) ont donné divers théorèmes pour la réduction de ces forces. Voici un cas où les forces centrifuges ont une *résultante unique.*

Supposons que le mouvement des axes mobiles $Oxyz$, par rapport auxquels on cherche le mouvement relatif d'un solide, soit une rotation de vitesse angulaire constante ω autour d'un axe fixe AB, et supposons, en outre, que la parallèle Gz', menée par le centre de gravité G à l'axe de rotation, soit un axe principal d'inertie pour le point G. Alors les forces centrifuges ont une résultante unique égale à la force centrifuge qu'aurait la masse totale concentrée en G.

En effet, prenons Gz' comme axe avec deux axes perpendiculaires Gx', Gy', et soient $x' = a$, $y' = b$ les équations de l'axe AB.

La force centrifuge Φ appliquée à un point m est

$$\Phi = m\omega^2\,\overline{mp},$$

où $\overline{mp}$ est la distance du point à l'axe AB; ses projections sont

$$m\,\omega^2(x'-a),\quad m\,\omega^2(y'-b),\quad o.$$

La résultante générale de toutes ces forces a donc pour projections

$$\Sigma\,m\,\omega^2(x'-a),\quad \Sigma\,m\,\omega^2(y'-b),\quad o,$$

ou

$$-\,M\,\omega^2 a,\quad -\,M\,\omega^2 b,\quad o,$$

Fig. 25o.

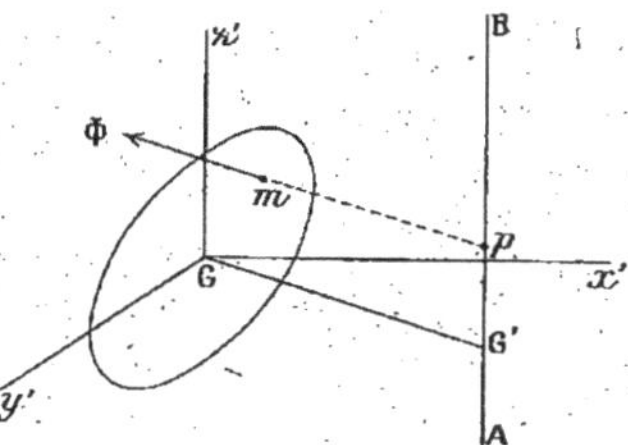

car $\Sigma\,m\,x'$, $\Sigma\,m\,y'$ sont nuls. Le moment résultant de toutes ces forces a pour projections

$$-\,\Sigma\,m\,\omega^2 z'(y'-b),\quad \Sigma\,m\,\omega^2 z'(x'-a),\quad \Sigma\,m\,\omega^2(ay'-bx'),$$

quantités qui sont toutes nulles parce que l'axe Gz' est principal pour G. Les forces centrifuges ont donc une résultante appliquée en G ayant pour projections

$$-\,M\,\omega^2 a,\quad -\,M\,\omega^2 b,\quad o;$$

c'est une force égale à $M\,\omega^2\overline{GG'}$ dirigée suivant G'G en appelant G' la projection de G sur l'axe AB.

122. Bicyclettes. — Nous empruntons à l'intéressant Ouvrage de M. Bourlet (*Traité des bicycles et bicyclettes*, Gauthier-Villars) l'application suivante de la théorie de l'équilibre relatif. La pièce principale d'une bicyclette, celle à laquelle toutes les autres sont fixées, est le *cadre*, qui affecte généralement la forme d'un pentagone rigide RQEIS (*fig.* 251). A l'arrière du cadre en R est fixé l'axe de la roue fixe F. En avant, le cadre est muni d'une *douille* EI dans laquelle passe le *tube de direction*. Le tube de direction est terminé en bas, à la sortie de la douille, par une fourche EB' dans laquelle passe la roue directrice D dont l'axe est fixé à cette fourche en B'. A la sortie supérieure de la douille, le tube de direction porte le gouvernail qui est un tube G, sensiblement horizontal, terminé par deux poignées que le cycliste tient dans ses mains. Le cavalier est assis sur la selle S, fixée au cadre dans la partie moyenne supérieure. Le cadre de la machine présente un plan de symétrie qui contient l'axe de la douille EI, le centre de la selle S et le centre R de la roue fixe F. Ce plan est appelé *plan moyen*. Appelons *plan d'une roue* le plan perpendiculaire à l'axe de la roue en son milieu : le plan de la roue fixe coïncide toujours avec le plan moyen; le plan de la roue directrice est variable par rapport au plan moyen, et, lorsqu'il coïncide avec lui, les deux poignées sont à égale

Fig. 251.

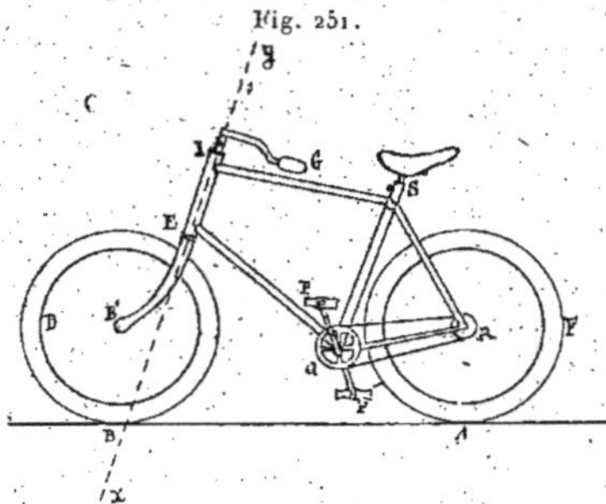

distance du plan moyen qui est alors un plan de symétrie pour l'appareil, abstraction faite de la chaîne et des engrenages dont la masse est négligeable dans une première approximation.

Appelons A et B les points de contact des deux roues avec le sol; nous supposons que l'axe xy du tube de direction passe par le point de contact B de la roue directrice; alors le point B est un *point fixe* du plan moyen, la droite AB a une longueur constante indépendante de l'orientation de la roue directrice : cette droite AB, tangente à la roue fixe, est l'intersection du plan moyen avec le sol supposé plan. Nous admettons aussi que le cavalier ne fasse aucun mouvement du torse et reste placé de façon que le plan de symétrie de son corps coïncide avec le plan moyen. Dans ces conditions, le centre de gravité G de la machine et de son cavalier est très sensiblement un point fixe du plan moyen (*fig.* 251 *bis*). Le pied C de la perpendiculaire abaissée du centre de gravité sur la base AB est donc *un point fixe* de cette base.

Cherchons d'abord quelles sont les traces des roues sur le sol, en supposant que le plan de la roue directrice fasse un angle constant avec le plan moyen. Supposons le sol plan et prenons-le pour plan de la figure. Soient A et B les points de contact de la roue fixe et de la roue directrice, AR et BR' les droites d'intersection des plans des deux roues avec le sol; AR coïncide en direction avec AB (*fig.* 252).

L'angle θ de BR' avec AB est constant si l'inclinaison du plan moyen

sur la verticale reste constante. Les droites AR et BR′ sont très sensiblement tangentes aux traces T et T′ des roues sur le sol. Il est facile de
voir que ces traces sont alors deux cercles ayant pour centre commun ω

Fig. 251 *bis.*

le point de rencontre ω des normales A et B aux deux traces. En effet,
appelons x, y les coordonnées de A, b la longueur AB, α l'angle de la tan-

Fig. 252.

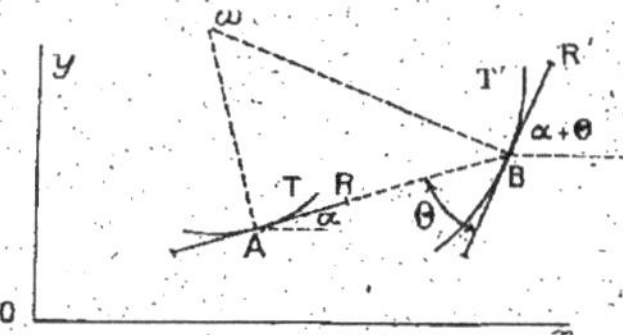

gente AB à T avec un axe fixe Ox et, par suite, $\alpha + \theta$ l'angle de la tangente BR′ à T′ avec le même axe. On a, pour les coordonnées du point
B(x', y'),

$$x' = x + b \cos\alpha, \qquad y' = y + b \sin\alpha.$$

Appelons s et s' les arcs des deux courbes T et T′, et différentions les
équations précédentes en tenant compte des relations connues

$$dx = ds \cos\alpha, \qquad dy = ds \sin\alpha$$

et

$$dx' = ds' \cos(\alpha + \theta), \qquad \ldots;$$

il vient

$$ds'\cos(\alpha + \theta) = ds\cos\alpha - b\sin\alpha\,d\alpha,$$
$$ds'\sin(\alpha + \theta) = ds\sin\alpha + b\cos\alpha\,d\alpha.$$

Ces équations développées et résolues donnent, pour

$$ds'\cos\theta \qquad \text{et} \qquad ds'\sin\theta,$$

les valeurs ds et $b\,d\alpha$. Les rayons de courbure ρ et ρ' des deux traces qui ont pour valeurs $\dfrac{ds}{d\alpha}$ et $\dfrac{ds'}{d\alpha}$ sont donc donnés par les formules

$$\rho'\cos\theta = \rho, \qquad \rho'\sin\theta = b,$$

et sont *constants*. La figure montre que, dans le triangle $A\omega B$, on a

$$\rho = A\omega, \qquad \rho' = B\omega.$$

Les traces sont donc des cercles de centre commun, et, dans le mouvement, la droite AB tourne autour de la verticale $\omega\omega'$ avec une vitesse angulaire qui est *constante* si la vitesse du cycle l'est. Prenons alors un système de trois axes rectangulaires entraînés par AB de la façon suivante : l'origine C est la projection du centre de gravité sur AB, l'axe Cz la droite AB, l'axe Cy la verticale du point C, l'axe Cx la perpendiculaire au plan yCz. Le plan xCy est donc perpendiculaire au plan moyen qu'il coupe suivant une droite CM formant avec la verticale l'angle β.

Pour que le cycle ne se renverse pas et que β reste constant, il faut et il suffit qu'il soit en équilibre relatif par rapport aux axes $Cxyz$. Or, le mou-

Fig. 253.

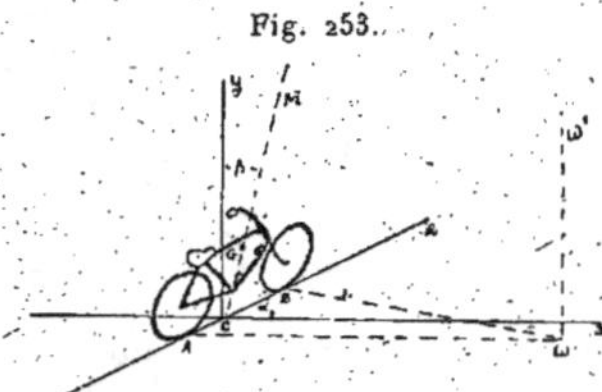

vement de ces axes est une rotation de vitesse angulaire constante ω autour de la verticale $\omega\omega'$. Regardons comme nulle la masse des roues qui est très petite par rapport à la masse totale ; négligeons aussi le mouvement d'oscillation des jambes que nous regarderons comme immobiles dans une position moyenne. Pour exprimer qu'il y a équilibre relatif, il faut écrire qu'il y a équilibre entre les réactions du sol, la pesanteur et les forces centrifuges.

La pesanteur a pour résultante le poids $GP = Mg$; les forces centrifuges ont *approximativement* une résultante GF appliquée en G, dirigée suivant la perpendiculaire G'G à l'axe de rotation $\omega\omega'$ et égale à $M\omega^2\overline{GG'}$ ou $\dfrac{MV^2}{R}$; V désignant la vitesse du point G et R le rayon GG' du cercle qu'il décrit (*fig.* 254). M. Bourlet justifie cette approximation d'après la

Fig. 254.

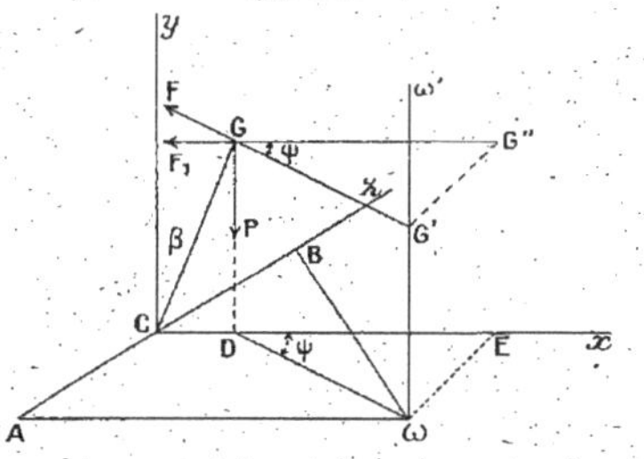

remarque du n° 421 : l'axe GC est sensiblement, par raison de symétrie, un axe principal d'inertie relatif au centre de gravité; l'angle β que fait la verticale du point G avec l'axe GC étant ordinairement un petit angle, la verticale du point G diffère peu d'un axe principal d'inertie. On peut donc dire que la parallèle menée par G à l'axe de rotation $\omega\omega'$ est sensiblement un axe principal pour le point G, ce qui permet d'appliquer la remarque du n° 421.

Cela posé, pour éliminer les réactions du sol, nous exprimerons que la somme des moments des forces F et P par rapport à l'axe AB est nulle. D'après la définition même des moments, il suffit de projeter les forces P et F sur le plan xCy perpendiculaire à AB et de prendre les moments de ces projections par rapport au point C. Le poids P est tout projeté : la force F a pour projection une force horizontale F_1 égale à $F\cos\psi$, en appelant ψ l'angle FGF_1 que fait la droite FGG' avec sa projection F_1GG'' sur le plan yCx. La condition d'équilibre est alors

$$F\cos\psi\cos\beta = P\sin\beta.$$

Le triangle GG'G'' se projette en vraie grandeur sur le plan horizontal en DωE; Dω est égal à R et ωE à AC, c'est-à-dire à une longueur constante connue c. On alors, pour $\sin\psi$, la valeur $\dfrac{c}{R}$, et l'équation d'équilibre devient, en remplaçant F et P par leurs valeurs $\dfrac{MV^2}{R}$ et Mg,

$$\tan\beta = \dfrac{V^2}{Rg}\sqrt{1 - \dfrac{c^2}{R^2}}.$$

En général, on peut supposer R assez grand par rapport aux dimensions de la machine pour que $\frac{c}{R}$ soit négligeable. Alors

$$\tan\beta = \frac{V^2}{Rg}.$$

Si l'on suppose que R soit assez grand pour que ces approximations puissent être admises, l'équilibre relatif ainsi réalisé est *instable*, car, si le cycle s'incline vers le sol, β augmente, le moment du poids augmente, celui de F diminue; c'est le poids qui l'emporte, et β tend à augmenter davantage. Pour éviter une chute, il faut que le cycliste tourne la roue directrice du côté où il va tomber, de façon à faire croître θ; alors le point ω se déplace, $A\omega$, $B\omega$ et R diminuent, la force centrifuge $F = \frac{mV^2}{R}$ augmente et peut vaincre l'effet de la pesanteur. L'inverse a lieu si β diminue.

La condition d'équilibre trouvée serait suffisante si le frottement de glissement sur le sol dans le sens latéral était indéfini. Mais, soit f le coefficient de ce frottement : dans l'équilibre relatif, la résultante de P et F_1 rencontre l'axe AB en faisant un angle β avec la verticale. Pour qu'il n'y ait pas glissement, il faut

$$\tan\beta \leq f, \qquad V^2 \leq fgR.$$

Cette inégalité montre qu'avec une vitesse donnée on ne peut pas décrire un cercle de rayon inférieur à $\frac{V^2}{gf}$. Lorsque le sol est glissant, il faudra, pour décrire un cercle de rayon donné R, ralentir suffisamment pour que l'inégalité soit satisfaite (BOURLET, *loc. cit.*, p. 26-27).

On pourra également consulter, sur la théorie de la bicyclette, le Mémoire couronné de M. Bourlet (*Bulletin de la Société mathématique*, 1899); un Mémoire de M. Carvallo, inséré au *Journal de l'École Polytechnique* (V^e et VIe Cahiers, 1900); un Mémoire de M. Boussinesq (*Journal de Mathématiques*, de M. Jordan, 1899; et un article de Routh, *Messenger of Mathematics*, 1898-1899).

III. — ÉQUILIBRE ET MOUVEMENTS RELATIFS A LA SURFACE DE LA TERRE.

423. Historique. — Newton paraît être le premier qui ait signalé l'influence de la rotation de la Terre sur le mouvement des corps à sa surface : il remarqua qu'un corps abandonné du haut d'une tour doit conserver, en tombant, une vitesse normale au méridien, égale à celle du sommet de la tour dans le mouvement de rotation de la Terre; cette vitesse étant un peu plus grande que celle du pied de la tour, le corps doit tomber un peu

en avant du pied dans le sens de la rotation de la Terre, c'est-à-dire être
dévié vers l'Est. Plusieurs observateurs cherchèrent à mettre ce fait en
évidence, mais ce n'est qu'en 1831 que des expériences à peu près con-
cluantes furent faites par Reich dans les mines de Freiberg; mais, dans
ces expériences, il subsiste encore des points douteux, et il serait à désirer
qu'elles fussent reprises. Il était réservé à Foucault de fournir une démonstration bien plus nette du mouvement diurne; ce physicien reconnut que
la rotation de la Terre devait se manifester par la rotation du plan de
l'oscillation d'un pendule simple autour de la verticale du lieu dans le
sens du mouvement diurne, et il mit ce fait en évidence dans la célèbre
expérience du Panthéon. L'expérience de Foucault présente sur celle de
la déviation du corps tombant d'une grande hauteur cet avantage, qu'elle
accumule, pendant un temps assez long pour les rendre sensibles, les effets
d'abord très petits que la rotation du globe cause sur le mouvement apparent des corps. L'expérience de Foucault a été reprise récemment par un
savant hollandais, M. Kamerlingh Onnes, à Groningue, avec un pendule
mesurant seulement $1^m,2$ de longueur et oscillant dans le vide. M. Berget
a également mis la rotation de la Terre en évidence avec un pendule de 1^m
(*Comptes rendus*, t. CXXXI, 1900). Un appareil simple et pratique dû à
M. Cannwel a été présenté par M. d'Arsonval à l'Académie dans la séance
du 17 novembre 1902.

L'influence perturbatrice qu'exerce la rotation du globe sur les corps en
mouvement à sa surface est d'autant plus sensible que leur vitesse est plus
grande. Mais sur ces corps en mouvement rapide, sur la balle d'un fusil,
par exemple, mille autres causes perturbatrices agissent généralement, et
l'observation était à peu près impossible. Ce fut encore le génie de Foucault qui triompha de cette difficulté : il eut recours pour cela aux propriétés du mouvement d'un corps lourd suspendu par son centre de gravité
et tournant rapidement autour d'un axe de symétrie, et il montra que l'axe
de ce corps doit conserver une orientation fixe et, par conséquent, s'il est
pointé vers une étoile, suivre cette étoile dans son mouvement diurne. Cet
appareil de Foucault a reçu le nom de *gyroscope*. D'autres appareils du
même genre ont été construits par M. Sire et par M. Gilbert : nous faisons
plus loin la théorie d'un de ces appareils, le *barogyroscope*, comme application des équations de Lagrange.

Nous renverrons, pour plus de détails, à l'excellente Notice de M. Gilbert :
Les preuves mécaniques de la rotation de la Terre (Gauthier-Villars,
1883; *Extrait du Bulletin des Sciences mathématiques*, 1882).

Dans un autre ordre d'idées, Poinsot proposa de mettre en évidence la
rotation de la Terre à l'aide d'un système subissant des changements
intérieurs (*Comptes rendus*, 1851). Cette conception a été étudiée par
M. Andrade, qui a imaginé un appareil amplifiant les effets de la déviation
vers l'Est dans la chute d'un corps pesant, de façon à les rendre visibles
dans une expérience de cours (*Comptes rendus*, 10 juin et 14 octobre 1895).

424. Équilibre relatif à la surface de la Terre. — Nous regarderons la Terre comme un solide animé d'un mouvement de rotation de vitesse angulaire constante ω autour de la ligne des pôles PP'; nous laissons donc de côté l'influence que peut avoir sur le mouvement ou l'équilibre des points placés sur la Terre la translation de la Terre autour du Soleil. Si l'on prend pour unité de temps la seconde de temps sidéral, la vitesse angulaire ω a pour valeur $\dfrac{2\pi}{24.60^2}$: elle est donc exprimée par un nombre très petit.

Soient P le pôle nord, EE' le plan de l'équateur. Pour traiter un problème précis, cherchons la position d'équilibre relatif d'un fil à plomb OM suspendu en un point O invariablement lié à la Terre. La position d'équilibre OM que prend le fil est, par définition, la verticale du point M; l'angle λ que fait ce fil avec le plan de l'équateur est la latitude du point M; nous désignerons par ρ la distance MQ du point à l'axe de la Terre PP'; ces éléments sont tous fournis par l'observation (*fig.* 255).

Fig. 255.

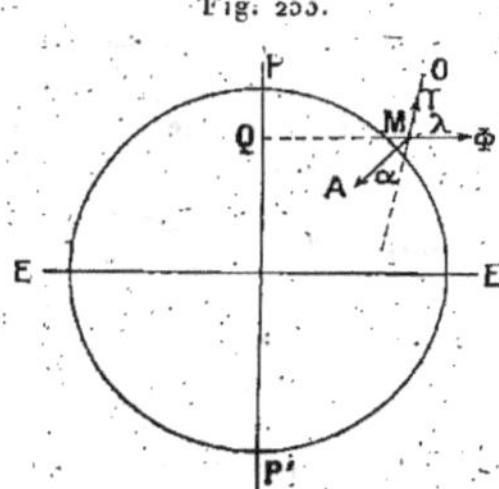

Les forces qui agissent sur le point M sont l'attraction de la Terre A et la tension T du fil; ces deux forces ne se font pas équilibre, car le point M n'est pas animé d'un mouvement absolu, rectiligne et uniforme. La force T a pour intensité ce que nous appelons *le poids mg du point matériel*; elle est dirigée en sens contraire du poids; l'angle α que fait la direction OM du fil à plomb avec l'attraction A est ce qu'on nomme *la déviation de la verticale due à la rotation de la Terre*. Si la Terre ne tournait pas, les forces A et $T = mg$ se feraient équilibre; elles seraient égales et directement opposées, et l'on aurait $\alpha = o$.

Pour trouver les conditions d'équilibre relatif, nous pouvons regarder la Terre comme fixe, à condition d'ajouter aux forces A et T qui agissent sur le mobile la force centrifuge Φ ; comme le mouvement de la Terre est une rotation autour de PP′, cette force Φ est égale à $m\,\omega^2\rho$ et dirigée suivant le prolongement du rayon QM du parallèle de M. Si nous admettons que la verticale OM est dans le plan PMP′, l'angle de Φ avec OM est la latitude λ du point M. Les trois forces A, T, Φ, se faisant équilibre, sont dans un même plan, le plan de T et Φ qui est connu en chaque point M de la Terre ; chacune d'elles est égale et opposée à la résultante des deux autres. Le poids qui est égal et opposé à T *est donc la résultante de l'attraction et de la force centrifuge.*

Dans le plan des trois forces A, T, Φ, la somme des projections des forces sur deux directions est nulle ; projetons sur la verticale MO et sur l'horizontale ; nous aurons les deux conditions

$$(1) \qquad A\cos\alpha - mg - m\omega^2\rho\cos\lambda = 0,$$
$$(2) \qquad A\sin\alpha - m\omega^2\rho\sin\lambda = 0,$$

qui donnent $A\cos\alpha$ et $A\sin\alpha$ et permettent, par suite, de calculer A et α en chaque point de la Terre Ces quantités varient avec la latitude.

A l'équateur λ est nul et, par suite, α aussi. En appelant A_0, g_0, ρ_0 les valeurs correspondantes de A, g, ρ, on a, d'après (1),

$$mg_0 = A_0 - m\omega^2\rho_0 = A_0\left(1 - \frac{m\omega^2\rho_0}{A_0}\right).$$

Calculant A_0 par cette relation, on trouve que le rapport qui figure dans la parenthèse est sensiblement égal à $\frac{1}{289}$ ou à $\frac{1}{17^2}$; on a donc

$$mg_0 = A_0\left(1 - \frac{1}{17^2}\right).$$

Par conséquent, si la Terre tournait dix-sept fois plus vite, un corps placé à l'équateur serait *dépourvu de poids.*

Au pôle, on a $\rho = 0$, $\lambda = 90°$, α est encore nul d'après (2), et, d'après (1), mg devient égal à A ; tout se passe donc comme si la Terre ne tournait pas : ce qui est évident, car le lieu de l'observation est sur l'axe de rotation.

Dans ce qui procède nous n'avons fait aucune hypothèse sur la forme de la Terre; nous avons seulement supposé la verticale OM située dans le plan PMP'. Voyons ce que deviennent les formules si l'on fait les hypothèses suivantes qui ne donnent qu'une première approximation. Supposons la Terre sphérique et admettons que l'attraction A est dirigée vers le centre C et a la même intensité en tous les points de la Terre, $A = A_0$. On a alors, dans le triangle CMQ, en appelant ρ_0 le rayon de la Terre : $\rho = \rho_0 \cos(\lambda - \alpha)$, et la formule (2) donne

$$\sin \alpha = \frac{m \omega^2 \rho_0}{A_0} \cos(\lambda - \alpha) \sin \lambda = \frac{1}{289} \cos(\lambda - \alpha) \sin \lambda.$$

L'angle α étant très petit, développons les deux membres de cette formule par rapport aux puissances croissantes de α, et négligeons les termes qui contiennent le carré de α et le produit $\frac{1}{289} \alpha$: nous aurons la formule approchée

$$\alpha = \frac{1}{289} \cos \lambda \sin \lambda.$$

Cette formule montre que la déviation de la verticale est maximum à la latitude de $45°$.

En nous reportant à la formule (1) nous aurons, en tenant compte de l'expression $\rho = \rho_0 \cos(\lambda - \alpha)$, et faisant les mêmes approximations,

$$mg = A_0 \left[\cos \alpha - \frac{1}{289} \cos(\lambda - \alpha) \cos \lambda \right] = A_0 \left(1 - \frac{1}{289} \cos^2 \lambda \right).$$

425. Mouvement relatif à la surface de la Terre. — Soit O un point lié à la Terre au lieu de l'observation; prenons pour axe des z du trièdre mobile la verticale du lieu considéré dirigée vers le bas; pour axe des y la tangente au parallèle vers l'Est, et pour axe des x la perpendiculaire à ces deux droites tangente au méridien dirigée vers le Sud.

Le mobile M est soumis à deux forces réelles : l'attraction de la Terre A et la résultante F(X, Y, Z) des forces qu'on fait agir sur ce point. Pour avoir le mouvement relatif, nous supposerons la Terre immobile en appliquant au point M la force centrifuge Φ et la force centrifuge composée Φ'. L'attraction de la Terre et de la force centrifuge Φ ayant pour résultante le poids mg du corps, dirigé suivant la verticale (n° 424), il nous suffira de calculer la force centrifuge composée Φ'. A cet effet, cherchons les composantes p, q, r suivant les axes mobiles de la rotation intantanée ω; on voit immédiatement que le segment $O\omega$, représentant la rota-

Fig. 256.

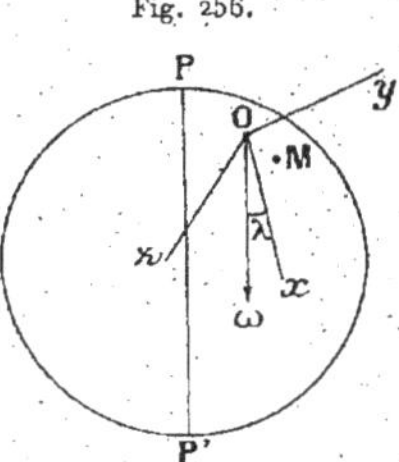

tion instantanée, est parallèle à la ligne des pôles et doit être dirigé vers le Sud, puisque la Terre tourne de l'Ouest à l'Est. Ce vecteur $O\omega$ a donc pour projections

$$p = \omega \cos\left(\widehat{\omega O x}\right) = \omega \cos\lambda, \qquad q = 0, \qquad r = \omega \sin\lambda.$$

Les projections de la force centrifuge composée sont alors, d'après les formules générales du n° 413,

$$2m\omega \sin\lambda \frac{dy}{dt}, \qquad -2m\left(\omega \sin\lambda \frac{dx}{dt} - \omega \cos\lambda \frac{dz}{dt}\right), \qquad -2m\omega \cos\lambda \frac{dy}{dt};$$

et l'on a, pour les équations du mouvement relatif,

$$m\frac{d^2 x}{dt^2} = X + 2m\omega \sin\lambda \frac{dy}{dt},$$
$$m\frac{d^2 y}{dt^2} = Y - 2m\omega\left(\sin\lambda \frac{dx}{dt} - \cos\lambda \frac{dz}{dt}\right),$$
$$m\frac{d^2 z}{dt^2} = mg + Z - 2m\omega \cos\lambda \frac{dy}{dt}.$$

Il est bien entendu que ces formules ne sont applicables que tant que le mobile reste assez près du point O, pour que l'on puisse considérer la pesanteur comme parallèle à Oz et égale à mg.

Si l'on fait sur ces équations la combinaison analytique qui donne l'équation des forces vives, on a

$$d\,\frac{mv^2}{2} = \mathrm{X}\,dx + \mathrm{Y}\,dy + \mathrm{Z}\,dz + mg\,dz,$$

car les termes en ω disparaissent.

Si donc il existe pour $(\mathrm{X}, \mathrm{Y}, \mathrm{Z})$ une fonction de forces U, on a l'intégrale première

$$\frac{mv^2}{2} = \mathrm{U} + mgz + h.$$

426. Chute libre d'un point pesant. — Nous supposerons que la chute s'effectue dans le vide : alors X, Y, Z sont nuls, et les équations du mouvement sont

$$(1) \quad \begin{cases} \dfrac{d^2 x}{dt^2} = 2\,\omega \sin\lambda\,\dfrac{dy}{dt}, \\[2mm] \dfrac{d^2 y}{dt^2} = -\,2\,\omega\left(\sin\lambda\,\dfrac{dx}{dt} - \cos\lambda\,\dfrac{dz}{dt}\right), \\[2mm] \dfrac{d^2 z}{dt^2} = g - 2\,\omega\cos\lambda\,\dfrac{dy}{dt}. \end{cases}$$

Nous supposerons que le mobile part de l'origine sans vitesse relative initiale. Les seconds membres des équations du mouvement étant des dérivées exactes, nous pouvons intégrer une première fois et nous avons, en tenant compte des conditions initiales,

$$(2) \quad \begin{cases} \dfrac{dx}{dt} = 2\,\omega y \sin\lambda, \\[2mm] \dfrac{dy}{dt} = -\,2\,\omega(x \sin\lambda - z \cos\lambda), \\[2mm] \dfrac{dz}{dt} = gt - 2\,\omega y \cos\lambda. \end{cases}$$

Pour terminer l'intégration on peut, dans l'équation qui donne $\dfrac{d^2 y}{dt^2}$, remplacer $\dfrac{dx}{dt}, \dfrac{dz}{dt}$ par leurs valeurs, ce qui donne

$$\frac{d^2 y}{dt^2} + 4\,\omega^2 y = 2\,\omega\cos\lambda\,gt,$$

équation linéaire du second ordre que l'on peut intégrer exactement.

Mais, comme ω est très petit, on obtient une approximation bien suffisante en développant x, y, z en séries ordonnées suivant les puissances croissantes de ω et se bornant aux premiers termes.

Essayons donc de vérifier les équations (2) par les séries

$$(3) \quad \begin{cases} x = x_0 + \omega x_1 + \omega x_2 + \ldots, \\ y = y_0 + \omega y_1 + \omega y_2 + \ldots, \\ z = z_0 + \omega z_1 + \omega z_2 + \ldots, \end{cases}$$

dans lesquelles x_0, y_0, z_0, x_1, y_1, z_1, etc. sont des fonctions de t, s'annulant, ainsi que leurs dérivées premières, pour $t = 0$. Substituant ces développements dans les équations (2) et égalant les coefficients des mêmes puissances de ω, il vient d'abord

$$\frac{dx_0}{dt} = 0, \qquad \frac{dy_0}{dt} = 0, \qquad \frac{dz_0}{dt} = gt;$$

d'où, en intégrant,

$$x_0 = 0, \qquad y_0 = 0, \qquad z_0 = \frac{gt^2}{2}.$$

Ensuite on trouve

$$\frac{dx_1}{dt} = 0, \qquad \frac{dy_1}{dt} = gt^2 \cos\lambda, \qquad \frac{dz_1}{dt} = 0,$$

$$x_1 = 0, \qquad y_1 = \frac{gt^3}{3} \cos\lambda, \qquad z_1 = 0,$$

et ainsi de suite. De sorte que, si l'on néglige les termes en ω^2 dans les développements (3), on a, pour valeurs approchées de x, y, z,

$$x = 0, \qquad y = \omega \frac{gt^3}{3} \cos\lambda, \qquad z = \frac{gt^2}{2}.$$

Le point reste donc dans le plan des yz; mais, au lieu de tomber suivant la verticale, comme il arriverait si la Terre ne tournait pas, il est légèrement dévié *vers l'Est*, car y est positif. Dans le plan des yz, le point décrit la parabole semi-cubique

$$3\sqrt{2g}\, y = 4\omega z^{\frac{3}{2}} \cos\lambda.$$

Cette équation permet de calculer la déviation vers l'Est pour une hauteur de chute donnée z.

Pour avoir la vitesse du mobile, il suffit d'appliquer le théorème des forces vives qui donne immédiatement pour la vitesse la valeur $\sqrt{2gz}$.

Si l'on voulait pousser l'approximation jusqu'aux termes en ω^2, il faudrait tenir compte de la variation de g, comme l'a montré M. de Sparre

(*Bulletin de la Société mathématique de France*, t. XXXIII); mais alors, d'après M. Rudzki (*Ibid.*, t. XXXIV), il faudrait introduire l'attraction de la Lune.

427. Pendule de Foucault. — Nous allons étudier le mouvement d'un pendule sphérique de longueur l, en tenant compte du mouvement de rotation de la Terre. Conservons les mêmes axes que dans la question précédente, l'origine étant le point de suspension du pendule; les forces qui agissent sur le mobile, en dehors de l'attraction de la Terre, se réduisent à la tension du fil que nous appellerons mN; les projections de cette force étant $-mN\frac{x}{l}$, $-mN\frac{y}{l}$, $-mN\frac{z}{l}$, les équations du mouvement relatif seront alors

$$(1)\quad\begin{cases}\dfrac{d^2x}{dt^2} = \quad -N\dfrac{x}{l} + 2\omega\sin\lambda\,\dfrac{dy}{dt}, \\[2mm] \dfrac{d^2y}{dt^2} = \quad -N\dfrac{y}{l} - 2\omega\left(\sin\lambda\,\dfrac{dx}{dt} - \cos\lambda\,\dfrac{dz}{dt}\right), \\[2mm] \dfrac{d^2z}{dt^2} = g - N\dfrac{z}{l} - 2\omega\cos\lambda\,\dfrac{dy}{dt}.\end{cases}$$

Les équations différentielles du mouvement sont d'une intégration difficile; on peut chercher à les intégrer par approximations successives; on opérerait comme dans la question précédente. Abandonnons le cas général et plaçons-nous dans celui où les oscillations ont une amplitude très petite; notre approximation consistera à regarder $\frac{x}{l}$, $\frac{y}{l}$ et leurs dérivées d'une part, ω d'autre part, comme de petites quantités du premier ordre, et à négliger leurs carrés et leurs produits vis-à-vis des quantités finies. A cet ordre d'approximation, nous aurons constamment $z = l$, car l'équation de la sphère sur laquelle se meut le point pesant donne

$$z = l\left(1 - \frac{x^2 + y^2}{l^2}\right)^{\frac{1}{2}},$$

et, en négligeant $\frac{x^2}{l^2}$ et $\frac{y^2}{l^2}$, $z = l$.

La troisième équation du mouvement donne alors $N = g$; en portant cette valeur avec $z = l$ dans les deux premières, celles-ci se transforment en

$$(2)\quad\begin{cases}\dfrac{d^2x}{dt^2} = -\dfrac{g}{l}x + 2\omega\sin\lambda\,\dfrac{dy}{dt}, \\[2mm] \dfrac{d^2y}{dt^2} = -\dfrac{g}{l}y - 2\omega\sin\lambda\,\dfrac{dx}{dt}.\end{cases}$$

Ces deux équations définissent le mouvement du pendule qui se fait sensiblement dans le plan tangent au point le plus bas de la sphère, comme il résulte de la valeur $z = l$.

Les équations (2) sont linéaires et à coefficients constants; on pourrait donc les intégrer rigoureusement par des quadratures, mais nous allons employer une autre méthode. Formons la combinaison analytique des forces vives

$$\frac{dv^2}{2} = -\frac{g}{l}(x\,dx + y\,dy),$$

et intégrons, en appelant r et θ les coordonnées polaires de la projection du pendule sur le plan des xy; il vient

$$(3) \qquad \left(\frac{dr}{dt}\right)^2 + r^2\left(\frac{d\theta}{dt}\right)^2 = -\frac{g}{l}r^2 + h;$$

faisons maintenant une combinaison analogue à celle des moments en ajoutant les équations (2) respectivement multipliées par $-y$ et x; nous aurons

$$\frac{d}{dt}\left(x\frac{dy}{dt} - y\frac{dx}{dt}\right) = -2\omega\sin\lambda\left(x\frac{dx}{dt} + y\frac{dy}{dt}\right),$$

équation intégrable qui donne, en posant $\omega\sin\lambda = \omega'$ et passant aux coordonnées polaires,

$$(4) \qquad r^2\frac{d\theta}{dt} = -\omega'r^2 + C.$$

Cas particulier. — Traitons d'abord un cas particulier : le pendule étant en équilibre dans la verticale, donnons-lui une petite impulsion; il se met à osciller. Alors à l'instant initial on a $r = 0$; l'équation (4) montre que la constante C doit être nulle, et cette équation se réduit à

$$\frac{d\theta}{dt} = -\omega', \qquad \theta = \theta_0 - \omega't.$$

Donc le pendule semblera osciller dans un plan qui tourne d'un mouvement uniforme autour de la verticale Oz dans le sens négatif, avec une vitesse angulaire ω'; ce plan fera un tour complet dans le temps $\frac{2\pi}{\omega'}$ ou $\frac{24^h}{\sin\lambda}$ (*temps sidéral*) qui, pour Paris, est de 32^h environ.

Cas général. — Revenons maintenant au cas général des petites oscillations; l'équation (4) s'écrit

$$r^2\left(\frac{d\theta}{dt} + \omega'\right) = C.$$

Si donc on désigne par φ l'angle $\theta + \omega' t$, on a l'équation

$$(5) \qquad r^2 \frac{d\varphi}{dt} = C,$$

analogue à l'équation des aires. Les quantités r et φ sont les coordonnées polaires relatives de la projection horizontale M par rapport à un système d'axes $O x_1 y_1$ tournant autour de la verticale Oz dans le sens négatif avec la vitesse constante ω', car, $x O x_1$ étant pris égal à $\omega' t$, $x_1 OM$ est $\theta + \omega' t$ ou φ (*fig.* 257).

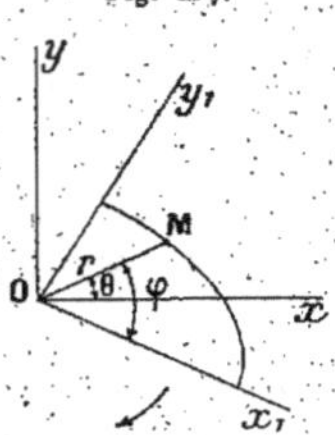

Fig. 257.

Avec les nouvelles variables l'équation (3) devient

$$\left(\frac{dr}{dt}\right)^2 + r^2\left[\left(\frac{d\varphi}{dt}\right)^2 + \omega'^2 - 2\omega'\frac{d\varphi}{dt}\right] = -\frac{g}{l}r^2 + h.$$

En remplaçant $r^2\frac{d\varphi}{dt}$ par C et en négligeant les termes du quatrième ordre, $\omega'^2 r^2$, devant ceux du deuxième, il reste, en désignant par h' une nouvelle constante,

$$(6) \qquad \left(\frac{dr}{dt}\right)^2 + r^2\left(\frac{d\varphi}{dt}\right)^2 = -\frac{g}{l}r^2 + h'.$$

Les équations (5) et (6) sont identiques aux équations des aires et des forces vives dans le mouvement d'un point attiré par un centre fixe O proportionnellement à la distance.

Le mouvement du point M par rapport aux axes $x_1 O y_1$ est donc identique au mouvement absolu d'un point M attiré par un centre fixe O proportionnellement à la distance. D'après ce que l'on a vu dans le n° 223, le point M décrit par rapport aux axes $x_1 O y_1$ une ellipse de centre O, la

durée de la révolution du point sur l'ellipse étant $T_1 = 2\pi\sqrt{\dfrac{l}{g}}.$

Comme les axes $x_1 O y_1$ tournent dans le plan horizontal, on voit que le point M parcourt une petite ellipse horizontale de centre O qui tourne dans le sens négatif autour de son centre avec une vitesse angulaire ω', de façon à faire un tour entier dans le temps $T = \dfrac{2\pi}{\omega'} = 32^h$ pour Paris.

Expérience de Foucault. — Dans la célèbre expérience du Panthéon, le pendule était écarté de sa position initiale et rattaché à un mur par un fil. Le pendule était ainsi immobile par rapport à la Terre, on brûle le fil et le pendule se met en mouvement. Dans ces conditions la vitesse initiale du pendule par rapport aux axes $Oxyz$ liés à la Terre est *nulle*, les valeurs initiales de $\dfrac{dr}{dt}$ et $\dfrac{d\theta}{dt}$ sont donc *nulles*. La valeur initiale de r, que nous appellerons a, est donc un axe de l'ellipse, car, $\dfrac{dr}{dt}$ commençant par être nul, la valeur initiale de r est un maximum ou un minimum. La relation (4), dans laquelle on a fait $r = a$, $\dfrac{d\theta}{dt} = 0$, donne alors $C = a^2\omega'$. La valeur initiale de $\dfrac{d\varphi}{dt}$ est positive et égale à ω' : donc, dans l'expérience de Foucault, le pendule parcourt l'ellipse dans le sens *positif* des rotations autour de Oz, en même temps que la petite ellipse tourne dans le sens *négatif*. Le phénomène est donc nettement différent de celui qui se présente dans le pendule conique quand on néglige l'influence de la rotation de la Terre, car, dans ce dernier cas, en poussant l'approximation plus loin, l'extrémité du pendule semble décrire une petite ellipse qui tourne *dans le sens dans lequel elle est parcourue.*

Théorème de Chevillict. — Dans les équations précédentes C désigne la constante des aires pour le mouvement du point décrivant la petite ellipse par rapport aux axes $x_1 O y_1$. Soient a et b les deux axes de cette ellipse, T_1 la durée de la révolution du point sur l'ellipse; C a pour valeur $\dfrac{2\pi ab}{T_1}$; d'autre part on a trouvé $C = a^2\omega'$. Égalant ces deux expressions, on a

$$\frac{b}{a} = \frac{T_1\omega'}{2\pi} = \frac{T_1}{T},$$

T désignant comme plus haut la durée d'une révolution de l'ellipse autour de son centre.

Ainsi *les deux axes de l'ellipse mobile sont entre eux comme les durées de l'oscillation complète et de la révolution de l'ellipse.* Dans l'expérience du Panthéon $l = 67^m$, $a = 3^m$, $T_1 = 16^s$, $T = 32^h$, $\dfrac{b}{a} = \dfrac{1}{7200}$; l'ellipse est donc extrêmement aplatie.

Pour une étude plus approfondie du pendule de Foucault, nous renverrons aux Mémoires de M. de Sparre (*Savants étrangers*, 1891, et *Annales de la Société scientifique de Bruxelles*, 14ᵉ année; 1890-1891) et à un Mémoire de M. Émile Cotton (*Annales de la Faculté des Sciences de Grenoble*, t. XXI, n° 1, 1909).

428. Gyroscope. — Le gyroscope de Foucault est un corps pesant de révolution suspendu par son centre de gravité autour duquel il peut tourner dans tous les sens.

L'étude du mouvement du gyroscope de Foucault a fait l'objet de nombreux et savants Mémoires, dont M. Gilbert a donné l'analyse complète dans une intéressante Notice intitulée : *Étude historique et critique du problème de la rotation d'un corps solide* (*Annales de la Société scientifique de Bruxelles*, 2ᵉ année; 1878). Ainsi que le fait remarquer M. Gilbert, les auteurs de ces Mémoires se sont placés à deux points de vue différents pour traiter le problème : les uns, parmi lesquels Bour [1] et Lottner, ont supposé que l'attraction de la Terre était constante dans l'étendue occupée par le corps; les autres, parmi lesquels Quet [2], Resal et, plus tard, M. Gilbert, ont supposé que c'était la pesanteur apparente, c'est-à-dire la résultante de l'attraction de la Terre et de la force centrifuge, qui était constante. Lorsque l'on ne se préoccupe que de prouver la rotation de la Terre par la concordance des résultats de la théorie avec ceux de l'expérience, l'une et l'autre hypothèses sont également acceptables, car les équations auxquelles elles conduisent ne diffèrent que par des termes dépendant du carré de la rotation diurne, termes assurément négligeables; mais la première hypothèse offre du moins l'avantage de conduire à une solution plus simple, puisque Bour l'obtient par des fonctions circulaires, tandis que l'autre hypothèse, plus généralement adoptée, conduit aux fonctions elliptiques.

L'hypothèse que l'attraction de la Terre est constante offre un second avantage, non moins appréciable pour un problème de cette nature, celui de conduire à la solution rigoureuse par un raisonnement élémentaire de quelques lignes que nous empruntons, ainsi que les indications qui précèdent, à une Note de M. Guyou (*Comptes rendus*, 16 avril 1888).

Considérons un solide homogène pesant de révolution suspendu par son centre de gravité G. Les forces agissant sur le corps sont l'attraction de la Terre et la réaction Q du point de suspension G : les dimensions de l'appareil sont assez petites pour que les attractions de la Terre sur les molécules du corps soient parallèles et proportionnelles aux masses de ces molécules; ces attractions ont dès lors une résultante A appliquée au centre de gravité G. Ce point G n'est pas absolument fixe, car il est entraîné dans le mouvement de la Terre. Appelons J l'accélération que possède à chaque instant ce point G. Nous allons étudier le mouvement du corps par rapport à des axes $Gx'y'z'$, de *directions absolument fixes* ayant le point G pour origine. Nous pourrons regarder ces axes comme fixes, à condition d'ajouter aux forces qui agissent réellement sur les différents points du système les seules forces centrifuges. Ces dernières étant $-mJ$ sont parallèles et proportionnelles aux masses : elles ont donc aussi

---

(1) *Journal de Liouville*, 1863.
(2) *Ibid.*, 1853.

une résultante Φ appliquée au centre de gravité G. Le mouvement du corps par rapport aux axes $Gx'y'z'$ est donc identique au mouvement d'un solide de révolution suspendu par un point absolument fixe G de son axe et sollicité par des forces admettant une résultante unique passant par le point fixe. Or ce mouvement a été étudié en détail. L'axe $G\sigma$ du plan du maximum des aires est invariable, c'est-à-dire pointé vers la même étoile, et l'axe de révolution de l'instrument décrit d'un mouvement uniforme un cône circulaire autour de cette direction. Enfin le mouvement par rapport à la Terre est le résultat de la superposition du mouvement diurne à ce mouvement simple.

Par exemple, si les conditions initiales sont telles que l'instrument commence par tourner autour de son axe de révolution (axe principal d'inertie relatif au point G), ce mouvement de rotation persistera indéfiniment, l'axe conservant une direction absolument fixe dans l'espace. Donc, dans ce cas, l'axe de l'instrument restera pointé vers la même étoile et, pour l'observateur placé sur la Terre, il suivra l'étoile dans son mouvement diurne. Ce mode de raisonnement conduit aux mêmes résultats que l'analyse de Bour (*Journal de Liouville*, 1863).

Si, au lieu de considérer un solide de révolution, on considérait un solide quelconque suspendu par son centre de gravité, le mouvement du corps par rapport aux axes $Gx'y'z'$ de directions fixes serait un mouvement à la Poinsot, et le mouvement du corps par rapport à la Terre s'obtiendrait en combinant ce mouvement à la Poinsot avec le mouvement diurne. C'est le résultat qu'aurait obtenu Bour s'il avait poussé jusqu'au bout l'analyse qu'il n'a fait qu'indiquer pour ce cas général.

(Guyou, loc. cit.)

Le procédé employé par Foucault pour suspendre un tore par son centre de gravité est le suivant. Un premier anneau tourne autour d'un axe fixe vertical CC' : un deuxième anneau tourne autour d'un axe BB' (*fig.* 258)

Fig. 258.

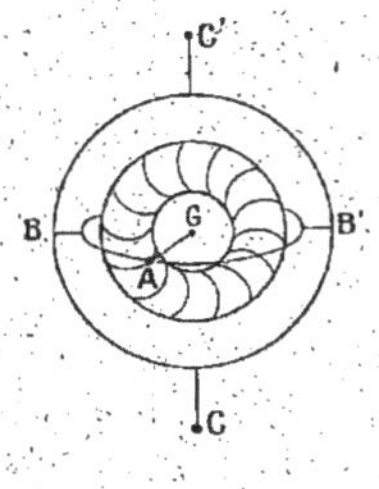

qui coïncide avec le diamètre du premier anneau perpendiculaire à CC' ; enfin, le tore tourne autour d'un axe AGA' coïncidant avec le diamètre du second anneau perpendiculaire à BB'.

EXERCICES.

1. Trouver le mouvement relatif d'un point pesant sur un plan horizontal, en tenant compte du mouvement de la Terre.

Réponse. — En prenant les axes du n° 425, on voit que le point reste dans le plan des xy, $z = 0$; la seule force appliquée, autre que l'attraction, est la réaction normale N du plan. Les équations du mouvement sont alors

$$\frac{d^2x}{dt^2} = 2\,\omega \sin\lambda\,\frac{dy}{dt}, \qquad \frac{d^2y}{dt^2} = -\,2\,\omega \sin\lambda\,\frac{dx}{dt}, \qquad 0 = mg - N - 2\,m\,\omega \cos\lambda\,\frac{dy}{dt}.$$

La dernière équation donne la réaction qui diffère un peu du poids du corps, à cause du terme en ω. Les deux premières définissent le mouvement dans le plan des xy. En appliquant le théorème des forces vives, on trouve que la vitesse relative v du mobile est constante et égale à v_0. Désignant par α l'angle de la vitesse avec Ox, on a donc $\frac{dx}{dt} = v_0 \cos\alpha$, $\frac{dy}{dt} = v_0 \sin\alpha$. Ces expressions, portées dans les équations du mouvement, donnent $\frac{d\alpha}{dt} = -\,2\,\omega \sin\lambda$; comme $\frac{ds}{dt} = v_0$, s désignant l'arc de la trajectoire, on a

$$-\rho = \frac{ds}{d\alpha} = -\,\frac{v_0}{2\,\omega \sin\lambda}.$$

Le rayon de courbure ρ est donc constant et la trajectoire est un arc de cercle de très grand rayon.

2. Traiter directement par la Théorie du mouvement relatif les problèmes traités dans le premier Volume par la méthode de Lagrange : page 471, n° 260; page 479, problèmes 22 et 23; page 486, problème 2.

3. Mouvement relatif d'un point pesant glissant sur une droite tournant uniformément autour d'un axe vertical fixe Oz qu'elle ne rencontre pas.

Soient OC la perpendiculaire commune à l'axe Oz et à la droite, $CM = r$ la distance du mobile au point C, et α l'angle de la droite avec l'axe. L'équation du mouvement est

$$\frac{d^2r}{dt^2} - \omega^2 r \sin^2\alpha = -\,g \cos\alpha,$$

équation linéaire à coefficients constants avec second membre constant.

Le point se meut comme si la droite était fixe et si le point était repoussé par la position d'équilibre relatif, proportionnellement à la distance.

4. Si, dans toute l'étendue de la trajectoire d'un poids pesant dans le vide à la surface de la Terre, on regarde l'attraction comme constante en grandeur et direction, le point semble décrire, par rapport à la Terre, une parabole qui tourne uniformément autour d'un certain axe.

[BOUR (les formules que donne Resal dans les *Nouvelles Annales*, 1872, conduisent précisément à ce résultat).]

5. Mouvement de chute d'un point pesant dans le vide, quand on regarde la Terre comme un ellipsoïde de révolution homogène et aplati.

(De Saint-Germain, *Nouvelles Annales*, 3ᵉ série, t. II, 1883.)

6. Un tore pesant et homogène T est mobile autour d'un diamètre équatorial ξOξ' horizontal; ce diamètre est animé d'une rotation uniforme ω autour de la verticale du centre O. En un point M du diamètre équatorial perpendiculaire à ξOξ' est placé un poids additionnel m. Mouvement du tore autour du diamètre ξOξ' [1].   (*Agrégation*, 1874.)

Soient OM $= d$; A et C les moments d'inertie du tore par rapport à un diamètre équatorial et par rapport à l'axe de révolution.

Le mouvement sera défini par l'angle θ du rayon OM avec la verticale descendante.

L'équation du mouvement est

$$(A + m\,d^2)\,\theta'' - \omega^2(C - A + m\,d^2)\sin\theta\cos\theta = -mg\,d\sin\theta.$$

7. On donne une surface S dont l'équation, par rapport à trois axes rectangulaires Ox, Oy, Oz, est:

$$z = e^{x+y},$$

e désignant la base des logarithmes népériens. Un point matériel M dont on prend la masse pour unité est assujetti à se mouvoir sur la surface S; il est, en outre, soumis à l'action de forces extérieures données. La surface S tourne avec une vitesse angulaire constante ω autour de la droite OA dont les équations, par rapport aux axes Ox, Oy, Oz, sont

$$x = y = z.$$

1° Former les équations différentielles qui définissent le mouvement relatif du point M sur la surface mobile S;

2° Calculer la réaction N de cette surface;

3° Étudier ce mouvement relatif en supposant le point M attiré vers le point O par une force T proportionnelle à la distance MO, et vers le plan P, mené par le point O perpendiculairement à la droite OA, par une force F, proportionnelle à la distance Mm du point M à ce plan P.

Les intensités des forces F et F₁, à l'unité de distance, ont respectivement pour valeur ω^2 et $3\omega^2$.

À l'origine du temps, le mobile M se trouve au point ayant pour coordonnées

$$x = y = 0, \qquad z = 1;$$

de plus on a, au même instant,

$$\frac{dx}{dt} = -\frac{2\omega}{\sqrt{3}}, \qquad \frac{dy}{dt} = \frac{2\omega}{\sqrt{3}}.$$

(*Agrégation.*)

---

[1] Gilbert, *Mémoire sur l'application de la méthode de Lagrange à divers problèmes de mouvement relatif*, p. 276.

8. Une circonférence de rayon R tourne avec une vitesse angulaire constante ω autour d'un de ses diamètres Ox supposé vertical.

Mouvement d'une barre homogène pesante AB, dont les extrémités glissent sans frottement sur la circonférence.

C étant le milieu de la barre, soit $\overline{OC} = a$, θ l'angle de OC avec la verticale descendante Ox, $M k^2$ le moment d'inertie de la barre par rapport à C, le théorème des forces vives appliqué au mouvement relatif donne

$$M(k^2 + a^2)\left(\frac{d\theta}{dt}\right)^2 = 2\,M\,ga\,\cos\theta + \omega^2\,\Sigma m r^2 + h,$$

où r désigne la distance du point m de la barre à Ox. On trouve facilement

$$\Sigma m r^2 = M a^2 \sin^2\theta + M k^2 \cos^2\theta.$$

En substituant, on a l'équation du mouvement; $\cos\theta$ est donné en t par une fonction elliptique.

Si $a^2 = k^2$, le mouvement est pendulaire.

Les positions d'équilibre relatif s'obtiennent en égalant à zéro $\dfrac{d^2\theta}{dt^2}$.

(Licence.)

9. *Stabilité de l'équilibre relatif d'un point.* — Il est important de remarquer que, si la force centrifuge composée n'intervient pas dans la recherche de l'équilibre relatif, elle apparaît dès que le point se meut et doit entrer en ligne de compte pour la recherche de la stabilité.

Voici cependant un cas particulier qui se présente fréquemment et dans lequel on peut affirmer que l'équilibre est stable. Supposons que la force donnée F appliquée au point m et la force centrifuge $- mJ_e$ dérivent toutes deux d'une fonction de forces, de sorte qu'on ait

$$X - m(J_e)_x = \frac{\partial U}{\partial x},$$

U étant fonction de x, y, z. Dans ces conditions, on obtiendra les positions d'équilibre relatif du point m, soit libre, soit mobile, sur une courbe ou une surface invariablement liée aux axes $Oxyz$, en cherchant parmi les positions possibles du point celles qui rendent la fonction U *maximum* ou *minimum*. Si, dans une certaine position, U est *maximum*, c'est une position d'équilibre *stable*. En effet, si le point, étant écarté de sa position d'équilibre et lancé avec une petite vitesse relative, se met en mouvement, la force centrifuge composée vient s'ajouter aux autres forces; mais, comme son travail est nul, on a l'intégrale des forces vives

$$\frac{mv^2}{2} = U + h,$$

à laquelle on pourra appliquer tous les raisonnements faits pour la stabilité de l'équilibre dans le mouvement absolu (n°s 208, 245, 267), raisonnements qui reposent uniquement sur l'existence de l'intégrale des forces vives. Ainsi, dans l'exemple du n° 415 (équilibre relatif d'un point pesant sur une courbe plane tournant autour d'une verticale de son plan), on a

$$U = -mgz + \tfrac{1}{2} m\omega^2 \rho^2.$$

On peut alors vérifier par cette méthode que, pour le cercle tournant, la position $\cos\alpha = \dfrac{g}{\omega^2 R}$ est stable quand elle existe.

Les mêmes remarques s'appliquent à l'équilibre relatif des systèmes.

18. *Trajectoire d'un point pesant tombant librement.* — Une Note historique sur le problème se trouve dans « The astronomical Journal », vol. XXVIII, n° 651-652, Albany, 4 août 1913, article de R.-S. Woodward.

Le problème est ensuite traité dans sa généralité.

CHAPITRE XXIII.

PRINCIPE DE D'ALEMBERT.

I. — ÉQUATION GÉNÉRALE DE LA DYNAMIQUE.

429. Énoncé du principe. — Nous avons déjà énoncé le principe de d'Alembert pour un point matériel (288). Si l'on considère d'une part les vecteurs représentant les forces appliquées à un point m et, d'autre part, un vecteur I appliqué au point, égal et opposé au produit de l'accélération par la masse, on peut interpréter les équations du mouvement de la façon suivante : il y a équilibre à chaque instant entre les forces et le vecteur I qu'on appelle *force d'inertie*. Les projections de ce vecteur I sur les axes de coordonnées sont

$$ -m\frac{d^2x}{dt^2}, \quad -m\frac{d^2y}{dt^2}, \quad -m\frac{d^2z}{dt^2}, $$

x, y, z désignant les coordonnées du point m.

Soit alors un système de n points m_1, m_2, ..., m_n en mouvement; on peut dire qu'il y a, à chaque instant, équilibre entre toutes les forces agissant sur ces points et les forces d'inertie de ces points I_1, I_2, ..., I_n.

À l'aide de ce principe, on peut ramener la mise en équation d'un problème de Dynamique à la mise en équation d'un problème auxiliaire de statique.

Première application : *Théorèmes des quantités de mouvement projetées et des moments des quantités de mouvement.* — Nous avons vu (n° 94) que, pour qu'un système quelconque soit en équilibre, il faut que la somme des projections des forces *extérieures* sur chacun des trois axes de coordonnées soit nulle et que la somme des moments de ces forces par rapport à chacun des trois axes soit nulle. On en conclut immédiatement, par l'application du principe de d'Alembert, que, dans un système en mouvement, la somme des projections des forces d'inertie et des forces extérieures sur chacun des trois axes est *nulle*,

$$\sum \left(- m \frac{d^2 x}{dt^2}\right) + \sum\sum X_e = 0, \quad \ldots,.$$

et, que la somme des moments des forces d'inertie et des forces extérieures par rapport à chacun des axes est *nulle* :

$$\sum m \left(- x \frac{d^2 y}{dt^2} + y \frac{d^2 x}{dt^2}\right) + \sum\sum (x Y_e - y X_e) = 0, \quad \ldots$$

Les six équations ainsi obtenues expriment les théorèmes des quantités de mouvement projetées et des moments des quantités de mouvement (n°s 326 et 328).

430. **Étude particulière d'un système à liaisons.** — Soit un système de points matériels sollicités par des forces données et assujettis à des liaisons données pouvant varier avec le temps suivant une loi donnée. Chaque point du système peut être considéré comme libre sous l'action des forces données et des forces de liaison qui agissent sur lui. D'après le principe de d'Alembert, *il y a équilibre, à chaque instant, entre les forces données, les forces de liaison et les forces d'inertie*. On énonce quelquefois ce fait sous la forme suivante :

A chaque instant, il y a équilibre, EN VERTU DES LIAISONS EXISTANT A CET INSTANT, *entre les forces données et les forces d'inertie.*

EXEMPLE : *Mouvement d'un corps solide autour d'un axe fixe.* — Rappelons que pour qu'un corps solide mobile autour d'un axe fixe Oz soit en équilibre, il faut et il suffit que la somme des moments des forces par rapport à l'axe soit *nulle*. D'après cela, pour écrire l'équation du mouvement d'un corps mobile autour de Oz, il faut écrire que les forces données et les forces d'inertie se font équilibre *en vertu de la liaison*, c'est-à-dire que la somme des moments de ces forces par rapport à Oz est nulle :

$$\sum m \left(- x \frac{d^2 y}{dt^2} + y \frac{d^2 x}{dt^2}\right) + \sum (x Y - y X) = 0.$$

C'est l'équation du n° 359, comme on le vérifiera facilement.

431. Équation générale de la Dynamique pour un système à liaisons sans frottement. — Soit un système de n points m_1, m_2, ..., m_n de coordonnées x_1, y_1, z_1; x_2, y_2, z_2, ... assujettis à des liaisons données réalisées sans frottement; ces liaisons peuvent d'ailleurs dépendre du temps. Les points sont sollicités par des forces données : appelons (X_v, Y_v, Z_v) les projections de la résultante F_v des forces données appliquées au point m_v.

D'après le principe de d'Alembert, il y a équilibre à chaque instant entre les forces d'inertie, les forces données F_v et les forces provenant des liaisons. Si donc on imprime au système un déplacement virtuel *quelconque*, la somme des travaux des forces d'inertie, des forces données et des forces de liaison est nulle. Mais, si le déplacement virtuel *est compatible avec les liaisons qui ont lieu à l'instant* t, la somme des travaux des forces de liaison est nulle d'elle-même (n° 162); donc *la somme des travaux des forces d'inertie et des forces données est nulle*.

Appelons δx_v, δy_v, δz_v les composantes d'un déplacement virtuel du point m_v, *compatible avec les liaisons qui ont lieu à l'instant* t : les projections de la force d'inertie I_v du point m_v étant

$$- m_v \frac{d^2 x_v}{dt^2}, \quad - m_v \frac{d^2 y_v}{dt^2}, \quad - m_v \frac{d^2 z_v}{dt^2},$$

on a l'équation

$$(1) \quad \sum_v \left[\left(X_v - m_v \frac{d^2 x_v}{dt^2} \right) \delta x_v + \left(Y_v - m_v \frac{d^2 y_v}{dt^2} \right) \delta y_v + \left(Z_v - m_v \frac{d^2 z_v}{dt^2} \right) \delta z_v \right] = 0,$$

qui doit avoir lieu *pour tous les déplacements virtuels compatibles avec les liaisons* existant à l'instant t. Cette équation constitue l'*équation générale de la Dynamique* des systèmes à liaisons sans frottement.

Elle diffère de l'équation générale de la Statique (n° 170)

$$\sum (X_v \, \delta x_v + Y_v \, \delta y_v + Z_v \, \delta z_v) = 0,$$

uniquement par la présence des forces d'inertie.

Nous commencerons par faire deux applications de cette méthode à des problèmes simples.

432. Problème I. — *Soient deux droites OA, OB situées dans un plan vertical et faisant avec l'horizontale les angles α, β; sur ces droites glissent sans frottement des points matériels pesants m_1, m_2,*

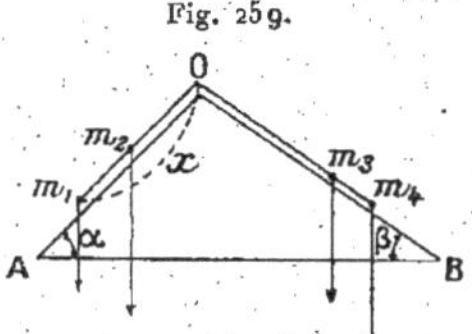

Fig. 259.

m_3, m_4 rattachés entre eux par un fil flexible, inextensible et sans masse, allant passer en O sur une poulie infiniment petite. On demande de trouver le mouvement du système.

La force d'inertie du point m_1 est un vecteur dirigé suivant OA; ce vecteur, compté positivement de O vers A, a pour valeur

$$- m_1 \frac{d^2 x}{dt^2},$$

en désignant par x la distance $O m_1$. Comme tous les points subissent dans le mouvement des déplacements égaux, les forces d'inertie de m_2, m_3, m_4 seront de même des vecteurs dirigés, le premier suivant OA, les deux autres suivant BO. Ces vecteurs ont pour valeurs

$$- m_2 \frac{d^2 x}{dt^2}, \quad - m_3 \frac{d^2 x}{dt^2}, \quad - m_4 \frac{d^2 x}{dt^2},$$

en prenant comme sens positif sur OB le sens B vers O. Le sens positif sur les deux côtés est donc BOA.

Il nous faut écrire que le système est en équilibre sous l'action de ces forces d'inertie et des poids $m_1 g$, $m_2 g$, $m_3 g$, $m_4 g$ de m_1, m_2, m_3, m_4. Le seul déplacement virtuel possible est le déplacement réel, c'est-à-dire un glissement δx du système. Le travail virtuel des forces d'inertie pour ce déplacement est manifestement

$$- m_1 \frac{d^2 x}{dt^2} \delta x - m_2 \frac{d^2 x}{dt^2} \delta x - m_3 \frac{d^2 x}{dt^2} \delta x - m_4 \frac{d^2 x}{dt^2} \delta x.$$

Quant au travail des poids, il est

$$m_1 g\, \delta x \sin\alpha + m_2 g\, \delta x \sin\alpha - m_3 g\, \delta x \sin\beta - m_4 g\, \delta x \sin\beta;$$

nous avons l'équation du mouvement en écrivant que la somme de ces travaux est nulle, ce qui donne

$$(m_1 + m_2 + m_3 + m_4)\frac{d^2x}{dt^2} = (m_1 + m_2)g\sin\alpha - (m_3 + m_4)g\sin\beta.$$

$\dfrac{d^2x}{dt^2}$ est donc constant, et le mouvement est uniformément accéléré, à moins que la quantité

$$(m_1 + m_2)g\sin\alpha - (m_3 + m_4)g\sin\beta$$

soit nulle, ce qui est la condition d'équilibre; dans ce cas, le mouvement serait uniforme. Quand un des points a passé par O, l'équation doit être modifiée.

Problème II. — *Mouvement d'une chaîne homogène pesante sur une courbe fixe.* — Nous avons vu en Statique (n° 469, Exemple 7) que la condition d'équilibre de la chaîne est que la somme des composantes tangentielles des forces soit nulle. Il en résulte que nous aurons le mouvement cherché en exprimant qu'à chaque instant la somme des composantes tangentielles des forces d'inertie et des poids est nulle.

Soient Oz la verticale ascendante et $z = \psi(s)$ la relation entre l'ordonnée et l'arc. Le cosinus de l'angle de la direction positive de la tangente avec la verticale est $\psi'(s)$; la composante tangentielle du poids de l'élément $\delta\lambda$ est donc, en conservant les notations que nous avons déjà employées pour ce même problème (n° 344),

$$(mg)_t = -\rho g\,\delta\lambda\,\psi'(\sigma + \lambda);$$

la somme de ces composantes est donc

$$\sum(mg)_t = -\rho g\int_{-l}^{+l}\psi'(\sigma + \lambda)\,\delta\lambda = -\rho g[\psi(\sigma + l) - \psi(\sigma - l)].$$

La composante tangentielle de l'accélération étant $\dfrac{d^2s}{dt^2}$, la composante tangentielle Φ_t de la force d'inertie de ce même élément $\delta\lambda$ est $-m\dfrac{d^2s}{dt^2}$ ou

$$-m\frac{d^2\sigma}{dt^2}.$$

La somme de ces composantes est donc $-\dfrac{d^2\sigma}{dt^2}\sum m$ ou

$$-2l\rho\frac{d^2\sigma}{dt^2}.$$

Écrivant que la somme de toutes les composantes $(mg)_t$ et Φ_t est nulle, on retrouve l'équation déjà établie

$$\frac{d^2\sigma}{dt^2} = -\frac{g}{2\,l}\,[\psi(\sigma + l) - \psi(\sigma - l)].$$

433. Réduction des équations du mouvement au nombre minimum. — Dans chaque système particulier, pour obtenir le déplacement virtuel le plus général compatible avec les liaisons qui existent à l'instant t, il faut et il suffit que l'on fasse subir à k paramètres q_1, q_2, ..., q_k des variations *arbitraires* δq_1, δq_2, ..., δq_k. On dit alors, comme nous l'avons déjà fait en Statique (n° 171), que *le système considéré possède k degrés de liberté*. Nous pouvons obtenir, dans cette hypothèse, les équations du mouvement en suivant la marche suivie en Statique (n° 171). Comme le déplacement virtuel le plus général du système à l'instant t est défini par les variations arbitraires δq_1, δq_2, ..., δq_k, les variations δx_1, δy_1, δz_1, δx_2, δy_2, δz_2, ... des coordonnées des divers points du système sont déterminées dès qu'on a choisi δq_1, δq_2, ..., δq_k. On aura donc, pour ces variations, des expressions de la forme

$$(2)\quad
\left\{
\begin{aligned}
\delta x_1 &= a_{11}\,\delta q_1 + a_{12}\,\delta q_2 + \ldots + a_{1k}\,\delta q_k,\\
\delta y_1 &= b_{11}\,\delta q_1 + b_{12}\,\delta q_2 + \ldots + b_{1k}\,\delta q_k,\\
\delta z_1 &= c_{11}\,\delta q_1 + c_{12}\,\delta q_2 + \ldots + c_{1k}\,\delta q_k,\\
&\;\;\ldots\ldots\ldots\ldots\ldots\ldots\ldots\ldots\ldots\\
\delta x_\nu &= a_{\nu 1}\,\delta q_1 + a_{\nu 2}\,\delta q_2 + \ldots + a_{\nu k}\,\delta q_k,\\
\delta y_\nu &= b_{\nu 1}\,\delta q_1 + b_{\nu 2}\,\delta q_2 + \ldots + b_{\nu k}\,\delta q_k,\\
\delta z_\nu &= c_{\nu 1}\,\delta q_1 + c_{\nu 2}\,\delta q_2 + \ldots + c_{\nu k}\,\delta q_k,\\
&\;\;\ldots\ldots\ldots\ldots\ldots\ldots\ldots\ldots\ldots
\end{aligned}
\right.$$

où l'on fait

$$\nu = 1, 2, \ldots, n.$$

Si l'on porte ces valeurs dans l'équation générale (1) de la Dynamique

$$\sum \left[\left(X_\nu - m_\nu \frac{d^2 x_\nu}{dt^2} \right) \delta x_\nu + \left(Y_\nu - m_\nu \frac{d^2 y_\nu}{dt^2} \right) \delta y_\nu \right.$$
$$\left. + \left(Z_\nu - m_\nu \frac{d^2 z_\nu}{dt^2} \right) \delta z_\nu \right] = 0,$$

on obtient une équation de la forme

$$(3)\qquad (Q_1 - P_1)\,\delta q_1 + (Q_2 - P_2)\,\delta q_2 + \ldots + (Q_k - P_k)\,\delta q_k = 0,$$

où les quantités Q_i et P_i ont pour expressions

$$(4) \quad \begin{cases} Q_i = \sum_{v=1}^{v=n} (X_v a_{vi} + Y_v b_{vi} + Z_v c_{vi}), \\[2mm] P_i = \sum_{v=1}^{v=n} m_v \left(\dfrac{d^2 x_v}{dt^2} a_{vi} + \dfrac{d^2 y_v}{dt^2} b_{vi} + \dfrac{d^2 z_v}{dt^2} c_{vi} \right), \end{cases}$$

avec

$$i = 1, 2, \ldots, k.$$

L'équation (3), devant être vérifiée quels que soient les déplacements virtuels compatibles avec les liaisons au temps t, devra être vérifiée quelles que soient les variations $\delta q_1, \delta q_2, \ldots, \delta q_k$. On doit donc avoir

$$(5) \qquad Q_1 - P_1 = 0, \quad Q_2 - P_2 = 0, \quad \ldots, \quad Q_k - P_k = 0.$$

On a ainsi les équations du mouvement du système : le nombre de ces équations est précisément égal au nombre k des degrés de liberté du système. C'est ainsi que nous avons obtenu successivement, dans le n° 288, les équations du mouvement d'un point libre, d'un point assujetti à glisser sur une surface fixe ou mobile donnée, d'un point assujetti à glisser sur une courbe fixe ou mobile donnée.

Nous reviendrons sur ces équations générales dans le Chapitre suivant.

Systèmes holonomes et non holonomes. — Au point de vue de l'expression analytique des liaisons, les systèmes se divisent en deux catégories : les systèmes *holonomes*, dont toutes les liaisons peuvent être exprimées par des équations en termes finis, et les systèmes *non holonomes* comme le cerceau, la bicyclette, dans lesquels certaines liaisons (roulement des roues sur une surface fixe) s'expriment par des relations différentielles.

Nous avons étudié en détail le cas du cerceau (*Statique*, n° 171 et 172, et *Dynamique*, n° 411).

Les équations que nous venons d'établir s'appliquent à tous les cas.

434. Systèmes holonomes; coordonnées d'un système holonome. — Un système est dit *holonome*, d'après le physicien allemand

Hertz (n° 172), quand les liaisons qui lui sont imposées peuvent s'exprimer par des relations, *en termes finis*, entre les coordonnées des points du système et le temps. Soient x_1, y_1, z_1 ; x_2, y_2, z_2 ; ..., x_n, y_n, z_n les coordonnées des points du système; pour que le système soit holonome, il faut et il suffit que les liaisons puissent toutes s'exprimer par un système d'équations distinctes de la forme

$$(6) \quad \begin{cases} f_1(x_1, y_1, z_1, x_2, y_2, z_2, \ldots, x_n, y_n, z_n, t) = 0, \\ f_2(x_1, y_1, z_1, x_2, y_2, z_2, \ldots, x_n, y_n, z_n, t) = 0, \\ \cdots\cdots\cdots\cdots\cdots\cdots\cdots\cdots\cdots\cdots\cdots\cdots \\ f_h(x_1, y_1, z_1, x_2, y_2, z_2, \ldots, x_n, y_n, z_n, t) = 0. \end{cases}$$

Ces équations s'appellent les *équations de liaison du système holonome*. Si aucune de ces équations ne contient le temps t, les liaisons sont dites *indépendantes du temps*; si certaines équations de liaison contiennent t, les liaisons *dépendent du temps*.

On a un exemple de liaisons dépendant du temps en imaginant que certains points du système sont assujettis à glisser sur des courbes ou sur des surfaces animées de mouvements donnés à l'avance, c'est-à-dire sur des courbes ou sur des surfaces dont les équations contiennent le temps.

Le nombre h des équations de liaison est nécessairement inférieur au nombre $3n$ des coordonnées; en effet, si h était égal à $3n$, le mouvement du système serait imposé par les équations de liaison, car ces équations définiraient les $3n$ coordonnées en fonction du temps. On pourra donc poser

$$h = 3n - k,$$

k désignant un entier positif. Nous allons voir que le système possède k degrés de liberté.

Coordonnées du système. — A chaque instant t, pour connaître la position du système, il suffit de connaître les valeurs numériques de k des $3n$ coordonnées, convenablement choisies; en effet, les valeurs des $h = 3n - k$ autres coordonnées sont alors données par les h équations de liaison (6).

Plus généralement, pour connaître la position du système à un instant t, il suffit de connaître les valeurs numériques de k paramètres $q_1, q_2, \ldots, q_k$, liés aux coordonnées par k relations données

$$(7) \quad \begin{cases} f_{h+1}(x_1, y_1, z_1, x_2, y_2, z_2, \ldots, x_n, y_n, z_n, t) = q_1, \\ f_{h+2}(x_1, y_1, z_1, x_2, y_2, z_2, \ldots, x_n, y_n, z_n, t) = q_2, \\ \cdots\cdots\cdots\cdots\cdots\cdots\cdots\cdots\cdots\cdots\cdots\cdots\cdots, \\ f_{h+k}(x_1, y_1, z_1, x_2, y_2, z_2, \ldots, x_n, y_n, z_n, t) = q_k. \end{cases}$$

En effet, si t est donné, et si l'on donne à $q_1, q_2, \ldots, q_k$ des valeurs numériques, les équations (6) et (7) formeront un système de $h + k = 3n$ équations déterminant les $3n$ coordonnées

$$x_1, y_1, z_1, \ldots, x_n, y_n, z_n.$$

Si l'on résout effectivement le système, on obtient, pour les $3n$ coordonnées, des expressions de la forme

$$(8) \quad \begin{cases} x_\nu = \varphi_\nu(q_1, q_2, \ldots, q_k, t), \\ y_\nu = \psi_\nu(q_1, q_2, \ldots, q_k, t), \\ z_\nu = \varpi_\nu(q_1, q_2, \ldots, q_k, t), \end{cases}$$

où $\nu = 1, 2, \ldots, n$. Ces formules montrent bien qu'à chaque instant t les valeurs numériques des paramètres $q_1, q_2, \ldots, q_k$ déterminent la position du système. Les paramètres $q_1, q_2, \ldots, q_k$ peuvent être appelés les *coordonnées* du système holonome.

Exemples. — La position d'un corps solide autour d'un point fixe est déterminée dès que l'on connaît les valeurs numériques des trois angles d'Euler θ, φ, ψ; ces angles constituent les coordonnées du corps ($k = 3$).

La position d'une toupie sur un plan horizontal fixe (n° 407) est déterminée quand on connaît les coordonnées horizontales ξ, η du centre de gravité et les trois angles d'Euler θ, φ, ψ donnant l'orientation de la toupie autour de son centre de gravité. Les cinq quantités ξ, η, θ, φ, ψ sont les coordonnées de la toupie :

$$(k = 5).$$

Degrés de liberté du système. — Pour obtenir le déplacement le plus général du système, compatible avec les liaisons à l'instant t, il suffit de donner à t la valeur numérique correspondante et de faire varier les coordonnées $q_1, q_2, \ldots, q_k$ de quantités infiniment petites, arbitraires, $\delta q_1, \delta q_2, \ldots, \delta q_k$. Les formules (8) donnent alors les variations correspondantes des coordonnées, c'est-à-dire les déplacements virtuels compatibles avec les liaisons :

$$(9) \quad \begin{cases} \delta x_\nu = \dfrac{\partial x_\nu}{\partial q_1} \delta q_1 + \dfrac{\partial x_\nu}{\partial q_2} \delta q_2 + \ldots + \dfrac{\partial x_\nu}{\partial q_k} \delta q_k, \\[2mm] \delta y_\nu = \dfrac{\partial y_\nu}{\partial q_1} \delta q_1 + \dfrac{\partial y_\nu}{\partial q_2} \delta q_2 + \ldots + \dfrac{\partial y_\nu}{\partial q_k} \delta q_k, \\[2mm] \delta z_\nu = \dfrac{\partial z_\nu}{\partial q_1} \delta q_1 + \dfrac{\partial z_\nu}{\partial q_2} \delta q_2 + \ldots + \dfrac{\partial z_\nu}{\partial q_k} \delta q_k. \end{cases}$$

où $\nu = 1, 2, \ldots, n$. Comme δq_1, δq_2, ..., δq_k sont arbitraires, le système possède k degrés de liberté. Ces formules (9) sont des cas particuliers des formules générales (2) donnant le déplacement virtuel le plus général compatible avec les liaisons. Elles sont particulières parce que, dans le cas actuel, les seconds membres des expressions de δx_ν, δy_ν, δz_ν sont des différentielles *totales exactes* de fonctions de q_1, q_2, ..., q_k, ce qui n'a pas lieu dans le cas général.

En portant ces expressions de δx_ν, δy_ν, δz_ν dans l'équation générale de la Dynamique (1) et égalant à zéro les coefficients de δq_1, δq_2, ..., δq_k, on obtient les k équations du mouvement comme nous l'avons expliqué au n° 433.

Nous montrerons, dans le Chapitre suivant, comment on peut mettre ces équations sous une forme plus commode pour les applications.

435. Méthode des multiplicateurs de Lagrange pour un système holonome. — Soit un système holonome assujetti à des liaisons exprimées par des relations (6) du numéro précédent.

Pour caractériser un déplacement virtuel compatible avec les liaisons qui ont lieu à l'instant t, il faut donner à t une valeur numérique et faire subir aux coordonnées des variations δx_1, δy_1, δz_1, ..., δx_n, δy_n, δz_n, telles que les fonctions $f_1, f_2, \ldots, f_h$ restent nulles, c'est-à-dire telles que les différentielles totales de f_1, f_2, ..., f_h soient nulles. On a, de cette façon, les équations de condition :

$$(10) \quad \begin{cases} \dfrac{\partial f_1}{\partial x_1} \delta x_1 + \dfrac{\partial f_1}{\partial y_1} \delta y_1 + \dfrac{\partial f_1}{\partial z_1} \delta z_1 + \ldots + \dfrac{\partial f_1}{\partial z_n} \delta z_n = 0, \\[2mm] \ldots\ldots\ldots\ldots\ldots\ldots\ldots\ldots\ldots\ldots\ldots\ldots\ldots\ldots , \\[2mm] \dfrac{\partial f_h}{\partial x_1} \delta x_1 + \ldots\ldots\ldots\ldots\ldots\ldots + \dfrac{\partial f_h}{\partial z_n} \delta z_n = 0. \end{cases}$$

Il est à remarquer que le déplacement réel du système *ne fait pas partie des déplacements virtuels* que nous considérons ici, lorsque les liaisons dépendent du temps. Par exemple, dans le mouvement d'un point assujetti à se déplacer sur une courbe C animée d'un mouvement donné, le seul déplacement virtuel de M,

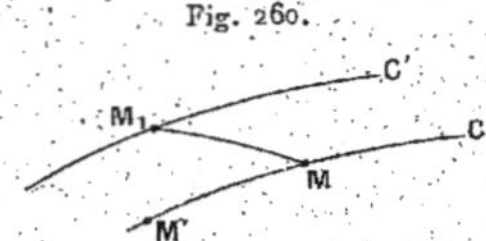

Fig. 260.

compatible avec les liaisons à l'instant t, est le déplacement MM' effectué sur la courbe C dans la position qu'elle occupe à l'instant t; mais, à l'instant $t + dt$, la courbe C est venue en C', et le point mobile en un point M_1 de cette courbe : le déplacement réel MM_1 ne coïncide donc pas, en général, avec le déplacement virtuel. En général, le déplacement réel du système dx_1, dy_1, dz_1, ..., dx_n, dy_n, dz_n satisfait aux relations

$$\frac{\partial f_i}{\partial x_1} dx_1 + \frac{\partial f_i}{\partial y_1} dy_1 + \frac{\partial f_i}{\partial z_1} dz_1 + \ldots + \frac{\partial f_i}{\partial z_n} dz_n + \frac{\partial f_i}{\partial t} dt = 0$$

$$(i = 1, 2, \ldots, h).$$

Il n'est donc pas compris parmi les déplacements virtuels considérés qui doivent vérifier les conditions (10), à moins que toutes les expressions $\frac{\partial f_i}{\partial t}$ soient nulles, c'est-à-dire que les liaisons soient indépendantes du temps.

Les équations (10) montrent, comme nous l'avons déjà dit, que, parmi les $3n$ variations δx_v, δy_v, δz_v, il y en a k d'arbitraires; les h autres s'exprimeront linéairement en fonction des k premières au moyen de ces équations; nous pourrions porter les valeurs ainsi obtenues dans l'équation générale de la Dynamique (1) qui devrait alors être satisfaite quelles que soient les variations arbitraires. Il sera plus simple d'employer la méthode des multiplicateurs de Lagrange, et nous aurons, par un calcul semblable à celui qui a déjà été fait dans le cas de l'équilibre (n° 177),

$$(11) \quad \begin{cases} m_\nu \dfrac{d^2 x_\nu}{dt^2} = X_\nu + \lambda_1 \dfrac{\partial f_1}{\partial x_\nu} + \ldots + \lambda_h \dfrac{\partial f_h}{\partial x_\nu}, \\[2mm] m_\nu \dfrac{d^2 y_\nu}{dt^2} = Y_\nu + \lambda_1 \dfrac{\partial f_1}{\partial y_\nu} + \ldots + \lambda_h \dfrac{\partial f_h}{\partial y_\nu}, \\[2mm] m_\nu \dfrac{d^2 z_\nu}{dt^2} = Z_\nu + \lambda_1 \dfrac{\partial f_1}{\partial z_\nu} + \ldots + \lambda_h \dfrac{\partial f_h}{\partial z_\nu}; \end{cases}$$

résultats obtenus en remplaçant, dans les équations d'équilibre,

$$X_\nu, \ Y_\nu, \ Z_\nu \ \text{par} \ X_\nu - m_\nu \frac{d^2 x_\nu}{dt^2}, \ Y_\nu - m_\nu \frac{d^2 y_\nu}{dt^2} \ \text{et} \ Z_\nu - m_\nu \frac{d^2 z_\nu}{dt^2}.$$

Nous avons ainsi trois équations pour chaque point du système, soit $3n$ relations qui, jointes aux h équations de liaisons, permettront de déterminer les $3n$ coordonnées et les h paramètres λ, en fonction du temps. L'interprétation mécanique des λ est la même que dans le cas de l'équilibre : la force de liaison provenant de la liaison $f_1 = 0$ sur le point m_ν a pour projections

$$\lambda_1 \frac{\partial f_1}{\partial x_\nu}, \quad \lambda_1 \frac{\partial f_1}{\partial y_\nu}, \quad \lambda_1 \frac{\partial f_1}{\partial z_\nu}.$$

Cette méthode n'est pratique que si le nombre des points du système est peu considérable ; s'il en est autrement, on cherchera à ramener la résolution du problème à l'intégration du plus petit nombre possible d'équations, en exprimant les $3n$ coordonnées en fonction de t et de k paramètres $q_1, q_2, \ldots, q_k$, comme nous venons de le faire.

Nous nous bornerons actuellement à faire quelques applications directes du principe de d'Alembert.

II. — THÉORÈMES DÉDUITS DU PRINCIPE DE D'ALEMBERT.

436. Cas particulier du théorème des projections des quantités de mouvement. — Nous pouvons écrire l'équation générale de la Dynamique donnée par le principe de d'Alembert sous la forme

$$(12) \quad \sum \left[m_\nu \left(\frac{d^2 x_\nu}{dt^2} \delta x_\nu + \frac{d^2 y_\nu}{dt^2} \delta y_\nu + \frac{d^2 z_\nu}{dt^2} \delta z_\nu \right) \right]$$
$$= \sum (X_\nu \delta x_\nu + Y_\nu \delta y_\nu + Z_\nu \delta z_\nu),$$

la somme du premier membre étant étendue à tous les points du système et celle du second seulement aux points auxquels sont appliquées les *forces données*.

En faisant certaines hypothèses sur les liaisons, nous pourrons faire d'utiles remarques.

Supposons d'abord que les liaisons soient telles que le système puisse prendre un mouvement de translation parallèlement à Ox; dans ce déplacement, on aura

$$\delta x_1 = \delta x_2 = \ldots = \delta x_n,$$
$$\delta y_1 = \delta z_1 = \delta y_2 = \delta z_2 = \ldots = \delta y_n = \delta z_n = 0,$$

et l'équation (12) deviendra

$$\sum m_\nu \frac{d^2 x_\nu}{dt^2} = \sum X_{\nu}, \qquad \frac{d}{dt} \sum m_\nu \frac{dx_\nu}{dt} = \sum X_\nu,$$

équation qui exprime le théorème suivant :

Si les liaisons permettent à chaque instant un déplacement d'ensemble parallèle à un axe fixe, la dérivée par rapport au temps de la somme des projections des quantités de mouvement sur cet axe est égale à la somme des projections des forces données sur le même axe.

Ce théorème est un cas particulier du théorème des quantités de mouvement projetées. La dérivée par rapport au temps de la somme des projections des quantités de mouvement sur un axe est toujours égale à la somme des projections des forces *extérieures* sur le même axe. Seulement, en général, les projections de ces forces extérieures comprennent à la fois des forces données et des forces de liaison. Le théorème actuel s'applique à une catégorie de problèmes, dans lesquels les projections des forces extérieures sur l'axe considéré *ne comprennent pas de forces de liaison*.

Par exemple, si l'on cherche le mouvement d'une barre pesante dont les extrémités glissent sur deux surfaces fixes S et S', le théorème général s'applique à la projection du mouvement sur un axe quelconque Ox; mais, dans les projections des forces extérieures, il faut compter les projections des réactions des deux surfaces S et S'; le théorème actuel ne s'applique pas si S et S' sont prises au hasard.

Il ne s'appliquerait que si les surfaces S et S' étaient des cylindres parallèles à Ox, car alors les liaisons permettraient un déplacement d'ensemble de la barre parallèlement à Ox; dans ce cas, les projections des réactions normales sur Ox sont nulles.

On reconnaît, en général, que le système admet une translation parallèle à Ox, lorsque les équations de liaisons ne contiennent les abscisses que par leurs différences.

437. **Cas particulier du théorème des moments.** — Admettons maintenant que les liaisons permettent une rotation d'ensemble du système autour de l'axe des z; si l'on désigne par $\delta\theta$ cette rotation élémentaire, on sait qu'on a

$$\delta x_\nu = -y_\nu\,\delta\theta, \qquad \delta y_\nu = x_\nu\,\delta\theta, \qquad \delta z_\nu = 0;$$

l'équation générale (12) devient alors

$$\sum m_\nu\left(x_\nu\frac{d^2 y_\nu}{dt^2} - y_\nu\frac{d^2 x_\nu}{dt^2}\right) = \frac{d}{dt}\sum m_\nu\left(x_\nu\frac{dy_\nu}{dt} - y_\nu\frac{dx_\nu}{dt}\right)$$
$$= \sum (x_\nu X_\nu - y_\nu Y_\nu),$$

c'est-à-dire :

Si les liaisons permettent à chaque instant un mouvement de rotation du système autour d'un axe fixe, la dérivée de la somme des moments des quantités de mouvement par rapport à cet axe est égale à la somme des moments des forces données par rapport au même axe.

Nous remarquerons encore ici que ce théorème est un cas particulier du théorème des moments des quantités de mouvement, en ce que ce sont les forces données seules qui figurent dans l'énoncé, au lieu des forces extérieures.

438. **Cas particulier du théorème des forces vives.** — Supposons enfin que les liaisons soient *indépendantes du temps*.

Alors parmi les déplacements compatibles avec les liaisons se trouve le *déplacement réel* dx_ν, dy_ν, dz_ν, et l'on peut, dans l'équation (12), remplacer, en particulier, δx_ν, δy_ν, δz_ν par dx_ν, dy_ν, dz_ν.

On a ainsi

$$\sum m_\nu \left(\frac{d^2 x_\nu}{dt^2} dx_\nu + \frac{d^2 y_\nu}{dt^2} dy_\nu + \frac{d^2 z_\nu}{dt^2} dz_\nu \right) = \sum (X_\nu \, dx_\nu + Y_\nu \, dy_\nu + Z_\nu \, dz_\nu),$$

$$d \sum \frac{m v^2}{2} = \sum (X_\nu \, dx_\nu + Y_\nu \, dy_\nu + Z_\nu \, dz_\nu).$$

Donc :

*Si les liaisons sont indépendantes du temps, la différen-
tielle de la demi-force vive du système est égale à la somme
des travaux élémentaires des forces données.*

C'est un cas particulier du théorème des forces vives (n° 336).

Nous pouvons vérifier ce théorème en partant des équations du mouvement obtenues par la méthode des multiplicateurs de Lagrange [équa-
tions (11), n° 435].

Faisons sur ces équations la combinaison des forces vives ; nous aurons,
en ordonnant par rapport aux λ,

$$d \sum \frac{m v^2}{2} = \sum (X_\nu \, dx_\nu + Y_\nu \, dy_\nu + Z_\nu \, dz_\nu)$$
$$+ \lambda_1 \sum \left(\frac{\partial f_1}{\partial x_\nu} dx_\nu + \frac{\partial f_1}{\partial y_\nu} dy_\nu + \frac{\partial f_1}{\partial z_\nu} dz_\nu \right) + \dots$$
$$+ \lambda_h \sum \left(\frac{\partial f_h}{\partial x_\nu} dx_\nu + \frac{\partial f_h}{\partial y_\nu} dy_\nu + \frac{\partial f_h}{\partial z_\nu} dz_\nu \right),$$

et les coefficients des λ sont nuls quand les équations $f_1 = 0$, $f_2 = 0$, $\dots$,
$f_h = 0$ ne contiennent pas t. Si f_1 contenait t, le coefficient de λ_1 ne serait
pas nul, mais égal à $- \frac{\partial f_1}{\partial t} dt$.

III. — APPLICATION DU PRINCIPE DE D'ALEMBERT
AU CAS DU FROTTEMENT DE GLISSEMENT.

439. Imaginons un système assujetti à deux sortes de liaisons :

1° Des liaisons L sans frottement dépendant ou non du temps ;
2° Des liaisons L' consistant en ce que certains points m_1, m_2, $\dots$, m_p
sont assujettis à glisser *avec frottement* sur des surfaces fixes données
S_1, S_2, $\dots$, S_p.

La réaction totale R_1 de la surface S_1 sur le point m_1 est la résultante
d'une force normale N_1 et d'une force tangentielle (frottement) égale

à $f_1 N_1$ et dirigée en sens contraire de la vitesse du point, f_1 étant le coefficient de frottement sur S_1. On a de même les réactions totales R_2, ...; R_p des autres surfaces S_2, ..., S_p sur les autres points m_2, ..., m_p.

D'après le principe de d'Alembert, il y a équilibre à chaque instant entre les forces d'inertie, les forces données, les forces de liaison provenant des liaisons L sans frottement et les forces de liaison R_1, ..., R_p provenant des liaisons L'.

Si donc on imprime au système un déplacement virtuel quelconque, la somme des travaux de toutes les forces, y compris les forces de liaison, est nulle. Mais, si l'on imprime, en particulier, un déplacement virtuel qui soit compatible avec les liaisons L sans frottement, et dans lequel chaque point m_1, m_2, ..., m_p soit assujetti à se déplacer *normalement* à la réaction totale R_1, R_2, ..., R_p correspondante, la somme des travaux des forces de liaison L et des forces R_1, R_2, ..., R_p est nulle d'elle-même; la somme des travaux des forces données et des forces d'inertie est donc nulle aussi. On obtiendra donc les équations du mouvement en écrivant que, pour tous les déplacements virtuels qui sont compatibles avec les liaisons L et dans lesquels chaque point m_1, m_2, ..., m_p se déplace normalement à la réaction totale R_v correspondante, la somme des travaux des forces données et des forces d'inertie est nulle. (APPELL, *Comptes rendus*, t. CXIV, 1892, p. 331.)

Exemple. — Reprenons à ce point de vue le problème III du n° 371 (*fig.* 214). Dans ce problème, les points A et B glissent avec frottement sur Ox et Oy. La réaction totale R de l'axe Ox en A est bissectrice de l'angle NAN'; la réaction totale R' de l'axe Oy en B est bissectrice de l'angle N'BN'.

Pour obtenir un déplacement virtuel de l'échelle dans lequel les travaux de R et R' sont nuls, on lui imprimera un déplacement virtuel dans lequel A et B se déplacent normalement aux réactions R et R'. D'après la propriété du centre instantané de rotation, cela revient à faire tourner l'échelle d'un angle infiniment petit autour d'un point d'intersection I des réactions R et R'. Les droites suivant lesquelles sont dirigées les réactions R et R' ayant pour équations

$$x - 2l\sin\alpha + y = 0, \qquad x - y + 2l\cos\alpha = 0,$$

le point I a pour coordonnées

$$(1) \qquad x_1 = l(\sin\alpha - \cos\alpha), \qquad y_1 = l(\sin\alpha + \cos\alpha).$$

Il faudra alors exprimer que, dans le déplacement virtuel obtenu en faisant tourner, d'un angle infiniment petit, la droite AB autour de I, la somme des travaux du poids et des forces d'inertie est nulle; ou encore que la somme des moments du poids et des forces d'inertie par rapport au point I est nulle. Ce qui donne, en appelant m la masse totale de l'échelle et μ la masse du point de l'échelle de coordonnées x et y,

$$(\xi - x_1)mg + \sum \mu\left[(x - x_1)\frac{d^2 y}{dt^2} - (y - y_1)\frac{d^2 x}{dt^2}\right] = 0,$$

la somme $\sum$ étant étendue à tous les points. Si l'on remarque que les quantités $\sum \mu \frac{d^2 x}{dt^2}$, $\sum \mu \frac{d^2 y}{dt^2}$ et $\sum \mu\left(x\frac{d^2 y}{dt^2} - y\frac{d^2 x}{dt^2}\right)$ sont respectivement égales à $m\frac{d^2 \xi}{dt^2}$, $m\frac{d^2 \eta}{dt^2}$ et $-m(k^2 + l^2)\frac{d^2 \alpha}{dt^2}$, et si l'on remplace x_1, ξ, η par leurs valeurs, on trouve, après réduction, l'équation (5) du n° 371 (Ex. III).

EXERCICES.

1. Un corps solide tourne autour d'un axe Oz avec une vitesse angulaire variable ω. Calculer à un instant t la résultante générale et le moment résultant des forces d'inertie par rapport au point O.

Réponse. — D'après les calculs du n° 360, on a, pour les projections de la résultante générale des forces d'inertie,

$$X_1 = -\sum m \frac{d^2 x}{dt^2} = \omega^2 \sum mx + \omega' \sum my,$$

$$Y_1 = \omega^2 \sum my - \omega' \sum mx, \qquad Z_1 = 0$$

et, pour les projections du moment résultant,

$$L_1 = -\sum m\left(y\frac{d^2 z}{dt^2} - z\frac{d^2 y}{dt^2}\right) = -\omega^2 \sum myz + \omega' \sum mxz,$$

$$M_1 = \omega^2 \sum mxz + \omega' \sum myz, \qquad N_1 = -Mk^2\omega',$$

ω' désignant la dérivée de ω par rapport à t.

2. Conditions pour que les forces d'inertie d'un corps solide tournant autour d'un axe fixe aient une résultante unique.

Réponse. — Il faut que le centre de gravité ne soit pas sur l'axe pour que $X_1^2 + Y_1^2$ soient différents de zéro, et que

$$L_1 X_1 + M_1 Y_1 + N_1 Z_1 = 0,$$

c'est-à-dire

$$(\omega^4 + \omega'^2)\left(\sum mx \sum myz - \sum my \sum mxz\right) = 0.$$

Le premier facteur n'étant pas nul, le second doit l'être. Ce second facteur, égalé à zéro, exprime que l'axe de rotation est *principal pour un de ses points*.

3. Conditions pour que les forces d'inertie des points d'un solide tournant autour d'un axe *fixe se réduisent à un couple*.

Réponse. — Il faut et il suffit que $X_1 = o$, $Y_1 = o$; d'où $\sum m x = o$, $\sum m y = o$. Le centre de gravité doit être sur l'axe.

4. Déduire du principe de d'Alembert les équations du mouvement d'un fil.

Soient ds l'élément d'arc d'un fil, μ sa densité linéaire, x, y, z ses coordonnées. L'arc s étant compté à partir de l'extrémité du fil, par exemple, les coordonnées de l'élément ds dans le mouvement sont des fonctions des variables indépendantes s et t.

Les équations d'équilibre sont

$$\frac{d}{ds}\left(T\,\frac{dx}{ds}\right) + X = o, \quad \dots,$$

X, Y, Z désignant les projections de la force extérieure rapportée à l'unité de longueur. La force d'inertie de l'élément ds de masse $\mu\,ds$ a pour projections

$$-\mu\,ds\,\frac{\partial^2 x}{\partial t^2}, \quad \dots;$$

la force d'inertie rapportée à l'unité de longueur est donc

$$-\mu\,\frac{\partial^2 x}{\partial t^2}, \quad \dots,$$

Écrivant qu'il y a équilibre entre les forces réellement appliquées X, Y, Z et les forces d'inertie, on a

$$\frac{\partial}{\partial s}\left(T\,\frac{\partial x}{\partial s}\right) + X - \mu\,\frac{\partial^2 x}{\partial t^2} = o,$$

$$\frac{\partial}{\partial s}\left(T\,\frac{\partial y}{\partial s}\right) + Y - \mu\,\frac{\partial^2 y}{\partial t^2} = o,$$

$$\frac{\partial}{\partial s}\left(T\,\frac{\partial z}{\partial s}\right) + Z - \mu\,\frac{\partial^2 z}{\partial t^2} = o,$$

où nous mettons des ∂ de ronde pour désigner les dérivées partielles. Ces trois équations jointes à $\left(\dfrac{\partial x}{\partial s}\right)^2 + \left(\dfrac{\partial y}{\partial s}\right)^2 + \left(\dfrac{\partial z}{\partial s}\right)^2 = 1$ définissent x, y, z, T comme fonctions de s et t. La quantité μ est une fonction donnée de s.

CHAPITRE XXIV.
ÉQUATIONS GÉNÉRALES DE LA DYNAMIQUE ANALYTIQUE.

440. Objet du Chapitre. — Pour trouver le mouvement d'un système sans frottement, à k degrés de liberté, soumis à des forces données, il faut intégrer un système de k équations différentielles dont nous avons indiqué la forme générale au Chapitre précédent (n°s 433 et 434).

Nous donnerons dans le présent Chapitre des méthodes plus brèves pour écrire les équations du mouvement. Ces méthodes sont différentes, suivant que le système est holonome ou non.

Nous étudierons d'abord les systèmes holonomes, comme étant les plus simples. Pour le mouvement de ces systèmes, nous indiquerons une forme d'équations donnée par Lagrange. Soient q_1, q_2, ..., q_k les coordonnées du système holonome; q'_1, q'_2, ..., q'_k leurs dérivées par rapport au temps dans le mouvement du système. Nous montrerons, d'après Lagrange, que l'on peut écrire les équations du mouvement dès que l'on connaît l'expression de l'*énergie cinétique* ou *énergie de vitesse*

$$T = \frac{1}{2} \Sigma m v^2$$

en fonction de q_1, q_2, ..., q_k; q'_1, q'_2, ..., q'_k, et t.

Nous verrons ensuite que, pour un système *non holonome*, la connaissance de l'énergie cinétique ne suffit plus à déterminer les équations du mouvement. Soient q_1, q_2, ..., q_k les paramètres dont les variations arbitraires δq_1, δq_2, ..., δq_k définissent le déplacement virtuel le plus général du système, q'_1, q'_2, ..., q'_k; q''_1, q''_2, ..., q''_k leurs dérivées premières et deuxièmes par rapport au temps dans le mouvement du système, J l'accélération d'un point de masse m; nous montrerons qu'on peut écrire les équations du mouvement dès que l'on connaît l'expression de la fonction

$$S = \frac{1}{2} \Sigma m J^2$$

en fonction de $q_1, q_2, \ldots, q_k, q'_1, q'_2, \ldots, q'_k, q''_1, q''_2, \ldots, q''_k$ et de t. Cette fonction S, formée avec les accélérations comme T l'est avec les vitesses, peut être appelée *l'énergie d'accélération du système*.

I. — SYSTÈMES HOLONOMES : ÉQUATIONS DE LAGRANGE.

441. Réduction des équations du mouvement au nombre minimum dans un système sans frottement. — Imaginons comme précédemment un système de n points assujettis à des liaisons telles que la position du système, au point de vue géométrique, dépende de k paramètres géométriquement indépendants $q_1, q_2, \ldots, q_k$. On pourra alors exprimer les coordonnées de chaque point du système en fonction de ces paramètres; dans le cas général où les fonctions contiennent le temps, les expressions des coordonnées des différents points en fonction de $q_1, q_2, \ldots, q_k$ contiendront t :

$$(1) \qquad \begin{cases} x_\nu = \varphi_\nu(q_1, q_2, \ldots, q_k, t), \\ y_\nu = \psi_\nu(q_1, q_2, \ldots, q_k, t), \\ z_\nu = \varpi_\nu(q_1, q_2, \ldots, q_k, t). \end{cases}$$

Quand les liaisons sont exprimées par des équations telles que les équations (6) du n° 434, ces expressions des coordonnées sont, par hypothèse, de telle nature qu'en les portant dans les équations de liaisons, ces équations soient identiquement satisfaites quels que soient $q_1, q_2, \ldots, q_k, t$.

On obtiendra alors le déplacement virtuel le plus général du système, compatible avec les liaisons à l'instant t, en donnant à $q_1, q_2, \ldots, q_k$ des accroissements infiniment petits arbitraires $\delta q_1, \delta q_2, \ldots, \delta q_k$, ce qui donne

$$\delta x_\nu = \frac{\partial x_\nu}{\partial q_1} \delta q_1 + \frac{\partial x_\nu}{\partial q_2} \delta q_2 + \ldots + \frac{\partial x_\nu}{\partial q_k} \delta q_k,$$

et deux formules analogues pour δy_ν et δz_ν. Portant ces valeurs

dans l'équation générale de la Dynamique (n° 431), on obtient
une équation de la forme

$$(2) \qquad (P_1 - Q_1)\,\delta q_1 + (P_2 - Q_2)\,\delta q_2 + \ldots + (P_k - Q_k)\,\delta q_k = 0,$$

en posant, pour abréger,

$$P_\alpha = \sum_\nu m_\nu \left(\frac{d^2 x_\nu}{dt^2}\,\frac{\partial x_\nu}{\partial q_\alpha} + \frac{d^2 y_\nu}{dt^2}\,\frac{\partial y_\nu}{\partial q_\alpha} + \frac{d^2 z_\nu}{dt^2}\,\frac{\partial z_\nu}{\partial q_\alpha} \right),$$

$$Q_\alpha = \sum_\nu \left(X_\nu\,\frac{\partial x_\nu}{\partial q_\alpha} + Y_\nu\,\frac{\partial y_\nu}{\partial q_\alpha} + Z_\nu\,\frac{\partial z_\nu}{\partial q_\alpha} \right).$$

L'équation (2) devant avoir lieu, quels que soient δq_1, δq_2, ...,
δq_k, puisqu'elle a lieu pour tous les déplacements virtuels compatibles avec les liaisons, se décompose en k équations

$$(3) \qquad P_1 - Q_1 = 0, \qquad P_2 - Q_2 = 0, \qquad \ldots \qquad P_k - Q_k = 0.$$

Les expressions des quantités P_α se transforment, comme nous
l'avons fait dans le cas d'un point matériel (n° 282).

Nous pouvons écrire, en supprimant les indices ν pour simplifier l'écriture,

$$P_\alpha = \frac{d}{dt}\,\Sigma m \left(\frac{dx}{dt}\,\frac{\partial x}{\partial q_\alpha} + \frac{dy}{dt}\,\frac{\partial y}{\partial q_\alpha} + \frac{dz}{dt}\,\frac{\partial z}{\partial q_\alpha} \right)$$

$$- \Sigma m \left(\frac{dx}{dt}\,\frac{d\,\frac{\partial x}{\partial q_\alpha}}{dt} + \frac{dy}{dt}\,\frac{d\,\frac{\partial y}{\partial q_\alpha}}{dt} + \frac{dz}{dt}\,\frac{d\,\frac{\partial z}{\partial q_\alpha}}{dt} \right).$$

Si nous désignons par x', y', z' les dérivées $\dfrac{dx}{dt}$, $\dfrac{dy}{dt}$, $\dfrac{dz}{dt}$,
l'expression de P_α devient

$$P_\alpha = \frac{d}{dt}\,\Sigma m \left(x'\,\frac{\partial x}{\partial q_\alpha} + y'\,\frac{\partial y}{\partial q_\alpha} + z'\,\frac{\partial z}{\partial q_\alpha} \right)$$

$$- \Sigma m \left(x'\,\frac{d\,\frac{\partial x}{\partial q_\alpha}}{dt} + y'\,\frac{d\,\frac{\partial y}{\partial q_\alpha}}{dt} + z'\,\frac{d\,\frac{\partial z}{\partial q_\alpha}}{dt} \right).$$

Désignons de même par q'_1, q'_2, ..., q'_k les dérivées de q_1,
q_2, ..., q_k considérées comme fonctions du temps; en différentiant les équations (1), nous aurons

$$x' = \frac{\partial x}{\partial q_1}\,q'_1 + \frac{\partial x}{\partial q_2}\,q'_2 + \ldots + \frac{\partial x}{\partial q_\alpha}\,q'_\alpha + \ldots + \frac{\partial x}{\partial q_k}\,q'_k + \frac{\partial x}{\partial t},$$

En considérant x' comme fonction des q, des q' et de t, on voit immédiatement que

$$\frac{\partial x'}{\partial q'_\alpha} = \frac{\partial x}{\partial q_\alpha};$$

on aura de même

$$\frac{\partial y'}{\partial q'_\alpha} = \frac{\partial y}{\partial q_\alpha}, \qquad \frac{\partial z'}{\partial q'_\alpha} = \frac{\partial z}{\partial q_\alpha};$$

l'expression P_α devient alors

$$P_\alpha = \frac{d}{dt} \Sigma m \left(x' \frac{\partial x'}{\partial q'_\alpha} + y' \frac{\partial y'}{\partial q'_\alpha} + z' \frac{\partial z'}{\partial q'_\alpha} \right)$$
$$- \Sigma m \left(x' \frac{d \frac{\partial x}{\partial q_\alpha}}{dt} + y' \frac{d \frac{\partial y}{\partial q_\alpha}}{dt} + z' \frac{d \frac{\partial z}{\partial q_\alpha}}{dt} \right).$$

Pour transformer la seconde parenthèse, nous remarquerons que l'on a

$$\frac{d \frac{\partial x}{\partial q_\alpha}}{dt} = \frac{\partial^2 x}{\partial q_\alpha \partial q_1} q'_1 + \frac{\partial^2 x}{\partial q_\alpha \partial q_2} q'_2 + \ldots + \frac{\partial^2 x}{\partial q_\alpha \partial q_k} q'_k + \frac{\partial^2 x}{\partial q_\alpha \partial t},$$

puisque $\frac{\partial x}{\partial q_\alpha}$ est fonction des variables $q_1, \ldots, q_k, t$; on vérifie immédiatement que cette expression est identique à la dérivée de x' par rapport à q_α :

$$\frac{d \frac{\partial x}{\partial q_\alpha}}{dt} = \frac{\partial x'}{\partial q_\alpha};$$

et l'on aurait semblablement

$$\frac{d \frac{\partial y}{\partial q_\alpha}}{dt} = \frac{\partial y'}{\partial q_\alpha}, \qquad \frac{d \frac{\partial z}{\partial q_\alpha}}{dt} = \frac{\partial z'}{\partial q_\alpha}.$$

Il nous vient alors

$$P_\alpha = \frac{d}{dt} \Sigma m \left(x' \frac{\partial x'}{\partial q'_\alpha} + y' \frac{\partial y'}{\partial q'_\alpha} + z' \frac{\partial z'}{\partial q'_\alpha} \right)$$
$$- \Sigma m \left(x' \frac{\partial x'}{\partial q_\alpha} + y' \frac{\partial y'}{\partial q_\alpha} + z' \frac{\partial z'}{\partial q_\alpha} \right).$$

Soit alors T la demi-force vive totale du système

$$T = \frac{1}{2} \Sigma m (x'^2 + y'^2 + z'^2).$$

En considérant T comme fonction de $q_1, q_2, \ldots, q_k, q'_1, \ldots, q'_k, t,$ on voit que les sommes qui entrent dans l'expression de P_α sont respectivement $\dfrac{\partial T}{\partial q'_\alpha}$ et $\dfrac{\partial T}{\partial q_\alpha}$; on a donc

$$P_\alpha = \frac{d}{dt}\left(\frac{\partial T}{\partial q'_\alpha}\right) - \frac{\partial T}{\partial q_\alpha},$$

de sorte que les équations du mouvement sont

$$\frac{d}{dt}\left(\frac{\partial T}{\partial q'_\alpha}\right) - \frac{\partial T}{\partial q_\alpha} = Q_\alpha \qquad (\alpha = 1, 2, 3, \ldots, k).$$

Ce sont là les équations de Lagrange.

La fonction T est du second degré par rapport à $q'_1, q'_2, \ldots, q'_k$; par conséquent, les équations précédentes sont du second ordre ; elles donneront $q_1, q_2, \ldots, q_k$ en fonction du temps et de $2k$ constantes arbitraires. Nous remarquerons que, *dans le cas où les liaisons sont indépendantes du temps*, on peut faire en sorte que les expressions φ, ψ, ϖ, obtenues pour les coordonnées, ne contiennent pas explicitement t ; alors la fonction T est *homogène* et du second degré par rapport à $q'_1, q'_2, \ldots, q'_k$; c'est d'ailleurs une quantité essentiellement positive d'après sa définition même : T est donc alors une forme quadratique définie positive de $q'_1, \ldots, q'_k$.

En général, pour calculer les Q_α, on n'a qu'à former l'expression de la somme des travaux virtuels des forces données pour le déplacement le plus général compatible avec les liaisons à l'instant t ; cette somme est, comme nous venons de le voir, $Q_1 \delta q_1 + \ldots + Q_k \delta q_k$. Si l'on veut un Q_α déterminé, il suffit de considérer le déplacement virtuel obtenu en laissant t et tous les q constants, excepté q_α qu'on fait varier de δq_α ; la somme des travaux des forces données est alors $Q_\alpha \delta q_\alpha$.

Les quantités Q_α prennent une forme remarquable quand il y a une fonction de forces pour les forces données ; cette fonction $U(x_1, y_1, z_1, \ldots, x_n, y_n, z_n)$ pourra s'exprimer en fonction de $q_1, q_2, \ldots, q_k, t,$ et l'on aura alors

$$\frac{\partial U}{\partial q_\alpha} = \sum_{\nu}\left(\frac{\partial U}{\partial x_\nu}\frac{\partial x_\nu}{\partial q_\alpha} + \frac{\partial U}{\partial y_\nu}\frac{\partial y_\nu}{\partial q_\alpha} + \frac{\partial U}{\partial z_\nu}\frac{\partial z_\nu}{\partial q_\alpha}\right);$$

par hypothèse, les quantités X_ν, Y_ν, Z_ν sont égales à $\dfrac{\partial U}{\partial x_\nu}$, $\dfrac{\partial U}{\partial y_\nu}$, $\dfrac{\partial U}{\partial z_\nu}$.
On a donc

$$\frac{\partial U}{\partial q_\alpha} = \sum_\nu \left(X_\nu \frac{\partial x_\nu}{\partial q_\alpha} + Y_\nu \frac{\partial y_\nu}{\partial q_\alpha} + Z_\nu \frac{\partial z_\nu}{\partial q_\alpha} \right) = Q_\alpha,$$

et les équations de Lagrange prennent la forme

$$\frac{d}{dt} \left(\frac{\partial T}{\partial q'_\alpha} \right) - \frac{\partial T}{\partial q_\alpha} = \frac{\partial U}{\partial q_\alpha}.$$

Cette même forme subsiste quand X_ν, Y_ν, Z_ν sont les dérivées partielles par rapport à x_ν, y_ν, z_ν d'une fonction $U(x_1, y_1, z_1, \ldots, x_n, y_n, z_n, t)$ contenant explicitement le temps. C'est ce qu'on voit par le même calcul.

Remarque. — Les calculs que nous avons faits pour trouver l'expression de P_α au moyen de la fonction T ne supposent pas que les paramètres q soient indépendants; ils subsistent lorsqu'on introduit de nouvelles liaisons exprimées par les relations

$$(4) \qquad \begin{cases} g_1(q_1, q_2, \ldots, q_k, t) = 0, \\ g_2(q_1, q_2, \ldots, q_k, t) = 0, \\ \cdots\cdots\cdots\cdots\cdots\cdots\cdots, \\ g_\mu(q_1, q_2, \ldots, q_k, t) = 0; \end{cases}$$

l'hypothèse de l'indépendance des paramètres n'a été, en effet, introduite que pour déduire les formules

$$Q_1 - P_1 = 0, \qquad Q_2 - P_2 = 0, \qquad \ldots, \qquad Q_k - P_k = 0, \qquad \text{de l'équation (2)}.$$

Le nombre μ des nouvelles conditions doit être évidemment inférieur à k. Les variations des paramètres sont alors liées par les relations

$$\frac{\partial g_1}{\partial q_1} \delta q_1 + \frac{\partial g_1}{\partial q_2} \delta q_2 + \ldots + \frac{\partial g_1}{\partial q_k} \delta q_k = 0,$$
$$\cdots\cdots\cdots\cdots\cdots\cdots\cdots\cdots\cdots,$$
$$\frac{\partial g_\mu}{\partial q_1} \delta q_1 + \frac{\partial g_\mu}{\partial q_2} \delta q_2 + \ldots + \frac{\partial g_\mu}{\partial q_k} \delta q_k = 0,$$

qui montrent qu'il y en a $k - \mu$ d'arbitraires; pour exprimer alors que l'équation

$$(P_1 - Q_1)\delta q_1 + \ldots + (P_k - Q_k)\delta q_k = 0$$

est satisfaite quelles que soient ces $k - \mu$ arbitraires, nous emploierons la

méthode des multiplicateurs indéterminés, qui nous donnera les équations
du mouvement sous la forme

$$P_\alpha = Q_\alpha + \lambda_1 \frac{\partial g_1}{\partial q_\alpha} + \lambda_2 \frac{\partial g_2}{\partial q_\alpha} + \ldots + \lambda_\mu \frac{\partial g_\mu}{\partial q_\alpha} \qquad (\alpha = 1, 2, \ldots, k),$$

ou, en remplaçant P_α par sa valeur,

$$\frac{d}{dt}\left(\frac{\partial T}{\partial q'_\alpha}\right) - \frac{\partial T}{\partial q_\alpha} = Q_\alpha + \lambda_1 \frac{\partial g_1}{\partial q_\alpha} + \ldots + \lambda_\mu \frac{\partial g_\mu}{\partial q_\alpha} \qquad (\alpha = 1, 2, \ldots, k).$$

Ces k équations, jointes aux μ équations de liaison, permettront de
déterminer en fonction du temps les $k + \mu$ inconnues

$$q_1, q_2, \ldots, q_k, \quad \lambda_1, \lambda_2, \ldots, \lambda_\mu.$$

442. **Premier exemple.** — *Problème.* — Trouver le mouvement d'un
système constitué par deux barres homogènes pesantes identiques AB,
A'B' reliées par des fils sans masse et de même longueur, la droite AB
étant assujettie à tourner autour de son milieu O, et tout le système à
rester dans un plan vertical fixe.

Ce problème a été traité n° 366, exemple V. En employant les notations
déjà employées, on a

$$T = \frac{M}{2}(2k^2\varphi'^2 + l^2\theta'^2).$$

Il y a ici une fonction des forces données

$$U = Mg\xi = Mgl\cos\theta,$$

en désignant par ξ la hauteur du centre de gravité O' de la barre A'B'. En
effet, la somme des travaux des forces données se réduit au travail $Mg\,\delta\xi$
du poids de A'B'.

Les équations de Lagrange relatives aux paramètres φ et θ sont alors

$$\frac{d}{dt}(2Mk^2\varphi') = 0, \qquad \frac{d}{dt}(Ml^2\theta') = -Mgl\sin\theta.$$

Ce sont les équations trouvées directement.

443. **Équations d'Euler.** — Les équations de Lagrange permettent de
trouver rapidement les équations d'Euler pour le mouvement d'un corps
solide autour d'un point fixe.

Avec les notations précédemment employées (n° 383), on voit que la
position du système dépend des trois paramètres indépendants ψ, θ, φ, et
la demi-force vive du système T a pour expression

$$T = \frac{1}{2}(Ap^2 + Bq^2 + Cr^2),$$

où p, q, r ont, en fonction de ψ, θ, φ, les valeurs

$$p = \psi' \sin\theta \sin\varphi + \theta' \cos\varphi,$$
$$q = \psi' \sin\theta \cos\varphi - \theta' \sin\varphi,$$
$$r = \varphi' + \psi' \cos\theta.$$

Quant à l'expression de la somme des travaux des forces données

$$\Sigma(X_\nu \delta x_\nu + Y_\nu \delta y_\nu + Z_\nu \delta z_\nu),$$

elle prend la forme

$$\Theta\, \delta\theta + \Phi\, \delta\varphi + \Psi\, \delta\psi.$$

Écrivons l'équation de Lagrange relative à la variable φ :

$$\frac{d}{dt}\left(\frac{\partial T}{\partial \varphi'}\right) - \frac{\partial T}{\partial \varphi} = \Phi.$$

Mais

$$\frac{\partial T}{\partial \varphi'} = \frac{\partial T}{\partial r}\,\frac{\partial r}{\partial \varphi'} = C r,$$

$$\frac{\partial T}{\partial \varphi} = \frac{\partial T}{\partial p}\,\frac{\partial p}{\partial \varphi} + \frac{\partial T}{\partial q}\,\frac{\partial r}{\partial \varphi} = A p \frac{\partial p}{\partial \varphi} + B q \frac{\partial q}{\partial \varphi}.$$

Or, d'après les valeurs de p et q, on a

$$\frac{\partial p}{\partial \varphi} = \psi' \cos\varphi \sin\theta - \theta' \sin\varphi = q, \qquad \frac{\partial q}{\partial \varphi} = -p.$$

On a donc

$$\frac{\partial T}{\partial \varphi} = pq(A - B),$$

et notre équation devient

$$C \frac{dr}{dt} + (B - A)pq = \Phi.$$

Il reste à voir que Φ est la somme N des moments des forces données par rapport à Oz; $\Phi\,\delta\varphi$ est, en effet, la somme des travaux virtuels des forces données dans un déplacement élémentaire obtenu en laissant ψ et θ constants, c'est-à-dire dans un mouvement de rotation $\delta\varphi$ autour de Oz. Or, nous avons vu que, si un corps tourne d'un angle $\delta\varphi$ autour de Oz, on a, pour la somme des travaux des forces données (n° 181) :

$$\Phi\,\delta\varphi = \Sigma(X_\nu \delta x_\nu + Y_\nu \delta y_\nu + Z_\nu \delta z_\nu) = \Sigma(x_\nu Y_\nu - y_\nu X_\nu)\,\delta\varphi,$$

d'où

$$\Phi = \Sigma(x_\nu Y_\nu - y_\nu X_\nu) = N.$$

Nous avons ainsi une des équations d'Euler

$$C \frac{dr}{dt} + (B - A)pq = N;$$

mais p, q, r jouent absolument le même rôle dans la question, et l'équation ci-dessus ne contient pas explicitement les angles ψ, θ, φ; il en résulte, par symétrie, que nous pourrons écrire les deux autres équations

$$A\frac{dp}{dt} + (C - B)\,qr = L,$$

$$B\frac{dq}{dt} + (A - C)\,rp = M.$$

On pourrait d'ailleurs les déduire des équations de Lagrange relatives à θ et ψ; mais ce calcul serait plus compliqué que pour la variable φ, et inutile.

444. Exemple de liaisons dépendant du temps. — Pour traiter un exemple dans lequel les liaisons dépendent du temps, prenons le problème du n° 333, *Insecte marchant sur une barre*.

La position du système au temps t dépend d'un paramètre, l'angle θ. Les liaisons dépendent du temps parce que le mouvement de l'insecte sur la droite est prescrit à l'avance. Employant les mêmes notations qu'au n° 333, on a, pour la force vive totale, somme des forces vives de la barre et de l'insecte

$$2T = mk^2\theta'^2 + m(\rho'^2 + \rho^2\alpha'^2).$$

Les expressions de ρ et α montrent que

$$\rho' = \frac{v^2 t}{\rho}, \qquad \alpha' = \theta' + \frac{v\sqrt{R^2 - a^2}}{\rho^2};$$

d'où, en substituant,

$$2T = mk^2\theta'^2 + \frac{mv^4 t^2}{\rho^2} + m\left(\rho\theta' + v\,\frac{\sqrt{R^2 - a^2}}{\rho}\right)^2;$$

où ρ est fonction de t seulement,

$$\rho = \sqrt{R^2 - a^2 + v^2 t^2},$$

Comme les travaux des forces (poids) autres que les forces de liaison sont nuls, les seconds membres des équations de Lagrange sont *nuls*. Actuellement, il n'y a qu'un paramètre θ; l'équation unique du mouvement est donc

$$\frac{d}{dt}\left(\frac{\partial T}{\partial \theta'}\right) - \frac{\partial T}{\partial \theta} = 0,$$

ou, puisque T ne contient pas θ, $\dfrac{\partial T}{\partial \theta'} = \text{const.}$,

$$k^2\theta' + \rho^2\theta' + v\sqrt{R^2 - a^2} = c.$$

La constante c doit être déterminée par les conditions initiales. D'après les conditions initiales particulières indiquées dans le n° 333, il faut prendre $c = o$, et l'on retrouve ainsi l'équation obtenue directement.

II. — APPLICATIONS DES ÉQUATIONS DE LAGRANGE.

445. Intégrale des forces vives. — Quand les liaisons sont indépendantes du temps et réalisées sans frottement, le théorème des forces vives s'exprime par l'équation

$$dT = \Sigma(X\,dx + Y\,dy + Z\,dz),$$

où ne figurent que les travaux élémentaires des forces données. En particulier, si ces formes dérivent d'une fonction de forces U, on a l'intégrale des forces vives $T = U + h$. Ces théorèmes sont aisés à retrouver en partant des équations de Lagrange.

Quand les liaisons sont indépendantes du temps, on peut toujours choisir les paramètres $q_1, \ldots, q_k$ de façon que les x, y, z s'expriment en fonction de ces paramètres sans que t figure explicitement. Dans ces conditions, on a

$$dx = \frac{\partial x}{\partial q_1}\,dq_1 + \ldots + \frac{\partial x}{\partial q_k}\,dq_k, \quad \ldots;$$
$$\Sigma(X\,dx + Y\,dy + Z\,dz) = Q_1\,dq_1 + Q_2\,dq_2 + \ldots + Q_k\,dq_k.$$

L'équation des forces vives s'écrit donc

$$\frac{d}{dt}\,T = Q_1\,q_1' + Q_2\,q_2' + \ldots + Q_k\,q_k'.$$

Cette égalité, conséquence du principe de d'Alembert, doit être une conséquence des équations de Lagrange. On le vérifie aisément de la manière suivante : dans le cas qui nous occupe, T est un polynome homogène et du second degré par rapport aux q'. Or, calculons, d'après les équations de Lagrange, la quantité $Q_1\,q_1' + \ldots + Q_k\,q_k'$. On trouve

$$Q_1\,q_1' + \ldots + Q_k\,q_k' = q_1'\,\frac{d}{dt}\,\frac{\partial T}{\partial q_1'} + \ldots + q_k'\,\frac{d}{dt}\,\frac{\partial T}{\partial q_k'} - q_1'\,\frac{\partial T}{\partial q_1} - \ldots - q_k'\,\frac{\partial T}{\partial q_k}$$
$$= \frac{d}{dt}\left(q_1'\,\frac{\partial T}{\partial q_1'} + \ldots + q_k'\,\frac{\partial T}{\partial q_k'}\right) - q_1''\,\frac{\partial T}{\partial q_1'} - \ldots - q_k''\,\frac{\partial T}{\partial q_k'} - q_1'\,\frac{\partial T}{\partial q_1} - \ldots - q_k'\,\frac{\partial T}{\partial q_k}.$$

En vertu du théorème d'Euler sur les fonctions homogènes,

$$q'_1 \frac{\partial T}{\partial q'_1} + q'_2 \frac{\partial T}{\partial q'_2} + \ldots + q'_k \frac{\partial T}{\partial q'_k}$$

est égal à $2\,T$; d'autre part, T ne contenant pas t explicitement,

$$\frac{dT}{dt} = \frac{\partial T}{\partial q'_1} q''_1 + \ldots + \frac{\partial T}{\partial q'_k} q''_k + \frac{\partial T}{\partial q_1} q'_1 + \ldots + \frac{\partial T}{\partial q_k} q'_k.$$

D'après cela,

$$Q_1 q'_1 + \ldots + Q_k q'_k = \frac{d(2T)}{dt} - \frac{dT}{dt} = \frac{dT}{dt},$$

ce qui est l'équation des forces vives.

Cette équation fournit une intégrale première toutes les fois que $Q_1\,dq_1 + \ldots + Q_k\,dq_k$ est la différentielle totale exacte d'une fonction U de $q_1, q_2, \ldots, q_k$. On a alors

$$dT = dU; \qquad T = U + h.$$

Ce fait se présente, comme nous l'avons vu, quand les forces données dérivent d'une fonction de forces

$$U(x_1, y_1, z_1, \ldots, x_n, y_n, z_n).$$

L'intégrale des forces vives étant une conséquence des équations de Lagrange, on simplifiera leur intégration en remplaçant l'une d'elles, la plus compliquée, par l'intégrale des forces vives.

Ce calcul suppose essentiellement que les liaisons sont indépendantes du temps; sinon le travail des réactions intervient dans la variation de la force vive, car on ne peut plus supposer alors que x, y, z sont exprimés en fonction de $q_1, q_2, \ldots, q_k$ par des formules ne contenant pas t.

446. Problème. — Sur un plan horizontal glissent sans frottement deux droites homogènes pesantes identiques AB, AB', articulées à leur extrémité commune A; on demande le mouvement de ce système. (*Licence.*)

La position de l'ensemble des deux barres dépend de quatre paramètres; nous la définirons : 1° par les coordonnées ξ, η du centre de gravité G qui se trouve au milieu de la droite CC' qui joint les centres des deux barres; 2° par l'angle θ que fait la droite GA avec l'axe des x; 3° par le demi-angle α des deux barres. On s'assure facilement que ces quatre paramètres suffisent pour définir entièrement le système : ayant placé le centre de

gravité G, on tracera la droite GA connue par l'angle θ, on y portera
GA $= l\cos\alpha$, la longueur d'une des droites étant $2l$. Faisant alors en A,
de part et d'autre de AG, un angle α, on aura les positions des deux barres.

Fig. 261.

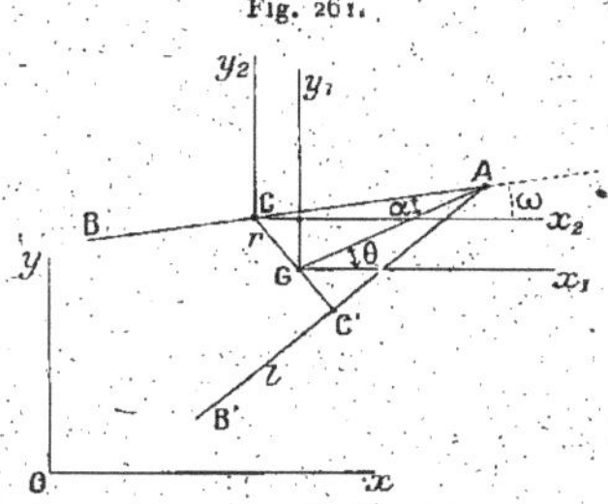

Cherchons d'abord l'expression de la force vive totale. Elle se compose
de la force vive de la masse $2M$ concentrée au centre de gravité

$$2M(\xi'^2 + \eta'^2),$$

M étant la masse de l'une des barres, et de la force vive dans le mouvement du système autour du centre de gravité. Pour avoir la force vive de
l'une des barres, AB par exemple, dans le mouvement par rapport aux
axes $x_1 y_1$, parallèles à xy et passant par G, nous nous servirons du
même théorème que ci-dessus; cette force vive est égale à celle de la
masse M placée en C, $M\left[\left(\dfrac{dr}{dt}\right)^2 + r^2\left(\dfrac{d\theta}{dt}\right)^2\right]$, soit

$$M(l^2\alpha'^2\cos^2\alpha + l^2\theta'^2\sin^2\alpha),$$

puisque l'on a GC $= r = l\sin\alpha$, x_1GC $= \theta + \dfrac{\pi}{2}$, augmentée de la force
vive de AB dans la rotation autour de C. Or cette dernière force vive a
pour expression $Mk^2\left(\dfrac{d\omega}{dt}\right)^2 = Mk^2(\theta' - \alpha')^2$, en remarquant que l'angle ω
de la barre avec Cx_2 est $\theta - \alpha$.

On calculera la force vive de AB' dans son mouvement autour de G en
changeant le signe de α, et en ajoutant l'on trouvera pour la demi-force
vive totale

$$T = M[\xi'^2 + \eta'^2 + (l^2\cos^2\alpha + k^2)\alpha'^2 + (l^2\sin^2\alpha + k^2)\theta'^2].$$

Dans le cas actuel, les seules forces données sont les poids des barres
dont les travaux sont nuls; la fonction des forces est donc $U = 0$, et les
seconds membres des équations de Lagrange sont nuls. Si nous écrivons

l'équation relative à ξ, nous aurons $\dfrac{d\xi'}{dt} = 0$, d'où $\xi' = \xi'_0$. L'équation relative à η donnera de même $\eta' = \eta'_0$; le mouvement du centre de gravité est
donc rectiligne et uniforme, ce que donnait immédiatement le théorème du
mouvement du centre de gravité. L'équation en θ

$$\frac{d}{dt}\left(\frac{\partial T}{\partial \theta'}\right) - \frac{\partial T}{\partial \theta} = \frac{\partial U}{\partial \theta}$$

se réduit à $\dfrac{d}{dt}\left(\dfrac{\partial T}{\partial \theta'}\right) = 0$, car T et U ne contiennent pas θ. Elle s'intègre
immédiatement et donne $\dfrac{\partial T}{\partial \theta'} = \text{const.}$, ou

$$(\text{I}) \qquad\qquad (l^2\sin^2\alpha + k^2)\,\theta' = \text{C}.$$

Nous pourrions de même écrire l'équation en α, mais elle serait trop
compliquée; nous la remplacerons par l'intégrale des forces vives, qui se
réduit ici à $T = \text{const.}$, c'est-à-dire

$$(\text{II}) \qquad (l^2\cos^2\alpha + k^2)\alpha'^2 + (l^2\sin^2\alpha + k^2)\theta'^2 = \text{A}^2,$$

puisque ξ' et η' sont des constantes. Nous avons pu égaler à une constante
essentiellement positive, puisque le premier membre est une somme de
deux carrés. L'équation (I) montre que θ' a un signe invariable : la
ligne GA tourne toujours dans le même sens autour de G, la vitesse angulaire de ce mouvement étant d'ailleurs nécessairement comprise entre $\dfrac{\text{C}}{k^2}$
et $\dfrac{\text{C}}{l^2 + k^2}$. En substituant la valeur précédente de θ' dans l'équation (II),
il nous vient

$$\alpha'^2(l^2\cos^2\alpha + k^2)(l^2\sin^2\alpha + k^2) = \text{A}^2 l^2 \sin^2\alpha + \text{A}^2 k^2 - \text{C}^2;$$

le premier membre étant toujours positif, il doit toujours en être de même
du second.

Si $\text{C}^2 - \text{A}^2 k^2$ est négatif, α peut manifestement prendre telle valeur que
l'on voudra, et les barres s'écartent ou se rapprochent suivant que α' est
positif ou négatif jusqu'au moment où un choc se produit ($\alpha = 0$ ou $\alpha = \pi$).
Si $\text{C}^2 - \text{A}^2 k^2$ est positif, on pourra le poser égal à $\text{A}^2 l^2 \sin^2\beta$, où β désigne
une constante réelle; en effet, $\text{C}^2 - \text{A}^2 k^2$ est toujours inférieur à $\text{A}^2 l^2$,
puisque, α' étant réel à l'instant initial où $\alpha = \alpha_0$, on a $\text{A}^2 l^2 \sin^2\alpha_0 > \text{C}^2 - \text{A}^2 k^2$.
La condition à laquelle doit satisfaire α se réduit donc à

$$\sin^2\alpha > \sin^2\beta,$$

de sorte que α varie entre β et $\pi - \beta$; le mouvement de chaque tige, par
rapport à GA, est alors oscillatoire.

Si l'on avait enfin $\text{C}^2 - \text{A}^2 k^2 = 0$, α pourrait prendre toutes les valeurs, mais, α tendant vers π ou vers zéro, t croîtrait indéfiniment; les deux droites tendraient à se superposer sans jamais s'atteindre.

447. Corps pesant de révolution glissant sans frottement sur un plan horizontal. — En employant les notations du n° 407, on a, pour la force vive $2\,\mathrm{T}$,

$$2\,\mathrm{T} = \mathrm{M}(\xi'^2 + \eta'^2) + [\mathrm{M}f'^2(\theta) + \mathrm{A}]\theta'^2 + \mathrm{A}\,\psi'^2 \sin^2\theta + \mathrm{C}(\varphi' + \psi'\cos\theta)^2,$$

et, pour la fonction des forces,

$$\mathrm{U} = -\,\mathrm{M}g\zeta = -\,\mathrm{M}g\,f(\theta).$$

Les cinq paramètres dont dépend la position du corps sont ξ, η, θ, φ, ψ. On obtiendra les équations du mouvement en écrivant d'abord les quatre équations de Lagrange relatives aux quatre paramètres ξ, η, φ, ψ. Comme ni T ni U ne contiennent ces paramètres, les équations de Lagrange correspondantes sont

$$\frac{d}{dt}\left(\frac{\partial \mathrm{T}}{\partial \xi'}\right) = 0, \qquad \frac{d}{dt}\left(\frac{\partial \mathrm{T}}{\partial \eta'}\right) = 0, \qquad \frac{d}{dt}\left(\frac{\partial \mathrm{T}}{\partial \varphi'}\right) = 0, \qquad \frac{d}{dt}\left(\frac{\partial \mathrm{T}}{\partial \psi'}\right) = 0.$$

D'où l'on conclut immédiatement quatre intégrales premières en égalant $\dfrac{\partial \mathrm{T}}{\partial \xi'}$, $\dfrac{\partial \mathrm{T}}{\partial \eta'}$, $\dfrac{\partial \mathrm{T}}{\partial \varphi'}$, $\dfrac{\partial \mathrm{T}}{\partial \psi'}$ à des constantes. On a ainsi les intégrales

$$\xi' = \xi'_0, \qquad \eta' = \eta'_0, \qquad \varphi' + \psi'\cos\theta = r_0,$$
$$\mathrm{A}\,\psi'\sin^2\theta + \mathrm{C}(\varphi' + \psi'\cos\theta)\cos\theta = \mathrm{K}.$$

Il resterait alors à écrire la dernière équation de Lagrange, celle qui est relative à θ; mais on peut la remplacer par l'intégrale des forces vives $\mathrm{T} = \mathrm{U} + h$.

On obtient, de cette façon, les équations établies directement dans le n° 407.

448. Intégrale analogue à celle des forces vives dans certains cas où les liaisons dépendent du temps. — On peut former une intégrale analogue à l'intégrale des forces vives dans certains cas où les liaisons dépendent du temps. Dans cette hypothèse, les expressions de x, y, z en q_1, q_2, ..., q_k contiennent t : la demi-force vive T n'est plus homogène en q'_1, q'_2, ..., q'_k; nous pouvons l'écrire $\mathrm{T} = \mathrm{T}_2 + \mathrm{T}_1 + \mathrm{T}_0$, T_2 désignant l'ensemble des termes du second degré en q'_1, q'_2, ..., q'_k, T_1 les termes du premier degré par rapport à ces quantités, et T_0 le terme indépendant de ces quantités. On a encore, par un calcul analogue au précédent (n° 445),

$$\mathrm{Q}_1 q'_1 + \ldots + \mathrm{Q}_k q'_k = \frac{d}{dt}\left(\Sigma q'_\alpha \frac{\partial \mathrm{T}}{\partial q'_\alpha}\right) - \Sigma q''_\alpha \frac{\partial \mathrm{T}}{\partial q'_\alpha} - \Sigma q'_\alpha \frac{\partial \mathrm{T}}{\partial q_\alpha}.$$

Mais, d'une part,

$$\Sigma q'_\alpha \frac{\partial T}{\partial q'_\alpha} = 2\,T_2 + T_1,$$

d'après le théorème des fonctions homogènes, et, d'autre part,

$$\frac{dT}{dt} = \Sigma q''_\alpha \frac{\partial T}{\partial q'_\alpha} + \Sigma q'_\alpha \frac{\partial T}{\partial q_\alpha} + \frac{\partial T}{\partial t},$$

car T dépend de t *directement* et par l'intermédiaire des q_α, q'_α.

On a donc, après réduction,

$$\frac{d}{dt}(T_2 - T_0) = Q_1 q'_1 + \ldots + Q_k q'_k - \frac{\partial T}{\partial t}.$$

Si la quantité $Q_1 q'_1 + \ldots + Q_k q'_k - \frac{\partial T}{\partial t}$ est égale à $\frac{d}{dt} V(q_1, \ldots, q_k, t)$, on a enfin

$$T_2 - T_0 = V + h.$$

C'est ce qui a lieu, par exemple, si $\frac{\partial T}{\partial t}$ dépend seulement de t, et si $Q_1 dq_1 + \ldots + Q_k dq_k$ est une différentielle totale exacte $dU(q_1, \ldots, q_k)$ d'une fonction ne contenant pas t. L'intégrale s'écrirait, dans ce cas,

$$T_2 - T_0 = U + F(t) + h,$$

$\frac{\partial T}{\partial t}$ étant supposé égal à $F'(t)$. (*Voir* PAINLEVÉ, *Leçons sur l'intégration des équations de la Mécanique*, p. 89; Hermann, 1895.)

III. — PETIT MOUVEMENT D'UN SYSTÈME HOLONOME AUTOUR D'UNE POSITION D'ÉQUILIBRE STABLE.

449. Stabilité de l'équilibre. — Lorsque les liaisons d'un système holonome sont indépendantes du temps et que les forces données dérivent d'une fonction de forces U, on sait (n° **173**) que les conditions nécessaires et suffisantes d'équilibre sont

$$\frac{\partial U}{\partial q_1} = 0, \qquad \frac{\partial U}{\partial q_2} = 0, \qquad \ldots, \qquad \frac{\partial U}{\partial q_k} = 0,$$

$q_1, q_2, \ldots, q_k$ désignant les k paramètres indépendants qui définissent la position du système. Ces égalités sont les conditions nécessaires, mais non suffisantes, pour que U présente un maximum ou un minimum. *Si, dans une position du système, U est*

maximum, c'est une position d'équilibre stable. Ce théorème,
déjà énoncé par Lagrange, a été démontré par Lejeune-Dirichlet
de la façon suivante (*Journal de Liouville*) :

Nous pouvons toujours supposer que les valeurs des paramètres qui correspondent à la position d'équilibre sont $q_1 = 0$,
$q_2 = 0$, ..., $q_k = 0$, et que U est nul pour ces valeurs, car U n'est
défini qu'à une constante près. L'équilibre est stable quand, en
écartant très peu le système de la position d'équilibre d'une manière arbitraire, et donnant aux différents points des vitesses initiales très petites, on obtient un mouvement dans lequel le système
s'écarte très peu de cette position d'équilibre. D'une façon précise,
soit ε un nombre positif donné à l'avance, aussi petit qu'on veut;
on peut trouver un nombre positif η assez petit pour que, les
valeurs initiales des paramètres q_1, q_2, ...; q_k et des vitesses des
divers points étant inférieurs à η en valeur absolue, les valeurs
de q_1, q_2, ..., q_k restent, dans toute la durée du mouvement,
inférieures à ε en valeur absolue.

Cette définition étant rappelée, admettons que U soit nul et
maximum pour les valeurs $q_1 = 0$, $q_2 = 0$, ..., $q_k = 0$; il faut
montrer que l'équilibre est stable. Comme U est maximum, on
peut trouver un nombre positif ε assez petit pour que, pour tous
les systèmes de valeurs de q_1, q_2, ..., q_k compris entre $-\varepsilon$ et $+\varepsilon$
ou égaux à ces limites, la fonction U soit *négative*, excepté pour
la seule combinaison $q_1 = q_2 = \ldots = q_k = 0$ qui la rend nulle.
Donnons, en particulier, à une des variables q_ν les valeurs limites
$\pm\varepsilon$, puis donnons aux autres, q_1, ..., $q_{\nu-1}$, $q_{\nu+1}$, ..., q_k, tous les
systèmes possibles de valeurs compris entre $\pm\varepsilon$ ou égaux à ces
limites; soit $-P_\nu$ la plus grande valeur de U pour ces valeurs des
paramètres; P_ν est un nombre positif non nul, car, q_ν étant égal
à $\pm\varepsilon$, U ne peut pas s'annuler, quelles que soient les valeurs
données aux autres paramètres dans les limites indiquées. Il existe
ainsi k nombres positifs P_1, P_2, ..., P_k obtenus en faisant successivement q_1, q_2, ..., q_k égaux à $\pm\varepsilon$. Appelons P le plus petit
d'entre eux; on aura nécessairement

$$U \leqq -P, \qquad U + P \leqq 0,$$

dès que l'un des paramètres deviendra égal à $\pm\varepsilon$, les autres restant
compris entre $\pm\varepsilon$ ou égaux à ces limites.

Ceci posé, écartons le système de sa position d'équilibre, en donnant aux paramètres des valeurs q_1^0, q_2^0, ..., q_k^0 comprises entre $\pm\varepsilon$, puis imprimons aux différents points des vitesses initiales v_1^0, v_2^0, ..., v_n^0. En appliquant au mouvement qui prend naissance le théorème des forces vives, nous avons

$$\sum \frac{mv^2}{2} = U + \sum \frac{mv_0^2}{2} - U_0.$$

Comme U_0 est négatif, la quantité $\sum \dfrac{mv_0^2}{2} - U_0$ est positive; elle peut d'ailleurs être rendue aussi petite qu'on le veut, car elle est continue et s'annule quand toutes les vitesses initiales et toutes les valeurs initiales des paramètres sont nulles. D'une façon précise, on peut déterminer un nombre η inférieur à ε et assez petit pour que, les valeurs q_1^0, q_2^0, ..., q_k^0 et v_1^0, v_2^0, ..., v_n^0 étant plus petites que η en valeur absolue, on ait

$$\sum \frac{mv_0^2}{2} - U_0 < P.$$

Alors l'équation des forces vives donne

$$\sum \frac{mv^2}{2} < U + P.$$

Les paramètres q_1, q_2, ..., q_k partant des valeurs comprises entre $\pm\varepsilon$, aucun des paramètres ne peut atteindre ces limites pendant le mouvement, car, dès que l'un d'entre eux les atteindrait, $U + P$ deviendrait *négatif*, et la force vive Σmv^2 également, ce qui est impossible.

Limites des vitesses. — On peut aussi assigner des limites supérieures des vitesses pendant toute la durée du mouvement. En effet, U étant négatif, puisque les paramètres restent compris entre $\pm\varepsilon$, on a

$$\Sigma mv^2 < 2P.$$

Si donc on appelle v_i la vitesse du point m_i, on a

$$m_i v_i^2 < 2P, \qquad v_i < \sqrt{\frac{2P}{m_i}}.$$

Cette limite est très petite en même temps que ε, car, ε tendant vers zéro, P tend vers zéro.

On obtiendra des limites plus resserrées pour les vitesses, en remarquant que $\Sigma m q'^2$ est une forme quadratique positive $2\,\mathrm{T}$ de $q'_1, q'_2, \ldots, q'_k$: cette forme $2\,\mathrm{T}$ devant rester moindre que $2\,\mathrm{P}$, il en résulte que $q'_1, q'_2, \ldots, q'_k$ restent, en valeurs absolues, inférieurs à une certaine limite qu'on pourra déterminer dans chaque cas particulier.

Remarque I. — La démonstration suppose essentiellement que U dépende de *tous* les paramètres $q_1, q_2, \ldots, q_k$; si U dépendait seulement de quelques-uns d'entre eux, q_1, q_2, q_3 par exemple, et était maximum et nul pour $q_1 = q_2 = q_3 = 0$, la position correspondant à $q_1 = 0$, $q_2 = 0$, $q_3 = 0$, $q_4 = a_4, \ldots, q_k = a_k$, $a_4, a_5, \ldots, a_k$ étant des constantes quelconques, serait une position d'équilibre, mais elle ne serait pas stable. En écartant le système très peu de cette position, et donnant aux points des vitesses très petites, on aurait un mouvement dans lequel q_1, q_2, q_3 resteraient très voisins de zéro, mais les autres paramètres $q_4, q_5, \ldots, q_k$ ne resteraient pas voisins de $a_4, a_5, \ldots, a_k$. D'ailleurs, les vitesses restent très petites. Imaginons, par exemple, un corps pesant de révolution, suspendu par un point de son axe, et prenons les notations du n° 393. Actuellement, il y a une fonction de forces qu'on peut écrire

$$\mathrm{U} = -\mathrm{M}g\zeta\cos\theta,$$

qui ne dépend que de θ, tandis que la position du corps dépend des trois angles d'Euler θ, φ, ψ. La fonction U est maximum pour $\theta = \pi$; les positions correspondantes du corps, en nombre infini, sont des positions d'équilibre d'ailleurs évidentes *a priori*, l'axe étant vertical et le centre de gravité au-dessous du point de suspension. Mais ces positions ne sont pas stables dans le sens strict du mot, car, en imprimant au corps une rotation initiale, si petite soit-elle, autour de la verticale, on obtient un mouvement dans lequel les points s'éloignent de quantités finies de leurs positions d'équilibre.

Remarque II. — *Réciproque du théorème de Lejeune-Dirichlet.* — Considérons une position d'équilibre du système dans laquelle les dérivées $\dfrac{\partial \mathrm{U}}{\partial q_1}, \dfrac{\partial \mathrm{U}}{\partial q_2}, \ldots, \dfrac{\partial \mathrm{U}}{\partial q_k}$ sont toutes nulles, *sans que* U *soit maximum.* Il est *probable* que la position correspondante est *instable.*

Mais cette proposition n'a pu être démontrée rigoureusement que sous certaines restrictions. (*Voyez* LIAPOUNOFF, *Journal de Mathématiques de Jordan*, 1896; HADAMARD, Mémoire présenté à l'Académie en 1896, publié dans le même Recueil en 1897; PAINLEVÉ, *Comptes rendus*, t. CXXV, p. 1021; HAMEL, *Mathematische Annalen*, t. LVII, p. 541; L. SILLA, *Rendiconti della R. Accademia dei Lincei*, 5ᵉ série, t. XVII, 1908, p. 347.) — D'autres auteurs comme FEJÉR (*Crelle*, t. 131) et RÉTHY (*Ibid.*, t. 133), ont étudié la stabilité dans un milieu résistant.

450. Petits mouvements. — Imaginons, comme plus haut, un système à liaisons indépendantes du temps dont la position dépend de k paramètres géométriques $q_1, q_2, \ldots, q_k$; supposons que les forces appliquées dérivent d'une fonction de forces $U(q_1, q_2, \ldots, q_k)$ dépendant de toutes les variables q_ν et que cette fonction soit maximum et nulle quand toutes les variables q_ν s'annulent ($\nu = 1, 2, \ldots, k$). La position d'équilibre correspondante est stable; nous nous proposons d'étudier les petits mouvements du système autour de cette position. Dans ces petits mouvements $q_1, q_2, \ldots, q_k$ restent très petits, les vitesses restent aussi très petites; donc les dérivées $q'_1, q'_2, \ldots, q'_k$ restent très petites, car la force vive est une fonction homogène et du second degré essentiellement positive des dérivées q'_ν. Nous commencerons par le cas le plus simple où le système est à *liaisons complètes*.

1° *Système à liaisons complètes.* — La position du système dépend alors d'un paramètre q qui est supposé *nul* dans la position d'équilibre; le nombre $k = 1$. La demi-force vive T étant une fonction homogène et du second degré de q' est de la forme

$$T = q'^2 f(q) = q'^2 \left[f(0) + \frac{q}{1} f'(0) + \ldots \right],$$

où l'on suppose la fonction $f(q)$ développable par la formule de Maclaurin. Supposons le premier terme du développement $f(0)$ différent de zéro : alors ce premier terme $f(0)$ est nécessairement positif, car, q étant très petit, T a le signe de $f(0)$ et une force vive est essentiellement positive. Nous écrirons, en posant $f(0) = a$,

$$T = aq'^2 + T_1,$$

T_1 étant très petit par rapport au premier terme, car T_1 contient qq'^2 en facteur.

Prenons maintenant la fonction des forces U : c'est par hypothèse une fonction de q nulle et maximum pour $q = 0$. Si donc on pose $U = F(q)$, et si l'on développe $F(q)$ par la formule de Maclaurin, on voit que $F(0)$ et $F'(0)$ sont nuls, $F''(0)$ étant, en général, *négatif*. En posant $\frac{1}{2} F''(0) = -\alpha$, $\alpha > 0$, on pourra écrire

$$U = -\alpha q^2 + U_1,$$

U_1 étant la somme des termes suivants dans le développement de Maclaurin; U_1 est donc très petit par rapport au terme $-\alpha q^2$, car il contient q^3 en facteur.

On peut, pour étudier les petites oscillations, négliger T_1 et U_1 et prendre

$$T = aq'^2, \qquad U = -\alpha q^2.$$

L'équation du mouvement, d'après Lagrange,

$$\frac{d}{dt}\left(\frac{\partial T}{\partial q'}\right) - \frac{\partial T}{\partial q} = \frac{\partial U}{\partial q}$$

devient alors, puisque $\dfrac{\partial T}{\partial q}$ est nul,

$$(1) \qquad aq'' = -\alpha q, \qquad q'' = -r^2 q,$$

en posant $\dfrac{\alpha}{a} = r^2$. L'intégrale de cette équation est

$$q = \lambda \cos(rt + \rho),$$

λ et ρ désignant deux constantes arbitraires qu'on détermine, connaissant la position initiale, c'est-à-dire q_0, et la vitesse initiale, c'est-à-dire q'_0. La durée d'une oscillation du système est $\dfrac{2\pi}{r}$; la constante r ayant une signification physique est évidemment indépendante du choix du paramètre q.

Les valeurs initiales de q et q' pour $t = 0$ étant a_1 et b_1, on a

$$q = a_1 \cos rt + \frac{b_1}{r} \sin rt.$$

Si, dans une deuxième expérience, les valeurs initiales de q et q' sont a_2 et b_2, on a de même pour le mouvement

$$q = a_2 \cos rt + \frac{b_2}{r} \sin rt.$$

Enfin si, dans une troisième expérience, les valeurs initiales de q et q' sont $a_1 + a_2$ et $b_1 + b_2$, l'expression correspondante de q est

$$q = (a_1 + a_2) \cos rt + \frac{b_1 + b_2}{r} \sin rt,$$

c'est-à-dire la somme *des deux précédentes* : ce fait, qui tient à ce que l'équation du mouvement est linéaire, constitue ce qu'on appelle la *superposition des petits mouvements*.

rapport à son centre, est $\frac{1}{3} M a^2$. Or, la relation géométrique ci-dessus donne

$$\alpha = 2 \arcsin\left(\frac{l}{2a} \sin \theta\right),$$

d'où l'on tire α' par dérivation et

$$T = \frac{1}{2} M \left(l^2 \sin^2 \theta + \frac{4}{3} \frac{a^2 l^2 \cos^2 \theta}{4 a^2 - l^2 \sin^2 \theta} \right) \theta'^2.$$

L'équation finie du mouvement serait donc $T = U + h$ d'après le théorème des forces vives. Mais, pour les oscillations infiniment petites, nous devons réduire le coefficient de θ'^2 dans T à ce qu'il devient pour $\theta = 0$, et prendre approximativement

$$T = \frac{1}{6} M l^2 \theta'^2, \qquad U = -\frac{1}{2} M g l \theta^2.$$

L'équation du mouvement, d'après l'équation de Lagrange, est alors

$$\theta'' = -\frac{3 g}{l} \theta.$$

La durée des petites oscillations est $2\pi \sqrt{\dfrac{l}{3 g}}$.

Remarque. — Dans la théorie précédente, nous avons supposé que, T étant de la forme $q'^2 f(q)$, $f(o)$ était différent de zéro. Si cette condition n'est pas réalisée, on peut la réaliser par un changement de variable. Supposons, en effet, qu'on ait pour de petites valeurs de q

$$f(q) = q^n \varphi(q),$$

$\varphi(o)$ étant différent de zéro.

On fera alors la substitution

$$\frac{n+2}{2} q^{\frac{n}{2}} q' = s', \qquad q = s^{\frac{2}{n+2}},$$

s désignant une nouvelle variable, et l'on aura

$$T = q'^2 q^n \varphi(q) = \frac{4}{(n+2)^2} \varphi\left(s^{\frac{2}{n+2}}\right) s'^2,$$

où le coefficient de s'^2 n'est plus nul pour $s = 0$.

Nous avons supposé également que, le coefficient de q'^2 dans T étant différent de zéro pour $q = 0$, le développement de $U(q)$ par la formule de Maclaurin commence par un terme en q^2. Mais il peut arriver que, $U(q)$ étant maximum pour $q = 0$, les dérivées de U jusqu'à un ordre impair quelconque supérieur à ι s'annulent, la première dérivée qui ne s'annule pas étant d'ordre pair et négative. Par exemple, pour prendre le cas le plus simple, on peut avoir

$$U(q) = -\alpha q^4 + U_1,$$

U_1 contenant q^5 en facteur et α étant positif. Alors, en réduisant T à la forme aq'^2 et négligeant U_1, on a, pour l'équation du mouvement,

$$(2) \qquad\qquad aq' = -2\alpha q^3.$$

On est alors en présence d'une circonstance spéciale qui ne tient pas au choix de la variable : *la durée des petites oscillations autour de la position d'équilibre varie avec leur amplitude.* En effet, en plaçant le système dans la position correspondant à q_0, et l'abandonnant sans vitesse, on a, en intégrant (2),

$$\left(\frac{dq}{dt}\right)^2 = \frac{\alpha}{a}(q_0^4 - q^4);$$

d'où l'on tire t en fonction de q par une quadrature elliptique : q oscille de $-q_0$ à $+q_0$; le quart d'une oscillation a pour durée

$$\sqrt{\frac{a}{\alpha}}\int_0^{q_0}\frac{dq}{\sqrt{q_0^4 - q^4}} = \frac{1}{q_0}\sqrt{\frac{a}{\alpha}}\int_0^1\frac{ds}{\sqrt{1 - s^4}},$$

en faisant $q = sq_0$. Cette durée est donc en raison inverse de q_0 et devient infiniment grande quand q_0 tend vers zéro.

$2°$ *Systèmes à deux degrés de liberté.* — Imaginons un système à liaisons indépendantes du temps dont la position dépend de deux paramètres q_1 et q_2; on a

$$T = Aq_1'^2 + 2Bq_1'q_2' + Cq_2'^2,$$

où A, B, C sont des fonctions de q_1 et q_2.

Nous supposerons les paramètres choisis de telle façon que le discriminant $AC - B^2$ ne soit pas nul pour $q_1 = q_2 = 0$. Alors, en développant les coefficients A, B, C par la formule de Maclaurin, en appelant a, b, c les valeurs de ces coefficients pour $q_1 = q_2 = 0$, on aura

$$T = aq_1'^2 + 2bq_1'q_2' + cq_2'^2 + T_1,$$

T_1 étant du troisième ordre par rapport à q_1, q_2, q_1', q_2', et s'annulant quand q_1 et q_2 sont nuls. Quand q_1 et q_2 sont très petits,

T a donc le signe du trinome formé par les termes qui précèdent T_1, et comme T est essentiellement positif, quels que soient q'_1 et q'_2, on a

$$a > 0, \quad c > 0, \quad b^2 - ac < 0.$$

Prenons maintenant la fonction de forces $U(q_1, q_2)$: cette fonction étant nulle et maximum pour $q_1 = q_2 = 0$, on a, en développant par la formule de Maclaurin,

$$U = -(\alpha q_1^2 + 2\beta q_1 q_2 + \gamma q_2^2) + U_1,$$

où U_1 est du troisième ordre en q_1 et q_2. Comme U doit être négatif pour des valeurs arbitraires suffisamment petites de q_1 et q_2, on a

$$\alpha > 0, \quad \gamma > 0, \quad \beta^2 - \alpha\gamma < 0.$$

Pour obtenir les petits mouvements autour de la position d'équilibre, nous négligerons T_1 et U_1, en prenant

$$T = a q_1'^2 + 2 b q_1' q_2' + c q_2'^2,$$
$$U = -(\alpha q_1^2 + 2\beta q_1 q_2 + \gamma q_2^2).$$

Les deux équations de Lagrange deviennent alors

$$(3) \qquad \begin{cases} a q_1'' + b q_2'' = -(\alpha q_1 + \beta q_2), \\ b q_1'' + c q_2'' = -(\beta q_1 + \gamma q_2), \end{cases}$$

équations linéaires à coefficients constants. Pour les intégrer, nous ferons

$$(4) \qquad q_1 = \lambda_1 \cos(rt + \rho), \qquad q_2 = \lambda_2 \cos(rt + \rho),$$

λ_1, λ_2, r, ρ désignant des constantes. En substituant et divisant par $\cos(rt + \rho)$, on a

$$(5) \quad \lambda_1(ar^2 - \alpha) + \lambda_2(br^2 - \beta) = 0, \quad \lambda_1(br^2 - \beta) + \lambda_2(cr^2 - \gamma) = 0,$$

d'où, en éliminant λ_1 et λ_2,

$$(6) \qquad (ar^2 - \alpha)(cr^2 - \gamma) - (br^2 - \beta)^2 = 0,$$

équation bicarrée qui donne pour r^2 deux valeurs réelles et positives. En effet, en substituant dans le premier membre, à la place de r^2, les valeurs o et $+\infty$, on obtient des résultats positifs, tandis que les valeurs $\dfrac{\alpha}{a}$ et $\dfrac{\gamma}{c}$ donnent des résultats négatifs. On peut toujours supposer r positif, car la solution (4) ne change pas quand on change r et ρ de signes : nous pourrons alors prendre pour r les deux racines positives r_1 et r_2 de l'équation (6).

Si l'on substitue à r l'une de ces racines dans les équations (5), elles se réduisent à une, à la première par exemple; on a alors, en faisant $r = r_1$,

$$\frac{\lambda_1}{br_1^2 - \beta} = \frac{\lambda_2}{\alpha - ar_1^2} = \mu_1,$$

μ_1 désignant une constante arbitraire. On a ainsi la solution

$$q_1 = \mu_1(br_1^2 - \beta)\cos(r_1 t + \rho_1), \qquad q_2 = \mu_1(\alpha - ar_1^2)\cos(r_1 t + \rho_1).$$

La seconde racine r_2 donne une solution analogue, avec d'autres constantes μ_2 et ρ_2, et les intégrales générales des équations du mouvement sont enfin

$$(7) \quad \begin{cases} q_1 = \mu_1(br_1^2 - \beta)\cos(r_1 t + \rho_1) + \mu_2(br_2^2 - \beta)\cos(r_2 t + \rho_2), \\ q_2 = \mu_1(\alpha - ar_1^2)\cos(r_1 t + \rho_1) + \mu_2(\alpha - ar_2^2)\cos(r_2 t + \rho_2), \end{cases}$$

avec quatre constantes arbitraires μ_1, μ_2, ρ_1 et ρ_2, qu'on déterminera connaissant les valeurs initiales de q_1, q_2 et de leurs dérivées q_1' et q_2'.

On voit que le mouvement, dans le voisinage de la position d'équilibre, est le mouvement résultant de deux oscillations dont les périodes respectives sont $\dfrac{2\pi}{r_1}$ et $\dfrac{2\pi}{r_2}$. Si ces périodes sont commensurables entre elles, il existera une période pour le mouvement; sinon le système ne repassera à aucune époque par la même configuration. On a déjà vu un exemple de ce fait n° 272.

Les quantités r_1 et r_2, ayant ainsi une signification physique, sont évidemment indépendantes du choix des paramètres q_1 et q_2. Ce sont des invariants du problème.

Cas particulier. — Quand nous avons démontré que l'équation (6) en r^2 a deux racines positives, nous avons admis qu'en substituant $\dfrac{\alpha}{a}$ et $\dfrac{\gamma}{c}$ dans le premier membre, on avait au moins un résultat négatif : ceci n'arriverait pas si l'on avait

$$\frac{\alpha}{a} = \frac{\beta}{b} = \frac{\gamma}{c} = k^2,$$

où k^2 est une constante positive. L'équation (6) serait alors

$$(r^2 - k^2)^2 = 0;$$

elle aurait ses racines égales : néanmoins, les intégrales générales
ne contiennent pas le temps en dehors des signes sin et cos; en
effet, les équations du mouvement (3) s'écrivent alors

$$a(q_1'' + k^2 q_1) + b(q_2'' + k^2 q_2) = 0,$$
$$b(q_1'' + k^2 q_1) + c(q_2'' + k^2 q_2) = 0,$$

et, comme $b^2 - ac$ est positif, elles donnent

$$q_1'' + k^2 q_1 = 0, \qquad q_2'' + k^2 q_2 = 0,$$

d'où, pour les intégrales générales,

$$q_1 = \mu_1 \cos(kt + \rho_1), \qquad q_2 = \mu_2 \cos(kt + \rho_2).$$

Il n'y a plus alors qu'une période pour chaque oscillation, $\dfrac{2\pi}{k}$.

Autre méthode. — Ces résultats peuvent être obtenus autrement si l'on
fait usage des propriétés des formes quadratiques. Considérons les deux
formes quadratiques

$$S = aq_1^2 + 2bq_1 q_1 + cq_2^2, \qquad U = -(\alpha q_1^2 + 2\beta q_1 q_2 + \gamma q_2^2),$$

à l'aide desquelles on peut écrire les équations du mouvement sous la
forme

$$\frac{d^2}{dt^2}\left(\frac{\partial S}{\partial q_1}\right) = \frac{\partial U}{\partial q_1}, \qquad \frac{d^2}{dt^2}\left(\frac{\partial S}{\partial q_2}\right) = \frac{\partial U}{\partial q_2}.$$

Faisons un changement de variables linéaires à coefficients constants

$$q_1 = k_1 s_1 + h_1 s_2, \qquad q_2 = k_2 s_1 + h_2 s_2,$$

où s_1 et s_2 sont de nouveaux paramètres, k_1, h_1, k_2 et h_2 des constantes.

On peut déterminer les coefficients de la substitution de façon à réduire
simultanément les deux formes à des sommes de carrés; cela revient, en
regardant q_1 et q_2 comme des coordonnées cartésiennes, à prendre pour
axes les droites conjuguées à la fois par rapport aux couples de droites

$S = o$, $U = o$. On a ainsi

$$S = s_1^2 + s_2^2, \qquad U = -(r_1^2 s_1^2 + r_2^2 s_2^2);$$

la demi-force vive devient $T = s_1'^2 + s_2'^2$, et les équations du mouvement deviennent

$$s_1'' = -r_1^2 s_1, \qquad s_2'' = -r_2^2 s_2,$$

d'où, en intégrant,

$$s_1 = \mu_1 \cos(r_1 t + \rho_1), \qquad s_2 = \mu_2 \cos(r_2 t + \rho_2).$$

On peut remarquer que l'équation bicarrée en r^2 s'obtient en égalant à zéro le discriminant de la forme $U + r^2 S$.

Les variables s_1 et s_2 s'appellent les variables *principales*.

Application. — Imaginons une barre homogène pesante AB de longueur $2a$ suspendue par un fil, de longueur l, attaché au point fixe O; le système est assujetti à se déplacer dans un plan vertical xOy; on demande d'étudier ses oscillations infiniment petites autour de la verticale qui est sa position d'équilibre.

Fig. 263.

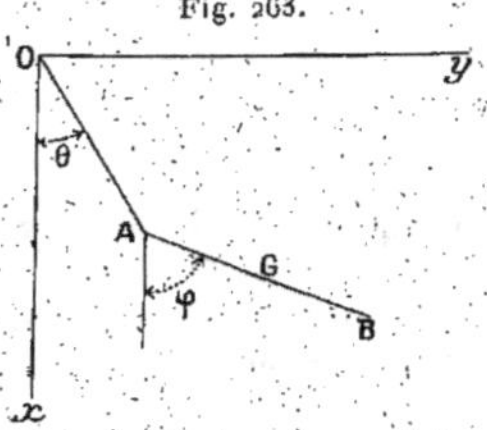

La position du système dépend des deux angles θ et φ que fait la verticale Ox avec les directions du fil et de la barre, paramètres qui sont bien nuls dans la position d'équilibre. Il y a ici une fonction de forces

$$U = Mg\xi + C,$$

ξ étant l'abscisse du centre de gravité G. Il nous faut, pour être dans les conditions de la théorie qui précède, disposer de C de façon que U s'annule dans la position d'équilibre; les coordonnées du centre de gravité ayant pour expressions

$$\xi = l\cos\theta + a\cos\varphi, \qquad \eta = l\sin\theta + a\sin\varphi,$$

la fonction des forces sera

$$U = Mg[l(\cos\theta - 1) + a(\cos\varphi - 1)].$$

Calculons maintenant la demi-force vive T; la force vive de la masse M concentrée en G est

$$M(\xi'^2 + \eta'^2) = M[l^2\theta'^2 + a^2\varphi'^2 + 2al\theta'\varphi'\cos(\theta - \varphi)].$$

La force vive dans la rotation autour du centre de gravité étant $\frac{1}{3}Ma^2\varphi'^2$ d'après la valeur du moment d'inertie d'une barre homogène par rapport à son centre, la demi-force vive totale sera

$$T = \frac{M}{2}\left[l^2\theta'^2 + \frac{4}{3}a^2\varphi'^2 + 2al\theta'\varphi'\cos(\theta - \varphi)\right].$$

Pour trouver les oscillations infiniment petites, il suffit de considérer dans U et T les termes du second ordre

$$U = -\frac{Mg}{2}(l\theta^2 + a\varphi^2),$$
$$T = \frac{M}{2}\left(l^2\theta'^2 + \frac{4}{3}a^2\varphi'^2 + 2al\theta'\varphi'\right).$$

Les équations de Lagrange sont alors

$$l^2\theta'' + al\varphi'' = -gl\theta, \qquad \tfrac{4}{3}a^2\varphi'' + al\theta'' = -ga\varphi.$$

On intégrera ces équations en posant

$$\theta = \lambda_1\cos(rt + \rho), \qquad \varphi = \lambda_2\cos(rt + \rho),$$

λ_1 et λ_2 devant satisfaire aux conditions

$$(lr^2 - g)\lambda_1 + ar^2\lambda_2 = 0, \qquad lr^2\lambda_1 + (\tfrac{4}{3}ar^2 - g)\lambda_2 = 0;$$

l'équation en r^2 est donc

$$(lr^2 - g)(\tfrac{4}{3}ar^2 - g) - alr^4 = 0,$$

équation du second degré en r^2 qui donnera deux racines réelles et positives r_1^2 et r_2^2, pour chacune desquelles on aura un système de solutions particulières. En ajoutant ces solutions, on aura les intégrales générales

$$\theta = ar_1^2\mu_1\cos(r_1t + \rho_1) + ar_2^2\mu_2\cos(r_2t + \rho_2),$$
$$\varphi = (g - lr_1^2)\mu_1\cos(r_1t + \rho_1) + (g - lr_2^2)\mu_2\cos(r_2t + \rho_2),$$

avec les quatre constantes μ_1, μ_2, ρ_1, ρ_2.

Par exemple, si l'on suppose $a = \frac{3}{4}l$, on trouve comme valeurs de r_1^2 et r_2^2, $\frac{2g}{l}(2 + \sqrt{3})$, $\frac{2g}{l}(2 - \sqrt{3})$, ce qui donne immédiatement les durées respectives $\frac{2\pi}{r_1}$, $\frac{2\pi}{r_2}$ des deux oscillations qui composent le petit mouvement.

Remarque. — Nous avons, dans la théorie précédente, supposé $ac - b^2$ différent de zéro. Si ce discriminant est nul, il faudrait faire un autre choix de paramètres de telle manière que la nouvelle expression approchée de T ait un discriminant différent de zéro. Par exemple, si l'on prend un point mobile dans un plan ayant comme position d'équilibre stable l'origine, on a, en coordonnées polaires r et θ,

$$T = \frac{m}{2}(r'^2 + r^2\theta'^2),$$

expression dont le discriminant r^2 s'annule dans la position d'équilibre. En prenant les coordonnées cartésiennes, on aura la nouvelle expression

$$T = \frac{m}{2}(x'^2 + y'^2),$$

dont le discriminant n'est pas nul.

Nous avons supposé aussi que le développement de la fonction des forces U commençait par les termes du second ordre en q_1 et q_2; il pourrait arriver, puisque $U = 0$ est un maximum, que ce développement commence par des termes d'un ordre pair quelconque, par exemple du quatrième ordre,

$$U = -(\alpha q_1^4 + \beta q_1^3 q_2 + \ldots + \delta q_2^4) + U_1.$$

Dans ce cas, l'étude des petites oscillations devient plus compliquée : les équations obtenues en négligeant U_1 ne sont plus linéaires.

L'oscillation générale n'est plus la résultante de deux oscillations spéciales ayant chacune une durée déterminée.

3° *Cas général.* — Imaginons un système assujetti à des liaisons indépendantes du temps, les forces qui agissent sur ce système dérivant d'une fonction de forces U. Nous le supposerons dans une position d'équilibre stable où la fonction U est maximum. Soient $q_1, q_2, \ldots, q_k$ les paramètres qui définissent la position du système; nous admettrons qu'ils sont nuls ainsi que U dans la position d'équilibre. L'équilibre étant stable, lorsqu'on déplacera le système et qu'on l'abandonnera à lui-même, les paramètres q et leurs dérivées resteront très petites pendant toute la durée du mouvement; nous considérerons $q_1, q_2, \ldots, q_k$ et leurs dérivées comme de petites quantités du premier ordre. La demi-force vive totale est une fonction quadratique homogène des q' :

$$T = \Sigma A_{ij} q'_i q'_j, \qquad \left(\begin{array}{l} i = 1, 2, \ldots, k \\ j = 1, 2, \ldots, k \end{array}\right), \qquad A_{ij} = A_{ji}.$$

Chacun des coefficients A_{ij} est une fonction des q qui prend la valeur a_{ij} lorsque les paramètres q s'annulent; on peut donc écrire

$$T = \Sigma a_{ij} q'_i q'_j + T_1, \qquad \begin{pmatrix} i = 1, 2, \ldots, k \\ j = 1, 2, \ldots, k \end{pmatrix}, \qquad a_{ij} = a_{ji},$$

la fonction T_1 étant une somme de petites quantités d'ordre supérieur à 2.

Nous savons, d'autre part, que la valeur o est un maximum de U; nous pouvons donc écrire

$$U = - \Sigma b_{ij} q_i q_j + U_1,$$

U_1 étant d'ordre supérieur à 2. Nous remarquerons que, les termes d'ordre moindre donnant leur signe aux expressions de T et de U, les sommes qui constituent les termes du second ordre doivent rester constamment positives pour T et pour U, car nous mettons dans U le signe en évidence.

Notre approximation consiste à négliger les termes en U_1 et T_1. Les équations de Lagrange

$$\frac{d}{dt}\left(\frac{\partial T}{\partial q'_\nu}\right) - \frac{\partial T}{\partial q_\nu} = \frac{\partial U}{\partial q_\nu}$$

sont ici

$$a_{\nu 1} q''_1 + a_{\nu 2} q''_2 + \ldots + a_{\nu k} q''_k = -(b_{\nu 1} q_1 + \ldots + b_{\nu k} q_k) \qquad (\nu = 1, 2, \ldots, k).$$

Les k équations différentielles simultanées que nous obtenons sont linéaires du premier ordre et à coefficients constants; nous pouvons donc les intégrer en posant

$$(8) \qquad q_1 = \lambda_1 \cos(rt + \rho), \qquad \ldots, \qquad q_k = \lambda_k \cos(rt + \rho).$$

Pour que ces valeurs satisfassent aux équations de Lagrange, il faut qu'on ait

$$\lambda_1(b_{11} - r^2 a_{11}) + \lambda_2(b_{12} - r^2 a_{12}) + \ldots + \lambda_k(b_{1k} - r^2 a_{1k}) = 0,$$
$$\ldots\ldots\ldots\ldots\ldots\ldots\ldots\ldots\ldots\ldots\ldots\ldots\ldots\ldots\ldots\ldots\ldots\ldots\ldots,$$
$$\lambda_1(b_{k1} - r^2 a_{k1}) + \lambda_2(b_{k2} - r^2 a_{k2}) + \ldots + \lambda_k(b_{kk} - r^2 a_{kk}) = 0.$$

Pour que tous les λ ne soient pas nuls, il faut que le déterminant de ces équations linéaires et homogènes soit nul :

$$(9) \qquad \begin{vmatrix} b_{11} - r^2 a_{11} & b_{12} - r^2 a_{12} & \ldots & b_{1k} - r^2 a_{1k} \\ \cdots\cdots\cdots & \cdots\cdots\cdots\cdots & & \cdots\cdots\cdots \\ b_{k1} - r^2 a_{k1} & b_{k2} - r^2 a_{k2} & \ldots & b_{kk} - r^2 a_{kk} \end{vmatrix} = 0.$$

Cette égalité, considérée comme une équation en r^2, donne en général k valeurs de cette inconnue, et, pour r, $2k$ valeurs deux à deux égales et de signes contraires; mais on peut toujours supposer r positif, car la solution (8) ne change pas quand r et ρ changent de signes. En adoptant une de ces k valeurs de r, r_ν, par exemple, on peut déterminer tous les λ en fonction d'une arbitraire μ_ν, et l'on obtient le système de solutions (1) qui contient, outre μ_ν, la quantité arbitraire ρ_ν. On a ainsi k systèmes de solutions particulières des équations différentielles et leur somme donne la solution générale qui contient, comme il doit être, $2k$ constantes arbitraires.

L'oscillation générale est ainsi le mouvement résultant de k oscillations partielles ayant respectivement les périodes $\dfrac{2\pi}{r_1}$, $\dfrac{2\pi}{r_2}$, ..., $\dfrac{2\pi}{r_k}$. Les racines r_1, r_2, ..., r_k sont des invariants : leurs valeurs sont indépendantes du choix des paramètres.

Les équations étant linéaires, si l'on en a deux systèmes de solutions particulières $q_\nu = f_\nu(t)$ et $q_\nu = \varphi_\nu(t)$, les fonctions $q_\nu = f_\nu(t) + \varphi_\nu(t)$ en sont encore des solutions. On a ainsi ce qu'on appelle la *superposition des petits mouvements.*

Sans invoquer la théorie des formes quadratiques, on peut démontrer que les racines de l'équation en r sont *réelles*. En effet, si cette équation admettait une racine imaginaire $a + ib$, elle admettrait la racine conjuguée $a - ib$: les valeurs correspondantes des constantes λ_ν seraient aussi imaginaires conjuguées. On trouverait alors, pour les paramètres q_ν, un système de solutions réelles particulières de la forme

$$q_\nu = (A_\nu + iB_\nu)\cos(a + ib)t + (A_\nu - iB_\nu)\cos(a - ib)t,$$

ou, sous forme réelle,

$$q_\nu = A_\nu(e^{bt} + e^{-bt})\cos at + B_\nu(e^{bt} - e^{-bt})\sin at.$$

On aurait ainsi un mouvement du système dans lequel les variables q_ν et leurs dérivées commenceraient par être aussi petites qu'on le voudrait, pour finir par être infiniment grandes avec t, ce qui est en contradiction avec ce fait que l'équilibre est *stable*.

On voit, par un raisonnement analogue, que, si l'équation en r a des racines multiples, le temps ne peut pas figurer en dehors des sinus et cosinus, car des expressions de la forme

$$\mu t \cos(rt + \rho)$$

deviendraient infiniment grandes avec t.

La théorie des formes quadratiques conduit aux mêmes résultats; si l'on pose

$$S = \Sigma a_{ij} q_i q_j, \qquad U = -\Sigma b_{ij} q_i q_j,$$

ces deux formes quadratiques sont l'une S essentiellement positive, l'autre U essentiellement négative pour toutes les valeurs des variables et ne peuvent devenir nulles que si toutes les variables s'annulent. Les équations des petits mouvements peuvent s'écrire

$$\frac{d^2}{dt^2}\left(\frac{\partial S}{\partial q_\nu}\right) = \frac{\partial U}{\partial q_\nu},$$

et l'équation (9) donnant r^2 s'obtient en égalant à zéro le discriminant de $U + r^2 S$. On peut toujours, par un changement linéaire de variables substituant de nouvelles variables $s_1, s_2, \ldots, s_k$ aux anciennes $q_1, q_2, \ldots, q_k$, ramener les deux formes quadratiques S et U à être des sommes de carrés

$$S = s_1^2 + s_2^2 + \ldots + s_k^2, \qquad U = -(r_1^2 s_1^2 + r_2^2 s_2^2 + \ldots + r_k^2 s_k^2).$$

La demi-force vive est alors

$$T = s_1'^2 + s_2'^2 + \ldots + s_k'^2.$$

Les équations des petits mouvements deviennent

$$\frac{d^2}{dt^2}\left(\frac{\partial S}{\partial s_\nu}\right) = \frac{\partial U}{\partial s_\nu},$$

c'est-à-dire

$$\frac{d^2 s_\nu}{dt^2} = -r_\nu^2 s_\nu, \qquad s_\nu = \mu_\nu \cos(r_\nu t + \rho_\nu).$$

On a ainsi immédiatement sous forme finie les équations des petits mouvements, avec $2k$ constantes arbitraires μ_ν et ρ_ν. Les variables $s_1, s_2, \ldots, s_k$ qu'il faut choisir pour ramener T, S et U à des sommes de carrés comme ci-dessus se nomment les *variables principales*.

Nous citerons, en terminant, trois Notes de M. Beth, parues dans les *Comptes rendus de l'Académie royale des Sciences d'Amsterdam* (1910 et 1911), et un article de M. Horn, *Journal de Crelle*, t. 131, p. 224.

Remarque. — Nous avons supposé que le déterminant des a_{ij}, discriminant de la forme S, n'est pas nul. S'il l'était, il faudrait faire choix d'un autre système de paramètres. Nous avons supposé aussi que le développement de U, suivant les puissances de q_1, q_2, ..., q_k, commence par des termes du deuxième ordre. Si ce développement commençait par des termes d'ordre supérieur, du quatrième ou du sixième, les équations des petits mouvements ne seraient plus linéaires.

451. Petits mouvements troublés par une force perturbatrice périodique. — Considérons un système tel que celui dont nous venons d'étudier les petits mouvements autour d'une position d'équilibre stable correspondant à

$$q_1 = q_2 = \ldots = q_k = 0.$$

Supposons qu'aux forces constitutives du système dérivant de la fonction de forces U, qui est maximum et nulle dans l'équilibre, viennent s'ajouter pendant le mouvement des forces perturbatrices très petites, fonctions du temps et généralement aussi de q_1, q_2, ..., q_k et de leurs dérivées.

Appelons X, Y, Z celle des forces qui agit sur le point du système de coordonnées x, y, z; alors, d'après la théorie générale des équations de Lagrange, si l'on pose

$$R_v = \Sigma \left(X \frac{\partial x}{\partial q_v} + Y \frac{\partial y}{\partial q_v} + Z \frac{\partial z}{\partial q_v} \right),$$

les équations du mouvement seront

$$(10) \qquad \frac{d}{dt}\left(\frac{\partial T}{\partial q'_v} \right) - \frac{\partial T}{\partial q_v} = \frac{\partial U}{\partial q_v} + R_v \qquad (v = 1, 2, \ldots, k).$$

Nous supposerons T et U réduits aux mêmes formes quadratiques que ci-dessus.

Les forces perturbatrices étant indépendantes de celles qui déterminent l'équilibre ne s'annuleront pas en général dans la position d'équilibre, et, par conséquent, le terme R_v développé suivant les puissances de q_1, q_2, ..., q_k et de leurs dérivées contiendra un terme indépendant de ces variables par rapport auquel les termes suivants pourront être considérés comme de petites quantités négligeables. Les R_v sont alors des fonctions du temps seul; nous les supposerons périodiques.

Les équations du mouvement (10), au lieu d'être linéaires sans second membre comme précédemment, auront maintenant comme seconds membres les fonctions périodiques R_v. Ces fonctions peuvent être développées en une somme de sinus et de cosinus

$$R_\nu = 2A_\nu \cos(at + \alpha) + 2B_\nu \cos(bt + \beta) + \ldots + 2L_\nu \cos(lt + \lambda),$$

$A_\nu,\ B_\nu,\ \ldots,\ a,\ b,\ \ldots,\ \alpha,\ \beta,\ \ldots$ désignant des constantes. Nous dirons que chaque terme de R_ν représente une force perturbatrice simple, le premier une force perturbatrice de période $\dfrac{2\pi}{a}$, le deuxième une force de période $\dfrac{2\pi}{b}$, etc.

Supposons, pour simplifier, que l'on ait choisi pour $q_1,\ q_2,\ \ldots,\ q_k$ des variables principales; alors, comme nous venons de le voir, les valeurs approchées de T et de U sont

$$T = q_1'^2 + q_2'^2 + \ldots + q_k'^2, \qquad U = -(r_1^2 q_1^2 + r_2^2 q_2^2 + \ldots + r_k^2 q_k^2).$$

Les équations du mouvement troublé sont alors

$$(11) \quad \begin{cases} q_\nu'' + r_\nu^2 q_\nu = A_\nu \cos(at + \alpha) + B_\nu \cos(bt + \beta) + \ldots + L_\nu \cos(lt + \lambda) \\ \qquad\qquad (\nu = 1, 2, 3, \ldots, k). \end{cases}$$

Les intégrales générales de ces équations prennent une forme analytique différente suivant qu'une des quantités $a,\ b,\ \ldots,\ l$ est égale ou non à r_ν.

Supposons d'abord qu'aucune des quantités $a,\ b,\ \ldots,\ l$ ne soit égale à une des racines $r_1,\ r_2,\ \ldots,\ r_k$: les intégrales générales des équations (11) sont

$$(12) \quad \begin{cases} q_\nu = \mu_\nu \cos(r_\nu t + \rho_\nu) + \dfrac{A_\nu}{r_\nu^2 - a^2} \cos(at + \alpha) \\ \qquad + \dfrac{B_\nu}{r_\nu^2 - b^2} \cos(bt + \beta) + \ldots + \dfrac{L_\nu}{r_\nu^2 - l^2} \cos(lt + \lambda) \\ \qquad\qquad (\nu = 1, \ldots, k), \end{cases}$$

où $\mu_\nu,\ \rho_\nu$ désignent des constantes arbitraires. Donc, dans ce cas, la force perturbatrice simple, donnant naissance à un terme tel que

$$2A_\nu \cos(at + \alpha)$$

dans R_ν, introduit dans le système une oscillation simple

$$\dfrac{A_\nu}{r_\nu^2 - a^2} \cos(at + \alpha)$$

dont la période est celle de la force et dont l'amplitude est indépendante des conditions initiales qui n'influent que sur μ_ν et ρ_ν. Si a est voisin de r_ν, c'est-à-dire si la période $\dfrac{2\pi}{a}$ de la force perturbatrice simple est voisine de la période $\dfrac{2\pi}{r_\nu}$ d'une oscillation naturelle du système livré à lui-même,

le coefficient $\dfrac{A_v}{r_v^2 - a^2}$ devient un grand nombre, et l'amplitude de l'oscillation introduite par cette force perturbatrice devient considérable. Cette
remarque fait pressentir ce qui se passe quand une des quantités $a, b, \ldots, l$
est égale à une des racines r_v.

Supposons, par exemple, que a soit égal à r_1, mais différent de r_2,
$r_3, \ldots, r_k$, aucune des quantités $b, \ldots, l$ n'étant égale à une des racines
$r_1, r_2, \ldots, r_k$. Alors, les intégrales générales des équations (11) pour
$r = 2, 3, \ldots, k$ conserveront la forme (12) trouvée précédemment; mais la
première équation

$$\frac{d^2 q_1}{dt^2} + r_1^2 q_1 = A_1 \cos(at + \alpha) + \ldots + L_1 \cos(lt + \lambda),$$

où $a = r_1$, aura pour intégrale

$$q_1 = \mu_1 \cos(r_1 t + \rho_1) + \frac{A_1 t}{2 r_1} \sin(r_1 t + \alpha).$$
$$+ \frac{B_1}{r_1^2 - b^2} \cos(bt + \beta) + \ldots + \frac{L_1}{r_1^2 - l^2} \cos(lt + \lambda).$$

Le temps t apparaît donc en facteur dans le terme de l'intégrale prove-
nant de la force perturbatrice dont la période $\dfrac{2\pi}{a}$ est égale à la période $\dfrac{2\pi}{r_1}$
d'une des oscillations naturelles du système. Ainsi, *lorsque la période
d'une des forces perturbatrices tend vers celle de l'une des oscillations simples propres au système, l'amplitude de la perturbation
devient de plus en plus grande : à la limite, la perturbation se confond avec l'oscillation simple correspondante dont l'amplitude, proportionnelle à t, augmente indéfiniment, ou du moins sort des limites
dans lesquelles les équations linéaires sont suffisamment approchées.*

Ce théorème donne l'explication d'un grand nombre de phénomènes,
tels que la mise en vibration d'une corde sonore quand l'air vibre à
l'unisson et non autrement, l'absorption élective des rayons de lumière
et de chaleur par un milieu capable d'engendrer des rayons de même longueur d'onde, etc.

Une autre application importante se rencontre dans les perturbations
du mouvement des locomotives. La masse de la machine portée par des
ressorts forme un système assujetti à des oscillations de durée déterminée τ. Les forces perturbatrices produites par l'inertie des pièces mobiles, pistons, bielles, manivelles, donnent des sommes de projections ou
de moments qui ont pour période principale la durée d'un tour de roue.
Les perturbations correspondantes doivent donc passer par un maximum
d'amplitude lorsque la vitesse de la locomotive est telle qu'il se fait un
tour de roue pendant la durée τ d'une oscillation. (VICAIRE, *Comptes
rendus*, t. CXII, p. 82.)

IV. — OSCILLATIONS AUTOUR D'UN MOUVEMENT STABLE.

452. Méthode générale. — Les équations de Lagrange permettent d'étudier également les petites oscillations d'un système autour d'un mouvement stable. En suivant une méthode semblable à celle que nous avons employée pour l'étude des petits mouvements autour d'une position d'équilibre stable, on est encore conduit à intégrer des équations linéaires, mais ces équations ne sont plus à coefficients constants.

Soit un système dans lequel les liaisons peuvent dépendre du temps et dont la position est définie par k paramètres $q_1, q_2, \ldots, q_k$ géométriquement indépendants. Les équations du mouvement sont

$$\frac{d}{dt}\left(\frac{\partial T}{\partial q'_\nu}\right) - \frac{\partial T}{\partial q_\nu} = Q_\nu \qquad (\nu = 1, 2, \ldots, k).$$

Supposons qu'on ait trouvé une solution particulière de ces équations

$$q_1 = f_1(t), \qquad q_2 = f_2(t), \qquad \ldots, \qquad q_k = f_k(t),$$

dans laquelle les constantes d'intégration ont des valeurs déterminées. On a alors le mouvement particulier que prend le système quand, à l'instant $t = 0$, $q_1, q_2, \ldots, q_k$ prennent les valeurs $f_1(0), f_2(0), \ldots, f_k(0)$, et les dérivées $q'_1, q'_2, \ldots, q'_k$ les valeurs $f'_1(0), f'_2(0), \ldots, f'_k(0)$. On dit que ce mouvement est stable, quand, en plaçant le système dans des conditions initiales *quelconques* infiniment voisines des précédentes, le système prend un mouvement infiniment voisin du mouvement particulier considéré. On peut reconnaître si le mouvement considéré est stable, et en même temps trouver les mouvements infiniment voisins par la méthode suivante. Remplaçons les paramètres $q_1, q_2, \ldots, q_k$ par de nouveaux paramètres $s_1, s_2, \ldots, s_k$ définis par les relations

$$q_1 = f_1(t) + s_1, \qquad q_2 = f_2(t) + s_2, \qquad \ldots, \qquad q_k = f_k(t) + s_k;$$

les équations du mouvement, d'après Lagrange, deviendront

$$(1) \qquad \frac{d}{dt}\left(\frac{\partial T}{\partial s'_\nu}\right) - \frac{\partial T}{\partial s_\nu} = S_\nu,$$

T et S_ν étant des fonctions de $s_1, s_2, \ldots, s_k$ et $s'_1, s'_2, \ldots, s'_k$.

Avec ce nouveau choix de paramètres, le mouvement particulier dont on veut étudier la stabilité est

$$s_1 = 0, \qquad s_2 = 0, \qquad \ldots, \qquad s_k = 0;$$

on l'obtient en supposant qu'au temps $t = 0$, les paramètres s_ν et leurs dérivées s'_ν ont des valeurs *nulles*. Il s'agit de voir si, en donnant à ces paramètres et à leurs dérivées des valeurs initiales *infiniment petites quelconques*, on obtient un mouvement infiniment voisin, c'est-à-dire un mouvement dans lequel les quantités $s_1, s_2, \ldots, s_k$ et $s'_1, s'_2, \ldots, s'_k$ restent infiniment petites.

Supposant qu'il en soit ainsi et admettant que $T, S_1, S_2, \ldots, S_k$ soient développables suivant les puissances positives croissantes de $s_1, s_2, \ldots, s_k$ et $s'_1, s'_2, \ldots, s'_k$, on ne conservera, dans les deux membres des équations, que les termes du premier ordre par rapport à ces quantités et à $s''_1, s''_2, \ldots, s''_k$. Comme les équations ainsi obtenues sont vérifiées, par hypothèse, pour

$$s_1 = s_2 = \ldots = s_k = 0,$$

elles sont linéaires et homogènes par rapport aux inconnues s_ν et à leurs dérivées premières et secondes.

453. Exemple. — Considérons un point de masse 1 attiré par un centre fixe O, proportionnellement à la puissance $n^{\text{ième}}$ de la distance,

$$F = -\mu r^n, \qquad \mu > 0.$$

Les équations du mouvement sont, en appelant r et θ les coordonnées polaires et appliquant les équations de Lagrange,

$$(2) \qquad r'' - r\theta'^2 = -\mu r^n, \qquad \frac{d}{dt}(r^2\theta') = 0.$$

Elles admettent la solution particulière

$$(3) \qquad r = r_0, \qquad \theta' = \sqrt{\mu r_0^{n-1}}, \qquad \theta = \sqrt{\mu r_0^{n-1}}\, t,$$

dans laquelle la trajectoire est un cercle de centre O, parcouru avec une vitesse constante. Voyons si ce mouvement particulier est stable. Pour cela posons

$$(4) \qquad r = r_0 + \varepsilon, \qquad \theta = \sqrt{\mu r_0^{n-1}}\, t + \eta,$$

et voyons si, en supposant ε, η et leurs dérivées ε', η' très petits au début,

ε et η resteront très petits. Dans cette hypothèse, regardons ε, η et leurs dérivées comme de petites quantités du premier ordre, et négligeons leurs carrés et leurs produits; nous avons, en portant les valeurs (4) dans les équations du mouvement (2), et désignant par ω la quantité constante $\sqrt{\mu r_0^{n-1}}$,

$$(5) \qquad \varepsilon'' - \omega^2 \varepsilon - 2 r_0 \omega \eta' = - n \omega^2 \varepsilon, \qquad r_0 \eta'' + 2 \omega \varepsilon' = 0;$$

le second membre de la première équation est le terme en ε dans le développement de $\mu(r_0 + \varepsilon)^n$. La deuxième de ces équations s'intègre et donne

$$(6) \qquad r_0 \eta' + 2 \omega \varepsilon = a \omega,$$

où a désigne une constante arbitraire très petite, puisque ε et η' sont très petits pour $t = 0$. Éliminant η' entre (5) et (6), il vient

$$\varepsilon'' + (n + 3)\omega^2 \varepsilon = 2 a \omega^2,$$

équation linéaire à coefficients constants. Si $(n + 3)$ était négatif ou nul, l'intégrale générale de cette équation contiendrait des exponentielles ou des termes algébriques croissant indéfiniment avec t, et le mouvement circulaire considéré ne serait pas stable. Supposons donc $(n + 3)$ positif; on a alors

$$\varepsilon = b \cos\left(\omega t \sqrt{n + 3} + \alpha\right) + \frac{2 a}{n + 3},$$

où b et α sont des constantes arbitraires dont la première est très petite. Donc ε reste très petit et, par suite, $r = r_0 + \varepsilon$ reste voisin de r_0. Prenons maintenant l'équation (6) : en y remplaçant ε par la valeur que nous venons de trouver et intégrant, on a

$$(7) \qquad r_0 \eta = - \frac{2 b}{\sqrt{n + 3}} \sin\left(\omega t \sqrt{n + 3} + \alpha\right) + \frac{n - 1}{n + 3} a \omega t + c,$$

c étant une constante très petite. On voit que η contient un terme en t; donc η augmente indéfiniment avec t, et, par suite, le mouvement circulaire n'est pas stable. Il y a exception pour $n = 1$, car alors le terme en t disparaît. Si n est différent de 1, pour que η reste très petit, il faudrait choisir les conditions initiales de telle façon que *a soit nul;* cette condition signifie que, dans le mouvement troublé, la constante des aires doit être égale à ωr_0^2 *comme dans le mouvement circulaire.* En effet, si nous écrivons l'intégrale des aires, pour le mouvement troublé,

$$(r_0 + \varepsilon)^2(\omega + \eta') = C,$$

cette intégrale, dans laquelle on néglige ε^2 et $\varepsilon \eta'$, donne

$$r_0 \eta' + 2 \varepsilon \omega = \frac{C - \omega r_0^2}{r_0},$$

équation identique à (6). Pour que a soit nul, il faut donc $C = \omega r_0^2$. En résumé, sauf le cas $n = 1$, le mouvement circulaire n'est pas stable; il le devient quand, $(n + 3)$ étant positif, on modifie très peu les conditions initiales de façon que la constante des aires *reste la même*.

Le cadre de cet Ouvrage ne nous permet pas d'insister davantage sur cette question des mouvements stables; nous renverrons, pour une étude approfondie, à la *Mécanique* de Routh (advanced Part, Chap. III).

<h3 style="text-align:center">V. — APPLICATION DES ÉQUATIONS DE LAGRANGE
AU MOUVEMENT RELATIF.</h3>

454. Première méthode indépendante de la théorie du mouvement relatif. — Pour trouver le mouvement relatif d'un système par rapport à des axes $Oxyz$ animés d'un mouvement connu, il suffit d'appliquer les équations de Lagrange au mouvement absolu, en choisissant comme paramètres les variables $q_1, q_2, \ldots, q_k$ qui définissent la position du système par rapport aux axes mobiles : ces mêmes paramètres définissent évidemment la position du système par rapport à des axes fixes $O_0 x_0 y_0 z_0$, car les axes $Oxyz$ ont un mouvement connu.

La demi-force vive absolue T_a du système sera une fonction de $q_1, q_2, \ldots, q_k, q'_1, q'_2, \ldots, q'_k$ et peut-être de t; d'autre part, si l'on imprime au système un déplacement virtuel compatible avec les liaisons qui ont lieu à l'instant t, déplacement obtenu en laissant t constant et donnant à $q_1, q_2, \ldots, q_k$ des accroissements infiniment petits arbitraires, $\delta q_1, \delta q_2, \ldots, \delta q_k$, la somme des travaux des forces appliquées, autres que les forces de liaison, a pour expression $Q_1 \delta q_1 + Q_2 \delta q_2 + \ldots + Q_k \delta q_k$. Les équations du mouvement sont alors

$$\frac{d}{dt}\left(\frac{\partial T_a}{\partial q'_\nu}\right) - \frac{\partial T_a}{\partial q_\nu} = Q_\nu \qquad (\nu = 1, 2, \ldots, k).$$

Si les forces données dérivent d'une fonction de forces U, la quantité Q_ν est égale à $\dfrac{\partial U}{\partial q_\nu}$.

Pour calculer T_a, il n'est pas nécessaire de former les expressions des coordonnées absolues en fonction de $q_1, q_2, \ldots, q_k$ et t. La vitesse absolue v_a de m est la résultante de sa vitesse relative v_r par rapport aux axes $Oxyz$ et de sa vitesse d'entraînement v_e dans le mouvement de ces axes.

La vitesse v_r a pour projections sur $Oxyz$, x', y', z', en appelant x, y, z les coordonnées de m et désignant par des accents les dérivées par rapport à t; quant à la vitesse d'entraînement v_e, c'est la vitesse que posséderait le point m s'il était lié aux axes mobiles; elle est donc la résultante d'une vitesse due à une translation V^0 égale et parallèle à la vitesse du point O et d'une vitesse due à une rotation ω autour d'un axe passant par O; en appelant V_x^0, V_y^0, V_z^0 les projections de V^0 sur les axes mobiles, p, q, r celles de ω, on a, pour les projections de la vitesse d'entraînement v_e sur les trois axes $Oxyz$ (n° 51), $V_x^0 + qz - ry$, ... Les projections de la vitesse absolue v_a du point m sur les mêmes axes sont donc $x' + V_x^0 + qz - ry$, ..., et l'on a

$$T_a = \frac{1}{2} \Sigma m [(x' + V_x^0 + qz - ry)^2 + (y' + V_y^0 + rx - pz)^2 + (z' + V_z^0 + py - qx)^2].$$

Cette expression permettra de calculer T_a en fonction de q_1, q_2, ..., q_k, q_1', q_2', ..., q_k' et de t, car les coordonnées x, y, z des différents points sont fonctions de q_1, q_2, ..., q_k et peut-être de t, tandis que V_x^0, V_y^0, V_z^0, p, q, r sont des fonctions connues du temps.

435. Exemple. — On considère un axe vertical fixe Oy et un plan P passant par cet axe et tournant autour de lui avec une vitesse angulaire constante ω. Trouver le mouvement d'une barre homogène pesante mobile sans frottement dans ce plan.

Fig. 264.

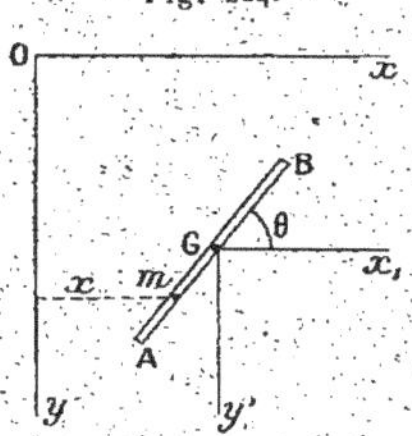

Il s'agit de trouver le mouvement relatif de la barre par rapport aux axes Ox et Oy tracés dans le plan mobile P. La position de la barre par rapport à ces axes est définie par trois paramètres indépendants : les coordonnées ξ, η du centre de gravité G et l'angle θ de la barre GA avec la parallèle Gx_1 à Ox. La vitesse absolue v_a d'un point m de la barre est la résultante de sa vitesse relative v_r située dans le plan xOy et de sa vitesse d'entraînement v_e; cette dernière vitesse est celle que posséderait le point m s'il était invariablement lié au plan mobile : elle est donc égale à ωx et perpendiculaire au plan xOy, x étant l'abscisse du point m. La vitesse relative et la vitesse d'entraînement sont donc rectangulaires, et l'on a

$$v_a^2 = v_r^2 + v_e^2\;;$$

la demi-force vive absolue de T_a est donc

$$T_a = \frac{1}{2}\,\Sigma\, m v_a^2 = \frac{1}{2}\,(\Sigma\, m v_r^2 + \Sigma\, m v_e^2).$$

Calculons séparément ces deux termes. Le mouvement relatif de la barre est le mouvement d'une barre dans un plan xOy : sa force vive dans ce mouvement est, d'après le théorème de Kœnig,

$$\Sigma\, m v_r^2 = M(\xi'^2 + \eta'^2 + k^2\theta'^2),$$

Mk^2 étant le moment d'inertie de la barre par rapport à son centre G. D'autre part, $\Sigma\, m v_e^2$ est égal à $\omega^2 \Sigma\, m x^2$; la somme $\Sigma\, m x^2$ est le moment d'inertie par rapport à Oy qui est égal au moment d'inertie $\Sigma\, m x_1^2$, par rapport à l'axe parallèle Gy_1, augmenté du produit de la masse totale par le carré de la distance des axes Oy et Gy_1, soit $M\xi^2$; si l'on appelle r la distance mG, la distance x_1 d'un point m à l'axe Gy_1 est $x_1 = \pm r\cos\theta$, et la somme $\Sigma\, m x_1^2$ est $\cos^2\theta \Sigma\, m r^2$ ou $Mk^2\cos^2\theta$; donc

$$\Sigma\, m v_e^2 = M\omega^2(k^2\cos^2\theta + \xi^2).$$

La demi-force vive absolue est donc enfin

$$T_a = \frac{1}{2}\,M(\xi'^2 + \eta'^2 + k^2\theta'^2 + \omega^2 k^2\cos^2\theta + \omega^2\xi^2).$$

La seule force donnée étant le poids Mg appliqué en G, il existe une fonction de forces $U = Mg\eta$. Les trois équations du mouvement sont alors, en supprimant le facteur M et appliquant successivement les équations de Lagrange aux paramètres ξ, η, θ :

$$\frac{d}{dt}(\xi') - \omega^2\xi = 0, \qquad \frac{d}{dt}(\eta') = g, \qquad \frac{d}{dt}(k^2\theta') + k^2\omega^2\sin\theta\cos\theta = 0,$$

équations qui donnent ξ, η, θ en fonction de t. D'abord on a

$$\xi = A e^{\omega t} + B e^{-\omega t}, \qquad \eta = \frac{1}{2} g t^2 + C t + D,$$

équations donnant le mouvement relatif du point G. Puis, la troisième équation donne θ en fonction de t : c'est l'équation rencontrée dans un problème déjà traité n° 366.

Il est bon de remarquer qu'ici T_a n'est pas homogène en ξ', η', θ' : cela tient à ce que les liaisons imposées au système dépendent du temps; la barre glisse sur un plan animé d'un mouvement connu.

Remarque. — Dans ce qui précède, nous avons supposé la barre libre dans le plan qui tourne. Supposons que ses deux extrémités A et B soient assujetties à glisser sur les axes Ox et Oy comme dans le problème du n° 420. Alors ξ, η, θ ne sont plus indépendants; on a, en désignant par $2l$ la longueur de la barre,

$$\xi = l\cos\theta, \qquad \eta = l\sin\theta, \qquad k^2 = \frac{1}{3}\,l^2.$$

Il faut exprimer T_a et U en fonction du seul paramètre indépendant θ, ce qui donne, en remplaçant dans les valeurs trouvées plus haut ξ et η par leurs expressions actuelles,

$$T_a = \frac{2}{3}\,\mathrm{M}\,l^2(\theta'^2 + \omega^2\cos^2\theta), \qquad U = \mathrm{M}\,gl\sin\theta.$$

et l'équation du mouvement est

$$\frac{d}{dt}\left(\frac{4}{3}\,l^2\,\theta'\right) + \frac{4}{3}\,\omega^2\,l^2\sin\theta\cos\theta = gl\cos\theta,$$

comme nous l'avons trouvé autrement (n° 420).

436. Deuxième méthode tirée de la théorie du mouvement relatif. — Supposons qu'on veuille trouver le mouvement relatif d'un système par rapport à des axes $Oxyz$ animés d'un mouvement connu. La position du système par rapport à ces axes dépend de certains paramètres $q_1, q_2, \ldots, q_k$ géométriquement indépendants; d'autre part, le système est sollicité par des forces données, et, si l'on imprime au système un déplacement virtuel compatible avec les liaisons en faisant varier les paramètres de δq_1, $\delta q_2, \ldots, \delta q_k$, la somme des travaux élémentaires de ces forces est de la forme

$$Q_1\,\delta q_1 + Q_2\,\delta q_2 + \ldots + Q_k\,\delta q_k.$$

On peut regarder les axes mobiles comme fixes à condition d'ajouter aux forces qui agissent réellement sur chaque point m la force centrifuge et la force centrifuge composée; soit

$$R_1\,\delta q_1 + R_2\,\delta q_2 + \ldots + R_k\,\delta q_k$$

la somme des travaux virtuels de ces forces fictives pour un déplacement $\delta q_1, \delta q_2, \ldots, \delta q_k$.

On appliquera alors les équations de Lagrange au mouvement du système par rapport aux axes $Oxyz$ regardés comme fixes. Pour cela, on formera la demi-force vive T_r du système dans son mouvement par rapport à ces axes; ce sera une fonction de $q_1, q_2, \ldots, q_k, q'_1, q'_2, \ldots, q'_k$ et peut-être de t; les équations du mouvement seront

$$\frac{d}{dt}\left(\frac{\partial T_r}{\partial q'_\nu}\right) - \frac{\partial T_r}{\partial q_\nu} = Q_\nu + R_\nu \qquad (\nu = 1, 2, \ldots, k).$$

On appliquera sans peine cette méthode aux exemples traités précédemment dans la théorie du mouvement relatif.

457. Méthode mixte de Gilbert. — En s'appuyant en partie sur la théorie du mouvement relatif, M. Gilbert a employé la méthode suivante [*Application de la méthode de Lagrange à divers problèmes de mouvement relatif* (*Annales de la Société scientifique de Bruxelles*, 1883)] :

Soit, comme précédemment, à chercher le mouvement d'un système par rapport à des axes $Oxyz$ animés d'un mouvement connu; la position du système par rapport à ces axes est supposée dépendre de k paramètres $q_1, q_2, \ldots, q_k$ géométriquement indépendants, et la somme des travaux virtuels des forces appliquées, pour un déplacement $\delta q_1, \delta q_2, \ldots, \delta q_k$, est encore supposée égale à

$$Q_1 \delta q_1 + Q_2 \delta q_2 + \ldots + Q_k \delta q_k.$$

Menons, par l'origine mobile O, des axes auxiliaires $Ox_1 y_1 z_1$ parallèles aux axes fixes $O_0 x_0 y_0 z_0$.

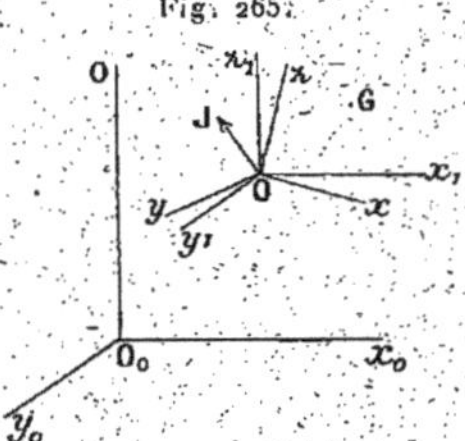

Fig. 265.

On peut considérer ces axes $Ox_1 y_1 z_1$ comme fixes à condition d'ajouter aux forces réellement appliquées les seules forces centrifuges, car les axes $Ox_1 y_1 z_1$ sont animés d'un mouvement de translation (n° 416). Si nous appelons J l'accélération de l'origine mobile O, la force centrifuge à appliquer en chaque point est $-mJ$. Appelons J_x, J_y, J_z les projections de J sur les axes $Oxyz$; les projections de $-mJ$ sur les mêmes axes seront

$$-mJ_x, \quad -mJ_y, \quad -mJ_z;$$

et, pour un déplacement virtuel imprimé au système, la somme des travaux de ces forces centrifuges est

$$-\Sigma m(J_x\,\delta x + J_y\,\delta y + J_z\,\delta z),$$

la somme étant étendue à tous les points. Les quantités J_x, J_y, J_z sont des fonctions connues de t; en posant

$$K = -\Sigma m(xJ_x + yJ_y + zJ_z) = -M(\xi J_x + \eta J_y + \zeta J_z),$$

on voit que la somme des travaux virtuels des forces centrifuges est δK; nous avons écrit autrement la fonction K en introduisant la masse totale M du système et les coordonnées ξ, η, ζ du centre de gravité G par rapport aux axes $Oxyz$. On voit que

$$K = -M.J.OG\cos\widehat{JOG}.$$

Grâce à l'introduction de ces forces centrifuges, on peut regarder les axes $Ox_1 y_1 z_1$ comme fixes et appliquer les équations de Lagrange au mouvement par rapport à ces axes, devenu un mouvement absolu. Appelons T la demi-force vive du système dans ce mouvement par rapport aux axes $Ox_1 y_1 z_1$; les équations du mouvement sont

$$\frac{d}{dt}\left(\frac{\partial T}{\partial q'_\nu}\right) - \frac{\partial T}{\partial q_\nu} = Q_\nu + \frac{\partial K}{\partial q_\nu}.$$

Le terme $\dfrac{\partial K}{\partial q_\nu}$ provient des forces centrifuges; le travail virtuel de ces forces étant égal à δK devient, en effet, en fonction des variables q_1, q_2, …, q_k,

$$\frac{\partial K}{\partial q_1}\delta q_1 + \frac{\partial K}{\partial q_2}\delta q_2 + \ldots + \frac{\partial K}{\partial q_k}\delta q_k.$$

Si les forces données dérivent d'une fonction de forces U

$$Q_\nu = \frac{\partial U}{\partial q_\nu},$$

le second membre est

$$\frac{\partial (U + K)}{\partial q_\nu}.$$

Calcul de T. — La vitesse v_1 d'un point m par rapport aux axes $O x_1 y_1 z_1$ regardés comme fixes est la résultante de sa vitesse relative v_r par rapport aux axes $Oxyz$ et de sa vitesse d'entraînement v'_e par ces axes.

La vitesse v_r a pour projections sur $Oxyz$ les dérivées x', y', z'; la vitesse v'_e a pour projections sur ces mêmes axes $qz - ry$, $rx - pz$, $py - qx$; car, dans le mouvement du trièdre $Oxyz$, par rapport à $O x_1 y_1 z_1$, l'origine O est fixe, p, q, r désignent, comme plus haut, les composantes suivant $Oxyz$ de la rotation instantanée ω du trièdre mobile $Oxyz$.

On a donc

$$T = \frac{1}{2} \Sigma m [(x' + q z - r y)^2 + (y' + r x - p z)^2 + (z' + p y - q x)^2],$$

ce que l'on peut écrire

$$T = T_r + \mathcal{G} + \mathcal{V}$$

en posant

$$T_r = \frac{1}{2} \Sigma m (x'^2 + y'^2 + z'^2),$$

$$\mathcal{G} = \frac{1}{2} \Sigma m [(q z - r y)^2 + (r x - p z)^2 + (p y - q x)^2],$$

$$\mathcal{V} = \Sigma m [x'(q z - r y) + y'(r x - p z) + z'(p y - q x)].$$

La quantité T_r est la demi-force vive du système dans son mouvement relatif par rapport aux axes $Oxyz$; elle s'exprimera directement au moyen des variables q_ν et de leurs dérivées q'_ν.

La quantité $\mathcal{G}$ représente la demi-force vive du système due à la rotation d'entraînement autour de l'axe instantané $O\omega$ du trièdre $Oxyz$; elle a donc pour expression

$$\frac{1}{2} H \omega^2,$$

H étant le moment d'inertie, à l'instant t, du système matériel par rapport à l'axe $O\omega$.

Enfin, la valeur de $\mho$ peut s'écrire

$$\mho = p\,\Sigma m(yz' - zy') + q\,\Sigma m(zx' - xz') + r\,\Sigma m(xy' - yx');$$

le vecteur $O\sigma$ ayant pour projections sur les axes mobiles

$$\Sigma m(yz' - zy'), \quad \Sigma m(zx' - xz') \quad \text{et} \quad \Sigma m(xy' - yx')$$

est le moment résultant des quantités de mouvement relatives des divers points par rapport au point O; on a alors immédiatement

$$\mho = \omega\sigma\,\cos\widehat{\omega\sigma}.$$

L'avantage que présentent ces formes géométriques, données aux quantités K, T_r, $\mathcal{G}$, $\mho$, consiste en ce que, dans chaque problème particulier, elles fournissent directement les expressions de ces quantités en fonction des q_ν et des q'_ν, sans que l'on doive passer par les transformations de coordonnées.

438. Application au mouvement relatif d'un système pesant par rapport à la Terre, en tenant compte du mouvement de la Terre. — Imaginons un système pesant S assujetti à des liaisons données en un point O

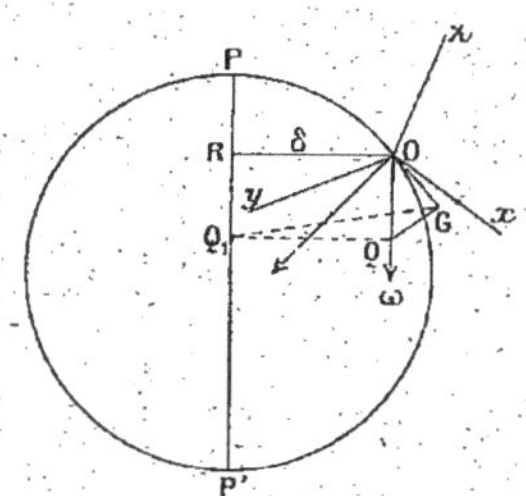

Fig. 266.

de la surface terrestre; nous nous proposons d'étudier son mouvement relatif par rapport à des axes $Oxyz$ liés à la Terre et entraînés par elle dans son mouvement de rotation autour de la ligne des pôles PP'. Si, d'après la méthode de M. Gilbert, on mène par O des axes $Ox_1y_1z_1$ de directions fixes dans l'espace, le mouvement du trièdre $Oxyz$ par rapport à ces axes est une rotation ω, égale à celle de la Terre, s'effectuant autour d'un axe $O\omega$ parallèle à la direction nord-sud PP'.

Les quantités T_r, G, $\mho$ se calculeront comme nous l'avons expliqué, en particulier, G est égal à $\frac{1}{2} H \omega^2$, H étant le moment d'inertie, à l'instant t, du système matériel S par rapport à l'axe $O\omega$. Calculons d'autre part U, fonction des forces réellement appliquées (attraction de la Terre), et K. On sait que le poids mg d'un point quelconque du système S est la résultante de l'attraction et de la force centrifuge $\Phi = m\omega^2\rho$ (n° 424). En adoptant la manière de voir de M. Gilbert, *nous regarderons l'accélération g comme constante en grandeur et en direction par rapport à la Terre dans toute l'étendue du système* S, dont les dimensions sont supposées très petites. La direction constante de g est la verticale descendante ou nadirale OV au point O. Les forces réellement appliquées sont les attractions A de la Terre sur les différents points m du système S. Or, comme mg est la somme géométrique de A et de $\Phi = m\omega^2\rho$, A est la différence géométrique de mg et de Φ; pour un déplacement quelconque imprimé au point m, le travail de A est la différence entre le travail de mg et celui de Φ; donc, enfin, la fonction des forces U d'où dérivent les forces réellement appliquées A est la différence de la fonction de forces dont dérivent les poids et de celle dont dérivent les forces Φ. La hauteur du centre de gravité G au-dessus du plan horizontal du point O étant $\overline{OG} \cos\widehat{GOV}$, les poids dérivent de la fonction de forces $-Mg\,\overline{OG} \cos\widehat{GOV}$, où M est la masse totale du système.

Les forces Φ sont normales à l'axe terrestre PP' et ρ désigne la distance du point m à cet axe; le travail élémentaire d'une force Φ est

$$m\omega^2\rho\,d\rho = d\,\frac{m\omega^2\rho^2}{2};$$

l'ensemble des forces dérive donc de la fonction de forces

$$\frac{1}{2}\Sigma\,m\omega^2\rho^2 = \frac{1}{2}H_1\omega^2,$$

H_1 désignant le moment d'inertie du système $\Sigma m\rho^2$ par rapport à l'axe PP' de la Terre. Donc la fonction U, différence des précédentes, est

$$U = Mg\,\overline{OG}\cos\widehat{GOV} - \frac{1}{2}H_1\omega^2.$$

Mais nous pouvons calculer H_1, moment d'inertie par rapport à PP', en fonction de H, moment d'inertie par rapport à la parallèle $O\omega$ à PP'; en effet, d'après un théorème connu, si l'on appelle d_1 et d les distances GQ_1 et GQ du centre de gravité aux axes parallèles PP' et $O\omega$, on a (n° 347)

$$H_1 - H = M(d_1^2 - d^2).$$

D'autre part, dans le triangle GQQ_1, on a, en appelant δ la distance QQ_1

évidemment égale à la distance OR du point O à l'axe de la Terre,

$$d_1^2 - d^2 = \delta^2 - 2\,d\delta \cos \widehat{GQQ_1};$$

la quantité $d\cos\widehat{GQQ_1}$ est la projection de QG sur QQ_1; c'est donc aussi la projection de OG sur QQ_1 et sur sa parallèle OR, c'est-à-dire $OG\cos\widehat{GOR}$. Donc

$$H_1 = H + M\left(\delta^2 - 2\delta\,\overline{OG}\cos\widehat{GOR}\right).$$

D'après cela,

$$U = M g\,\overline{OG}\cos\widehat{GOV} - \frac{1}{2}H\omega^2 + M\omega^2\delta\,\overline{OG}\cos\widehat{GOR} - \frac{1}{2}\omega^2 M\delta^2.$$

Pour évaluer K, observons que l'origine O du système de comparaison $Oxyz$ décrit, par suite de la rotation de la planète, un cercle de rayon δ autour de PP' avec une vitesse angulaire ω. L'accélération J a donc pour valeur $\omega^2\delta$ et elle est dirigée de O vers R; donc, d'après la valeur générale de K, $-MJ.\overline{OG}\cos\widehat{J.OG}$, on a

$$K = -M\omega^2\delta\,\overline{OG}\cos\widehat{GOR}.$$

On trouve enfin

$$U + K = M g\,\overline{OG}\cos\overline{GOV} - \frac{1}{2}H\omega^2 - \frac{1}{2}\omega^2 M\delta^2,$$

où le dernier terme est une *constante* qui disparaîtra dans les différentiations. On a, d'ailleurs,

$$T = T_r + \mathcal{G} + \mathcal{V} = T_r + \mathcal{V} + \frac{1}{2}H\omega^2,$$

d'après la valeur de $\mathcal{G}$. Si l'on appelle $q_1, q_2, \ldots, q_k$ les paramètres définissant la position du système pesant par rapport aux axes $Oxyz$, les équations du mouvement relatif sont alors

$$(a) \qquad \frac{d}{dt}\left(\frac{\partial T}{\partial q'_\nu}\right) - \frac{\partial T}{\partial q_\nu} = \frac{\partial(U+K)}{\partial q_\nu} \qquad (\nu = 1, 2, \ldots, k).$$

Si l'on remplace T et U + K par leurs valeurs, il se produit encore d'importantes réductions. D'abord $\mathcal{G} = \frac{1}{2}H\omega^2$ ne dépend que de la position actuelle des points du système et non de leurs vitesses; cette quantité ne contient donc pas $q'_1, q'_2, \ldots, q'_k$ et $\frac{\partial \mathcal{G}}{\partial q'_\nu}$ est nul. Ensuite, le terme $-\frac{\partial \mathcal{G}}{\partial q_\nu}$ du premier membre de (a) est égal au terme $-\frac{1}{2}\frac{\partial H\omega^2}{\partial q_\nu}$ du second.

Il reste donc l'équation

$$(b) \qquad \frac{d}{dt}\frac{\partial(\mathrm{T}_r+\mathcal{V})}{\partial q'_\nu} - \frac{\partial(\mathrm{T}_r+\mathcal{V})}{\partial q_\nu} = \mathrm{M}g\,\frac{\partial\left(\overline{OG}\cos\widehat{GOV}\right)}{\partial q_\nu}$$
$$(\nu = 1, 2, \ldots, k).$$

Ce sont là les équations définitives du mouvement relatif d'un système pesant à la surface de la Terre; pour les écrire, on voit qu'il suffit de calculer T_r, $\mathcal{V}$ et $\overline{OG}\cos\widehat{GOV}$.

459. Exemple. — *Un corps solide homogène pesant de révolution est suspendu par un point O de son axe de révolution OZ; cet axe est, de plus, assujetti à rester dans un plan fixe par rapport à la Terre. Mouvement du solide par rapport aux objets terrestres, en tenant compte du mouvement de rotation de la Terre.*

Soient OXYZ les axes principaux d'inertie du solide entraîné avec lui, $Oxyz$ des axes liés à la Terre par rapport auxquels on cherche le mouvement. Nous choisirons comme plan des xy le plan dans lequel se meut OZ, et, pour axe Ox, la projection sur ce plan d'une parallèle $O\omega$ au segment représentatif de la rotation terrestre : $O\omega$ est parallèle à la direction

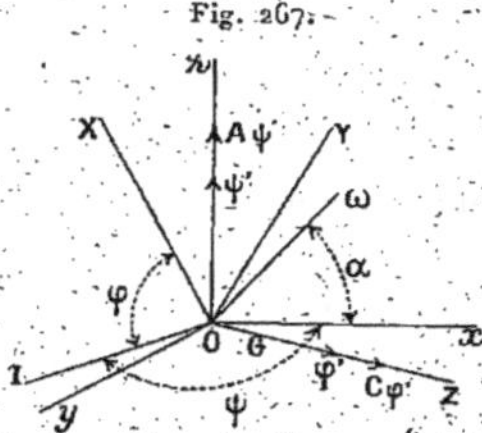

nord-sud de l'axe du monde. Nous prenons Oz dirigé du même côté que $O\omega$, par rapport au plan xOy. Le centre de gravité G est supposé sur la partie positive OZ de l'axe de révolution à une distance $OG = l$ du point fixe.

La position du solide par rapport aux axes $Oxyz$ dépend de deux paramètres, par exemple des angles d'Euler φ et ψ que font les axes XYZ avec xyz; l'angle appelé θ est ici égal à $\dfrac{\pi}{2}$, car $z\widehat{OZ} = \dfrac{\pi}{2}$.

Calculons T_r et $\mathcal{V}$. La quantité T_r est la demi-force vive du solide par rapport aux axes $Oxyz$; le mouvement du solide par rapport à ces axes est le mouvement d'un solide autour d'un point fixe; si donc nous appelons P, Q, R les composantes suivant les axes principaux OXYZ de la rotation instantanée Ω du corps par rapport aux axes $Oxyz$, nous avons, d'après les formules générales (n° 382),

$$\sin\theta = 1, \quad P = \psi'\sin\varphi, \quad Q = \psi'\cos\varphi, \quad R = \varphi',$$
$$2\,T_r = A(P^2 + Q^2) + CR^2 = A\psi'^2 + C\varphi'^2.$$

Calculons de même $\mho$. En appelant σ le moment résultant par rapport à O des quantités de mouvement relatif par rapport aux axes $Oxyz$, on a

$$\mho = \omega\sigma\cos\widehat{\omega, \sigma}.$$

Figurons la droite OI intersection du plan XOY et du plan xOy; on a

$$\widehat{xOI} = \psi, \quad \widehat{IOX} = \varphi.$$

Le segment σ a pour composantes, suivant les axes $OXYZ$, AP, AQ, CR; il a donc pour projections, sur OI, $A(P\cos\varphi - Q\sin\varphi)$, c'est-à-dire zéro d'après les valeurs de P, Q, R, et, sur Oz, $A(P\sin\varphi + Q\cos\varphi)$, c'est-à-dire $A\psi'$. Le segment σ est donc le segment résultant d'un segment $A\psi'$ suivant Oz et d'un segment CR ou $C\varphi'$ suivant OZ; sa projection sur $O\omega$ est donc, en appelant α l'angle constant ωOx,

$$\sigma\cos\widehat{\omega, \sigma} = A\psi'\sin\alpha + C\varphi'\cos\alpha\sin\psi,$$

et $\mho$ est égal au produit de cette quantité par ω.

La quantité $T_r + \mho$, que nous appellerons Θ pour abréger, a donc pour expression

$$\Theta = T_r + \mho = \frac{1}{2}(A\psi'^2 + C\varphi'^2) + \omega(A\psi'\sin\alpha + C\varphi'\cos\alpha\sin\psi).$$

D'autre part, appelons a, b, c les cosinus des angles constants que fait la nadirale OV avec les axes $Oxyz$, et remarquons que la coordonnée ζ du centre de gravité G est nulle, car ce point étant sur l'axe de révolution OZ est dans le plan xOy; nous aurons, pour la projection de OG sur la nadirale,

$$\overline{OG}\cos\widehat{GOV} = a\xi + b\eta = l(a\sin\psi - b\cos\psi),$$

car, dans le plan xOy, l'axe OGZ fait avec Ox l'angle $\psi - \dfrac{\pi}{2}$, et $\overline{OG}$ est appelé l; les coordonnées ξ et η sont donc $l\sin\psi$ et $-l\cos\psi$. Les deux équations du mouvement sont alors, d'après (b), si l'on remarque que ni Θ ni $\overline{OG}\cos\widehat{GOV}$ ne contiennent φ,

$$(1) \quad \frac{d}{dt}\left(\frac{\partial\Theta}{\partial\varphi'}\right) = 0, \quad \frac{d}{dt}\left(\frac{\partial\Theta}{\partial\psi'}\right) - \frac{\partial\Theta}{\partial\psi} = Mgl(a\cos\psi + b\sin\psi).$$

On peut obtenir deux intégrales premières de ces équations. On a d'abord immédiatement $\dfrac{\partial \Theta}{\partial \varphi} = \text{const.}$, c'est-à-dire

$$(2) \qquad \varphi' + \omega \cos\alpha \sin\psi = k.$$

Puis on peut faire sur les équations (1) la combinaison qui donne l'intégrale des forces vives généralisée par M. Painlevé (n° 448), en multipliant la première par φ', la deuxième par ψ' et ajoutant; on obtient ainsi une relation qu'on peut écrire

$$(3) \qquad \left\{ \begin{aligned} & \frac{d}{dt}\left(\varphi'\frac{\partial\Theta}{\partial\varphi'} + \psi'\frac{\partial\Theta}{\partial\psi'}\right) - \left(\varphi''\frac{\partial\Theta}{\partial\varphi'} + \psi''\frac{\partial\Theta}{\partial\psi'} + \varphi'\frac{\partial\Theta}{\partial\varphi} + \psi'\frac{\partial\Theta}{\partial\psi}\right) \\ & = \mathrm{M}gl(a\cos\psi + b\sin\psi)\psi'. \end{aligned} \right.$$

Comme Θ ne contient pas t, le dernier groupe des termes du premier membre est $\dfrac{d\Theta}{dt}$; d'autre part, en séparant dans Θ les termes Θ_2 du second degré en φ' et ψ' et les termes du premier degré Θ_1, on a

$$\Theta = \Theta_2 + \Theta_1, \qquad \varphi'\frac{\partial\Theta}{\partial\varphi'} + \psi'\frac{\partial\Theta}{\partial\psi'} = 2\Theta_2 + \Theta_1,$$

et l'équation (3) s'écrit

$$\frac{d}{dt}(2\Theta_2 + \Theta_1) - \frac{d}{dt}(\Theta_2 + \Theta_1) = \mathrm{M}gl(a\cos\psi + b\sin\psi)\psi',$$

d'où, en intégrant,

$$\Theta_2 = \mathrm{M}gl(a\sin\psi - b\cos\psi) + \text{const.},$$

c'est-à-dire

$$(4) \qquad \mathrm{A}\psi'^2 + \mathrm{C}\varphi'^2 = 2\mathrm{M}gl(a\sin\psi - b\cos\psi) + h.$$

Cette intégrale première peut évidemment être obtenue indépendamment de la méthode de Gilbert; c'est l'intégrale des forces vives appliquée au mouvement relatif par rapport aux axes $Oxyz$.

Nous appliquerons ces formules à deux cas particuliers simples.

460. Boussole gyroscopique de Foucault. — Supposons le corps suspendu par *son centre de gravité*. Alors $\overline{OG} = l = 0$, et les deux intégrales premières deviennent

$$\varphi' + \omega\cos\alpha\sin\psi = k, \qquad \mathrm{A}\psi'^2 + \mathrm{C}\varphi'^2 = h.$$

Ces équations s'intègrent par des quadratures elliptiques. Mais, comme la vitesse angulaire ω de la Terre est très petite, on peut négliger ω^2; on e alors, en tirant φ' de la première pour le porter dans la deuxième, et négligeant ω^2,

$$(5) \qquad \mathrm{A}\,\psi'^2 - 2\,\mathrm{C}\,k\,\omega\,\cos\alpha\,\sin\psi = f,$$

f désignant une nouvelle constante. Nous pouvons toujours supposer qu'on ait choisi comme sens positif OZ sur l'axe du corps, un sens tel que la valeur initiale R_0 ou φ'_0 de la rotation du corps suivant OZ soit positive; supposons, de plus, cette valeur suffisamment grande : alors k est positif. L'équation (5) se ramène alors immédiatement à l'équation du mouvement d'un pendule simple. En effet, l'angle $z\,OZ$ étant appelé u, on a $\psi = u + \dfrac{\pi}{2}$ et l'équation (5) devient

$$u'^2 = \frac{2\,\mathrm{C}\,k\,\omega}{\mathrm{A}}\cos\alpha\cos u + \frac{f}{\mathrm{A}},$$

identique à l'équation du mouvement d'un pendule simple dans lequel u est l'angle d'écart avec la verticale.

L'axe du gyroscope OZ est donc animé d'un mouvement pendulaire autour de $O\,x$. Dans la réalité, par suite de la résistance de l'air et du frottement, l'axe OZ s'arrête au bout d'un certain temps en $O\,x$, c'est-à-dire suivant la projection de l'axe du monde $O\,\omega$ sur le point fixe $x\,O\,y$.

De là le nom de *boussole gyroscopique* donné à cet appareil. Si le plan $x\,O\,y$, dans lequel l'axe du gyroscope est assujetti à se mouvoir est le plan horizontal du lieu de l'observation, la position d'équilibre relatif de l'axe OZ est la direction de la méridienne : l'appareil peut servir de boussole de déclinaison. Si le plan $x\,O\,y$ coïncide avec le plan méridien, l'axe se place suivant $O\,\omega$ qui coïncide alors avec $O\,x$; l'appareil sert de boussole d'inclinaison.

On peut résumer la discussion en disant que l'axe de la boussole gyroscopique tend à faire le plus petit angle possible avec l'axe de la Terre.

461. Barogyroscope de Gilbert. — Dans la boussole gyroscopique de Foucault que nous venons d'étudier, le centre de gravité du corps de révolution est supposé placé au point de suspension O et l'axe OZ du corps assujetti à décrire un plan lié à la Terre et passant par O. La condition que le centre de gravité se trouve en O étant très difficile à réaliser expérimentalement, M. Gilbert a cherché l'influence de la rotation de la Terre sur le mouvement d'un corps pesant de révolution suspendu par un point fixe O de son axe OZ, quand cet axe OZ est assujetti à se mouvoir dans un plan vertical lié à la Terre, le centre de gravité G n'étant plus en O. M. Gilbert réalise expérimentalement les conditions que nous venons d'indiquer dans l'appareil suivant appelé *barogyroscope*.

Imaginons un tore en bronze D dont l'axe d'acier α pivote librement dans des tourillons coniques creusés dans des vis en acier ν et ν' qui traversent une chape CC en acier reposant par les couteaux A et A' sur des

surfaces en acier trempé, de forme cylindrique, dont les couteaux occupent
le fond. Ce système présente une symétrie exacte par rapport au plan passant par l'axe du tore et les arêtes des couteaux, et sa mobilité autour de celles-ci est telle qu'un souffle léger suffit à provoquer des oscillations.

Une fois qu'on a, par des vis calantes V, V', V'', assuré l'horizontalité de l'axe de suspension AA', le tore constitue un corps solide de révolution mobile autour d'un point fixe O placé à l'intersection de son axe de révo-

Fig. 268.

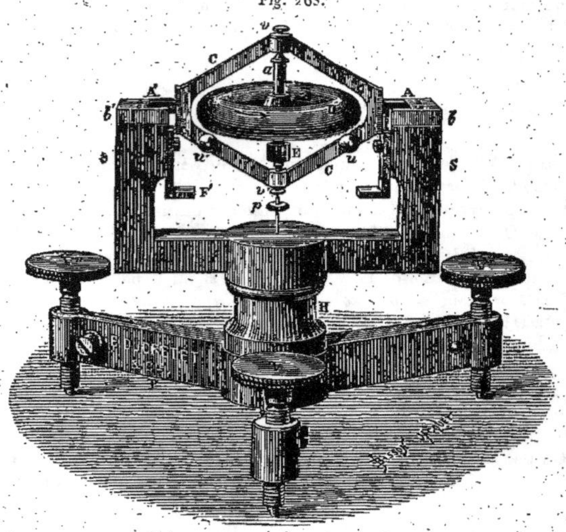

lution vv' et de l'axe de suspension AA'; de plus, l'axe de révolution vv' du tore ne peut que se mouvoir dans un plan vertical fixe par rapport à la Terre.

En agissant sur les vis v et v', sur d'autres vis u et u' et sur un curseur p, glissant à frottement dur sur une aiguille formant le prolongement inférieur de l'axe du tore vv', on arrive à placer le centre de gravité G du système mobile sur l'axe du tore vv', un peu au-dessous du point O. *Le tore étant en repos*, on a ainsi un pendule composé, suspendu par l'axe AA', qui est en équilibre stable quand l'aiguille $v'p$, c'est-à-dire l'axe du tore, est verticale. On porte ensuite la chape sur un rouage moteur et l'on imprime au tore une rotation très rapide autour de son axe, après quoi on la replace sur son support en la guidant par des fourchettes F, afin que les arêtes des couteaux A, A' occupent exactement la position horizontale qui leur a été assignée. C'est à cet instant que se développent les phénomènes délicats, mais bien nets, qui accusent la rotation de la Terre. Le système reprend une nouvelle position apparente d'équilibre stable, dans laquelle l'axe du tore n'est plus vertical, mais fait avec la verticale un petit angle E d'autant plus grand, à vitesse égale, que le plan vertical dans lequel l'axe du tore peut se mouvoir est plus voisin du plan méridien. Si l'on se place dans les conditions les plus favorables, en mettant le plan dans lequel se meut l'axe du tore dans le plan méridien, l'angle d'écart E de l'axe du tore avec la verticale se perçoit très nettement. Il est d'autant plus grand que la rotation propre du tore est plus grande et que la distance OG du centre de gravité à l'axe AA' est plus petite : cet écart E se fait d'ailleurs vers le nord ou le sud, suivant le sens de la rotation du tore. C'est ce qu'on explique facilement en appliquant les formules générales que nous avons établies plus haut au cas actuel.

Le plan dans lequel se meut l'axe du corps OZ (*fig.* 269) est ici le plan

Fig. 269.

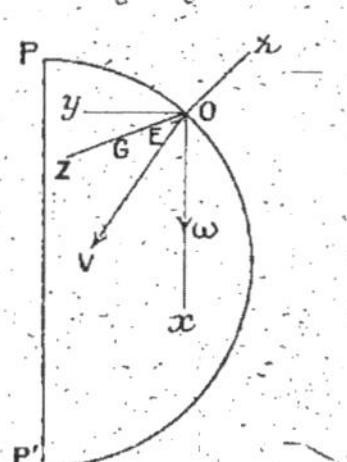

du méridien du point O, POP'; nous devons, pour appliquer les formules générales, prendre ce plan pour plan des xy, en prenant pour axe des x la projection de la rotation Oω, égale et parallèle à la rotation de la Terre sur le plan xOy. Actuellement, Oω coïncide donc avec Ox.

Figurons la verticale descendante OV; elle est dans le plan yOx et fait avec Ox un angle égal au complément de la latitude λ du point O :

$$x\,OV = \frac{\pi}{2} - \lambda;$$

les cosinus a, b, c des angles que fait la verticale OV avec les axes $Oxyz$ sont donc

$$a = \sin\lambda, \qquad b = \cos\lambda, \qquad c = 0,$$

et le terme $a\sin\psi - b\cos\psi$, qui figure dans l'intégrale (4) a pour valeur

$$- \cos(\lambda + \psi).$$

Les deux intégrales premières obtenues plus haut (2) et (4) sont donc maintenant, puisque α est nul,

$$(6) \quad \left\{ \begin{array}{l} \varphi' + \omega \sin\psi = k = n + \omega \sin\psi_0, \\ A\psi'^2 + C\varphi'^2 = -2Mgl\cos(\lambda + \psi) + h, \end{array} \right.$$

n désignant la valeur initiale de φ', c'est-à-dire de la rotation du tore.

Éliminons φ', en négligeant ω^2; nous aurons, pour déterminer ψ, l'équation

$$(7) \quad A\psi'^2 - 2nC\omega\sin\psi = -2Mgl\cos(\lambda + \psi) + f,$$

f désignant une nouvelle constante.

Introduisons, à la place de ψ, l'angle E que fait l'axe OZ du gyroscope avec la verticale; cet angle étant compté positivement de Ox vers Oy, on a

$$\widehat{xOZ} = \psi - \frac{\pi}{2}, \qquad \widehat{xOV} = \frac{\pi}{2} - \lambda,$$

$$E = \widehat{xOZ} - \widehat{xOV} = \psi + \lambda - \pi.$$

L'équation devient

$$A\left(\frac{dE}{dt}\right)^2 = -2nC\omega\sin(E - \lambda) + 2Mgl\cos E + f;$$

on pourrait facilement la ramener, par un nouveau changement de l'origine des angles, à être identique à l'équation du mouvement d'un pendule simple. Bornons-nous à chercher la position d'équilibre de l'axe. Nous l'obtiendrons en cherchant les valeurs de E qui annulent $\frac{d^2E}{dt^2}$, c'est-à-dire la dérivée du second membre; on a ainsi

$$nC\omega\cos(E - \lambda) + Mgl\sin E = 0,$$

$$(8) \quad \tang E = -\frac{n\omega C\cos\lambda}{Mgl + n\omega C\sin\lambda}.$$

On a ainsi l'angle E que fait avec la verticale l'axe du tore après quelques oscillations de part et d'autre de la direction définie par cet axe.

Comme ω est très petit, le signe du dénominateur est celui de Mgl, c'est-à-dire $+$; $\tang E$ est donc du signe de $-n$; si n est positif, c'est-à-dire si le tore tourne dans le sens positif autour de l'axe OG, la déviation se fait vers le sud, car E est négatif; si n est négatif, elle se fait vers le nord. On voit que, à vitesse de rotation en valeur absolue égale, la déviation est plus grande quand n est négatif.

VI. — SYSTÈMES NON HOLONOMES.

462. Forme des équations de liaison dans les systèmes non holonomes. — Nous avons déjà dit qu'un système est appelé *non holonome* quand certaines des liaisons qui lui sont imposées ne peuvent pas être exprimées en *termes finis*, mais se traduisent analytiquement par des relations différentielles. Tels sont le cerceau, la bicyclette.

Ce fait se présente toutes les fois qu'un corps solide est assujetti à rouler et à pivoter sur une surface fixe. En effet, la position d'un corps solide entièrement libre dépend de six coordonnées qui sont, par exemple, les trois coordonnées du centre de gravité et les trois angles d'Euler. Pour exprimer que le corps roule et pivote sur une surface fixe, il faut écrire que la vitesse de la molécule au contact est nulle. Or, en appelant q_1, q_2, q_3, q_4, q_5, q_6 les six coordonnées, cette condition s'exprime par des relations de la forme

$$A_1\, dq_1 + A_2\, dq_2 + \ldots + A_6\, dq_6 = 0.$$

dont les coefficients sont fonctions de q_1, q_2, q_3, ..., q_6, mais *dont le premier membre n'est pas, en général, une différentielle exacte, et n'admet pas de facteur intégrant.*

La liaison imposée au corps ne peut donc pas s'exprimer par des relations *en termes finis* entre les coordonnées. De là résultent, pour l'application des théorèmes de la Mécanique analytique, des difficultés particulières, dont la plus saillante est que les équations de Lagrange *ne peuvent pas être appliquées* quand on tient compte de ces liaisons exceptionnelles pour modifier l'expression de la force vive $2T$.

Les difficultés résultant, à ce point de vue, de ce genre de liaisons ont été signalées et étudiées par M. C. Neumann [*Grundzüge der Analytischen Mechanik* (*Berichte der königl. sächs. Gesellschaft der Wissenschaften zu Leipzig*, 1888, p. 32)]; par M. Vierkandt [*Ueber gleitende und rollende Bewegung* (*Monatsheft für Mathematik und Physik*, t. III, 1892)]; par M. Hadamard [*Sur les mouvements de roulement* (*Société des Sciences de Bordeaux*, 1895)]; par M. Carvallo dans un Mémoire inséré au *Journal de l'École Polytechnique*, en 1900, et par M. Korteweg (*Nieuw Archief*, 1899).

Premier exemple. — Prenons, par exemple, une sphère homogène de rayon a assujettie à rouler sur un plan fixe. Prenons comme axes fixes deux axes $O\xi$, $O\eta$ dans le plan et un axe perpendiculaire $O\zeta$ du côté où se trouve la sphère; soient ξ, η, ζ les coordonnées du centre G de la sphère par rapport à ces axes ($\zeta = a$). Menons par G trois axes $Gx_1y_1z_1$ parallèles aux axes $O\xi\eta\zeta$, et appelons p_1, q_1, r_1 les composantes de la rotation instantanée de la sphère suivant ces axes. En écrivant que le point de la sphère qui est au contact a une vitesse nulle, on a

$$(1) \qquad \frac{d\xi}{dt} - aq_1 = 0, \qquad \frac{d\eta}{dt} + ap_1 = 0, \qquad \frac{d\zeta}{dt} = 0.$$

D'ailleurs θ, φ, ψ étant les angles d'Euler d'un système d'axes $Gxyz$ lié à la sphère par rapport aux axes $Gx_1y_1z_1$, on a, d'après des formules faciles à établir (n° 382),

$$(2) \qquad \begin{cases} p_1 = \theta' \cos\psi + \varphi' \sin\theta \sin\psi, \\ q_1 = \theta' \sin\psi - \varphi' \sin\theta \cos\psi, \\ r_1 = \psi' + \varphi' \cos\theta, \end{cases}$$

où θ', φ', ψ' sont les dérivées $\dfrac{d\theta}{dt}, \dfrac{d\varphi}{dt}, \dfrac{d\psi}{dt}$. Les relations (1) exprimant que le déplacement réel est un roulement s'écrivent alors

$$(3) \qquad \begin{cases} d\xi - a \sin\psi \, d\theta + a \sin\theta \cos\psi \, d\varphi = 0, \\ d\eta + a \cos\psi \, d\theta + a \sin\theta \sin\psi \, d\varphi = 0. \end{cases}$$

Les déplacements virtuels compatibles avec les liaisons sont, de même, caractérisés par

$$(4) \qquad \begin{cases} \delta\xi - a \sin\psi \, \delta\theta + a \sin\theta \cos\psi \, \delta\varphi = 0, \\ \delta\eta + a \cos\psi \, \delta\theta + a \sin\theta \sin\psi \, \delta\varphi = 0. \end{cases}$$

La coordonnée ζ étant constante, la position du système dépend des cinq paramètres ξ, η, θ, φ, ψ liés par les relations (4) *dont les premiers membres ne sont pas des différentielles totales exactes et ne peuvent pas être intégrés*. Le système est à trois degrés de liberté, car $\delta\theta$, $\delta\varphi$, $\delta\psi$ restent arbitraires, $\delta\xi$, $\delta\eta$ étant déterminés par les relations (4).

Deuxième exemple; cerceau. — Considérons un cerceau de rayon a assujetti à rouler et à pivoter sur un plan horizontal fixe II comme au n° 411.

Prenons deux axes fixes $O\xi$, $O\eta$ dans ce plan et un axe fixe $O\zeta$ vertical ascendant. Appelons ξ, η, ζ les coordonnées du centre de gravité G du cerceau par rapport à ces axes, θ, φ, ψ les angles d'Euler définis au n° 411 et déterminant la position du cerceau par rapport aux axes $Gx_1y_1z_1$ parallèles aux axes fixes $O\xi\eta\zeta$. La vitesse V du centre de gravité G a pour projections sur les axes fixes $O\xi\eta\zeta$ et, par suite, sur les axes parallèles $Gx_1y_1z_1$

$$(V) \qquad \frac{d\xi}{dt}, \quad \frac{d\eta}{dt}, \quad \frac{d\zeta}{dt}.$$

D'autre part, le point de contact H du cerceau avec le plan II (*fig.* 244) a pour coordonnées, par rapport aux axes $Gx_1y_1z_1$,

$$(5) \qquad x_1 = a\cos\theta\sin\psi, \qquad y_1 = -a\cos\theta\cos\psi, \qquad z_1 = -a\sin\theta.$$

Pour exprimer que le cerceau roule et pivote sur le plan II, il faut écrire que la vitesse du point matériel placé en H est *nulle*. Appelons p_1, q_1, r_1 les composantes de la rotation instantanée ω du cerceau suivant les axes $Gx_1y_1z_1$ et remarquons que la vitesse du point matériel placé en H est la résultante de la vitesse due à l'entraînement des axes $Gx_1y_1z_1$ et de la vitesse due à la rotation ω autour de G : nous aurons donc, en écrivant que les trois projections de la vitesse du point matériel H sont nulles,

$$(6) \qquad \begin{cases} \dfrac{d\xi}{dt} + q_1 z_1 - r_1 y_1 = 0, \\[2mm] \dfrac{d\eta}{dt} + r_1 x_1 - p_1 z_1 = 0, \\[2mm] \dfrac{d\zeta}{dt} + p_1 y_1 - q_1 x_1 = 0. \end{cases}$$

D'après les expressions ci-dessus (2) de p_1, q_1, r_1 et les valeurs (5) de x_1, y_1, z_1, on voit que les conditions précédentes (6) donnent, à la suite de réductions évidentes,

$$(7) \qquad \begin{cases} d\xi - a\sin\psi\sin\theta\, d\theta + a\cos\psi\cos\theta\, d\psi + a\cos\psi\, d\varphi = 0, \\[1mm] d\eta + a\cos\psi\sin\theta\, d\theta + a\sin\psi\cos\theta\, d\psi + a\sin\psi\, d\varphi = 0, \\[1mm] d\zeta - a\cos\theta\, d\theta \qquad\qquad\qquad\qquad\qquad\quad = 0. \end{cases}$$

Ces relations expriment que le déplacement réel est un roulement.

De même, en exprimant que les déplacements virtuels compatibles avec les liaisons sont des roulements du cerceau sur le plan, on a, pour les différentielles $\delta\xi$, $\delta\eta$, $\delta\zeta$, $\delta\theta$, $\delta\varphi$, $\delta\psi$ définissant ces déplacements, les équations de condition

$$(8)\quad \begin{cases} \delta\xi - a\sin\psi\sin\theta\,\delta\theta + a\cos\psi\cos\theta\,\delta\psi + a\cos\psi\,\delta\varphi = 0, \\ \delta\eta + a\cos\psi\sin\theta\,\delta\theta + a\sin\psi\cos\theta\,\delta\psi + a\sin\psi\,\delta\varphi = 0, \\ \delta\zeta - a\cos\theta\,\delta\theta \hphantom{+ a\sin\psi\cos\theta\,\delta\psi + a\sin\psi\,\delta\varphi} = 0. \end{cases}$$

La dernière des relations (7) ou (8) équivaut à la relation en termes finis

$$\zeta = a\sin\theta$$

qui est évidente géométriquement si l'on évalue la distance ζ du point G au plan Π; mais les deux premières relations (8) ne peuvent pas être intégrées et écrites sous forme finie. On voit donc que le système considéré n'est pas holonome : c'est un système à *trois degrés de liberté*, car le déplacement virtuel le plus général compatible avec les liaisons s'obtient en donnant à $\delta\theta$, $\delta\varphi$, $\delta\psi$ des valeurs arbitraires; $\delta\xi$, $\delta\eta$, $\delta\zeta$ sont ensuite déterminés par les relations (8).

463. Emploi des équations de Lagrange combiné avec la méthode des multiplicateurs. — Imaginons, en général, un système assujetti d'abord à des liaisons *exprimables par des relations en termes finis entre les coordonnées des divers points*. Soit, en tenant compte de ces liaisons, k le nombre de paramètres indépendants q_1, q_2, ..., q_k qui fixent la position du système. On aura, pour les coordonnées d'un point quelconque du système, en supposant les liaisons indépendantes du temps,

$$(9)\quad \begin{cases} x = f(q_1, q_2, ..., q_k), \\ y = \varphi(q_1, q_2, ..., q_k), \\ z = \psi(q_1, q_2, ..., q_k). \end{cases}$$

On obtient un déplacement virtuel compatible avec ces liaisons en faisant varier q_1, q_2, ..., q_k de δq_1, δq_2, ..., δq_k. L'équation générale de la Dynamique prend alors la forme (n° 441)

$$(10)\quad (P_1 - Q_1)\delta q_1 + (P_2 - Q_2)\delta q_2 + ... + (P_k - Q_k)\delta q_k = 0,$$

où

$$P_\alpha = \frac{d}{dt}\left(\frac{\partial T}{\partial q'_\alpha}\right) - \frac{\partial T}{\partial q_\alpha}.$$

S'il n'y a pas d'autres liaisons, les δq_1, δq_2, ..., δq_k sont arbitraires, et l'équation (10) fournit k équations qui sont les équations de Lagrange.

Mais supposons maintenant qu'on ajoute aux liaisons précédentes de nouvelles liaisons indépendantes du temps, exprimables par des *relations différentielles non intégrables entre les paramètres* q_1, q_2, ..., q_k. Pour un déplacement virtuel compatible avec ces liaisons, on aura

$$(11) \quad \begin{cases} A_1\,\delta q_1 + A_2\,\delta q_2 + \ldots + A_k\,\delta q_k = 0, \\ B_1\,\delta q_1 + B_2\,\delta q_2 + \ldots + B_k\,\delta q_k = 0, \\ \ldots\ldots\ldots\ldots\ldots\ldots\ldots\ldots\ldots, \\ L_1\,\delta q_1 + L_2\,\delta q_2 + \ldots + L_k\,\delta q_k = 0, \end{cases}$$

où les premiers membres *ne sont pas des différentielles exactes et n'admettent pas de combinaisons intégrables.*

Dans ces conditions, l'équation (10) devra avoir lieu pour tous les déplacements δq_1, δq_2, ..., δq_k vérifiant ces conditions (11). Les équations du mouvement sont alors, d'après la méthode des multiplicateurs de Lagrange,

$$(12) \quad \begin{cases} P_1 = Q_1 + \lambda_1 A_1 + \lambda_2 B_1 + \ldots + \lambda_p L_1, \\ P_2 = Q_2 + \lambda_1 A_2 + \lambda_2 B_2 + \ldots + \lambda_p L_2, \\ \ldots\ldots\ldots\ldots\ldots\ldots\ldots\ldots\ldots, \\ P_k = Q_k + \lambda_1 A_k + \lambda_2 B_k + \ldots + \lambda_p L_k, \end{cases}$$

P_α ayant l'expression ci-dessus. Ces équations jointes aux p équations

$$(13) \quad \begin{cases} A_1\,dq_1 + A_2\,dq_2 + \ldots + A_k\,dq_k = 0, \\ B_1\,dq_1 + B_2\,dq_2 + \ldots + B_k\,dq_k = 0, \\ \ldots\ldots\ldots\ldots\ldots\ldots\ldots\ldots\ldots, \\ L_1\,dq_1 + L_2\,dq_2 + \ldots + L_k\,dq_k = 0, \end{cases}$$

qui expriment que le déplacement réel est compatible avec les liaisons, déterminent q_1, q_2, ..., q_k et λ_1, λ_2, ..., λ_p.

Cette méthode a été employée par Routh (*Advanced rigid Dynamics*, p. 132) et par Vierkandt (*loc. cit.*, p. 47-50).

464. Impossibilité d'appliquer directement les équations de Lagrange au nombre minimum de paramètres (¹). — Nous venons de voir comment on peut utiliser les équations de Lagrange en tenant compte des relations (11) par la méthode des multiplicateurs.

Mais on pourrait essayer de ramener les paramètres au moindre nombre possible en se servant des relations (11) pour laisser subsister le nombre minimum de paramètres dans l'expression du déplacement virtuel, et des équations (13) pour laisser subsister le nombre minimum de paramètres dans l'expression de la demi-force vive

$$T = \frac{1}{2} \Sigma m (x'^2 + y'^2 + z'^2).$$

Après ces modifications, les *équations de Lagrange ne sont plus applicables*. C'est ce que nous allons montrer rapidement.

Un déplacement virtuel compatible avec toutes les liaisons imposées au système est défini, pour le point x, y, z, par

$$\delta x = \frac{\partial x}{\partial q_1} \delta q_1 + \frac{\partial x}{\partial q_2} \delta q_2 + \ldots + \frac{\partial x}{\partial q_k} \delta q_k,$$

$$\delta y = \frac{\partial y}{\partial q_1} \delta q_1 + \frac{\partial y}{\partial q_2} \delta q_2 + \ldots + \frac{\partial y}{\partial q_k} \delta q_k,$$

$$\delta z = \frac{\partial z}{\partial q_1} \delta q_1 + \frac{\partial z}{\partial q_2} \delta q_2 + \ldots + \frac{\partial z}{\partial q_k} \delta q_k,$$

où δq_1, δq_2, ..., δq_k sont liés par les p relations (11). Tirons de ces relations p des variations δq_k, δq_{k-1}, ..., δq_{k-p+1} en fonction linéaire et homogène des autres; nous aurons, en portant dans δx, δy, δz, et faisant $n = k - p$,

$$(14) \quad \begin{cases} \delta x = a_1 \delta q_1 + a_2 \delta q_2 + \ldots + a_n \delta q_n, \\ \delta y = b_1 \delta q_1 + b_2 \delta q_2 + \ldots + b_n \delta q_n, \\ \delta z = c_1 \delta q_1 + c_2 \delta q_2 + \ldots + c_n \delta q_n, \end{cases}$$

où maintenant δq_1, δq_2, ..., δq_n sont arbitraires. Portant ces valeurs de δx, δy, δz dans l'équation générale de la Dynamique, on obtient une relation dans laquelle les coefficients de δq_1,

---

(¹) P. APPELL, *Les mouvements de roulement en Dynamique* (Collection *Scientia*, Gauthier-Villars).

$\delta q_2, \ldots, \delta q_n$ doivent être nuls, et l'on a ainsi les équations du mouvement (n° 433)

$$\sum m\left(a_1\frac{d^2x}{dt^2} + b_1\frac{d^2y}{dt^2} + c_1\frac{d^2z}{dt^2}\right) = \sum(a_1X + b_1Y + c_1Z) = Q_1,$$

$$\cdots\cdots\cdots\cdots\cdots\cdots\cdots\cdots\cdots\cdots\cdots\cdots\cdots\cdots\cdots\cdots$$

$$(15) \left\{ \sum m\left(a_\alpha\frac{d^2x}{dt^2} + b_\alpha\frac{d^2y}{dt^2} + c_\alpha\frac{d^2z}{dt^2}\right) = \sum(a_\alpha X + b_\alpha Y + c_\alpha Z) = Q_\alpha \right.$$

$$(\alpha = 1, 2, \ldots, n),$$

où nous désignerons les deuxièmes membres par Q_α.

D'ailleurs, le déplacement réel étant actuellement compatible avec les liaisons, on a, d'après (14),

$$dx = a_1\,dq_1 + a_2\,dq_2 + \ldots + a_n\,dq_n,$$

$$\cdots\cdots\cdots\cdots\cdots\cdots\cdots\cdots\cdots\cdots\cdots,$$

ou, en adoptant la notation de Lagrange pour les dérivées,

$$x' = a_1 q'_1 + a_2 q'_2 + \ldots + a_n q'_n,$$
$$y' = b_1 q'_1 + b_2 q'_2 + \ldots + b_n q'_n,$$
$$z' = c_1 q'_1 + c_2 q'_2 + \ldots + c_n q'_n.$$

Essayons de suivre, sur la première des équations (15), la méthode qui conduit aux équations de Lagrange. Nous supposerons, pour simplifier, que les coefficients $a_1, b_1, c_1, \ldots, a_2, b_2, c_2, \ldots, a_n, b_n, c_n$ dépendent *uniquement de* $q_1, q_2, \ldots, q_n$. On peut écrire la première équation (15) $(\alpha = 1)$:

$$(16) \qquad \frac{d}{dt}\sum m(a_1 x' + b_1 y' + c_1 z') - R_1 = Q_1,$$

où R_1 désigne la quantité

$$R_1 = \sum m\left(x'\frac{da_1}{dt} + y'\frac{db_1}{dt} + z'\frac{dc_1}{dt}\right).$$

Or, a_1, b_1, c_1 étant évidemment égaux à $\dfrac{\partial x'}{\partial q'_1}, \dfrac{\partial y'}{\partial q'_1}, \dfrac{\partial z'}{\partial q'_1}$, le premier terme de l'équation (16) est

$$\frac{d}{dt}\left(\frac{\partial T}{\partial q'_1}\right),$$

comme dans les équations de Lagrange; mais le deuxième R_1 n'est pas, en général, égal à $\frac{\partial T}{\partial q_1}$. En effet, l'on a

$$\frac{\partial T}{\partial q_1} = \sum m \left(x' \frac{\partial x'}{\partial q_1} + y' \frac{\partial y'}{\partial q_1} + z' \frac{\partial z'}{\partial q_1} \right).$$

Donc

$$(17) \qquad R_1 - \frac{\partial T}{\partial q_1} = \sum m \left[x' \left(\frac{da_1}{dt} - \frac{\partial x'}{\partial q_1} \right) \right. $$
$$\left. + y' \left(\frac{db_1}{dt} - \frac{\partial y'}{\partial q_1} \right) + z' \left(\frac{dc_1}{dt} - \frac{\partial z'}{\partial q_1} \right) \right].$$

Or, les coefficients a_1, b_1, ... étant supposés fonctions de q_1, q_2, ..., q_n, on a

$$\frac{da_1}{dt} = \frac{\partial a_1}{\partial q_1} q'_1 + \frac{\partial a_1}{\partial q_2} q'_2 + \ldots + \frac{\partial a_1}{\partial q_n} q'_n,$$

et, en différentiant par rapport à q_1 l'expression ci-dessus de x',

$$\frac{\partial x'}{\partial q_1} = \frac{\partial a_1}{\partial q_1} q'_1 + \frac{\partial a_2}{\partial q_1} q'_2 + \ldots + \frac{\partial a_n}{\partial q_1} q'_n.$$

Le coefficient de x' dans la différence $R_1 - \frac{\partial T}{\partial q_1}$ est donc

$$(18) \qquad \left(\frac{\partial a_1}{\partial q_2} - \frac{\partial a_2}{\partial q_1} \right) q'_2 + \left(\frac{\partial a_1}{\partial q_3} - \frac{\partial a_3}{\partial q_1} \right) q'_3 + \ldots + \left(\frac{\partial a_1}{\partial q_n} - \frac{\partial a_n}{\partial q_1} \right) q'_n;$$

il n'est pas nul en général. Les coefficients de y' et z' ont des formes analogues. D'après les valeurs de x', y', z' en fonction de q'_1, q'_2, ..., la différence $R_1 - \frac{\partial T}{\partial q_1}$ est donc, en général, une forme quadratique de q_1, q'_2, ..., q'_n. Pour que R_1 soit égal à $\frac{\partial T}{\partial q_1}$, c'est-à-dire pour que l'équation de Lagrange puisse s'appliquer au paramètre q_1, il faut et il suffit que cette forme quadratique soit identiquement nulle, quels que soient les q et les q'.

Cas particuliers. — 1° Si les expressions (14) de δx, δy, δz sont des différentielles totales exactes, toutes les quantités telles que

$$\frac{\partial a_i}{\partial q_\nu} - \frac{\partial a_\nu}{\partial q_i}, \quad \frac{\partial b_i}{\partial q_\nu} - \frac{\partial b_\nu}{\partial q_i}, \quad \frac{\partial c_i}{\partial q_\nu} - \frac{\partial c_\nu}{\partial q_i}$$

sont nulles. Les expressions telles que (17) sont nulles, et les équations de Lagrange s'appliquent à tous les paramètres. Dans ce cas, on peut intégrer les expressions (14) et exprimer x, y, z sous forme finie en fonction de $q_1, q_2, \ldots, q_n$. Le système est holonome.

2° Voici un cas où l'équation de Lagrange s'applique au paramètre q_1. Supposons que l'on ait, pour tous les points,

$$(19) \quad \begin{cases} \dfrac{\partial a_1}{\partial q_2} = \dfrac{\partial a_2}{\partial q_1}, & \dfrac{\partial a_1}{\partial q_3} = \dfrac{\partial a_3}{\partial q_1}, & \ldots, & \dfrac{\partial a_1}{\partial q_n} = \dfrac{\partial a_n}{\partial q_1}, \\[2mm] \dfrac{\partial b_1}{\partial q_2} = \dfrac{\partial b_2}{\partial q_1}, & \dfrac{\partial b_1}{\partial q_3} = \dfrac{\partial b_3}{\partial q_1}, & \ldots, & \dfrac{\partial b_1}{\partial q_n} = \dfrac{\partial b_n}{\partial q_1}, \\[2mm] \dfrac{\partial c_1}{\partial q_2} = \dfrac{\partial c_2}{\partial q_1}, & \dfrac{\partial c_1}{\partial q_3} = \dfrac{\partial c_3}{\partial q_1}, & \ldots, & \dfrac{\partial c_1}{\partial q_n} = \dfrac{\partial c_n}{\partial q_1}. \end{cases}$$

Alors les quantités telles que (18) formant les coefficients de x', y', z' dans $R_i - \dfrac{\partial T}{\partial q_1}$ *sont nulles*, et R_1 est égal à $\dfrac{\partial T}{\partial q_1}$. L'équation de Lagrange s'applique donc au paramètre q_1. On peut caractériser autrement ce cas. Les conditions (19) étant supposées remplies, déterminons des fonctions de $q_1, q_2, \ldots, q_n$ par les conditions

$$U_1 = \int_{q_1^0}^{q_1} a_1 \, dq_1, \qquad V_1 = \int_{q_1^0}^{q_1} b_1 \, dq_1, \qquad W_1 = \int_{q_1^0}^{q_1} c_1 \, dq_1,$$

où q_1^0 est une constante quelconque, l'intégration étant faite par rapport à q_1. On trouve immédiatement, d'après les conditions (19),

$$\frac{\partial U_1}{\partial q_2} = \int_{q_1^0}^{q_1} \frac{\partial a_1}{\partial q_2} \, dq_1 = \int_{q_1^0}^{q_1} \frac{\partial a_2}{\partial q_1} \, dq_1 = a_2 - a_2^0,$$

a_2^0 étant ce que devient a_2 quand on y remplace q_1 par la constante q_1^0. De même

$$\frac{\partial U_1}{\partial q_3} = a_3 - a_3^0, \qquad \ldots, \qquad \frac{\partial U_1}{\partial q_n} = a_n - a_n^0.$$

On a des relations analogues pour V_1 et W_1. On peut alors écrire

$$(20) \quad \begin{cases} \delta x = \delta U_1 + a_2^0 \, \delta q_2 + a_3^0 \, \delta q_3 + \ldots + a_n^0 \, \delta q_n, \\[1mm] \delta y = \delta V_1 + b_2^0 \, \delta q_2 + \ldots + b_n^0 \, \delta q_n, \\[1mm] \delta z = \delta W_1 + c_2^0 \, \delta q_2 + \ldots + c_n^0 \, \delta q_n. \end{cases}$$

Ainsi, l'équation de Lagrange s'applique à q_1, quand, pour un point quelconque du système, $\delta x, \delta y, \delta z$ peuvent se mettre sous la forme *d'une différentielle totale suivie d'une expression différentielle ne contenant pas q_1.*

Par exemple, dans le mouvement du cerceau, l'équation de Lagrange peut être appliquée au paramètre θ, comme l'a déjà remarqué Ferrers (*Quarterly Journal of Mathematics*, 1871-1873). En effet, la position du cerceau autour de son centre de gravité G étant définie par les valeurs des angles θ, φ, ψ, les coordonnées x_1, y_1, z_1 d'un point du cerceau par rapport aux axes $Gx_1y_1z_1$ sont des fonctions de θ, φ, ψ :

$$x_1 = f(\theta, \varphi, \psi), \qquad y_1 = f_1(\theta, \varphi, \psi), \qquad z_1 = f_2(\theta, \varphi, \psi).$$

Les coordonnées absolues x, y, z du même point par rapport aux axes fixes $O\xi\eta\zeta$ sont de la forme

$$x = \xi + f(\theta, \varphi, \psi),$$
$$y = \eta + f_1(\theta, \varphi, \psi),$$
$$z = \zeta + f_2(\theta, \varphi, \psi).$$

Imprimons au système un déplacement virtuel compatible avec les liaisons; nous aurons

$$\delta x = \delta\xi + \delta f, \qquad \delta y = \delta\eta + \delta f_1, \qquad \delta z = \delta\zeta + \delta f_2,$$

où il faut remplacer $\delta\xi$, $\delta\eta$, $\delta\zeta$ par leurs valeurs (8) : mais on voit immédiatement que ces valeurs s'écrivent

$$\delta\xi = \delta(-a\sin\psi\cos\theta) - a\cos\psi\,\delta\varphi,$$
$$\delta\eta = \delta(a\cos\psi\cos\theta) - a\sin\psi\,\delta\varphi,$$
$$\delta\zeta = \delta(a\sin\theta).$$

On a donc enfin pour δx, δy, δz les expressions suivantes :

$$\delta x = \delta(-a\sin\psi\cos\theta + f) - a\cos\psi\,\delta\varphi,$$
$$\delta y = \delta(a\cos\psi\cos\theta + f_1) - a\sin\psi\,\delta\varphi,$$
$$\delta z = \delta(a\sin\theta + f_2).$$

qui sont bien de la forme (20). En effet, nous avons actuellement trois variations arbitraires $\delta\theta$, $\delta\varphi$, $\delta\psi$ et nous voyons que δx, δy, δz peuvent se mettre chacune sous la forme *d'une différentielle totale suivie d'une expression différentielle ne contenant pas θ*. On pourra donc écrire l'équation de Lagrange relative au paramètre θ.

La force vive du cerceau est, en prenant la masse du cerceau pour unité, et employant les notations du n° 411,

$$2\,\mathrm{T} = u^2 + v^2 + w^2 + \mathrm{A}(p^2 + q^2) + \mathrm{C}\,r^2,$$

ou, comme $u = -\,ar$, $v = 0$, $w = ap$,

$$2\,\mathrm{T} = (\mathrm{A} + a^2)p^2 + \mathrm{A}\,q^2 + (\mathrm{C} + a^2)r^2;$$

on pourrait écrire cette expression *a priori* en remarquant que, la vitesse de la molécule H au contact étant nulle, les vitesses des divers points du cerceau sont les mêmes que s'il était animé de la rotation ω autour d'un axe passant par le point de contact H : il faudra dans cette expression de $2\,\mathrm{T}$ remplacer p, q, r par leurs valeurs (411),

$$p = \theta', \qquad q = \psi'\sin\theta, \qquad r = \psi'\cos\theta + \varphi';$$

d'autre part, il existe une fonction de forces

$$\mathrm{U} = -\,g\zeta = -\,ga\sin\theta.$$

Nous venons de voir que l'une des équations du mouvement du cerceau est l'équation de Lagrange relative à θ :

$$\frac{d}{dt}\left(\frac{\partial\mathrm{T}}{\partial\theta'}\right) - \frac{\partial\mathrm{T}}{\partial\theta} = \frac{\partial\mathrm{U}}{\partial\theta}.$$

Comme p seul contient θ', on a

$$\frac{\partial\mathrm{T}}{\partial\theta'} = (\mathrm{A} + a^2)p$$

comme q et r dépendent de θ, on a

$$\frac{\partial\mathrm{T}}{\partial\theta} = \mathrm{A}\,q\,\psi'\cos\theta - (\mathrm{C} + a^2)r\,\psi'\sin\theta.$$

On a ainsi l'équation

$$(\mathrm{A} + a^2)\frac{dp}{dt} - \mathrm{A}\,q\,\psi'\cos\theta + (\mathrm{C} + a^2)r\,\psi'\sin\theta = -\,ga\cos\theta,$$

qui n'est autre chose que l'équation obtenue en éliminant Z entre la troisième des équations (6) et la première des équations (7) du n° 411.

On pourrait adjoindre à cette équation l'équation des forces vives

$$T - U = h,$$

puisque les liaisons sont indépendantes du temps; mais *on n'aurait pas le droit* d'écrire les équations de Lagrange relatives à φ et à ψ.

465. Forme générale des équations du mouvement convenant à tous les systèmes holonomes et non holonomes ([1]). — Imaginons un système assujetti à des liaisons telles que, pour obtenir le déplacement virtuel le plus général compatible avec les liaisons à l'instant t, il suffise de faire subir à k paramètres $q_1, q_2, \ldots, q_k$ des variations arbitraires $\delta q_1, \delta q_2, \ldots, \delta q_k$. Si nous appelons alors x, y, z les coordonnées d'un quelconque des points du système par rapport à des axes fixes, le déplacement virtuel de ce point a pour projections sur les axes

$$(1) \quad \begin{cases} \delta x = a_1\,\delta q_1 + a_2\,\delta q_2 + \ldots + a_k\,\delta q_k, \\ \delta y = b_1\,\delta q_1 + b_2\,\delta q_2 + \ldots + b_k\,\delta q_k, \\ \delta z = c_1\,\delta q_1 + c_2\,\delta q_2 + \ldots + c_k\,\delta q_k, \end{cases}$$

où $\delta q_1, \delta q_2, \ldots, \delta q_k$ sont arbitraires : dans ces formules, les coefficients $a_1, a_2, \ldots, c_k$ peuvent dépendre du temps t, des paramètres $q_1, q_2, \ldots, q_k$ et *d'autres paramètres* $q_{k+1}, q_{k+2}, \ldots, q_{k+p}$ dont les variations sont liées à celles de $q_1, q_2, \ldots, q_k$ par des relations de la forme

$$(2) \quad \begin{cases} \delta q_{k+1} = \alpha_1\,\delta q_1 + \alpha_2\,\delta q_2 + \ldots + \alpha_k\,\delta q_k, \\ \delta q_{k+2} = \beta_1\,\delta q_1 + \beta_2\,\delta q_2 + \ldots + \beta_k\,\delta q_k, \\ \cdots\cdots\cdots\cdots\cdots\cdots\cdots\cdots\cdots \\ \delta q_{k+p} = \lambda_1\,\delta q_1 + \lambda_2\,\delta q_2 + \ldots + \lambda_k\,\delta q_k, \end{cases}$$

les coefficients $\alpha_1, \alpha_2, \ldots, \lambda_k$ dépendant également de t et de l'ensemble des paramètres $q_1, q_2, \ldots, q_k, q_{k+1}, \ldots, q_{k+p}$. Dans ces conditions le déplacement réel du système pendant le temps dt

---

[1] APPELL, *Comptes rendus*, 7 août 1899; *Journal de Crelle*, t. 121; *Journal de Jordan*, t. VI, 1900.

est défini par des relations de la forme

$$(3) \quad \begin{cases} dx = a_1 \, dq_1 + a_2 \, dq_2 + \ldots + a_k \, dq_k + a \, dt, \\ dy = b_1 \, dq_1 + b_2 \, dq_2 + \ldots + b_k \, dq_k + b \, dt, \\ dz = c_1 \, dq_1 + c_2 \, dq_2 + \ldots + c_k \, dq_k + c \, dt, \end{cases}$$

avec

$$(4) \quad \begin{cases} dq_{k+1} = \alpha_1 \, dq_1 + \alpha_2 \, dq_2 + \ldots + \alpha_k \, dq_k + \alpha \, dt, \\ dq_{k+2} = \beta_1 \, dq_1 + \beta_2 \, dq_2 + \ldots + \beta_k \, dq_k + \beta \, dt, \\ \ldots\ldots\ldots\ldots\ldots\ldots\ldots\ldots\ldots\ldots\ldots\ldots, \\ dq_{k+p} = \lambda_1 \, dq_1 + \lambda_2 \, dq_2 + \ldots + \lambda_k \, dq_k + \lambda \, dt, \end{cases}$$

où les coefficients a_i, b_i, c_i, α_i, β_i, $\ldots$, λ_i sont les mêmes que dans les équations (1) et (2). Les coefficients a, b, c, $\ldots$, α, β, $\ldots$, λ, multipliant dt, seront nuls si les liaisons ne dépendent pas du temps.

On peut alors obtenir les équations du mouvement comme il suit.

L'équation générale de la Dynamique, déduite du principe de *d'Alembert* et du principe du travail virtuel, est

$$(5) \quad \Sigma m(x'' \delta x + y'' \delta y + z'' \delta z) = \Sigma(X \delta x + Y \delta y + Z \delta z),$$

où x'', y'', z'' sont les dérivées deuxièmes des coordonnées par rapport au temps, et X, Y, Z les projections d'une quelconque des forces données (n° 431).

Cette équation doit avoir lieu pour tous les déplacements (1) compatibles avec les liaisons : elle se décompose donc dans les k équations suivantes :

$$(6) \quad \begin{cases} \Sigma m(x'' a_1 + y'' b_1 + z'' c_1) = \Sigma(X a_1 + Y b_1 + Z c_1), \\ \Sigma m(x'' a_2 + y'' b_2 + z'' c_2) = \Sigma(X a_2 + Y b_2 + Z c_2), \\ \ldots\ldots\ldots\ldots\ldots\ldots\ldots\ldots\ldots\ldots\ldots\ldots, \\ \Sigma m(x'' a_k + y'' b_k + z'' c_k) = \Sigma(X a_k + Y b_k + Z c_k). \end{cases}$$

Dans ces équations les deuxièmes membres se calculent comme dans les équations de *Lagrange*. En remplaçant δx, δy, δz par leurs valeurs (1), on a, pour la somme des travaux virtuels des forces appliquées,

$$\Sigma(X \delta x + Y \delta y + Z \delta z) = Q_1 \, \delta q_1 + Q_2 \, \delta q_2 + \ldots + Q_k \, \delta q_k.$$

Les quantités Q_1, Q_2, $\ldots$, Q_k sont les deuxièmes membres des équations (6)

$$Q_1 = \Sigma(X a_1 + Y b_1 + Z c_1),$$
$$\ldots\ldots\ldots\ldots\ldots\ldots\ldots\ldots$$

Pour calculer les premiers membres, divisons par dt les relations (3), définissant le déplacement réel, et désignons par x', y', z', q'_1, q'_2, ..., q'_k les dérivées totales $\dfrac{dx}{dt}$, $\dfrac{dy}{dt}$, $\dfrac{dz}{dt}$, $\dfrac{dq_1}{dt}$, $\dfrac{dq_2}{dt}$, ..., $\dfrac{dq_k}{dt}$. Nous aurons

$$(7) \quad \begin{cases} x' = a_1 q'_1 + a_2 q'_2 + \ldots + a_k q'_k + a, \\ y' = b_1 q'_1 + b_2 q'_2 + \ldots + b_k q'_k + b, \\ z' = c_1 q'_1 + c_2 q'_2 + \ldots + c_k q'_k + c. \end{cases}$$

Prenant encore une fois les dérivées totales des deux membres par rapport à t, on a

$$(8) \quad \begin{cases} x'' = a_1 q''_1 + a_2 q''_2 + \ldots + a_k q''_k + \ldots, \\ y'' = b_1 q''_1 + b_2 q''_2 + \ldots + b_k q''_k + \ldots, \\ z'' = c_1 q''_1 + c_2 q''_2 + \ldots + c_k q''_k + \ldots, \end{cases}$$

où les termes non écrits ne contiennent pas q''_1, q''_2, ..., q''_k. Mais alors on a évidemment

$$a_1 = \frac{\partial x''}{\partial q''_1}, \qquad b_1 = \frac{\partial y''}{\partial q''_1}, \qquad c_1 = \frac{\partial z''}{\partial q''_1},$$

$$a_2 = \frac{\partial x''}{\partial q''_2}, \qquad b_2 = \frac{\partial y''}{\partial q''_2}, \qquad c_2 = \frac{\partial z''}{\partial q''_2},$$

$$\ldots \ldots \ldots \ldots \ldots \ldots \ldots \ldots \ldots \ldots$$

Les équations du mouvement s'écrivent donc

$$(9) \quad \begin{cases} \Sigma m \left(x'' \dfrac{\partial x''}{\partial q''_1} + y'' \dfrac{\partial y''}{\partial q''_1} + z'' \dfrac{\partial z''}{\partial q''_1} \right) = Q_1, \\[2mm] \Sigma m \left(y'' \dfrac{\partial x''}{\partial q''_2} + y'' \dfrac{\partial y''}{\partial q''_2} + z'' \dfrac{\partial z''}{\partial q''_2} \right) = Q_2, \\[2mm] \ldots \ldots \ldots \ldots \ldots \ldots \ldots \ldots \ldots \end{cases}$$

Considérons maintenant la fonction

$$S = \frac{1}{2} \Sigma m (x''^2 + y''^2 + z''^2) = \frac{1}{2} \Sigma m J^2,$$

où J est l'accélération absolue du point m : les équations (9) du mouvement prennent la forme

$$(10) \quad \frac{\partial S}{\partial q''_1} = Q_1, \qquad \frac{\partial S}{\partial q''_2} = Q_2, \qquad \ldots, \qquad \frac{\partial S}{\partial q''_k} = Q_k.$$

On voit que, pour les écrire, il suffit de calculer la seule fonction S et de l'exprimer de façon qu'elle ne contienne plus d'autres dérivées deuxièmes que celles des paramètres q_1, q_2, ..., q_k dont les variations sont regardées comme arbitraires. Il peut arriver que cette fonction S, calculée en fonction de q_1, q_2, ..., q_{k+p}, contienne leurs dérivées premières q'_1, q'_2, ..., q'_{k+p} et leurs dérivées deuxièmes q''_1, q''_2, ..., q''_{k+p}; les relations (4) divisées par dt donnent q'_{k+1}, q'_{k+2}, ..., q'_{k+p} en fonction linéaire de q'_1, q'_2, ..., q'_k, et, en les dérivant par rapport au temps, on obtient de même q''_{k+1}, q''_{k+2}, ..., q''_{k+p} en fonction linéaire de q''_1, q''_2, ..., q''_k; on peut donc toujours faire en sorte que la fonction S ne contienne plus d'autres dérivées deuxièmes que q''_1, q''_2, ..., q''_k : elle contient d'ailleurs ces quantités au deuxième degré. Une fois la fonction S ainsi préparée, on peut écrire les équations (10). Ces équations jointes aux conditions (4) forment un système de $k + p$ équations définissant q_1, q_2, ..., q_{k+p} en fonction du temps.

Le mouvement est donc caractérisé par la connaissance de la fonction S qu'on appelle ([1]) *l'énergie d'accélération du système* et par les quantités Q_1, Q_2, ..., Q_k calculées comme dans les équations de Lagrange.

La fonction S est du deuxième degré en q''_1, q''_2, ..., q''_k. Il suffit évidemment de calculer dans S les termes contenant les dérivées secondes des paramètres, car les autres ne donnent rien quand on prend les dérivées partielles par rapport à q''_1, q''_2, ..., q''_k.

On peut remarquer, d'après les formules (7) et (8), que si l'on forme la demi-force vive

$$ T = \frac{1}{2} \sum m (x'^2 + y'^2 + z'^2), $$

les coefficients des termes du deuxième degré en q'_1, q'_2, ..., q'_k dans T sont identiques aux coefficients des termes du deuxième degré en q''_1, q''_2, ..., q''_k dans S. Dans cette fonction S, les coefficients des termes du deuxième degré en q''_1, q''_2, ..., q''_k dépendent des paramètres q_1, q_2, ..., q_{k+p} et du temps; ceux des termes du premier degré en q''_1, q''_2, ..., q''_k contiennent en outre, au second degré, les dérivées premières q'_1, q'_2, ..., q'_{k+p}.

([1]) Cette dénomination a été proposée par M. A. de Saint-Germain. (*Comptes rendus*, t. CXXX).

446. Exemples : PREMIÈRE APPLICATION. — *Mouvement plan d'un point matériel en coordonnées polaires.* — Soient r et θ les coordonnées polaires d'un point (x, y) de masse m. On a

$$x = r\cos\theta, \qquad y = r\sin\theta,$$

$$S = \frac{m}{2}(x'^2 + y'^2) = \frac{m}{2}\left[(r' - r\theta'^2)^2 + (r\theta'' + 2r'\theta')^2\right].$$

En appelant P la composante de la force appliquée X, Y, suivant la perpendiculaire au rayon vecteur, et R sa composante, suivant le rayon vecteur, on voit immédiatement que le travail virtuel

$$X\,\delta x + Y\,\delta y$$

de la force est

$$P\,r\,\delta\theta + R\,\delta r.$$

Les équations du mouvement sont donc

$$\frac{\partial S}{\partial \theta'} = P\,r, \qquad \frac{\partial S}{\partial r''} = R,$$

ou

$$mr(r\theta'' + 2r'\theta') = P\,r, \qquad m(r'' - r\theta'^2) = R.$$

Remarque. — Dans S, la quantité

$$r\theta'' + 2r'\theta'$$

est, au facteur r près, la dérivée de $r^2\theta'$. Introduisons alors, à la place de θ, un paramètre λ dont la variation réelle est définie par

$$d\lambda = r^2\,d\theta$$

et la variation virtuelle par

$$\delta\lambda = r^2\,\delta\theta.$$

Nous aurons

$$\lambda' = r^2\theta', \qquad \lambda'' = r(r\theta'' + 2r'\theta') :$$

donc

$$S = \frac{m}{2}\left[(r'' - r\theta'^2)^2 + \frac{1}{r^2}\lambda'^2\right],$$

$$X\,\delta x + Y\,\delta y = \frac{P}{r}\,\delta\lambda + R\,\delta r,$$

et les équations du mouvement s'écrivent

$$\frac{\partial S}{\partial r''} = R, \qquad \frac{\partial S}{\partial \lambda'} = \frac{P}{r};$$

la seconde est

$$m\lambda'' = P\,r.$$

Si P est nul, λ' est constant, ce qui donne le théorème des aires.

DEUXIÈME APPLICATION. — *Solide mobile autour d'un point fixe.* — Prenons un corps solide mobile autour d'un point fixe O et calculons l'énergie d'accélération S, en rapportant le mouvement à un système d'axes $Oxyz$, mobiles à la fois dans le corps et dans l'espace. Appelons Ω la rotation instantanée du trièdre $Oxyz$ et P, Q, R ses composantes suivant les axes, ω la rotation du corps et p, q, r ses composantes. Une molécule m du corps de coordonnées x, y, z possède une vitesse absolue v de projections

$$v_x = q z - r y, \quad \ldots$$

Cette molécule possède une accélération absolue J ayant pour projections

$$(11) \qquad J_x = \frac{d}{dt} v_x + Q v_z - R v_y, \quad \ldots,$$

comme il résulte de ce que J est la vitesse absolue du point de coordonnées v_x, v_y, v_z. On a, en appelant p', q', r' les dérivées de p, q, r par rapport au temps,

$$\frac{dv_x}{dt} = q \frac{dz}{dt} - r \frac{dy}{dt} + z q' - y r', \quad \ldots$$

Or, $\dfrac{dx}{dt}$, $\dfrac{dy}{dt}$, $\dfrac{dz}{dt}$, projections de la vitesse relative de la molécule, par rapport aux axes O, x, y, z, sont

$$\frac{dx}{dt} = q z - r y - (Q z - R y),$$

car la vitesse relative est la différence géométrique entre la vitesse absolue et la vitesse d'entraînement. D'après cela, on a l'expression suivante de J_x que nous ordonnons par rapport à x, y, z :

$$(12) \qquad J_x = -x(q^2 + r^2) + y[q(p - P) + pQ - r']$$
$$+ z[r(p - P) + pR + q'].$$

On a de même J_y et J_z, et enfin

$$2S = \Sigma m(J_x^2 + J_y^2 + J_z^2).$$

Le calcul de cette somme se fait alors aisément. On voit que, dans le résultat, figureront les quantités $\Sigma m x^2$, $\Sigma m y^2$, $\Sigma m z^2$, $\Sigma m yz$, $\Sigma m zx$, $\Sigma m xy$, faciles à exprimer à l'aide des coefficients A, B, C, D, E, F de l'ellipsoïde d'inertie, relatif au point O, rapporté aux axes $Oxyz$.

Pour simplifier, nous écrirons ici cette somme en supposant que les axes $Oxyz$ sont des axes principaux d'inertie au point O, et en appelant A, B, C les moments d'inertie par rapport à ces axes ; nous avons alors, en nous bornant aux termes en p', q', r' :

$$(13) \quad 2S = Ap'^2 + Bq'^2 + Cr'^2 + 2[(C - B)qr + A(rQ - qR)]p'$$
$$+ 2[(A - C)rp + B(pR - rP)]q'$$
$$+ 2[(B - A)pq + C(qP - pQ)]r' + \ldots$$

Équations d'Euler. — Prenons comme axes mobiles trois axes *invariablement liés* au corps et coïncidant avec trois axes principaux d'inertie. Nous aurons alors

$$P = p, \qquad Q = q, \qquad R = r,$$

$$2S = Ap'^2 + Bq'^2 + Cr'^2$$
$$+ 2(C - B)qrp' + 2(A - C)rpq' + 2(B - A)pqr' + \ldots$$

Appelons L, M, N les sommes des moments des forces appliquées par rapport aux axes, et

$$\delta\lambda, \quad \delta\mu, \quad \delta\nu$$

les angles élémentaires dont il faut faire tourner le corps autour des axes pour l'amener d'une position à une position infiniment voisine. Nous ferons jouer à λ, μ, ν le rôle des paramètres q_1, q_2, $\ldots$, q_k. On a, d'une part,

$$\Sigma(X\,\delta x + Y\,\delta y + Z\,\delta z) = L\,\delta\lambda + M\,\delta\mu + N\,\delta\nu;$$

et, d'autre part, les composantes p, q, r de la rotation instantanée du corps sont

$$p = \frac{d\lambda}{dt} = \lambda', \qquad q = \frac{d\mu}{dt} = \mu', \qquad r = \frac{d\nu}{dt} = \nu'.$$

La fonction S est alors

$$S = \frac{1}{2}(A\lambda'^2 + B\mu'^2 + C\nu'^2)$$
$$+ (C - B)\mu'\nu'\lambda'' + (A - C)\nu'\lambda'\mu'' + (B - A)\lambda'\mu'\nu'' + \ldots,$$

où les termes non écrits ne contiennent pas λ'', μ'', ν''. Les équations du mouvement sont donc

$$\frac{\partial S}{\partial\lambda''} = L, \qquad \frac{\partial S}{\partial\mu''} = M, \qquad \frac{\partial S}{\partial\nu''} = N.$$

La première, par exemple, s'écrit

$$A\lambda'' + (C - B)\mu'\nu' = L;$$

d'après les valeurs de p, q, r, c'est précisément une des équations d'*Euler*.

Corps de révolution suspendu par un point O de son axe. — Menons par O un axe fixe Oz_1, et prenons, comme au n° 400 (*fig.* 234), pour axe Oz l'axe de révolution, pour axe Ox la perpendiculaire au plan zOz_1, et pour axe Oy la perpendiculaire au plan xOz. Quand la position du trièdre $Oxyz$ est connue, pour avoir celle du corps, il suffit de connaître l'angle φ que fait avec Ox un rayon issu de O et invariablement lié au corps dans le plan des xy : la dérivée φ' de cet angle, par rapport au temps, représente la rotation propre du corps autour de Oz. La rotation ω du corps est alors la résultante de la rotation Ω du trièdre et de la rotation φ'. On a donc

$$p = \mathrm{P}, \qquad q = \mathrm{Q}, \qquad r = \mathrm{R} + \varphi'.$$

La fonction S, définie par l'expression (13), devient alors, puisque $A = B$:

$$(14) \qquad 2\mathrm{S} = \mathrm{A}(p'^2 + q'^2) + \mathrm{C}r'^2 + 2(\mathrm{AR} - \mathrm{C}r)(pq' - qp') + \ldots$$

Soient encore $\delta\lambda$, $\delta\mu$, $\delta\nu$ les angles élémentaires dont il faut faire tourner le corps autour des axes Ox, Oy, Oz pour l'amener d'une position à une position voisine, et L, M, N les moments des forces par rapport aux axes Ox, y, z; on a, comme plus haut;

$$p' = \lambda'', \qquad q' = \mu'', \qquad r' = \nu'',$$

et les équations du mouvement sont

$$\frac{\partial \mathrm{S}}{\partial \lambda''} = \mathrm{L}, \qquad \frac{\partial \mathrm{S}}{\partial \mu''} = \mathrm{M}, \qquad \frac{\partial \mathrm{S}}{\partial \nu''} = \mathrm{N};$$

c'est-à-dire, puisque la composante R de la rotation Ω ne dépend pas de λ'', μ'', ν'',

$$\mathrm{A}p' - (\mathrm{AR} - \mathrm{C}r)q = \mathrm{L},$$
$$\mathrm{A}q' + (\mathrm{AR} - \mathrm{C}r)p = \mathrm{M},$$
$$\mathrm{C}r' \qquad\qquad = \mathrm{N}.$$

On retrouve ainsi les équations (61) du n° 400.

467. Théorème analogue au théorème de Kœnig. Application au cerceau. — Soient, dans un système, x, y, z les coordonnées absolues d'un point m; ξ, η, ζ les coordonnées du centre de gravité G; et x_1, y_1, z_1 les coordonnées relatives du même point, par rapport à des axes Gx_1, y_1, z_1, parallèles aux axes fixes et menés par G. Appelons J_0 l'accélération absolue du point G

$$J_0^2 = \xi''^2 + \eta''^2 + \zeta''^2,$$

J_1 l'accélération relative du point m, par rapport aux axes Gx_1, y_1, z_1,

$$J_1^2 = x_1''^2 + y_1''^2 + z_1''^2.$$

Désignons enfin par M la masse totale du système. On a

$$x = \xi + x_1, \qquad y = \eta + y_1, \qquad z = \zeta + z_1,$$
$$x'' = \xi'' + x_1'', \qquad y'' = \eta'' + y_1'', \qquad z'' = \zeta'' + z_1''.$$

Calculons alors l'*énergie d'accélération*

$$S = \frac{1}{2} \sum m\,J^2 = \frac{1}{2} \sum m\,(x'^2 + y'^2 + z'^2),$$

en remarquant que,

$$\sum m\,x_1, \qquad \sum m\,y_1, \qquad \sum m\,z_1$$

étant nuls, on a aussi

$$\sum m\,x''_1 = \sum m\,y''_1 = \sum m\,z''_1 = 0;$$

on trouve

$$S = \frac{1}{2}\,MJ_0^2 + \frac{1}{2} \sum m\,J_1^2.$$

ce qu'on peut écrire

$$S = \frac{1}{2}\,MJ_0^2 - S_1,$$

en appelant S_1 l'énergie d'accélération calculée dans le mouvement relatif autour du centre de gravité.

On a ainsi un théorème analogue au théorème de Kœnig pour la force vive.

Reprenons avec cette nouvelle méthode le problème du cerceau traité au n° 411 (*fig.* 244) avec les mêmes notations.

Prenons la masse du cerceau pour unité; appelons J_0 l'accélération du point G et J_1 l'accélération relative d'un point m du cerceau par rapport à des axes de directions fixes Gx_1, y_1, z_1 passant par G. En appliquant le précédent théorème analogue au théorème de Kœnig, on a

$$S = \frac{1}{2} J_0^2 + S_1.$$

Le mouvement relatif du cerceau autour du point G est le mouvement d'un corps de révolution suspendu par un point de son axe. En appliquant à ce mouvement les notations du numéro précédent on a, d'après (14),

$$2S_1 = A\,(p'^2 + q'^2) + C\,r'^2 + 2(AR - Cr)\,(pq' - qp') + \ldots$$

Il reste donc à calculer J_0^2. Pour cela appelons u, v, w les projections de la vitesse absolue du point G sur les axes Gx, Gy, Gz : pour exprimer que le cerceau roule, il faut écrire que le point matériel du cerceau qui se trouve en contact avec le sol, au point II, a une vitesse nulle. On a ainsi

$$(15) \qquad u + ar = 0, \qquad v = 0, \qquad w - ap = 0.$$

Comme la rotation instantanée du trièdre $Gxyz$ est Ω, l'accélération absolue du point G a pour projections sur les axes Gx, Gy, Gz :

$$\frac{du}{dt} + Q w - R v,$$
$$\frac{dv}{dt} + R u - P w,$$
$$\frac{dw}{dt} + P v - Q u,$$

c'est-à-dire, d'après (15),

$$- a(r' - Qp), \quad - a(Pp + Rr), \quad a(p' + Qr),$$

et l'on a, en faisant la somme des carrés et remarquant que $P = p$, $Q = q$,

$$J_0^2 = a^2(p'^2 + r'^2) - 2a^2 q(pr' - rp') + \ldots,$$

où nous n'écrivons pas les termes ne contenant pas p', q', r'. On a donc enfin

$$2S = (A + a^2)p'^2 + A q'^2 + (C + a^2)r'^2$$
$$+ 2(AR - Cr)(pq' - qp') - 2a^2 q(pr' - rp') + \ldots.$$

Appelons encore

$$\delta\lambda, \quad \delta\mu, \quad \delta\nu$$

les angles infiniment petits dont il faut faire tourner le cerceau autour des axes Gx, Gy, Gz pour l'amener d'une position à une position infiniment voisine. Ces quantités sont arbitraires et déterminent complètement le déplacement du cerceau. Nous prendrons λ, μ, ν comme paramètres q_1, q_2, ..., q_k ($k = 3$), et nous aurons encore

$$p' = \lambda'', \quad q' = \mu'', \quad r' = \nu''.$$

Nous pouvons alors écrire les premiers membres des équations du mouvement telles que (10). Il reste à calculer les deuxièmes membres. Pour cela il faut calculer la somme des travaux des forces appliquées :

$$\sum (X\,\delta x + Y\,\delta y + Z\,\delta z)$$

et la mettre sous la forme

$$L'\delta\lambda + M'\delta\mu + N'\delta\nu ;$$

L', M', N' seront les deuxièmes membres des équations. Ces quantités ont une signification simple. Menons par le point de contact H avec le sol trois axes Hx', Hy', Hz' parallèles aux axes Gx, Gy, Gz : L', M', N' sont respectivement les sommes des moments des forces appliquées prises par rapport à ces nouveaux axes. En effet, la vitesse de la molécule placée en H étant nulle dans un déplacement compatible avec les liaisons, le déplacement infiniment petit du cerceau est le déplacement résultant de trois rotations élémentaires $\delta\lambda$, $\delta\mu$, $\delta\nu$ autour des axes Hx', Hy', Hz', sans déplacement de H ; ce qui démontre la proposition.

Si la seule force appliquée est le poids g appliqué en G, on a évidemment

$$L' = - ga\cos\theta, \qquad M' = o, \qquad N' = o.$$

Les équations du mouvement sont alors

$$\frac{\partial S}{\partial\lambda''} = - ga\cos\theta, \qquad \frac{\partial S}{\partial\mu''} = o, \qquad \frac{\partial S}{\partial\nu''} = o,$$

c'est-à-dire, d'après la valeur de S,

$$(A + a^2)p' - (AR - Cr)q + a^2 qr = - ga\cos\theta,$$
$$A q' + (AR - Cr)p = o,$$
$$(C + a^2)r' - a^2 pq = o,$$

dont les deux dernières sont identiques aux équations (9) et (10) du n° 441 et la première à l'équation de Lagrange relative à θ (n° 464).

On traitera de la même façon le problème général du roulement d'un corps pesant de révolution quelconque sur un plan. [Voir *Développements sur une forme nouvelle des équations de la Dynamique*, par M. Appell (*Journal de Mathématiques de M. Jordan*, t. VI, fasc. 1, 1900, p. 33).]

Le mouvement d'une sphère, assujettie à rouler sur une surface de révolution, a été étudié par M. Fritz Nœther, à Erlangen, dans une thèse présentée à l'Université de Munich en 1909 (Teubner, éditeur).

468. Les équations du mouvement obtenues en cherchant le minimum d'une fonction du second degré. — Si l'on forme la fonction

$$R = S - (Q_1 q_1'' + Q_2 q_2'' + \ldots + Q_k q_k'')$$

qui contient les lettres q'' au deuxième degré, on voit que les équations du mouvement (9) peuvent s'écrire

$$(16) \qquad \frac{\partial R}{\partial q_1''} = o, \qquad \frac{\partial R}{\partial q_2''} = o, \qquad \ldots, \qquad \frac{\partial R}{\partial q_k''} = o.$$

Ce sont les équations que l'on aurait à écrire pour trouver les valeurs de q_1'', q_2'', ..., q_k'' rendant R minimum. Inversement les valeurs des q'' tirées de ces équations rendent R minimum, car les termes homogènes du deuxième degré de R proviennent de S et constituent une forme quadratique définie positive. Comme les valeurs des q'' déterminent les accélérations, on peut interpréter ce résultat en disant que *les valeurs des accélérations à chaque instant rendent* R *minimum*.

Dans cet énoncé, on peut remplacer la fonction R par toute autre fonction qui en diffère seulement par des termes indépendants des accélérations, par exemple par les deux fonctions suivantes :

$$\frac{1}{2} \sum m(x''^2 + y''^2 + z''^2) - \sum (X x'' + Y y'' + Z z''),$$

$$\frac{1}{2} \sum \frac{1}{m} [(m x'' - X)^2 + (m y'' - Y)^2 + (m z'' - Z)^2].$$

Le fait que les accélérations rendent cette dernière fonction minimum est une conséquence du principe de la moindre contrainte de *Gauss*, sur lequel nous reviendrons à la fin du Chapitre suivant.

469. **Sur l'impossibilité de caractériser un système non holonome par la seule fonction T.** — Quand les liaisons d'un système sans frottement peuvent être exprimées en termes finis et quand on emploie des paramètres qui sont de véritables coordonnées, les équations de Lagrange sont applicables. Supposons, pour simplifier, qu'il existe une fonction de forces U. On peut alors écrire les équations du mouvement dès que l'on connaît les expressions de la demi-force vive T et de U en fonction des paramètres indépendants.

Si, au contraire, les liaisons ne peuvent pas s'exprimer toutes par des relations en termes finis, on ne peut plus appliquer les équations de Lagrange ; pour écrire les équations du mouvement, il suffit de connaître U et l'énergie d'accélération $S = \frac{1}{2} \sum m J^2$ composée avec les accélérations comme T avec les vitesses. Mais cela est-il nécessaire ?

Ne pourrait-il pas exister des équations du mouvement, plus générales que celles de Lagrange, applicables à tous les cas et n'exigeant, pour être écrites, que la connaissance des deux fonctions T et U ? Nous allons montrer que de telles équations n'existent pas. Pour cela, nous indiquerons deux systèmes différents dans lesquels les fonctions T et U sont identiquement les mêmes sans que, cependant, les équations du mouvement soient les mêmes.

Premier système. — Imaginons un solide pesant qui remplisse les conditions suivantes :

1° Le solide est terminé par une arête vive ayant la forme d'un cercle K de rayon a ;

2° Le centre de gravité G du corps est situé au centre du cercle K ;

3° L'ellipsoïde d'inertie relatif au centre de gravité G est de révolution autour de la perpendiculaire Gz au plan du cercle.

Supposons ensuite que le corps solide ainsi constitué soit assujetti à rouler sans glisser sur un plan horizontal fixe, qu'il touche par l'arête circulaire K.

Soit, comme au n° 411, Gz_1 la verticale ascendante menée par G; prenons comme axe Gx la perpendiculaire au plan zGz_1 et comme axe Gy la perpendiculaire au plan xGz. Gx est alors une horizontale du plan du cercle K et Gy une ligne de plus grande pente de ce plan aboutissant au point par lequel le cercle touche le plan fixe. Désignons par θ l'angle de Gz avec la verticale ascendante Gz_1 et par ψ l'angle de Gx avec une horizontale fixe. Ces deux angles déterminent l'orientation du trièdre $Gxyz$. Pour fixer la position du corps solide par rapport au trièdre $Gxyz$, il suffit de connaître l'angle φ que fait un rayon de cercle K, invariablement lié au corps avec l'axe Gx. La rotation instantanée ω du corps est alors la résultante de la rotation du trièdre et d'une rotation $\dfrac{d\varphi}{dt} = \varphi'$ autour de Gz. Les composantes p, q, r sont donc

$$p = 0, \qquad q = \psi' \sin\theta, \qquad r = \psi' \cos\theta + \varphi'.$$

D'autre part, la condition que le cercle K roule montre que le carré de la vitesse du centre de gravité G est $a^2(p^2 + r^2)$. En définitive, en prenant la masse du corps comme unité et appelant A et C les moments d'inertie par rapport à Gx et Gz, on a

$$2T = -a^2(p^2 + r^2) + A(p^2 + q^2) + Cr^2,$$

d'où, pour l'expression définitive des fonctions T et U,

$$(1) \quad \begin{cases} 2T = A\psi'^2 \sin^2\theta + (A + a^2)\theta'^2 + (C + a^2)(\psi' \cos\theta + \varphi')^2, \\ U = -ga \sin\theta. \end{cases}$$

Deuxième système. — Soit un deuxième corps pesant, de même forme, de même rayon a et de même masse que le précédent. Imaginons que la distribution de la masse soit différente, de telle façon qu'en appelant A_1 et C_1 les moments d'inertie analogues à A et C on ait

$$A_1 = A, \qquad C_1 = C + a^2.$$

Assujettissons ce corps aux deux liaisons suivantes : le corps touche, par l'arête circulaire K, un plan horizontal fixe P_1 sur lequel il peut glisser sans frottement; le centre de gravité G du corps glisse sans frottement sur une circonférence verticale fixe dont le rayon est a et dont le centre O est dans le plan fixe P_1.

Pour exprimer ces liaisons, prenons les mêmes axes mobiles $Gxyz$ et les mêmes notations que plus haut; appelons ξ, η, ζ les coordonnées absolues du point G par rapport à deux axes $O\xi$ et $O\eta$ du plan P_1 et une verticale ascendante $O\zeta$. On peut supposer que la circonférence verticale fixe, décrite par G, est dans le plan $\xi O\zeta$; on a alors

Première liaison : $\zeta = a \sin\theta$;

Deuxième liaison : $\eta = 0, \qquad \xi^2 + \zeta^2 = a^2$;

d'où, évidemment,

$$\xi = a \cos \theta.$$

On a, dans ces conditions,

$$2\,T_1 = \xi'^2 + \eta'^2 + \zeta'^2 + A_1(p^2 + q^2) + C_1 r^2,$$

ou, d'après les valeurs de ξ, η, ζ, A_1 et C_1,

$$(2) \quad \begin{cases} 2\,T_1 = A\,\psi'^2 \sin^2\theta + (A + a^2)\theta'^2 + (C + a^2)(\psi'\cos\theta + \varphi')^2, \\ U_1 = -\,ga \sin\theta. \end{cases}$$

On voit que les fonctions T et T_1, U et U_1 sont identiques : cependant, les équations du mouvement sont différentes, car les équations de Lagrange s'appliquent au deuxième système et ne s'appliquent pas au premier. C'est ce que nous voulions montrer.

On peut remarquer que, sur les trois équations du mouvement, deux peuvent être amenées à avoir la même forme dans les deux systèmes : en effet, l'intégrale des forces vives est évidemment la même pour les deux; de plus, on a le droit d'écrire pour le premier système l'équation de Lagrange relative à θ (n° 464), ce qu'on peut faire évidemment pour le deuxième. Mais les troisièmes équations sont différentes dans les deux mouvements; pour le deuxième système, on a l'intégrale $r = r_0$ qui n'existe pas pour le premier.

Il va de soi que la différence entre les deux mouvements apparaît immédiatement si l'on forme les deux fonctions S et S_1.

Remarque sur les liaisons exprimées par des relations non linéaires par rapport aux composantes des vitesses. — Les liaisons non holonomes, telles que les roulements, considérées jusqu'ici, s'expriment par des relations *linéaires* entre les différentielles des coordonnées déterminant la configuration des systèmes. Mais on peut considérer des liaisons plus générales, exprimées par des relations *non linéaires* entre ces différentielles. Le principe du n° 468 permet encore de traiter ces questions. (APPELL., *Comptes rendus*, 8 mai 1911, et *Rendiconti di Palermo*, 1911.)

VII. — LIAISONS COMPORTANT UN ASSERVISSEMENT.

470. Asservissement. — Dans une thèse remarquable soutenue en novembre 1922 devant la Faculté des Sciences de Paris et relative à l'*Étude théorique des compas gyrostatiques* ANSCHÜTZ et SPERRY, M. Henri BEGHIN a introduit la notion nouvelle d'asservissement.

Il existe une catégorie importante de mécanismes qui réalisent les liaisons par une méthode toute différente de celles qui viennent d'être examinées. Pour ces mécanismes, *on ne peut faire abstraction du mode de réalisation des liaisons.*

Les liaisons réalisées par ces mécanismes peuvent être quelconques; elles sont le plus souvent holonomes. Mais, au lieu que ces réalisations soient, pour ainsi dire passives, obtenues par simple contact, elles utilisent des forces quelconques (forces électromagnétiques, pression d'air comprimé, etc.), en un mot, *des sources d'énergie auxiliaires, qui entrent en jeu automatiquement, et sont automatiquement dosées de manière à réaliser à chaque instant telle ou telle liaison.* On peut même imaginer un être animé agissant par contact, et réglant son action de manière à réaliser telle ou telle liaison.

Soit un solide Σ, par exemple un disque, mobile autour d'un diamètre Δ sous l'influence de certaines forces données. Un solide Σ_1, par exemple un anneau concentrique, de diamètre Δ, est mobile autour de Δ sans avoir aucun contact avec Σ. L'anneau Σ_1 porte une roue dentée a d'axe Δ, engrenant avec un pignon b calé sur l'arbre d'un moteur M. Il est facile d'imaginer un dispositif [1] qui, sans agir directement ni sur Σ ni sur Σ_1, mette le moteur M en marche, dans un sens ou dans l'autre, toutes les fois que Σ et Σ_1 ne sont pas dans un même plan. Si α et α_1 sont les azimuts de Σ et de Σ_1, la liaison

$$\alpha = \alpha_1$$

se trouve ainsi réalisée : de sorte que *l'anneau Σ_1 suit le disque Σ dans tous ses mouvements autour de Δ, sans être entraîné par lui.* Il est évident que la manière dont se comporte ce système n'a rien de commun avec la manière dont il se comporterait si Σ entraînait Σ_1 par contact direct : si, par exemple, un petit ressort fixé à Σ_1 s'appuie sur Σ, le système prendra une rotation uniformément accélérée dans le cas de l'asservissement, alors qu'il resterait évidemment immobile dans la seconde hypothèse.

Quelles sont, dans l'exemple précédent, les forces de liaison du système? Si je considère le système $\Sigma\Sigma_1$, ces forces sont, d'une part, les réactions le long de l'axe Δ qui sont des forces de liaison ordinaires, et les réactions du pignon b sur la roue a. Ces réactions, qui jouent un rôle capital dans le problème, ont un caractère tout à fait spécial, car le pignon b (obstacle étranger) qui les exerce n'est pas fixe, ni de mouvement connu d'avance en fonction de t : c'est *un obstacle dont la position est connue d'avance en fonction des paramètres* (ici α, α_1) *dont dépend le système considéré* $\Sigma\Sigma_1$.

Si j'englobe dans le système considéré le rotor R du moteur M, les forces de liaison sont, outre les actions de contact des obstacles fixes et les actions au contact $R\Sigma_1$, qui sont des forces de liaison ordinaires, les actions électromagnétiques auxquelles le rotor est soumis de la part du stator. Ces forces ont, en effet, le caractère des forces de liaison : *elles sont inconnues, mais on sait qu'elles ont la valeur qu'il faut pour assurer la liaison considérée.*

---

[1] *Voir* la description du Compas Sperry (*The Sperry Gyrocompass*, 7).

Dans tout déplacement élémentaire compatible avec la liaison $\alpha = \alpha_1$, les forces de liaison ordinaires ont un travail nul; au contraire, les autres forces de liaison — qu'il s'agisse des réactions d'obstacles étrangers dont la position dépend des paramètres α, α_1, ou de ces actions électromagnétiques s'exerçant à distance sur le rotor — ont un travail différent de zéro. Et c'est en cela que les mécanismes comportant un asservissement se distinguent des autres.

Étude générale des mécanismes comportant un asservissement. Principe de d'Alembert. — Soit un système matériel Σ ne présentant aucune cause de dissipation d'énergie. Supposons, en outre, qu'aucune partie de ce système ne soit susceptible de contraction ou de dilatation, à l'exception de ce qui sera admis ci-dessous.

En tenant compte des contacts qui lui sont imposés, ce système est supposé dépendre d'un nombre limité h de paramètres q_1, q_2, ..., q_h; de telle manière que les coordonnées x, y, z de chaque élément de Σ soient des fonctions connues d'avance de ces paramètres et, peut-être aussi, du temps t :

$$(1) \qquad x = f(q_1, q_2, \ldots, q_h, t); \qquad y = \ldots; \qquad z = \ldots$$

Certains des obstacles étrangers avec lesquels Σ est en contact sont fixes, ou dépendent de t; d'autres, par suite des contacts imposés, sont supposés dépendre d'un certain nombre k des paramètres précédents, soit q_1, ..., q_k, et, peut-être aussi, de t.

Ces conditions de contact sont des *liaisons holonomes par contact.*

Supposons en outre le système soumis à certaines liaisons non holonomes, c'est-à-dire que les paramètres q_1, ..., q_h sont liés par un certain nombre p de relations différentielles exprimant des conditions de roulement sans glissement ou sans pivotement en certains contacts. Ces relations permettraient d'exprimer les p variations élémentaires

$$dq_{n+1}, \quad dq_{n+2}, \quad \ldots, \quad dq_{n+p} \qquad (n + p = h);$$

en fonction de $dq_1, dq_2, \ldots, dq_n$ et de dt; elles sont de la forme

$$(2) \qquad (p \text{ relations}) \begin{cases} A_1\, dq_1 + \ldots + A_h\, dq_h + A\, dt = 0, \\ B_1\, dq_1 + \ldots + B_h\, dq_h + B\, dt = 0, \\ \cdots\cdots\cdots\cdots\cdots\cdots\cdots\cdots\cdots \end{cases}$$

Ces conditions sont des *liaisons non holonomes par contact.* Ce sont ces deux seuls types de liaisons que l'on rencontre dans les problèmes courants.

Dans tout déplacement élémentaire compatible avec les liaisons, telles qu'elles existent à l'instant t, c'est-à-dire dans lesquelles δt est nul, et δq_1, ..., δq_n arbitraires, les réactions mutuelles entre les corps du système ont un travail nul, ainsi que les réactions d'obstacles fixes ou dépendant de *t*. Je dirai que ces réactions sont des *forces de liaison de première espèce*.

Le système Σ est supposé soumis, en outre, à d'autres liaisons, que j'appellerai *liaisons par asservissement*, s'exprimant, elles aussi, par des équations finies ou par des équations différentielles linéaires, mais réalisées au moyen de forces tout à fait différentes : ces forces, que j'appellerai *forces de liaison généralisées ou de deuxième espèce*, sont appliquées à des corps du système : elles peuvent être *extérieures* ou *intérieures*.

Dans le premier cas, ce sont, soit des actions à distance, électromagnétiques ou autres, qui sont réglées *automatiquement* de manière à assurer la liaison finie ou différentielle qu'elles sont chargées de réaliser, soit des actions de contact des obstacles étrangers, dont la position a été supposée dépendre de $q_1, \ldots, q_k, t$, et dont le mouvement doit être réglé *automatiquement* de telle manière que certaines équations finies ou différentielles soient vérifiées à chaque instant par les paramètres q.

Dans le deuxième cas, c'est-à-dire si ces forces de liaison de deuxième espèce sont intérieures, ce sont, soit des actions à distance, électromagnétiques, soit des efforts intérieurs dans des corps susceptibles de contraction ou de dilatation (air comprimé, muscles d'un être animé), efforts qui sont réglés *automatiquement* — par exemple, par la volonté de l'être animé — de manière à réaliser telle ou telle liaison. Sauf cette exception, le système ne sera pas supposé compressible.

Le système Σ pourra être constitué par un moteur électrique dont la vitesse ω serait indépendante de la charge, comme serait, par exemple, dans certaines limites, un moteur-dérivation. La liaison d'asservissement ainsi réalisée serait de la forme

$$d\theta = \omega \, dt.$$

Le système pourra être constitué par un cycliste et sa machine ; le cycliste pourra contracter ses muscles, non pas d'une quantité donnée, mais d'une quantité dosée de telle manière que certaines liaisons se trouvent réalisées : il réglera l'action de ses jambes de manière à réaliser une vitesse angulaire constante, ou bien il contractera les muscles du corps de manière à réaliser une inclinaison du cadre fonction de t, etc. Les méthodes indiquées ci-dessous permettront d'étudier la variation des paramètres inconnus.

On pourrait imaginer aussi, comme application, un navire Σ dont une partie σ de la cargaison serait mise en mouvement automatiquement par un moteur, de manière à réaliser certaines liaisons : on pourrait, par exemple, comme condition d'asservissement, obtenir que le navire restât constamment vertical, ce qui réaliserait un stabilisateur de roulis ; un petit appareil gyrostatique, basé sur le principe du stabilisateur Schlick, indiquerait à bord la verticale vraie ; le moteur d'asservissement entrerait en action dès que cette verticale ne serait pas dans le plan de symétrie du navire. On pourrait ainsi régler le mouvement de σ de manière à réaliser telle relation entre sa position et l'inclinaison du navire. On pourrait ainsi changer à volonté la période d'oscillation du navire et éviter, le cas échéant, le synchronisme de la houle. On pourrait régler le mouvement de σ de manière à réaliser telle relation entre sa position et la vitesse angulaire du navire, ce qui permettrait d'amortir les oscillations, etc. Les forces de liaison de deuxième espèce seraient ici les actions mutuelles de Σ et de σ.

Un système matériel présentant des forces de liaison de deuxième espèce sera dit *comporter un asservissement*. Il est manifeste que *le travail virtuel des forces de liaison de deuxième espèce est généralement différent de zéro*.

Ces définitions posées, imaginons que les relations d'asservissement soient au nombre de r, les unes finies, les autres différentielles, de la forme

$$(3) \quad (r \text{ relations}) \quad \begin{cases} g(q_1, \ldots, q_h, t) = 0, \quad \ldots; \\ \varepsilon_1 \, dq_1 + \varepsilon_2 \, dq_2 + \ldots + \varepsilon_h \, dq_h + \varepsilon \, dt = 0, \quad \ldots \end{cases}$$

Les déplacements virtuels du système, compatibles avec les liaisons *par contact*, telles qu'elles existent à l'instant t ($\delta t = 0$), s'obtiennent en prenant arbitrairement $h - p$ des variations élémentaires $\delta q_1, \ldots, \delta q_h$; les p autres étant définies par les relations (1) qui se réduisent ici à

$$(2') \qquad (p \text{ relations}) \quad \begin{cases} A_1 \, \delta q_1 + \ldots + A_h \, \delta q_h = 0, \\ B_1 \, \delta q_1 + \ldots + B_h \, \delta q_h = 0, \\ \ldots \ldots \ldots \ldots \ldots \ldots \ldots \end{cases}$$

Parmi ces déplacements, il en existe pour lesquels on peut affirmer *a priori* que le travail des forces de liaison de deuxième espèce est nul, sans connaître autre chose que leur mode d'action; nous supposons que ce soient ceux qui vérifient simultanément les j relations

$$(4) \qquad (j \text{ relations}) \quad \begin{cases} a_1 \, \delta q_1 + \ldots + a_h \, \delta q_h = 0, \\ \ldots \ldots \ldots \ldots \ldots \ldots \ldots \ldots, \\ l_1 \, \delta q_1 + \ldots + l_h \, \delta q_h = 0. \end{cases}$$

Le principe de d'Alembert, appliqué à l'un quelconque de ces déplacements s'exprime par l'équation

$$(5) \qquad \Sigma m(x'' \, \delta x + y'' \, \delta y + z'' \, \delta z) = \Sigma(X \, \delta x + Y \, \delta y + Z \, \delta z),$$

le signe Σ du premier membre s'étendant à tous les éléments du système, m désignant la masse de l'un de ces éléments, x'', y'', z'', les projections de son accélération, le signe Σ du second membre s'étendant à toutes les forces données X, Y, Z. Il est évident, en effet, que, pour ces déplacements, les forces de liaison, qu'elles soient de première ou de deuxième espèce, ont un travail nul.

Cette équation se décompose en $h - p - j$, puisque, les h variations élémentaires $\delta q_1, \ldots, \delta q_h$ étant assujetties aux p relations $(2')$ et aux j relations (4), $h - p - j$ de ces variations seulement sont arbitraires.

Pour écrire effectivement ces équations, nous emploierons la méthode des multiplicateurs de Lagrange : x, y, z étant exprimés en fonction de q_1, ..., q_h, t par les équations (1), le premier membre de l'équation (5) est la somme de h termes de la forme

$$(6) \qquad \delta q \sum m \left(x'' \frac{\partial x}{\partial q} + y'' \frac{\partial y}{\partial q} + z'' \frac{\partial z}{\partial q} \right) = P\,\delta q,$$

où q désigne l'un quelconque des h paramètres. Le second membre est la somme des h termes de la forme

$$(7) \qquad \delta q \sum \left(X \frac{\partial x}{\partial q} + Y \frac{\partial y}{\partial q} + Z \frac{\partial z}{\partial q} \right) = Q\,\delta q.$$

L'équation de d'Alembert s'écrit

$$(8) \qquad (P_1 - Q_1)\,\delta q_1 + (P_2 - Q_2)\,\delta q_2 + \ldots + (P_h - Q_h)\,\delta q_h = 0.$$

À cette équation, ajoutons les p relations (2') respectivement multipliées par les coefficients Λ, M, ..., et les j relations (4) respectivement multipliées par λ, μ, ..., ces coefficients Λ, M, ..., λ, μ, ... constituant $p + j$ inconnues auxiliaires. Nous obtenons l'équation

$$(9) \qquad \Sigma(P_i - Q_i + \Lambda A_i + M B_i + \ldots + \lambda a_i + \mu b_i + \ldots)\,\delta q_i = 0,$$

où i représente les indices 1, 2, ..., h. Les multiplicateurs Λ, M, ..., λ, μ, ... peuvent être choisis de manière que les coefficients de $p + j$ des variations δq_i soient nuls, car il est bien entendu dans ce qui précède que les relations (2') et (4) sont indépendantes. L'équation (9) devra être vérifiée quelles que soient les $h - p - j$ autres variations δq_i, de sorte que les coefficients de ces $h - p - j$ variations dans l'équation (9) devront eux aussi être nuls.

En résumé, le problème se ramène à résoudre les h équations

$$(10) \quad \left\{ \begin{array}{l} P_1 - Q_1 + \Lambda A_1 + M B_1 + \ldots + \lambda a_1 + \mu b_1 + \ldots = 0, \\ P_2 - Q_2 + \Lambda A_2 + M B_2 + \ldots + \lambda a_2 + \mu b_2 + \ldots = 0, \\ \ldots\ldots\ldots\ldots\ldots\ldots\ldots\ldots\ldots\ldots\ldots\ldots\ldots\ldots\ldots\ldots\ldots\ldots, \end{array} \right.$$

auxquelles il y a lieu d'adjoindre les p équations (2) exprimant les liaisons non holonomes par contact et les r équations d'asservissement (3), soit, en tout, $h + p + r$ équations à $h + p + j$ inconnues (q_1, ..., q_h, Λ, M, ..., λ, μ, ...).

S'il arrive que r soit supérieur à j, le problème est généralement impossible, c'est-à-dire qu'il n'est pas possible de réaliser un nombre de liaisons d'asservissement supérieur au nombre de conditions restrictives qu'il faut imposer aux paramètres q pour annuler le travail virtuel des forces de deuxième espèce.

Si r est égal à j, le problème se résout par les équations (2), (3) et (10).

Si r est inférieur à j, le mouvement est indéterminé : on conçoit d'ailleurs que, si la fonction que doivent remplir ces forces de deuxième espèce n'est pas suffisamment définie, leur élimination devient impossible, et que le mouvement ne peut s'étudier sans qu'on se les donne particiellement.

Cas particuliers. — 1° Supposons que les équations (2') qui expriment que les déplacements virtuels sont compatibles avec les liaisons non holonomes par contact et les équations (4) qu'on est conduit à introduire pour annuler le travail des forces de liaison de deuxième espèce, soient résolues par rapport aux $p + j = m$ variations $\delta q_1, \ldots, \delta q_m$:

$$(11) \quad \begin{cases} \delta q_1 = \mathcal{A}_{m+1}\, \delta q_{m+1} + \ldots + \mathcal{A}_h\, \delta q_h, \\ \ldots\ldots\ldots\ldots\ldots\ldots\ldots\ldots\ldots\ldots\ldots\ldots, \\ \delta q_m = \mathcal{L}_{m+1}\, \delta q_{m+1} + \ldots + \mathcal{L}_h\, \delta q_h; \end{cases}$$

les multiplicateurs de Lagrange deviennent inutiles; remplaçant, dans l'équation (8), $\delta q_1, \ldots, \delta q_m$ par ces expressions, j'obtiens une équation linéaire en $\delta q_{m+1}, \ldots, \delta q_h$, qui doit être vérifiée, quelles que soient ces variations, d'où $h - m$ équations de la forme

$$(12) \quad P_{m+i} - Q_{m+i} + \mathcal{A}_{m+i}(P_1 - Q_1) \ldots + \mathcal{L}_{m+i}(P_m - Q_m) = 0,$$

où i désigne l'un des nombres 1, 2, $\ldots$, $h - m$.

A ces équations, il y a lieu d'adjoindre les p équations (2) et les r équations (3) d'asservissement.

2° Si les équations (11) se réduisent à

$$(13) \quad \delta q_1 = 0, \quad \ldots, \quad \delta q_m = 0,$$

les équations du mouvement se réduisent à la forme simple

$$(14) \quad P_{m+1} = Q_{m+1}, \quad \ldots, \quad P_h = Q_h.$$

3° Supposons que les forces de liaison de seconde espèce soient uniquement les actions de contact d'un système auxiliaire Σ_1 d'obstacles mobiles, dont la position dépend de certains $q_1, \ldots, q_k$ des paramètres $q_1, \ldots, q_h$. Dans ce cas, les relations (4) sont

$$(15) \quad \delta q_1 = 0, \quad \ldots, \quad \delta q_k = 0,$$

car c'est en laissant fixes ces obstacles qu'on annulera le travail de leurs actions sur le système donné Σ. Les multiplicateurs λ, μ, $\ldots$ deviennent inutiles, car l'équation (8) ne contient plus que $\delta q_{k+1}, \ldots, \delta q_h$. Les équations (10) se réduisent aux suivantes, au nombre de $h - k$,

$$(16) \quad \begin{cases} P_{k+i} - Q_{k+i} + \Lambda A_{k+i} + MB_{k+1} + \ldots = 0, \\ \ldots\ldots\ldots\ldots\ldots\ldots\ldots\ldots\ldots\ldots\ldots\ldots, \\ P_h - Q_h + \Lambda A_h + MB_h + \ldots = 0, \end{cases}$$

auxquelles, comme dans le cas général, il y a lieu d'adjoindre les p équations (2) et les r relations (3), soit $h = k + p + r$ relations à $h + p$ inconnues. Le problème est déterminé, si le nombre d'équations d'asservissement est égal au nombre k de paramètres dont dépend le système auxiliaire Σ_1.

4° Les hypothèses étant celles du paragraphe précédent (3°), nous supposons, en outre, que les liaisons par contact du système soient toutes holonomes ($p = o$); les multiplicateurs Λ, M, ... deviennent, eux aussi, inutiles, et les équations (10) se réduisent aux $h - k$ suivantes :

$$(17) \qquad\qquad P_{k+1} = Q_{k+1}, \quad \ldots ; \quad P_h = Q_h,$$

auxquelles il y a lieu d'adjoindre les r équations (3) exprimant l'asservissement. Les inconnues sont uniquement $q_1, \ldots, q_h$.

Remarques. — 1° Dans les systèmes sans asservissement, les déplacements virtuels auxquels on applique l'équation de d'Alembert sont ceux qui sont compatibles avec toutes les liaisons. Dans les systèmes comportant un asservissement, ce sont des déplacements tout différents : on a ainsi en évidence les raisons analytiques de la différence qui existe entre ces deux catégories de systèmes, et l'on conçoit tout l'intérêt qui s'attache, au point de vue industriel, aux mécanismes qui comportent un asservissement.

2° Dans le cas où les forces de liaison de deuxième espèce sont uniquement les réactions d'obstacles mobiles dont la position est fonction de certains paramètres q (cas 3° et 4°), la solution du problème est indépendante de l'inertie de ces corps et des forces données qui leur sont appliquées.

Si donc, dans un système soumis à r relations d'asservissement, on peut faire deux parts Σ, Σ_1, telles que le système partiel Σ ne soit soumis à aucune force de liaison de deuxième espèce, en dehors des réactions du système Σ_1, si, d'autre part, le nombre de paramètres dont dépend ce système Σ_1 est égal au nombre de conditions d'asservissement, l'inertie et les forces données appliquées à Σ_1 n'influent pas sur le mouvement de Σ; la méthode indiquée aux cas particuliers 3° et 4° permet de mettre le problème en équations sans introduire ni ces forces d'inertie, ni ces forces données. Le système partiel joue alors un rôle auxiliaire. Ce cas particulier se présente fréquemment dans les applications.

Équilibre des systèmes comportant un asservissement. — Le principe de d'Alembert donne les conditions d'équilibre, si l'on y supprime les P, termes provenant des forces d'inertie du système considéré. Les équations (10) relatives au cas général et les équations (12), (14), (16) ou (17) relatives aux cas particuliers étudiés donnent donc les équations d'équilibre, si l'on y remplace les P par zéro. A ces équations, il y a lieu d'adjoindre celles des équations d'asservissement qui sont finies; les équations différentielles exprimant des liaisons non holonomes, que ce soit par contact ou par asservissement, ne sont évidemment pas à adjoindre : elles sont identiquement vérifiées.

Extension des équations de Lagrange. — Les conditions étant les conditions générales définies au début (p. 397), les coordonnées x, y, z des différents éléments du système considéré Σ s'expriment par des expressions finies [équ. (1)] en fonction du temps t et des paramètres $q_1, \ldots, q_h$ dont dépend le système lorsqu'on ne tient compte que des liaisons holonomes par contact ; or l'expression

$$P = \sum' m \left(x'' \frac{dx}{dq} + y'' \frac{dy}{dq} + z'' \frac{dz}{dq} \right)$$

a pour valeur

$$P = \frac{d}{dt} \left(\frac{\partial T}{\partial q'} \right) - \frac{\partial T}{\partial q}.$$

On étendra ainsi les équations de Lagrange aux systèmes comportant un asservissement, en remplaçant $P_1, \ldots, P_h$ par ces expressions dans les équations (10).

Il est essentiel de remarquer que la *force vive* doit se calculer en fonction de $q_1, \ldots, q_h, q'_1, \ldots, q'_h, t$, *sans tenir aucun compte des liaisons d'asservissement.* Il en est de même du travail élémentaire

$$Q_1 \, \delta q_1 + \ldots + Q_h \, \delta q_h$$

des forces données. Si ces forces admettent une fonction des forces, c'est-à-dire si $Q_1, \ldots, Q_h$ sont les dérivées $\dfrac{\partial U}{\partial q_1}, \ldots, \dfrac{\partial U}{\partial q_h}$ d'une fonction U de $q_1, \ldots, q_h, t$, cette fonction U sera calculée sans s'occuper de l'asservissement. Ce n'est que dans les équations elles-mêmes, c'est-à-dire dans les expressions $Q, \dfrac{\partial T}{\partial q}, \dfrac{d}{dt} \left(\dfrac{\partial T}{\partial q'} \right)$ qu'il pourra en être tenu compte. Cependant, la dérivée de $\dfrac{\partial T}{\partial q'}$ par rapport à t étant prise dans le mouvement réel, lequel est compatible avec les liaisons d'asservissement, on pourra effectuer sur $\dfrac{\partial T}{\partial q'}$ toutes les simplifications résultant de ces liaisons avant de dériver par rapport à t. En résumé, *on pourra tenir compte de l'asservissement après avoir terminé le calcul des trois catégories d'expressions* $Q, \dfrac{\partial T}{\partial q}, \dfrac{\partial T}{\partial q'}.$

Équation de la force vive. — Les liaisons par contact étant supposées ne pas dépendre de t, en particulier, les équations (2) qui représentent les liaisons non holonomes n'ayant pas de termes en $dt (A = B = \ldots = 0)$, les forces données étant supposées admettre la fonction des forces $U(q_1, \ldots, q_h)$, nous multiplions les équations (10) donnant le mouvement dans le cas général, par $dq_1, \ldots, dq_h$, variations élémentaires des paramètres dans le déplacement réel, l'expression

$$P_1 \, dq_1 + \ldots + P_h \, dq_h$$

donne le travail changé de signe des forces d'inertie

$$\Sigma \, m (x'' \, dx + y'' \, dy + z'' \, dz),$$

c'est-à-dire la différentielle dT de la demi-force vive.

L'expression

$$Q_1\, dq_1 + \ldots + Q_h\, dq_h$$

est égale à dU; le multiplicateur Λ a pour coefficient

$$A_1\, dq_1 + \ldots + A_h\, dq_h,$$

qui est nul, puisque le déplacement vérifie les équations (2); il en est de même pour les coefficients analogues M, ...

On a donc l'équation

$$d(\mathrm{T} - \mathrm{U}) + \lambda\,(a_1\, dq_1 + \ldots + a_h\, dq_h) + \mu\,(b_1\, dq_1 + \ldots + b_h\, dq_h) + \ldots = 0.$$

On voit que T — U n'est pas constant; les termes en λ, μ, ... représentent le travail élémentaire des forces de liaison de deuxième espèce qui n'est pas nul en général, les conditions (4) n'étant pas imposées au déplacement réel. Suivant son signe, ce travail correspond, pour le système Σ considéré, à un *apport* ou à une *dépense d'énergie mécanique*.

Il en est de même dans chacun des cas particuliers définis précédemment : la combinaison des forces vives ne donne pas l'expression $d(\mathrm{T} - \mathrm{U})$, car une partie seulement des expressions $P_1, \ldots, P_h, Q_1, \ldots, Q_h$ figurent dans les équations du mouvement.

Il est intéressant d'en conclure que *l'asservissement pourra permettre d'augmenter ou de diminuer à volonté l'énergie mécanique d'un système, en particulier d'amortir les oscillations d'un système ne présentant aucune cause de dissipation d'énergie.*

Application. — Soit, dans un plan fixe, une plaque Σ articulée en un point C à un plateau circulaire Σ_1, mobile autour de son centre O. Une force F constante, parallèle à une droite fixe Ox, s'exerce sur la plaque Σ en un point A situé sur la droite qui joint C au centre de gravité G. Un moteur d'asservissement M agit par engrenages sur le plateau Σ_1, de manière à réaliser constamment la liaison

$$(1) \qquad \alpha - \beta = \frac{\pi}{2}$$

$$[\alpha = (Ox,\ OC);\ \beta = (Ox,\ CA);\ OC = R;\ CA = a;\ CG = b].$$

La liaison d'asservissement étant unique, et, d'autre part, le plateau Σ_1 dépendant d'un seul paramètre α, le système Σ, pris isolément, rentre dans le 4ᵉ cas particulier (p. 402) : on pourra donc appliquer les équations de Lagrange à la plaque Σ seule; on voit que la masse du plateau Σ_1 sera sans influence sur le mouvement. La force vive de Σ est

$$2\mathrm{T} = \mathrm{M}(R^2\alpha'^2 + b^2\beta'^2 + 2Bb\alpha'\beta'\cos(\alpha - \beta) + k^2\beta'^2),$$

Mk^2 désignant le moment d'inertie de Σ en G.

Le travail virtuel de la force F est

$$d\mho = F\,\delta(R\cos\alpha + a\cos\beta).$$

Seule, l'équation relative à β est à écrire :

$$(4) \qquad \frac{d}{dt}\left(\frac{\partial T}{\partial\beta'}\right) - \frac{\partial T}{\partial\beta} = -\,F\,a\sin$$

Or

$$\frac{\partial T}{\partial\beta'} = M[b^2\beta' + Rb\alpha'\cos(\alpha-\beta) + k^2\beta'] = M(b^2+k^2)\beta',$$

si l'on tient compte de la liaison d'asservissement; d'autre part,

$$\frac{\partial T}{\partial\beta} = MRb\alpha'\beta'\sin(\alpha-\beta) = MRb\beta'^2.$$

L'équation du mouvement est donc

$$(5) \qquad M(b^2+k^2)\beta'' - MRb\beta'^2 + Fc\sin\beta = 0.$$

Si la liaison $\alpha-\beta = \dfrac{\pi}{2}$ était réalisée par contact direct entre Σ et Σ_1, le mouvement serait tout différent : il serait régi par l'équation

$$(6) \qquad [M(R^2+b^2+k^2)+I_1]\beta'' + F(a\sin\beta + R\cos\beta) = 0,$$

I_1 désignant le moment d'inertie du plateau en O. L'équation (5) donnerait facilement le mouvement : β'^2 s'obtient en ajoutant un terme sinusoïdal en β à un terme exponentiel : β varie entre deux limites, dont l'une peut être rejetée à l'infini. L'équation (6) donnerait, au contraire, un mouvement pendulaire.

Les positions d'équilibre s'obtiennent en annulant le second membre de l'équation (4). On trouve ainsi les deux positions pour lesquelles la force F passe par C; l'équation (6) donnerait, au contraire, les positions pour lesquelles la force F passe par O.

Extension des équations du n° 465. — Les équations du n° 465 présentent les avantages suivants : 1° elles sont susceptibles de s'appliquer aux systèmes soumis à des liaisons non holonomes, sans qu'on ait à introduire, comme inconnues auxiliaires, un système de multiplicateurs; 2° elles permettent l'emploi de paramètres auxiliaires liés aux coordonnées véritables $q_1, \ldots, q_h$ par des relations différentielles.

Soit donc un système Σ remplissant les conditions indiquées au début (p. 397). En tenant compte des *liaisons holonomes par contact* qui lui sont imposées, sa position dépend des h paramètres $q_1, \ldots, q_h$ et peut-être de t, de telle sorte que les coordonnées de chaque élément de matière sont des fonctions finies de la forme

$$(1) \qquad x = f(q_1, \ldots, q_h, t), \qquad y = \ldots, \qquad z = \ldots$$

A ces paramètres, supposons adjoints s paramètres auxiliaires $q_{h+1}, \ldots, q_{h+s}$ liés aux précédents par des relations différentielles leur servant de définitions, *relations auxquelles ne correspond par suite aucune force de liaison*. On les range avec les relations exprimant les liaisons non holonomes par contact, car elles interviendront de la même manière dans la mise en équations.

Nous avons ainsi p relations différentielles ($p \geqq s$) de la forme

$$(2) \qquad (p \text{ relations}) \begin{cases} A_1 \, dq_1 + \ldots + A_{h+s} \, dq_{h+s} + A \, dt = 0, \\ B_1 \, dq_1 + \ldots + B_{h+s} \, dq_{h+s} + B \, dt = 0, \\ \ldots\ldots\ldots\ldots\ldots\ldots\ldots\ldots\ldots \end{cases}$$

Supposons des liaisons par asservissement représentées par r relations finies ou différentielles :

$$(3) \qquad (r \text{ relations}) \begin{cases} g(q_1, \ldots, q_{h+s}, t) = 0, \\ \ldots\ldots\ldots\ldots\ldots\ldots\ldots, \\ \varepsilon_1 \, dq_1 + \ldots + \varepsilon_{h+s} \, dq_{h+s} + \varepsilon \, dt = 0, \\ \ldots\ldots\ldots\ldots\ldots\ldots\ldots\ldots \end{cases}$$

Enfin, les déplacements virtuels annulant le travail des forces de liaison de deuxième espèce sont ceux qui vérifient les j relations

$$(4) \qquad (j \text{ relations}) \begin{cases} a_1 \, \delta q_1 + \ldots + a_{h+s} \, \delta q_{h+s} = 0, \\ b_1 \, \delta q_1 + \ldots + b_{h+s} \, \delta q_{h+s} = 0, \\ \ldots\ldots\ldots\ldots\ldots\ldots\ldots\ldots \end{cases}$$

Cela posé, formons l'expression

$$S = \frac{1}{2} \sum m(x''^2 + y''^2 + z''^2),$$

appelée *énergie d'accélération*. Si nous exprimons x'', y'', z'' au moyen des paramètres $q_1, \ldots, q_h$, de t et des dérivées premières et secondes des paramètres q par rapport à t, nous avons vu que les termes P de l'équation de d'Alembert ont pour expressions

$$P_1 = \frac{\partial S}{\partial q''_1} \qquad \ldots, \qquad P_h = \frac{\partial S}{\partial q''_h};$$

d'où l'établissement des équations du mouvement.

Cas où les équations différentielles de liaisons par contact et de définitions (2) *sont résolues par rapport à p variations dq.* — Pour que les équations du mouvement apparaissent dans toute leur simplicité, il est utile de résoudre ces p équations (2) par rapport à p des $h + s = n + p$ variations dq; on exprime ainsi, d'une part, les p dérivées $q'_{n+1}, \ldots, q'_{n+p}$ en fonction de $q'_1, \ldots, q'_n$ par des relations de la forme

$$(5) \quad \begin{cases} q'_{n+1} = \alpha_1 q'_1 + \ldots + \alpha_n q'_n + \alpha, \\ \ldots\ldots\ldots\ldots\ldots\ldots\ldots\ldots\ldots \\ q'_{n+p} = \gamma_1 q'_1 + \ldots + \gamma_n q'_n + \gamma, \end{cases}$$

et, d'autre part, les p déplacements virtuels $\delta q_{n+p}, \ldots, \delta q_{n+1}$ en fonction de $\delta q_1, \ldots, \delta q_n$:

$$(6) \quad \begin{cases} \delta q_{n+1} = a_1 \delta q_1 + \ldots + a_n \delta q_n, \\ \ldots\ldots\ldots\ldots\ldots\ldots\ldots\ldots\ldots \\ \delta q_{n+p} = \gamma_1 \delta q_1 + \ldots + \gamma_n \delta q_n; \end{cases}$$

les coefficients $a_i, \ldots, \gamma_i$ sont des fonctions de $q_1, \ldots, q_{n+p}, t$. Bien entendu, ces paramètres $q_1, \ldots, q_n$ peuvent aussi bien être choisis parmi les véritables coordonnées que parmi les paramètres auxiliaires $q_{h+1}, \ldots, q_{h+s}$.

Cela posé, au lieu d'exprimer S en fonction des paramètres $q_1, \ldots, q_h$ et de leurs dérivées premières et secondes, comme nous l'avons supposé au paragraphe précédent, il y a intérêt à utiliser les équations (5) qui remplacent les équations (2) : en les dérivant par rapport à t, on exprime les dérivées secondes $q''_{n+1}, \ldots, q''_{n+p}$ en fonction de $q'_1, \ldots, q'_n$ et des dérivées premières des paramètres q; on peut ainsi faire disparaître de S les p dérivées secondes $q''_{n+1}, \ldots, q''_{n+p}$. S devient fonction de $q_1, \ldots, q_{h+s}, t$, $q'_1, \ldots, q'_{h+s}$ et des n dérivées secondes $q''_1, \ldots, q''_n$. On sait que, dans ces conditions, le travail virtuel des forces d'inertie changé de signe est

$$(7) \quad \left(\frac{\partial S}{\partial q''_1}\right) \delta q_1 + \ldots + \left(\frac{\partial S}{\partial q''_n}\right) \delta q_n.$$

Si, d'autre part, on a exprimé le travail virtuel des forces données au moyen de $\delta q_1, \ldots, \delta q_n$ seulement, en utilisant les relations (6), on obtient pour ce travail une expression de la forme

$$(8) \quad Q_1 \delta q_1 + \ldots + Q_n \delta q_n.$$

Ces deux expressions doivent être égales pour tout déplacement annulant le travail des forces de liaison de seconde espèce, c'est-à-dire vérifiant les j relations (4). Ici encore, il y a intérêt à tenir compte des relations (6), ce qui permet de faire disparaître $\delta q_{n+1}, \ldots, \delta q_{n+p}$ des équations (4); ces équations résolues par rapport à j des variations restantes $\delta q_1, \ldots, \delta q_n$ s'écrivent

$$(9) \quad \begin{cases} \delta q_1 = \mathcal{A}_{j+1} \delta q_{j+1} + \ldots + \mathcal{A}_n \delta q_n, \\ \ldots\ldots\ldots\ldots\ldots\ldots\ldots\ldots\ldots \\ \delta q_j = \mathcal{L}_{j+1} \delta q_{j+1} + \ldots + \mathcal{L}_n \delta q_n. \end{cases}$$

Remplaçant $\delta q_1, \ldots, \delta q_j$ par ces valeurs dans les expressions (7) et (8) et exprimant leur égalité, quelles que soient les variations restées arbitraires $\delta q_{j+1}, \ldots, \delta q_n$, on obtient les équations du mouvement sous la forme

$$(10) \quad \begin{cases} \left(\dfrac{\partial S}{\partial q''_{j+1}} - Q_{j+1}\right) + \mathcal{A}_{j+1}\left(\dfrac{\partial S}{\partial q''_1} - Q_1\right) + \ldots + \mathcal{L}_{j+1}\left(\dfrac{\partial S}{\partial q''_j} - Q_j\right) = 0, \\ \ldots\ldots\ldots\ldots\ldots\ldots\ldots\ldots\ldots\ldots\ldots\ldots\ldots\ldots\ldots\ldots, \\ \left(\dfrac{\partial S}{\partial q''_n} - Q_n\right) + \mathcal{A}_n\left(\dfrac{\partial S}{\partial q''_1} - Q_1\right) + \ldots + \mathcal{L}_n\left(\dfrac{\partial S}{\partial q''_j} - Q_j\right) = 0. \end{cases}$$

Ces équations sont plus simples que les équations de Lagrange, qu'on écrirait pour ce même problème (*voir* p. 401, équ. 12), car le nombre de termes de chacune des équations précédentes est $j+1$, au lieu de $m+1 = p+j+1$, dans le cas des équations de Lagrange. La complication introduite ainsi par la présence des coefficients $\mathcal{A}$ et $\mathcal{L}$ provient uniquement des relations qui expriment que le travail des forces de liaison de deuxième espèce est nul, et ne provient nullement des liaisons non holonomes.

Aux équations (10) il y a lieu d'adjoindre les p équations (5), et les r équations (3) exprimant les liaisons d'asservissement.

Cas où les déplacements qui annulent le travail virtuel des forces de liaison de deuxième espèce sont définis par j relations de la forme

$$(11) \qquad \delta q_1 = 0, \quad \ldots, \quad \delta q_j = 0.$$

Les hypothèses étant celles du cas précédent, supposons que les conditions qu'un déplacement doit remplir, pour annuler le travail virtuel des forces de liaison de deuxième espèce, aient la forme simple (11). On pourra d'ailleurs toujours se placer dans ce cas en introduisant au besoin des paramètres auxiliaires convenablement choisis.

Dans ce cas, qui est, en somme, le cas général, si l'on conduit les calculs comme il vient d'être dit, les équations (10) se simplifient et prennent la même forme que dans le cas d'un système sans asservissement

$$(12) \qquad \frac{\partial S}{\partial q''_{j+1}} = Q_{j+1}, \quad \ldots, \quad \frac{\partial S}{\partial q''_n} = Q_n.$$

On voit que les équations du n° 465 donnent une solution générale de la question, sous une forme plus simple que les équations de Lagrange. A ces $n-j$ équations, il y a lieu d'adjoindre les p équations (5) et les r équations (3) d'asservissement. Si $r = j$, le nombre d'équations est égal au nombre d'inconnues.

Application. — Un plan matériel P peut glisser par translation sur un plan fixe xOy horizontal. Sur ce plan, une sphère Σ de rayon R peut rouler sans glisser. Le mouvement du plan P est réglé automatiquement de manière que le centre de la sphère tourne uniformément autour de Oz à la vitesse ω

par rapport aux axes fixes Ox, Oy, Oz. Étudier le mouvement au moyen des équations du n° 465.

Soient u, v les coordonnées d'un point A marqué sur le plan P par rapport aux axes Ox, Oy, Oz. La position de ce plan est définie par ces deux seuls paramètres. La position de la sphère est définie par les coordonnées ξ, η de son centre, et, par exemple, par les angles d'Euler φ, θ, ψ qui définissent son orientation.

Si p, q, r sont les projections sur les axes de la rotation instantanée de la sphère, les conditions exprimant le roulement sans glissement s'obtiennent en écrivant que l'élément matériel de la sphère et l'élément matériel du plan qui sont en coïncidence à l'instant t ont la même vitesse :

$$(1) \qquad \xi' - q\,\mathrm{R} = u', \qquad \eta' + p\,\mathrm{R} = v'.$$

Les liaisons d'asservissement sont au nombre de deux :

$$(2) \qquad d\xi + \omega\eta\,dt = 0, \qquad d\eta - \omega\xi\,dt = 0.$$

Le nombre de ces relations étant égal au nombre de paramètres dont dépend la position du plan P, on pourra résoudre la question en appliquant les équations du n° 465 à la sphère Σ seule.

En tenant compte uniquement des liaisons holonomes par contact, la sphère sera considérée comme dépendant des sept paramètres u, v, ξ, η, φ, θ, ψ ($h = 7$); il y a intérêt à y joindre trois paramètres auxiliaires ($s = 3$) liés aux précédents par les relations

$$(3) \qquad d\lambda = p\,dt, \qquad d\mu = q\,dt, \qquad d\nu = r\,dt.$$

Ces $h + s = 10$ paramètres sont liés par ces trois relations et par les deux relations (1) qui expriment les liaisons non holonomes par contact. Ces relations (1) peuvent s'écrire

$$(1') \qquad d\xi - \mathrm{R}\,d\mu = du, \qquad d\eta + \mathrm{R}\,d\lambda = dv.$$

Les relations (3) et (1') sont les p relations différentielles (p. 406, équ. 2) de la théorie générale ($p = 5$).

Sur les $h + s = 10$ paramètres, nous conservons $h + s - p = n = 5$ paramètres; nous choisissons u, v, ξ, η, ν; nous exprimons l'énergie d'accélération S de la sphère en fonction des dérivées secondes de ces n paramètres, en utilisant les $p = 5$ relations (3) et (1'). Or la valeur de S est définie par

$$2\,\mathrm{S} = \mathrm{M}(\xi''^2 + \eta''^2) + \frac{2}{5}\mathrm{MR}^2(p'^2 + q'^2 + r'^2),$$

ou, d'après (3) et (1'),

$$2\,\mathrm{S} = \mathrm{M}(\xi''^2 + \eta''^2) + \frac{2}{5}\mathrm{M}[(v'' - \eta'')^2 + (\xi'' - u'')^2 + \mathrm{R}^2\nu''].$$

Les déplacements virtuels annulant le travail des forces de liaison de deuxième espèce sont définis par les $j = 2$ conditions

$$(5) \qquad \delta u = 0, \qquad \delta v = 0,$$

puisque ces forces sont les réactions du plan sur la sphère. Ces conditions ont la forme indiquée au paragraphe précédent (équ. 11), de sorte que les équations du mouvement sont de la forme (équ. 12)

$$(6) \qquad \frac{\partial S}{\partial \xi''} = \Xi, \qquad \frac{\partial S}{\partial \eta''} = \mathrm{H}, \qquad \frac{\partial S}{\partial v''} = \mathrm{N};$$

les seconds membres sont nuls, puisque les forces données (poids de la sphère) ont un travail nul, nous obtenons les équations

$$(7) \qquad 7\xi'' = 2u'', \qquad 7\eta'' = 2v'', \qquad v'' = 0,$$

qui, jointes aux équations (2) d'asservissement, résolvent la question. Ces cinq équations s'intègrent immédiatement et montrent que le point A décrit une cycloïde. Les formules (1') montrent que le vecteur de rotation instantanée reste parallèle aux génératrices d'un cône oblique dont la base est un cercle horizontal décrit à la vitesse angulaire ω.

EXERCICES

1. Appliquer la méthode de Lagrange aux problèmes traités et proposés comme application des théorèmes généraux, et de la théorie du mouvement relatif dans les Chapitres XVIII, XIX, XX, XXI et XXII.

2. Une barre homogène pesante AB se meut dans un plan horizontal : à ses extrémités A et B est attaché un fil inextensible et sans masse passant dans un anneau fixe O infiniment petit. Mouvement du système.

Soient $2c$ la longueur de la barre et $2a$ la longueur AO + OB du fil. Abaissons de O la perpendiculaire OP sur la barre et soit GP la distance de P au milieu G de la barre. Le point O est sur une ellipse de foyers A et B et de longueur d'axe focal $2a$. On a donc, en faisant $a^2 - c^2 = b^2$,

$$\frac{\overline{GP}^2}{a^2} + \frac{\overline{OP}^2}{b^2} = 1,$$

et l'on peut poser

$$GP = a \cos\varphi, \qquad OP = b \sin\varphi.$$

Appelons, en outre, α l'angle xOP que fait la perpendiculaire OP avec un axe fixe Ox; on a, pour les coordonnées polaires r et θ du point G,

$$(1) \qquad r^2 = a^2 \cos^2\varphi + b^2 \sin^2\varphi, \qquad \theta = \alpha - \mathrm{arc\ tang}\left(\frac{a}{b}\cot\varphi\right).$$

On a alors

$$T = \frac{M}{2}(r'^2 + r^2\theta'^2) + \frac{M}{2}k^2\alpha'^2,$$

Mk^2 étant le moment d'inertie par rapport à G.

Remplaçant r, r' et θ' par leurs valeurs tirées de (1), on a T exprimé en φ, φ' et α'. Les forces appliquées ont un travail nul. On aura les deux intégrales premières

$$\frac{\partial T}{\partial \alpha'} = \text{const.}, \qquad T = h.$$

L'élimination de α' fournit t par une quadrature en fonction de φ.

3. Mouvement d'une barre homogène pesante dont une extrémité A glisse sur un plan horizontal xOy et l'autre B sur un axe vertical Oz. (*Licence.*)

Appelant φ l'angle de la barre avec la verticale ascendante Oz, θ l'angle du plan AOB avec xOz, et $2l$ la longueur de la barre, on a

$$T = \frac{2}{3} l^2 (\theta'^2 \sin^2\varphi + \varphi'^2),$$

$$U = - gl \cos\varphi.$$

On a les deux intégrales premières

$$\frac{\partial T}{\partial \theta'} = \text{const.}, \qquad T - U = h.$$

La quantité $\cos\varphi$ est une fonction elliptique du temps.

4. Une tige homogène pesante est attachée par une extrémité A à un point fixe O au moyen d'un fil de longueur $OA = AB$, tandis que l'autre extrémité B glisse sans frottement sur l'horizontale Ox. Oscillations infiniment petites.

Soient $2l$ la longueur de la barre, θ l'angle du plan OAB avec le plan vertical mené par Ox, β l'angle OBA. On a (en prenant la masse de la barre pour unité)

$$2T = \frac{4}{3} l^2 \theta'^2 \sin^2\beta + \frac{4}{3} l^2 (1 + 6\sin^2\beta) \beta'^2,$$

$$U = gl \sin\beta \cos\theta.$$

Il existe une position d'équilibre stable correspondant à $\theta = 0$, $\beta = \frac{\pi}{2}$.

5. Mouvement d'un pendule simple de longueur variable; cas particulier où l varie proportionnellement à t. (LECORNU, *Acta mathematica*, 1895.)

6. Un tube rectiligne OA, infiniment mince, fait un angle constant θ avec la verticale ascendante Oz. Suivant quelle loi faut-il faire tourner le tube autour de Oz pour qu'un point matériel pesant m, glissant sans frottement dans le tube, puisse prendre, dans des conditions initiales convenables, un mouvement défini par l'équation

$$\overline{Om} = k(t + \alpha)^2 \qquad (k \text{ et } \alpha \text{ constantes})?$$

Soit ψ l'angle du plan zOA avec un plan fixe. Supposons ψ donné en fonction du temps $\psi = f(t)$ et appelons ρ la distance Om. On a

$$T = \frac{m}{2} [\rho'^2 + \rho^2 \sin^2\theta \, f'^2(t)],$$

$$U = - m\rho g \cos\theta,$$

d'où, pour l'équation du mouvement,

$$\rho'' - \rho \sin^2\theta\, f'^2(t) + g\cos\theta = 0.$$

La question est celle-ci : que doit être $f(t)$ pour que cette équation admette l'intégrale particulière $\rho = k(t + \alpha)$? ? Exprimant que cette fonction vérifie l'équation, on a

$$f(t) = \frac{1}{\sin\theta}\sqrt{\frac{2k + g\cos\theta}{k}}\,\log\frac{t+\alpha}{\alpha}.$$

Si, en particulier, $k = -\frac{1}{2}g\cos\theta$, on trouve $f(t) = 0$; le tube doit rester immobile.

6 *bis.* Un tube circulaire homogène de section infiniment petite peut tourner autour d'un de ses diamètres qui est vertical et fixe. Dans l'intérieur peut se monvoir, sans frottement, un point matériel pesant m. Trouver le mouvement du système.

La position du système dépend de deux variables. Prenons la position initiale du tube pour plan xOz et appelons φ l'angle qu'au temps t le plan du cercle fait avec sa position initiale. Prenons pour axe Oz le diamètre fixe descendant, et soit θ l'angle du rayon Om avec Oz.

R désignant le rayon du tube, M sa masse, on a

$$2T = Mk^2\varphi'^2 + mR^2(\theta'^2 + \varphi'^2\sin^2\theta),$$
$$U = mgR\cos\theta.$$

7. Deux points matériels m et m' s'attirent proportionnellement à la distance et sont assujettis à se mouvoir sur deux circonférences de rayon a et a' situées dans un même plan-horizontal.

Oscillations infiniment petites autour d'une position d'équilibre stable.

Étudier le mouvement fini dans le cas où les deux circonférences sont concentriques.

8. *Mouvement d'un point pesant* M *sur un cercle qui tourne, avec une vitesse angulaire constante* ω, *autour d'un axe vertical* ST *situé dans son plan.* — Prenons pour système de comparaison celui qui est formé par la verticale du centre zz' et l'horizontale xOx' rencontrant ST, *le sens positif de l'axe* zz' *étant celui du nadir.*

Soient m la masse du point M, r le rayon du cercle, a la distance OA du centre O à l'axe ST.

La position du *pendule* OM est déterminée à chaque instant par l'angle θ qu'il fait avec Oz, cet angle étant supposé compté positivement dans le sens direct, c'est-à-dire de Oz vers Ox. Employons la méthode de M. Gilbert, quoique la méthode directe soit beaucoup plus simple.

Calcul de T_r. — C'est la force vive du système S, réduit ici au point M, dans son mouvement relatif par rapport à xOz, c'est-à-dire dans son mouvement de rotation autour de O,

$$T_r = \frac{1}{2}mr^2\theta'^2.$$

Calcul de $\mathcal{G}$. — L'axe instantané de rotation du système xOz pour le point O est la droite zz'. Le moment d'inertie du point M par rapport à cet axe est

$$H = mr^2 \sin^2 \theta.$$

Donc, on a

$$\mathcal{G} = \frac{\omega^2}{2} mr^2 \sin^2 \theta.$$

Calcul de $\mathcal{V}$. — L'axe représentatif de la rotation instantanée étant dirigé suivant Oz et celui du moment de la quantité de mouvement du point M dans son mouvement relatif par rapport à xOz étant perpendiculaire à ce plan xOz, ces deux axes sont rectangulaires. Donc, ici, $\cos \widehat{\omega\sigma} = o$ et $\mathcal{V} = o$.

Calcul de U. — Les composantes de la seule force appliquée étant

$$X = o, \quad Y = o, \quad Z = mg,$$

on a

$$U = mgr \cos \theta.$$

Calcul de K. — L'accélération J du centre O tournant avec la vitesse angulaire ω autour du point A est dirigée suivant OA et égale à $\omega^2 a$. Donc

$$K = mr \omega^2 a \sin \theta.$$

On a donc

$$T = \frac{1}{2} mr^2 \theta'^2 + \frac{\omega^2}{2} mr^2 \sin^2 \theta$$

et

$$U + K = mgr \cos \theta + mr \omega^2 a \sin \theta.$$

L'équation du mouvement est donc

$$\frac{d^2 \theta}{dt^2} = \omega^2 \sin \theta \cos \theta - \frac{g}{r} \sin \theta + \frac{\omega^2 a}{r} \cos \theta.$$

On obtient les positions d'équilibre relatif en égalant à zéro le second membre. Ce dernier problème a été résolu géométriquement au n° 415.

9. Un corps solide pesant D est mobile autour d'un axe horizontal xOx'; l'axe xx' tourne lui-même avec une vitesse angulaire constante ω autour d'un axe vertical zOz' qui le rencontre. Le centre de gravité G du corps est sur une perpendiculaire élevée en O à xOx'; on suppose que xx' et OG soient des axes principaux d'inertie du corps relatifs au point O.

Trouver le mouvement du corps (en ne tenant pas compte de la rotation de la Terre).

Prenons comme système de comparaison le système rectangulaire $Oxyz$ tournant autour de Oz avec la vitesse donnée ω.

Appelons δ la distance $\overline{GO}$, θ l'angle de $\overline{OG}$ avec la verticale descendante Oz'. Le mouvement apparent est une rotation de vitesse angulaire θ' autour de Ox. Nous avons donc, en appliquant la méthode de Gilbert,

$$T_r = \frac{1}{2} A \theta'^2, \qquad \mathcal{G} = \frac{\omega^2}{2} (B \cos^2 \theta + C \sin^2 \theta), \qquad \mathcal{V} = o.$$

La quantité $\mathcal{P}$ est en général $\omega\sigma\cos\widehat{\omega\sigma}$; actuellement le moment résultant σ des quantités de mouvement relatives est égal à $A\theta'$ et dirigé suivant Ox; ω est dirigé suivant Oz; donc $\cos\widehat{\omega\sigma} = 0$, et $\mathcal{P}$ est nul. La seule force, autre que les forces de liaisons, agissant réellement, est le poids; on a donc

$$U = Mg\delta\cos\theta.$$

Enfin l'origine O étant fixe, K est nul. L'équation du mouvement est donc

$$A\frac{d^2\theta}{dt^2} - \omega^2(C - B)\sin\theta\cos\theta = -Mg\delta\sin\theta.$$

Cette équation peut être identifiée avec l'équation du mouvement d'un point pesant mobile sur un cercle qui tourne avec une vitesse angulaire constante ω autour d'un diamètre vertical fixe. (Exercice précédent.) (GILBERT, *Mémoire sur l'application de la méthode de Lagrange au mouvement relatif*.)

10. On peut ramener à des quadratures la recherche du mouvement d'un solide homogène de révolution mobile autour d'un point de son axe Oz, toutes les fois que les forces appliquées dérivent d'une fonction U qui dépend uniquement de l'angle de l'axe Oz avec une direction fixe Oz_1.

En effet, prenons la direction fixe pour axe Oz_1; on a $U = f(\theta)$ et l'on voit, en écrivant les équations de Lagrange relatives à φ et ψ et l'intégrale des forces vives, qu'on est ramené à des quadratures.

11. On peut, de même, ramener aux quadratures l'étude du mouvement d'un solide homogène de révolution *glissant* sur un plan fixe, toutes les fois que les forces appliqués dérivent d'une fonction U dépendant seulement de l'angle θ que fait l'angle Gz du corps avec la normale Gz_1 au plan.

12. *Généralisation du théorème de Bonnet* (n° 247, fin de l'application). (voir PADOVA, *Bulletin des Sciences mathématiques*, p. 178; 1885.)

13. *Tautochronisme dans les systèmes.* — Soit un système à liaisons indépendantes du temps, sollicité par des forces connues ne dépendant que de la position du système; appelons q_1, q_2, ..., q_k les paramètres indépendants qui servent à définir la position du système. Le problème à résoudre est le suivant :

Quelles nouvelles liaisons, au nombre de $k-1$, faut-il imposer au système pour que le système à liaisons complètes ainsi obtenu soit tautochrone, c'est-à-dire mette le même temps à revenir à une position déterminée quelle que soit la position initiale dans laquelle on l'abandonne à lui-même sans vitesse?

Réponse. — On a

$$2T = \sum_{ij} a_{ij}q'_i q'_j \qquad (a_{ij} = a_{ji}),$$

$$\sum(X\delta x + Y\delta y + Z\delta z) = Q_1\delta q_1 + \ldots + Q_k\delta q_k.$$

Introduisons de nouvelles liaisons rendant le système à liaisons complètes et tautochrone : on peut toujours supposer alors q_1, q_2, ..., q_k exprimés en fonction d'un paramètre q; l'équation unique du mouvement du nouveau système est donnée par l'équation des forces vives

$$(1) \qquad dT = Q_1\, dq_1 + \ldots + Q_k\, dq_k.$$

Prenons à la place de q une nouvelle variable s définie par

$$\sqrt{\sum a_{ij}\, dq_i\, dq_j} = ds.$$

Alors

$$T = \frac{1}{2} s'^2, \qquad Q_1\, dq_1 + \ldots + Q_k\, dq_k = f(s)\, ds,$$

et l'équation (1) devient

$$s'' = f(s).$$

Pour que cette équation définisse un mouvement tautochrone, il faut et il suffit (n° 213) que $f(s)$ soit de la forme $-\mu^2 s$, où μ^2 est une constante positive. On doit donc avoir

$$(3) \qquad Q_1\, dq_1 + Q_2\, dq_2 + \ldots + Q_k\, dq_k = -\mu^2 s\, ds.$$

Réciproquement, si l'on a trouvé des fonctions $q_1, q_2, \ldots, q_k$ de s vérifiant les deux relations (2) et (3), le système devient un système à liaisons complètes dont la position dépend du seul paramètre s et ce système est tautochrone.

Comme on n'a que deux relations pour déterminer $q_1, q_2, \ldots, q_k$ en fonctions de s, on peut se donner arbitrairement $k - 2$ relations compatibles entre q_1, $q_2, \ldots, q_k$ et s.

On peut, par exemple, déterminer le problème en assujettissant le système à être tautochrone non seulement pour les forces données, mais encore pour $k - 2$ autres systèmes de forces $X^{(i)}$, $Y^{(i)}$, $Z^{(i)}$ ne dépendant que de la position. (APPELL, *Comptes rendus*, t. CXIV, 1892; p. 996.)

14. *Interprétation des valeurs imaginaires du temps* :

Étant donné un système de points matériels assujettis à des liaisons indépendantes du temps et soumis à des forces qui ne dépendent que des positions des différents points, les intégrales des équations différentielles du mouvement de ce système restent réelles si l'on y remplace t par $t\sqrt{-1}$ et les projections $\alpha_p, \beta_p, \gamma_p$ de la vitesse de chacun des points m_p par $-\alpha_p\sqrt{-1}$, $-\beta_p\sqrt{-1}, -\gamma_p\sqrt{-1}$. Les expressions ainsi obtenues sont les équations du nouveau mouvement que prendraient les mêmes points matériels si, placés dans les mêmes conditions initiales, ils étaient sollicités par des forces respectivement égales et opposées à celles qui produisaient le premier mouvement.

Démonstration. — On peut employer les équations aux multiplicateurs de Lagrange, et y changer t en $t\sqrt{-1}$; on remarque alors immédiatement que cela revient à changer de signe les projections des forces appliquées et à modifier les multiplicateurs.

On peut également se servir des équations de Lagrange

$$\frac{d}{dt}\left(\frac{\partial T}{\partial q'_\alpha}\right) - \frac{\partial T}{\partial q_\alpha} = Q_\alpha.$$

T est alors une fonction homogène et du second degré de $q'_1, q'_2, \ldots, q'_k$, et l'on voit immédiatement que changer t en $t\sqrt{-1}$ revient à changer Q_i en $-Q_i$, c'est-à-dire à changer le sens des forces appliquées (APPELL, *Comptes rendus*, t. LXXXVII, 1878, p. 1074).

15. *Application des équations générales du n° 465 à un corps solide qui se meut parallèlement à un plan fixe.* — Prenons comme plan de la figure le plan de la courbe décrite par le centre de gravité. Soient, dans ce plan, deux axes fixes Ox et Oy, ξ et η les coordonnées de G. Il suffit évidemment de connaître le mouvement de la figure plane (P), section du corps par le plan xOy. Appelons alors θ l'angle que fait avec Ox un rayon GA invariablement lié à cette figure plane (P), et Mk^2 le moment d'inertie du corps par rapport à l'axe mené par G perpendiculairement au plan xOy.

Le mouvement du corps autour du centre de gravité G est une rotation autour d'un axe fixe dans le corps, la vitesse angulaire de rotation étant θ'. On a donc, pour la fonction S_1 calculée dans le mouvement du corps autour de G,

$$S_1 = \frac{Mk^2}{2}(\theta''^2 + \theta'^4).$$

Donc

$$S = \frac{M}{2}[\xi''^2 + \eta''^2 + k^2\theta''^2 + \ldots],$$

où il est inutile d'écrire les termes ne contenant pas les dérivées secondes.

D'autre part, si l'on appelle X_0, Y_0 les projections de la résultante générale des forces appliquées, et N_0 la somme des moments de ces forces par rapport à l'axe mené par G perpendiculairement au plan xOy, on a

$$\sum(X\,\delta x + Y\,\delta y + Z\,\delta z) = X_0\,\delta\xi + Y_0\,\delta\eta + N_0\,\delta\theta.$$

Le corps n'étant supposé soumis à aucune autre liaison, les paramètres ξ, η, θ sont indépendants et les équations du mouvement sont

$$\frac{\partial S}{\partial\xi''} = X_0, \qquad \frac{\partial S}{\partial\eta''} = Y_0, \qquad \frac{\partial S}{\partial\theta''} = N_0,$$

$$M\xi'' = X_0, \qquad M\eta'' = Y_0, \qquad Mk^2\theta'' = N_0.$$

On retrouve ainsi les équations que donnent immédiatement les théorèmes généraux.

16. *Calcul de l'énergie d'accélération S pour un corps solide mobile autour d'un point fixe O.* — Rapportons le mouvement du corps à un trièdre trirectangle $Oxyz$, d'origine O, animé d'un mouvement connu. Soient Ω la rotation instantanée de ce trièdre, P, Q, R les composantes de cette rotation suivant les axes Ox, Oy, Oz; soient de même ω la rotation instantanée absolue du corps solide, p, q, r ses composantes suivant les axes $Oxyz$.

Nous avons trouvé (n° 466), pour les projections J_x, J_y, J_z de l'accélération du point m, des expressions de la forme

$$J_x = -x(q^2 + r^2) + y[q(p-P) + pQ - r'] + z[r(p-P) - pR + q']$$

On a, de même, en permutant, J_y, J_z. Faisant la somme des carrés, on a J^2, et enfin la fonction

$$S = \frac{1}{2} \sum m (J_x^2 + J_y^2 + J_z^2).$$

Dans cette somme figurent comme coefficients les moments d'inertie

$$A = \sum m (y^2 + z^2), \qquad B = \sum m (z^2 + x^2), \qquad C = \sum m (x^2 + y^2),$$

et les produits d'inertie

$$D = \sum m\, yz, \qquad E = \sum m\, zx, \qquad F = \sum m\, xy,$$

par rapport aux axes $Oxyz$. Ces six quantités seront, en général, variables avec le temps, puisque les axes $Oxyz$ se déplacent dans le corps.

Actuellement, les paramètres sont les angles qui fixent l'orientation du corps autour du point O : les quantités p, q, r contiennent les *dérivées premières* de ces paramètres par rapport au temps; le trièdre $Oxyz$ étant supposé animé d'un mouvement connu, P, Q, R doivent être regardées comme des fonctions connues du temps; les dérivées secondes des paramètres ne figurent donc que dans p', q', r'. Alors, d'après une remarque générale, il suffit de calculer les termes de S qui dépendent des accélérations, c'est-à-dire de p', q', r', car ces termes seuls dépendent des dérivées secondes des paramètres.

Posons, pour abréger,

$$q R - r Q = P_1, \qquad r P - p R = Q_1, \qquad p Q - q P = R_1,$$

et désignons, pour un moment, par a, b, c les sommes $\sum m x^2$, $\sum m y^2$, $\sum m z^2$. On peut écrire

$$
\begin{aligned}
2 S = {} & a\,[(q' - Q_1 - pr)^2 + (r' - R_1 + pq)^2] \\
& + b\,[(r' - R_1 - qp)^2 + (p' - P_1 + qr)^2] \\
& + c\,[(p' - P_1 - rq)^2 + (q' - Q_1 + rp)^2] \\
& - 2 D\,[(q^2 - r^2)\,p' + (q' - Q_1 + pr)(r' - R_1 - pq)] \\
& - 2 E\,[(r^2 - p^2)\,q' + (r' - R_1 + qp)(p' - P_1 - qr)] \\
& - 2 F\,[(p^2 - q^2)\,r' + (p' - P_1 + rq)(q' - Q_1 - rp)] + \ldots
\end{aligned}
$$

Développons et ordonnons par rapport à $p' - P_1$, $q' - Q_1$, $r' - R_1$, en remarquant que

$$
\begin{aligned}
b + c &= A, & c + a &= B, & a + b &= C, \\
b - c &= C - B, & c - a &= A - C, & a - b &= B - A;
\end{aligned}
$$

nous pouvons écrire, en laissant de côté des termes indépendants de p', q', r',

$$
(19) \quad
\left\{
\begin{aligned}
2 S = {} & A (p' - P_1)^2 + B (q' - Q_1)^2 + C (r' - R_1)^2 \\
& - 2 D (q' - Q_1)(r' - R_1) - 2 E (r' - R_1)(p' - P_1) \\
& \qquad\qquad - 2 F (p' - P_1)(q' - Q_1) \\
& + 2\,[(C - B)\,qr - D(q^2 - r^2) - E\,pq + F\,pr]\,(p' - P_1) \\
& + 2\,[(A - C)\,rp - E(r^2 - p^2) - F\,qr + D\,qp]\,(q' - Q_1) \\
& + 2\,[(B - A)\,pq - F(p^2 - q^2) - D\,rp + E\,rq]\,(r' - R_1) + \ldots
\end{aligned}
\right.
$$

Remarque. — Si les axes $Oxyz$ sont *fixes dans l'espace*, on a

$$P = Q = R = o;$$

par suite

$$P_1 = Q_1 = R_1 = o.$$

Si les axes sont *fixes dans le corps*, on a

$$P = p, \qquad Q = q, \qquad R = r,$$

d'où encore

$$P_1 = Q_1 = R_1 = o.$$

(APPELL, Journal de Jordan, 1900.)

17. Quel est dans un solide en mouvement, le lieu des points A possédant la propriété suivante :

L'énergie d'accélération absolue S *du corps est égale à l'énergie d'accélération de la masse totale concentrée en* A, *augmentée de l'énergie d'accélération calculée dans le mouvement relatif du corps autour du point* A.

(A. DE SAINT-GERMAIN, Comptes rendus, 1901.)

18. *Roulement d'un disque circulaire sur une surface donnée sous l'action de forces données.*

(WORONETZ, Mathematische Annalen, t. LXVII, 1909.)

CHAPITRE XXV.

ÉQUATIONS CANONIQUES.
THÉORÈMES DE JACOBI ET DE POISSON.
PRINCIPES D'HAMILTON, DE LA MOINDRE ACTION
ET DE LA MOINDRE CONTRAINTE.

I. — ÉQUATIONS CANONIQUES.

471. Transformation de Poisson et d'Hamilton. — Nous avons vu à la fin du premier Volume, n°s 291 et suivants, comment on ramène les équations du mouvement d'un point, prises sous la forme donnée par Lagrange, à la forme appelée *canonique*.

Une méthode identique s'applique aux équations du mouvement d'un système *holonome* quelconque dont la position dépend de k coordonnées $q_1, q_2, \ldots, q_k$. C'est ce que nous allons montrer rapidement, en renvoyant, pour tous les détails du calcul, au Chapitre XVI, dans lequel les calculs sont développés pour le cas de $k = 3$.

Les équations de Lagrange sont

$$(1) \qquad \frac{d}{dt}\left(\frac{\partial T}{\partial q'_\nu}\right) - \frac{\partial T}{\partial q_\nu} = Q_\nu, \qquad q'_\nu = \frac{dq_\nu}{dt} \qquad (\nu = 1, 2, \ldots, k).$$

Prenons, d'après Poisson, comme nouvelles variables, à la place de $q'_1, q'_2, \ldots, q'_k$, les quantités

$$(2) \qquad p_1 = \frac{\partial T}{\partial q'_1}, \qquad p_2 = \frac{\partial T}{\partial q'_2}, \qquad \ldots, \qquad p_k = \frac{\partial T}{\partial q'_k}.$$

Ces équations étant linéaires par rapport à $q'_1, \ldots, q'_k$ peuvent être résolues et donnent, pour ces quantités, des expressions linéaires en $p_1, \ldots, p_k$. Voyons ce que deviennent les équations (1) quand on fait ce changement de variables.

Laissons la variable t constante et donnons aux variables q et p des accroissements infiniment petits, arbitraires, indépendants δq et δp; il en résulte pour les q' des accroissements $\delta q'$ définis par les relations (2) supposées résolues par rapport aux q'.

La fonction T, qui dépend des lettres q et q', subit alors une variation

$$\delta T = \sum \frac{\partial T}{\partial q_\nu} \delta q_\nu + \sum_\nu \frac{\partial T}{\partial q'_\nu} \delta q'_\nu,$$

ou, en vertu des équations (2),

$$\delta T = \sum \frac{\partial T}{\partial q_\nu} \delta q_\nu + \sum p_\nu \, \delta q'_\nu,$$

ce qu'on peut écrire, en posant $K = \Sigma p_\nu q'_\nu - T$,

$$\delta K = -\sum \frac{\partial T}{\partial q_\nu} \delta q_\nu + \sum q'_\nu \, \delta p_\nu.$$

On a ainsi une première expression de la différentielle totale δK. Supposons d'autre part K exprimé au moyen du nouveau système de variables q_ν, p_ν. Quand, t restant constant, ces variables subissent des variations arbitraires δq_ν et δp_ν, on a

$$\delta K = \sum \frac{\partial K}{\partial q_\nu} \delta q_\nu + \sum \frac{\partial K}{\partial p_\nu} \delta p_\nu.$$

Cette nouvelle expression de δK doit être identique à la précédente, quels que soient les δq et les δp; on a donc

$$(3) \qquad -\frac{\partial T}{\partial q_\nu} = \frac{\partial K}{\partial q_\nu}, \qquad q'_\nu = \frac{\partial K}{\partial p_\nu} \qquad (\nu = 1, 2, \ldots, k).$$

Dans ces équations, les dérivées partielles de T sont prises en supposant T exprimé à l'aide des q et q', et celles de K en supposant K exprimé à l'aide des q et des p. D'après ces relations (3), les équations (1) de Lagrange prennent la forme

$$(4) \qquad \frac{dp_\nu}{dt} + \frac{\partial K}{\partial q_\nu} = Q_\nu, \qquad \frac{dq_\nu}{dt} = \frac{\partial K}{\partial p_\nu} \qquad (\nu = 1, 2, \ldots, k).$$

Ces équations du premier ordre détermineront les variables p_1, p_2, ..., p_k, q_1, q_2, ..., q_k en fonction du temps.

Dans tout ce qui suit nous supposerons que les composantes suivant les axes, des forces appliquées, autre que les forces de liaison, soient les dérivées partielles, par rapport aux coordonnées, d'une fonction U des coordonnées et du temps; cette condition sera réalisée, en particulier, si les forces appliquées dérivent d'une fonction de forces, mais alors U ne contiendra que les coordonnées et non le temps.

Dans cette hypothèse, comme les coordonnées des différents points du système sont des fonctions des paramètres q_1, q_2, ..., q_k et peut-être du temps, U est une fonction de q_1, q_2, ..., q_k, t ne contenant pas les lettres p_ν, de sorte que les dérivées partielles $\frac{\partial U}{\partial p_\nu}$ sont *nulles*; on a de plus $Q_\nu = \frac{\partial U}{\partial q_\nu}$. Posons alors

$$(5) \qquad K - U = H;$$

nous avons

$$\frac{\partial K}{\partial p_\nu} = \frac{\partial H}{\partial p_\nu}, \qquad \frac{\partial K}{\partial q_\nu} - Q_\nu = \frac{\partial H}{\partial q_\nu},$$

et les équations (4) deviennent

$$(6) \qquad \frac{dq_\nu}{dt} = \frac{\partial H}{\partial p_\nu}, \qquad \frac{dp_\nu}{dt} = -\frac{\partial H}{\partial q_\nu} \qquad (\nu = 1, 2, ..., k).$$

Ce sont là les équations canoniques du mouvement données par Hamilton; elles forment un système de $2k$ équations du premier ordre, définissant q_1, q_2, ..., q_k et p_1, p_2, ..., p_k en fonction du temps et de $2k$ constantes arbitraires.

Cas particulier où les liaisons sont indépendantes du temps. — Si les liaisons imposées au système sont indépendantes du temps, on peut toujours choisir comme paramètres q_1, q_2, ..., q_k des quantités telles que les expressions des coordonnées des différents points du système, en fonction de ces paramètres, ne contiennent pas explicitement t. Alors T est une fonction homogène et du second degré des q' (n° 445), et, d'après le théorème des fonctions homogènes, on a

$$\sum q'_\nu \frac{\partial T}{\partial q'_\nu} = 2T, \qquad \sum p_\nu q'_\nu = 2T,$$

car p_v est égal à $\dfrac{\partial T}{\partial q'_v}$. Dans ce cas la fonction K devient

$$K = \Sigma p_v q'_v - T = 2T - T = T,$$

et l'on a

$$H = K - U = T - U.$$

Dans ce cas, les calculs qu'il faut faire pour passer de la forme quadratique T exprimée en $q'_1, \ldots, q'_k$ à la forme T exprimée en $p_1, \ldots, p_k$ sont identiques à ceux que l'on fait pour passer d'une forme quadratique à la forme adjointe.

Cas où, les liaisons étant indépendantes du temps, il existe une fonction des forces; intégrale des forces vives. — Aux hypothèses faites dans le numéro précédent, ajoutons la supposition qu'il existe une fonction des forces, c'est-à-dire que U dépende des coordonnées des différents points et non du temps. Alors, comme les expressions des coordonnées en fonction des q sont supposées ne pas contenir t, U devient une fonction de $q_1, q_2, \ldots, q_k$, ne contenant pas t. Dans ce cas, le théorème des forces vives conduit à l'intégrale

$$T - U = h \qquad \text{ou} \qquad H = h.$$

C'est ce qu'il est facile de déduire des équations canoniques. En effet, actuellement, la fonction $H = T - U$ ne contient pas explicitement t; elle s'exprime uniquement à l'aide des variables q_v et p_v. Pendant le mouvement, ces variables q_v et p_v sont des fonctions du temps; H devient par leur intermédiaire, une fonction du temps, et l'on a

$$\frac{dH}{dt} = \sum_v \left(\frac{\partial H}{\partial q_v} \frac{dq_v}{dt} + \frac{\partial H}{\partial p_v} \frac{dp_v}{dt} \right);$$

mais, d'après les équations canoniques, chaque terme de la somme du second membre est nul. Donc, pendant le mouvement, on a

$$\frac{dH}{dt} = 0, \qquad H = h.$$

Remarque. — Si H contenait explicitement t, on aurait

$$\frac{dH}{dt} = \sum_v \left(\frac{\partial H}{\partial q_v} \frac{dq_v}{dt} + \frac{\partial H}{\partial p_v} \frac{dp_v}{dt} \right) + \frac{\partial H}{\partial t};$$

la somme étant nulle en vertu des équations canoniques, on trouverait

$$\frac{d\mathrm{H}}{dt} = \frac{\partial \mathrm{H}}{\partial t}.$$

La transformation de Poisson-Hamilton est toujours possible. — La
transformation repose sur la résolution des équations (2) linéaires en q'_1,
q'_2, ..., q'_k. On montre, comme dans le n° 294, que le déterminant des
coefficients des inconnues q'_ν ne peut pas être nul.

On pourra consulter aussi, sur cette transformation de Poisson-Hamilton,
et plus généralement sur les changements de variables n'altérant pas la
forme canonique des équations (6), une étude de M. Vergne [*Sur certaines propriétés des systèmes d'équations différentielles* (*Annales
de l'École Normale supérieure*, 1910, p. 543)].

II. — THÉORÈME DE JACOBI ET APPLICATIONS.

472. Théorème de Jacobi. — Le théorème de Jacobi s'applique
à des équations de la forme canonique, dans lesquelles H est une
fonction quelconque des variables q_ν, p_ν et t. Nous écrirons cette
fonction

$$\mathrm{H}(p_1, p_2, \ldots, p_k; q_1, q_2, \ldots, q_k, t),$$

en mettant les variables en évidence. Le théorème repose sur cette
remarque que les équations canoniques sont les équations des
caractéristiques d'une certaine équation aux dérivées partielles du
premier ordre : il ramène l'intégration des équations canoniques
à la recherche d'une intégrale complète de cette équation. Voici
comment on peut énoncer le théorème :

Soit l'équation aux dérivées partielles du premier ordre

$$(\mathrm{J}) \qquad \frac{\partial \mathrm{V}}{\partial t} + \mathrm{H}\left(\frac{\partial \mathrm{V}}{\partial q_1}, \frac{\partial \mathrm{V}}{\partial q_2}, \ldots, \frac{\partial \mathrm{V}}{\partial q_k}; q_1, q_2, \ldots, q_k, t\right) = 0$$

qui définit V *en fonction des variables* q_1, q_2, ..., q_k, t, *regardées comme indépendantes. Si l'on connaît une intégrale
complète*

$$(\mathrm{C}) \qquad \mathrm{V}(q_1, q_2, \ldots, q_k, t; a_1, a_2, \ldots, a_k) + \mathrm{const.}$$

de cette équation avec k *constantes arbitraires* a_1, a_2, ..., a_k

dont aucune n'est une constante additive, les équations finies du mouvement, c'est-à-dire les intégrales générales des équations canoniques, sont

$$(J_1) \qquad \frac{\partial V}{\partial a_1} = b_1, \qquad \frac{\partial V}{\partial a_2} = b_2, \qquad \ldots, \qquad \frac{\partial V}{\partial a_k} = b_k,$$

$$(J_2) \qquad p_1 = \frac{\partial V}{\partial q_1}, \qquad p_2 = \frac{\partial V}{\partial q_2}, \qquad \ldots, \qquad p_k = \frac{\partial V}{\partial q_k},$$

avec $2k$ constantes arbitraires $a_1, a_2, \ldots, a_k$; $b_1, b_2, \ldots, b_k$.

Nous avons, dans le n° 297, démontré ce théorème dans l'hypothèse que le nombre des variables q est 3, $(k=3)$. La même démonstration s'applique identiquement au cas général où k est un entier quelconque. Il est inutile de revenir sur cette démonstration. Le théorème général doit donc être regardé comme démontré : les équations (J_1) donnent $q_1, q_2, \ldots, q_k$ en fonction du temps et des $2k$ constantes a_ν et b_ν; ces expressions définissent le mouvement du système; les équations (J_2) donnent ensuite les variables auxiliaires p_ν.

473. Cas particulier où t ne figure pas dans les coefficients de l'équation de Jacobi. — Lorsque t ne figure pas dans les coefficients de l'équation (J), on peut vérifier cette équation par une fonction de la forme

$$V = -ht + W,$$

h désignant une constante, et W une fonction de $q_1, q_2, \ldots, q_k$ indépendante de t. En substituant cette expression de V dans l'équation (J), on a, pour déterminer W, l'équation

$$(J') \qquad -h + H\left(\frac{\partial W}{\partial q_1}, \frac{\partial W}{\partial q_2}, \ldots, \frac{\partial W}{\partial q_k}; q_1, q_2, \ldots, q_k\right) = 0.$$

Il suffira de trouver une intégrale complète de cette équation (J')

$$W(q_1, q_2, \ldots, q_k; a_1, a_2, \ldots, a_{k-1}, h) + \text{const.},$$

contenant, outre h, $(k-1)$ constantes $a_1, a_2, \ldots, a_{k-1}$ dont aucune n'est additive. On aura alors, en prenant

$$V = -ht + W(q_1, q_2, \ldots, q_k; a_1, a_2, \ldots, a_{k-1}, h),$$

une intégrale complète de l'équation de Jacobi avec les k constantes a_1, a_2, ..., a_{k-1}, h, dont la dernière remplace a_k. Les équations finies du mouvement (J_1) et (J_2) deviennent alors, en désignant la constante b_k par $-t_0$,

$$(J'_1) \quad \frac{\partial W}{\partial a_1} = b_1, \quad \frac{\partial W}{\partial a_2} = b_2, \quad ..., \quad \frac{\partial W}{\partial a_{k-1}} = b_{k-1}, \quad -t + \frac{\partial W}{\partial h} = -t_0,$$

$$(J'_2) \quad p_1 = \frac{\partial W}{\partial q_1}, \quad p_2 = \frac{\partial W}{\partial q_2}, \quad ..., \quad p_k = \frac{\partial W}{\partial q_k}.$$

Les $(k-1)$ premières équations (J'_1) ne contenant pas t définissent la suite des configurations géométriques par lesquelles passe le système pendant le mouvement : la dernière équation (J'_1) donne le temps t que met le système à atteindre une de ces configurations.

Le cas que nous venons de traiter se présente en particulier quand, les liaisons étant indépendantes du temps, les expressions des coordonnées des points du système en fonction des q_v ne contiennent pas t, et quand les forces dérivent d'une fonction de forces $U(q_1, q_2, ..., q_k)$. Alors $H = T - U$ ne contient pas t explicitement. Dans ce cas, la constante h est la constante des forces vives, car l'équation (J'), dans laquelle on remplace $\frac{\partial W}{\partial q_v}$ par p_v, devient

$$H(p_1, p_2, ..., p_k; q_1, q_2, ..., q_k) = h \quad \text{ou} \quad T - U = h :$$

c'est l'intégrale des forces vives.

Remarque. — Le procédé que nous venons d'employer pour simplifier la recherche d'une intégrale complète, quand t ne figure pas dans les coefficients de l'équation de Jacobi, s'applique de même au cas où toute autre variable, q_1 par exemple, ne figurerait pas dans cette équation. On essayerait alors de vérifier l'équation en posant

$$V = a_1 q_1 + \varphi(q_2, q_3, ..., q_k, t),$$

φ ne dépendant plus de q_1 et a_1 désignant une constante, et l'on serait ramené à trouver une intégrale complète d'une équation avec une variable indépendante de moins.

474. Examples : 1° *Application au mouvement de la toupie sur un plan horizontal.* — Ce problème a été traité directement n° 407 comme exemple du mouvement d'un corps homogène pesant de révolution, glis-

puis

$$(4) \quad \begin{cases} \dfrac{dp_1}{dt} = -\dfrac{\partial H}{\partial \xi} = 0, & \dfrac{dp_2}{dt} = -\dfrac{\partial H}{\partial \eta} = 0, \\[2mm] \dfrac{dp_3}{dt} = -\dfrac{\partial H}{\partial \varphi} = 0, & \dfrac{dp_4}{dt} = -\dfrac{\partial H}{\partial \psi} = 0; \\[2mm] \dfrac{dp_5}{dt} = -\dfrac{\partial H}{\partial \theta}, \end{cases}$$

où nous n'avons pas écrit explicitement la dérivée $\dfrac{\partial H}{\partial \theta}$. Ces équations canoniques (3) et (4) définissent ξ, η, φ, ψ, θ, p_1, p_2, p_3, p_4, p_5 en fonction de t. Le premier groupe est évidemment identique aux équations (1); Le deuxième groupe donne immédiatement les intégrales premières

$$p_1 = a_1, \qquad p_2 = a_2,$$
$$p_3 = a_3, \qquad p_4 = a_4,$$

d'où, en portant ces valeurs dans les équations (1) ou (3),

$$(5) \quad \begin{cases} \xi' = a_1, \qquad \eta' = a_2, \qquad C(\varphi' + \psi' \cos\theta) = a_3, \\ A \sin^2\theta\, \psi' + C \cos\theta\, (\varphi' + \psi' \cos\theta) = a_4. \end{cases}$$

Ces quatre intégrales premières sont celles que nous avons trouvées directement (n° 407) par l'application des théorèmes généraux. Les deux premières expriment que la projection horizontale du centre de gravité est animée d'un mouvement rectiligne uniforme; la troisième que la composante r de la rotation instantanée est constante; la dernière que, dans le mouvement autour du centre de gravité, la somme des moments des quantités de mouvement par rapport à la verticale Gz_1 est constante. En adjoignant à ces intégrales (5) l'intégrale des forces vives

$$T - U = h \qquad \text{ou} \qquad H = h,$$

on obtient toutes les équations trouvées directement.

Appliquons maintenant le théorème de Jacobi : nous allons retrouver les mêmes intégrales. L'équation aux dérivées partielles est

$$(6) \quad \begin{cases} \dfrac{\partial V}{\partial t} + \dfrac{1}{2}\left[\left(\dfrac{\partial V}{\partial \xi}\right)^2 + \left(\dfrac{\partial V}{\partial \eta}\right)^2 + \dfrac{1}{l^2 \sin^2\theta + A}\left(\dfrac{\partial V}{\partial \theta}\right)^2 \right. \\[2mm] \left. \quad + \dfrac{1}{C}\left(\dfrac{\partial V}{\partial \varphi}\right)^2 + \dfrac{1}{A \sin^2\theta}\left(\dfrac{\partial V}{\partial \psi} - \dfrac{\partial V}{\partial \varphi}\cos\theta\right)^2 \right] + gl\cos\theta = 0. \end{cases}$$

Comme elle ne contient explicitement dans les coefficients aucune des variables t, ξ, η, φ, ψ, on pourra trouver une intégrale de la forme

$$V = -ht + a_1 \xi + a_2 \eta + a_3 \varphi + a_4 \psi + F(\theta),$$

où h, a_1, a_2, a_3, a_4 sont des constantes et $F(\theta)$ une fonction de θ seul.

En substituant cette valeur de V dans (6), et remarquant que $\dfrac{\partial V}{\partial \theta}$ est égal à $F'(\theta)$, on a, pour déterminer $F'(\theta)$, l'équation

$$F'^2(\theta) = (l^2 \sin^2\theta + A)\left[2h - 2gl\cos\theta - a_1^2 - a_2^2 - \frac{a_3^2}{C} - \frac{1}{A\sin^2\theta}(a_4 - a_3\cos\theta)^2 \right].$$

On a donc, en intégrant,

$$F(\theta) = \int \sqrt{l^2\sin^2\theta + A}\,\sqrt{\Theta}\,d\theta,$$

où l'on a posé, pour abréger,

$$\Theta = 2h - 2gl\cos\theta - a_1^2 - a_2^2 - \frac{a_3^2}{C} - \frac{1}{A\sin^2\theta}(a_4 - a_3\cos\theta)^2.$$

On a ainsi l'intégrale complète

$$V = -ht + a_1\xi + a_2\eta + a_3\varphi + a_4\psi + \int \sqrt{l^2\sin^2\theta + A}\,\sqrt{d\Theta}\,d\theta,$$

avec cinq constantes h, a_1, a_2, a_3, a_4 dont aucune n'est additive. Les équations du mouvement sous forme finie sont alors

$$\frac{\partial V}{\partial a_\mu} = b_\mu, \qquad \frac{\partial V}{\partial h} = -t_0 \qquad (\mu = 1, 2, 3, 4).$$

On a donc, puisque Θ dépend de h, a_1, a_2, a_3, a_4, en différentiant sous le signe $\displaystyle\int$,

$$\xi - a_1 \int \frac{\sqrt{l^2\sin^2\theta + A}}{\sqrt{\Theta}}\,d\theta = b_1, \qquad \eta - a_2 \int \frac{\sqrt{l^2\sin^2\theta + A}}{\sqrt{\Theta}}\,d\theta = b_2,$$

$$\varphi - \int \frac{\sqrt{l^2\sin^2\theta + A}}{\sqrt{\Theta}}\left[\frac{a_3}{C} - \frac{\cos\theta}{A\sin^2\theta}(a_4 - a_3\cos\theta)\right]d\theta = b_3,$$

$$\psi - \int \frac{\sqrt{l^2\sin^2\theta + A}}{\sqrt{\Theta}}\cdot\frac{(a_4 - a_3\cos\theta)}{A\sin^2\theta}\,d\theta = b_4,$$

$$\int \frac{\sqrt{l^2\sin^2\theta + A}}{\sqrt{\Theta}}\,d\theta = t - t_0.$$

Les quatre premières équations définissent la suite des positions de la toupie; la dernière donne le temps. En remplaçant la dernière intégrale par $t - t_0$ dans les deux premières équations, on les met sous la forme

$$\xi - b_1 = a_1(t - t_0), \qquad \eta - b_2 = a_2(t - t_0).$$

On retrouve ainsi ce résultat que la projection horizontale du centre de gravité se meut d'un mouvement rectiligne uniforme.

Enfin, si l'on veut les expressions sous forme finie des variables p_1, p_2, p_3, p_4, p_5, il faut écrire $p_\nu = \dfrac{\partial V}{\partial q_\nu}$; ce qui donne

$$p_1 = a_1, \qquad p_2 = a_2, \qquad p_3 = a_3, \qquad p_4 = a_4,$$
$$p_5 = \sqrt{l^2 \sin^2 \theta + A}\,\sqrt{\theta}.$$

2° *Exemple dans lequel les liaisons dépendent du temps.* — Appliquons cette méthode au problème du n° 455.

Mouvement d'une barre homogène pesante mobile sans frottement dans un plan qui tourne, avec une vitesse angulaire constante ω, autour d'une verticale fixe du plan.

La position du système dépend des trois paramètres ξ, η, θ qui joueront le rôle de q_1, q_2, q_3.

Supposons la masse M prise pour unité; on a, comme nous l'avons trouvé, les expressions suivantes de la demi-force vive absolue et de la fonction des forces :

$$T = \frac{1}{2}(\xi'^2 + \eta'^2 + k^2 \theta'^2 + \omega^2 k^2 \cos^2 \theta + \omega^2 \xi^2).$$
$$U = g\,\eta.$$

Il faut poser

$$p_1 = \frac{\partial T}{\partial \xi'}, \qquad p_2 = \frac{\partial T}{\partial \eta'}, \qquad p_3 = \frac{\partial T}{\partial \theta'},$$

ce qui donne

$$p_1 = \xi', \qquad p_2 = \eta', \qquad p_3 = k^2 \theta',$$

équations qui sont immédiatement résolues par rapport à ξ', η', θ'. On doit faire ensuite

$$K = p_1 \xi' + p_2 \eta' + p_3 \theta' - T,$$

ce qui donne, en remplaçant ξ', η', θ' par leurs valeurs et réduisant,

$$K = \frac{1}{2}\left(p_1^2 + p_2^2 + \frac{p_3^2}{k^2} - \omega^2 k^2 \cos^2 \theta - \omega^2 \xi^2 \right).$$

Enfin la fonction $H = K - U$ a pour expression

$$H = \frac{1}{2}\left(p_1^2 + p_2^2 + \frac{p_3^2}{k^2} - \omega^2 k^2 \cos^2 \theta - \omega^2 \xi^2 \right) - g\,\eta.$$

Les équations canoniques seraient alors aisées à écrire; on vérifiera qu'elles sont identiques à celles du n° 455.

Appliquons la méthode de Jacobi. L'équation aux dérivées partielles est

$$\frac{\partial V}{\partial t} + \frac{1}{2}\left[\left(\frac{\partial V}{\partial \xi}\right)^2 + \left(\frac{\partial V}{\partial \eta}\right)^2 + \frac{1}{k^2}\left(\frac{\partial V}{\partial \theta}\right)^2 - \omega^2 k^2 \cos^2\theta - \omega^2 \xi^2\right] - g\eta = 0.$$

En l'écrivant

$$2\frac{\partial V}{\partial t} + \left[\left(\frac{\partial V}{\partial \xi}\right)^2 - \omega^2\xi^2\right] + \left[\left(\frac{\partial V}{\partial \eta}\right)^2 - 2g\eta\right]$$
$$+ \left[\frac{1}{k^2}\left(\frac{\partial V}{\partial \theta}\right)^2 - \omega^2 k^2 \cos^2\theta\right] = 0,$$

on aperçoit une intégrale première de la forme

$$V = -ht + F_1(\xi) + F_2(\eta) + F_3(\theta),$$

les fonctions F_1, F_2, F_3 des variables ξ, η, θ vérifiant identiquement l'équation

$$-2h + \left[F_1'^2(\xi) - \omega^2\xi^2\right] + \left[F_2'^2(\eta) - 2g\eta\right]$$
$$+ \left[\frac{1}{k^2}F_3'^2(\theta) - \omega^2 k^2 \cos^2\theta\right] = 0,$$

Comme, dans l'équation aux dérivées partielles, les variables ξ, η, θ sont regardées comme indépendantes, cette relation ne peut avoir lieu que si chacune des quantités entre crochets est séparément constante. Il faudra donc prendre

$$F_1'^2(\xi) - \omega^2\xi^2 = 2a_1, \qquad F_2'^2(\eta) - 2g\eta = 2a_2,$$

d'où, en substituant,

$$\frac{1}{k^2}F_3'^2(\theta) - \omega^2 k^2 \cos^2\theta = 2h - 2a_1 - 2a_2.$$

Ces équations donnent F_1, F_2, F_3 par des quadratures, et l'on a l'intégrale complète

$$V = -ht + \int \sqrt{\omega^2\xi^2 + 2a_1}\, d\xi + \int \sqrt{2g\eta + 2a_2}\, d\eta$$
$$+ k\int \sqrt{\omega^2 k^2 \cos^2\theta + 2h - 2a_1 - 2a_2}\, d\theta,$$

avec les trois constantes a_1, a_2, h dont aucune n'est additive. Les équations du mouvement sous forme finie sont alors

$$\frac{\partial V}{\partial a_1} = b_1, \qquad \frac{\partial V}{\partial a_2} = b_2,$$

et

$$\frac{\partial V}{\partial h} = -t_0.$$

ce qui donne, en désignant par θ la quantité $\omega^2 k^2 \cos^2\theta + 2h - 2a_1 - 2a_2$.

$$\int \frac{d\xi}{\sqrt{\omega^2\xi^2 + 2a_1}} - k\int \frac{d\theta}{\sqrt{\theta}} = b_1,$$

$$\int \frac{d\eta}{\sqrt{2g\eta + 2a_2}} - k\int \frac{d\theta}{\sqrt{\theta}} = b_2,$$

$$k\int \frac{d\theta}{\sqrt{\theta}} = t - t_0.$$

Ces équations donnent ξ, η, θ en fonction de t et de six constantes a_1, a_2, h, b_1, b_2, t_0. On peut écrire les deux premières, en tenant compte de la troisième,

$$\int \frac{d\xi}{\sqrt{\omega^2\xi^2 + 2a_1}} = t - t_0 + b_1, \qquad \int \frac{d\eta}{\sqrt{2g\eta + 2a_2}} = t - t_0 + b_2,$$

d'où l'on tire pour ξ et η des expressions identiques à celles que nous avons trouvées (n° 455).

Les valeurs de p_1, p_2, p_3 sont enfin

$$p_1 = \frac{\partial V}{\partial \xi} = \sqrt{\omega^2\xi^2 + 2a_1}, \qquad p_2 = \frac{\partial V}{\partial \eta} = \sqrt{2g\eta + 2a_2},$$

$$p_3 = \frac{\partial V}{\partial \theta} = k\sqrt{\theta}.$$

475. Théorème de Liouville. — Liouville a indiqué un cas très étendu où les équations du mouvement s'intègrent par des quadratures. Considérons un système sans frottement dont les liaisons sont indépendantes du temps et dont la force vive s'exprime en fonction des paramètres q_1, q_2, ..., q_k sous la forme

$$2T = (A_1 + A_2 + \ldots + A_k)(B_1 q_1'^2 + B_2 q_2'^2 + \ldots + B_k q_k'^2),$$

où A_1 et B_1 sont des fonctions du seul paramètre q_1, A_2 et B_2 du seul paramètre q_2, et ainsi de suite. Le mouvement de ce système peut se calculer par quadratures quand aucune force n'agit sur lui, ou plus généralement quand les forces actives qui s'exercent sur lui dérivent d'une fonction de forces $U(q_1, q_2, \ldots, q_k)$ de la forme

$$U = \frac{U_1 + U_2 + \ldots + U_k}{A_1 + A_2 + \ldots + A_k},$$

U_1 dépendant de q_1 seul, ..., U_v de q_v seul. Un cas très particulier de ce théorème a été indiqué à la fin du premier Volume (n° 305).

La méthode de Jacobi donne immédiatement le mouvement cherché. Les variables p_ν sont actuellement définies par

$$p_\nu = \frac{\partial T}{\partial q'_\nu} = (A_1 + A_2 + \ldots + A_k) B_\nu q'_\nu.$$

Tirant de là q'_ν pour le porter dans T et remarquant que $H = T - U$, car T est homogène par rapport aux q', on a

$$H + \frac{1}{A_1 + A_2 + \ldots + A_k} \left[\frac{1}{2} \left(\frac{q'^2_1}{B_1} + \frac{q'^2_2}{B_2} + \ldots + \frac{q'^2_k}{B_k} \right) - (U_1 + U_2 + \ldots + U_k) \right].$$

L'équation aux dérivées partielles de Jacobi devient donc, en y faisant

$$V = - ht + W,$$

$$- h + \frac{1}{A_1 + A_2 + \ldots + A_k} \sum \left[\frac{1}{2 B_\nu} \left(\frac{\partial W}{\partial q_\nu} \right)^2 - U_\nu \right] = 0.$$

Elle admet ainsi une intégrale complète de la forme

$$(7) \qquad W = V_1 + V_2 + \ldots + V_k,$$

où V_1 dépend uniquement de q_1, V_2 de q_2, ..., V_k de q_k. En effet, substituons cette valeur de W et chassons le dénominateur ; nous aurons une équation qu'on peut écrire

$$\left[\frac{1}{B_1} \left(\frac{dV_1}{dq_1} \right)^2 - 2h A_1 - 2 U_1 \right] + \left[\frac{1}{B_2} \left(\frac{dV_2}{dq_2} \right)^2 - 2h A_2 - 2 U_2 \right] + \ldots$$

$$+ \left[\frac{1}{B_k} \left(\frac{dV_k}{dq_k} \right)^2 - 2h A_k - 2 U_k \right] = 0.$$

La première parenthèse dépend uniquement de q_1, la deuxième de q_2, ..., etc. Comme, dans l'équation aux dérivées partielles, ces variables sont indépendantes, la dernière équation ne peut être satisfaite que si chaque parenthèse est séparément constante. On doit donc avoir

$$\frac{1}{B_\nu} \left(\frac{dV_\nu}{dq_\nu} \right)^2 - 2h A_\nu - 2 U_\nu = 2 a_\nu \qquad (\nu = 1, 2, \ldots, k),$$

les lettres a_1, a_2, ..., a_k désignant des constantes dont la *somme est nulle* : $k - 1$ de ces constantes a_1, a_2, ..., a_{k-1} sont donc arbitraires, et l'on a

$$(8) \qquad a_k = - (a_1 + a_2 + \ldots + a_{k-1}).$$

On a alors, en intégrant,

$$V_\nu = \int \sqrt{B_\nu} \sqrt{2h A_\nu + 2 U_\nu + 2 a_\nu}\, dq_\nu.$$

En remplaçant dans l'expression (7) V_1, V_2, ..., V_k par ces valeurs, on obtient une intégrale complète avec k constantes arbitraires a_1, a_2, ..., a_{k-1}, h. Les équations finies du mouvement sont alors

$$\frac{\partial W}{\partial a_\mu} = b_\mu, \qquad \frac{\partial W}{\partial h} = t - t_0 \qquad (\mu = 1, 2, \ldots, k-1),$$

c'est-à-dire, en effectuant les dérivations et se rappelant la relation (8),

$$\int \sqrt{B_\mu} \frac{dq_\mu}{\sqrt{2hA_\mu + 2U_\mu + 2a_\mu}} - \int \sqrt{B_k} \frac{dq_k}{\sqrt{2hA_k + 2U_k + 2a_k}} = b_\mu,$$

$$\sum_{\nu=1}^{\nu=k} \int \sqrt{B_\nu} \frac{A_\nu \, dq_\nu}{\sqrt{2hA_\nu + 2U_\nu + 2a_\nu}} = t - t_0.$$

Le problème est ainsi résolu par quadratures.

M. Hadamard, perfectionnant une méthode de M. Staude, a étudié l'inversion de ces équations, quand les intervalles de variation de chacun des paramètres q sont limités dans les deux sens (*Bulletin des Sciences mathématiques*, t. XXXV, avril 1911).

476. Théorème de Staeckel. — M. Staeckel a indiqué dans les *Comptes rendus* (1893) une généralisation du théorème de Liouville. Cette généralisation s'applique à un système dépendant de k paramètres : pour ne pas compliquer les notations, nous l'exposerons dans le cas de trois paramètres.

Soient Δ le déterminant

$$\Delta = \begin{vmatrix} \varphi_1(q_1) & \varphi_2(q_2) & \varphi_3(q_1) \\ \psi_1(q_1) & \psi_2(q_2) & \psi_3(q_3) \\ \chi_1(q_1) & \chi_2(q_2) & \chi_3(q_3) \end{vmatrix}$$

et Φ_1, Φ_2, Φ_3 les mineurs de Δ par rapport aux éléments φ_1, φ_2, φ_3 de la première ligne, Ψ_1, ..., X_1, ... les mineurs relatifs à ψ_1, ..., χ_1, ...

Supposons que la force vive $2T$ d'un système et la fonction de forces U soient de la forme suivante (*voir* GOURSAT, *Comptes rendus*, 1893) :

$$(A) \quad 2T = \Delta \left(\frac{q_1'^2}{\Phi_1} + \frac{q_2'^2}{\Phi_2} + \frac{q_3'^2}{\Phi_3} \right), \quad U = \frac{f_1(q_1)\Phi_1 + f_2(q_2)\Phi_2 + f_3(q_3)\Phi_3}{\Delta}.$$

La méthode de Jacobi va permettre de déterminer le mouvement par quadratures.

Nous avons, en effet, ici

$$H = \frac{1}{2\Delta}(p_1^2 \Phi_1 + p_2^2 \Phi_2 + p_3^2 \Phi_3) - \frac{f_1 \Phi_1 + f_2 \Phi_2 + f_3 \Phi_3}{\Delta}.$$

Écrivons l'équation de Jacobi, puis faisons-y $V = -ht + W$; l'équation (J') en W s'écrit

$$(J') \quad \left(\frac{\partial W}{\partial q_1}\right)^2 \Phi_1 + \left(\frac{\partial W}{\partial q_2}\right)^2 \Phi_2 + \left(\frac{\partial W}{\partial q_3}\right)^2 \Phi_3 = 2(f_1\Phi_1 + f_2\Phi_2 + f_3\Phi_3 + h\Delta).$$

Cherchons s'il existe une intégrale complète de la forme

$$W = V_1(q_1) + V_2(q_2) + V_3(q_3).$$

Si nous observons qu'on a

$$\varphi_1\Phi_1 + \varphi_2\Phi_2 + \varphi_3\Phi_3 \equiv \Delta, \quad \psi_1\Phi_1 + \psi_2\Phi_2 + \psi_3\Phi_3 \equiv 0, \quad \chi_1\Phi_1 + \chi_2\Phi_2 + \chi_3\Phi_3 \equiv 0,$$

on voit qu'en prenant

$$\left(\frac{dV_1}{dq_1}\right)^2 = 2(f_1 + h\varphi_1 + a_1\psi_1 + a_2\chi_1) = F_1(q_1),$$

$$\left(\frac{dV_2}{dq_2}\right)^2 = 2(f_2 + h\varphi_2 + a_1\psi_2 + a_2\chi_2) = F_2(q_2),$$

$$\left(\frac{dV_3}{dq_3}\right)^2 = 2(f_3 + h\varphi_3 + a_1\psi_3 + a_2\chi_3) = F_3(q_3);$$

l'équation (J') est vérifiée identiquement : h, a_1, a_2 désignent des constantes arbitraires.

Le mouvement est alors défini par les égalités

$$\int \frac{\psi_1\,dq_1}{\sqrt{F_1(q_1)}} + \int \frac{\psi_2\,dq_2}{\sqrt{F_2(q_2)}} + \int \frac{\psi_3\,dq_3}{\sqrt{F_3(q_3)}} = b_1,$$

$$\int \frac{\chi_1\,dq_1}{\sqrt{F_1(q_1)}} + \int \frac{\chi_2\,dq_2}{\sqrt{F_2(q_2)}} + \int \frac{\chi_3\,dq_3}{\sqrt{F_3(q_3)}} = b_2,$$

$$\int \frac{\varphi_1\,dq_1}{\sqrt{F_1(q_1)}} + \int \frac{\varphi_2\,dq_2}{\sqrt{F_2(q_2)}} + \int \frac{\varphi_3\,dq_3}{\sqrt{F_3(q_3)}} = t - t_0.$$

Le théorème précédent renferme le théorème de Liouville comme cas particulier. Car, si T et U sont de la forme qu'exige le théorème de Liouville, on voit aussitôt qu'on peut toujours les mettre sous la forme (A).

On trouvera une généralisation de ce théorème dans une deuxième Note de M. Staeckel (*Comptes rendus*, 7 octobre 1895).

477. Application de la transformation de Legendre à l'équation de Jacobi. — Dans la théorie précédente on fait jouer aux q et aux p des rôles différents; mais il est clair que dans le système canonique

$$(1) \qquad \frac{dq_\nu}{dt} = \frac{\partial H}{\partial p_\nu}, \qquad \frac{dp_\nu}{dt} = -\frac{\partial H}{\partial q_\nu} \qquad (\nu = 1, 2, \ldots, k);$$

les variables p, q jouent un rôle symétrique, puisqu'il suffit de changer H en $-$H pour substituer les p aux q et réciproquement. D'après cela, il est loisible de substituer à l'équation de Jacobi

$$(2) \qquad \frac{\partial V}{\partial t} + H\left(\frac{\partial V}{\partial q_1}, \ldots, \frac{\partial V}{\partial q_k}, q_1, \ldots, q_k, t\right) = 0$$

la suivante,

$$(3) \qquad \frac{\partial W}{\partial t} - H\left(p_1, \ldots, p_k, \frac{\partial W}{\partial p_1}, \ldots, \frac{\partial W}{\partial p_k}, t\right) = 0.$$

Si l'on connaît une intégrale complète $W(t, p_1, \ldots, p_k, a_1, \ldots, a_k)$ de cette dernière équation, on posera

$$\frac{\partial W}{\partial a_1} = c_1, \qquad \ldots, \qquad \frac{\partial W}{\partial a_k} = c_k, \qquad q_\nu = \frac{\partial W}{\partial p_\nu} \qquad (\nu = 1, 2, \ldots, k),$$

et ces égalités définiront les intégrales générales de (1).

Il est bien facile d'ailleurs de passer de l'équation (2) à l'équation (3), en substituant aux variables q et à la fonction V les nouvelles variables p et la nouvelle fonction W liées aux premières par les égalités

$$(4) \qquad \begin{cases} p_\nu = \dfrac{\partial V}{\partial q_\nu}, \\[2mm] W = \displaystyle\sum_{\nu=1}^{\nu=k} q_\nu \dfrac{\partial V}{\partial q_\nu} - V. \end{cases}$$

En répétant le calcul à l'aide duquel nous avons ramené les équations de Lagrange à la forme canonique, on voit que ces formules entraînent les suivantes :

$$(5) \qquad \begin{cases} q_\nu = \dfrac{\partial W}{\partial p_\nu}, \\[2mm] V = \displaystyle\sum_{\nu=1}^{\nu=k} p_\nu \dfrac{\partial W}{\partial p_\nu} - W, \\[2mm] \dfrac{\partial V}{\partial t} = - \dfrac{\partial W}{\partial t}. \end{cases}$$

Le changement de variables (4) transforme donc l'équation (2) en l'équation (3). A une intégrale complète $V(t, q_1, \ldots, q_k, a_1, \ldots, a_k)$ de (2) correspond une intégrale complète $W(t, p_1, \ldots, p_k; a_1, \ldots, a_k)$ de (3), et l'on a les relations

$$\frac{\partial V}{\partial a_\nu} = - \frac{\partial W}{\partial a_\nu}.$$

Les équations $\dfrac{\partial V}{\partial a_\nu} = b_\nu$, $p_\nu = \dfrac{\partial V}{\partial q_\nu}$ $(\nu = 1, 2, \ldots, k)$ entraînent donc bien les équations

$$\frac{\partial W}{\partial a_\nu} = - b_\nu, \qquad q_\nu = \frac{\partial W}{\partial p_\nu}.$$

La transformation (4) est appelée *transformation de Legendre*. C'est la plus simple des *transformations de contact*, dont on trouvera la théorie dans l'Ouvrage de M. Goursat : *Sur les équations aux dérivées partielles* (Chap. XI).

III. — THÉORÈME DE POISSON.

478. Généralités sur les équations différentielles. — Considérons les équations différentielles du mouvement sous la forme canonique

$$(1) \qquad \frac{dq_\nu}{dt} = \frac{\partial H}{\partial p_\nu}, \qquad \frac{dp_\nu}{dt} = -\frac{\partial H}{\partial q_\nu} \qquad (\nu = 1, 2, \ldots, k).$$

L'intégration de ces équations donne les quantités q_1, q_2, ..., q_k, p_1, p_2, ..., p_k en fonction de t et de $2k$ constantes arbitraires. On appelle *intégrale première* des équations différentielles du mouvement toute relation de la forme

$$f(q_1, q_2, \ldots, q_k, p_1, p_2, \ldots, p_k, t) = C,$$

qui est vérifiée par un système quelconque de fonctions q_ν et p_ν, satisfaisant aux équations (1). En d'autres termes, le premier membre $f(q_1, q_2, \ldots, q_k, p_1, p_2, \ldots, p_k, t)$ de l'intégrale première est une fonction des q_ν, des p_ν et de t, qui reste *constante* pendant toute la durée du mouvement, et cela quelles que soient les conditions initiales. Il est évident que, si $f = C$ est une intégrale, il en est de même de $F(f) = C'$, F étant une fonction de f.

Deux intégrales premières

$$f_1(q_1, q_2, \ldots, q_k, p_1, p_2, \ldots, p_k, t) = C_1, \qquad f_2 = C_2$$

sont dites *distinctes*, si l'une des fonctions, f_2 par exemple, n'est pas une fonction de l'autre, c'est-à-dire s'il n'existe pas une relation de la forme

$$f_2 = F(f_1).$$

En général, n intégrales premières

$$(2) \qquad f_1 = C_1, \qquad f_2 = C_2, \qquad \ldots, \qquad f_n = C_n$$

sont distinctes si aucune des fonctions, f_μ par exemple, ne peut s'exprimer en fonction des autres, sous la forme

$$f_\mu = F(f_1, f_2, \ldots, f_{\mu-1}, f_{\mu+1}, \ldots, f_n).$$

Il est évident que, si l'on connaît n intégrales premières, telles
que (2), la relation

$$F(f_1, f_2, \ldots, f_n) = C$$

est encore une intégrale première; mais elle n'est pas distincte
des intégrales (2).

Lorsque l'on connaît $2k$ intégrales premières distinctes

$$(3) \qquad f_1 = c_1, \qquad f_2 = c_2, \qquad \ldots, \qquad f_{2k} = c_{2k},$$

le système (1) est intégré, car ces $2k$ équations simultanées définissent $q_1, q_2, \ldots, q_k, p_1, p_2, \ldots, p_k$ en fonction de t et de $2k$
constantes arbitraires. Les équations (1) sont intégrées.

Intégrales quelconques. — On dit en général qu'une relation
de la forme

$$f(q_1, q_2, \ldots, q_k, p_1, p_2, \ldots, p_k, t, c_1, c_2, \ldots, c_m) = 0$$

est une intégrale des équations (1) si elle est vérifiée identiquement quand on y remplace les q_ν et les p_ν par une solution quelconque du système (1) et les constantes $c_1, c_2, \ldots, c_m$ par des
valeurs constantes convenablement choisies.

Quand une intégrale ne contient qu'une constante c_1, on peut
la résoudre par rapport à cette constante et l'écrire

$$f_1(q_1, q_2, \ldots, q_k, p_1, p_2, \ldots, p_k, t) = c_1;$$

c'est donc une intégrale première.

**479. Conditions pour que $f = C$ soit une intégrale première;
parenthèses de Poisson.** — Soit

$$f(q_1, q_2, \ldots, q_k, p_1, p_2, \ldots, p_k, t) = C$$

une intégrale première des équations canoniques du mouvement (1). La fonction f restant constante, par hypothèse, quand
on y remplace les q_ν et les p_ν par des solutions quelconques des
équations (1), la dérivée totale de f par rapport à t doit être nulle :

$$\frac{\partial f}{\partial q_1} \frac{dq_1}{dt} + \frac{\partial f}{\partial q_2} \frac{dq_2}{dt} + \ldots$$
$$+ \frac{\partial f}{\partial q_k} \frac{dq_k}{dt} + \frac{\partial f}{\partial p_1} \frac{dp_1}{dt} + \ldots + \frac{\partial f}{\partial p_k} \frac{dp_k}{dt} + \frac{\partial f}{\partial t} = 0,$$

ou, en remplaçant $\frac{dq_v}{dt}$ et $\frac{dp_v}{dt}$ par leurs valeurs (1) et écrivant les termes dans un autre ordre,

$$(4) \quad \begin{cases} \dfrac{\partial f}{\partial q_1} \dfrac{\partial \mathrm{H}}{\partial p_1} - \dfrac{\partial f}{\partial p_1} \dfrac{\partial \mathrm{H}}{\partial q_1} + \dfrac{\partial f}{\partial q_2} \dfrac{\partial \mathrm{H}}{\partial p_2} - \dfrac{\partial f}{\partial p_2} \dfrac{\partial \mathrm{H}}{\partial q_2} + \cdots \\[2ex] \qquad + \dfrac{\partial f}{\partial q_k} \dfrac{\partial \mathrm{H}}{\partial p_k} - \dfrac{\partial f}{\partial p_k} \dfrac{\partial \mathrm{H}}{\partial q_k} + \dfrac{\partial f}{\partial t} = 0. \end{cases}$$

Cette condition, devant être satisfaite pour toute solution des équations (1), doit être satisfaite *identiquement*, quels que soient $q_1, q_2, \ldots, q_k, p_1, p_2, \ldots, p_k, t$; en effet, cette condition, devant être satisfaite pendant toute la durée du mouvement, doit l'être à un instant quelconque t_0, regardé comme instant initial, et l'on sait qu'à cet instant on peut donner à $q_1, q_2, \ldots, q_k, p_1, p_2, \ldots, p_k$ des valeurs initiales arbitraires; la condition doit donc être satisfaite quand on donne à toutes les variables qui y figurent des valeurs arbitraires; elle est *identiquement* satisfaite.

Parenthèses de Poisson. — Soient φ et ψ deux fonctions quelconques de $q_1, q_2, \ldots, q_k, p_1, p_2, \ldots, p_k$ et t; nous emploierons la notation (φ, ψ) pour désigner l'expression suivante :

$$(\varphi, \psi) = \frac{\partial \varphi}{\partial q_1} \frac{\partial \psi}{\partial p_1} - \frac{\partial \varphi}{\partial p_1} \frac{\partial \psi}{\partial q_1} + \frac{\partial \varphi}{\partial q_2} \frac{\partial \psi}{\partial p_2} - \frac{\partial \varphi}{\partial p_2} \frac{\partial \psi}{\partial q_2} + \cdots$$
$$+ \frac{\partial \varphi}{\partial q_k} \frac{\partial \psi}{\partial p_k} - \frac{\partial \varphi}{\partial p_k} \frac{\partial \psi}{\partial q_k},$$

appelée *parenthèse de Poisson*.

D'après cette notation, la condition pour que $f = C$ soit une intégrale première s'écrit

$$(f, \mathrm{H}) + \frac{\partial f}{\partial t} = 0.$$

Voici quelques propriétés de ces parenthèses qui nous seront utiles plus loin.

Si l'une des fonctions φ ou ψ est constante, la parenthèse (φ, ψ) est nulle; si l'on permute φ et ψ ou si l'on change une des fonctions φ ou ψ de signe, la parenthèse change de signe,

$$(\varphi, c) = 0, \qquad (\psi, \varphi) = -(\varphi, \psi), \qquad (\varphi, -\psi) = -(\varphi, \psi).$$

Les fonctions φ et ψ peuvent contenir explicitement la lettre t; en prenant la dérivée partielle de (φ, ψ) par rapport à t, on trouve une expression qu'on peut écrire

$$\frac{\partial(\varphi, \psi)}{\partial t} = \sum\left[\frac{\partial\left(\frac{\partial\varphi}{\partial t}\right)}{\partial q_\nu}\frac{\partial\psi}{\partial p_\nu} - \frac{\partial\left(\frac{\partial\varphi}{\partial t}\right)}{\partial p_\nu}\frac{\partial\psi}{\partial q_\nu}\right]$$
$$+ \sum\left[\frac{\partial\varphi}{\partial q_\nu}\frac{\partial\left(\frac{\partial\psi}{\partial t}\right)}{\partial p_\nu} - \frac{\partial\varphi}{\partial p_\nu}\frac{\partial\left(\frac{\partial\psi}{\partial t}\right)}{\partial q_\nu}\right],$$

c'est-à-dire

$$\frac{\partial(\varphi, \psi)}{\partial t} = \left(\frac{\partial\varphi}{\partial t}, \psi\right) + \left(\varphi, \frac{\partial\psi}{\partial t}\right).$$

480. Identité de Poisson. — Entre les parenthèses de trois fonctions associées deux à deux a lieu une identité remarquable qui nous conduira immédiatement au théorème de Poisson. Pour établir cette identité, nous ferons d'abord la remarque suivante :

Soit f une fonction de $q_1, q_2, \ldots, q_k, p_1, p_2, \ldots, p_k$, pouvant d'ailleurs contenir t, et $A_1, A_2, \ldots, A_{2k}$ des fonctions des mêmes variables; posons

$$(5)\quad\begin{cases} A(f) = A_1\frac{\partial f}{\partial q_1} + A_2\frac{\partial f}{\partial q_2} + \ldots + A_k\frac{\partial f}{\partial q_k} + A_{k+1}\frac{\partial f}{\partial p_1} \\ \qquad + A_{k+2}\frac{\partial f}{\partial p_2} + \ldots + A_{2k}\frac{\partial f}{\partial p_k}, \end{cases}$$

$A(f)$ signifiant qu'on effectue sur f l'opération exprimée par le second membre; puis, en appelant $B_1, B_2, \ldots, B_{2k}$ d'autres fonctions des mêmes variables, posons de même

$$(6)\quad B(f) = B_1\frac{\partial f}{\partial q_1} + \ldots + B_k\frac{\partial f}{\partial q_k} + B_{k+1}\frac{\partial f}{\partial p_1} + \ldots + B_{2k}\frac{\partial f}{\partial p_k}.$$

Considérons ensuite l'expression $A[B(f)]$, obtenue en remplaçant, dans les deux membres de (5), f par $B(f)$, et l'expression $B[A(f)]$, obtenue en remplaçant, dans les deux membres de (6), f par $A(f)$; *la différence* $A[B(f)] - B[A(f)]$ *ne contient pas de dérivées secondes de* f. C'est ce qu'on vérifie immédiatement. Par exemple, dans $A[B(f)]$, les coefficients de $\frac{\partial^2 f}{\partial q_1^2}$ et $\frac{\partial^2 f}{\partial q_1\partial q_2}$ sont respectivement $A_1 B_1$ et $A_1 B_2 + A_2 B_1$; dans $B[A(f)]$, les coefficients de $\frac{\partial^2 f}{\partial q_1^2}$ et $\frac{\partial^2 f}{\partial q_1\partial q_2}$ sont les mêmes; ces dérivées disparaissent donc quand on fait la différence. Il en est de même pour toutes les autres dérivées secondes, par exemple, pour $\dfrac{\partial^2 f}{\partial p_1^2}$, $\dfrac{\partial^2 f}{\partial p_1\, \partial q_1}$, $\dfrac{\partial^2 f}{\partial p_1\, \partial p_2}$, etc.

Ceci posé, soient f, φ, ψ trois fonctions quelconques de q_1, q_2, ..., q_k, p_1, p_2, ..., p_k, t. Formons les parenthèses

$$f_1 = (\varphi, \psi), \qquad \varphi_1 = (\psi, f), \qquad \psi_1 = (f, \varphi),$$

où l'on permute circulairement les lettres f, φ, ψ. *On a identiquement*

$$(f, f_1) + (\varphi, \varphi_1) + (\psi, \psi_1) = 0,$$

c'est-à-dire

$$(7) \qquad (f, (\varphi, \psi)) + (\varphi, (\psi, f)) + (\psi, (f, \varphi)) = 0.$$

C'est là l'identité indiquée par Poisson. On peut la vérifier par un calcul direct; on abrège le calcul par la remarque suivante, que nous empruntons à M. Goursat (*Leçons sur l'intégration des équations aux dérivées partielles du premier ordre*, p. 132; 1891). Chaque terme du premier membre de l'identité (7) à démontrer est le produit d'une dérivée du second ordre par deux dérivées du premier ordre; il suffit donc de prouver que ce premier membre ne contient aucune dérivée du second ordre. Nous allons montrer, par exemple, qu'il ne contient pas de dérivées secondes de f, c'est-à-dire que tous les termes renfermant des dérivées du deuxième ordre de f disparaissent. Les termes renfermant des dérivées secondes de f proviennent tous de

$$(\varphi, \varphi_1) + (\psi, \psi_1),$$

c'est-à-dire

$$(\varphi, (\psi, f)) + (\psi, (f, \varphi)),$$

qui peut encore s'écrire

$$(8) \qquad (\varphi, (\psi, f)) - (\psi, (\varphi, f)).$$

Nous pouvons alors poser

$$(\varphi, f) = A(f), \qquad (\psi, f) = B(f),$$

puisque ces deux expressions sont linéaires par rapport aux dérivées de f; l'expression précédente (8) s'écrit avec cette notation

$$A[B(f)] - B[A(f)];$$

elle ne contient donc pas, d'après ce que nous avons vu plus haut, de dérivées secondes de f.

L'identité de Poisson étant ainsi établie, on en conclut facilement le théorème découvert par Poisson, dont Jacobi a fait ressortir toute l'importance.

481. Théorème de Poisson. — *Si*

$$\varphi(q_1, q_2, \ldots, q_k, p_1, p_2, \ldots, p_k, t) = a,$$
$$\psi(q_1, q_2, \ldots, q_k, p_1, p_2, \ldots, p_k, t) = b$$

sont deux intégrales premières des équations du mouvement,

$$(\varphi, \psi) = c$$

en est une troisième. Puisque $\varphi = a$ et $\psi = b$ sont des intégrales premières, on a identiquement

$$(9) \qquad (\varphi, \mathrm{H}) + \frac{\partial \varphi}{\partial t} = 0, \qquad (\psi, \mathrm{H}) + \frac{\partial \psi}{\partial t} = 0.$$

Il faut montrer qu'alors $(\varphi, \psi) = c$ est encore une intégrale, c'est-à-dire que les deux identités (9) entraînent la suivante :

$$((\varphi, \psi), \mathrm{H}) + \frac{\partial(\varphi, \psi)}{\partial t} = 0.$$

En effet, d'après l'identité de Poisson appliquée aux trois fonctions H, φ, ψ, on a

$$(\mathrm{H}, (\varphi, \psi)) + (\varphi, (\psi, \mathrm{H})) + (\psi, (\mathrm{H}, \varphi)) = 0,$$

c'est-à-dire, d'après les identités admises (9) et en se reportant aux propriétés des parenthèses,

$$(\mathrm{H}, (\varphi, \psi)) - \left(\varphi, \frac{\partial \psi}{\partial t}\right) - \left(\frac{\partial \varphi}{\partial t}, \psi\right) = 0$$

ou encore

$$((\varphi, \psi), \mathrm{H}) + \frac{\partial(\varphi, \psi)}{\partial t} = 0,$$

qui démontre que $(\varphi, \psi) = c$ est une intégrale.

Il semblerait, d'après cela, qu'il suffirait de connaître deux intégrales des équations du mouvement pour pouvoir achever l'intégration, puisque de deux intégrales on en déduit une troisième;

en combinant cette nouvelle intégrale avec une des premières, on
en aurait une quatrième, et ainsi de suite. Mais il peut arriver
que (φ, ψ) se réduise identiquement à une constante ou à une
fonction des intégrales déjà obtenues. Il en résulte que, dans la
pratique, le théorème, sans être en défaut, n'a pas toute l'importance qu'on pourrait lui attribuer d'après son énoncé.

**482. Cas où H ne contient pas t. Remarques sur l'intégrale des
forces vives.** — Si H ne contient pas t, ce qui a lieu en particulier quand les liaisons sont indépendantes du temps et qu'il y a
une fonction de forces $U(q_1, q_2, \ldots, q_k)$, les équations canoniques admettent l'intégrale première

$$H = h,$$

qui, dans le cas particulier que nous venons d'indiquer, coïncide
avec l'intégrale des forces vives. Soit alors

$$\varphi(q_1, q_2, \ldots, q_k, p_1, p_2, \ldots, p_k, t) = a$$

une deuxième intégrale première. D'après le théorème de Poisson,

$$(10) \qquad\qquad (H, \varphi) = c$$

est encore une intégrale première. Mais, $\varphi = a$ étant une intégrale,
on a identiquement

$$(\varphi, H) + \frac{\partial \varphi}{\partial t} \equiv 0;$$

l'intégrale (10) s'écrit alors

$$\frac{\partial \varphi}{\partial t} = c.$$

Ainsi, quand H *ne contient pas* t, *si* $\varphi = a$ *est une intégrale,*
$\frac{\partial \varphi}{\partial t} = c$ *en est une deuxième ; de même* $\frac{\partial^2 \varphi}{\partial t^2} = c'$ *en est une
autre,* etc.

Dans le cas où φ ne contiendrait pas t, on aurait identiquement

$$(\varphi, H) = 0.$$

Le théorème de Poisson, appliqué à l'intégrale des forces vives
$H = h$ combinée avec une autre intégrale $\varphi = a$, *ne contenant
pas* t, conduit donc à une simple identité $(\varphi, H) = 0$.

Nous renverrons pour plus de détails aux *Leçons* de Jacobi, et à l'Ouvrage de M. Goursat : *Sur l'intégration des équations aux dérivées partielles.*

On trouve d'autres démonstrations du théorème de Poisson dans deux Notes de M. Vergne (*Comptes rendus*, 25 avril 1910, et *Annales de l'École Normale*, 1910).

483. Exemple. — Prenons un exemple tout à fait élémentaire, en considérant le mouvement d'un point libre de masse 1 attiré par l'origine O proportionnellement à la distance. Alors, x, y, z désignant les coordonnées rectangulaires du point, on a

$$T = \frac{1}{2}(x'^2 + y'^2 + z'^2), \qquad U = -\frac{\mu^2}{2}(x^2 + y^2 + z^2).$$

Les coordonnées étant appelées q_1, q_2, q_3, on a

$$p_1 = \frac{\partial T}{\partial x'} = x', \qquad p_2 = y', \qquad p_3 = z';$$

$$H = T - U = \frac{1}{2}(p_1^2 + p_2^2 + p_3^2) + \frac{\mu^2}{2}(q_1^2 + q_2^2 + q_3^2).$$

Les équations du mouvement sous forme canonique sont

$$\frac{dq_1}{dt} = p_1, \qquad \frac{dq_2}{dt} = p_2, \qquad \frac{dq_3}{dt} = p_3,$$

$$\frac{dp_1}{dt} = -\mu^2 q_1, \qquad \frac{dp_2}{dt} = -\mu^2 q_2, \qquad \frac{dp_3}{dt} = -\mu^2 q_3.$$

I. On a d'abord deux intégrales premières en appliquant le théorème des aires à la projection du mouvement sur deux plans coordonnés : ces intégrales sont

$$(11) \qquad p_3 q_1 - q_3 p_1 = c_2, \qquad p_2 q_3 - q_2 p_3 = c_1.$$

Appliquons le théorème de Poisson : en appelant φ et ψ les premiers membres de ces deux équations, la relation

$$(\varphi, \psi) = c_3,$$

c'est-à-dire, en détaillant,

$$(12) \quad \frac{\partial \varphi}{\partial q_1}\frac{\partial \psi}{\partial p_1} - \frac{\partial \varphi}{\partial p_1}\frac{\partial \psi}{\partial q_1} + \frac{\partial \varphi}{\partial q_2}\frac{\partial \psi}{\partial p_2} - \frac{\partial \varphi}{\partial p_2}\frac{\partial \psi}{\partial q_2} + \frac{\partial \varphi}{\partial q_3}\frac{\partial \psi}{\partial p_3} - \frac{\partial \varphi}{\partial p_3}\frac{\partial \psi}{\partial q_3} = c_3$$

est une nouvelle intégrale. En faisant le calcul, on a immédiatement

$$(13) \qquad p_1 q_2 - q_1 p_2 = c_3;$$

c'est bien une nouvelle intégrale qui exprime que le théorème des aires s'applique à la projection du mouvement sur le troisième plan coordonné. En continuant à appliquer le théorème de Poisson à cette nouvelle intégrale combinée avec l'une des deux précédentes, on retrouvera l'autre. Ce théorème ne donne plus d'intégrales nouvelles.

II. Les équations du mouvement admettent l'intégrale première

$$(14) \qquad p_1^2 + \mu^2 q_1^2 = a_1,$$

facile à vérifier. Combinons-la avec une des intégrales des aires, par exemple avec l'équation (13).

En égalant à une constante la parenthèse (12) formée avec les deux premiers membres de ces dernières intégrales (13) et (14), on a

$$(15) \qquad p_1 p_2 + \mu^2 q_1 q_2 = b_1,$$

intégrale nouvelle. Combinons-la avec l'intégrale des aires (13); nous avons

$$p_2^2 + \mu^2 q_2^2 - (p_1^2 + \mu^2 q_1^2) = \text{const.},$$

c'est-à-dire, en tenant compte de (14),

$$p_2^2 + \mu^2 q_2^2 = a_2.$$

Cette intégrale n'est pas nouvelle: elle est une conséquence des précédentes, comme le montre l'identité

$$(p_1^2 + \mu^2 q_1^2)(p_2^2 + \mu^2 q_2^2) = (p_1 p_2 + \mu^2 q_1 q_2)^2 + \mu^2 (q_1 p_2 - p_1 q_2)^2.$$

Les équations (13), (14) et (15) entraînent donc l'intégrale a_2.

Les cinq intégrales (11), (13), (14), (15) étant distinctes, on ne peut pas, en égalant à des constantes les parenthèses de Poisson formées avec ces intégrales associées deux à deux, obtenir une sixième intégrale distincte. En effet, toutes les nouvelles intégrales ainsi formées sont indépendantes de t, et il ne peut y avoir que cinq intégrales distinctes ne contenant pas t; car, s'il en existait six, elles donneraient pour les six variables q_1, q_2, q_3, p_1, p_2, p_3 des valeurs *constantes*.

Voyons maintenant quel parti on pourra tirer d'une intégrale contenant t.

III. En se reportant aux équations du mouvement, on constate facilement qu'elles admettent l'intégrale première

$$(16) \qquad \mu q_3 \cos \mu t - p_3 \sin \mu t = g_3$$

contenant le temps. Nous allons appliquer le théorème de Poisson à cette intégrale associée successivement aux deux intégrales des aires (11). Nous obtenons ainsi les deux intégrales nouvelles

$$(17) \qquad \begin{cases} \mu q_1 \cos \mu t - p_1 \sin \mu t = g_1, \\ \mu q_2 \cos \mu t - p_2 \sin \mu t = g_2. \end{cases}$$

Les six intégrales (11), (13), (16) et (17) ainsi formées ne sont encore pas distinctes; on vérifie, en effet, que l'on a identiquement

$$c_1 g_1 + c_2 g_2 + c_3 g_3 = 0.$$

Ces six intégrales se réduisent donc à cinq.

Mais actuellement nous en trouverons une sixième en appliquant la remarque du n° 482. La fonction H ne contenant pas explicitement t, si $\varphi = \alpha$ est une intégrale, $\dfrac{d\varphi}{dt} = b$ en est une aussi. Donc de l'intégrale (16) on déduit immédiatement

$$(18) \qquad \mu q_3 \sin \mu t + p_3 \cos \mu t = f_3,$$

intégrale qui, associée aux cinq précédentes, résout le problème.

On pourrait aussi, des intégrales (17), déduire de même les suivantes :

$$(19) \qquad \begin{cases} \mu q_1 \sin \mu t + p_1 \cos \mu t = f_1, \\ \mu q_2 \sin \mu t + p_2 \cos \mu t = f_2. \end{cases}$$

Les six intégrales (16), (17), (18) et (19) donnent finalement les six inconnues en fonction du temps et des six constantes $g_1,\, g_2,\, g_3,\, f_1,\, f_2,\, f_3$:

$$\mu q_1 = g_1 \cos \mu t + f_1 \sin \mu t,$$
$$p_1 = f_1 \cos \mu t - g_1 \sin \mu t,$$
$$\dots\dots\dots\dots\dots\dots\dots,$$

avec des formules analogues pour q_2, p_2 et q_3, p_3. Ce sont bien les intégrales que l'on obtient immédiatement en intégrant les équations du mouvement.

IV. — PRINCIPE D'HAMILTON
PRINCIPE DE LA MOINDRE ACTION.

484. Principe d'Hamilton. — Nous avons vu, dans le Chapitre précédent, que, dans le mouvement d'un système à liaisons sans frottement, on a, à chaque instant t,

$$(1)\ \Sigma \left[\left(-m \frac{d^2 x}{dt^2} + X \right) \delta x + \left(-m \frac{d^2 y}{dt^2} + Y \right) \delta y + \left(-m \frac{d^2 z}{dt^2} + Z \right) \delta z \right] = 0$$

pour tous les déplacements virtuels δx, δy, δz compatibles avec les liaisons à cet instant. On peut énoncer ce fait sous la forme suivante qui constitue le principe d'Hamilton.

Donnons-nous les positions P_0 et P_1 du système aux instants t_0 et t_1; dans le mouvement naturel du système de P_0 en P_1, sous l'action des forces et des liaisons données, les coordonnées x, y, z des différents points du système sont des fonctions du temps qui satisfont aux équations de liaison et qui prennent des valeurs données d'avance aux instants t_0 et t_1. Soient $x + \delta x$, $y + \delta y$, $z + \delta z$ des fonctions quelconques de t infiniment voisines des fonctions x, y, z qui correspondent au mouvement naturel, ces nouvelles fonctions satisfaisant également aux équations de liaison et prenant aux instants t_0 et t_1 les mêmes valeurs que x, y, z; de cette façon, δx, δy, δz sont des fonctions de t infiniment petites, s'annulant aux instants t_0 et t_1 et définissant, dans l'intervalle, des déplacements compatibles avec les liaisons. Désignons par $T = \frac{1}{2}\Sigma m(x'^2 + y'^2 + z'^2)$ la demi-force vive du système dans le mouvement naturel ou réel du système, et δT la variation que subit cette force vive, quand x, y, z subissent les variations δx, δy, δz définies plus haut. Le principe d'Hamilton consiste en ce que l'intégrale

$$\delta \mathfrak{J} = \int_{t_0}^{t_1} \left[\delta T + \Sigma(X\,\delta x + Y\,\delta y + Z\,\delta z) \right] dt$$

est égale à zéro, pour tous les systèmes de valeurs des δx, δy, δz satisfaisant aux conditions indiquées : la somme Σ figurant sous le signe $\int$ est étendue à toutes les forces données autres que les forces de liaison. Pour démontrer que $\delta \mathfrak{J}$ est nul, remarquons que δT est égal à

$$\Sigma m(x'\,\delta x' + y'\,\delta y' + z'\,\delta z').$$

Or, on a

$$\int_{t_0}^{t_1} m\,x'\,\delta x'\,dt = \int_{t_0}^{t_1} m\,\frac{dx}{dt}\,\delta\,\frac{dx}{dt}\,dt = \int_{t_0}^{t_1} m\,\frac{dx}{dt}\,d\,\delta x,$$

car $\delta\,\dfrac{dx}{dt}$ est égale à $\dfrac{d\,\delta x}{dt}$. En intégrant par parties, on peut écrire cette dernière intégrale

$$\left| m\,\frac{dx}{dt}\,\delta x \right|_{t_0}^{t_1} - \int_{t_0}^{t_1} m\,\frac{d^2 x}{dt^2}\,\delta x\,dt,$$

où la partie intégrée est nulle, car δx s'annule aux limites. On transformera de même chaque terme de l'intégrale $\int \delta T\,dt$, et l'on trouvera finalement

$$\delta \mathfrak{J} = \int_{t_0}^{t_1} \Sigma \left[\left(X - m\,\frac{d^2 x}{dt^2}\right)\delta x + \left(Y - m\,\frac{d^2 y}{dt^2}\right)\delta y + \left(Z - m\,\frac{d^2 z}{dt^2}\right)\delta z \right] dt,$$

c'est-à-dire $\delta \mathfrak{J} = 0$, comme il résulte de l'équation (1) qui est applicable, puisque δx, δy, δz sont des déplacements compatibles avec les liaisons qui ont lieu au temps t.

485. Équations de Lagrange déduites du principe d'Hamilton. — Le principe d'Hamilton fournit un moyen simple d'établir les équations de Lagrange, pour un système holonome. Supposons que la position du système dépende de k paramètres indépendants $q_1, q_2, \ldots, q_k$. Dans le mouvement réel du système, $q_1, q_2, \ldots, q_k$ sont des fonctions de t qui prennent des valeurs données pour $t = t_0$ et $t = t_1$, puisque les positions P_0 et P_1 du système à ces instants sont supposées données. Pour faire subir à chaque instant au système un déplacement compatible avec les liaisons, défini par les variations δx, δy, δz des coordonnées, nulles aux instants t_0 et t_1, il suffit de faire subir à $q_1, q_2, \ldots, q_k$ des variations *arbitraires* $\delta q_1, \delta q_2, \ldots, \delta q_k$ nulles aux mêmes instants.

Alors la somme $\Sigma(X \,\delta x + Y \,\delta y + Z \,\delta z)$ prend la forme

$$Q_1 \,\delta q_1 + Q_2 \,\delta q_2 + \ldots + Q_k \,\delta q_k$$

(n° 441); en outre, T est une fonction de $q_1, q_2, \ldots, q_k$, $q'_1, q'_2, \ldots, q'_k$ et t. Donc, d'après le principe d'Hamilton, si $q_1, q_2, \ldots, q_k$ sont les fonctions de t correspondant au mouvement naturel ou réel du système, l'expression

$$\delta \mathfrak{J} = \int_{t_0}^{t_1} (\delta T + Q_1 \,\delta q_1 + Q_2 \,\delta q_2 + \ldots + Q_k \,\delta q_k) \, dt$$

est nulle quels que soient $\delta q_1, \delta q_2, \ldots, \delta q_k$. Or, on a, à chaque instant t,

$$\delta T = \frac{\partial T}{\partial q_1} \delta q_1 + \ldots + \frac{\partial T}{\partial q_k} \delta q_k + \frac{\partial T}{\partial q'_1} \delta q'_1 + \ldots + \frac{\partial T}{\partial q'_k} \delta q'_k.$$

Portons cette valeur dans $\delta \mathfrak{J}$, puis transformons, par l'intégration par parties, les termes en $\delta q'_1, \delta q'_2, \ldots, \delta q'_k$. Nous avons par exemple :

$$\int_{t_0}^{t_1} \frac{\partial T}{\partial q'_1} \delta q'_1 \, dt = \int_{t_0}^{t_1} \frac{\partial T}{\partial q'_1} \, d\,\delta q_1 = \left| \frac{\partial T}{\partial q'_1} \delta q_1 \right|_{t_0}^{t_1} - \int_{t_0}^{t_1} \frac{d}{dt}\left(\frac{\partial T}{\partial q'_1} \right) \delta q_1 \, dt,$$

où l'on remarque que $\delta q'_1 = \delta \dfrac{dq_1}{dt} = \dfrac{d\,\delta q_1}{dt}$. La partie intégrée est nulle, car δq_1 s'annule aux limites. Faisant la même transformation pour tous les termes en $\delta q'_\nu$, on a

$$\delta \mathfrak{J} = \int_{t_0}^{t_1} \left\{ \left[Q_1 + \frac{\partial T}{\partial q_1} - \frac{d}{dt}\left(\frac{\partial T}{\partial q'_1} \right) \right] \delta q_1 + \ldots \right\} dt,$$

où l'on n'a écrit que le terme en δq_1, les termes suivants s'obtenant par permutation des indices. Cette expression $\delta \mathfrak{J}$ devant être nulle quelles que soient les valeurs de $\delta q_1, \delta q_2, \ldots, \delta q_k$ en fonction de t, il faut que les coefficients de ces variations soient tous *nuls* sous le signe $\int$. En les égalant à zéro, on obtient les équations du mouvement sous la forme donnée par Lagrange.

Le calcul précédent ne s'applique pas aux systèmes non holonomes, car pour un tel système on n'a plus $d\,\delta q = \delta\,dq$. (*Voir* APPELL, *Bulletin de la Société mathématique de France*, décembre 1898, et PHILIP JOURDAIN, *Mathematische Annalen*, t. LXV, 1908.)

Cas particulier où les composantes suivant les axes des forces appliquées sont les dérivées partielles d'une fonction U des coordonnées et du temps. — Dans cette hypothèse, la somme des travaux virtuels $\Sigma(X\,\delta x + Y\,\delta y + Z\,\delta z)$ est la différentielle totale δU de la fonction U prise en regardant t comme une constante. On a alors

$$\delta \mathfrak{I} = \int_{t_0}^{t_1} (\delta T + \delta U)\,dt = \delta \int_{t_0}^{t_1} (T + U)\,dt.$$

Le principe d'Hamilton s'énonce alors sous une forme élégante. *Si l'on se donne les positions du système aux instants t_0 et t_1, la variation que subit l'intégrale*

$$\mathfrak{I} = \int_{t_0}^{t_1} (T + U)\,dt,$$

quand on passe du mouvement naturel à tout mouvement infiniment voisin compatible avec les liaisons, est nulle. On trouve donc le mouvement naturel en cherchant quel est le mouvement compatible avec les liaisons pour lequel l'intégrale $\mathfrak{I}$ est *maximum* ou *minimum*, car, pour trouver ce mouvement, il faut précisément égaler à zéro la variation de $\mathfrak{I}$. Cela ne veut pas dire que le mouvement naturel rende nécessairement l'intégrale $\mathfrak{I}$ maximum ou minimum. Darboux a montré que, si U ne contient pas t, l'intégrale $\mathfrak{I}$ est minimum pour le mouvement naturel, à condition que $t_1 - t_0$ soit suffisamment petit (*Leçons sur la théorie générale des surfaces*, t. II).

486. Principe de la moindre action. — Ce principe, moins général que le principe d'Hamilton, s'applique au mouvement d'un système assujetti à des liaisons indépendantes du temps et soumis à des forces dérivant d'une fonction des forces U. Le principe de la moindre action exprime une propriété géométrique indépendante de la notion du temps.

Soit T la demi-force vive du système; en appliquant au mouvement le théorème des forces vives, on a, puisque les liaisons sont indépendantes du temps et que U ne contient pas t,

$$d\,\frac{\Sigma\,mv^2}{2} = dU, \qquad \frac{\Sigma\,mv^2}{2} = U + h.$$

La position du système, supposé holonôme, dépend de k paramètres géométriques indépendants $q_1, q_2, \ldots, q_k$, de sorte que les coordonnées d'un point quelconque x, y, z du système s'expriment par des fonctions de ces paramètres ne contenant pas t,

$$x = \varphi(q_1, q_2, \ldots, q_k), \qquad y = \psi(q_1, q_2, \ldots, q_k), \qquad z = \varpi(q_1, q_2, \ldots, q_k).$$

Pour obtenir un déplacement infiniment petit du système, il suffit de faire varier ces paramètres de dq_1, dq_2, $\ldots$, dq_k; alors x, y, z subissent des accroissements dx, dy, dz; posons

$$dS^2 = \Sigma\, m\,(dx^2 + dy^2 + dz^2),$$

la somme étant étendue à tous les points du système. En y remplaçant dx, dy, dz par leurs expressions en fonction de dq_1, dq_2, $\ldots$, dq_k, on trouve pour dS^2 une forme quadratique de ces différentielles

$$dS^2 = \Sigma\, a_{ij}\, dq_i\, dq_j \qquad (a_{ij} = a_{ji}),$$

les coefficients a_{ij} étant fonctions de q_1, q_2, $\ldots$, q_k. La force vive $\Sigma\, m v^2$ est alors $\dfrac{dS^2}{dt^2}$ et l'intégrale des forces vives s'écrit

$$\frac{dS}{dt} = \sqrt{2\,\mathrm{U} + 2h}.$$

Nous supposons, dans la suite, que la constante des forces vives h a une valeur déterminée.

Considérons alors deux positions P_0 et P_1 du système correspondant aux valeurs $(q_1)_0$, $(q_2)_0$, $\ldots$, $(q_k)_0$ et $(q_1)_1$, $(q_2)_1$, $\ldots$, $(q_k)_1$ des paramètres.

Au point de vue purement géométrique, on peut amener le système d'une position à l'autre d'une infinité de manières : pour avoir l'une de ces manières il suffit d'exprimer q_1, q_2, $\ldots$, q_k en fonctions continues d'un paramètre λ

$$(2) \qquad q_1 = f_1(\lambda), \qquad q_2 = f_2(\lambda), \qquad \ldots, \qquad q_k = f_k(\lambda),$$

de telle façon que, pour $\lambda = \lambda_0$, les paramètres prennent les valeurs $(q_1)_0$, $\ldots$, $(q_k)_0$ correspondant à la position P_0 et que, pour $\lambda = \lambda_1$, ils prennent les valeurs $(q_1)_1$, $(q_2)_1$, $\ldots$, $(q_k)_1$ correspondant à P_1. Alors, λ variant d'une manière continue de λ_0 à λ_1, le système passera d'une manière continue de la première position à la seconde. A chaque choix des fonctions $f_1, f_2, \ldots, f_k$ correspondra ainsi une façon d'amener le système de la position P_0 à la position P_1.

En employant un langage géométrique, nous regarderons q_1, q_2, $\ldots$, q_k comme les coordonnées d'un point dans un espace à k dimensions : les positions P_0 et P_1 correspondent alors à deux points de cet espace, de coordonnées $(q_1)_0$, $(q_2)_0$, $\ldots$, $(q_k)_0$ et $(q_1)_1$, $(q_2)_1$, $\ldots$, $(q_k)_1$: la succession des points définis par les relations (2), quand λ varie de λ_0 à λ_1, constitue une courbe C joignant les deux points P_0 et P_1. On appelle alors *action* de P_0 à P_1 le long de la courbe C l'intégrale

$$\mathcal{A} = \int_{(P_0)}^{(P_1)} \sqrt{2\,U + 2\,h}\; dS$$

prise le long de cette courbe. Appelons $\dot{q}_1, \dot{q}_2, \ldots, \dot{q}_k$ les dérivées premières de $q_1, q_2, \ldots, q_k$ par rapport à λ, en indiquant la dérivation relative à λ par un point placé au-dessus des q; alors, le long de la courbe C, on aura, puisque le long de cette courbe $q_1, q_2, \ldots, q_k$ sont fonctions de λ,

$$dS = \sqrt{\Sigma\, a_{ij}\, dq_i\, dq_j} = \sqrt{\Sigma\, a_{ij}\, \dot{q}_i\, \dot{q}_j}\; d\lambda,$$

car $dq_i = \dot{q}_i\, d\lambda$, etc. Nous appellerons Θ la forme quadratique

$$\Theta = \frac{1}{2}\sum a_{ij}\, \dot{q}_i\, \dot{q}_j = \frac{1}{2}\frac{dS^2}{d\lambda^2}.$$

Alors

$$\mathcal{A} = \int_{\lambda_0}^{\lambda_1} \sqrt{2\,U + 2\,h}\, \sqrt{2\,\Theta}\; d\lambda.$$

Pour chaque courbe joignant les deux points P_0 et P_1, c'est-à-dire pour un choix déterminé des fonctions $f_1, f_2, \ldots, f_k$, cette action a une valeur déterminée. Le principe de la moindre action consiste en ce que, *si l'on cherche la courbe C par laquelle il faut joindre les deux points pour que $\mathcal{A}$ soit un minimum, on trouve que cette courbe doit être une des trajectoires que suit naturellement le système quand on le lance de P_0 de telle façon qu'il atteigne P_1, la constante des forces vives étant h.* Dans cet énoncé nous appelons trajectoire (dans l'espace à k dimensions) la courbe définie par la succession des valeurs de $q_1, q_2, \ldots, q_k$ correspondant au mouvement réel du système sous l'action des forces données dérivant de U.

Pour trouver les expressions de $q_1, q_2, \ldots, q_k$ en fonction de λ rendant $\mathcal{A}$ minimum, il faut écrire que la variation $\delta\mathcal{A}$ de l'intégrale est nulle quand $q_1, q_2, \ldots, q_k$ subissent des variations infiniment petites $\delta q_1, \delta q_2, \ldots, \delta q_k$, qui sont des fonctions arbitraires de λ, assujetties à s'annuler aux limites λ_0 et λ_1 : cette dernière condition résulte de ce que les valeurs de $q_1, q_2, \ldots, q_k$ pour $\lambda = \lambda_0$ et $\lambda = \lambda_1$ sont données à l'avance. Quand q_1 varie de δq_1, sa dérivée $\dot{q}_1$ par rapport à λ varie de $\delta\dot{q}_1$; on a donc

$$\delta\mathcal{A} = \int_{\lambda_0}^{\lambda_1} \left[\frac{\sqrt{2\,\Theta}}{\sqrt{2\,U + 2\,h}}\, \frac{\partial U}{\partial q_1}\, \delta q_1 + \frac{\sqrt{2\,U + 2\,h}}{\sqrt{2\,\Theta}} \left(\frac{\partial\Theta}{\partial q_1}\, \delta q_1 + \frac{\partial\Theta}{\partial\dot{q}_1}\, \delta\dot{q}_1 \right) + \ldots \right] d\lambda,$$

où nous n'écrivons que les termes provenant de la variation de q_1; les termes suivants s'obtiendraient en mettant successivement 2, 3, $\ldots, k$ à la place de l'indice 1. Transformons par l'intégration par parties les termes en $\delta \dot{q}_1,\ \delta \dot{q}_2,\ \dots$ On a

$$\delta \dot{q}_1 = \delta \frac{dq_1}{d\lambda} = \frac{d\,\delta q_1}{d\lambda}, \quad \delta \dot{q}_1\, d\lambda = d\,\delta q_1.$$

La partie de l'intégrale contenant $\delta \dot{q}_1$ s'écrit donc

$$\int_{\lambda_0}^{\lambda_1} \frac{\sqrt{2U+2h}}{\sqrt{2\Theta}} \frac{\partial \Theta}{\partial \dot{q}_1}\, d\,\delta q_1 = \left| \frac{\sqrt{2U+2h}}{\sqrt{2\Theta}} \frac{\partial \Theta}{\partial \dot{q}_1} \delta q_1 \right|_{\lambda_0}^{\lambda_1} - \int_{\lambda_0}^{\lambda_1} d\left(\frac{\sqrt{2U+2h}}{\sqrt{2\Theta}} \frac{\partial \Theta}{\partial \dot{q}_1} \right) \delta q_1.$$

La partie intégrée est nulle aux limites, car δq_1 s'annule aux limites. On transformera de même les autres termes et l'on aura

$$\delta \mathcal{A} = \int_{\lambda_0}^{\lambda_1} \left[\frac{\sqrt{2\Theta}}{\sqrt{2U+2h}} \frac{\partial U}{\partial q_1}\, d\lambda + \frac{\sqrt{2U+2h}}{\sqrt{2\Theta}} \frac{\partial \Theta}{\partial q_1}\, d\lambda - d\left(\frac{\sqrt{2U+2h}}{\sqrt{2\Theta}} \frac{\partial \Theta}{\partial \dot{q}_1} \right) \right] \delta q_1 + \dots,$$

où nous n'écrivons que les termes contenant δq_1 en facteur. Pour que l'intégrale $\mathcal{A}$ soit minimum, il faut que $\delta \mathcal{A}$ soit nul, quelles que soient les fonctions infiniment petites $\delta q_1,\ \delta q_2,\ \dots,\ \delta q_k$. Il faut donc que, sous le signe $\int$, les coefficients de ces variations soient nuls séparément. On a ainsi, pour déterminer la courbe rendant l'intégrale minimum, les k équations suivantes, dont nous n'écrivons que la première :

$$(3) \quad \frac{\sqrt{2\Theta}}{\sqrt{2U+2h}} \frac{\partial U}{\partial q_1}\, d\lambda + \frac{\sqrt{2U+2h}}{\sqrt{2\Theta}} \frac{\partial \Theta}{\partial q_1}\, d\lambda - d\left(\frac{\sqrt{2U+2h}}{\sqrt{2\Theta}} \frac{\partial \Theta}{\partial \dot{q}_1} \right) = 0.$$

$$\dots\dots\dots\dots\dots\dots\dots\dots\dots\dots\dots\dots\dots\dots\dots$$
$$\dots\dots\dots\dots\dots\dots\dots\dots\dots\dots\dots\dots\dots\dots\dots$$

Ces équations différentielles du second ordre définissent $q_1,\ q_2,\ \dots,\ q_k$ en fonction de λ : il faudra déterminer les constantes arbitraires introduites par l'intégration en écrivant que pour $\lambda = \lambda_0$, $q_1,\ q_2,\ \dots,\ q_k$ prennent les valeurs données $(q_1)_0,\ \dots,\ (q_k)_0$ et que, pour $\lambda = \lambda_1$, ces paramètres prennent les valeurs données $(q_1)_1,\ \dots,\ (q_k)_1$. Mais il est maintenant aisé de voir que ces équations (3) définissent précisément les trajectoires du système dans son mouvement naturel : nous allons montrer, en effet, que, par un changement de variable indépendante, elles se ramènent aux équations du mouvement sous la forme de Lagrange. Remplaçons λ par une autre variable t définie par la relation

$$(4) \qquad dt = \frac{\sqrt{2\Theta}}{\sqrt{2U+2h}}\, d\lambda,$$

et appelons $q'_1,\ q'_2,\ \dots,\ q'_k$ les dérivées de $q_1,\ q_2,\ \dots,\ q_k$ prises par rapport à t. Posons en outre

$$T = \frac{1}{2}\frac{dS^2}{dt^2} = \frac{1}{2}\sum a_{i,j}q'_i q'_j \qquad \left(q'_i = \frac{dq_i}{dt}\right)$$

et rappelons que

$$\Theta = \frac{1}{2}\frac{dS^2}{d\lambda^2} = \frac{1}{2}\sum a_{i,j}\dot{q}_i \dot{q}_j \qquad \left(\dot{q}_i = \frac{dq_i}{d\lambda}\right).$$

Nous aurons évidemment

$$(5)\qquad \frac{\partial\Theta}{\partial q_1} = \frac{\partial T}{\partial q_1}\left(\frac{dt}{d\lambda}\right)^2, \qquad \frac{\partial\Theta}{\partial\dot{q}_1} = \frac{\partial T}{\partial q'_1}\frac{dt}{d\lambda},$$

comme on le voit en calculant ces expressions et remarquant que $\dot{q}_i = q'_i\frac{dt}{d\lambda}$. Les équations (3) deviennent alors, en y faisant les substitutions (5) et remplaçant ensuite $d\lambda$ par sa valeur (4) $\frac{\sqrt{2U+2h}}{\sqrt{2\Theta}}\,dt$,

$$(6)\qquad \left\{ \frac{\partial U}{\partial q_1}\,dt + \frac{\partial T}{\partial q_1}\,dt - d\left(\frac{\partial T}{\partial q'_1}\right) = 0,\right.$$

Ce sont précisément les équations de Lagrange. En outre, l'équation (4) montre que h est la constante des forces vives, car, Θ étant égal à $\frac{1}{2}\frac{dS^2}{d\lambda^2}$, on a $\sqrt{2\Theta}\,d\lambda = dS$, et cette équation (4) donne

$$\frac{dS}{dt} = \sqrt{2(U+h)} \qquad \text{ou} \qquad T = U + h,$$

qui est bien l'intégrale des forces vives.

Le théorème est donc démontré : la courbe rendant l'action minimum de P_0 en P_1 est une des trajectoires naturelles joignant ces deux points, la constante des forces vives étant h; d'une manière générale, on trouve ces trajectoires en écrivant $\delta\mathcal{A} = 0$.

487. Problème des géodésiques. — Si la fonction de forces U est nulle, c'est-à-dire si le système supposé *holonome* n'est sollicité par aucune force, on dit que les trajectoires sont des *géodésiques*, par extension du nom donné aux courbes que décrit, sur une surface polie, un point auquel n'est appliquée aucune force. Dans ce cas, on obtient les trajectoires en cherchant les courbes rendant minimum l'intégrale

$$\mathcal{A} = \int_{(P_0)}^{(P_1)} dS = \int_{(P_0)}^{(P_1)} \sqrt{\Sigma a_{ij}\,dq_i\,dq_j}.$$

La recherche du mouvement d'un système holonome à liaisons indépendantes du temps, sous l'action de forces dérivant d'une fonction de force U, *peut se ramener à un problème de géodésiques.* En effet, on obtient les trajectoires de ce mouvement en cherchant à rendre minimum l'intégrale

$$\mathcal{A} = \int_{(\mathrm{P}_0)}^{(\mathrm{P}_1)} \sqrt{2\mathrm{U} + 2h}\,\sqrt{\Sigma\,a_{ij}\,dq_i\,dq_j}.$$

La fonction U est une fonction de q_1, q_2, ..., q_k. Considérons la forme quadratique des différentielles dq_i,

$$d\mathrm{S}_1^2 = (2\mathrm{U} + 2h)\,\Sigma\,a_{ij}\,dq_i\,dq_j = \Sigma\,b_{ij}\,dq_i\,dq_j;$$

on sera ramené à chercher le minimum de l'intégrale

$$\int_{(\mathrm{P}_0)}^{(\mathrm{P}_1)} d\mathrm{S}_1 = \int_{(\mathrm{P}_0)}^{(\mathrm{P}_1)} \sqrt{\Sigma\,b_{ij}\,dq_i\,dq_j},$$

ce qui est un problème de géodésiques.

488. Calcul de l'action le long d'une trajectoire. — D'après le théorème de Jacobi appliqué au cas actuel (liaisons indépendantes du temps et existence d'une fonction de forces U), il suffit pour obtenir les trajectoires de connaître une intégrale complète W de l'équation

$$\mathrm{H}\left(\frac{\partial \mathrm{W}}{\partial q_1},\ \frac{\partial \mathrm{W}}{\partial q_2},\ \ldots,\ \frac{\partial \mathrm{W}}{\partial q_k};\ q_1,\ q_2,\ \ldots,\ q_k\right) = h,$$

avec $k - 1$ constantes autres que h, a_1, a_2, ..., a_{k-1}. Les trajectoires sont alors données par

$$\frac{\partial \mathrm{W}}{\partial a_1} = b_1, \qquad \frac{\partial \mathrm{W}}{\partial a_2} = b_2, \qquad \ldots, \qquad \frac{\partial \mathrm{W}}{\partial a_{k-1}} = b_{k-1}.$$

Exprimons qu'une trajectoire passe par deux points donnés $(q_1)_0$, ... $(q_k)_0$ et $(q_1)_1$, $(q_2)_1$, ..., $(q_k)_1$; en appelant W_0 et W_1 les valeurs de W en ces deux points, on a, pour déterminer les constantes a_ν et b_ν, les équations

$$\frac{\partial \mathrm{W}_0}{\partial a_\nu} = b_\nu, \qquad \frac{\partial \mathrm{W}_1}{\partial a_\nu} = b_\nu \qquad (\nu = 1, 2, \ldots, k-1),$$

d'où, en éliminant les b_ν, les $k - 1$ équations,

$$\frac{\partial(\mathrm{W}_1 - \mathrm{W}_0)}{\partial a_\nu} = 0 \qquad (\nu = 1, 2, \ldots, k-1),$$

pour déterminer les constantes a_ν. Supposons qu'on ait ainsi déterminé une trajectoire joignant les deux points P_0 et P_1. *La valeur de l'action* le long de cette trajectoire est $W_1 - W_0$. Pour le démontrer, appelons dW la variation que subit W quand le système, dans son mouvement réel le long de la trajectoire considérée, va du point $q_1, q_2, \ldots, q_k$ au point $q_1 + dq_1, q_2 + dq_2, \ldots, q_k + dq_k$. On a

$$\frac{dW}{dt} = \frac{\partial W}{\partial q_1} q'_1 + \frac{\partial W}{\partial q_2} q'_2 + \ldots + \frac{\partial W}{\partial q_k} q'_k;$$

mais on a trouvé que dans ce mouvement

$$p_1 = \frac{\partial W}{\partial q_1}, \qquad p_2 = \frac{\partial W}{\partial q_2}, \qquad \ldots, \qquad p_k = \frac{\partial W}{\partial q_k};$$

donc

$$\frac{dW}{dt} = p_1 q'_1 + p_2 q'_2 + \ldots + p_k q'_k = \sum \frac{\partial T}{\partial q'_\nu} q'_\nu = 2T;$$

mais on a $T = \frac{1}{2} \frac{dS^2}{dt^2}$ et d'après l'intégrale des forces vives

$$\frac{dS}{dt} = \sqrt{2U + 2h};$$

donc

$$dW = 2T\,dt = \frac{dS}{dt}\,dS = \sqrt{2U + 2h}\,dS,$$

et l'action le long de la trajectoire considérée est

$$\mathcal{A} = \int_{(P_0)}^{(P_1)} \sqrt{2U + 2h}\,dS = \int_{(P_0)}^{(P_1)} dW = W_1 - W_0.$$

489. **Propriétés géométriques des trajectoires.** — On peut étendre aux systèmes que nous venons d'étudier les théorèmes des n°s 299 et 301.

En suivant la voie indiquée par M. Beltrami (*Mémoires de l'Académie des Sciences de l'Institut de Bologne*, t. VIII, 1869, p. 549), nous poserons les définitions suivantes :

Soit une forme quadratique

$$dS^2 = \Sigma\, a_{ij}\, dq_i\, dq_j,$$

si l'on considère deux déplacements dS et δS correspondant à deux systèmes de valeurs $dq_1, dq_2, \ldots, dq_k$ et $\delta q_1, \delta q_2, \ldots, \delta q_k$ des différentielles des paramètres q, nous appellerons angle de ces deux déplacements l'angle $\widehat{dS, \delta S}$ défini par la formule

$$dS.\delta S.\cos\left(\widehat{dS, \delta S}\right) = \Sigma\, a_{ij}\, dq_i\, \delta q_j.$$

Deux directions dS et δS sont perpendiculaires quand on a

$$(7) \qquad \Sigma a_{ij}\, dq_i\, \delta q_j = 0.$$

Étant donnée une relation quelconque

$$F(q_1, q_2, \ldots, q_k) = 0,$$

nous dirons qu'elle définit une *surface*; les déplacements δS effectués sur cette surface seront caractérisés par la relation

$$(8) \qquad \frac{\partial F}{\partial q_1}\, \delta q_1 + \frac{\partial F}{\partial q_2}\, \delta q_2 + \ldots + \frac{\partial F}{\partial q_k}\, \delta q_k = 0.$$

Nous avons déjà appelé *courbe* l'ensemble des valeurs de $q_1, q_2, \ldots, q_k$ qui sont des fonctions données d'un paramètre variable t. Quand t augmente de dt le point subit un déplacement dS défini par $dq_1, dq_2, \ldots, dq_k$. Nous dirons que la courbe est orthogonale à la surface quand le déplacement dS effectué sur la courbe est orthogonal à tous les déplacements δS effectués sur la surface, c'est-à-dire vérifiant la relation (8). Si l'on pose

$$\frac{dq_1}{dt} = q'_1, \qquad \frac{dq_2}{dt} = q'_2, \qquad \ldots, \qquad \frac{dq_k}{dt} = q'_k,$$
$$T = \tfrac{1}{2} \Sigma a_{ij} q'_i q'_j;$$

la condition d'orthogonalité (7) devient

$$(9) \qquad \frac{\partial T}{\partial q'_1}\, \delta q_1 + \frac{\partial T}{\partial q'_2}\, \delta q_2 + \ldots + \frac{\partial T}{\partial q'_k}\, \delta q_k = 0.$$

Ces définitions étant posées, les théorème du n° 299 se généralise immédiatement comme il suit :

Si dans les équations des trajectoires

$$\frac{\partial W}{\partial a_1} = b_1, \qquad \frac{\partial W}{\partial a_2} = b_2, \qquad \ldots, \qquad \frac{\partial W}{\partial a_{k-1}} = b_{k-1},$$

on donne aux constantes $a_1, a_2, \ldots, a_{k-1}$ des valeurs déterminées, et si l'on fait varier $b_1, b_2, \ldots, b_{k-1}$, d'une façon quelconque, les trajectoires ainsi obtenues sont normales aux surfaces ayant pour équation $W = \text{const}$. Pour le démontrer, il faut établir que tout déplacement $\delta q_1, \delta q_2, \ldots, \delta q_k$, effectué sur $W = \text{const}$, c'est-à-dire vérifiant

$$(10) \qquad \frac{\partial W}{\partial q_1}\, \delta q_1 + \frac{\partial W}{\partial q_2}\, \delta q_2 + \ldots + \frac{\partial W}{\partial q_k}\, \delta q_k = 0,$$

est orthogonal au déplacement réel $dq_1, dq_2, \ldots, dq_k$ effectué sur la trajectoire. En d'autres termes, il faut montrer que cette condition (10) entraîne la condition d'orthogonalité (9). Or ceci est évident d'après le théorème de Jacobi qui donne (n° 473)

$$p_1 = \frac{\partial W}{\partial q_1}, \quad \ldots, \quad p_k = \frac{\partial W}{\partial q_k}$$

et, d'après la définition même des variables p, $p_v = \frac{\partial T}{\partial q'_v}$. Nous renverrons, pour une étude détaillée de ces questions, aux *Leçons sur la théorie des surfaces* de M. Darboux (t. II, Chap. VIII).

490. Extension de l'idée de fonction de forces. Fonction de forces dépendant des vitesses et du temps. — Nous avons, dans ce qui précède, examiné le cas où les forces dérivent d'une fonction U dépendant uniquement des coordonnées des points du système et du temps. M. Mayer a étendu cette notion de la façon suivante, en la rattachant au principe d'Hamilton (*Mathematische Annalen*, t. XIII, p. 20).

Posons

$$T = \frac{1}{2} \sum_{v=1}^{v=n} m_v (x'^2_v + y'^2_v + z'^2_v),$$

et soit W une fonction de t, des $3n$ fonctions inconnues x_v, y_v, z_v de t et de leurs dérivées premières x'_v, y'_v, z'_v. Supposons, comme dans le principe d'Hamilton, que les valeurs de x_v, y_v, z_v aux instants t_0 et t_1 soient données, et cherchons ce que doivent être ces fonctions dans l'intervalle $t_1 - t_0$, pour qu'on ait

$$\delta \int_{t_0}^{t_1} (T + W)\, dt = 0,$$

pour toutes les variations possibles de x_v, y_v, z_v. Un calcul identique à celui du n° 485 conduit aux $3n$ équations différentielles du second ordre

$$m_v x''_v = \frac{\partial W}{\partial x_v} - \frac{d}{dt} \frac{\partial W}{\partial x'_v},$$

$$m_v y''_v = \frac{\partial W}{\partial y_v} - \frac{d}{dt} \frac{\partial W}{\partial y'_v},$$

$$m_v z''_v = \frac{\partial W}{\partial z_v} - \frac{d}{dt} \frac{\partial W}{\partial z'_v}.$$

Ce sont là, rapportées à un système d'axes rectangulaires, les équations du mouvement d'un système de points libres de masse m_1, m_2, ..., m_n, le point m_ν étant, à l'instant t, sollicité par une force F_ν de composantes

$$(1) \quad \begin{cases} X_\nu = \dfrac{\partial W}{\partial x_\nu} - \dfrac{d}{dt}\dfrac{\partial W}{\partial x'_\nu}, \\[2mm] Y_\nu = \dfrac{\partial W}{\partial y_\nu} - \dfrac{d}{dt}\dfrac{\partial W}{\partial y'_\nu}, \\[2mm] Z_\nu = \dfrac{\partial W}{\partial z_\nu} - \dfrac{d}{dt}\dfrac{\partial W}{\partial z'_\nu}. \end{cases}$$

M. Mayer convient de dire que ces forces dérivent d'un potentiel ou d'une fonction de forces W.

491. Problème de M. Mayer pour le cas où les forces sont intérieures. — Supposons que les forces du système soient toutes *intérieures*, c'est-à-dire résultent uniquement des actions des points du système les uns sur les autres. En se plaçant à un point de vue très général, M. Mayer n'admet pas, comme nous l'avons fait dans tout le cours de cet Ouvrage, que ces forces intérieures résultent uniquement des actions mutuelles des points *deux à deux*, actions qui sont égales et directement opposées : il suppose seulement que ces forces intérieures satisfont à chaque instant aux six conditions d'équilibre d'un corps solide :

$$(2) \quad \sum_{\nu=1}^{\nu=n} X_\nu = 0, \qquad \sum_{\nu=1}^{\nu=n} Y_\nu = 0, \qquad \sum_{\nu=1}^{\nu=n} Z_\nu = 0,$$

$$(3) \quad \sum_{\nu=1}^{\nu=n} (y_\nu Z_\nu - z_\nu Y_\nu) = 0, \quad \sum_{\nu=1}^{\nu=n} (z_\nu X_\nu - x_\nu Z_\nu) = 0, \quad \sum_{\nu=1}^{\nu=n} (x_\nu Y_\nu - y_\nu X_\nu) = 0,$$

de telle façon que, si le système était solidifié, à un instant quelconque t, les forces intérieures se fassent équilibre. Cela posé, M. Mayer résout le problème suivant :

Trouver les expressions les plus générales des forces intérieures X_ν, Y_ν, Z_ν, agissant sur un système en mouvement et remplissant les deux conditions suivantes : 1° elles dérivent d'une fonction W; 2° elles satisfont à chaque instant aux six conditions d'équilibre d'un solide.

Nous ne pouvons pas reproduire ici l'analyse de M. Mayer; nous nous contenterons d'énoncer les théorèmes qu'il a obtenus :

I. *On obtient les expressions les plus générales des forces (1) satisfaisant identiquement aux conditions (2), en prenant pour W une fonction arbitraire du temps et des différences*

$$\begin{array}{lll} x_\nu - x_1, & y_\nu - y_1, & z_\nu - z_1 \\ x'_\nu - x'_1, & y'_\nu - y'_1, & z'_\nu - z'_1 \end{array} \qquad (\nu = 2, 3, \ldots, n).$$

II. *On obtient les expressions les plus générales des forces* (1) *satisfaisant identiquement aux conditions* (3), *en prenant pour* W *une fonction arbitraire du temps, des distances des points du système à l'origine, de leurs distances mutuelles, et des dérivées premières de ces deux sortes de distances par rapport au temps.*

En combinant ces deux théorèmes, on a la réponse au problème proposé :

III. *On obtient les expressions les plus générales des forces* (1) *satisfaisant aux conditions* (2) *et* (3) *en prenant pour* W *une fonction arbitraire du temps, des distances mutuelles des points du système et des dérivées de ces distances mutuelles par rapport au temps.*

Le mouvement du centre de gravité est alors rectiligne et uniforme et le théorème des aires s'applique à la projection du mouvement sur chacun des plans coordonnés.

IV. *Pour qu'il existe une intégrale des forces vives, c'est-à-dire pour que*

$$\sum_{\nu=1}^{\nu=n} (X_\nu x'_\nu + Y_\nu y'_\nu + Z_\nu z'_\nu)$$

soit la dérivée totale par rapport au temps d'une certaine fonction des coordonnées, de leurs dérivées et du temps, il faut et il suffit que les forces dérivent d'une fonction W NE CONTENANT PAS t. *L'intégrale des forces vives est alors*

$$T - W + \sum_{\nu=1}^{\nu=n} \left(x'_\nu \frac{\partial W}{\partial x'_\nu} + y'_\nu \frac{\partial W}{\partial y'_\nu} + z'_\nu \frac{\partial W}{\partial z'_\nu} \right) = h.$$

Quand la fonction W remplit les conditions du théorème III, *sans contenir* t, cette intégrale s'écrit

$$T - W + \sum_{\mu\nu} \frac{\partial W}{\partial r'_{\mu\nu}} r'_{\mu\nu} = h,$$

où $r_{\mu\nu}$ désigne la distance des points x_μ, y_μ, z_μ et x_ν, y_ν, z_ν, et $r'_{\mu\nu}$ la dérivée de $r_{\mu\nu}$ par rapport au temps.

Prenons, par exemple, un système formé de deux points matériels situés à une distance r l'un de l'autre.

Les actions mutuelles de ces deux points sont soumises au principe de l'égalité de l'action et de la réaction. Si l'on veut de plus qu'elles dérivent d'une fonction W et que l'intégrale des forces vives existe, il faut prendre, pour l'expression de l'action mutuelle R,

$$R = \frac{\partial W}{\partial r} - \frac{d}{dt} \frac{\partial W}{\partial r'},$$

ou, ce qui est la même chose,

$$R = \frac{1}{r'} \frac{d}{dt} \left(W - r' \frac{\partial W}{\partial r'} \right),$$

où W est une fonction des seules quantités r et $r' = \dfrac{dr}{dt}$.

Nous renverrons également, sur ce sujet, à une Note de Maurice Lévy (*Comptes rendus*, t. XCV).

V. — MULTIPLICATEUR DE JACOBI.

Nous donnons, dans ces derniers paragraphes, quelques indications sommaires sur le multiplicateur de Jacobi et les invariants intégraux de Poincaré. Nous adopterons le mode d'exposition suivi par M. Kœnigs dans ses leçons au Collège de France, de façon à faire connaître en même temps les importants résultats obtenus par ce géomètre (*Comptes rendus*, décembre 1895 et janvier 1896).

492. Définition du multiplicateur. — On sait qu'étant donné le système d'équations différentielles

$$(1) \qquad \frac{dx_1}{X_1} = \frac{dx_2}{X_2} = \ldots = \frac{dx_n}{X_n},$$

où les X_i sont des fonctions des variables x_1, x_2, $\ldots$, x_n, on appelle intégrale toute fonction $\theta(x_1, \ldots, x_n)$ qui reste constante en vertu des équations différentielles. De la sorte, l'équation suivante

$$d\theta = \frac{\partial \theta}{\partial x_1} dx_1 + \frac{\partial \theta}{\partial x_2} dx_2 + \ldots + \frac{\partial \theta}{\partial x_n} dx_n = 0,$$

qui est linéaire par rapport aux différentielles dx, doit être une conséquence des équations (1). La condition nécessaire et suffisante se traduit par l'équation

$$(2) \qquad X_1 \frac{\partial \theta}{\partial x_1} + X_2 \frac{\partial \theta}{\partial x_2} + \ldots + X_n \frac{\partial \theta}{\partial x_n} = 0.$$

On désigne habituellement par $A(\theta)$ le premier membre de cette équation. Si l'on connaît $(n-1)$ intégrales indépendantes entre elles, θ_1, θ_2, $\ldots$, θ_{n-1}, toute autre intégrale est fonction de celles-là et, réciproquement, toute fonction de θ_1, θ_2, $\ldots$, θ_{n-1} est une intégrale. D'après cela, si θ désigne une intégrale quelconque, le déterminant fonctionnel

$$\frac{D(\theta, \theta_1, \ldots, \theta_{n-1})}{D(x_1, x_2, \ldots, x_n)}.$$

est nul, et, réciproquement, si θ annule ce déterminant, c'est que θ est fonction de θ_1, θ_2, ..., θ_{n-1} et, par suite, θ est une intégrale.

En conséquence, quand on connaît un système de $(n-1)$ intégrales indépendantes, l'équation (2) peut être remplacée par l'équation

$$(3) \qquad \frac{D(\theta, \theta_1, \theta_2, ..., \theta_{n-1})}{D(x_1, x_2, ..., x_n)} = 0.$$

Il faut en conclure qu'il existe une fonction M telle qu'on ait l'identité

$$(4) \qquad MA(\theta) = M\sum_i X_i \frac{\partial \theta}{\partial x_i} = \frac{D(\theta, \theta_1, ..., \theta_{n-1})}{D(x_1, x_2, ..., x_n)}.$$

Jacobi a donné le nom de *multiplicateur* à cette fonction M.

Dans le déterminant $\dfrac{D(\theta, \theta_1, ..., \theta_{n-1})}{D(x_1, ..., x_n)}$, désignons par Δ_i le mineur correspondant à $\dfrac{\partial \theta}{\partial x_i}$. On aura

$$\frac{D(\theta, \theta_1, ..., \theta_{n-1})}{D(x_1, x_2, ..., x_n)} = \sum_i \Delta_i \frac{\partial \theta}{\partial x_i},$$

en sorte que l'identité (4), où θ est une fonction quelconque de $x_1, x_2, ..., x_n$, équivaut aux n relations

$$(5) \qquad M.X_i = \Delta_i \qquad (i = 1, 2, ..., n).$$

493. Équation du multiplicateur. — En partant de ces relations, il est aisé de former une équation différentielle que vérifie la fonction M et d'où les intégrales supposées connues θ_1, θ_2, ..., θ_{n-1} se trouvent éliminées. Jacobi a remarqué en effet que les déterminants Δ_i vérifient l'identité

$$(6) \qquad \sum_i \frac{\partial \Delta_i}{\partial x_i} = 0.$$

Pour démontrer l'identité (6), considérons le déterminant

$$D = \begin{vmatrix} u_1 & u_2 & \cdots & u_n \\ \dfrac{\partial \theta_1}{\partial x_1} & \dfrac{\partial \theta_1}{\partial x_2} & \cdots & \dfrac{\partial \theta_1}{\partial x_n} \\ \cdots & \cdots & \cdots & \cdots \\ \dfrac{\partial \theta_{n-1}}{\partial x_1} & \dfrac{\partial \theta_{n-1}}{\partial x_2} & \cdots & \dfrac{\partial \theta_{n-1}}{\partial x_n} \end{vmatrix},$$

où $u_1, u_2, ..., u_n$ sont n constantes quelconques.

En développant ce déterminant, on aura

$$D = \Delta_1 u_1 + \Delta_2 u_2 + ... + \Delta_n u_n,$$

ce qui prouve que $\Delta_i = \dfrac{\partial D}{\partial u_i}$. Observons maintenant que $x_1,\ x_2,\ \ldots,\ x_n$ n'entrent dans Δ_i que par les dérivées $\dfrac{\partial \theta_\alpha}{\partial x_\beta}$, à l'exclusion des dérivées $\dfrac{\partial \theta_\alpha}{\partial x_i}$.

Posons, pour abréger, $\dfrac{\partial \theta_\alpha}{\partial x_\beta} = a_{\alpha,\beta}$; nous aurons

$$\frac{\partial \Delta_i}{\partial x_i} = \sum_{\alpha,\beta} \frac{\partial \Delta_i}{\partial a_{\alpha,\beta}} \frac{\partial a_{\alpha,\beta}}{\partial x_i} = \sum_{\alpha,\beta} \frac{\partial \Delta_i}{\partial a_{\alpha,\beta}} \frac{\partial^2 \theta_\alpha}{\partial x_i\, \partial x_\beta},$$

d'où

$$S = \sum \frac{\partial \Delta_i}{\partial x_i} = \sum_i \sum_{\alpha,\beta} \frac{\partial \Delta_i}{\partial a_{\alpha,\beta}} \frac{\partial^2 \theta_\alpha}{\partial x_i\, \partial x_\beta}.$$

La somme S, qu'il faut prouver être nulle, est ainsi une fonction linéaire homogène des dérivées secondes $\dfrac{\partial^2 \theta_\alpha}{\partial x_i\, \partial x_\beta}$; de plus, i et β sont toujours distincts. En groupant les termes semblables, nous aurons donc

$$S = \sum_\alpha \sum_{i,\beta} \left(\frac{\partial \Delta_i}{\partial a_{\alpha,\beta}} + \frac{\partial \Delta_\beta}{\partial a_{\alpha,i}} \right) \frac{\partial^2 \theta_\alpha}{\partial x_i\, \partial x_\beta}.$$

Le théorème sera démontré si nous faisons voir qu'on a

$$(7) \qquad \frac{\partial \Delta_i}{\partial a_{\alpha,\beta}} + \frac{\partial \Delta_\beta}{\partial a_{\alpha,i}} = 0.$$

Or le premier membre de l'équation (7) s'écrit encore

$$\frac{\partial^2 D}{\partial u_i\, \partial a_{\alpha,\beta}} + \frac{\partial^2 D}{\partial u_\beta\, \partial a_{\alpha,i}}.$$

Si nous considérons d'autre part dans D la première ligne et celle où figure la fonction θ_α, c'est-à-dire la $(\alpha + 1)^{\text{ième}}$ ligne, puis les colonnes de rang i et β, les termes qui se trouvent à l'intersection de ces lignes et de ces colonnes sont les suivants : u_i, u_β, $\dfrac{\partial \theta_\alpha}{\partial x_i} = a_{\alpha,i}$, $\dfrac{\partial \theta_\alpha}{\partial x_\beta} = a_{\alpha,\beta}$.

Il résulte d'une propriété bien connue des déterminants que D pourra s'écrire sous la forme

$$D = R\,(u_i a_{\alpha,\beta} - u_\beta a_{\alpha,i}) + R_1,$$

où R ne dépend plus des termes u_i, u_β, $a_{\alpha,\beta}$, $a_{\alpha,i}$ et où R_1 contient ces termes linéairement. Il suffit de différentier pour trouver

$$\frac{\partial^2 D}{\partial u_i\, \partial a_{\alpha,\beta}} = R, \qquad \frac{\partial^2 D}{\partial u_\beta\, \partial a_{\alpha,i}} = - R,$$

d'où la formule (7) et le théorème exprimé par l'identité (6).

Si l'on rapproche alors l'identité (6) des formules (5), on voit que la fonction M vérifie l'identité

$$(8) \qquad \sum_i \frac{\partial(M X_i)}{\partial x_i} = 0.$$

Telle est l'équation du multiplicateur. On donne par extension le nom de *multiplicateur* à toute solution de l'équation (8).

Il est aisé de prouver le théorème suivant :

Le quotient de deux multiplicateurs, c'est-à-dire de deux solutions quelconques de l'équation (8) *est une intégrale.*

Soient, en effet, M et M′ deux multiplicateurs.

L'équation (8) se développe ainsi

$$(9) \qquad \sum_i X_i \frac{\partial M}{\partial x_i} + M \sum_i \frac{\partial X_i}{\partial x_i} = 0:$$

on aura de même

$$\sum_i X_i \frac{\partial M'}{\partial x_i} + M' \sum_i \frac{\partial X_i}{\partial x_i} = 0.$$

Multiplions par — M′, M et ajoutons; il viendra

$$\sum_i X_i \left(M \frac{\partial M'}{\partial x_i} - M' \frac{\partial M}{\partial x_i} \right) = 0,$$

ou encore

$$\sum_i X_i \frac{\partial \frac{M'}{M}}{\partial x_i} = A\left(\frac{M'}{M} \right) = 0.$$

Donc $\frac{M'}{M}$ est bien une intégrale.

Réciproquement, le produit d'un multiplicateur par une intégrale est encore un multiplicateur.

Remarque. — Si la somme $\Omega = \sum \frac{\partial X_i}{\partial x_i}$ est nulle, $M = 1$ est un multiplicateur.

494. Invariance du multiplicateur. — Il importe, en vue de ce qui va suivre, de se rendre compte de l'effet d'un changement de variables. Nous allons ainsi être amené à reconnaître que tout multiplicateur est un invariant, mais un invariant relatif, en ce sens que si on le multiplie par le déterminant de la transformation, il constitue un multiplicateur pour le nouveau système de variables.

Désignons par $y_1, y_2, \ldots, y_n$ les nouvelles variables et introduisons pour un instant une variable auxiliaire t, dont la différentielle dt égale la valeur commune des rapports $\dfrac{dx_i}{X_i}$. Les équations (1) s'écrivent

$$(1)' \qquad \frac{dx_i}{dt} = X_i \qquad (i = 1, 2, \ldots, n).$$

On aura alors

$$\frac{dy_i}{dt} = \frac{\partial y_i}{\partial x_1} \frac{dx_1}{dt} + \frac{\partial y_i}{\partial x_2} \frac{dx_2}{dt} + \ldots + \frac{\partial y_i}{\partial x_n} \frac{dx_n}{dt}$$

et, en tenant compte des équations $(1)'$,

$$\frac{dy_i}{dt} = X_1 \frac{\partial y_i}{\partial x_1} + \ldots + X_n \frac{\partial y_i}{\partial x_n} = A(y_i).$$

Le système des équations différentielles est donc devenu

$$(10) \qquad \frac{dy_1}{Y_1} = \frac{dy_2}{Y_2} = \ldots = \frac{dy_n}{Y_n},$$

où l'on a posé $Y_i = A(y_i)$.

Observons du reste que la fonction $A(\theta)$ est une expression invariante.

On a en effet

$$A(\theta) = \sum_i X_i \frac{\partial \theta}{\partial x_i};$$

mais

$$\frac{\partial \theta}{\partial x_i} = \frac{\partial \theta}{\partial y_1} \frac{\partial y_1}{\partial x_i} + \frac{\partial \theta}{\partial y_2} \frac{\partial y_2}{\partial x_i} + \ldots + \frac{\partial \theta}{\partial y_n} \frac{\partial y_n}{\partial x_i} = \sum_\rho \frac{\partial y_\rho}{\partial x_i} \frac{\partial \theta}{\partial y_\rho};$$

il vient donc

$$A(\theta) = \sum_i \sum_\rho X_i \frac{\partial y_\rho}{\partial x_i} \frac{\partial \theta}{\partial y_\rho} = \sum_\rho Y_\rho \frac{\partial \theta}{\partial y_\rho}.$$

Ainsi $A(\theta)$ peut se représenter au moyen de y, en appliquant aux équations (10) la règle qui a permis de construire $A(\theta)$ au moyen des équations (1). Observons que *ceci ne serait plus vrai* si, au lieu de prendre les Y_i égaux aux expressions $A(y_i)$, on les prenait simplement proportionnels à ces quantités.

Ceci posé, soient $\theta_1, \theta_2, \ldots, \theta_{n-1}$ un système de $(n-1)$ intégrales indépendantes, θ une fonction arbitraire et M_θ le multiplicateur qui vérifie l'identité

$$(11) \qquad M_\theta A(\theta) = \frac{D(\theta, \theta_1, \ldots, \theta_{n-1})}{D(x_1, x_2, \ldots, x_n)}.$$

Opérons un changement de variables; on aura, d'après une propriété classique des déterminants fonctionnels, $y_1, y_2, \ldots, y_n$ étant les variables nouvelles,

$$\frac{D(\theta, \theta_1, \ldots, \theta_{n-1})}{D(y_1, y_2, \ldots, y_n)} = \frac{D(\theta, \theta_1, \ldots, \theta_{n-1})}{D(x_1, x_2, \ldots, x_n)} \frac{D(x_1, x_2, \ldots, x_n)}{D(y_1, y_2, \ldots, y_n)}.$$

L'identité (41) nous donne donc

$$M_0 \frac{D(x_1, x_2, \ldots, x_n)}{D(y_1, y_2, \ldots, y_n)} A(\theta) = \frac{D(\theta, \theta_1, \ldots, \theta_{n-1})}{D(y_1, y_2, \ldots, y_n)};$$

ce qui prouve que, avec les nouvelles variables, la fonction

$$M_0' = M_0 \frac{D(x_1, x_2, \ldots, x_n)}{D(y_1, y_2, \ldots, y_n)}$$

est un multiplicateur.

Soit alors M un multiplicateur quelconque pour les variables $x_1, x_2, \ldots, x_n$, et désignons toujours par M_0 le multiplicateur de l'identité (11). On a, comme nous l'avons démontré,

$$M = M_0 \lambda,$$

où λ est une intégrale; nous aurons donc

$$M \frac{D(x_1, x_2, \ldots, x_n)}{D(y_1, y_2, \ldots, y_n)} = M_0 \frac{D(x_1, x_2, \ldots, x_n)}{D(y_1, y_2, \ldots, y_n)} \lambda = M_0' \lambda.$$

Mais puisque M_0' est, ainsi qu'on vient de le prouver, un multiplicateur relatif aux variables $y_1, y_2, \ldots, y_n$; puisque, en second lieu, λ est une intégrale, $M_0' \lambda$ est un multiplicateur pour les variables $y_1, y_2, \ldots, y_n$.

Donc enfin, $M \dfrac{D(x_1, x_2, \ldots, x_n)}{D(y_1, y_2, \ldots, y_n)}$ est un multiplicateur pour les nouvelles variables. De là ce théorème :

Si M *est un multiplicateur pour les variables* $x_1, x_2, \ldots, x_n$, *le produit de* M *par le déterminant fonctionnel* $\dfrac{D(x_1, \ldots, x_n)}{D(y_1, \ldots, y_n)}$ *est un multiplicateur pour les nouvelles variables* $y_1, y_2, \ldots, y_n$.

Ce théorème est la base de toute la théorie du multiplicateur.

495. **Usage du multiplicateur.** — Supposons que l'on connaisse k intégrales indépendantes $\theta_1, \theta_2, \ldots, \theta_k$; prenons n variables nouvelles $y_1, y_2, \ldots, y_n$ parmi lesquelles les k dernières seront liées aux x par les formules

$$y_{n-k+1} = \theta_1, \qquad y_{n-k+2} = \theta_2, \qquad \ldots, \qquad y_n = \theta_k.$$

Les équations différentielles vont se simplifier, car on a maintenant

$Y_i = A(y_i) = 0$, si $i > n - k$. Nous aurons donc les équations suivantes :

$$\frac{dy_1}{Y_1} = \frac{dy_2}{Y_2} = \ldots = \frac{dy_{n-k}}{Y_{n-k}} = \frac{dy_{n-k+1}}{0} = \ldots = \frac{dy_n}{0}.$$

Nous pourrons alors réduire ce système aux $n - k - 1$ premières équations

$$(12) \qquad \frac{dy_1}{Y_1} = \frac{dy_2}{Y_2} = \ldots = \frac{dy_{n-k}}{Y_{n-k}},$$

à la condition de regarder y_{n-k+1}, y_{n-k+2}, ..., y_n comme des constantes numériques.

Si l'on connaissait au début un multiplicateur M avec les variables x, le produit $M' = M \dfrac{D(x_1, x_2, \ldots, x_n)}{D(y_1, y_2, \ldots, y_n)}$ sera un multiplicateur avec les variables y, en sorte qu'on aura

$$(13) \qquad \sum_{i=1}^{i=n-k} \frac{\partial(M' Y_i)}{\partial y_i} = 0;$$

ainsi, M', où y_{n-k+1}, y_{n-k+2}, ..., y_n sont regardés comme des constantes, est un multiplicateur pour le système réduit (12).

496. Dernier multiplicateur. — Supposons, par exemple, que l'on connaisse $(n - 2)$ intégrales, en sorte qu'il ne manque plus qu'*une* intégrale pour que le problème de l'intégration soit achevé. Le système (12) se réduit à l'équation unique

$$\frac{dy_1}{Y_1} = \frac{dy_2}{Y_2}$$

ou encore

$$Y_2 \, dy_1 - Y_1 \, dy_2 = 0.$$

Si l'on connaissait un facteur intégrant μ de cette équation, on obtiendrait la dernière équation finie qui manque en écrivant

$$\int \mu(Y_2 \, dy_1 - Y_1 \, dy_2) = \text{const.}$$

Or, l'équation (13), qui se réduit ici à

$$\frac{\partial(M' Y_1)}{\partial y_1} + \frac{\partial(M' Y_2)}{\partial y_2} = 0,$$

exprime que M' est un pareil facteur intégrant. De là le nom de *dernier multiplicateur* donné par Jacobi à cette fonction M'.

Ainsi, la connaissance d'un multiplicateur permet de limiter l'intégration du problème à la recherche de $(n - 2)$ intégrales; une simple quadrature permettra ensuite de former la dernière équation qui manque.

APPELL. — *Traité de Mécanique*, II. 30

497. Exemple. — Dans la pratique, pour profiter d'intégrales connues, il sera naturel d'éliminer certaines des variables à l'aide de ces intégrales.

Comme il importe d'arriver à un résultat précis, nous présenterons cette élimination sous la forme suivante :

Soient x_{n-k+1}, x_{n-k+2}, ..., x_n les k variables que l'on veut éliminer en profitant de k intégrales connues, θ_1, θ_2, ..., θ_k; cette élimination revient à faire le changement de variables

$$(14)\quad\begin{cases} y_1 = x_1, \\ y_2 = x_2, \\ \cdots\cdots\cdots, \\ \cdots\cdots\cdots, \\ y_{n-k} = x_{n-k}, \\ y_{n-k+1} = \theta_1(x_1, x_2, \ldots, x_n), \\ y_{n-k+2} = \theta_2(x_1, x_2, \ldots, x_n), \\ \cdots\cdots\cdots\cdots\cdots\cdots\cdots, \\ \cdots\cdots\cdots\cdots\cdots\cdots\cdots, \\ y_n = \theta_k(x_1, x_2, \ldots, x_n). \end{cases}$$

Nous admettons, il est vrai, que les k dernières équations sont résolubles par rapport aux k variables x_{n-k+1}, x_{n-k+2}, ..., x_n, c'est-à-dire que le déterminant des k fonctions θ, par rapport à ces variables, n'est pas nul. Or cette hypothèse est légitime, attendu que si tous les déterminants à k colonnes tirés du Tableau

$$\begin{vmatrix} \dfrac{\partial\theta_1}{\partial x_1} & \dfrac{\partial\theta_1}{\partial x_2} & \cdots & \dfrac{\partial\theta_1}{\partial x_n} \\[2mm] \dfrac{\partial\theta_2}{\partial x_1} & \dfrac{\partial\theta_2}{\partial x_2} & \cdots & \dfrac{\partial\theta_2}{\partial x_n} \\[2mm] \cdots & \cdots & & \cdots \\ \cdots & \cdots & & \cdots \\[2mm] \dfrac{\partial\theta_k}{\partial x_1} & \dfrac{\partial\theta_k}{\partial x_2} & \cdots & \dfrac{\partial\theta_k}{\partial x_n} \end{vmatrix}$$

étaient nuls, les intégrales θ_i seraient liées par une relation; elles ne seraient pas indépendantes. Un au moins de ces déterminants n'est pas nul et l'on peut supposer que ce soit $\dfrac{D(\theta_1, \ldots, \theta_k)}{D(x_{n-k+1}, \ldots, x_n)}$.

Observons même à ce propos que le déterminant fonctionnel

$$\frac{D(x_1, x_2, \ldots, x_n)}{D(y_1, y_2, \ldots, y_n)}$$

est l'inverse du déterminant $\dfrac{D(y_1, y_2, \ldots, y_n)}{D(x_1, x_2, \ldots, x_n)}$, qui, eu égard à la forme particulière des équations (14), se réduit précisément au déterminant

$$\frac{D(\theta_1, \theta_2, \ldots, \theta_k)}{D(x_{n-k+1}, \ldots, x_n)}.$$

Ceci étant, avec les nouvelles variables $y_1, y_2, \ldots, y_n$, les équations différentielles deviennent

$$\frac{dy_1}{Y_1} = \frac{dy_2}{Y_2} = \ldots = \frac{dy_{n-k}}{Y_{n-k}} = \frac{dy_{n-k+1}}{0} = \ldots = \frac{dy_n}{0}.$$

Observons que $y_1, y_2, \ldots, y_{n-k}$ sont les variables primitives $x_1, x_2, \ldots, x_{n-k}$; Y_1 c'est donc $A(x_1)$, c'est-à-dire X_1, mais X_1 où l'on a, au moyen des équations (14), remplacé les variables $x_{n-k+1}, \ldots, x_n$ par leurs valeurs en fonctions de $x_1, x_2, \ldots, x_{n-k}$ et des variables nouvelles $y_{n-k+1}, \ldots, y_n$, lesquelles doivent être regardées comme des constantes. Convenons de représenter par (X_1) la fonction X_1 où cette substitution a été opérée, et de même pour (X_2), (X_3), ... Nous aurons ainsi le système réduit

$$(15) \qquad \frac{dx_1}{(X_1)} = \frac{dx_2}{(X_2)} = \ldots = \frac{dx_{n-k}}{(X_{n-k})};$$

et d'après le théorème général, si M est un multiplicateur pour le système primitif d'équations différentielles, le quotient

$$\frac{M}{\dfrac{D(\theta_1, \theta_2, \ldots, \theta_k)}{D(x_{n-k+1}, \ldots, x_n)}}$$

sera un multiplicateur pour le système réduit (15).

Supposons, par exemple, que l'on ne connaisse qu'une intégrale et qu'on veuille en profiter pour se débarrasser d'une variable x_n, et réduire le système d'équations différentielles. Si θ_1 est cette intégrale et si M est un multiplicateur dans le système primitif, $\dfrac{M}{\dfrac{\partial \theta_1}{\partial x_n}}$ sera un multiplicateur pour le système qui résulte de l'élimination de x_n, au moyen de l'intégrale.

Jacobi a donné l'exemple suivant :

Soit l'équation différentielle

$$(16) \qquad \frac{d^2 y}{dx^2} = f(x, y).$$

Si l'on introduit la variable $y' = \dfrac{dy}{dx}$, cette équation est équivalente au système suivant :

$$(17) \qquad \frac{dy'}{f(x, y)} = \frac{dy}{y'} = \frac{dx}{1}.$$

L'expression que nous avons désignée plus haut par Ω se réduit ici à zéro. Donc, d'après une remarque déjà faite, $M = 1$ est un multiplicateur.

Supposons alors que l'on connaisse une intégrale

$$(18) \qquad \varphi(x, y, y') = c$$

du système (17). On pourra tirer de cette équation y' en fonction de x, y, c,

$$(19) \qquad y' = \psi(x, y, c).$$

Nous aurons alors le système réduit

$$\frac{dy}{\psi(x, y, c)} = dx,$$

pour lequel $\dfrac{1}{\dfrac{\partial \varphi}{\partial y'}}$ est un multiplicateur; en sorte qu'en définitive

$$\frac{dy - y'\,dx}{\dfrac{\partial \varphi}{\partial y'}}$$

est une différentielle exacte, lorsque l'on y remplace y' par sa valeur tirée de l'équation (18).

498. Application aux équations canoniques. — La théorie du multiplicateur trouve, dans les équations de la Dynamique, une de ses principales applications.

Reprenons, en effet, les équations canoniques

$$(20) \qquad \frac{dq_1}{\dfrac{\partial H}{\partial p_1}} = \frac{dq_2}{\dfrac{\partial H}{\partial p_2}} = \dots = \frac{dq_n}{\dfrac{\partial H}{\partial p_n}} = \frac{dp_1}{\dfrac{-\partial H}{\partial p_1}} = \dots = \frac{dp_n}{\dfrac{-\partial H}{\partial q_n}} = dt,$$

équations qui conviennent aux problèmes de Dynamique, dans l'hypothèse d'une fonction de forces et plus généralement aux problèmes dits de *variations*, dans le genre de ceux qui ont été traités au Tome I.

H désigne une fonction de $q_1, q_2, \dots, q_n, p_1, p_2, \dots, p_n, t$. Si l'on forme la quantité Ω, on constate qu'elle est nulle. On trouve, en effet,

$$\Omega = \sum_i \frac{\partial}{\partial q_i}\left(\frac{\partial H}{\partial p_i}\right) - \sum_i \frac{\partial}{\partial p_i}\left(\frac{\partial H}{\partial q_i}\right) + \frac{\partial 1}{\partial t} = 0.$$

Donc, $M = 1$ est un multiplicateur.

Les équations canoniques (20) offrent ainsi un vaste champ d'applications à la théorie du multiplicateur.

S'il n'y a pas de fonction de forces, mais si la force ne dépend pas des vitesses, il en est de même. Dans ce cas, en effet, le système canonique prend la forme

$$(21) \quad \frac{dq_1}{\dfrac{\partial K}{\partial p_1}} = \frac{dq_2}{\dfrac{\partial K}{\partial p_2}} = \ldots = \frac{dq_n}{\dfrac{\partial K}{\partial p_n}} = \frac{dp_1}{-\dfrac{\partial K}{\partial q_1} + Q_1} = \ldots = \frac{dp_n}{-\dfrac{\partial K}{\partial q_n} + Q_n} = dt,$$

où Q_1, Q_2, ..., Q_n sont des fonctions de q_1, q_2, ..., q_n, t. On constate qu'ici encore Ω est nul et que $\mathbf{1}$ est un multiplicateur.

Il faut $2n$ intégrales pour que l'intégration puisse être regardée comme achevée; mais, à cause de l'existence du multiplicateur $\mathbf{1}$, il suffira d'en connaître $(2n-1)$ pour être à même de ramener le problème à une quadrature.

Autres causes de simplification. — D'autres causes de simplification peuvent se présenter. Par exemple, si la force vive et les forces ne dépendent pas explicitement du temps, on pourra, dans les équations (20) [ou (21) selon le cas], mettre de côté la dernière équation, celle qui contient la différentielle du temps. Le système des $(2n-1)$ équations restantes admet le multiplicateur $\mathbf{1}$. Lors donc que l'on connaîtra $2n-2$ intégrales, on aura une $(2n-1)^{\text{ième}}$ équation finie par une quadrature. Quant au temps, une fois les variables q_1, q_2, ..., q_n, p_1, p_2, ..., p_n, exprimées en fonction de l'une d'elles et des $(2n-1)$ constantes d'intégration, on aura une relation entre la variable indépendante et le temps par la quadrature

$$(22) \quad dt = \frac{dq_i}{\dfrac{\partial K}{\partial p_i}}.$$

S'il existe une fonction de forces indépendante du temps, on connaît une des $(2n-2)$ intégrales qu'il suffit de connaître; en sorte que, dans ce cas, il suffit de connaître $(2n-3)$ intégrales autres que celle des forces vives, pour être à même d'achever complètement le problème. Si $n=2$, par exemple, il suffit d'*une* intégrale autre que celle des forces vives.

Ainsi, dans le cas des forces centrales, cette intégrale qui décide, en quelque sorte, de la possibilité de l'intégration complète du problème, c'est l'intégrale des aires.

Mais il est encore une source de simplifications dont l'importance a été bien mise en lumière par Jacobi.

Supposons que l'une des variables, q_n par exemple, ne figure pas explicitement dans H; on a alors

$$\frac{\partial H}{\partial q_n} = 0,$$

et, en vertu des équations (20),

$$\frac{dp_n}{dt} = 0.$$

D'où, d'abord, l'intégrale $p_n = $ const. En outre, puisque q_n ne figure dans les équations que par sa différentielle, on peut mettre à part l'équation

$$(23) \qquad \frac{dq_n}{\dfrac{\partial H}{\partial p_n}} = \frac{dq_1}{\dfrac{\partial H}{\partial p_1}},$$

et se borner aux équations

$$(24) \qquad \frac{dq_1}{\dfrac{\partial H}{\partial p_1}} = \ldots = \frac{dq_{n-1}}{\dfrac{\partial H}{\partial p_{n-1}}} = \frac{dp_1}{-\dfrac{\partial H}{\partial q_1}} = \ldots = \frac{\partial p_{n-1}}{-\dfrac{\partial H}{\partial q_{n-1}}},$$

au nombre de $2n - 3$ et pour lesquelles 1 est un multiplicateur; p_n y représente une constante arbitraire. Il suffira de connaître $(2n - 4)$ intégrales pour être ramené finalement à une quadrature; et, comme H est une intégrale, on voit qu'il suffira de $(2n - 5)$ intégrales autres que celle des forces vives ou que $p_n = $ const., pour que l'intégration du système (24) soit assurée. Une fois ce système intégré, l'équation (23) fournira par quadrature une relation entre q_n et les autres variables, et enfin une dernière quadrature (22) fournira la relation entre le temps t et les variables géométriques.

Ainsi, en résumé, dans ce cas, la connaissance de $(2n - 5)$ intégrales autres que celle des forces vives ou que $p_n = $ const. assure l'intégration complète du problème.

Les divers cas du mouvement d'un corps solide que l'on a pu intégrer jusqu'à ce jour présentent des applications de cette remarque.

Considérons, par exemple, le mouvement d'un corps solide autour d'un point fixe, avec une fonction de forces indépendante du temps. La position du corps dépend des trois angles d'Euler θ, φ, ψ (*voir* dans ce Tome, p. 148 et suivantes); or, la force vive ne contient pas ψ explicitement; si donc la fonction de forces n'en dépend pas non plus, on sera précisément dans le cas traité tout à l'heure. L'angle ψ y tient la place de la variable q_n et l'intégrale $p_n = $ const. dépendra de la dérivée $\dfrac{d\psi}{dt}$. Comme ici $2n - 5 = 1$, il suffira de connaître une intégrale autre que $p_n = $ const., et autre aussi que l'intégrale des forces vives, pour que le problème soit susceptible d'une intégration complète.

Tel est le cas d'un corps pesant de révolution suspendu par un point de son axe.

Pareillement, c'est pour avoir trouvé les conditions d'existence d'une intégrale nouvelle, que Mme Kowalewski a pu parvenir à résoudre complètement un cas nouveau du problème d'un corps pesant mobile autour d'un point fixe.

C'est ce qui explique que, dans ce genre de questions, tous les efforts se portent sur la recherche d'une intégrale nouvelle. Cette recherche est souvent indirecte, en ce sens que l'on essaye de s'imposer *a priori* une condition déterminée pour l'intégrale, comme d'être algébrique ou uniforme, et que l'on s'efforce de particulariser les données de la question pour que les conditions d'existence d'une pareille intégrale se trouvent réalisées. Cette méthode a quelquefois réussi : le cas de Mme Kowalewski en fait foi.

499. Application. Problème de M. de Brun. — Les molécules d'un corps solide sont attirées par un plan fixe proportionnellement à la distance; trouver le mouvement, en supposant que le corps a un point fixe dans le plan attirant.

Soient O le point fixe, Ox, Oy, Oz les axes principaux d'inertie relatifs à ce point : OM la perpendiculaire élevée en O au plan fixe et γ, γ', γ'' les cosinus directeurs de cette perpendiculaire. La masse μ, de coordonnées x, y, z, est soumise à une force égale à $K\mu(\gamma x + \gamma' y + \gamma'' z)$, dont γ, γ', γ'' sont les cosinus directeurs. En conséquence, le moment résultant des forces appliquées, pris par rapport à l'axe Ox, sera

$$\sum \mu y K\gamma''(\gamma x + \gamma' y + \gamma'' z) - \mu z K\gamma'(\gamma x + \gamma' y + \gamma'' z)$$
$$= K\gamma'\gamma''\left(\sum \mu y^2 - \sum \mu z^2\right)$$
$$= K\gamma'\gamma''\left[\sum \mu(y^2 + x^2) - \sum \mu(z^2 + x^2)\right]$$
$$= K\gamma'\gamma''(C - B),$$

et de même pour les moments relatifs aux deux autres axes Oy, Oz. Les équations d'Euler s'écrivent donc

$$(25) \quad \begin{cases} A\dfrac{dp}{dt} = (B - C)(qr - K\gamma'\gamma''), \\[2mm] B\dfrac{dq}{dt} = (C - A)(rp - K\gamma''\gamma), \\[2mm] C\dfrac{dr}{dt} = (A - B)(pq - K\gamma\gamma'); \end{cases}$$

on a, d'ailleurs,

$$(26) \quad \frac{d\gamma}{dt} = r\gamma' - q\gamma'', \qquad \frac{d\gamma'}{dt} = p\gamma'' - r\gamma, \qquad \frac{d\gamma''}{dt} = q\gamma - p\gamma'.$$

On possède ainsi six équations différentielles qui définissent p, q, r, γ, γ', γ'' en fonction du temps. Supposons que l'on ait intégré ces équations. Désignons par θ, φ, ψ les angles d'Euler, en supposant que l'axe fixe Oz_1 est perpendiculaire au plan attirant et que les deux autres axes fixes Ox_1, Oy_1 sont dans ce plan; on a, comme on sait,

$$\gamma = \sin\varphi \sin\theta, \qquad \gamma' = \cos\varphi \sin\theta, \qquad \gamma'' = \cos\theta,$$

en sorte que les angles φ, θ seront connus en fonction du temps. Quant à l'angle ψ, on le déduira par quadrature de l'équation

$$(27) \qquad r = \psi' \cos \theta + \varphi'.$$

Il suffit donc d'intégrer le système des équations (25) et (26).

On peut laisser de côté le temps qui sera donné par une quadrature, puisqu'il ne figure pas explicitement dans les équations (25) et (26). Nous n'avons dès lors à nous occuper que des cinq équations

$$(28) \quad \begin{cases} \dfrac{A\,dp}{(B-C)(qr-K\gamma'\gamma'')} = \dfrac{B\,dq}{(C-A)(rp-K\gamma''\gamma)} = \dfrac{C\,dr}{(A-B)(pq-K\gamma\gamma')} \\[2ex] \qquad = \dfrac{d\gamma}{r\gamma'-q\gamma''} = \dfrac{d\gamma'}{p\gamma''-r\gamma} = \dfrac{d\gamma''}{q\gamma-p\gamma'}, \end{cases}$$

lesquelles admettent un multiplicateur égal à l'unité, comme on le constate aisément. Il suffira donc de connaître quatre intégrales pour être ramené aux quadratures. Or, on connaît déjà trois intégrales : celle des forces vives qui s'écrit

$$(29) \qquad A p^2 + B q^2 + C r^2 + K(A\gamma^2 + B\gamma'^2 + C\gamma''^2) = l,$$

celles des aires

$$(30) \qquad A p \gamma + B q \gamma' + C r \gamma'' = l_1,$$

et ensuite

$$(31) \qquad \gamma^2 + \gamma'^2 + \gamma''^2 = \text{const.} = 1;$$

l et l_1 sont deux constantes arbitraires. La constante de l'équation (31) doit être prise égale à 1.

Si donc on connaît une quatrième intégrale, le problème s'achève par une quadrature. Or, en effet, on vérifie que

$$(32) \qquad A^2 p^2 + B^2 q^2 + C^2 r^2 - K(BC\gamma^2 + CA\gamma'^2 + AB\gamma''^2) = l_2$$

est une quatrième intégrale.

Le problème se ramène donc aux quadratures. En partant des formules précédentes, il serait aisé de prouver que les quadratures portent sur des différentielles totales algébriques. C'est le résultat auquel a été conduit M. Kobb dans un article inséré au Tome XXIII du *Bulletin des Sciences mathématiques*. Il serait intéressant de faire une étude plus approfondie de ces intégrales, mais ce n'est pas la place ici (¹).

On doit à M. Stekloff (*Comptes rendus*, t. CXXXV, 1902) cette intéressante remarque que les équations du problème de M. de Brun peuvent

---

(¹) M. de Brun a introduit, dans son expression de la force, une fonction de la distance au point fixe; mais cette fonction disparaît naturellement des équations et n'a aucun rôle.

être ramenées aux équations du mouvement d'un corps solide dans un liquide indéfini données par Clebsch. Tous les résultats trouvés dans l'un de ces deux problèmes peuvent donc être étendus à l'autre.

VI. — PROPRIÉTÉS DES INTÉGRALES.
INVARIANTS INTÉGRAUX.

500. Intégrales. — Considérons le système d'équations

$$(33) \qquad \frac{dx_1}{dt} = X_1, \qquad \frac{dx_2}{dt} = X_2, \qquad \ldots, \qquad \frac{dx_n}{dt} = X_n,$$

où $X_1, X_2, \ldots, X_n$ sont des fonctions de $t, x_1, x_2, \ldots, x_n$.

Soit $\theta_1(t, x_1, \ldots, x_n), \theta_2(t, x_1, \ldots, x_n), \ldots, \theta_n(t, x_1, \ldots, x_n)$ un système de n intégrales indépendantes; pour chaque système de solutions des équations (33), $\theta_1, \theta_2, \ldots, \theta_n$ ont des valeurs constantes $\alpha_1, \ldots, \alpha_n$ et les divers systèmes de solutions des équations (33) se différentient par les valeurs de ces constantes.

Soient $x_1, x_2, \ldots, x_n; x'_1, x'_2, \ldots, x'_n$ deux systèmes différents de solutions; si l'on désigne par $X'_1, X'_2, \ldots, X'_n$ ce que deviennent $X_1, X_2, \ldots, X_n$ quand on y remplace les x par les x', les variables x' vérifient le système d'équations

$$(34) \qquad \frac{dx'_1}{dt} = X'_1, \qquad \frac{dx'_2}{dt} = X'_2, \qquad \ldots, \qquad \frac{dx'_n}{dt} = X'_n.$$

Si l'on considère à la fois les systèmes d'équations (33) et (34), le système ainsi obtenu admet des intégrales $\lambda(x_1, x_2, \ldots, x_n; x'_1, x'_2, \ldots, x'_n, t)$ où figurent les deux séries de variables $x_1, \ldots, x_n; x'_1, \ldots, x'_n$. Nous dirons d'une telle intégrale qu'elle dépend de deux solutions différentes du système (33). Prenons un exemple simple, celui d'un point attiré par un centre, dans un plan, proportionnellement à la distance. Les équations du problème s'écrivent

$$\frac{dx_1}{dt} = x_2, \qquad \frac{dx_2}{dt} = -a^2 x_1,$$

$$\frac{dx'_1}{dt} = x'_2, \qquad \frac{dx'_2}{dt} = -a^2 x'_1,$$

où x_1, x'_1 sont les coordonnées rectangulaires du point. Les intégrales de ce problème seront, en général, des fonctions dépendant de deux solutions du système unique

$$\frac{dx_1}{dt} = x_2, \qquad \frac{dx_2}{dt} = -a^2 x_1.$$

On peut, de même, concevoir des intégrales dépendant de trois, quatre ou d'un plus grand nombre de solutions.

Un cas intéressant et important est celui des intégrales dépendant de plusieurs solutions infiniment voisines. Voici ce qu'il faut entendre par là :

Soient $x_1, x_2, \ldots, x_n$ un système de solutions des équations (33) et $x_1 + \delta x_1, x_2 + \delta x_2, \ldots, x_n + \delta x_n$ un système de solutions infiniment voisin du premier. On aura

$$\frac{d(x_i + \delta x_i)}{dt} = X_i(t, x_1 + \delta x_1, x_2 + \delta x_2, \ldots, x_n + \delta x_n) \qquad (i = 1, 2, \ldots, n),$$

en tenant compte des équations (33), il viendra donc

$$(35) \quad \frac{d\,\delta x_i}{dt} = \frac{\partial X_i}{\partial x_1} \delta x_1 + \frac{\partial X_i}{\partial x_2} \delta x_2 + \ldots + \frac{\partial X_i}{\partial x_n} \delta x_n \qquad (i = 1, 2, \ldots, n).$$

Ces équations, qui permettent d'étudier les solutions voisines d'une solution donnée, ont été introduites par Poincaré, qui les appelle les *équations aux variations* des solutions du système (33).

Considérons maintenant une fonction homogène en $\delta x_1, \delta x_2, \ldots, \delta x_n$, dont les coefficients seront des fonctions de $x_1, x_2, \ldots, x_n$ et de t; une telle fonction sera une intégrale dépendant des solutions voisines x_i et $x_i + \delta x_i$, si sa dérivée totale est nulle en vertu des équations (33) et (35). Soit f cette fonction, on a

$$\frac{df}{dt} = \frac{\partial f}{\partial t} + \sum_i \frac{\partial f}{\partial x_i} \frac{dx_i}{dt} + \sum_i \frac{\partial f}{\partial (\delta x_i)} \frac{d\,\delta x_i}{dt},$$

d'où la condition

$$(36) \quad \frac{\partial f}{\partial t} + \sum_i X_i \frac{\partial f}{\partial x_i} + \sum_{ik} \frac{\partial f}{\partial (\delta x_i)} \frac{\partial X_i}{\partial x_k} \delta x_k = 0;$$

cette condition est nécessaire et suffisante pour que f soit une intégrale; elle doit avoir lieu quelles que soient les variations δx_i et quels que soient les x_i et t. Supposons en particulier que les fonctions X ne dépendent pas explicitement de t; il est aisé de montrer que, si dans la fonction f on remplace les δx_i par les quantités X_i, la fonction F ainsi obtenue est une intégrale. La fonction $f(t, x_1, \ldots, x_n; \delta x_1, \ldots, \delta x_n)$ est, en effet, devenue $F = f(t, x_1, \ldots, x_n; X_1, \ldots, X_n)$. On a donc

$$\frac{dF}{dt} = \frac{\partial f}{\partial t} + \sum_i \frac{\partial f}{\partial x_i} \frac{dx_i}{dt} + \sum_i \frac{\partial f}{\partial X_i} \frac{dX_i}{dt},$$

mais

$$\frac{dX_i}{dt} = \sum_k \frac{\partial X_i}{\partial x_k} \frac{dx_k}{dt} = \sum_k \frac{\partial X_i}{\partial x_k} X_k;$$

on a donc

$$\frac{dF}{dt} = \frac{\partial f}{\partial t} + \sum_i \frac{\partial f}{\partial x_i} X_i + \sum_{i,k} \frac{\partial f}{\partial X_i} \frac{\partial X_i}{\partial x_k} X_k;$$

et ceci est nul, car le second membre est ce que devient le premier membre de (36) quand on y prend les δx_i proportionnels aux X_i. Ainsi $\dfrac{d\mathrm{F}}{dt} = 0$, F est une intégrale.

301. Théorème de M. Kœnigs. — Prenons, par exemple, la forme linéaire

$$f = \Xi_1\, \delta x_1 + \Xi_2\, \delta x_2 + \ldots + \Xi_n\, \delta x_n,$$

où les Ξ_i sont des fonctions de x_1, x_2, ..., x_n et de t.

Pour exprimer que f est une intégrale, nous écrirons que l'on a

$$\frac{df}{dt} = \sum_1^n \frac{d\Xi_i}{dt}\, \delta x_i + \sum_1^n \Xi_i\, \delta \frac{dx_i}{dt} = 0,$$

ou encore

$$(37) \qquad \frac{df}{dt} = \sum_1^n \frac{d\Xi_i}{dt}\, \delta x_i + \sum_1^n \Xi_i\, \delta X_i = 0,$$

ce qui s'écrit encore

$$(38) \qquad \delta\left(\sum_i X_i \Xi_i\right) + \sum_i\left(\frac{d\Xi_i}{dt}\, \delta x_i - X_i\, \delta\Xi_i\right) = 0.$$

L'équation (38) se prête aisément à la démonstration d'un élégant théorème, dû à M. Kœnigs [1], qui établit un lien entre les intégrales linéaires telles que f et la réduction au type canonique d'un système *quelconque* d'équations différentielles.

Les formes linéaires de différentielles telles que f ont été l'objet d'études nombreuses, et Pfaff, notamment, s'est proposé de les ramener à certains types canoniques (*voir* DARBOUX, *Bulletin des Sciences mathématiques*, t. XVII, 1882, p. 16).

On démontre en effet que toute forme linéaire de différentielles peut être ramenée à l'un des deux types

$$(A) \qquad z_1\, \delta y_1 + z_2\, \delta y_2 + \ldots + z_p\, \delta y_p - \delta y;$$
$$(B) \qquad z_1\, \delta y_1 + \ldots + z_p\, \delta y_p,$$

où les variables y, y_1, ..., y_p, z_1, z_2, ..., z_p sont indépendantes entre elles. L'obtention de ces formes réduites exige l'intégration de certaines équations différentielles pour lesquelles nous renverrons au Mémoire de Darboux.

Supposons, dès lors, qu'on ait appliqué le procédé de réduction à la

---

[1] *Comptes rendus*, décembre 1895.

forme f, en regardant t comme une constante, et que l'on soit parvenu, par exemple, au type (A), qui contient $2p + 1$ variables.

Il pourra arriver que $2p + 1$ soit moindre que n; alors en adjoignant à y, y_1, y_2, ..., y_p, z_1, z_2, ..., z_p un nombre de variables u_1, ..., u_q égal à $q = n - 2p - 1$, on pourra prendre pour nouvelles variables les y, les z et les u.

Le système des équations différentielles deviendra avec ces variables

$$(39) \quad \begin{cases} \dfrac{dy}{Y} = \dfrac{dy_1}{Y_1} = \ldots = \dfrac{dy_p}{Y_p} = \dfrac{dz_1}{Z_1} \\[2mm] = \dfrac{dz_2}{Z_2} = \ldots = \dfrac{dz_p}{Z_p} = \dfrac{du_1}{U_1} = \ldots = \dfrac{du_q}{U_q} = dt, \end{cases}$$

où Y, Y_1, ..., Y_p, Z_1, Z_2, ..., Z_p, U_1, ..., U_q sont des fonctions des variables y, y_1, ..., z_1, ..., u_1, ..., u_q et t.

La condition (38) devient, puisque l'on a ici $f = \sum_i z_i \, \delta y_i - \delta y$,

$$(40) \quad \delta\left(\sum_1^p z_i Y_i - Y \right) + \sum_i (Z_i \, \delta y_i - Y_i \, \delta z_i) = 0.$$

Posons

$$(41) \quad H = \sum_1^p z_i Y_i - Y,$$

il viendra

$$(42) \quad \delta H + \sum_i (Z_i \, \delta y_i - Y_i \, \delta z_i) = 0,$$

d'où, puisque ceci doit avoir lieu quels que soient les δ,

$$Z_i = - \frac{\partial H}{\partial y_i}, \qquad Y_i = + \frac{\partial H}{\partial z_i};$$

on aura ensuite.

$$Y = \sum_i z_i Y_i - H = \sum_i z_i \frac{\partial H}{\partial z_i} - H.$$

Le système des équations (39) a donc la forme suivante

$$(43) \quad \frac{dy_i}{dt} = + \frac{\partial H}{\partial z_i}, \qquad \frac{dz_i}{dt} = - \frac{\partial H}{\partial y_i} \qquad (i = 1, 2, \ldots, p),$$

$$(44) \quad \frac{dy}{dt} = \sum_i z_i \frac{\partial H}{\partial z_i} - H,$$

et puis

$$(45) \quad \frac{du_1}{dt} = U_1, \qquad \ldots, \qquad \frac{du_q}{dt} = U_q.$$

On est ainsi ramené au système canonique (43), suivi du système des équations (44) et (45).

Si, au lieu du type (A), on était arrivé au type (B), on eût procédé de même, on aurait eu la condition

$$\delta\left(\sum z_i Y_i\right) + \sum (X_i \, \delta y_i - Y_i \, \delta z_i) = 0.$$

Posons

$$H = \sum z_i Y_i.$$

il viendra, comme plus haut,

$$Z_i = -\frac{\partial H}{\partial y_i}, \qquad Y_i = +\frac{\partial H}{\partial z_i},$$

en sorte que la fonction H vérifie ici l'équation

$$H = \sum z_i Y_i = \sum z_i \frac{\partial H}{\partial z_i},$$

c'est-à-dire que H est homogène et du degré 1 d'homogénéité par rapport aux z.

Le système des équations différentielles devient alors

$$(46) \qquad \frac{dy_i}{dt} = -\frac{\partial H}{\partial z_i}, \qquad \frac{dz_i}{dt} = \frac{\partial H}{\partial y_i}$$

avec

$$(47) \qquad \frac{du_1}{dt} = U_1, \qquad \ldots, \qquad \frac{du_q}{dt} = U_q.$$

On démontre aisément que si n est impair et si f est une intégrale quelconque, linéaire par rapport aux variations, c'est le type (A) qui est atteint et $n = 2p + 1$; si au contraire n est pair, c'est le type (B) et $n = 2p$. Ainsi, en général, le système complémentaire des équations (45) ou (47) n'existe pas, et L'ON EST RAMENÉ A UN SYSTÈME CANONIQUE avec ou sans l'équation (44) selon la parité de n.

Plaçons-nous dans le cas de n impair, et supposons que l'on donne l'intégrale $\sum \Xi_i \, \delta x_i$, qui, par la réduction au type canonique, se réduit à

$$\sum_{i=1}^{i=2p+1} \Xi_i \, \delta x_i = \sum_{k=1}^{k=p} z_k \, \delta y_k - \delta y.$$

On aura en particulier, si les Ξ_i sont indépendants de la variable t,

$$\sum_{1}^{2p+1} \Xi_i \, dx_i = \sum_{1}^{p} z_k \, dy_k - dy,$$

ou en se rappelant que

$$dx_i = X_i\, dt, \qquad dy_k = +\frac{\partial H}{\partial z_k}\, dt; \qquad dy = \left(-H + \sum z_k \frac{\partial H}{\partial z_k}\right) dt;$$

$$(48) \qquad \sum_1^{2p+1} \Xi_i X_i = H - \sum z_k \frac{\partial H}{\partial z_k} + \sum z_k \frac{\partial H}{\partial z_k} = H.$$

Ainsi, la somme $\sum \Xi_i X_i$ se réduit justement à la fonction principale H.

Si H est indépendant du temps, on sait que H est une intégrale.

Tel sera le cas si X et les Ξ ne dépendent pas du temps.

On remarquera que, dans tous les cas, l'équation (44) se réduit à une simple quadrature.

Le cas de n pair donne lieu à des remarques toutes semblables.

502. **Théorème de Poisson.** — La considération des intégrales dépendant, non plus de deux, mais de trois solutions infiniment voisines, conduit par une voie nouvelle au théorème de Poisson, ainsi que Poincaré l'a montré.

Considérons en effet un système canonique

$$(49) \qquad \frac{dq_i}{dt} = \frac{\partial H}{\partial p_i}, \qquad \frac{dp_i}{dt} = -\frac{\partial H}{\partial q_i}. \qquad (i = 1, 2, \ldots, n).$$

Soient $p_1, p_2, \ldots, p_n, q_1, q_2, \ldots, q_n$ un système de solutions et $p_i + \delta p_i$, $q_i + \delta q_i$; $p_i + \delta' p_i$, $q_i + \delta' q_i$ deux systèmes de solutions voisins du premier.

La forme bilinéaire

$$f = \sum_i (\delta p_i\, \delta' q_i - \delta q_i\, \delta' p_i)$$

est une intégrale. On s'en rend compte en partant d'une identité générale concernant les formes linéaires des différentielles.

Soit

$$\theta_\delta = \sum \Xi_i\, \delta x_i$$

une forme linéaire de différentielles; posons de même

$$\theta_{\delta'} = \sum \Xi_i\, \delta' x_i,$$

puis

$$\theta_{\delta\delta'} = \delta\theta_{\delta'} - \delta'\theta_\delta.$$

Prenons trois systèmes de différentielles, d, δ, δ'; on a identiquement

$$(50) \qquad d\theta_{\delta\delta'} + \delta\theta_{\delta'd} + \delta'\Omega_{d\delta} = 0.$$

Cela revient à constater que

$$d(\delta\Theta_{\delta'} - \delta'\Theta_{\delta}) + \delta(\delta'\Theta_d - d\Theta_{\delta'}) + \delta'(d\Theta_{\delta} - \delta\Theta_d) = 0,$$

ce qui est une identité.

Prenons alors pour Θ_δ la forme $\sum p_i\,\delta q_i$; on voit que l'on a

$$f = \Theta_{\delta\delta'},$$

d'où, d'après l'identité (5o),

$$-df = -d\Theta_{\delta\delta'} = \delta'\Theta_{d\delta} - \delta\Theta_{d\delta'}.$$

Or on a

$$\Theta_{d\delta} = \sum(dp_i\,\delta q_i - dq_i\,\delta p_i) = -\delta H\,\delta t,$$
$$\Theta_{d\delta'} = -\delta' H\,dt,$$

si l'on suppose que les différentielles d correspondent à une variation de la variable t, en sorte que les équations (49) soient satisfaites.

On a ainsi

$$-df = \delta'\Theta_{d\delta} - \delta\Theta_{d\delta'} = -\delta'\,\delta H\,dt + \delta\delta' H\,dt = 0.$$

Le théorème est donc démontré.

Soit réciproquement

$$f = \sum(Q_i\,\delta p_i - P_i\,\delta q_i)$$

une forme linéaire intégrale et posons

$$\delta' q_i = \varepsilon Q_i, \qquad \delta' p_i = \varepsilon P_i,$$

où ε désigne une constante infiniment petite; je dis que $p_i + \delta' p_i$, $q_i + \delta' q_i$ est un système de solutions voisin du système de solutions p_i, q_i.

On a en effet, par hypothèse,

$$0 = \frac{df}{dt} = \sum_i \frac{dQ_i}{dt}\delta p_i + \sum Q_i\,\delta\frac{dp_i}{dt} - \sum \frac{dP_i}{dt}\delta q_i - \sum P_i\,\delta\frac{dq_i}{dt},$$

c'est-à-dire, en remplaçant $\dfrac{dp_i}{dt}$, $\dfrac{dq_i}{dt}$ par leurs valeurs (49),

$$0 = \sum_i \frac{dQ_i}{dt}\delta p_i - \sum \frac{dP_i}{dt}\delta q_i - \sum Q_i\,\delta\left(\frac{\partial H}{\partial q_i}\right) - \sum P_i\,\delta\left(\frac{\partial H}{\partial p_i}\right).$$

Cette relation doit avoir lieu quels que soient les δp_i et les δq_i; il vient donc

$$\frac{dQ_i}{dt} - \sum_\rho Q_\rho\frac{\partial^2 H}{\partial q_\rho\,\partial p_i} - \sum_\rho P_\rho\frac{\partial^2 H}{\partial p_\rho\,\partial p_i} = 0;$$

$$\frac{dP_i}{dt} - \sum_\rho Q_\rho\frac{\partial^2 H}{\partial q_\rho\,\partial q_i} - \sum_\rho P_\rho\frac{\partial^2 H}{\partial p_\rho\,\partial q_i} = 0;$$

équations qui s'écrivent, en remplaçant Q_i, P_i par les quantités proportionnelles $\delta'q_i$, $\delta'p_i$,

$$\frac{d}{dt}(\delta'q_i) = \sum_\rho \frac{\partial^2 H}{\partial p_i\,\partial q_\rho}\,\delta'q_\rho + \sum_\rho \frac{\partial^2 H}{\partial p_i\,\partial p_\rho}\,\delta'p_\rho = \delta'\left(\frac{\partial H}{\partial p_i}\right),$$

et pareillement

$$\frac{d}{dt}(\delta'p_i) = -\,\delta'\left(\frac{\partial H}{\partial q_i}\right);$$

c'est-à-dire que les $\delta'q_i$, $\delta'p_i$ vérifient les équations aux variations des équations (49).

On déduit de là la conséquence suivante :

Soit $\Phi(q_1,\ q_2,\ \ldots,\ q_n,\ p_1,\ p_2,\ \ldots,\ p_n,\ t)$ une intégrale des équations (49). Il est clair que $\delta\Phi$ est une intégrale dépendant de deux solutions voisines ; or

$$\delta\Phi = \sum_i \frac{\partial\Phi}{\partial q_i}\,\delta q_i + \sum_i \frac{\partial\Phi}{\partial p_i}\,\delta p_i;$$

donc, d'après le théorème précédent, $\delta'q_i = \varepsilon\,\dfrac{\partial\Phi}{\partial p_i}$, $\delta'p_i = -\,\varepsilon\,\dfrac{\partial\Phi}{\partial q_i}$ sont des solutions des équations aux variations.

De même, avec une autre intégrale Φ_1, $\delta''q_i = \varepsilon'\,\dfrac{\partial\Phi_1}{\partial p_i}$, $\delta''p_i = -\,\varepsilon'\,\dfrac{\partial\Phi_1}{\partial q_i}$ seront encore des solutions de l'équation aux variations.

Mais on a vu que la somme

$$\sum_i (\delta'q_i\,\delta''p_i - \delta'p_i\,\delta''q_i)$$

est une intégrale ; donc

$$\sum_i \left(\frac{\partial\Phi}{\partial p_i}\,\frac{\partial\Phi_1}{\partial q_i} - \frac{\partial\Phi}{\partial q_i}\,\frac{\partial\Phi_1}{\partial p_i}\right)$$

est une intégrale ; on retrouve le théorème de Poisson.

Nous terminerons en faisant connaître la définition des nouveaux éléments que Poincaré a introduits sous le nom d'*invariants intégraux*.

503. **Invariants intégraux.** — Reprenons le système d'équations différentielles (33), $\dfrac{dx_i}{dt} = X_i$; convenons de regarder x_1, x_2, $\ldots, x_n$ comme les coordonnées d'un point dans un espace à n dimensions et t comme une mesure du temps. Les équations (33) définissent une famille de courbes (C) ; une courbe et un mouvement sur cette courbe sont définis si l'on donne la position x_1^0, x_2^0, $\ldots, x_n^0$ du mobile à une époque t^0. Appelons P^0 cette position initiale et P la position occupée ensuite par le mobile à l'époque t.

Imaginons que l'on fasse décrire à P^0 un certain espace à k dimensions E_k^0; le point P décrira lui-même un certain espace à k dimensions E_k. Par exemple, si le point P^0 décrit un arc de courbe E_1^0, le point P décrira un autre arc E_1.

Arrêtons-nous d'abord à ce premier cas; convenons de désigner par le symbole δ les variations qui correspondent au déplacement de P sur l'arc E_1 ou, ce qui revient au même, de P^0 sur l'arc E_1^0.

Considérons une expression linéaire de la forme

$$\Xi_1\,\delta x_1 + \Xi_2\,\delta x_2 + \ldots + \Xi_n\,\delta x_n,$$

où les Ξ_i sont des fonctions de $x_1, x_2, \ldots, x_n$ et de t, et prenons l'intégrale

$$I = \int \Xi_1\,\delta x_1 + \Xi_2\,\delta x_2 + \ldots + \Xi_n\,\delta x_n$$

le long de l'arc E_1. Les variables $x_1, x_2, \ldots, x_n$ sont des fonctions de t et des coordonnées initiales $x_1^0, x_2^0, \ldots, x_n^0$ du point P^0. Quand ce dernier point se déplace sur l'arc E_1^0, les x_i^0 sont fonctions d'un paramètre λ qui prend les valeurs λ_0, λ_1 aux extrémités de l'arc. Les x_i dans l'intégrale I sont donc aussi des fonctions de λ et de t sur l'arc E_1, t restant constant pendant l'intégration.

Or faisons maintenant varier le temps t; alors les limites de l'intégrale I restent λ_0, λ_1, mais, comme l'élément dépend de t, I n'en apparaît pas moins comme une fonction de t. Il peut arriver que cette fonction de t se réduise à une constante, quel que soit l'arc E_1. On dit alors que I *est un invariant intégral*.

Pour que I soit un invariant intégral, il faut que $\dfrac{dI}{dt}$ soit nul, quel que soit l'arc d'intégration. On en déduit, puisque les limites λ_1, λ_0 de l'intégrale sont indépendantes du temps, que la dérivée de la quantité sous le signe somme doit être nulle,

$$\frac{d}{dt}\left(\Xi_1\,\delta x_1 + \ldots + \Xi_n\,\delta x_n\right) = 0.$$

Autrement dit, pour que I soit un invariant intégral, il faut et il suffit que

$$\Xi_1\,\delta x_1 + \Xi_2\,\delta x_2 + \ldots + \Xi_n\,\delta x_n$$

soit une intégrale dépendant de deux solutions voisines.

Si, au lieu de prendre un élément linéaire par rapport aux δ, on prend un élément qui soit la racine $m^{\text{ième}}$ d'une forme $f(t, x_1, \ldots, x_n, \delta x_1, \ldots, \delta x_n)$ homogène et d'ordre m par rapport aux δ, on pourra de même considérer l'intégrale d'arc

$$I = \int \sqrt[m]{f(t, x_1, \ldots, x_n, \delta x_1, \ldots, \delta x_n)},$$

elle exprime que la fonction

$$f = \sum_{i,k} \mathrm{M}_{ik}(\delta' x_i\, \delta'' x_k - \delta' x_k\, \delta'' x_i)$$

est une intégrale dépendant de trois solutions voisines, x_i, $x_i + \delta' x_i$, $x_i + \delta'' x_i$.

Ainsi, par exemple, dans le cas des équations canoniques, nous avons vu que la somme

$$\sum_i (\delta' q_i\, \delta'' p_i - \delta'' q_i\, \delta' p_i)$$

est une intégrale quand les $\delta' p_i$, $\delta' q_i$ et $\delta'' p_i$, $\delta'' q_i$ sont deux systèmes de solutions des équations aux variations; cela équivaut à dire que l'intégrale double

$$\mathrm{I} = \int\int (dp_1\, dq_1 + dp_2\, dq_2 + \ldots + dp_n\, dq_n)$$

est un invariant intégral.

On peut considérer de la même façon des intégrales k-uples, représentant des invariants intégraux; c'est-à-dire dont la dérivée par rapport au temps soit nulle, et cela, quel que soit l'espace E_k suivant lequel on intègre.

Soit

$$\mathrm{I} = \overbrace{\int\int \cdots \int}^{k} \sum \mathrm{M}_{\alpha,\beta,\ldots,\lambda}\, \delta x_\alpha,\, \delta x_\beta,\, \delta x_\lambda$$

une telle intégrable k-uple, où les $\mathrm{M}_{\alpha,\beta,\ldots,\lambda}$ sont des fonctions des x et de t. La condition $\dfrac{d\mathrm{I}}{dt} = 0$ équivaut à la suivante :

$$\frac{d}{dt}\left\{ \sum \mathrm{M}_{\alpha,\beta,\ldots,\lambda} \begin{vmatrix} \delta^1 x_\alpha & \delta^1 x_\beta & \ldots & \delta^1 x_\lambda \\ \delta^2 x_\alpha & \delta^2 x_\beta & \ldots & \delta^2 x_\lambda \\ \cdots & \cdots & \cdots & \cdots \\ \delta^k x_\alpha & \delta^k x_\beta & \ldots & \delta^k x_\lambda \end{vmatrix} \right\} = 0.$$

Elle exprime que la somme $\sum$, où $\delta^1, \delta^2, \ldots, \delta^k$ sont k symboles différents de différentielles, est une intégrale dépendant de $(k+1)$ solutions voisines.

Prenons, par exemple, l'intégrale multiple d'ordre n

$$\mathrm{I} = \overbrace{\int\int \cdots \int}^{n} \mathrm{M}\, \delta x_1,\, \delta x_2,\, \ldots,\, \delta x_n.$$

Dire que I est un invariant, c'est dire que le produit

$$P = M \begin{vmatrix} \delta^1 x_1 & \delta^1 x_2 & \dots & \delta^1 x_n \\ \delta^2 x_1 & \delta^2 x_2 & \dots & \delta^2 x_n \\ \dots & \dots & \dots & \dots \\ \delta^n x_1 & \delta^n x_2 & \dots & \delta^n x_n \end{vmatrix} = M.D,$$

où δ^1, δ^2, ..., δ^n désignent n systèmes différents de différentielles, est une intégrale dépendant de $(n+1)$ solutions voisines. Cherchons ce que doit être la fonction M pour qu'il en soit ainsi. Il faut avoir $\dfrac{dP}{dt} = 0$, où

$$D \frac{dM}{dt} + M \frac{dD}{dt} = 0.$$

La différentiation de D donne d'ailleurs

$$\frac{dD}{dt} = \begin{vmatrix} \dfrac{d\delta^1 x_1}{dt} & \delta^1 x_2 & \dots & \delta^1 x_n \\ \dfrac{d\delta^2 x_1}{dt} & \delta^2 x_2 & \dots & \delta^2 x_n \\ \dots & \dots & \dots & \dots \\ \dfrac{d\delta^n x_1}{dt} & \delta^n x_2 & \dots & \delta^n x_n \end{vmatrix} + \dots$$

où les points représentent $(n-1)$ déterminants analogues au premier qui est écrit.

Mais les $\delta^i x_k$ vérifient les équations aux variations, de sorte que l'on a

$$\frac{d\delta^1 x_1}{dt} = \frac{\partial X_1}{\partial x_1} \delta^1 x_1 + \frac{\partial X_1}{\partial x_2} \delta^1 x_2 + \dots + \frac{\partial X_1}{\partial x_n} \delta^1 x_n,$$

$$\frac{d\delta^2 x_1}{dt} = \frac{\partial X_1}{\partial x_1} \delta^2 x_1 + \frac{\partial X_1}{\partial x_2} \delta^2 x_2 + \dots + \frac{\partial X_1}{\partial x_n} \delta^2 x_n,$$

$$\dots \dots \dots \dots \dots \dots \dots \dots \dots$$

$$\frac{d\delta^n x_1}{dt} = \frac{\partial X_1}{\partial x_1} \delta^n x_1 + \frac{\partial X_1}{\partial x_2} \delta^n x_2 + \dots + \frac{\partial X_1}{\partial x_n} \delta^n x_n.$$

En substituant ces valeurs dans le déterminant écrit, on voit qu'il est égal au produit

$$\frac{\partial X_1}{\partial x_1} D;$$

les autres seraient de même égaux à $\dfrac{\partial X_2}{\partial x_2} D, \dots, \dfrac{\partial X_n}{\partial x_n} D$, en sorte qu'il vient

$$\frac{dD}{dt} = D \sum_i \frac{\partial X_i}{\partial x_i},$$

d'où, par conséquent,

$$\frac{dP}{dt} = D\left(\frac{dM}{dt} + M\sum \frac{\partial X_i}{\partial x_i}\right);$$

d'autre part, on sait que

$$\frac{dM}{dt} = \sum_i X_i \frac{\partial M}{\partial x_i} + \frac{\partial M}{\partial t}.$$

Nous trouvons donc, en définitive,

$$\frac{dP}{dt} = D\left[\sum_i \frac{\partial(X_i M)}{\partial x_i} + \frac{\partial M}{\partial t}\right] = o,$$

c'est-à-dire

$$\sum_i \frac{\partial(X_i M)}{\partial x_i} + \frac{\partial M}{\partial t} = o.$$

On voit que M doit être un multiplicateur au sens de Jacobi.

On déduirait aisément du résultat précédent la propriété d'invariance qui a été établie dès le début, attendu que, si l'on fait un changement de variables portant sur x_1, x_2, ..., x_n, le déterminant D se reproduit multiplié par le déterminant de la transformation Δ. Si donc M était un multiplicateur avec les premières variables, $M\Delta$ sera bien un multiplicateur pour les nouvelles variables.

Ce retour au multiplicateur de Jacobi est très intéressant, car il manifeste déjà l'importance des notions nouvelles dues à Poincaré, puisque ce multiplicateur n'y apparaît que comme un cas particulier de conceptions beaucoup plus générales. Ajoutons que l'éminent géomètre a tiré un grand parti de ces invariants intégraux dans ses recherches de Mécanique, notamment en ce qui concerne la stabilité. Mais nous renverrons pour ce sujet au Livre de Poincaré : *Sur les méthodes nouvelles de la Mécanique céleste*.

Dans une Note insérée en janvier 1896, aux *Comptes rendus de l'Académie des Sciences*, M. Kœnigs a également étudié les invariants intégraux représentés par des intégrales $(n-1)$-uples de la forme

$$I = \overbrace{\int\int \cdots \int}^{n-1} \sum_i M_i \, dx_1 \ldots dx_{i-1}\, dx_{i+1} \ldots dx_n,$$

dans l'hypothèse où les coefficients X des équations différentielles sont indépendants de t, ainsi que les fonctions M. Si l'on pose

$$B(\theta) = \sum_i (-1)^i M_i \frac{\prime\partial\theta}{\partial x_i},$$

et si α désigne une intégrale qui n'annule pas $B(\theta)$, *la fonction $B(\alpha)$ est un multiplicateur.* La connaissance de deux intégrales α, β permet alors d'en former une troisième $\dfrac{B(\beta)}{B(\alpha)}$, ainsi que le permet le théorème de Poisson dans le cas des équations canoniques.

On pourra consulter également, sur les applications et la théorie des invariants intégraux, les travaux de M. de Donder (*Circolo di Palermo*, t. XV, 1901, et t. XVI, 1902), de M. Vergne [*Sur certaines propriétés des systèmes d'équations différentielles*; 2ᵉ partie (*Annales de l'École Normale supérieure*, 1910)], et de M. Goursat (*Journal de M. Jordan*, t. IV, 1908). Signalons enfin les généralisations dues à M. Volterra (*Atti della R. Acc. di Lincei, Rendiconti*, 4ᵉ série, t. VI, 1890, p. 127) et à M. Fréchet (*Annali di Mat.*, 3ᵉ série, t. XI, 1905), exposées par M. de Donder dans une publication intitulée : *Sur les équations canoniques de Hamilton-Volterra.* (Gauthier-Villars, 1911.)

VII. — PRINCIPE DE LA MOINDRE CONTRAINTE DE GAUSS.

504. Énoncé du principe. — Les géomètres ont cherché de diverses façons à résumer les équations du mouvement dans un énoncé unique, en indiquant des intégrales ou des fonctions qui sont *minima* dans le mouvement réel du système comparé aux mouvements possibles voisins. Dans cet ordre d'idées se place d'abord le *principe de la moindre action* (n° 486); vient ensuite un principe plus général, le *principe d'Hamilton* (n° 483), dont on déduit d'une façon simple les équations de Lagrange dans les systèmes holonomes, le raisonnement et la conclusion devenant inexacts quand le système n'est pas holonome. Nous nous occuperons ici du *principe de la moindre contrainte* de Gauss; ce principe, absolument général, ne comporte, en outre, aucune difficulté d'application; il a l'avantage de pouvoir se traduire par un énoncé analytique des plus simples ramenant la recherche des équations du mouvement d'un système quelconque, holonome ou non, à la recherche du minimum d'une fonction du second degré.

Nous reproduisons ici la traduction du commencement du Mémoire même de Gauss, avec le Commentaire dont Joseph Bertrand l'accompagne dans la Note IX de la troisième édition de la *Mécanique analytique de Lagrange* (t. II, p. 357) :

« Gauss a fait connaître dans le Tome 4 du *Journal de Crelle* un beau théorème qui comprend à la fois les lois générales de l'équilibre et du mouvement, et semble l'expression la plus générale et la plus élégante qu'on soit parvenu à leur donner ; les lecteurs français nous sauront gré de reproduire ici la traduction des quelques pages consacrées par l'illustre géomètre à l'explication du nouveau principe. »

Le principe des vitesses virtuelles transforme, comme on sait, tout problème de Statique en une question de Mathématiques pures, et, par le principe de d'Alembert, la Dynamique est, à son tour, ramenée à la Statique. Il résulte de là qu'aucun principe fondamental de l'équilibre et du mouvement ne peut être essentiellement distinct de ceux que nous venons de citer, et que l'on pourra toujours, quel qu'il soit, le regarder comme leur conséquence plus ou moins immédiate. On ne doit pas en conclure que tout théorème nouveau soit pour cela sans mérite. Il sera, au contraire, toujours intéressant et instructif d'étudier les lois de la nature sous un nouveau point de vue, soit que l'on parvienne ainsi à traiter plus simplement telle ou telle question particulière, ou que l'on obtienne seulement une plus grande précision dans les énoncés. Le grand géomètre (Lagrange) qui a si brillamment fait reposer la science du mouvement sur le principe des vitesses virtuelles, n'a pas dédaigné de perfectionner et de généraliser le principe de Maupertuis relatif à la moindre action, et l'on sait que ce principe est employé souvent par les géomètres d'une manière très avantageuse. Le caractère propre du principe des vitesses virtuelles consiste en ce qu'il est, pour ainsi dire, la formule générale qui résout les problèmes de Statique et qui peut, par suite, tenir lieu de tout autre principe, mais il n'a pas ce cachet d'évidence absolue qui entraîne la conviction sitôt que l'énoncé est connu.

Sous ce rapport, le théorème fondamental que je vais démontrer me semble devoir être préféré ; il présente, en outre, l'avantage de comprendre à la fois les lois générales de l'équilibre et du mouvement. S'il est plus avantageux au perfectionnement successif de la Science, et pour l'étude individuelle de passer du facile à ce qui semble plus difficile, et des lois les plus simples aux plus composées ; d'un autre côté, l'esprit, une fois arrivé au point de vue le plus élevé, demande la marche inverse qui lui fait paraître toute la Statique comme un cas particulier de la Dynamique. …

Le nouveau principe est le suivant :

Le mouvement d'un système de points matériels liés entre eux d'une manière quelconque et soumis à des influences quelconques se fait, à chaque instant, dans le plus parfait accord possible avec le mouvement qu'ils auraient s'ils devenaient tous libres, c'est-à-dire avec la plus petite contrainte possible, en prenant, pour mesure de la contrainte subie pendant un instant infiniment petit, la somme des produits de

*la masse de chaque point par le carré de la quantité dont il s'écarte
de la position qu'il aurait prise s'il eût été libre.*

Soient m, m', m'', ... les masses des points; a, a', a'', ... leurs positions
respectives à l'instant t; b, b', b'', ... les positions qu'ils occuperaient
après un temps infiniment petit dt, en vertu des forces qui les sollicitent
et de la vitesse acquise à l'instant t, si les liaisons étaient supprimées à
cet instant; c, c', c'', ... les positions réelles qu'ils occupent à l'instant
$t + dt$.

L'énoncé précédent revient à dire que les positions c, c', c'', ... qu'ils
prendront seront, parmi toutes celles qui permettent les liaisons, celles
pour lesquelles la somme

$$m\,\overline{bc}^{\,2} + m'\,\overline{b'c'}^{\,2} + m''\,\overline{b''c''}^{\,2} + \ldots$$

sera un *minimum.*

L'équilibre est un cas particulier de la loi générale; il aura lieu lorsque
les points étant sans vitesses, la somme

$$m\,\overline{ab}^{\,2} + m'\,\overline{a'b'}^{\,2} + \ldots$$

sera un minimum, ou, en d'autres termes, lorsque la conservation du
système dans l'état de repos sera *plus près* du mouvement libre que chacun des points tendrait à prendre, si les liaisons étaient supprimées, que
tout déplacement possible compatible avec les liaisons.

Démonstration. — A l'instant t, le point m occupe la position a
de coordonnées x, y, z; il possède une vitesse dont les projections sont les dérivées x', y', z' de x, y, z par rapport à t et une
accélération dont les projections sont les dérivées secondes x'', y'', z''
de x, y, z par rapport à t; enfin il est sollicité par des forces
données, autres que les forces de liaison, dont la résultante a pour
projections X, Y, Z. Dans le mouvement réel du système, x, y, z
sont des fonctions du temps; à l'instant t le point m est en a, à
l'instant $t + dt$ il est en c : les coordonnées de c sont donc,
d'après la formule de Taylor, limitée aux trois premiers termes,

$$(c) \qquad x + x'\,dt + \frac{1}{2}x''\,dt^2, \quad y + y'\,dt + \frac{1}{2}y''\,dt^2,$$

$$z + z'\,dt + \frac{1}{2}z''\,dt^2.$$

Si, à l'instant t, le point m devenait libre, c'est-à-dire si les
liaisons étaient brusquement supprimées, ce point aurait une
accélération dont les projections, d'après le principe fondamental

de la Mécanique (n° 69), seraient $\dfrac{X}{m}$, $\dfrac{Y}{m}$, $\dfrac{Z}{m}$ et sa position b au bout du temps dt serait donnée par des formules analogues aux précédentes où x'', y'', z'' seraient remplacés par $\dfrac{X}{m}$, $\dfrac{Y}{m}$, $\dfrac{Z}{m}$. On a donc, pour les coordonnées du point b,

$$(b) \qquad x + x'\,dt + \frac{1}{2}\,\frac{X}{m}\,dt^2, \quad y + y'\,dt + \frac{1}{2}\,\frac{Y}{m}\,dt^2,$$
$$z + z'\,dt + \frac{1}{2}\,\frac{Z}{m}\,dt^2.$$

Le segment $\overline{cb}$ a donc pour projections

$$(\overline{cb}) \qquad \frac{1}{2}\left(\frac{X}{m} - x''\right)dt^2, \quad \frac{1}{2}\left(\frac{Y}{m} - y''\right)dt^2, \quad \frac{1}{2}\left(\frac{Z}{m} - z''\right)dt^2,$$

et le segment $m.\overline{cb}$, obtenu en multipliant $\overline{cb}$ par la masse, a pour projections

$$\frac{1}{2}(X - mx'')\,dt^2, \quad \frac{1}{2}(Y - y'')\,dt^2, \quad \frac{1}{2}(Z - mz'')\,dt^2.$$

Dès lors, d'après l'équation générale de la Dynamique,

$$\sum [(X - m.x'')\,\partial x + (Y - my'')\,\partial y + (Z - mz'')\,\partial z] = 0.$$

la somme des travaux des vecteurs tels que $m.\overline{cb}$ est nulle, pour tous les déplacements virtuels compatibles avec les liaisons.

Soient donc γ, γ', γ'', ... des positions infiniment voisines de c, c', c'', ... que les points m, m', m'', ... puissent prendre sans violer les liaisons du système et θ, θ', θ'', ... les angles que $\overline{c\gamma}$, $\overline{c'\gamma'}$, $\overline{c''\gamma''}$, ... font respectivement avec $\overline{cb}$, $\overline{c'b'}$, $\overline{c''b''}$, ... Le travail du vecteur $\overline{m.cb}$, pour le déplacement virtuel $\overline{c\gamma}$, est

$$m.\overline{cb}.\overline{c\gamma}.\cos\theta.$$

Il faut donc que la somme de ces travaux

$$\sum m.\overline{cb}.\overline{c\gamma}.\cos\theta$$

soit nulle pour toutes les positions γ, γ', ... compatibles avec les liaisons.

Mais il est clair qu'on a

$$\overline{\gamma b}^2 = \overline{cb}^2 + \overline{c\gamma}^2 - 2\,.\overline{cb}\,.\overline{c\gamma}\cos\theta$$

et, par suite,

$$\sum m\,.\overline{\gamma b}^2 = \sum m\,.\overline{cb}^2 + \sum m\,.\overline{c\gamma}^2 - 2\sum m\,.\overline{cb}\,.\overline{c\gamma}\,.\cos\theta\,;$$

comme la dernière somme est nulle, on a

$$\sum m\,.\overline{\gamma b}^2 - \sum m\,.\overline{cb}^2 = \sum m\,.\overline{c\gamma}^2$$

et, par suite, la différence

$$\sum m\,.\overline{\gamma b}^2 - \sum m\,.\overline{cb}^2$$

est toujours positive et est nulle seulement si les points γ, γ', γ'', ... coïncident avec c, c', c'', ...; c'est-à-dire que $\sum m\,.\overline{cb}^2$ est toujours un minimum. Ce qu'il fallait démontrer.

Énoncé analytique du principe de Gauss. — D'après les expressions ci-dessus des projections du segment $\overline{cb}$, on a

$$\sum m\,.\overline{bc}^2 = \frac{dt^4}{2} \sum \frac{m}{2}\left[\left(\frac{X}{m} - x''\right)^2 + \left(\frac{Y}{m} - y''\right)^2 + \left(\frac{Z}{m} - z''\right)^2\right].$$

Si un deuxième mouvement compatible avec les liaisons se produisait de façon à amener les points en γ, γ', γ'', ... dans le même temps dt, les accélérations auraient d'autres valeurs x''_1, y''_1, z''_1, ... compatibles avec les liaisons et l'on trouverait de même

$$\sum m\,.\overline{b\gamma}^2 = \frac{dt^4}{2} \sum \frac{m}{2}\left[\left(\frac{X}{m} - x''_1\right)^2 + \left(\frac{Y}{m} - y''_1\right)^2 + \left(\frac{Z}{m} - z''_1\right)^2\right].$$

Comme $\sum m\,.\overline{bc}^2$ est toujours plus petit que $\sum m\,.\overline{b\gamma}^2$, on peut dire que :

A chaque instant t, les accélérations x'', y'', z'', ... que prennent réellement les divers points sont, parmi toutes celles que permettent les liaisons, celles qui rendent minimum la *fonction*

$$(1) \qquad R = \sum \frac{m}{2} \left[\left(\frac{X}{m} - x'' \right)^2 + \left(\frac{Y}{m} - y'' \right)^2 + \left(\frac{Z}{m} - z'' \right)^2 \right]$$

du second degré en x'', y'', z'', ...

Tel est l'énoncé analytique du principe de Gauss.

Nous devons à l'obligeance de A. Mayer, de Leipzig, les renseignements historiques et bibliographiques suivants. L'énoncé analytique du principe de Gauss a déjà été indiqué par Jacobi dans une leçon qui n'a pas encore été publiée; il a été donné, indépendamment de Jacobi, par Scheffler (III. Band der *Schlö-milchschen Z...*, p. 197). Il se trouve reproduit dans Mach (*Die Mechanik in ihrer Entstehung historischkritisch dargestellt*, Leipzig, 1883), dans Hertz (*Gesammelte Werke*, t. III), dans Boltzmann (*Vorlesungen über die Principien der Mechanik*, Leipzig, 1897); M. Willard Gibbs, dans un beau travail : *On the fondamental formulæ of Dynamics* (*American Journal of Mathematics*, t. II, 1879), a donné, de cet énoncé analytique du principe de Gauss, des applications à divers problèmes, notamment à la question de la rotation des corps solides; enfin M. Mayer s'est également servi de cet énoncé dans un intéressant article intitulé : *Ueber die Aufstellung der Differentialgleichungen der Bewegung für reibungslose Punktsysteme, die Bedingungsungleichungen unterworfen sind* und *Zur Regulirung der Stösse in reibungslosen Punktsystemen, die dem Zwange von Bedingungsungleichungen unterliegen*. (Abdruck aus den *Berichten* der mathematisch-physikalischen Klasse der königl. Sächs. Gesellschaft der Wissenschaften zu Leipzig. Sitzung vom 3 Juli 1899.)

On pourra aussi consulter, pour la comparaison entre les divers principes, un article de M. Hoëlder : *Ueber die Principien von Hamilton und Maupertuis* (*Nachrichten* der k. Gesellschaft der Wissenschaften zu Göttingen, 1896, Heft 2). Enfin, pour le principe de la moindre contrainte, nous signalerons un article de M. Wassmuth : *Das Restglied bei der Transformation des Zwanges in allgemeinen Coordinaten* (*Sitzungsberichte der kaiserlichen Akademie der Wissenschaften in Wien*, t. CX, Abtheilung II, avril 1901).

Forme générale des équations de la Dynamique. — Remarquons, en terminant, qu'on peut rattacher à cet énoncé analytique du principe de Gauss la forme des équations de la Dynamique que nous avons étudiée précédemment (n° 465). [*Journal de Crelle*, t. 121 et 122, et *Journal de Mathématiques pures et appliquées* de Jordan (premiers fascicules 1900 et 1901).] Soit un système quelconque dans lequel le déplacement virtuel le plus général compatible avec les liaisons est défini par k variables δq_1, δq_2, ..., δq_k. On a pour un point quelconque du système

$$\delta x = a_1\, \delta q_1 + a_2\, \delta q_2 + \ldots + a_k\, \delta q_k,$$
$$\delta y = b_1\, \delta q_1 + b_2\, \delta q_2 + \ldots + b_k\, \delta q_k,$$
$$\delta z = c_1\, \delta q_1 + c_2\, \delta q_2 + \ldots + c_k\, \delta q_k;$$

d'où, pour la somme des travaux virtuels des forces appliquées,

$$\sum (X\, \delta x + Y\, \delta y + Z\, \delta z) = Q_1\, \delta q_1 + Q_2\, \delta q_2 + \ldots + Q_k\, \delta q_k$$

avec

$$Q_1 = \sum (a_1 X + b_1 Y + c_1 Z), \quad \ldots$$

D'autre part, le déplacement réel du système pendant le temps dt s'obtient en faisant croître q_1, q_2, ..., q_k de dq_1, dq_2, ..., dq_k, ce qui donne, pour le déplacement réel du point $(x,\ y,\ z)$,

$$dx = a_1\, dq_1 + a_2\, dq_2 + \ldots + a_k\, dq_k + a\, dt,$$
$$dy = b_1\, dq_1 + b_2\, dq_2 + \ldots + b_k\, dq_k + b\, dt,$$
$$dz = c_1\, dq_1 + c_2\, dq_2 + \ldots + c_k\, dq_k + c\, dt.$$

Divisons par dt et employons la notation de Lagrange pour les dérivées, nous aurons

$$x' = a_1 q'_1 + a_2 q'_2 + \ldots + a_k q'_k + a,$$
$$y' = b_1 q'_1 + b_2 q'_2 + \ldots + b_k q'_k + b,$$
$$z' = c_1 q'_1 + c_2 q'_2 + \ldots + c_k q'_k + c;$$

d'où, en dérivant encore une fois par rapport au temps,

$$(2) \quad \begin{cases} x'' = a_1 q''_1 + a_2 q''_2 + \ldots + a_k q''_k + \ldots, \\ y'' = b_1 q''_1 + b_2 q''_2 + \ldots + b_k q''_k + \ldots, \\ z'' = c_1 q''_1 + c_2 q''_2 + \ldots + c_k q''_k + \ldots \end{cases}$$

Si l'on porte ces valeurs (2) dans la somme (1) appelée R, cette somme devient fonction du deuxième degré des k quantités, q''_1, q''_2, ..., q''_k : d'après les formules (2), les accélérations possibles des points (x, y, z) sont déterminées par les diverses valeurs attribuées à q''_1, q''_2, ..., q''_k. Les accélérations réelles des points devant rendre la somme R minimum, les valeurs de q''_1, q''_2, ..., q''_k correspondant au mouvement s'obtiendront en égalant à zéro les dérivées partielles de la somme R par rapport à q''_1, q''_2, ..., q''_k. Écrivons cette somme

$$(3) \qquad R = \frac{1}{2} \sum m(x''^2 + y''^2 + z''^2) - \sum (X x'' + Y y'' + Z z'') + \dots$$

les termes non écrits ne dépendant pas de x'', y'', z''. Désignons comme plus haut par

$$S = \frac{1}{2} \sum m J^2 = \frac{1}{2} \sum m(x''^2 + y''^2 + z''^2),$$

l'énergie d'accélérations du système ; d'autre part, formons la somme

$$\sum (X x'' + Y y'' + Z z'');$$

en y remplaçant x'', y'', z'' par leurs valeurs (2) cette somme prend la forme

$$Q_1 q''_1 + Q_2 q''_2 + \dots + Q_k q''_k + \dots$$

où nous n'écrivons pas les termes indépendants des q''. Dès lors pour obtenir les équations du mouvement, il faut égaler à zéro les dérivées partielles de

$$R = S - Q_1 q''_1 - Q_2 q''_2 - \dots - Q_k q''_k$$

par rapport à q''_1, q''_2, ..., q''_k. On a ainsi les équations du n° 465

$$\frac{\partial S}{\partial q''_1} - Q_1 = 0, \qquad \frac{\partial S}{\partial q''_2} - Q_2 = 0, \qquad \dots, \qquad \frac{\partial S}{\partial q''_k} - Q_k = 0$$

qui conviennent à tous les systèmes de liaisons et de paramètres.

L'énergie d'accélérations S est une fonction qui caractérise le système ; les quantités Q_1, Q_2, ..., Q_k dépendent des forces appliquées. (*Voir* également le n° 468.)

EXERCICES.

1. Appliquer la méthode d'intégration de Jacobi aux problèmes traités dans les Chapitres précédents, ou proposés comme exercices à la fin de ces Chapitres.

2. Un trièdre rectangle OXYZ tourne avec une vitesse constante ω autour de son arête OZ, qui est dirigée en sens contraire de la pesanteur; il entraîne avec lui un paraboloïde P qui, rapporté aux axes OX, OY, OZ, aurait pour équation

$$x^2 - y^2 = 2\,p\,z.$$

Un point M de masse 1, de poids g, assujetti à se mouvoir sur la surface de P, est attiré vers le sommet O du paraboloïde par une force égale à $\frac{2g}{p}$ MO; en outre, MA, MB étant les perpendiculaires abaissées de M sur les génératrices rectilignes de P qui passent au sommet O, le point M est encore sollicité par deux forces dirigées suivant les *segments* AM, BM, et égales, la première à $\frac{3g}{p}$ AM, la seconde à $\frac{3g}{p}$ BM.

La position du mobile M sera définie par les valeurs des paramètres λ, μ qui figurent dans les équations

$$\frac{x^2}{\lambda - p} + \frac{y^2}{\lambda + p} = \lambda - 2z, \qquad \frac{x^2}{\mu + p} + \frac{y^2}{\mu - p} = \mu + 2z$$

des paraboloïdes homofocaux à P et passant par le point M.

Cela posé, on demande :

1° De former l'équation aux dérivées partielles dont, suivant le théorème de Jacobi, il suffirait de connaître une intégrale complète pour en déduire, par de simples différentiations, les équations du mouvement du point M;

2° De trouver cette intégrale complète et les équations du mouvement quand on suppose $\omega = 0$;

3° D'intégrer l'équation de la trajectoire et d'indiquer la forme de cette ligne quand, ω étant toujours nul, on a, à l'instant initial,

$$x = y = p\sqrt{\frac{3}{2}}, \qquad \frac{dx}{dt} = -\frac{3 + 3\sqrt{2}}{8}\sqrt{pg}, \qquad \frac{dy}{dt} = \frac{9 + \sqrt{3}}{8}\sqrt{pg}.$$

(Agrégation.)

3. *Transformations isogonales en Mécanique, d'après M. Goursat.* — Considérons le mouvement d'un point matériel dans un plan, dans le cas où il existe une fonction de forces $U(x, y)$. La détermination des trajectoires qui correspondent à une même valeur h de la constante des forces vives se ramène à la recherche d'une intégrale complète de l'équation aux dérivées partielles

$$(1) \qquad \left(\frac{\partial\theta}{\partial x}\right)^2 + \left(\frac{\partial\theta}{\partial y}\right)^2 = 2(U + h).$$

Posons $z = x + yi$, $Z = X + Yi$, et soit $z = F(Z)$ une fonction analytique de la variable complexe Z; de cette relation on tire

$$(2) \qquad x = \varphi(X, Y), \qquad y = \psi(X, Y),$$

les fonctions φ et ψ vérifiant les conditions

$$(3) \qquad \frac{\partial \varphi}{\partial X} = \frac{\partial \psi}{\partial Y}, \qquad \frac{\partial \varphi}{\partial Y} = -\frac{\partial \psi}{\partial X}.$$

Si, dans l'équation (1), on fait le changement de variables défini par les formules (2), on reconnaît immédiatement qu'elle devient

$$(4) \qquad \left(\frac{\partial \theta}{\partial X}\right)^2 + \left(\frac{\partial \theta}{\partial Y}\right)^2 = 2(U + h) \left[\left(\frac{\partial \varphi}{\partial X}\right)^2 + \left(\frac{\partial \varphi}{\partial Y}\right)^2\right],$$

équation de même forme que (1). Donc, *si l'on considère toutes les trajectoires correspondant à la fonction des forces* $U(x, y)$ *et à la valeur* h *de la constante des forces vives, et qu'on soumette ces courbes à la transformation isogonale* (2), *les nouvelles courbes seront les trajectoires correspondant à la nouvelle fonction des forces*

$$[U(\varphi, \psi) + h]\left[\left(\frac{\partial \varphi}{\partial X}\right)^2 + \left(\frac{\partial \varphi}{\partial Y}\right)^2\right]$$

et à la valeur zéro de la constante des forces vives.
Par exemple, en prenant

$$U = \frac{\alpha}{\sqrt{x^2 + y^2}} + \beta, \qquad h = 0,$$

où α et β sont des constantes, puis en faisant $z = Z^2$, $x = X^2 - Y^2$, $y = 2XY$, on trouve pour nouvelle fonction de forces

$$4\alpha + 4\beta(X^2 + Y^2).$$

On passe ainsi de la loi d'attraction newtonienne à la loi d'attraction proportionnelle à la distance. (GOURSAT, *Comptes rendus*, t. CVIII, p. 446.)

A. *Transformation de Darboux.* — Soit, en adoptant les notations du n° 487, un système à liaisons indépendantes du temps, soumis à des forces dérivant d'une fonction U ne contenant pas t, et

$$dS^2 = \sum m(dx^2 + dy^2 + dz^2) = \sum a_{ij} \, dq_i \, dq_j.$$

La détermination des trajectoires se ramène, d'après le principe de la moindre action, à la détermination des fonctions $q_1, q_2, \ldots, q_i$ rendant minimum l'intégrale

$$\mathcal{A} = \int \sqrt{\alpha U + \beta} \, dS,$$

où α et β désignent des constantes. Comme on peut écrire identiquement

$$\mathcal{A} = \int \sqrt{\frac{\beta}{U} + \alpha} \, \sqrt{U} \, dS = \int \sqrt{\frac{\beta}{U} + \alpha} \, dS',$$

où
$$dS'^2 = U\, dS^2,$$

on voit que :

Si l'on sait trouver les trajectoires du système proposé, la constante des forces vives étant $\frac{\beta}{\alpha}$, on en déduit les trajectoires d'un autre système à k paramètres $q_1,\ q_2,\ \ldots,\ q_k$ pour lequel le nouveau dS^2 est donné par

$$dS'^2 = U\, dS^2,$$

et la nouvelle fonction des forces par

$$U' = \frac{1}{U},$$

la nouvelle constante des forces vives étant $\frac{\alpha}{\beta}$.

Cette transformation comprend la précédente, donnée par M. Goursat.
(DARBOUX, *Comptes rendus*, t. CVIII, p. 449.)

5. Un système, assujetti à des liaisons pouvant dépendre du temps, est sollicité par des forces dérivant d'une fonction U des coordonnées et du temps; en outre, chaque point du système subit une résistance de milieu proportionnelle à sa masse et à sa vitesse. Démontrer qu'on peut, par un changement de la variable indépendante t, faire disparaître ces résistances de milieu, de façon à pouvoir ensuite appliquer au système les théorèmes d'Hamilton et de Jacobi.

Réponse. — Les équations du mouvement sont, d'après la méthode des multiplicateurs de Lagrange,

$$(1)\qquad m_\nu \frac{d^2 x_\nu}{dt^2} = \frac{\partial U}{\partial x_\nu} - k m_\nu \frac{dx_\nu}{dt} + \lambda_1 \frac{\partial f_1}{\partial x_\nu} + \ldots + \lambda_h \frac{\partial f_h}{\partial x_\nu},$$
$$\ldots\ldots\ldots\ldots\ldots\ldots\ldots\ldots\ldots\ldots\ldots\ldots,$$

où k est une constante positive, la même dans toutes les équations.

Faisons le changement de variable $\tau = e^{-kt}$. Les équations prennent la forme

$$(2)\qquad m_\nu \frac{d^2 x_\nu}{d\tau^2} = \frac{\partial V}{\partial x_\nu} + \mu_1 \frac{\partial f_1}{\partial x_\nu} + \ldots + \mu_h \frac{\partial f_h}{\partial x_\nu},$$
$$\ldots\ldots\ldots\ldots\ldots\ldots\ldots\ldots\ldots\ldots\ldots\ldots,$$

à condition de poser

$$V = \frac{1}{k^2 \tau^2}\, U, \qquad \mu_i = \frac{\lambda_i}{k^2 \tau^2}.$$

On est donc ramené à intégrer les équations (2) qui sont les équations du mouvement du système donné, *non soumis à la résistance de milieu et sollicité par des forces dérivant de la nouvelle fonction V.*

On pourra donc appliquer à ce dernier mouvement les méthodes d'Hamilton et de Jacobi; on en conclura, en revenant à la variable t, les intégrales des équations (1).

On pourra appliquer cette méthode aux cas particuliers suivants :

1° Mouvement d'un seul point.

[Ce problème a été traité par Elliot et ramené par lui, d'une autre manière, aux formes canoniques (*Comptes rendus*, 1892; *Annales de l'École Normale*, août 1893). *Voir* également le premier Volume, p. 595, exercice 12.]

5° Mouvement de deux points pesants reliés par un fil inextensible et sans masse, chaque point subissant une résistance de milieu proportionnelle à sa masse et à sa vitesse.

6. Mouvement de trois points matériels m, m', m'', situés dans un plan fixe et s'attirant mutuellement suivant une fonction de la distance; les points m' et m'' sont, en outre, assujettis à rester à des distances constantes de m. [*Voir* Liouville, *Sur un problème de Mécanique* (*Journal de Liouville*, 2° série, t. III).]

La position du système dépend de quatre paramètres : en prenant pour l'un de ces paramètres l'angle α de mm' avec mm'', on voit que la fonction des forces ne dépend que de α. Le problème se ramène à des quadratures.

7. Soient $\varphi = c$, $\psi = c'$ deux intégrales des équations canoniques; si la parenthèse (φ, ψ) n'est pas nulle et est fonction de φ et de ψ seulement, il existe toujours une fonction f de φ et ψ qui, égalée à une constante, fournit une intégrale telle que (φ, f) soit identiquement égal à l'unité.

8. *Méthode de Liouville pour ramener des équations différentielles quelconques à la forme canonique.* — Soient des équations différentielles ordinaires du premier ordre de la forme

$$(1) \qquad \frac{dx_1}{X_1} = \frac{dx_2}{X_2} = \ldots = \frac{dx_n}{X_n} = dt,$$

où X_1, X_2, ..., X_n sont des fonctions données de x_1, x_2, ..., x_n, t.

Introduisons des variables auxiliaires $y_1, y_2, \ldots, y_n$, et posons

$$H = X_1 y_1 + X_2 y_2 + \ldots + X_n y_n.$$

Nous pourrons écrire le système (1)

$$(2) \qquad \frac{dx_1}{dt} = \frac{\partial H}{\partial y_1}, \qquad \frac{dx_2}{dt} = \frac{\partial H}{\partial y_2}, \qquad \ldots \qquad \frac{dx_n}{dt} = -\frac{\partial H}{\partial y_n},$$

avec les équations

$$(3) \qquad \frac{dy_1}{dt} = \frac{\partial H}{\partial x_1}, \qquad \frac{dy_2}{dt} = -\frac{\partial H}{\partial x_2}, \qquad \ldots, \qquad \frac{dy_n}{dt} = \frac{\partial H}{\partial x_n},$$

servant de définition aux variables auxiliaires $y_1, y_2, \ldots, y_n$.

L'ensemble des équations (2) et (3) forme alors un système canonique.

9. THÉORÈME DE M. BUHL. — *Soit un système d'équations différentielles ordinaires*

$$(1) \qquad \frac{dx_1}{X_1} = \frac{dx_2}{X_2} = \ldots = \frac{dx_n}{X_n}.$$

On peut toujours adjoindre aux fonctions X_1, X_2, ..., X_n *d'autres fonctions* Y_1, Y_2, ..., Y_n *des mêmes variables* x_1, x_2, ..., x_n, *de telle manière que, si* $f(x_1, x_2, \ldots, x_n) = $ const. *est une intégrale première quelconque de* (1), *l'expression*

$$Y_1 \frac{\partial f}{\partial x_1} + Y_2 \frac{\partial f}{\partial x_2} + \ldots + Y_u \frac{\partial f}{\partial x_n} = \text{const.}$$

en soit une autre. (BUHL, Thèse de Doctorat, 1901.)

Ce théorème comprend comme cas particulier le théorème de Poisson ; mais on peut aussi le déduire du théorème de Poisson (APPELL, *Comptes rendus*, août 1901).

Voyez également un Mémoire de M. de Donder : *Étude sur les invariants intégraux* (*Circolo di Palermo*, 9 mars 1902).

10. *Transformation des équations différentielles de Hamilton.* — La transformation des équations canoniques en un autre système canonique a été traitée par Lie dans un Mémoire intitulé : *Die Störungstheorie und die Berührungstransformationen*, inséré au Tome II de l'*Archiv for Mathematik of Naturvidenskab* (Kristiania, 1877). *Voyez* également un article de M. Morera : *Sulla transformazione delle equazioni differenziali di Hamilton* (*Rendiconti della R. Academia dei Lincei*, Vol. XII, 15 février 1903).

11. *Détermination des équations Hamilton-Jacobi intégrables moyennant la séparation des variables* (FRANCESCO-AURELIO DALL' ACQUA, *Mathematische Annalen*, Band 66, 1908, p. 398, et BURGATTI, *Rendiconti della R. Academia dei Lincei*, janvier 1911).

12. Formes canoniques des équations générales du mouvement d'un corpuscule dans un champ magnétique et un champ électrique superposés (CARL STÖRMER, *Comptes rendus*, t. 151, 26 septembre 1910, p. 590).

CHAPITRE XXVI.
CHOCS ET PERCUSSIONS.

I. — PERCUSSIONS APPLIQUÉES A UN POINT MATÉRIEL.

505. Définitions. — Il peut arriver que les points d'un système matériel changent brusquement de vitesses dans un temps extrêmement court, sans que le système change sensiblement de position.

Par exemple, quand on donne un coup de queue à une bille de billard immobile, dans le temps extrêmement court pendant lequel la queue touche la bille, les vitesses des différents points de cette bille prennent brusquement des valeurs finies, sans qu'elle ait sensiblement changé de position : la bille se meut ensuite sur le tapis suivant les lois que nous avons étudiées.

De même, une balle élastique lancée contre un mur rebondit : dans le temps extrêmement court pendant lequel la balle est en contact avec le mur, sa position ne change pas sensiblement, mais les vitesses de ses différents points changent brusquement puisque la balle qui se dirigeait vers le mur un instant avant le contact s'en éloigne immédiatement après ; à partir de ce moment, le mouvement de la balle se fait de nouveau sous l'action de la pesanteur dont l'effet est négligeable pendant le temps très court qu'a duré le contact.

Lorsque des faits de ce genre se présentent, on dit que le système en mouvement subit des *percussions*.

Ces phénomènes étaient attribués autrefois à ce qu'on appelait des *forces instantanées;* mais on peut les rattacher très simplement aux théorèmes généraux de la Dynamique : ils sont produits par *des forces extrêmement grandes agissant pendant un temps extrêmement court.* Nous analyserons d'abord le phénomène pour un seul point matériel.

506. Percussions appliquées à un point matériel. — 1° *Une percussion.* — Considérons d'abord un point matériel de masse m sollicité par une force F de projections X, Y, Z; les équations de son mouvement sont

$$(1) \qquad m\frac{d^2 x}{dt^2} = X, \qquad m\frac{d^2 y}{dt^2} = Y, \qquad m\frac{d^2 z}{dt^2} = Z;$$

quelle que soit la loi de la force, les quantités X, Y, Z peuvent être regardées, pendant le mouvement, comme des fonctions de t. Multiplions alors les deux membres de ces équations par dt et intégrons de t_0 à t_1 : nous aurons

$$(2) \qquad \begin{cases} \left(m\dfrac{dx}{dt}\right)_1 - \left(m\dfrac{dx}{dt}\right)_0 = \displaystyle\int_{t_0}^{t_1} X\, dt, \\[2mm] \left(m\dfrac{dy}{dt}\right)_1 - \left(m\dfrac{dy}{dt}\right)_0 = \displaystyle\int_{t_0}^{t_1} Y\, dt, \\[2mm] \left(m\dfrac{dz}{dt}\right)_1 - \left(m\dfrac{dz}{dt}\right)_0 = \displaystyle\int_{t_0}^{t_1} Z\, dt, \end{cases}$$

où $\left(m\dfrac{dx}{dt}\right)_1$ et $\left(m\dfrac{dx}{dt}\right)_0, \ldots$ désignent les valeurs de $m\dfrac{dx}{dt}, \ldots,$ aux instants t_1 et t_0.

On appelle *impulsion* de la force X, Y, Z dans l'intervalle $t_1 - t_0$ le vecteur dont les composantes sont les intégrales des seconds membres. Les équations (2) expriment alors ce théorème :

La variation géométrique de la quantité de mouvement du point dans l'intervalle $t_1 - t_0$ est égale à l'impulsion de la force agissant sur le point.

Supposons que l'intervalle $t_1 - t_0$ soit très petit. Si la force X, Y, Z n'a pas dans cet intervalle une intensité très grande, les seconds membres des équations (2) sont très petits et, par conséquent, la vitesse du mobile varie très peu dans l'intervalle de temps $t_1 - t_0$: c'est ce qui arrive pour le mouvement d'un point soumis à des forces ordinaires telles que la pesanteur ou l'attraction newtonienne d'un centre fixe, etc. Mais, si la force X, Y, Z a, dans l'intervalle très court $t_1 - t_0$, une intensité très grande de l'ordre de $\dfrac{1}{t_1 - t_0}$, les intégrales des seconds membres ont des valeurs finies, l'impulsion reste finie, et, par suite, la vitesse du point subit une variation finie ; d'ailleurs, le point se déplace très peu pendant ce même intervalle de temps $t_1 - t_0$, puisque sa vitesse reste finie dans tout l'intervalle : d'une façon précise, si l'on appelle V le maximum de la vitesse dans l'intervalle considéré, le déplacement du point est moindre que $V(t_1 - t_0)$.

En résumé, *une force très grande, agissant sur un point pendant un temps très court, produit une variation finie de la vitesse sans que le point se déplace sensiblement.*

À titre de première approximation, considérons le *cas idéal* où l'intervalle $t_1 - t_0$ est infiniment petit et la force infiniment grande de l'ordre de $\dfrac{1}{t_1 - t_0}$ dans cet intervalle. Alors le point *subit brusquement une variation finie de vitesse, sans que sa position change.* Nous dirons que le point m subit une *percussion*, et nous représenterons cette percussion par un vecteur P d'origine m, ayant pour projections les trois intégrales

$$a = \int_{t_0}^{t_1} X\,dt, \qquad b = \int_{t_0}^{t_1} Y\,dt, \qquad c = \int_{t_0}^{t_1} Z\,dt.$$

Les équations (2) donnant la variation de la vitesse s'écrivent alors

$$(3) \quad \begin{cases} \left(m\dfrac{dx}{dt}\right)_1 - \left(m\dfrac{dx}{dt}\right)_0 = a, & \left(m\dfrac{dy}{dt}\right)_1 - \left(m\dfrac{dy}{dt}\right)_0 = b, \\[2mm] \left(m\dfrac{dz}{dt}\right)_1 - \left(m\dfrac{dz}{dt}\right)_0 = c. \end{cases}$$

Ces équations permettent de mesurer la percussion par son effet. Soient $m\mu_0$ la quantité de mouvement du point m avant la percus-

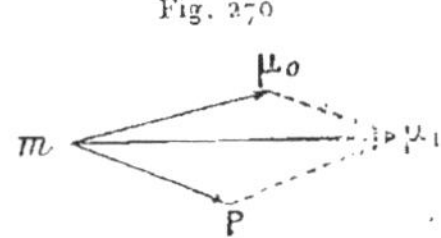

Fig. 270

sion et $m\mu_1$ sa quantité de mouvement après : construisons la différence géométrique des vecteurs $m\mu_1$ et $m\mu_0$; les équations (3) expriment que cette différence géométrique est égale à la percussion appliquée au point. On a donc symboliquement

$$(\mathrm{P.}) = (m\,\mu_1) - (m\,\mu_0).$$

Cette relation détermine la percussion en fonction des quantités de mouvement aux instants t_0 et t_1; inversement, si l'on connaît la quantité de mouvement $m\,\mu_0$ avant la percussion, et la percussion P, la quantité de mouvement $m\,\mu_1$, après la percussion, est la somme géométrique de $m\,\mu_0$ et P.

2° *Plusieurs percussions.* — Soient F', F'', F''', ... plusieurs forces agissant sur un point et ayant pour projections (X', Y', Z'), ... Les équations du mouvement sont

$$m\frac{d^2x}{dt^2} = X' + X'' + X''' + \dots$$

$$m\frac{d^2y}{dt^2} = Y' + Y'' + Y''' + \dots,$$

$$m\frac{d^2z}{dt^2} = Z' + Z'' + Z''' + \dots.$$

Multiplions les deux membres par dt, et intégrons de t_0 à t_1, en posant

$$a' = \int_{t_0}^{t_1} X' \, dt, \qquad b' = \int_{t_0}^{t_1} Y' \, dt, \qquad c' = \int_{t_0}^{t_1} Z' \, dt,$$

$$a'' = \int_{t_0}^{t_1} X'' \, dt, \qquad b'' = \int_{t_0}^{t_1} Y'' \, dt, \qquad c'' = \int_{t_0}^{t_1} Z'' \, dt,$$

nous aurons

$$(4) \quad \begin{cases} \left(m\dfrac{dx}{dt}\right)_1 - \left(m\dfrac{dx}{dt}\right)_0 = a' + a'' + a''' + \dots, \\[2mm] \left(m\dfrac{dy}{dt}\right)_1 - \left(m\dfrac{dy}{dt}\right)_0 = b' + b'' + b''' + \dots, \\[2mm] \left(m\dfrac{dz}{dt}\right)_1 - \left(m\dfrac{dz}{dt}\right)_0 = c' + c'' + c''' + \dots. \end{cases}$$

Supposons l'intervalle $t_1 - t_0$ infiniment petit, et les forces F', F'', F''', ... infiniment grandes de l'ordre de $\dfrac{1}{t_1 - t_0}$ dans cet intervalle; les intégrales a', b', c', a'', b'', c'', ... ont des valeurs finies et définissent des percussions P', P'', ..., comme nous venons de le voir.

Les équations (4) montrent que la variation de la quantité de mouvement du point m est la même que s'il était soumis à une percussion unique P de projections a, b, c, définies par les relations

$$a = a' + a'' + a''' + \ldots, \quad b = b' + b'' + b''' + \ldots, \quad c = c' + c'' + c''' + \ldots.$$

Cette percussion unique P, qui peut remplacer les percussions considérées, est donc égale à leur somme géométrique. Ainsi, les percussions appliquées à un point se composent comme les forces.

507. L'effet des forces ordinaires comme la pesanteur, est nul pendant la durée d'une percussion. — En effet, supposons un point sollicité par plusieurs forces F', F'', F''', …, comme dans le numéro précédent ; mais imaginons que la force F' reste finie dans l'intervalle infiniment petit $t_1 - t_0$, tandis que les autres F'', F''', … deviennent très grandes comme $\dfrac{1}{t_1 - t_0}$; alors a', b', c' sont nuls, tandis que a'', b'', c'', … ont des valeurs différentes de zéro ; les termes a', b', c' disparaissent donc des équations (4) et l'effet de la force ordinaire F' est négligeable pendant l'intervalle $t_1 - t_0$.

C'est ainsi que si une balle heurte un mur, l'action de la pesanteur sur la balle, pendant le choc, est négligeable par rapport aux effets du choc.

508. Résumé. Théorèmes relatifs à un point matériel. — Pour abréger l'écriture, nous désignerons par $\Delta\left(m\dfrac{dx}{dt}\right)$ la quantité $\left(m\dfrac{dx}{dt}\right)_1 - \left(m\dfrac{dx}{dt}\right)_0$, c'est-à-dire la variation que subit la quantité $\left(m\dfrac{dx}{dt}\right)$ dans l'intervalle t_1, t_0.

En général, u étant une fonction de x, y, z, $\dfrac{dx}{dt}$, $\dfrac{dy}{dt}$, $\dfrac{dz}{dt}$, nous appellerons Δu la variation $u_1 - u_0$ que subit cette quantité u dans l'intervalle t_1, t_0. Pour calculer cette variation, il faut bien remarquer que $\dfrac{dx}{dt}$, $\dfrac{dy}{dt}$, $\dfrac{dz}{dt}$ seuls varient, tandis que x, y, z ne varient pas, le point ne changeant pas de position pendant la durée de la percussion. Les équations (4) s'écrivent alors

$$(5) \quad \Delta\left(m\frac{dx}{dt}\right) = \sum a, \quad \Delta\left(m\frac{dy}{dt}\right) = \sum b, \quad \Delta\left(m\frac{dz}{dt}\right) = \sum c.$$

Elles expriment le théorème suivant :

La variation de la projection de la quantité de mouvement d'un point, sur un axe, est égale à la somme des projections des percussions sur le même axe.

Faisons maintenant, sur les formules (5), la combinaison des moments par rapport à Oz ; nous aurons une première équation

$$x\Delta\left(m\frac{dy}{dt}\right) - y\Delta\left(m\frac{dx}{dt}\right) = \sum(bx - ay),$$

dans laquelle le second membre est la somme des moments des percussions par rapport à Oz. Quant au premier, nous l'interpréterons ainsi : remarquant que x et y restent fixes par hypothèse pendant la percussion, nous pourrons l'écrire

$$\Delta\left(xm\frac{dy}{dt} - ym\frac{dx}{dt}\right),$$

et nous arriverons à ce théorème :

La variation du moment de la quantité de mouvement d'un point, par rapport à un axe, est égale à la somme des moments des percussions par rapport à cet axe.

II. — PERCUSSIONS APPLIQUÉES A UN SYSTÈME.

509. Théorèmes généraux. — A l'aide des théorèmes précédents, nous obtiendrons facilement des théorèmes généraux concernant les percussions dans les ensembles matériels ; nous opérerons absolument comme pour la recherche des théorèmes fondamentaux de la dynamique des systèmes.

Nous partagerons les percussions qui agissent sur chacun des points $m(x, y, z)$ du système en deux catégories. Dans la première, nous placerons les percussions intérieures (a_i, b_i, c_i), autrement dit, les percussions résultant des forces intérieures.

Toutes les autres percussions constitueront la seconde catégorie, celle des percussions extérieures (a_e, b_e, c_e).

En faisant cette distinction, nos équations (5) deviennent :

$$\Delta\left(m\frac{dx}{dt}\right) = \sum a_i + \sum a_e,$$
$$\Delta\left(m\frac{dy}{dt}\right) = \sum b_i + \sum b_e,$$
$$\Delta\left(m\frac{dz}{dt}\right) = \sum c_i + \sum c_e.$$

Faisons la somme des équations analogues pour tous les points du système, nous aurons, pour les équations relatives à l'axe des x,

$$\sum \Delta\left(m\frac{dx}{dt}\right) = \sum\sum a_i + \sum\sum a_e.$$

Dans le premier membre, nous pouvons intervertir les signes Δ et Σ, et écrire $\Delta\Sigma m\frac{dx}{dt}$; dans le second membre, le terme $\Sigma\Sigma a_i$ disparaît, car les percussions intérieures obéissent au principe de l'égalité de l'action et de la réaction comme les forces qui les produisent; on a donc

$$\Delta\sum m\frac{dx}{dt} = \sum\sum a_e,$$

formule qui exprime ce théorème :

Théorème 1. — *La variation de la somme des projections des quantités de mouvement, sur un axe fixe, est égale à la somme des projections des percussions extérieures sur cet axe.*

On peut considérer ce théorème comme une conséquence du théorème général des quantités de mouvement projetées; pour l'en déduire, il suffirait d'intégrer de t_0 à t_1 l'équation

$$\frac{d}{dt}\sum m\frac{dx}{dt} = \sum\sum X_e,$$

en ne conservant dans le second membre que les termes provenant des forces infiniment grandes pendant l'intervalle infiniment petit $t_1 - t_0$.

On peut interpréter autrement le théorème qui précède en introduisant le centre de gravité (ξ, η, ζ) par les formules

$$\sum m \frac{dx}{dt} = \mathrm{M} \frac{d\xi}{dt}, \quad \ldots;$$

on a alors

$$\Delta\left(\mathrm{M}\frac{d\xi}{dt}\right) = \sum\sum a_c, \quad \ldots;$$

d'où :

Théorème. — *La variation de la quantité de mouvement du centre de gravité est la même que si la masse totale y était concentrée, et si toutes les percussions extérieures y étaient directement appliquées.*

Prenons maintenant le théorème des moments des quantités de mouvement pour un point matériel du système, en séparant encore les percussions en intérieures et extérieures; nous aurons

$$\Delta\left[m\left(x\frac{dy}{dt} - y\frac{dx}{dt}\right)\right] = \sum (x b_i - y a_i) + \sum (x b_e - y a_e).$$

Ajoutons les équations analogues pour tous les points du système, nous obtiendrons, en intervertissant les signes Σ et Δ dans le premier membre,

$$\Delta\sum m\left(x\frac{dy}{dt} - y\frac{dx}{dt}\right) = \sum\sum (x b_e - y a_e);$$

où les percussions intérieures disparaissent comme égales et directement opposées. L'équation qui précède est l'expression du théorème :

Théorème II. — *La variation de la somme des moments des quantités de mouvement, par rapport à un axe fixe, est égale à la somme des moments des percussions extérieures par rapport à cet axe.*

Remarque. — Dans tous les théorèmes qui précèdent, nous n'avons parlé que d'axes fixes; mais comme, par hypothèse, pendant la durée infiniment petite des percussions, le système ne subit aucun déplacement, ces théorèmes s'appliquent à un axe lié à un des corps du système.

III. — APPLICATION DES THÉORÈMES GÉNÉRAUX.

510. Choc direct de deux sphères. — Soient deux sphères homogènes de masses m et m' qui, à un instant t_0, viennent à se heurter. Le choc des deux sphères est appelé *direct* quand à cet instant t_0 les deux sphères ne tournent pas et que les vitesses de leurs centres C et C' sont dirigées suivant la ligne des centres CC'. Pendant la durée très courte du choc $t_1 - t_0$, la ligne des centres peut être regardée comme sensiblement immobile, nous la prendrons pour axe Ox; nous appellerons v_0 et v'_0 les valeurs algébriques, estimées suivant cet axe, des vitesses des deux centres à l'instant t_0 où le choc commence, v_1 et v'_1 les valeurs algébriques de ces vitesses à l'instant t_1 où il finit. Nous pouvons admettre, par raison de symétrie, que ces vitesses finales sont aussi dirigées suivant Ox.

Analysons sommairement le phénomène. A partir de l'instant t_0 où les sphères se touchent, elles se déforment aux environs du point de contact, leurs centres continuent à se rapprocher un peu jusqu'à une distance minimum atteinte à un certain instant t'; pendant cette première phase du choc, il se produit entre les deux sphères des réactions tendant à les écarter; ces réactions sont très grandes; leur travail est négatif, et la force vive totale du système va en diminuant. A l'instant t' les deux centres ont atteint la même vitesse, ils ne se rapprochent plus, et la déformation est maximum; à partir de ce moment, les réactions mutuelles des deux sphères continuant à agir, les deux sphères tendent à se séparer en reprenant leurs formes primitives et, à l'instant t_1, elles ne se touchent plus que par un point : le choc est terminé. Pendant cette deuxième phase, de l'instant t' à l'instant t_1, la force vive du système augmente, car le travail des réactions est positif.

Une première relation entre les vitesses aux instants t_0 et t_1 est fournie par le théorème des projections des quantités de mouvement. Comme les forces ordinaires, telles que la pesanteur, peuvent être négligées pendant la durée très courte du choc, les deux sphères constituent un système soumis uniquement à des percussions intérieures. La variation de la somme des projections des quantités de mouvement sur Ox est donc nulle, et l'on a l'équation

$$(1) \qquad mv_1 + m'v'_1 = mv_0 + m'v'_0,$$

que l'on obtiendrait également en écrivant que la vitesse V du centre de gravité n'a pas varié

$$V = \frac{mv_0 + m'v'_0}{m + m'} = \frac{mv_1 + m'v'_1}{m + m'}.$$

Pour achever de déterminer v_1 et v'_1, il faut faire des hypothèses sur la nature des deux corps.

1° *Les corps sont parfaitement mous.* — On dit que les corps sont parfaitement mous quand ils restent en contact après le choc. Dans le problème qui nous occupe, cette hypothèse se traduit par $v_1 = v'_1$. On a alors, d'après la relation (1),

$$(2) \qquad v_1 = v'_1 = \frac{mv_0 + m'v'_0}{m + m'} = V.$$

Dans ce cas, le choc se réduit à sa première phase, l'instant t' coïncide avec t_1. Il y a donc perte de force vive. C'est ce qu'il est facile de vérifier; en effet, la force vive perdue est

$$mv_0^2 + m'v'^2_0 - mv_1^2 - m'v'^2_1 ;$$

remplaçant v_1 et v'_1 par leurs valeurs (2) on trouve

$$(3) \qquad \frac{mm'}{m + m'}(v_0 - v'_0)^2,$$

quantité positive. Cette perte doit s'entendre comme une perte de force vive sensible mécaniquement ; d'après le théorème de la conservation de l'énergie, la force vive ainsi perdue doit se retrouver sous une autre forme, par exemple sous forme de chaleur.

Nous pouvons faire sur cet exemple la vérification d'un théorème de Carnot, que nous démontrerons plus loin dans sa généralité. Remarquons d'abord que le choc provient de ce qu'une nouvelle liaison a été brusquement introduite dans le système; deux corps qui étaient primitivement indépendants sont venus se mettre en contact; en outre, dans le cas des corps mous qui nous occupe actuellement, cette liaison brusquement introduite *persiste après le choc.* Dans ces conditions, *la force vive perdue est égale à la force vive qu'aurait le système si chacun de ses points était animé de la vitesse qu'il a perdue par l'effet du choc;* la vitesse perdue par un point étant, par définition, la différence géométrique entre sa vitesse avant et sa vitesse après le choc.

Actuellement, la vitesse perdue par chaque point de la première sphère est égale à la valeur absolue de $v_1 - v_0$, car les vitesses v_1 et v_0 sont parallèles à Ox; de même la vitesse perdue par chaque point de la deuxième sphère est la valeur absolue de $v'_1 - v'_0$; la force vive qui serait due à ces vitesses perdues est donc

$$m(v_1 - v_0)^2 + m'(v'_1 - v'_0)^2;$$

en remplaçant dans cette expression v_1 et v'_1 par leur valeur commune (2), on trouve immédiatement qu'elle est égale à la force vive perdue (3) calculée plus haut.

2° Les corps sont parfaitement élastiques. — On dit que deux corps sont *parfaitement élastiques* quand il n'y a aucune perte de force vive dans leur choc. Si donc on suppose que les deux sphères satisfassent à cette condition, on a la nouvelle relation

$$mv_1^2 + m'v'^2_1 = mv_0^2 + m'v'^2_0,$$

qui, jointe à

$$mv_1 + m'v'_1 = mv_0 + m'v'_0,$$

permet de déterminer les vitesses inconnues v_1 et v'_1. Pour résoudre ce système, nous l'écrirons

$$m(v_1 - v_0) = m'(v'_0 - v'_1),$$
$$m(v_1^2 - v_0^2) = m'(v'^2_0 - v'^2_1).$$

En divisant membre à membre et transposant les termes on en tire

$$v_1 - v'_1 = v'_0 - v_0;$$

relation qui exprime que la vitesse relative des deux sphères n'a pas varié par le choc; elle a seulement changé de signe, non de grandeur; posons

$$v_1 = v'_0 + \alpha, \qquad v'_1 = v_0 + \alpha;$$

l'équation précédente sera identiquement satisfaite; si nous portons ces valeurs dans la deuxième équation, nous avons

$$\alpha = \frac{m - m'}{m + m'}(v_0 - v'_0);$$

d'où l'on déduit immédiatement les vitesses finales v_1 et v'_1.

Si les deux billes ont même masse $(m = m')$ on a $\alpha = 0$, d'où

$$v_1 = v'_0, \qquad v'_1 = v_0;$$

chacune des billes a, après le choc, la vitesse qu'avait l'autre avant le choc, et pour un observateur inattentif tout se passe comme si les deux billes s'étaient simplement traversées sans modifier leur mouvement.

3° *Cas intermédiaire.* — Dans le cas des corps absolument *mous*, nous avons vu que le choc avait pour effet d'annuler la vitesse relative des deux corps; dans le cas des corps élastiques, le choc en fait simplement changer le signe. On peut, avec Newton, essayer de se rendre compte de ce qui se passe pour des corps imparfaitement élastiques, en supposant que le choc fasse changer le signe de cette vitesse relative et la *réduise* dans un rapport donné k :

$$v_1 - v'_1 = k(v'_0 - v_0) \qquad (\text{avec } 0 \leqq k \leqq 1).$$

Si l'on a $k = 0$, les corps sont parfaitement mous; ils sont parfaitement élastiques si k est égal à 1. Cette dernière équation, à laquelle nous joignons toujours l'équation des quantités de mouvement

$$m v_1 + m' v'_1 = m v_0 + m' v'_0,$$

permet de calculer les vitesses v_1; v'_1. On vérifie aisément qu'il y a toujours perte de force vive, et que cette perte a pour expression

$$(1 - k^2) \frac{mm'}{m + m'} (v_0 - v'_0)^2,$$

c'est-à-dire le produit par $(1 - k^2)$ de la perte de force vive qui serait due au choc, si l'on supposait les corps parfaitement mous.

4° Ces résultats peuvent être étendus au choc de deux corps quelconques, pourvu que les conditions suivantes soient remplies :

La normale commune aux deux corps au point de choc passe par les deux centres de gravité; les deux corps sont animés de mouvements de translation parallèles à cette normale.

Exemple : clou et marteau. Soient m la masse du marteau, m' celle du clou. Cherchons la vitesse finale v'_1 du clou. Actuellement v'_0 est nul : v'_1 se tirera immédiatement des équations précédentes où k est déterminé par la nature du métal formant le clou

et le marteau. La perte de force vive est ici $(1 - k^2)\dfrac{mm'}{m + m'} v_0^2$.
Le rapport de cette perte à la force vive employée mv_0^2 est

$$R = (1 - k^2)\frac{m'}{m + m'}.$$

Cette force vive perdue étant employée à déformer le clou et à l'échauffer, il y a intérêt à réduire autant que possible le rapport R, c'est-à-dire à faire en sorte que m soit grand par rapport à m'. Ainsi, pour un même travail dépensé par l'ouvrier, c'est-à-dire pour une même force vive mv_0^2 imprimée au marteau, il y a avantage, pour le rendement, à prendre un marteau massif avec une faible vitesse, plutôt qu'un marteau léger animé d'une grande vitesse.

511. **Percussions appliquées à un solide mobile autour d'un axe fixe Oz.** — Supposons que la fixité de l'axe Oz ait été obtenue en fixant deux points O et O' d'un solide. Le solide étant en mouvement, on lui applique à l'instant t_0 des percussions $P_1, P_2, \ldots, P_n$, regardées comme connues. Alors, la vitesse angulaire de rotation passe brusquement de la valeur connue ω_0, à une certaine valeur inconnue ω_1, qu'il faut déterminer. Appelons x_ν, y_ν, z_ν les coordonnées du point d'application de la percussion P_ν, et a_ν, b_ν, c_ν les projections de cette percussion sur les axes. Le corps exercera des percussions sur les points fixes O et O', et ceux-ci réagiront en exerçant sur le corps des percussions inconnues P et P', de projections a, b, c et a', b', c'. Appelons Mk^2 le moment d'inertie du corps par rapport à Oz : la somme des moments des quantités de mouvement des points du corps par rapport à Oz est $Mk^2\omega$. Nous avons donc, en appliquant le théorème des moments par rapport à Oz (théorème II, n° 509), et posant $\Delta\omega = \omega_1 - \omega_0$:

$$(1) \qquad Mk^2\Delta\omega = \sum_\nu (x_\nu b_\nu - y_\nu a_\nu);$$

les percussions P et P' n'entrent pas dans cette formule, puisque leurs moments sont nuls. Cette équation résout entièrement le problème : elle donne la variation de vitesse angulaire due aux percussions.

Proposons-nous maintenant de déterminer les percussions de

liaison P et P′. Nous appliquerons pour cela le théorème des moments des quantités de mouvement, par rapport à Ox et Oy, puis le théorème des quantités de mouvement projetées sur les trois axes; ce qui donnera les cinq équations nouvelles :

$$\Delta \sum m \left(y\frac{dz}{dt} - z\frac{dy}{dt} \right) = \sum_\nu (y_\nu c_\nu - z_\nu b_\nu) - hb',$$

$$\Delta \sum m \left(z\frac{dx}{dt} - x\frac{dz}{dt} \right) = \sum_\nu (z_\nu a_\nu - x_\nu c_\nu) + ha',$$

$$\Delta \sum m \frac{dx}{dt} = \sum_\nu a_\nu + a + a$$

$$\Delta \sum m \frac{dy}{dt} = \sum_\nu b_\nu + b + b',$$

$$\Delta \sum m \frac{dz}{dt} = \sum_\nu c_\nu + c + c',$$

où h est le z du point O′.

Mais, dans une rotation de vitesse angulaire ω, autour de Oz, on a à chaque instant

$$\frac{dx}{dt} = -\omega y, \qquad \frac{dy}{dt} = \omega x, \qquad \frac{dz}{dt} = 0;$$

en remplaçant les dérivées par ces valeurs dans les équations ci-dessus, et remarquant qu'on peut faire sortir des signes Δ les quantités telles que $\Sigma m xz$, qui dépendent seulement de la position du système, puisque le corps est supposé immobile pendant la percussion, nous obtiendrons

$$(2)\quad \begin{cases} -\left(\sum m xz \right) \Delta\omega = \sum_\nu (y_\nu c_\nu - z_\nu b_\nu) - hb', \\[2mm] -\left(\sum m yz \right) \Delta\omega = \sum_\nu (z_\nu a_\nu - x_\nu c_\nu) + ha', \\[2mm] -\left(\sum m y \right) \Delta\omega = \sum_\nu a_\nu + a + a', \\[2mm] \left(\sum m x \right) \Delta\omega = \sum_\nu b_\nu + b + b', \\[2mm] 0 = \sum_\nu c_\nu + c + c'. \end{cases}$$

Ces équations ne déterminent pas entièrement les percussions P et P′; elles nous donnent, en effet, b', a', a, b et seulement $c + c'$: la quantité $\Delta\omega$, qui entre dans les premiers membres, est d'ailleurs déterminée par la relation (1).

512. Cas d'une percussion unique. Centre de percussion. — Supposons qu'il n'y ait qu'une percussion donnée $P_1 (a_1, b_1, c_1)$ appliquée au point (x_1, y_1, z_1), et cherchons si l'on peut disposer de cette percussion de façon que les appuis O et O′ ne supportent aucune percussion, c'est-à-dire que a, b, c, a', b', c' soient nuls.

En introduisant ces conditions dans la dernière des équations ci-dessus, nous obtiendrons

$$0 = c_1,$$

c'est-à-dire que la percussion donnée P_1 doit être perpendiculaire à l'axe de rotation. Supposons alors que l'on ait pris pour plan des xy le plan $O_1 x'y'$ perpendiculaire à Oz, et contenant cette percussion, et, dans ce plan, un axe des x perpendiculaire à P_1; on aura alors (*fig.* 271)

$$a_1 = 0, \qquad b_1 \neq 0, \qquad c_1 = 0, \qquad z_1 = 0,$$

de sorte que les quatre autres équations deviendront, dans ce nouveau système d'axes, en appelant z' la nouvelle valeur de z :

$$\sum mxz' = 0, \qquad \sum myz' = 0, \qquad \sum my = 0, \qquad \Delta\omega \sum mx = b_1,$$

le facteur $\Delta\omega \neq 0$ étant d'ailleurs donné par l'équation (1)

$$M k^2 \Delta\omega = x_1 b_1.$$

Les deux premières équations du groupe précédent expriment que Oz est axe principal d'inertie pour le point O_1; la troisième que le centre de gravité doit être situé dans le plan $zO_1 x'$; quant à la quatrième, si l'on y remplace $\Delta\omega$ par sa valeur $\dfrac{x_1 b_1}{M k^2}$, et Σmx par son expression $M\xi$ en fonction de l'abscisse ξ du centre de gravité, elle donne

$$x_1 = \frac{k^2}{\xi}.$$

En résumé :

Quand un corps solide est mobile autour d'un axe fixe, pour

qu'on puisse lui appliquer une percussion telle que l'axe ne supporte aucune percussion, il faut d'abord que l'axe de rotation soit *principal* pour un de ses points O_1. Cette condition étant remplie, la percussion, d'intensité arbitraire, doit être dans le plan mené par ce point O_1, perpendiculairement à l'axe de rotation Oz; elle doit être normale au plan déterminé par le centre de gravité G et

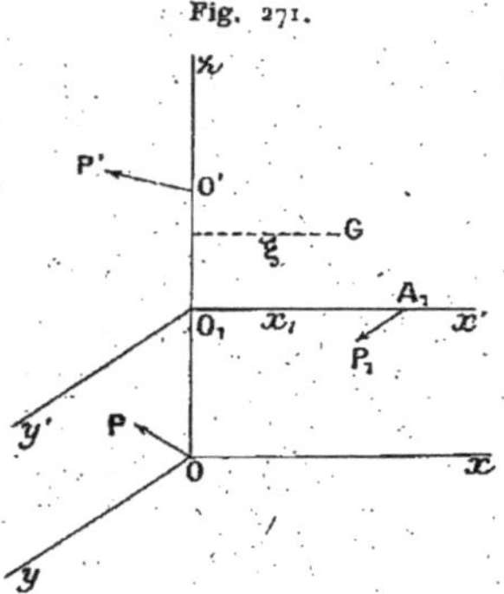

l'axe; enfin elle doit percer ce plan en un point situé, par rapport à l'axe, du même côté que le centre de gravité, à une distance de l'axe égale à $\dfrac{k^2}{\xi}$. On peut dire aussi que l'axe Oz étant pris pour axe de suspension du corps solide, la percussion doit être normale au plan GO_1z, et appliquée à la projection A_1 du point O_1, pour lequel l'axe est principal, sur l'axe d'oscillation correspondant à l'axe de suspension Oz (n° 362).

Le point d'application A_1 ainsi déterminé se nomme *centre de percussion* relatif à l'axe Oz.

Cas d'une plaque. — Considérons le cas d'un corps d'épaisseur négligeable, c'est-à-dire d'une plaque infiniment mince, assujettie à tourner autour d'un axe Oz de son plan. Quel que soit cet axe, il est possible de déterminer une percussion perpendiculaire au plan de la plaque et telle que l'axe de rotation ne subisse aucun choc. Ceci tient à ce que Oz est toujours axe principal pour un de ses points. En effet, le plan de la plaque étant pris pour plan des xz, transportons les axes $Oxyz$ en un point O_1 de $Oz(OO_1 = z_1)$, en $O_1 x'y'z$; pour que Oz soit axe principal par rapport à O_1, il faut que l'on ait (*fig.* 271)

$$\sum myz' = o, \qquad \sum mxz' = o;$$

la première de ces conditions est toujours remplie, puisque l'on a $y = o$ pour tous les points du corps ; quant à la seconde, en vertu de la formule de transformation évidente

$$z = z' + z_1,$$

elle peut s'écrire

$$\sum mx(z - z_1) = o, \qquad \sum mxz - z_1 \sum mx = o,$$

et donne

$$z_1 = \frac{\sum mxz}{\sum mx};$$

il existe donc toujours sur Oz un point et un seul pour lequel cette droite est axe principal d'inertie. Ceci posé, pour qu'une percussion P_1, appliquée à la plaque, ne donne aucun choc à l'axe, il faut que cette percussion soit normale au plan de la plaque, et rencontre l'axe $O_1 x'$ en un point A_1 à une distance de l'axe

$$O_1 A_1 = x_1 = \frac{k^2}{\xi};$$

c'est-à-dire

$$x_1 = \frac{\sum mx^2}{\sum mx}.$$

Le point A_1 est le centre de percussion de la plaque, par rapport à l'axe Oz.

D'après ce qui précède, à chaque droite du plan correspond un centre de percussion. Si l'on pose $m' = mx$, les coordonnées du point A_1 sont

$$x_1 = \frac{\sum m'x}{\sum m'}, \qquad z_1 = \frac{\sum m'z}{\sum m'},$$

le centre de percussion de la plaque relatif à un axe Oz de son plan coïncide donc avec la position qu'occuperait le centre de gravité, si la masse de chaque élément était multipliée par sa distance x à l'axe.

Par exemple, pour une porte rectangulaire homogène de largeur l, le centre de percussion est au milieu de la hauteur, à une distance de l'axe égale à $\frac{2}{3} l$.

513. Pendule balistique. — Cet appareil est destiné à mesurer la vitesse des projectiles. Il est constitué par un récepteur en fonte rempli de terre et rattaché par une tige rigide à un axe horizontal autour duquel il peut tourner ; le projectile, lancé horizontalement, pénètre dans la terre qui

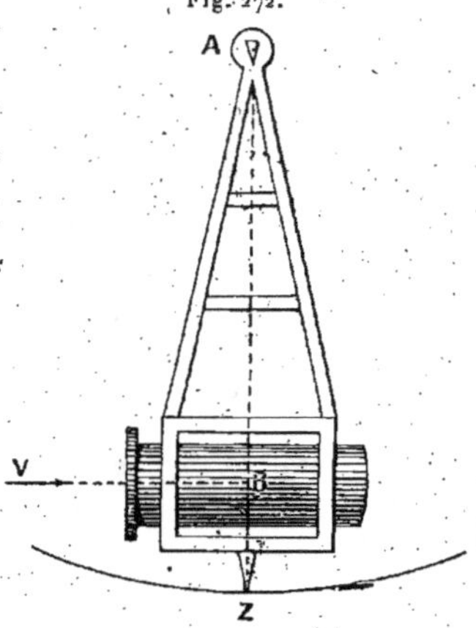

Fig. 272.

remplit le récepteur, et s'y fixe en un point que nous supposons être dans le plan passant par l'axe et le centre de gravité. Par suite du choc qui s'est produit, le pendule composé, ainsi formé, est dévié de la verticale ; on mesure l'angle maximum θ dont il s'en est écarté ; c'est de cet angle que l'on déduit, comme nous allons le voir, la vitesse du projectile. Nous désignerons par m la masse du boulet, par v sa vitesse et par a la distance de cette vitesse à l'axe de suspension au moment du choc. Soient, en outre, Mk^2 le moment d'inertie du pendule balistique par rapport à l'axe, et l la distance du centre de gravité du pendule à cet axe.

Nous appliquerons le théorème des moments des quantités de mouvement au système formé par le pendule balistique et le boulet. Le moment de la quantité de mouvement de ce système avant la percussion est mva, puisque le boulet seul est en mouvement. Si nous désignons par ω_1 la vitesse angulaire de rotation du pendule balistique immédiatement après la percussion, la somme des moments des quantités de mouvement est devenue

$$M k^2 \omega_1 + m a^2 \omega_1.$$

Comme les seules percussions extérieures au système sont celles qui proviennent des réactions de l'axe, leurs moments par rapport à l'axe sont nuls : la somme des moments des quantités de mouvement n'a donc pas varié, et nous avons

$$mva = M k^2 \omega_1 + m a^2 \omega_1,$$

d'où nous tirons

$$(1) \qquad v = \frac{M k^2 + m a^2}{ma} \omega_1.$$

Cherchons maintenant la relation entre ω_1 et l'angle d'écart maximum θ. Elle nous sera donnée par le théorème des forces vives : quand nous passons de la position verticale au maximum d'écartement, la force vive est d'abord $(M k^2 + m a^2)\omega_1^2$, puis *zéro*; mais le travail des forces, c'est-à-dire des poids du pendule et du projectile, a pour expression

$$- (M g l + m g a)(1 - \cos\theta).$$

En sorte que le théorème des forces vives nous donne

$$(M k^2 + m a^2)\omega_1^2 = 2(M g l + m g a)(1 - \cos\theta),$$

d'où nous tirons, en remplaçant $1 - \cos\theta$ par $2\sin^2\frac{\theta}{2}$,

$$\omega_1 = 2 \sin\frac{\theta}{2} \sqrt{\frac{g(M l + m a)}{M k^2 + m a^2}};$$

en portant cette valeur dans l'égalité (1), nous aurons enfin

$$v = \frac{2}{ma} \sqrt{g(M l + m a)(M k^2 + m a^2)} \sin\frac{\theta}{2}.$$

On voit donc que, si le projectile est toujours lancé à la même distance de l'axe, sa vitesse est proportionnelle au sinus du demi-angle d'écart maximum.

On tâche de lancer le projectile à une distance a de l'axe telle que l'axe ne supporte pas de percussion. Cela est possible, car, l'appareil étant symétrique par rapport au plan vertical dans lequel se meut son centre de gravité, l'axe de suspension est principal pour le point A projection du centre de gravité sur l'axe. Les conditions générales que nous avons trouvées montrent que le boulet doit se fixer en un point de la verticale du centre de gravité, à une distance de l'axe déterminée par la relation

$$al = k^2.$$

Si l'on se place dans cette hypothèse, la plus favorable évidemment pour la conservation de l'appareil, la formule se simplifie et donne, en remplaçant k^2 par sa valeur,

$$v = \frac{2\,(\mathrm{M}\,l + ma)}{m}\,\sqrt{\frac{g}{a}}\,\sin\frac{\theta}{2}.$$

514. Corps solide mobile autour d'un point fixe. — Soit un corps solide mobile autour d'un point fixe O, en mouvement sous l'action de forces ordinaires. Supposons qu'à un instant t_0 on lui applique des percussions connues P_1, P_2, ..., P_n; l'effet de ces percussions sera de modifier, dans un temps infiniment petit $t_1 - t_0$, les vitesses des différents points, sans modifier la position du corps.

Les percussions extérieures appliquées au corps sont les percussions données P_1, P_2, ..., P_n et la percussion de réaction P du point O. Prenons pour axes $Oxyz$ les axes principaux d'inertie relatifs au point O : ces axes peuvent être regardés comme fixes pendant la durée de la percussion. Appelons A, B, C les trois moments d'inertie relatifs aux trois axes, p_0, q_0, r_0 les composantes de la rotation instantanée immédiatement avant, et p_1, q_1, r_1 les mêmes composantes après la percussion; appelons d'autre part $\mathcal{L}$, $\mathfrak{M}$, $\mathfrak{N}$ les sommes des moments des percussions données par rapport aux trois axes.

D'après le théorème des moments, la variation de la somme Ap des moments des quantités de mouvement par rapport à Ox égale la somme des moments des percussions extérieures, somme qui se réduit à $\mathcal{L}$, car le moment de la percussion de réaction P est nul. On a ainsi

$$A(p_1 - p_0) = \mathcal{L};$$

on a de même

$$B(q_1 - q_0) = \mathfrak{M}, \qquad C(r_1 - r_0) = \mathfrak{N};$$

d'où l'on tire p_1, q_1, r_1 par des équations linéaires.

Si l'on voulait calculer la percussion de réaction P, il suffirait d'appliquer le théorème des projections des quantités de mouvement.

Exemple. — *Cas d'une seule percussion.* — Soient a, b, c les projections de la percussion unique sur les axes $Oxyz$ et x, y, z les coordonnées de son point d'application, on a

$$\mathcal{L} = yc - zb, \qquad \mathfrak{M} = za - xc, \qquad \mathfrak{N} = xb - ya.$$

Les formules ci-dessus donnent alors p_1, q_1, r_1. Supposons p_0, q_0, r_0 nuls, c'est-à-dire le corps immobile à l'instant t_0; alors p_1, q_1, r_1 sont donnés par

$$A p_1 = \mathcal{L}, \qquad B q_1 = \mathfrak{M}, \qquad C r_1 = \mathfrak{N}.$$

Ces équations montrent que l'axe de la rotation instantanée ω_1, communiquée par la percussion considérée, est le diamètre conjugué, par rapport à l'ellipsoïde d'inertie, du plan déterminé par le point O et la percussion. En effet, ce plan a pour équation, en appelant X, Y, Z les coordonnées courantes,

$$\mathcal{L} X + \mathfrak{M} Y + \mathfrak{N} Z = 0;$$

et le diamètre conjugué de ce plan dans l'ellipsoïde

$$A X^2 + B Y^2 + C Z^2 = 1$$

a pour équations

$$\frac{A X}{\mathcal{L}} = \frac{B Y}{\mathfrak{M}} = \frac{C Z}{\mathfrak{N}},$$

c'est-à-dire

$$\frac{X}{p_1} = \frac{Y}{q_1} = \frac{Z}{r_1},$$

équations de l'axe ω_1.

515. Corps solide entièrement libre. — Imaginons un solide libre animé d'un mouvement connu : à un instant t_0, on fait agir différentes percussions P_1, P_2, ..., P_n, qui durent toutes un temps infiniment court $t_1 - t_0$. Les vitesses des différents points du corps subissent des variations brusques, qu'il s'agit de calculer.

On sait que la distribution des vitesses dans un corps solide dépend seulement de la vitesse du centre de gravité et de la rotation instantanée ω autour d'un axe passant par ce point. Appelons ξ', η', ζ' les composantes de la vitesse du centre de gravité suivant trois axes fixes $O\xi\eta\zeta$, et p, q, r les composantes de la rotation instantanée ω suivant les trois axes principaux d'inertie du corps $Gxyz$, relatifs au centre de gravité; affectons, comme plus haut, des indices 0 et 1 les valeurs de ces six quantités aux instants t_0 et t_1.

Soient a_ν, b_ν, c_ν les projections d'une des percussions P_ν sur les axes fixes $O\xi\eta\zeta$; le théorème des quantités de mouvement projetées donne d'abord

$$(1)\quad M(\xi'_1 - \xi'_0) = \Sigma a_\nu, \qquad M(\eta'_1 - \eta'_0) = \Sigma b_\nu, \qquad M(\zeta'_1 - \zeta'_0) = \Sigma c_\nu,$$

où M désigne la masse totale. Soient ensuite $\mathcal{L}_\nu$, $\mathfrak{M}_\nu$, $\mathfrak{N}_\nu$ les moments de la percussion P_ν par rapport aux axes principaux $Gxyz$, le théorème des moments des quantités de mouvement (n° 514), appliqué successivement à ces axes, donne

$$(2)\quad A(p_1 - p_0) = \Sigma \mathcal{L}_\nu, \qquad B(q_1 - q_0) = \Sigma \mathfrak{M}_\nu, \qquad C(r_1 - r_0) = \Sigma \mathfrak{N}_\nu.$$

Ces six équations (1) et (2) déterminent ξ'_1, η'_1, ζ'_1, p_1, q_1, r_1. On pourrait les obtenir immédiatement en partant des équations du mouvement d'un solide libre multipliées par dt et intégrant ces équations de t_0 à t_1.

Remarque. — On voit que les problèmes de percussions conduisent à la résolution d'équations algébriques et non à des intégrations comme les problèmes de Dynamique.

IV. — ÉQUATION GÉNÉRALE DE LA THÉORIE DES PERCUSSIONS. THÉORÈME DE CARNOT.

516. Équation générale. — On peut, dans la théorie des percussions, introduire un principe qui est analogue au principe de d'Alembert, dont il est d'ailleurs une conséquence immédiate.

Soit un point matériel de masse m et de coordonnées x, y, z; désignons par x', y', z' les dérivées de x, y, z par rapport au temps, c'est-à-dire les projections de la vitesse du point. La percussion dure un temps infiniment court $t_1 - t_0$. Soient v_0 et v_1 les vitesses du point aux instants t_0 et t_1, et w la différence géométrique des vecteurs v_0 et v_1,

$$(w) = (v_0) - (v_1).$$

Ce vecteur w s'appelle la *vitesse perdue* par le point. En appelant x'_0, y'_0, z'_0 et x'_1, y'_1, z'_1 les projections de v_0 et v_1, celles de w sont

$$x'_0 - x'_1, \quad y'_0 - y'_1, \quad z'_0 - z'_1.$$

Le vecteur mw est la quantité de mouvement perdue : ses projections sont

$$m(x'_0 - x'_1), \quad m(y'_0 - y'_1), \quad m(z'_0 - z'_1),$$

ou encore

$$-\Delta(mx'), \quad -\Delta(my'), \quad -\Delta(mz'),$$

en désignant, comme plus haut, par $\Delta(mx')$ la variation $m(x'_1 - x'_0)$.

Ce segment mv va jouer ici le même rôle que la force d'inertie dans le principe de d'Alembert.

En effet, les équations qui expriment, pour un point, le théorème des quantités de mouvement projetées peuvent s'écrire

$$(1) \quad \begin{cases} -\Delta(mx') + \Sigma a = 0, \\ -\Delta(my') + \Sigma b = 0, \\ -\Delta(mz') + \Sigma c = 0. \end{cases}$$

On les interprète en disant qu'*il y a équilibre entre la quantité de mouvement perdue et les percussions appliquées au point*. Si donc l'on imprime au point un déplacement virtuel quelconque δx, δy, δz, la somme des travaux de la quantité de mouvement perdue et des percussions est nulle :

$$-\Delta(mx')\,\delta x - \Delta(my')\,\delta y - \Delta(mz')\,\delta z + \Sigma(a\,\delta x + b\,\delta y + c\,\delta z) = 0.$$

Imaginons maintenant un système à liaisons *sans frottement* et supposons que, dans l'espace de temps infiniment court $t_1 - t_0$, il subisse des percussions données P_1, P_2, ..., P_n de projections

$$(a_1, b_1, c_1), \quad (a_2, b_2, c_2), \quad \ldots$$

On pourra regarder chaque point du système comme libre, à condition de lui appliquer les percussions provenant des liaisons qui ont eu lieu dans l'intervalle $t_1 - t_0$ ou percussions de liaisons.

Donc, si l'on imprime aux différents points des déplacements virtuels quelconques, la somme des travaux des quantités de mouvement perdues, des percussions données et des percussions de liaison est nulle. Mais, si les déplacements virtuels imprimés sont compatibles avec les liaisons qui ont eu lieu pendant le temps $t_1 - t_0$ la somme des travaux des percussions de liaison est nulle d'elle-même; donc la somme des travaux des quantités de mouvement perdues et des percussions données est nulle aussi. Appelons δx, δy, δz un déplacement quelconque du point x, y, z compatible avec les liaisons qui ont lieu dans l'intervalle $t_1 - t_0$, la propriété que nous venons d'exprimer se traduit par l'équation

$$(2) \quad \Sigma\left[-\Delta(mx')\,\delta x - \Delta(my')\,\delta y - \Delta(mz')\,\delta z + a\,\delta x + b\,\delta y + c\,\delta z\right] = 0,$$

où ne figurent que les percussions données (a, b, c), la somme étant étendue à tous les points du système. C'est là l'équation de la théorie des percussions sans frottement, jouant le même rôle que l'équation générale de la Dynamique (n° 431). Cette équation se partage en autant d'équations distinctes que les liaisons ayant lieu dans l'intervalle $t_1 - t_0$ laissent subsister de degrés de liberté dans le système.

Remarque sur les percussions de liaison. — Nous avons admis que, si les liaisons sont sans frottement, pour un déplacement virtuel compatible avec les liaisons, la somme des travaux des percussions de liaison est nulle. Il est aisé de vérifier cette propriété, comme nous l'avons fait au n° 162 pour les forces de liaison. Elle résulte de ce que les percussions de liaison sont dues aux forces de liaison agissant pendant l'intervalle de temps $t_1 - t_0$. Par exemple, si deux corps S et S′ sont en contact sans frottement, les forces de liaison sont normales au plan tangent commun, égales et opposées : il en résulte que les percussions provenant de cette liaison sont aussi normales au plan tangent commun, égales et opposées. En effet, appelons α, β, γ les cosinus directeurs de la normale commune aux deux corps en contact, N la réaction de S′ sur S : les projections de N sont $N\alpha$, $N\beta$, $N\gamma$. Pendant le temps $t_1 - t_0$, N devient très grand et donne naissance à une percussion de liaison ayant pour projections

$$\int_{t_0}^{t_1} N\alpha\,dt, \quad \int_{t_0}^{t_1} N\beta\,dt, \quad \int_{t_0}^{t_1} N\gamma\,dt.$$

Mais, comme les corps ne se déplacent pas sensiblement pendant la percussion, on peut regarder α, β, γ comme indépendants de t et écrire ces projections

$$\alpha\int_{t_0}^{t_1} N\,dt, \quad \beta\int_{t_0}^{t_1} N\,dt, \quad \gamma\int_{t_0}^{t_1} N\,dt.$$

La percussion de liaison de S′ sur S est un segment $P = \int_{t_0}^{t_1} N\,dt$

normal au plan tangent commun. De même, la percussion de liaison de S sur S' est un segment P' égal et opposé à P, car ses projections se déduisent des précédentes en les changeant de signes. Alors, pour un déplacement compatible avec la liaison, la somme des travaux des percussions de liaison P et P' est nulle. On fera une vérification analogue pour les autres types de liaisons.

517. Sur les liaisons existant au moment des percussions et du choc. — Les liaisons qui existent au moment du choc peuvent être de deux espèces : les unes sont persistantes, les autres ne le sont pas. Nous appellerons *persistantes* les liaisons qui, existant au moment du choc, existent encore après, de telle sorte que le déplacement réel qui suit immédiatement le choc soit compatible avec ces liaisons. Au contraire, les liaisons *non persistantes* sont celles qui, existant au moment du choc, n'existent pas après; le déplacement réel qui suit immédiatement le choc n'est pas compatible avec ces liaisons.

D'après cela, les liaisons existant au moment du choc peuvent être classées dans les catégories suivantes qui s'excluent :

1° Liaisons existant avant, pendant et après le choc;

2° Liaisons existant pendant et après, mais non avant;

3° Liaisons existant avant et pendant, mais non après;

4° Liaisons existant seulement pendant le choc, mais n'existant ni avant ni après.

Les deux premières catégories contiennent des liaisons persistantes, les deux autres des liaisons non persistantes.

Par exemple, dans le pendule balistique, le pendule est mobile autour d'un axe fixe; cette liaison existe avant, pendant et après la percussion. Le boulet, primitivement indépendant du pendule, vient brusquement faire corps avec lui; on a ainsi une nouvelle liaison dont la brusque réalisation produit le choc et qui existe pendant et après le choc, mais non avant. Le déplacement réel qui suit le choc est, dans ce cas, compatible avec les liaisons qui ont lieu au moment du choc.

Prenons, comme autre exemple, le choc direct de deux sphères. La percussion se produit parce que les deux sphères, primitivement indépendantes, se trouvent subitement en contact; une nouvelle liaison est donc introduite brusquement dans le système.

Cette liaison n'existe pas avant la percussion; elle persiste après si les corps sont parfaitement mous, parce que les sphères restent alors au contact; elle ne persiste pas après, si les corps sont élastiques, même imparfaitement, car les sphères se séparent alors immédiatement après la percussion. Dans ce dernier cas (sphères élastiques), on a une liaison existant pendant la percussion, mais n'existant ni avant, ni après; le déplacement réel qui suit la percussion n'est pas compatible avec les liaisons qui ont lieu au moment de la percussion.

Enfin, imaginons deux points reliés par un fil inextensible et lancés dans l'espace. Supposons qu'on saisisse brusquement l'un des deux points et qu'à ce moment le fil se rompe; alors on voit qu'une liaison a été brusquement introduite d'une façon persistante, car un des points devient et reste fixe; en même temps, une liaison existant avant et pendant le choc n'existe plus après, car le fil s'est rompu : cette liaison rentre dans la troisième catégorie.

518. Conséquences de l'équation générale. — Il est évident qu'on peut déduire de l'équation générale (2) des conséquences analogues à celles que nous avons déduites, en Dynamique, de l'équation générale de la Dynamique établie dans le Chapitre XXIII. Par exemple, on obtiendrait des théorèmes analogues à ceux des n°s 436 et 437, en supposant successivement que les liaisons existant à l'instant de la percussion permettent une translation d'ensemble parallèle à un axe, ou une rotation d'ensemble autour d'un axe. Nous nous bornerons à déduire de cette équation le théorème de Carnot.

519. Théorème de Carnot. — Imaginons un système à liaisons sans frottements, animé d'un mouvement connu. Puis, supposons qu'à l'instant t_0 on introduise brusquement dans le système de nouvelles liaisons sans frottements; il se produit alors un choc ou une percussion qui dure un temps $t_1 - t_0$ que nous regardons comme infiniment court. Pendant ce temps, les vitesses des différents points qui étaient v_0, ... deviennent v_1, ... Actuellement, les percussions *données* de projections a, b, c sont *nulles*, car les seules percussions agissant sur le système sont celles qui proviennent des liaisons antérieures ou brusquement introduites.

L'égalité générale (2) devient alors

$$(3) \qquad \sum \left[\Delta(mx')\, \delta x + \Delta(my')\, \delta y + \Delta(mz')\, \delta z \right] = 0,$$

équation qui doit avoir lieu pour tous les déplacements virtuels compatibles avec les liaisons existant pendant les percussions.

Le théorème de Carnot est alors le suivant : *Si les liaisons antérieures et les liaisons brusquement introduites subsistent après les percussions, la force vive perdue est égale à la force vive que posséderait le système si chaque point était animé de la vitesse qu'il a perdue.*

En effet, l'équation (3), étant vérifiée pour tous les déplacements virtuels compatibles avec les liaisons qui ont lieu au moment des percussions, est actuellement vérifiée par le déplacement réel qui suit les percussions, puisque les liaisons persistent. Or, pour ce déplacement réel, on a

$$\delta x = x'_1\, dt, \qquad \delta y = y'_1\, dt, \qquad \delta z = z'_1\, dt,$$

et l'équation (3) donne

$$\sum \left[\Delta(mx')\, x'_1 + \Delta(my')\, y'_1 + \Delta(mz')\, z'_1 \right] = 0$$

ou, en remplaçant $\Delta(mx')$, ... par leurs valeurs $m(x'_1 - x'_0)$, ...,

$$(4) \qquad \sum m \left[(x'_1 - x'_0)\, x'_1 + (y'_1 - y'_0)\, y'_1 + (z'_1 - z'_0)\, z'_1 \right] = 0.$$

Or on a, pour les vitesses avant et après les percussions et pour la vitesse perdue w, les expressions

$$v_0^2 = x'^2_0 + y'^2_0 + z'^2_0,$$
$$v_1^2 = x'^2_1 + y'^2_1 + z'^2_1,$$
$$w^2 = (x'_0 - x'_1)^2 + (y'_0 - y'_1)^2 + (z'_0 - z'_1)^2.$$

On vérifie immédiatement que, dans l'équation (4), le coefficient de m est $\frac{1}{2}(v_1^2 - v_0^2 + w^2)$. Cette équation donne donc

$$\sum m(v_1^2 - v_0^2 + w^2) = 0, \qquad \sum m v_0^2 - \sum m v_1^2 = \sum m w^2.$$

Le théorème est ainsi démontré.

La force vive $\sum m w^2$ s'appelle la *force vive due aux vitesses perdues*.

Applications du théorème de Carnot. — Le théorème de Carnot joue, dans la théorie des percussions, un rôle analogue à celui que joue le théorème des forces vives en Dynamique. Il détermine entièrement l'état des vitesses après les percussions, toutes les fois que les liaisons antérieures et les liaisons introduites brusquement persistent après les percussions et sont en nombre tel que le système devienne un système à *liaisons complètes*.

En vue de préparer ces applications, nous ferons quelques remarques sur l'évaluation de la force vive due aux vitesses perdues, pour un corps solide mobile autour d'un axe fixe ou d'un point fixe.

Corps solide mobile autour d'un axe fixe. — Appelons Mk^2 le moment d'inertie du corps par rapport à l'axe fixe pris pour axe Oz, ω_0 et ω_1 les vitesses angulaires de rotation du corps aux instants t_0 et t_1 où commencent et finissent les percussions. Un point m du corps avait à l'instant t_0 une vitesse perpendiculaire au plan mOz et égale à $r\omega_0$, r désignant la distance du point m à l'axe de rotation Oz; à l'instant t_1, sa vitesse est devenue $r\omega_1$ et a conservé la même direction. La différence géométrique $(w) = (v_0) - (v_1)$ ou *vitesse perdue* est donc égale à la *valeur absolue* de $r(\omega_0 - \omega_1)$. La force vive due à cette vitesse perdue est, pour le point m, $mr^2(\omega_0 - \omega_1)^2$ et, pour le corps entier,

$$\sum mr^2(\omega_0 - \omega_1)^2 = Mk^2(\omega_0 - \omega_1)^2.$$

Corps solide mobile autour d'un point fixe. — Soient O le point fixe, $Oxyz$ les axes principaux d'inertie relatifs à ce point, et A, B, C les moments d'inertie correspondants. Avant les percussions, le corps est animé d'une rotation instantanée de composantes p_0, q_0, r_0 suivant les axes $Oxyz$, et, après les percussions, il est animé d'une rotation de composantes p_1, q_1, r_1. Les projections de la vitesse v_0 d'un point $m(x, y, z)$ sont $q_0 z - r_0 y$, $r_0 x - p_0 z$, $p_0 y - q_0 x$ et la force vive avant les percussions est (n° 383)

$$(5) \qquad \sum m[(q_0 z - r_0 y)^2 + (r_0 x - p_0 z)^2 + (p_0 y - q_0 x)^2]$$
$$= A p_0^2 + B q_0^2 + C r_0^2.$$

On a de même les projections de la vitesse v_1 du point m et la force vive finale $A p_1^2 + B q_1^2 + C r_1^2$. La vitesse perdue w a pour projections les différences des projections de v_0 et v_1,

$$(q_0 - q_1)z - (r_0 - r_1)y, \quad (r_0 - r_1)x - (p_0 - p_1)z,$$
$$(p_0 - p_1)y - (q_0 - q_1)x;$$

et la force vive due à ces vitesses perdues a une expression qui se déduit de (5) par le changement de p_0, q_0, r_0 en $p_0 - p_1$, $q_0 - q_1$, $r_0 - r_1$; elle est donc

$$\sum mw^2 = A(p_0 - p_1)^2 + B(q_0 - q_1)^2 + C(r_0 - r_1)^2.$$

Premier exemple. Pendule balistique. — Dans le pendule balistique, les percussions proviennent d'une liaison brusquement introduite, persistant après les percussions. Le théorème de Carnot s'applique. Employons les mêmes notations qu'au n° 513.

Avant le choc, le pendule est immobile; la force vive totale du système se réduit donc à celle du boulet mv_0^2.

Après le choc, la vitesse du boulet est $a\omega_1$, la vitesse angulaire du pendule étant ω_1; la force vive du système est donc $ma^2\omega_1^2 + Mk^2\omega_1^2$.

Évaluons enfin la force vive due aux vitesses perdues. La vitesse perdue par le boulet est $v_0 - a\omega_1$, car les vitesses du boulet, avant et immédiatement après le choc, ont les mêmes directions; la force vive due à la vitesse perdue par le boulet est donc $m(v_0 - a\omega_1)^2$. La force vive due aux vitesses perdues par les points du pendule est $Mk^2(\omega_0 - \omega_1)^2$, d'après la remarque générale précédente; mais, actuellement, ω_0 étant nul, cette expression se réduit à $Mk^2\omega_1^2$. Écrivant que la force vive perdue est égale à la force vive due aux vitesses perdues, on a

$$mv_0^2 - ma^2\omega_1^2 - Mk^2\omega_1^2 = m(v_0 - a\omega_1)^2 + Mk^2\omega_1^2.$$

Cette équation, après réduction, donne pour ω_1 la valeur trouvée dans le n° 513.

Deuxième exemple. — Soient deux poulies de rayons R et R' tournant autour d'axes parallèles O et O' avec des vitesses angulaires dont les valeurs algébriques estimées dans un même sens de rotation sont ω_0 et ω_0'. Un fil *non tendu* s'enroule sur les deux poulies. Il arrive un moment où

Fig. 273.

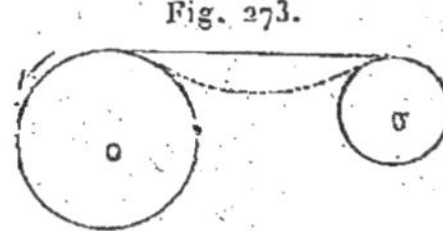

le fil se tend; des percussions se produisent. On demande de trouver les vitesses angulaires nouvelles ω_1 et ω_1' que prennent les poulies, en admettant que *le fil reste tendu* après le choc.

Si nous désignons par μ, μ' les moments d'inertie des poulies par rapport à leurs axes, la force vive perdue par le système est

$$\mu\omega_0^2 + \mu'\omega_0'^2 - \mu\omega_1^2 - \mu'\omega_1'^2.$$

Celle qui serait due aux vitesses perdues est

$$\mu(\omega_0 - \omega_1)^2 + \mu'(\omega_0' - \omega_1')^2;$$

le théorème de Carnot nous donnera donc

$$\mu\omega_0^2 + \mu'\omega_0'^2 - \mu\omega_1^2 - \mu'\omega_1'^2 = \mu(\omega_0 - \omega_1)^2 + \mu'(\omega_0' - \omega_1')^2$$

ou, en simplifiant,

$$\mu\omega_0\omega_1 + \mu'\omega_0'\omega_1' = \mu\omega_1^2 + \mu'\omega_1'^2.$$

Mais, le fil restant tendu, les vitesses angulaires finales satisfont à la relation

$$R\omega_1 = R'\omega_1';$$

De ces deux équations nous tirerons les vitesses angulaires cherchées:

$$\omega_1 = \frac{R'(\mu R'\omega_0 + \mu' R\omega_0')}{\mu R'^2 + \mu' R^2},$$

$$\omega_1' = \frac{R(\mu R'\omega_0 + \mu' R\omega_0')}{\mu R'^2 + \mu' R^2}.$$

Troisième exemple. — Imaginons un corps solide en mouvement autour d'un point fixe O, et supposons que, subitement, on fixe un deuxième point O' du corps, de sorte que le corps ne puisse plus que tourner autour de OO'. Cherchons la vitesse de rotation finale ω_1 autour de OO'.

Le théorème de Carnot s'applique, car on introduit une liaison persistante. Prenons pour axes $Oxyz$ les axes principaux d'inertie relatifs au point O. Appelons A, B, C les moments principaux d'inertie et p_0, q_0, r_0 les composantes de la rotation instantanée avant le choc, quantités connues.

Appelons, d'autre part, α, β, γ les cosinus directeurs de OO' par rapport aux axes $Oxyz$; ces quantités sont connues puisque le point O', qui est fixé brusquement, est un point déterminé du corps. La rotation finale ω_1, autour de OO', a pour composantes suivant les axes

$$p_1 = \alpha\omega_1, \qquad q_1 = \beta\omega_1, \qquad r_1 = \gamma\omega_1.$$

Écrivant que la force vive perdue égale la force vive due aux vitesses perdues, on a

$$Ap_0^2 + Bq_0^2 + Cr_0^2 - (A\alpha^2 + B\beta^2 + C\gamma^2)\omega_1^2$$
$$= A(p_0 - \alpha\omega_1)^2 + B(q_0 - \beta\omega_1)^2 + C(r_0 - \gamma\omega_1)^2;$$

d'où l'on tire

$$\omega_1 = \frac{A p_0 \alpha + B q_0 \beta + C r_0 \gamma}{A \alpha^2 + B \beta^2 + C \gamma^2}.$$

On voit que si l'on avait

$$A p_0 \alpha + B q_0 \beta + C r_0 \gamma = 0,$$

c'est-à-dire si p_0, q_0, r_0 et α, β, γ étaient deux directions conjuguées par rapport à l'ellipsoïde d'inertie, on aurait $\omega_1 = 0$; le corps resterait immobile après le choc.

520. Extension du théorème de Carnot au cas où certaines percussions sont données. — Supposons qu'en même temps qu'on introduit des liaisons *persistantes*, on fasse agir des percussions données P_1, P_2, ..., P_n de projections a_ν, b_ν, c_ν. On pourra alors appliquer l'équation générale (2)

$$\sum \left[-\Delta(m x') \delta x - \Delta(m y') \delta y - \Delta(m z') \delta z + a\, \delta x + b\, \delta y + c\, \delta z \right] = 0$$

au déplacement réel qui suit les percussions $\delta x = x'_1\, dt$, $\delta y = y'_1\, dt$, $\delta z = z'_1\, dt$; car ce déplacement est compatible avec les liaisons existant au moment des percussions. On trouve ainsi, par un calcul analogue à celui du numéro précédent,

$$\sum m v_0^2 - \sum m v_1^2 = \sum m \omega^2 - 2 \sum (a x'_1 + b y'_1 + c z'_1).$$

Comme a, b, c sont les projections d'une des percussions données P et x'_1, y'_1, z'_1 celles de la vitesse finale de son point d'application, on a

$$a x'_1 + b y'_1 + c z'_1 = P v_1 \cos(P, v_1).$$

On obtient ainsi ce théorème :

Si l'on introduit brusquement de nouvelles liaisons persistantes et si l'on applique en même temps des percussions P au système, la force vive perdue est égale à la force vive due aux vitesses perdues, diminuée de la somme des doubles produits de chacune des percussions P par la projection sur cette percussion de la vitesse finale de son point d'application.

Lorsque toutes les liaisons qui ont lieu au moment des percussions ne persistent pas après, on peut encore appliquer le théorème précédent, à condition de compter, parmi les percussions P, les percussions de liaison provenant des liaisons *non persistantes;* on peut, en effet, supposer que les liaisons n'existent pas, pourvu qu'on tienne compte des percussions qui en proviennent.

521. Théorème de G. Robin. — Soit encore un système dans lequel on introduit brusquement de nouvelles liaisons *persistantes* en faisant agir en même temps des percussions données P.

Parmi les valeurs en nombre infini que peuvent prendre les vitesses finales conformément aux liaisons, celles qu'elles prennent réellement rendent minimum la quantité

$$Q = \sum m w^2 + 2 \sum P\, w \cos P\widehat{(P, w)}.$$

Tel est le théorème de G. Robin (*Comptes rendus des séances de l'Académie des Sciences*, t. CV, p. 61). Pour le démontrer appelons a, b, c les projections de P; la quantité Q s'écrit avec les notations précédentes

$$Q = \sum m\left[(x'_0 - x'_1)^2 + (y'_0 - y'_1)^2 + (z'_0 - z'_1)^2\right]$$
$$+ 2 \sum \left[a(x'_0 - x'_1) + b(y'_0 - y'_1) + c(z'_0 - z'_1)\right].$$

Il faut montrer qu'en donnant aux projections x'_1, y'_1, z'_1 de la vitesse finale de chaque point des variations quelconques $\delta x'_1$, $\delta y'_1$, $\delta z'_1$ compatibles avec les liaisons, on a

$$\delta Q = 0.$$

Or

$$\frac{1}{2}\delta Q = \sum \left[m(x'_1 - x'_0)\,\delta x'_1 + m(y'_1 - y'_0)\,\delta y'_1\right.$$
$$\left. + m(z'_1 - z'_0)\,\delta z'_1 - a\,\delta x'_1 - b\,\delta y'_1 - c\,\delta z'_1\right].$$

Remarquons alors que l'équation générale des percussions (2) est

$$(6) \quad \sum \left[m(x'_1 - x'_0)\,\delta x + m(y'_1 - y'_0)\,\delta y + m(z'_1 - z_0)\,\delta z\right.$$
$$\left. - a\,\delta x - b\,\delta y - c\,\delta z\right] = 0;$$

elle a lieu pour tous les déplacements virtuels compatibles avec les liaisons existant au moment du choc; mais, actuellement les liaisons étant persistantes, elle a lieu pour le déplacement réel final

$$(7) \qquad \delta x = x'_1\, dt, \qquad \delta y = y'_1\, dt, \qquad \delta z = z'_1\, dt.$$

Soient : $x'_1 + \delta x'_1$, $y'_1 + \delta y'_1$, $z'_1 + \delta z'_1$, d'autres valeurs possibles, compatibles avec les liaisons, des projections de la vitesse finale du point m; le déplacement correspondant

$$(8) \quad \delta x = (x'_1 + \delta x'_1)\, dt, \qquad \delta y = (y'_1 + \delta y'_1)\, dt, \qquad \delta z = (z'_1 + \delta z'_1)\, dt$$

est également compatible avec les liaisons.

Écrivons les deux équations obtenues en remplaçant successivement dans l'équation générale (6) δx, δy, δz par ces deux systèmes de valeurs (7) et (8), puis retranchons membre à membre les deux équations ainsi obtenues, nous aurons précisément l'équation à démontrer $\delta Q = 0$.

Remarque. — En retranchant de Q la quantité donnée

$$2 \sum (ax'_0 + by'_0 + cz'_0),$$

on voit que le théorème de G. Robin consiste en ce que

$$\sum mv^2 - 2 \sum P v_1 \cos(P, v_1)$$

est un minimum pour le déplacement réel : d'après le théorème précédent, ce *minimum* est égal à la *force vive perdue*.

On pourra consulter, au sujet de ce théorème, deux Notes de A. Mayer insérées aux *Berichte der Königl. Sächsischen Gesellschaft der Wissenschaften zu Leipzig* (3 juillet 1899).

V. — EMPLOI DES ÉQUATIONS DE LAGRANGE
DANS LA THÉORIE
DU CHOC ET DES PERCUSSIONS.

522. Équations. — Dans le *Messenger of Mathematics* (t. IV, 1867) Niven a montré comment les équations de Lagrange peuvent être employées utilement pour l'étude des percussions : la même question a été traitée par Routh (*Rigid Dynamics*, 1er vol.). La méthode suivie par ces auteurs peut être perfectionnée, car les équations qu'ils donnent contiennent encore des percussions de liaison provenant des liaisons nouvelles introduites au moment de la percussion. Ces équations ne répondent donc pas entièrement au but poursuivi par Lagrange, qui est d'obtenir des équations ne contenant pas les forces de liaison. Voici comment on peut atteindre ce but.

Imaginons un système holonome en mouvement dans lequel les liaisons ont lieu sans frottement, et dont la configuration est définie par k paramètres q_1, q_2, ..., q_k, géométriquement indépendants : la demi-force vive T de ce système est une fonction du second degré des dérivées q'_1, q'_2, ..., q'_k de q_1, q_2, ..., q_k par rapport au temps. A un instant donné t_0, on introduit brusquement de nouvelles liaisons dans le système : le mouvement est alors troublé, et, dans un intervalle de temps très court $t_1 - t_0$, les vitesses des différents points du système varient de quantités finies sans que le système change sensiblement de position; au point de vue analytique, les quantités q'_1, q'_2, ..., q'_k, qui définissent les vitesses, passent brusquement, dans le temps très court $t_1 - t_0$, des valeurs

$$(q'_1)_0, \quad (q'_2)_0, \quad \ldots, \quad (q'_k)_0$$

à d'autres valeurs

$$(q'_1)_1, \quad (q'_2)_1, \quad \ldots, \quad (q'_k)_1,$$

tandis que les quantités $q_1, q_2, \ldots, q_k$, qui définissent la position, ne changent pas sensiblement de valeurs. Nous ne considérons que la première approximation, qui consiste à regarder l'intervalle $t_1 - t_0$ comme négligeable et à supposer que les q'_i changent subitement de valeurs sans que les q_i changent. Nous admettons, en outre, que les nouvelles liaisons introduites au moment de la percussion sont aussi sans frottement; ces liaisons nouvelles peuvent d'ailleurs être temporaires ou permanentes, c'est-à-dire qu'elles peuvent, suivant les cas, disparaître après la percussion ou subsister; les liaisons primitives du système sont supposées permanentes, elles subsistent après la percussion [1].

On peut toujours choisir les variables $q_1, q_2, \ldots, q_k$, de telle façon que les liaisons nouvelles qui sont introduites brusquement et qui produisent le choc soient exprimées par les équations

$$(1) \qquad q_{n+1} = 0, \quad q_{n+2} = 0, \quad \ldots, \quad q_k = 0,$$

n étant un certain entier moindre que k. En effet, les $k - n$ liaisons nouvelles brusquement imposées au système holonome s'expriment par des relations de la forme

$$\varphi_1(q_1, q_2, \ldots, q_k) = 0,$$
$$\varphi_2(q_1, q_2, \ldots, q_k) = 0,$$
$$\ldots\ldots\ldots\ldots\ldots\ldots\ldots,$$
$$\varphi_{k-n}(q_1, q_2, \ldots, q_k) = 0.$$

Si l'on fait un changement de variables, en prenant pour nouveaux paramètres, à la place de $q_{n+1}, q_{n+2}, \ldots, q_k$, les quantités

$$r_{n+1} = \varphi_1(q_1, q_2, \ldots, q_k),$$
$$r_{n+2} = \varphi_2(q_1, q_2, \ldots, q_k),$$
$$\ldots\ldots\ldots\ldots\ldots\ldots\ldots,$$
$$r_k = \varphi_{k-n}(q_1, q_2, \ldots, q_k),$$

les nouvelles liaisons imposées au système s'exprimeront évidemment par les relations

$$r_{n+1} = 0, \quad r_{n+2} = 0, \quad \ldots, \quad r_k = 0.$$

---

[1] Nous nous bornons ici aux cas les plus simples. On trouvera une analyse détaillée du cas le plus général dans un Mémoire inséré dans le *Journal de Mathématiques*, 1896 (1er fascicule).

C'est ce choix de variables que nous supposons réalisé, de sorte que les liaisons nouvelles soient exprimées par (1).

Après le choc, les variables q_{n+1}, ..., q_k cesseront d'être nulles si les liaisons introduites sont temporaires; elles resteront nulles si ces liaisons sont permanentes.

Pour obtenir un déplacement virtuel du système compatible avec les liaisons qui ont lieu déjà avant le choc, il suffit de donner à $q_1, q_2, ..., q_k$ des variations arbitraires $\delta q_1, \delta q_2, ..., \delta q_k$; mais, si l'on veut de plus que le déplacement soit compatible avec les liaisons nouvelles brusquement introduites, il faudra, d'après les équations (1), prendre

$$(2) \qquad \delta q_{n+1} = 0, \qquad \delta q_{n+2} = 0, \qquad ..., \qquad \delta q_k = 0,$$

$\delta q_1, \delta q_2, ..., \delta q_n$ restant arbitraires.

Les équations du mouvement du système pendant le temps $t_1 - t_0$ sont, d'après le principe de d'Alembert et la transformation de Lagrange, résumées par la formule

$$(3) \qquad \sum_{i=1}^{i=k} \left[\frac{d}{dt}\left(\frac{\partial T}{\partial q_i'} \right) - \frac{\partial T}{\partial q_i} \right] \delta q_i = \sum_{i=1}^{i=k} Q_i\, \delta q_i.$$

Si les δq_i sont arbitraires, le second membre, qui représente la somme des travaux virtuels des forces appliquées au système, contient les forces de liaison provenant des liaisons nouvellement introduites; mais on éliminera ces dernières forces de liaison en considérant un déplacement virtuel compatible avec toutes les liaisons qui ont lieu au moment de la percussion, c'est-à-dire en supposant $\delta q_1, \delta q_2, ..., \delta q_n$ *arbitraires*, δq_{n+1}, $\delta q_{n+2}, ..., \delta q_k$ *nuls*. L'équation (3) se décompose alors en les n suivantes

$$(4) \qquad \frac{d}{dt}\left(\frac{\partial T}{\partial q_i'} \right) - \frac{\partial T}{\partial q_i} = Q_i \qquad (i = 1, 2, ..., n),$$

où ne figure plus aucune force de liaison. Comme les variations brusques de vitesses sont produites par les seules forces de liaison, qui sont devenues très grandes pendant le temps très court $t_1 - t_0$, les quantités Q_1, $Q_2, ..., Q_n$ qui proviennent uniquement des forces ordinaires directement appliquées, telles que la pesanteur, etc., restent finies pendant le temps $t_1 - t_0$; les quantités $\frac{\partial T}{\partial q_i}$ restent également finies. Si donc on multiplie par dt les deux membres de la relation (4) et si l'on intègre de t_0 à t_1, les intégrales provenant de $\frac{\partial T}{\partial q_i}$ et Q_i sont négligeables car $t_1 - t_0$ est très petit, et l'on obtient les n équations

$$(5) \qquad \left(\frac{\partial T}{\partial q_i'} \right)_1 - \left(\frac{\partial T}{\partial q_i'} \right)_0 = 0 \qquad (i = 1, 2, ..., n),$$

linéaires et homogènes par rapport aux k différences

$$(q'_1)_1 - (q'_1)_0, \quad (q'_2)_1 - (q'_2)_0, \quad \ldots, \quad (q'_k)_1 - q'_k)_0 \cdots$$

Dans ces équations (5), $q_1, q_2, \ldots, q_k$ ont les valeurs qui correspondent à l'instant de la percussion, de sorte que $q_{n+1}, q_{n+2}, \ldots, q_k$ sont nuls; mais il faut bien remarquer que les dérivées $q'_{n+1}, q'_{n+2}, \ldots, q'_k$ ne sont pas nécessairement nulles ni avant, ni après la percussion; elles seraient nulles *après* dans le cas particulier où les liaisons introduites seraient permanentes; alors les n équations linéaires (5) donneraient

$$(q'_1)_1, \quad (q'_2)_1, \quad \ldots, \quad (q'_n)_1,$$

c'est-à-dire détermineraient complètement l'état des vitesses après la percussion. En dehors de ce cas particulier, on n'a que n équations pour déterminer k inconnues,

$$(q'_1)_1, \quad (q'_2)_1, \quad \ldots, \quad (q'_k)_1;$$

il faudra alors, comme dans le choc des corps semi-élastiques, faire des hypothèses particulières sur ce qui se passe après le choc.

RÈGLE. — On peut résumer les équations (5) en disant qu'elles expriment la propriété suivante :

Les dérivées partielles de T, par rapport aux dérivées de ceux des paramètres qui ne sont pas assujettis à s'annuler au moment du choc, ont les mêmes valeurs avant et après le choc.

EXEMPLE I. — *Choc direct de deux sphères.* — Soient deux sphères de rayons R_1 et R_2 et de masses m_1 et m_2 dont les centres se meuvent sur une droite fixe Ox. Les deux sphères sont supposées animées de mouvements de translation. Appelons x_1 et x_2 les abscisses des centres des deux sphères; la position du système dépend des deux paramètres x_1 et x_2; au moment du choc, une nouvelle liaison est brusquement introduite : cette liaison s'exprime par l'équation

$$x_2 - x_1 - R_1 - R_2 = 0,$$

qui signifie que la distance des centres égale la somme des rayons. Pour définir la position du système, nous prendrons les deux paramètres

$$q_1 = x_1, \qquad q_2 = x_2 - x_1 - R_1 - R_2,$$

de manière que la liaison brusquement introduite s'exprime par $q_2 = 0$. On a alors

$$T = \tfrac{1}{2}\left(m_1 x_1'^2 + m_2 x_2'^2\right) = \tfrac{1}{2}\left[m_1 q_1'^2 + m_2 (q_1' + q_2')^2\right].$$

La théorie précédente fournit alors l'équation unique

$$\left(\frac{\partial T}{\partial q'_1}\right)_1 - \left(\frac{\partial T}{\partial q'_1}\right)_0 = o,$$

car q_1 ne s'annule pas au moment du choc, tandis que la variable q_2 est assujettie à s'annuler. On a, en faisant le calcul,

$$(6) \qquad m_1[(q'_1)_1 - (q'_1)_0] + m_2[(q'_1)_1 + (q'_2)_1 - (q'_1)_0 - (q'_2)_0] = o.$$

C'est là l'équation unique fournie par la théorie. Elle exprime que la somme des projections des quantités de mouvement sur Ox n'a pas varié. Pour achever de déterminer $(q'_1)_1$ et $(q'_2)_1$, il faut faire des hypothèses, comme au n° 510.

EXEMPLE II. — Un disque circulaire homogène de masse M et de rayon R se meut dans un plan vertical xOy; à un instant t_0, il heurte l'axe fixe Ox et ne peut plus que rouler sur cet axe. Déterminer sa vitesse après le choc.

La position du système avant le choc dépend de trois paramètres, les coordonnées x et y du centre du disque et l'angle θ dont il a tourné dans le sens négatif de Oy vers Ox. Au moment du choc, deux liaisons nouvelles sont introduites :

1° Le disque reste en contact avec Ox, donc on a

$$y = R;$$

2° Il roule sur Ox, donc on a $x = R\theta$, en choisissant convenablement la position de l'origine. Nous prendrons comme paramètres

$$q_1 = x, \qquad q_2 = y - R, \qquad q_3 = x - R\theta,$$

de sorte que les liaisons introduites s'expriment par $q_2 = o$, $q_3 = o$. On a

$$T = \frac{M}{2}(k^2\theta'^2 + x'^2 + y'^2),$$

Mk^2 désignant le moment d'inertie du disque par rapport au centre. Avec les nouveaux paramètres

$$T = \frac{M}{2}\left[k^2\frac{(q'_1 - q'_3)^2}{R^2} + q'^2_1 + q'^2_2\right].$$

Le seul paramètre que les liaisons nouvelles n'assujettissent pas à être nul est q_1; on a donc l'équation unique

$$\left(\frac{\partial T}{\partial q'_1}\right)_1 - \left(\frac{\partial T}{\partial q'_1}\right)_0 = o$$

ou

$$\frac{k^2}{R^2}[(q'_1)_1 - (q'_3)_1 - (q'_1)_0 + (q'_3)_0] + (q'_1)_1 - (q'_1)_0 = o.$$

Mais q_3 reste nul, $(q'_3)_1$ est donc nul et l'on a, en revenant aux anciennes variables x, y, θ et distinguant par les indices o et 1 les valeurs initiales et finales de x', y', θ',

$$\frac{k^2}{\mathrm{R}^2}(x'_1 - \mathrm{R}\,\theta'_0) + x'_1 - x'_0 = 0,$$

$$x'_1 = \frac{\mathrm{R}^2 x'_0 + k^2\,\mathrm{R}\,\theta'_0}{k^2 + \mathrm{R}^2}.$$

Cette formule donne la vitesse finale du centre dans le mouvement de roulement.

Par exemple, si le mouvement au moment du choc est tel que

$$\mathrm{R}\,x'_0 + k^2\,\theta'_0 = 0,$$

le disque s'arrête.

523. **Remarques sur les systèmes non holonomes.** — Les mêmes résultats de calcul s'étendent aux systèmes non holonomes. Cela tient au fait suivant :

Quoique les équations de Lagrange ne s'appliquent plus au mouvement fini de ce système, on peut écrire les équations de leur mouvement sous la forme

$$\frac{d}{dt}\left(\frac{\partial \mathrm{T}}{\partial q'_i}\right) - \mathrm{R}_i = \mathrm{Q}_i,$$

où R_i est une fonction des lettres q_i et q'_i (n° 464).

Si donc on multiplie par dt les deux membres de cette relation, et si l'on intègre de t_0 à t_1, durée de la percussion, les intégrales provenant de R_i et Q_i sont négligeables, et l'on obtient encore les n équations

$$\left(\frac{\partial \mathrm{T}}{\partial q'_i}\right)_1 - \left(\frac{\partial \mathrm{T}}{\partial q'_i}\right)_0 = 0,$$

identiques aux équations (5). [*Voir* un article de MM. Beghin et Rousseau (*Journal de Jordan*, 1903).]

EXERCICES.

1. Une barre homogène se meut dans un plan fixe; à l'instant t_0, elle heurte un clou O planté dans le plan : trouver l'état ultérieur des vitesses, en supposant que la barre reste en contact avec le clou sur lequel elle glisse sans frottement.

2. Un corps solide se meut dans l'espace ; à l'instant t_0, on fixe brusquement un de ses points; trouver l'état ultérieur des vitesses.

3. Même problème, en supposant qu'on fixe deux points.

4. On considère une barre homogène dont les extrémités A et B peuvent glisser sans frottement sur deux axes fixes Ox et Oy. La barre étant immobile, un

point matériel de masse m, animé d'une vitesse de projection u et v, vient la heurter et fait corps avec elle. Trouver la vitesse angulaire instantanée du système.

Réponse. — Appelons I le point de rencontre des normales en A et B aux deux axes (centre instantané), a et b les coordonnées de ce point, a' et b' celles du point heurté par le mobile, μ le moment d'inertie de la barre et du point réunis par rapport au point I; la vitesse angulaire ω après le choc est donnée par

$$\mu\omega = m[(a'-a)v - (b'-b)u].$$

5. Quand des percussions agissent sur un point matériel, la variation de force vive est égale à la somme des travaux que produiraient les forces d'où proviennent ces percussions si, pendant toute la durée de leur action, le point matériel conservait une vitesse constante égale à la somme géométrique de ses vitesses initiale et finale.

6. La perte de force vive est égale à la force vive due à la vitesse perdue moins le double de la somme des travaux que produiraient les forces si le point matériel conservait, pendant toute la durée de leur action, une vitesse constante et égale à la vitesse finale.

7. Le gain de force vive est égal à la force vive due à la vitesse gagnée (ou perdue), augmentée du double des travaux que produiraient les forces si, pendant toute la durée de leur action, le point matériel conservait une vitesse constante et égale à la vitesse initiale.

8. La variation de la force vive totale d'un système est égale à la somme des travaux que produiraient les forces d'où proviennent les percussions tant intérieures qu'extérieures, si chacun des points d'application de ces forces conservait, pendant toute la durée de leur action, une vitesse constante et égale à la somme géométrique de ses vitesses initiale et finale.

9. La perte de force vive du système est égale à la force vive due aux vitesses perdues diminuée du double de la somme des travaux que produiraient les forces d'où proviennent les percussions, tant intérieures qu'extérieures, si chacun de leurs points d'application conservait, pendant toute la durée de leur action, une vitesse constante égale à sa vitesse finale.

10. Quand des forces donnant naissance à des percussions agissent sur un corps solide, la variation de force vive est égale à la somme des travaux qu'elles produiraient si leurs points d'application conservaient, pendant toute la durée de leur action, une vitesse constante égale à la somme géométrique de leur vitesse initiale et de leur vitesse finale.

11. La perte de force vive éprouvée par le corps solide est égale à la force vive due aux vitesses perdues, moins le double de la somme des travaux que produiraient les forces d'où proviennent les percussions si les points sur lesquels elles agissent conservaient, pendant toute la durée de leur action, une vitesse constante égale à leur vitesse finale.

[*Voir*, au sujet de ces théorèmes, l'*Étude géométrique sur les percussions et le choc des corps*, par Darboux (*Bulletin des Sciences mathématiques*, 1880).]

CHAPITRE XXVII.

NOTIONS SUR LES MACHINES.
SIMILITUDE.

I. — GÉNÉRALITÉS. VOLANTS. RÉGULATEURS.

524. Définitions. — Une machine a pour but de transformer un travail en un autre. Elle se compose de trois parties principales qui sont :

1° *Un récepteur* qui reçoit un travail dû à des forces motrices (force musculaire, chute d'eau, pression d'un gaz ou d'une vapeur, forces électriques ou magnétiques);

2° *Un outil* qui fournit un travail utile, tel que l'ascension d'un fardeau, la traction d'un train, la désagrégation d'un métal par forage, rabotage, etc.;

3° *Une transmission de mouvement* reliant le récepteur à l'outil.

Vitesse de régime. — La vitesse de l'outil doit avoir, dans chaque machine, une valeur déterminée, suivant la nature du travail à produire. La vitesse que doit avoir chaque organe de la machine, pour réaliser ainsi le meilleur travail de l'outil, s'appelle la *vitesse de régime.* Cette vitesse est donnée.

525. Application du théorème des forces vives aux machines. — Soit une machine en mouvement de l'instant t_0 à l'instant t; pendant cet intervalle de temps $t - t_0$, les forces motrices agissant sur le récepteur ont produit un *travail moteur* $\mathfrak{E}_m$; les résistances subies par l'outil produisent un travail négatif $-\mathfrak{E}_u$; les résistances passives (frottements, trépidations, etc.) produisent un travail négatif $-\mathfrak{E}_p$. Le travail $\mathfrak{E}_u$, pris en valeur absolue, est le *travail utile*, $\mathfrak{S}_p$ le *travail passif*; la somme

$$\mathfrak{S}_u + \mathfrak{S}_p = \mathfrak{S}_r$$

s'appelle le *travail résistant*. Le travail passif $\mathfrak{S}_p$ peut être diminué par une bonne disposition des organes, par un graissage soigné; il ne peut jamais être entièrement annulé.

Si l'on appelle v_0 la vitesse d'une molécule m de la machine à l'instant t_0 et v sa vitesse à l'instant t, le théorème des forces vives donne

$$(1) \qquad \sum \frac{mv^2}{2} - \sum \frac{mv_0^2}{2} = \mathfrak{S}_m - \mathfrak{S}_u - \mathfrak{S}_p = \mathfrak{S}_m - \mathfrak{S}_r.$$

Voici quelques conséquences immédiates de cette équation :

1° Supposons que la machine parte du repos et marche jusqu'à l'instant t_1 où les vitesses sont v_1; alors, en affectant de l'indice 1 les travaux effectués jusqu'à cet instant,

$$\sum \frac{mv_1^2}{2} = \mathfrak{S}_m^1 - \mathfrak{S}_u^1 - \mathfrak{S}_p^1,$$

d'où

$$\sum \frac{mv_1^2}{2} < \mathfrak{S}_m^1 - \mathfrak{S}_u^1.$$

Donc, *la demi-force vive que possède une machine est plus petite que le travail dépensé non utilisé depuis sa mise en marche.*

2° La demi-force vive que possède une machine au temps t_1 doit être comptée comme une puissance qui sert au mouvement de la machine pendant les instants suivants; en effet, en appliquant le théorème des forces vives au mouvement qui suit l'instant t_1, du temps t_1 au temps t, on a

$$\sum \frac{mv^2}{2} - \sum \frac{mv_1^2}{2} = \mathfrak{S}_m - \mathfrak{S}_u - \mathfrak{S}_p,$$

$$(2) \qquad \mathfrak{S}_u = \mathfrak{S}_m + \sum \frac{mv_1^2}{2} - \left(\mathfrak{S}_p + \sum \frac{mv^2}{2} \right).$$

On voit que la demi-force vive que possède la machine à l'instant t_1 vient s'ajouter à $\mathfrak{S}_m$; tout se passe donc comme si, la machine partant du repos à l'instant t_1, le travail moteur était augmenté de $\sum \frac{mv_1^2}{2}$. Mais, d'après le théorème précédent, cette demi-force vive ne fait que restituer ainsi une partie seulement du travail moteur employé antérieurement à la produire. Donc, dans tous les cas, le travail utile est plus petit que le travail moteur dépensé : ce qui montre *l'impossibilité du mouvement perpétuel*.

3° Dans l'équation des travaux effectués, d'un temps t_1 quelconque au temps $t > t_1$, la demi-force vive que possède la machine au temps t doit être comptée comme une résistance ; en effet, $\sum \frac{mv^2}{2}$ s'ajoute à $\mathfrak{C}_p$ dans l'équation (2). Si à ce moment, on arrête la machine, cette force vive, ne se retrouvant plus comme puissance pendant les instants suivants, constitue donc une perte de travail moteur. On peut cependant éviter une partie de cette perte, en laissant la machine libre de continuer à se mouvoir sous l'action de cette force vive, après que le moteur a cessé d'agir. Mais quand le travail a été longtemps continué, cette perte de force vive, quand on arrête la machine, est une fraction insignifiante du travail dépensé.

4° Si l'on différentie l'équation (1), on a la relation

$$d\,\frac{\Sigma\,mv^2}{2} = \mathfrak{C}_{em} - \mathfrak{C}_{er},$$

où l'indice e rappelle qu'il s'agit du travail élémentaire soit moteur soit résistant. Donc :

La force vive de la machine croît et décroît à partir d'un certain moment, suivant que le travail élémentaire moteur l'emporte ou non sur le travail élémentaire résistant.

La force vive passe par un maximum ou un minimum, aux instants où le travail élémentaire moteur égale le travail élémentaire résistant.

526. Expression analytique de la force vive. — Une machine est généralement un système à liaisons complètes ; la position des différentes pièces qui la composent dépend alors d'un seul paramètre qui est, par exemple, l'angle θ dont a tourné l'arbre principal de transmission de la machine. Nous désignerons par ω la vitesse angulaire $\frac{d\theta}{dt}$ de cet arbre.

Pour évaluer la force vive de la machine, remarquons qu'il existe dans toute machine deux espèces de pièces :

1° Les pièces qui tournent avec des vitesses angulaires proportionnelles à ω : nous les appellerons pièces *tournantes;* les forces vives de ces diverses pièces sont proportionnelles à ω^2, et leur force vive totale a pour expression

$$A\,\omega^2,$$

où A est une constante positive;

2° Les pièces qui oscillent (bielles, balanciers, etc.) et les pièces qui tournent avec des vitesses angulaires dont les rapports à ω dépendent de θ; nous les appellerons pièces *oscillantes.*

Dans une de ces pièces, les coordonnées x, y, z d'un point sont fonctions périodiques de θ :

$$x = \varphi(\theta), \qquad y = \psi(\theta), \qquad z = \chi(\theta);$$

les composantes de la vitesse de ce point sont

$$\frac{dx}{dt} = \varphi'(\theta)\omega, \qquad \frac{dy}{dt} = \psi'(\theta)\omega, \qquad \frac{dz}{dt} = \chi'(\theta)\omega,$$

et sa force vive est

$$m\nu^2 = m(\varphi'^2 + \psi'^2 + \chi'^2)\omega^2.$$

La force vive totale de toutes les pièces oscillantes est donc de la forme

$$f(\theta)\omega^2,$$

$f(\theta)$ étant une fonction périodique de θ essentiellement positive.

En résumé, la force vive totale de toute la machine est

$$[A + f(\theta)]\omega^2.$$

Il faut remarquer que les pièces oscillantes ont, en général, des masses petites; il y a exception pour les balanciers, mais ces derniers sont animés de faibles vitesses, de telle sorte que l'influence des pièces oscillantes sur la valeur de la force vive est accessoire et que $f(\theta)$ est petit par rapport à A. Pour la régularité de la marche, il y a intérêt à diminuer autant que possible le nombre et les masses des pièces oscillantes et à employer surtout des pièces tournantes. Ces dernières doivent être parfaitement centrées pour que le travail de la pesanteur ne soit pas tantôt moteur, tantôt résistant; elles doivent tourner autour d'axes principaux d'inertie, car, quand l'axe de rotation n'est pas un axe principal, il tend à changer de position dans l'espace et par conséquent à arracher les supports qui s'opposent à ce mouvement.

527. Marche de la machine. — Il faut considérer trois phases dans la marche :

Mise en marche,
Marche normale,
Période d'arrêt.

Pour la mise en marche, la force vive partant de zéro doit aller en croissant : le travail élémentaire moteur doit l'emporter sur le travail élémentaire résistant. L'inverse a lieu pendant la période d'arrêt.

Marche normale. — L'idéal de la marche normale serait une *marche uniforme* avec la vitesse de régime qui donne le meilleur travail utile. Alors, en appelant t_0 et t deux instants quelconques de la période normale, on aurait, pour chaque point $v = v_0$,

$$\sum \frac{mv^2}{2} = \sum \frac{mv_0^2}{2},$$

et, par suite, d'après l'équation des forces vives,

$$\mathfrak{E}_m = \mathfrak{E}_r = \mathfrak{E}_u + \mathfrak{E}_p.$$

Le travail moteur, pendant un espace de temps quelconque de la période de marche normale, serait égal au travail résistant.

Mais cet idéal est impossible à atteindre. C'est ce que nous allons montrer. Nous ferons ensuite voir comment on en approche à l'aide des *volants*.

528. Causes d'irrégularité dans la période de marche normale. — Dans la période de marche normale, il y a différentes causes d'irrégularité dont les principales sont :

1° La présence des pièces à mouvement alternatif;

2° L'intermittence dans le développement de la force motrice qui peut être non pas constante, mais seulement périodique ; ainsi, dans les machines à simple effet, la pression de la vapeur sur le piston agit toujours dans le même sens ; elle agit par exemple quand le piston monte et cesse quand il descend ; l'action de la force motrice est alors intermittente et périodique ;

3° L'intermittence dans le développement de la résistance utile, qui peut être non pas constante mais seulement périodique, comme quand l'outil est un pilon, un marteau, etc.

En vertu de ces causes d'irrégularité, il est impossible de maintenir la vitesse angulaire ω constante et égale à la vitesse de régime désirée Ω ; le mouvement de la machine est sensiblement périodique, c'est-à-dire qu'il existe un intervalle de temps au bout duquel la machine se retrouve dans la même position et ω reprend la même valeur ; cet intervalle de temps sera, par exemple, le temps que met l'arbre principal à faire un tour, c'est-à-dire θ à croître de 2π. Quand la machine a marché pendant cet intervalle de temps, elle revient au même état géométrique et mécanique ; on dit qu'elle a décrit un *cycle*. L'égalité entre le travail moteur et le travail résistant n'a pas lieu à chaque instant ; mais, quand il s'est écoulé un cycle, les vitesses redevenant les mêmes, la variation de force vive pendant un cycle est nulle ; et l'on a l'équation

$$\mathfrak{T}_m^c = \mathfrak{T}_r^c = \mathfrak{T}_u^c + \mathfrak{T}_p^c$$

où l'indice supérieur c indique qu'il s'agit du travail pendant un cycle.

Le rapport

$$\frac{\mathfrak{T}_u^c}{\mathfrak{T}_m^c} = 1 - \frac{\mathfrak{T}_p^c}{\mathfrak{T}_m^c}.$$

s'appelle le *rendement* de la machine. Le rendement est toujours plus petit que 1, parce qu'il est impossible de faire disparaître complètement les résistances passives.

Coefficient de régularisation. — La vitesse angulaire ω, redevenant la même après chaque cycle, passe évidemment au moins par un maximum et par un minimum dans chaque cycle. Soient ω_1 le plus grand maximum et ω_2 le plus petit minimum ; on veut que la vitesse angulaire moyenne pendant un cycle, vitesse qu'on regardé comme égale à $\dfrac{\omega_1 + \omega_2}{2}$, soit précisément la vitesse de régime Ω donnée à l'avance,

$$\frac{\omega_1 + \omega_2}{2} = \Omega.$$

En outre, pour que la marche soit aussi régulière que possible, c'est-à-dire pour que la vitesse angulaire ω s'écarte peu de sa valeur moyenne, il faut que $\omega_1 - \omega_2$ soit aussi petit que possible, ou encore que le rapport

$$\frac{\omega_1 - \omega_2}{\Omega}$$

soit aussi petit que possible. En désignant ce rapport par $\dfrac{1}{n}$, on appelle n le coefficient de *régularisation;* on a alors

$$\omega_1 - \omega_2 = \frac{\Omega}{n},$$

et la régularité sera d'autant plus grande que n sera plus grand. Nous verrons plus loin comment, pour une machine donnée, en ajoutant un volant à la machine, on arrive à faire que n ait une valeur donnée à l'avance. Pour cela, nous commencerons par préciser la forme analytique de l'équation des forces vives.

529. Expression approchée du travail. — Dans la marche normale, les forces tant motrices que résistantes dépendent des positions et des vitesses de leurs points d'application. Mais l'influence de la position est généralement prépondérante, et l'on peut approximativement admettre que les forces ne dépendent que des positions des points d'application, c'est-à-dire de θ; la somme de leurs travaux élémentaires est, dans cette hypothèse, de la forme

$$(1) \qquad \mathfrak{G}_e = g(\theta)\, d\theta.$$

Équation des forces vives. — Cette équation est alors

$$(2) \qquad \frac{1}{2} d[\mathrm{A} + f(\theta)]\,\omega^2 = g(\theta)\, d\theta,$$

d'où, en intégrant de 0 à θ et appelant ω_0 la vitesse angulaire pour $\theta = 0$,

$$(3) \qquad [\mathrm{A} + f(\theta)]\,\omega^2 - [\mathrm{A} + f(0)]\,\omega_0^2 = 2 \int_0^\theta g(\theta)\, d\theta = 2\,\mathfrak{G}_0,$$

$\mathfrak{S}_\theta$ désignant le travail total, tant moteur que résistant, accompli depuis la position qui correspond à la valeur $\theta = 0$, jusqu'à la position qui correspond à une valeur quelconque de θ. Ce travail $\mathfrak{S}_\theta$ est, comme $f(\theta)$, une fonction de θ de période 2π.

Dans ces conditions, les positions de la machine pour lesquelles la force vive est *maximum* ou *minimum* sont les positions d'équilibre de la machine, c'est-à-dire les positions dans lesquelles la machine ne démarrerait pas, si on l'y plaçait sans vitesses, les forces ayant les même valeurs que dans la marche normale. Cela résulte du principe des vitesses virtuelles; en effet, pour le déplacement unique $d\theta$ qu'on peut imprimer à la machine, la somme des travaux des forces est

$$g(\theta)\, d\theta;$$

les positions d'équilibre sont donc fournies par l'équation

$$g(\theta) = 0,$$

qui donne, en même temps, les maxima et les minima de la force vive.

L'équation (3) montre comment interviennent les diverses causes qui empêchent ω d'être constant dans la marche normale. L'influence des pièces oscillantes se manifeste par le terme $f(\theta)$; celle de l'irrégularité dans le travail moteur et résistant, par le terme $\mathfrak{S}_\theta$ variable avec θ et ne s'annulant que périodiquement.

Maximum et minimum de ω. — D'après la formule (3), ω^2 est une fonction périodique de θ, reprenant la même valeur après un cycle, quand θ a augmenté de 2π. Nous simplifierons cette équation en négligeant complètement l'influence des pièces oscillantes, qui est faible en général. Alors $f(\theta)$ est regardé comme nul, et l'on a

$$(4) \qquad A\omega^2 = A\omega_0^2 + 2\mathfrak{S}_\theta.$$

Appelons $\mathfrak{S}_1$ et $\mathfrak{S}_2$ le maximum et le minimum de $\mathfrak{S}_\theta$ quand θ varie de 0 à 2π; à ces valeurs correspondent le maximum ω_1 et le minimum ω_2 de ω :

$$A\omega_1^2 = A\omega_0^2 + 2\mathfrak{S}_1, \qquad A\omega_2^2 = A\omega_0^2 + 2\mathfrak{S}_2;$$

d'où, en retranchant,

$$A(\omega_1 - \omega_2)(\omega_1 + \omega_2) = 2(\mathfrak{C}_1 - \mathfrak{C}_2).$$

Mais on a posé, en appelant Ω la vitesse de régime et n le coefficient de régularisation,

$$\frac{\omega_1 + \omega_2}{2} = \Omega, \qquad \omega_1 - \omega_2 = \frac{\Omega}{n}.$$

On a donc

$$(5) \qquad A = \frac{n}{\Omega^2}(\mathfrak{C}_1 - \mathfrak{C}_2).$$

530. Volants. — Le volant est une roue supplémentaire en fonte montée sur l'arbre moteur; cette roue a ordinairement un grand rayon, et sa masse est reportée, autant que possible, sur la circonférence où elle forme une couronne, de façon que le moment d'inertie I du volant par rapport à l'axe soit considérable.

L'addition du volant permet de régulariser la marche normale, de manière que le coefficient de régularisation n prenne une valeur donnée. En effet, avant l'addition du volant, la force vive des pièces tournantes était $A\omega^2$; après, elle devient

$$(A + I)\omega^2,$$

et l'équation (5) se trouve remplacée par la suivante :

$$(6) \qquad A + I = \frac{n}{\Omega^2}(\mathfrak{C}_1 - \mathfrak{C}_2).$$

Comme $\mathfrak{C}_1$, $\mathfrak{C}_2$ et Ω sont connus, et que n croît avec I, on régularise le mouvement d'autant plus qu'on prend I plus grand.

Calcul du volant. — Supposons n donné; alors, on construit un volant dont le moment d'inertie est

$$(7) \qquad I = \frac{n}{\Omega^2}(\mathfrak{C}_1 - \mathfrak{C}_2);$$

cette valeur est plus grande que celle qui, d'après la formule (6), serait strictement nécessaire pour que le coefficient de régularisation ait la valeur donnée. Par suite, ce volant régularisera le mouvement plus qu'il n'est demandé. Pour calculer la masse à donner à la couronne, on fait le calcul en ne tenant pas compte du moment d'inertie des bras et du moyeu, et en supposant le volant réduit à la seule couronne. Cette approximation a encore pour effet d'accroître la régularité; car, en réalité, le moment d'inertie du volant ainsi construit est supérieur à celui que définit la formule (7).

Le volant étant réduit à la seule couronne de poids P et de masse $\frac{P}{g}$, on calcule son moment d'inertie, en supposant la couronne remplacée par une circonférence matérielle de poids P dont le rayon est le rayon moyen R de la couronne. On a ainsi, pour le moment d'inertie du volant,

$$\frac{P}{g} R^2,$$

et, en écrivant que le moment d'inertie vérifie la condition (7),

$$\frac{P}{g} R^2 = \frac{n}{\Omega^2}(\mathfrak{C}_1 - \mathfrak{C}_2).$$

Si l'on remarque que $R\Omega$ est la vitesse linéaire moyenne V d'un point de la couronne, on a enfin la formule de Poncelet :

$$(8) \qquad\qquad P V^2 = n g (\mathfrak{C}_1 - \mathfrak{C}_2),$$

qui donne P.

On peut aussi écrire cette formule comme il suit, en multipliant et divisant par le travail utile $\mathfrak{C}_u^c$ produit pendant un cycle :

$$P = \frac{n g}{V^2} \left(\frac{\mathfrak{C}_1 - \mathfrak{C}_2}{\mathfrak{C}_u^c} \right) \mathfrak{C}_u^c.$$

Le premier facteur $\frac{\mathfrak{C}_1 - \mathfrak{C}_2}{\mathfrak{C}_u^c}$ est un rapport numérique indépendant des unités. Quant aux autres termes, on leur donne la forme suivante :

Supposons une machine de N_{ch} chevaux dont le volant fasse N tours par minute. Alors, on a d'abord pour la vitesse V d'un point de la circonférence (l'unité de temps étant la seconde)

$$V = \frac{2\pi R N}{60}.$$

Pour avoir le travail utile $\mathcal{C}_u^c$ pendant un tour du volant, remarquons que pendant une minute (N tours) le travail utile est $N\mathcal{C}_u^c$ kilogrammètres : comme une machine d'un cheval donne 75^{kgm} de travail utile en une seconde, la machine considérée donnant $\dfrac{N\mathcal{C}_u^c}{60}$ kilogrammètres par seconde est de $\dfrac{N\mathcal{C}_u^c}{60.75}$ chevaux :

$$\frac{N\mathcal{C}_u^c}{60.75} = N_{ch}.$$

On aura donc définitivement

$$P = \frac{ng}{V^2}\left(\frac{\mathcal{C}_1 - \mathcal{C}_2}{\mathcal{C}_u^c}\right)\frac{60.75}{N}N_{ch}.$$

Dans chaque cas particulier, le seul nombre à calculer est

$$\frac{\mathcal{C}_1 - \mathcal{C}_2}{\mathcal{C}_u^c}.$$

Exemple. — Considérons un arbre tournant O (*fig.* 274), que nous supposerons horizontal. Imaginons, pour simplifier, que les diverses résistances soient constantes et agissent d'une manière continue. Nous pourrions

Fig. 274.

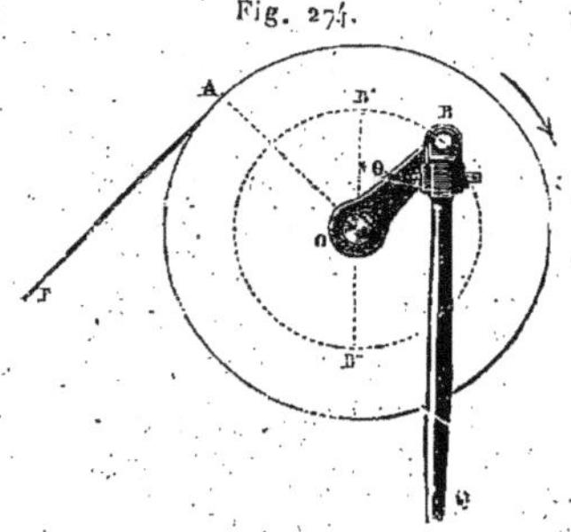

rions alors les remplacer par une force unique F constante, tangente à un cercle de rayon constant $OA = a$. Quant à la puissance, nous la supposerons, comme dans toutes les machines à vapeur, appliquée à un organe animé d'un mouvement alternatif et transmettant un mouvement de rotation à l'arbre O par l'intermédiaire d'une bielle QB et d'une manivelle OB de longueur b. Nous supposerons l'effort du moteur Q constant en gran-

deur et direction; nous admettrons donc que la bielle QB reste parallèle
à une direction fixe et que l'effort Q s'exerce suivant cette bielle, de façon à
faire tourner l'arbre dans le sens de la flèche (BOUR, *Cours de Mécanique
et Machines*, 3ᵉ fasc., p. 236). Divers cas sont à distinguer, suivant la
façon dont s'exerce l'effort moteur.

Machine à simple effet. — Une machine est dite *à simple effet* quand
l'effort moteur Q agit toujours dans le même sens, par exemple en descendant sur la figure; l'action du moteur est alors intermittente et s'exerce
seulement pendant une demi-révolution de la manivelle, pendant que le
bouton va de B′ en B″.

Cherchons d'abord quelle relation doit exister entre Q et F pour que le
mouvement soit périodique.

S'il en est ainsi, après un tour entier, le point B devra reprendre la
même vitesse, ce qui exige que le travail de la force Q soit égal à celui de
la force F. La force Q produit, pendant la descente, le travail $2Qb$, et
n'agit plus ensuite. La force F, qui agit constamment, effectue un travail
négatif égal au produit de F par la circonférence $2\pi a$. On a donc

$$(9) \qquad 2Qb = 2\pi F a.$$

Cette condition est évidemment suffisante. Supposons-la réalisée et cherchons à quelles positions du point B correspondent des maxima ou des
minima de la vitesse angulaire ω ou du travail $\mathfrak{E}_\theta$. En appelant θ
l'angle B′OB, le travail total, tant moteur que résistant, développé depuis
le moment où θ est nul jusqu'au moment où il atteint la valeur θ moindre
que π, est

$$(10) \qquad \mathfrak{E}_\theta = bQ(1 - \cos\theta) - Fa\theta = Fa[\pi(1 - \cos\theta) - \theta],$$

d'après (9). Quand θ dépasse π, la force Q cesse d'agir, et la valeur $\mathfrak{E}_\theta$ du
travail développé depuis le moment où θ est nul devient

$$\mathfrak{E}_\theta = Fa(2\pi - \theta).$$

Le maximum et le minimum de $\mathfrak{E}_\theta$ correspondent aux valeurs de θ, qui
annulent la dérivée de (10)

$$(11) \qquad \sin\theta = \frac{1}{\pi}.$$

Cette équation a deux racines comprises entre 0° et 180°; ce sont

$$\theta_2 = 0,1031\pi = 18°33',6,$$
$$\theta_1 = 0,8969\pi = 161°26',4.$$

La première donne un minimum $\mathfrak{E}_2$ pour le travail, la deuxième un
maximum $\mathfrak{E}_1$.

Lorsque le point B remonte de B″ à B′, les seules forces appliquées étant résistantes, le travail décroît constamment. Donc, pour un tour entier, $\mathcal{C}_1$ est bien le maximum et $\mathcal{C}_2$ le minimum du travail. Calculant $\mathcal{C}_1$ et $\mathcal{C}_2$, on a

$$\mathcal{C}_1 - \mathcal{C}_2 = F\,a(2\pi\cos\theta_2 + 2\theta_2 - \pi) = 2\pi a F.\,0,5517,$$

car $\theta_1 = \pi - \theta_2$. La formule générale (8) donne ensuite

$$PV^2 = ng(\mathcal{C}_1 - \mathcal{C}_2) = n.5,4125.2\pi a F.$$

Cette formule donne P, puisque V est connu.

Soient, comme plus haut, N le nombre de tours de volant par minute, N_{ch} le nombre de chevaux-vapeur mesurant la puissance de la machine. Le nombre de tours, par seconde, est $\dfrac{N}{60}$ et le nombre de kilogrammètres de travail résistant, par seconde, est

$$2\pi a F \frac{N}{60}.$$

En négligeant le travail passif, on voit que cette expression donne le travail utile effectué par seconde. La puissance en chevaux-vapeur est alors

$$N_{ch} = 2\pi a F \frac{N}{60.75},$$

et la formule devient

$$PV^2 = 24\,300\,\frac{n\,N_{ch}}{N}.$$

Manivelle simple à double effet. — Dans cette manivelle, la force motrice, après avoir agi dans un sens pendant la première demi-circonférence B'BB", devient égale et de sens contraire pendant la deuxième, et produit une seconde fois le même travail. Le travail de la force Q est donc double et, par suite, la condition de périodicité est

$$4Qb = 2\pi F a,$$

et le travail de B' en B :

$$\mathcal{C}_\theta = Qb(1 - \cos\theta) - Fa\theta = Fa\left[\frac{\pi}{2}(1 - \cos\theta) - \theta\right].$$

Le maximum et le minimum correspondent aux valeurs de θ données par l'équation

$$\frac{\pi}{2}\sin\theta - 1 = 0;$$

d'où l'on tire

$$\theta_2 = 39°32'35'', \qquad \theta_1 = 180° - \theta_2.$$

Tout calcul fait, on trouve

$$PV^2 = 4646.\frac{n\,N_{ch}}{N},$$

ou environ $\frac{1}{8}$ de la valeur obtenue ci-dessus; ce qui met bien en évidence l'influence du double effet sur la régularité du mouvement.

Manivelle double à double effet et à angle droit. — Supposons qu'au lieu d'une seule manivelle à double effet, il y en ait deux à angle droit OB et OB, sur lesquelles agissent des forces égales Q.

Fig. 275.

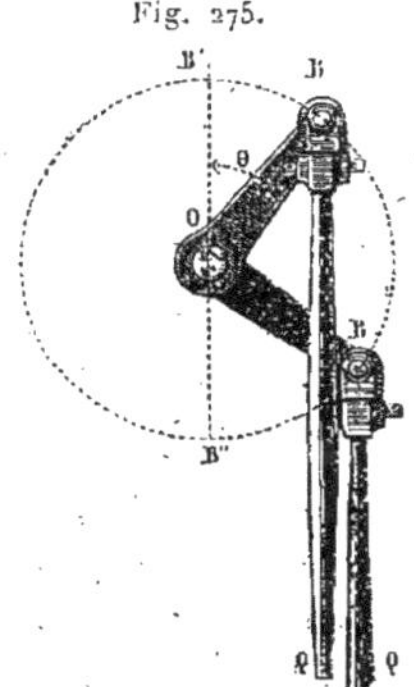

La condition de périodicité, puisqu'il y a deux forces égales à Q, devient

$$8\,b\,Q = 2\pi\,a\,\mathrm{F}.$$

Le travail de B′ en B est ici

$$\mathfrak{E}_\theta = b\,Q(1 - \cos\theta) + b\,Q\left[\cos\frac{\pi}{2} - \cos\left(\theta + \frac{\pi}{2}\right)\right] - \mathrm{F}\,a\,\theta,$$

et, en remplaçant Q par sa valeur,

$$\mathfrak{E}_\theta = \frac{\mathrm{F}\,a}{4}\left[(1 - \cos\theta + \sin\theta)\pi - 4\,\theta\right].$$

Le minimum et le maximum sont donnés par l'équation

$$\sin\theta + \cos\theta = \frac{4}{\pi}.$$

Ils correspondent à

$$\theta_2 = 19°\,12',\qquad \theta_1 = 70°\,48'.$$

On a, tout calcul fait,

$$\mathrm{P}\,\mathrm{V}^2 = 465\,\frac{n\,\mathrm{N}_{ch}}{\mathrm{N}},$$

soit environ la dixième partie du résultat d'une manivelle à double effet.

On peut donc, par cette disposition, réduire à peu près dans le rapport de 1 à 10 le poids du volant, sans augmenter la différence des vitesses angulaires maxima et minima.

531. Régulateurs. — Nous nous sommes occupés jusqu'à présent de la *marche normale*, et nous avons vu comment le volant diminue les oscillations de la vitesse autour de sa valeur moyenne. Mais il peut survenir, à un moment donné, des changements dans le moteur ou dans les résistances utiles, de sorte qu'il tend à s'établir un autre régime ou une autre vitesse moyenne. Il est important d'empêcher cette variation dans la vitesse de régime : c'est la fonction des régulateurs. Nous nous bornerons ici à quelques considérations générales sur les régulateurs, empruntées à un article de M. Léauté, dans la *Revue générale des Sciences* (octobre 1890).

But et définition des régulateurs. — Les régulateurs sont des appareils qui ont pour objet de maintenir dans des limites aussi rapprochées que possible les variations de la *vitesse moyenne* d'une machine, dues aux modifications que subissent la puissance ou la résistance.

On donne souvent cette définition sous une forme plus concise en disant que les régulateurs ont pour but de maintenir la vitesse constante, malgré les perturbations de la résistance ou de la puissance.

Pour que la vitesse moyenne d'une machine puisse rester fixe, il faut qu'à cette vitesse il y ait équilibre entre le travail moteur et le travail résistant. Or cet équilibre peut être troublé pour diverses raisons :

Puissance.	Variations dans le niveau de l'eau pour les moteurs hydrauliques. — Variations dans la pression de la chaudière pour les moteurs à vapeur :	Variations généralement peu importantes.
Résistance.	Les outils commandés fonctionnent d'une manière intermittente ... — On débraye des outils en marche. — On embraye des outils au repos. :	Ce sont les perturbations les plus importantes et les seules mêmes qu'il y ait lieu, en général, de considérer.

De ces différentes causes résultent des variations de vitesse dont les effets deviennent nuisibles quand elles dépassent certaines limites, et qu'il faut dès lors éviter.

On peut rétablir l'équilibre troublé entre les travaux moteurs et résistants, sans changer la vitesse moyenne, en agissant sur l'un ou l'autre des deux termes : puissance ou résistance. Si, par exemple, on a débrayé des outils en marche, ce qui a eu pour conséquence d'augmenter la vitesse, on la ramènera à sa valeur primitive, soit en augmentant la résistance de ce dont elle a été diminuée, soit en diminuant la puissance d'une quantité convenable.

Mais entre ces deux procédés, équivalents en théorie, il n'y a pas à hésiter en pratique : le plus avantageux évidemment, au point de vue de l'économie de travail dépensé, consiste à ne pas créer de résistances supplémentaires et à régler la puissance suivant le travail à effectuer ; on réserve, en général, le nom de *régulateurs* aux mécanismes qui agissent de cette manière.

On a ainsi la définition des régulateurs :

Les régulateurs sont des appareils qui règlent automatiquement le travail dépensé, de façon à maintenir à peu près constante la vitesse moyenne du moteur, malgré les variations de la résistance ou de la puissance.

Différence entre le rôle du régulateur et celui du volant. — Le volant agit aussi pour régulariser le mouvement ; mais son action est tout à fait distincte de celle du régulateur : il ne s'adresse pas aux mêmes causes d'irrégularité ; il n'a d'influence que sur les variations momentanées de vitesse ; il régularise le mouvement quand celui-ci est déjà périodiquement uniforme, et diminue l'écart des vitesses extrêmes qui existent pendant la durée de la période ; mais il est sans effet pour maintenir à la vitesse moyenne la même valeur, d'une période à une autre, quand la résistance varie ; il peut bien, en cas de perturbation, rendre moins brusque le passage d'un état de régime au suivant, mais il est incapable de modifier en rien la vitesse que prendra la machine dans son nouvel état.

On peut résumer cette différence d'action du régulateur et du volant en disant : *le volant agit sur les oscillations de la vitesse autour de sa valeur moyenne ; le régulateur, au contraire, agit sur la vitesse moyenne que font varier les perturbations survenues dans le régime.*

Régulateur de Watt. — Le régulateur le plus simple est celui de Watt; il est construit de la façon suivante :

Quatre verges rigides, égales deux à deux, sont disposées dans un plan et articulées, à charnières, savoir : en A (*fig.* 276) sur un

Fig. 276.

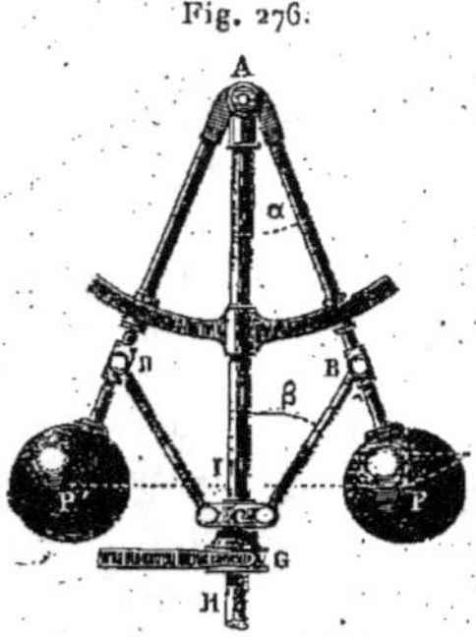

arbre tournant vertical AI, en B et en D où elles forment un angle variable, en C sur un manchon qui entoure l'arbre AI, le long duquel il peut glisser. Les points P et P′ sont les centres de deux boules métalliques. Tout le système est entraîné par la rotation de l'arbre AI, et à chaque vitesse angulaire correspond une position d'équilibre relatif des boules. Quand la vitesse croît, les boules s'écartent et font monter le manchon qui, par l'intermédiaire d'un système de leviers, ferme partiellement la valve d'admission de la vapeur. Quand la vitesse décroît, les boules se rapprochent, le manchon descend et ouvre plus grande la valve d'admission. Pour une étude plus approfondie de ces appareils, nous renverrons au cours professé par Poncelet à l'école de Metz, et à la *Mécanique* de Bour.

Machines mobiles. — Les théorèmes généraux qui précèdent s'appliquent aux machines mobiles : on pourra consulter à cet égard un article de M. E. Cotton (*Bulletin de la Société mathématique*, t. XXXIX, 1911, p. 1).

II. — SIMILITUDE EN MÉCANIQUE : MODÈLES.

532. Similitude. — La théorie de la similitude est intimement liée à celle de l'homogénéité. Nous examinerons successivement la similitude en Géométrie, en Cinématique, en Mécanique.

Similitude en Géométrie. — Imaginons une figure de Géométrie A et construisons une figure semblable a : par exemple, A sera une statue et a une réduction de cette statue. Si L est la longueur d'une ligne de A et l la longueur de la ligne correspondante dans a, le rapport

$$\frac{l}{L} = \lambda$$

s'appelle le *rapport de similitude*.

Ainsi, en supposant le rapport de similitude $\lambda = \frac{1}{10}$, on dira que la statue a est la réduction au dixième de A.

Dans ces conditions, si S est l'aire d'une portion de surface de A et s l'aire de la portion de surface correspondante de a, on a

$$\frac{s}{S} = \lambda^2.$$

De même, si P est le volume d'une certaine partie de A et p le volume correspondant de a, on a aussi

$$\frac{p}{P} = \lambda^3.$$

Il résulte de là que si, dans la figure A, en prenant une unité de longueur arbitraire, il existe une relation

$$(1) \qquad f(L_1, L_2, \ldots, S_1, S_2, \ldots, P_1, P_2, \ldots) = 0,$$

entre certaines longueurs $L_1, L_2, \ldots$, certaines aires $S_1, S_2, \ldots$, et certains volumes $P_1, P_2, \ldots$; dans la figure a on aura, entre les longueurs, les surfaces et les volumes correspondants $l_1, l_2, \ldots$, $s_1, s_2, \ldots, p_1, p_2, \ldots$, la même relation

$$(2) \qquad f(l_1, l_2, \ldots, s_1, s_2, \ldots, p_1, p_2, \ldots) = 0.$$

En effet, la relation (1), étant vraie quelle que soit l'unité de longueur, est vraie si l'on prend une unité de longueur λ fois plus petite. On a donc, d'après les règles de l'homogénéité,

$$f(\lambda L_1, \lambda L_2, \ldots, \lambda^2 S_1, \lambda^2 S_2, \ldots, \lambda^3 P_1, \lambda^3 P_2, \ldots) = 0,$$

ce qui est précisément la relation (2).

Ainsi, dans une pyramide, le volume P est le tiers du produit de la base S par la hauteur H

$$P = \frac{1}{3} SH;$$

dans un modèle réduit, on a aussi

$$p = \frac{1}{3} sh.$$

Similitude en Cinématique. — Soit un système matériel qui se meut par rapport à un trièdre trirectangle fixe OXYZ : à un instant T, ce système forme avec OXYZ une figure géométrique A qui varie avec T.

Imaginons ensuite un deuxième système en mouvement par rapport à un trièdre trirectangle fixe $Oxyz$ et remplissant les conditions suivantes : on peut établir, entre deux instants t et T, une relation

$$t = f(T)$$

telle que le second système, à l'instant t, forme avec $Oxyz$ une figure a semblable à la figure A formée, à l'instant T, par le premier système et le trièdre OXYZ, le rapport de similitude λ de ces deux figures étant *constant*.

Dans ces conditions, les deux systèmes passent par une suite de positions et de formes qui sont géométriquement semblables.

On dit que les deux mouvements sont cinématiquement semblables si la relation entre les instants correspondants t et T, où les deux systèmes a et A sont semblables, est de la forme

$$t - t_0 = \tau(T - T_0),$$

τ désignant une constante, et t_0, T_0 deux instants correspondants particuliers.

Il existe alors deux rapports de similitude constants, l'un λ pour les longueurs, l'autre τ pour les temps.

Trajectoires de deux points homologues. — Soient P et p les positions de deux points homologues des figures A et a aux instants correspondants T et t; P_0 et p_0 leurs positions aux instants T_0 et t_0. Les arcs de trajectoires $P_0 P$ et $p_0 p$ des deux points sont *semblables*, et leur rapport de similitude est λ. En effet, d'après les hypothèses faites, les deux rayons vecteurs OP et Op sont, aux instants correspondants T et t, orientés de la même façon par rapport aux trièdres OXYZ et Oxyz, et le rapport de ces rayons est λ. Les points P et p décrivent donc des arcs semblables, et les longueurs L et l de ces arcs $P_0 P$ et $p_0 p$ sont dans le rapport λ :

$$\frac{l}{L} = \lambda.$$

Vitesses et accélérations de deux points correspondants. — Soient V et v, Γ et γ les vitesses et les accélérations de deux points correspondants P et p aux instants T et t. Les vecteurs V et Γ ont pour projections, sur OXYZ,

$$(\text{V}) \qquad \frac{dX}{dT}, \quad \frac{dY}{dT}, \quad \frac{dZ}{dT},$$

$$(\Gamma) \qquad \frac{d^2X}{dT^2}, \quad \frac{d^2Y}{dT^2}, \quad \frac{d^2Z}{dT^2},$$

en appelant X, Y, Z les coordonnées de P par rapport à OXYZ. De même, v et γ ont pour projections, sur Oxyz,

$$(v) \qquad \frac{dx}{dt}, \quad \frac{dy}{dt}, \quad \frac{dz}{dt},$$

$$(\gamma) \qquad \frac{d^2x}{dt^2}, \quad \frac{d^2y}{dt^2}, \quad \frac{d^2z}{dt^2}.$$

Comme

$$x = \lambda X, \qquad y = \lambda Y, \qquad z = \lambda Z,$$
$$dt = \tau\, dT,$$

on voit que les vecteurs V et Γ d'une part, v et γ d'autre part sont semblablement placés dans les deux figures A et a aux instants correspondants, et que leurs longueurs sont liées par les relations

$$v = \frac{\lambda}{\tau}\, V, \qquad \gamma = \frac{\lambda}{\tau^2}\, \Gamma.$$

L'application du principe d'homogénéité montre que, si dans le premier mouvement il existe, entre des longueurs, des surfaces, des volumes, des vitesses, des accélérations, une relation indépendante du choix des unités de longueur et du temps, cette même relation existera dans le deuxième mouvement.

Similitude en Mécanique. — Considérons deux systèmes matériels cinématiquement semblables, et supposons que les masses m et M de deux portions homologues des deux systèmes soient dans un rapport constant μ,

$$m = \mu M,$$

le même pour toutes les masses du système : les deux systèmes sont alors *mécaniquement* semblables.

Soient alors F et f les forces qui agissent sur deux particules homologues des deux systèmes aux instants T et t, M et m les masses de ces deux particules, Γ et γ leurs accélérations. On a, en grandeur, direction et sens,

$$F = M\Gamma, \qquad f = m\gamma.$$

Les deux forces sont donc semblablement placées dans les deux systèmes; en outre, leur rapport est *constant* :

$$\frac{f}{F} = \frac{m}{M}\frac{\gamma}{\Gamma} = \frac{\mu\lambda}{\tau^2}.$$

Si donc on appelle φ le rapport constant des forces homologues aux instants t et T, on a

$$(3) \qquad\qquad \varphi = \frac{\mu\lambda}{\tau^2}.$$

Cette relation fondamentale dans la similitude en Mécanique montre que trois des quatre rapports de similitude λ, μ, τ, φ peuvent être pris *arbitrairement*, mais que le quatrième est alors déterminé par cette relation (3).

On voit immédiatement, d'après les principes de l'homogénéité (n° 76), que, si dans le premier système il existe une relation, indépendante du choix des unités, entre des longueurs, des surfaces, des volumes, des masses, des vitesses, des accélérations, des forces, la même relation a lieu entre les éléments homologues du second système.

La relation exprimée par l'équation (3) a déjà été donnée par Newton dans les *Philosophiæ naturalis principia mathematica* (Livre II, Section I, Proposition XXXII).

Cette théorie de la similitude et son application à l'*étude d'une machine sur un modèle réduit* ont fait l'objet d'un Mémoire de Joseph Bertrand intitulé : *Note sur la similitude en Mécanique* (*Journal de l'École Polytechnique*, XXXIIe Cahier). On pourra également consulter, à ce sujet, un Chapitre consacré à l'homogénéité et à la similitude dans l'Ouvrage de M. Pionchon : *Introduction à l'étude des systèmes de mesures usitées en Physique.*

Étude d'une machine sur un modèle réduit. — Le théorème de Newton conduit souvent à des conclusions pratiques d'un haut intérêt; on devra l'appliquer, en particulier, lorsqu'il s'agira d'étudier une invention mécanique sur un petit modèle, sans qu'on puisse songer à réaliser cette invention en grandeur d'exécution.

Exemple I. — Imaginons, par exemple, que nous ayons un modèle réduit d'un certain type de locomotive et désignons par λ le rapport de similitude géométrique de ce modèle à la locomotive à construire; le rapport des aires est λ^2 et le rapport des volumes λ^3. Si l'on suppose que les matériaux sont identiques dans la machine à construire et dans le modèle, le rapport μ des masses est égal à λ^3, et il en est de même pour le rapport des forces dues à la pesanteur; on a donc $\varphi = \lambda^3$. On en conclut que le rapport τ des temps, qui est $\sqrt{\dfrac{\lambda\mu}{\varphi}}$, est égal à $\sqrt{\lambda}$, et l'on en déduit, pour le rapport des vitesses, $\dfrac{\lambda}{\tau}$ ou $\sqrt{\lambda}$. Ainsi les *vitesses du modèle et de la machine doivent être entre elles comme les racines carrées des dimensions.*

Ceci suppose que la similitude mécanique est réalisée entre le modèle et la machine; or, il faut remarquer que les forces de la pesanteur ne sont pas les seules forces appliquées; les pressions de la vapeur doivent être, elles aussi, dans le rapport λ^3 et, comme elles sont proportionnelles aux surfaces, c'est-à-dire à λ^2, et aux tensions par unité d'aire, il faut que ces tensions soient dans le rapport λ; ainsi *la similitude exige que la tension de la vapeur dans le modèle soit dans le rapport de similitude géométrique avec la tension dans la machine réelle.*

La résistance de l'air, proportionnelle aux aires et sensiblement aux carrés des vitesses, c'est-à-dire à $\lambda^2 \left(\sqrt{\lambda}\right)^2$ ou λ^3, satisfait à la condition $\varphi = \lambda^3$.

Les frottements de glissement, proportionnels aux pressions, seront dans le rapport de ces pressions, c'est-à-dire dans le rapport λ^3.

Enfin, les résistances au roulement qui peuvent être considérées, dans le cas qui nous occupe, comme sensiblement proportionnelles aux pressions et en raison inverse du diamètre des roues, sont dans le rapport $\lambda^3 \frac{1}{\lambda}$ ou λ^2, si la matière des roues est la même, pour le modèle et pour la machine; *la résistance au roulement est trop forte dans le modèle.*

Il faudrait donc, pour réaliser la similitude, que les roues du modèle soient faites avec une matière dont la résistance au roulement soit, toutes choses égales d'ailleurs, inférieure à la résistance au roulement que donne la matière des roues de la machine, le rapport de diminution étant le rapport de similitude géométrique λ.

On voit ainsi que, pour avoir un modèle quatre fois plus petit que la locomotive considérée et qui lui soit entièrement comparable, il faut donner à ce modèle une vitesse moitié moindre, réduire pour cela au quart la tension de la vapeur et faire les roues avec une substance pour laquelle la résistance au roulement soit abaissée au quart.

Si l'on réfléchit que cette dernière condition ne saurait être réalisée, en admettant qu'elle soit possible, sans que la condition de début sur l'identité des matériaux du modèle et du type ne soit plus satisfaite, on constate que l'emploi des modèles réduits rencontre des difficultés et donne lieu à des discordances qu'il est impossible d'éviter complètement, parce qu'elles sont inhérentes à la nature des choses. Et ce qui précède suffit à faire comprendre de quelles précautions doivent être entourées les expériences en petit pour fournir des conclusions pratiques rigoureuses. (LÉAUTÉ, *Cours de l'École Polytechnique*, 1901-1902.)

Exemple II. — Supposons, comme deuxième exemple, qu'on veuille construire un système solaire semblable au système actuel, en conservant à la constante de l'attraction universelle f la même valeur. L'attraction de deux particules étant

$$\frac{f\,mm'}{r^2},$$

si les masses devenaient μ fois plus petites et les distances λ fois plus petites, cette attraction deviendrait φ fois plus petite; on aurait alors

$$\varphi = \frac{\mu^2}{\lambda^2},$$

car m et m' seraient multipliés par μ et r par λ. Comme on a, en général,

$$\varphi = \frac{\mu\lambda}{\tau^2},$$

on voit qu'on aurait

$$\tau^2 = \frac{\lambda^3}{\mu}.$$

Si, en outre, les densités restaient les mêmes, par exemple si l'on supposait la Terre, la Lune, le Soleil λ fois plus petits, avec leurs densités actuelles, on aurait $\mu = \lambda^3$, d'où $\tau^2 = 1$. Les temps ne changeraient pas.

FIN DU TOME DEUXIÈME.

TABLE DES MATIÈRES.

DYNAMIQUE DES SYSTÈMES.

CHAPITRE XVII.

Moments d'inertie.

CHAPITRE XVIII.

Théorèmes généraux sur le mouvement des systèmes.
Les sept équations universelles du mouvement.

CHAPITRE XIX.

Dynamique du corps solide. Mouvements parallèles à un plan.

I. — MOUVEMENT D'UN CORPS SOLIDE AUTOUR D'UN AXE FIXE.

II. — MOUVEMENT D'UN SOLIDE PARALLÈLEMENT A UN PLAN FIXE.

III. — FROTTEMENT DE GLISSEMENT ET RÉSISTANCE DE MILIEU.

IV. — FROTTEMENT DE ROULEMENT.

CHAPITRE XX.

Mouvement d'un solide autour d'un point fixe.

I. — ÉQUATIONS GÉNÉRALES.

II. — PREMIÈRE APPLICATION DES ÉQUATIONS D'EULER AU CAS OU LES FORCES EXTÉRIEURES ONT UNE RÉSULTANTE UNIQUE PASSANT PAR LE POINT FIXE.

CHAPITRE XXI.

Corps solide libre.

CHAPITRE XXII.

Mouvement relatif.

I. — THÉORÈMES GÉNÉRAUX.

II. — MOUVEMENT ET ÉQUILIBRE RELATIFS DES SYSTÈMES.

III. — ÉQUILIBRE ET MOUVEMENT RELATIFS A LA SURFACE DE LA TERRE.

CHAPITRE XXIII.

Principe de d'Alembert.

I. — ÉQUATION GÉNÉRALE DE LA DYNAMIQUE.

II. — THÉORÈMES DÉDUITS DU PRINCIPE DE D'ALEMBERT.

III. — APPLICATION DU PRINCIPE DE D'ALEMBERT AU CAS DU FROTTEMENT DE GLISSEMENT.

CHAPITRE XXIV.

Équations générales de la Dynamique analytique.

I. — SYSTÈMES HOLONOMES; ÉQUATIONS DE LAGRANGE.

CHAPITRE XXV.

Équations canoniques. — Théorèmes de Jacobi et de Poisson. — Principes d'Hamilton, de la moindre action et de la moindre contrainte.

I. — ÉQUATIONS CANONIQUES.

II. — Théorème de Jacobi et applications.

III. — Théorème de Poisson.

IV. — Principe d'Hamilton. Principe de la moindre action.

V. — Multiplicateur de Jacobi.

CHAPITRE XXVI.

Chocs et percussions.

I. — PERCUSSIONS APPLIQUÉES A UN POINT MATÉRIEL.

II. — PERCUSSIONS APPLIQUÉES A UN SYSTÈME.

III. — APPLICATIONS DES THÉORÈMES GÉNÉRAUX.

IV. — ÉQUATION GÉNÉRALE DE LA THÉORIE DES PERCUSSIONS. THÉORÈME DE CARNOT.

CHAPITRE XXVII.

Notions sur les machines. Similitude.

I. — GÉNÉRALITÉS. VOLANTS. RÉGULATEURS.

II. — SIMILITUDE EN MÉCANIQUE : MODÈLES.

FIN DE LA TABLE DES MATIÈRES DU TOME DEUXIÈME.

PARIS. — IMPRIMERIE GAUTHIER-VILLARS ET Cie,

63708   Quai des Grands-Augustins, 55.